高等数学竞赛题解析教程(2024)

陈 仲 编著

东 南 大 学 出 版 社

·南京·

内 容 简 介

本书依据全国大学生数学竞赛大纲与江苏省普通高等学校高等数学竞赛大纲,并参照教育部制定的考研数学考试大纲编写而成,内容分为极限与连续、一元函数微分学、一元函数积分学、多元函数微分学、二重积分与三重积分、曲线积分与曲面积分、空间解析几何、级数、微分方程等九个专题,每个专题含"基本概念与内容提要""竞赛题与精选题解析"与"练习题"三个部分。其中,竞赛题选自全国大学生数学竞赛试题(非数学专业组)、江苏省、北京市、浙江省等省市大学生数学竞赛试题,南京大学、东南大学、同济大学等高校高等数学竞赛试题,莫斯科大学等国外高校大学生数学竞赛试题;另外,从近几年全国硕士研究生入学考试试题中也挑选了一些"好题",作为本书的有力补充。这些题目中既含基本题,又含很多构思巧妙、解题技巧性强、具有较高水平和较大难度的创新题,本书逐一解析,深入分析,充分展示解题方法与技巧。

本书可供准备"全国大学生数学竞赛"及各省、校"高等数学竞赛"的老师和学生作为培优教程,也可作为各类高等学校的大学生学习高等数学和考研的辅导教程,特别有益于成绩优秀的大学生提高高等数学水平。

图书在版编目(CIP)数据

高等数学竞赛题解析教程. 2024 / 陈仲编著. — 南京:东南大学出版社,2024.1
ISBN 978 - 7 - 5766 - 1082 - 6

Ⅰ. ①高… Ⅱ. ①陈… Ⅲ. ①高等数学—高等学校—题解 Ⅳ. ①O13-44

中国国家版本馆 CIP 数据核字(2023)第 248502 号

责任编辑:吉雄飞　　责任校对:韩小亮　　封面设计:顾晓阳　　责任印制:周荣虎

高等数学竞赛题解析教程(2024)
Gaodeng Shuxue Jingsaiti Jiexi Jiaocheng (2024)

编　　著	陈　仲	
出版发行	东南大学出版社	
出 版 人	白云飞	
社　　址	南京市四牌楼 2 号(邮编:210096)	
经　　销	全国各地新华书店	
印　　刷	南京京新印刷有限公司	
开　　本	700 mm×1000 mm　1/16	
印　　张	23	
字　　数	451 千字	
版　　次	2024 年 1 月第 1 版	
印　　次	2024 年 1 月第 1 次印刷	
书　　号	ISBN 978 - 7 - 5766 - 1082 - 6	
定　　价	50.80 元	

本社图书若有印装质量问题,请直接与营销部联系,电话:025 - 83791830。

前　言

　　数学是自然科学发展和重大技术创新的基础,在我国加快建设科技强国的进程中具有重要的作用。高等数学(或称大学数学)是一年级大学生的基础课程。自2009年起,中国数学会已主办了十四届全国大学生数学竞赛(先初赛后决赛),竞赛类别分为非数学专业组与数学专业组;江苏省高等学校数学教学研究会从1991年至今也已主办了二十届大学生高等数学竞赛,竞赛类别分为本科一级A、本科一级B、本科二级与专科四类;北京市、浙江省等省市以及很多高等院校内部也常常组织大学生数学竞赛。

　　大学生数学竞赛的宗旨是贯彻与落实教育部关于普通高校要注重素质教育的指示,加强高等学校教师与学生对高等数学重要性的认识,培养大学生学习高等数学的兴趣,激发大学生对高等数学的热爱,以及促进高等学校对创新人才的发现、选拔与培养。它要求学生能够系统地理解高等数学的基本概念和基本理论,掌握数学的基本方法,并具有抽象思维能力、逻辑推理能力、空间想象能力和综合运用所学知识分析问题和解决问题的能力。大学生数学竞赛给广大大学生提供了一个展示自己数学智慧和能力的平台,越来越受到高校师生的认可、重视和欢迎,大家的参赛热情很高。

　　为帮助大学生们复习迎考,提高应试水平,编者结合自己数十年的数学教学与命题经验编著的本书。本书依据全国大学生数学竞赛大纲与江苏省高等学校高等数学竞赛大纲,并参照教育部制定的考研数学考试大纲编写而成,内容分为极限与连续、一元函数微分学、一元函数积分学、多元函数微分学、二重积分与三重积分、曲线积分与曲面积分、空间解析几何、级数、微分方程等九个专题,每个专题又含基本概念与内容提要、竞赛题与精选题解析、练习题三个部分。其中,竞赛题选自全国大学生数学竞赛试题(非理科专业1—14届初赛与决赛),江苏省(1—20届)、北京市(1—26届)、浙江省(1—10届以及2012—2022年)、广东省等省市大学生数学竞赛试题,南京大学、东南大学、同济大学、厦门大学、清华大学、上海交通大学、湖南大学等高校高等数学竞赛试题,莫斯科大学等国外高校大学生数学竞赛试题;从近几年全国硕士研究生入学考试试题中也精心挑选了一些"好题",还有些"好题"在竞赛与考研试卷中都没有出现过(其中不少是由编者设计),通通作为每个专题中的"精选题",大大丰富了本书的内涵。这些题目中既含一些基本题,又含很多构思巧妙、解题技巧性强、具有较高水平和较大难度的创新题,编者逐条解析,深入分析,充分展示解题方法与技巧。

　　本书自 2010 年推出首版以来,已进行过多次修订,受到了广大教师和学生的称赞,获得了许多好评,这激励着编者更好地去完成每年的修订工作。此次对 2023 版全书进行了大修订,增加新题 16 道,删去旧题 22 道;逐条检查原书解析,对其中 119 道题的解析进行了改写或重写;对书中 68 道题给出了分析或点评。

　　本书可供准备"全国大学生数学竞赛"及各省、校"高等数学竞赛"的老师和学生作为培优教程,也可作为各类高等学校的大学生学习高等数学和考研的辅导教程,特别有益于成绩优秀的大学生提高高等数学水平。

　　在本书编写及历次修订过程中,编者得到南京大学许绍溥、姜东平、姚天行、丁南庆、周国飞、黄卫华等教授的帮助,得到东南大学王栓宏、扬州大学刘金林、中国人民解放军陆军工程大学姚泽清、江南大学曹菊生、南通大学郭跃华、苏州大学侯绳照、江苏大学卢殿臣、常州大学石澄贤、江苏海洋大学谭飞、南京工业大学施庆生等教授的一贯支持,南京大学金陵学院张玉莲、林小围、王夕予、王培等老师曾参与本书 2012 版、2014 版与 2016 版的修订工作,编者谨此一并表示衷心的感谢。编者还要感谢东南大学出版社吉雄飞编辑的认真负责和悉心编校,使本书质量大有提高。

　　书中错误或缺点难免,敬请智者不吝赐教。

陈　仲

2023 年 12 月于南京大学

目　录

专题 1　极限与连续

1.1　基本概念与内容提要

1.1.1　一元函数基本概念

1）利用已知条件求函数的表达式.

2）函数的奇偶性、单调性与严格单调性、有界性与周期性.

3）基本初等函数（常值函数、幂函数、指数函数、对数函数、三角函数与反三角函数）和初等函数.

4）反函数、复合函数、参数式函数、隐函数.

5）分段函数.

1.1.2　数列的极限

1）$\lim\limits_{n\to\infty}x_n = A$ 的定义：$\forall \varepsilon > 0$，$\exists N \in \mathbf{N}$，当 $n > N$ 时，有

$$|x_n - A| < \varepsilon$$

2）收敛数列的性质

定理 1（惟一性）　若数列 $\{x_n\}$ 收敛于 A，则其极限 A 是惟一的.

定理 2（有界性）　若数列 $\{x_n\}$ 收敛，则 $\{x_n\}$ 为有界数列.

定理 3（保号性 Ⅰ）　若 $\lim\limits_{n\to\infty}x_n = A > 0(<0)$，则 $\exists N \in \mathbf{N}$，当 $n > N$ 时，有

$$x_n > 0 \quad (<0)$$

定理 4（保号性 Ⅱ）　若 $\lim\limits_{n\to\infty}x_n = A(A \in \mathbf{R})$，且 $\exists N \in \mathbf{N}^*$，当 $n > N$ 时，有 $x_n > 0(<0)$，则 $A \geqslant 0(\leqslant 0)$.

1.1.3　函数的极限

1）六种极限过程下函数极限的定义

$$\lim_{x\to a}f(x) = A, \quad \lim_{x\to a^+}f(x) = A, \quad \lim_{x\to a^-}f(x) = A$$

$$\lim_{x\to\infty}f(x) = A, \quad \lim_{x\to+\infty}f(x) = A, \quad \lim_{x\to-\infty}f(x) = A$$

例如　$\lim\limits_{x\to a}f(x) = A$ 的定义：$\forall \varepsilon > 0$，$\exists \delta > 0$，当 $0 < |x-a| < \delta$ 时，有

$$|f(x)-A|<\varepsilon$$

定理 1　$\lim\limits_{x\to a}f(x)=A\Leftrightarrow f(a^-)=A,\ f(a^+)=A.$

定理 2　$\lim\limits_{x\to\infty}f(x)=A\Leftrightarrow f(-\infty)=A,\ f(+\infty)=A.$

2）函数极限的性质

定理 3（惟一性）　在某一极限过程下，若函数 $f(x)$ 的极限存在，则其极限是惟一的.

定理 4（有界性）　若极限 $\lim\limits_{x\to a}f(x)$ 存在，则存在 $x=a$ 的去心邻域 $U_\delta^\circ(a)$，使得 $f(x)$ 在 $U_\delta^\circ(a)$ 上有界.

定理 5（保号性 Ⅰ）　若极限 $\lim\limits_{x\to a}f(x)=A>0(<0)$，则存在 $x=a$ 的去心邻域 $U_\delta^\circ(a)$，使得 $x\in U_\delta^\circ(a)$ 时 $f(x)>0(<0)$.

定理 6（保号性 Ⅱ）　若极限 $\lim\limits_{x\to a}f(x)=A(A\in\mathbf{R})$，且存在 $x=a$ 的去心邻域 $U_\delta^\circ(a)$，当 $x\in U_\delta^\circ(a)$ 时，$f(x)>0(<0)$，则 $A\geqslant 0(\leqslant 0)$.

1.1.4　证明数列或函数极限存在的方法

定理 1（夹逼准则）　设数列 $\{x_n\},\{y_n\},\{z_n\}$ 满足 $y_n\leqslant x_n\leqslant z_n$，且 $\lim\limits_{n\to\infty}y_n=A,\ \lim\limits_{n\to\infty}z_n=A$，则 $\lim\limits_{n\to\infty}x_n=A.$

定理 2（夹逼准则）　设三个函数 $f(x),g(x),h(x)$ 在 $x=a$ 的去心邻域中满足 $g(x)\leqslant f(x)\leqslant h(x)$，且 $\lim\limits_{x\to a}g(x)=A,\ \lim\limits_{x\to a}h(x)=A$，则 $\lim\limits_{x\to a}f(x)=A.$

注　对于其他的极限过程，类似的结论留给读者自己写出.

定理 3（单调有界准则）　若数列 $\{x_n\}$ 单调递增，并有上界（或单调递减，并有下界），则数列 $\{x_n\}$ 必收敛.

定理 4（海涅定理）　函数 $f(x)$ 在 $x\to a(a$ 可以是 $\infty)$ 时存在有限极限 A 的充要条件是：取函数 $f(x)$ 的定义域内任意数列 $\{x_n\}$，若 $x_n\to a(n\to\infty)$ 且 $x_n\neq a$，总有 $\lim\limits_{n\to\infty}f(x_n)=A.$

定理 5（柯西准则）　数列 $\{x_n\}$ 收敛的充要条件是：$\forall\varepsilon>0,\exists N\in\mathbf{N}^*$，当 $n>m>N$ 时，有 $|x_n-x_m|<\varepsilon.$

1.1.5　无穷小量

1）若在某极限过程中（$x\to a,x\to a^+,x\to a^-,x\to\infty,x\to+\infty,x\to-\infty$ 中任一个），某变量或函数 $\alpha(x)\to 0$，则称 $\alpha(x)$ 为该极限过程下的**无穷小量**，简称**无穷小**. 在同一极限过程中的有限个无穷小量之和仍为无穷小量；在同一极限过程中的有限个无穷小量的乘积仍为无穷小量；无穷小量与有界变量的乘积仍为无穷小量. 例如

$$\lim_{x\to 0}x\sin\frac{1}{x}=0\quad\left(\text{因 }x\to 0,\sin\frac{1}{x}\text{ 有界}\right)$$

$$\lim_{x \to \infty} \frac{\sin x}{x} = 0 \quad \left(\text{因} \frac{1}{x} \to 0, \sin x \text{有界}\right)$$

定理 $\lim_{x \to a} f(x) = A \Leftrightarrow f(x) = A + \alpha(x)$，这里 $x \to a$ 时 $\alpha(x)$ 为无穷小量.

2）无穷小的比较

假设在某极限过程中（以 $x \to a$ 为例），α, β 都是无穷小量.

（1）若 $\frac{\alpha}{\beta} \to 0$，则称 α 是比 β **高阶的无穷小**，记为 $\alpha = o(\beta)$.

（2）若 $\frac{\alpha}{\beta} \to \infty$，则称 α 是比 β **低阶的无穷小**.

（3）若 $\frac{\alpha}{\beta} \to c \, (c \neq 0, c \in \mathbf{R})$，则称 α 与 β 为**同阶无穷小**. 特别的，当 $c = 1$ 时，称 α 与 β 为**等价无穷小**，记为 $\alpha \sim \beta \, (x \to a)$.

（4）若 $\frac{\alpha}{x^k} \to c \, (c \neq 0, k > 0)$，则称 α 是 x 的 **k 阶无穷小**. 此时 $\alpha \sim cx^k$，称 cx^k 为 α 的**无穷小主部**.

1.1.6 无穷大量

1）当 $n \to \infty$ 时，下列数列无穷大的阶数由低到高排序：

$$\ln n, \quad n^\alpha (\alpha > 0), \quad n^\beta (\beta > \alpha > 0), \quad a^n (a > 1), \quad n^n$$

2）当 $x \to +\infty$ 时，下列函数无穷大的阶数由低到高排序：

$$\ln x, \quad x^\alpha (\alpha > 0), \quad x^\beta (\beta > \alpha > 0), \quad a^x (a > 1), \quad x^x$$

1.1.7 求数列或函数的极限的方法

1）四则运算法则

2）利用夹逼准则求极限

3）先利用单调有界准则证明数列的极限存在，再求其极限

4）利用两个重要极限求极限

$$\lim_{\square \to 0} \frac{\sin \square}{\square} = 1, \qquad \lim_{\square \to 0} (1 + \square)^{\frac{1}{\square}} = e$$

例如 $\lim_{x \to 0} (\cos x)^{\frac{1}{\cos x - 1}} = \lim_{x \to 0} (1 + \cos x - 1)^{\frac{1}{\cos x - 1}} = e$ （这里 $\square = \cos x - 1$）

5）利用等价无穷小替换法则求极限

定理 当 $\square \to 0$ 时，有下列无穷小的等价性：

$$\square \sim \sin \square \sim \arcsin \square \sim \tan \square \sim \arctan \square \sim \ln(1 + \square) \sim e^{\square} - 1$$

$$(1 + \square)^\lambda - 1 \sim \lambda \square \quad (\lambda > 0)$$

$$1 - \cos \square \sim \frac{1}{2} \square^2$$

6）利用海涅定理求数列或函数的极限

7）利用导数的定义求极限

8）利用洛必达法则求极限（关于洛必达法则见第 2.1 节）

9）利用麦克劳林展开式求极限（关于麦克劳林展开式见第 2.1 节）

10）利用定积分的定义求极限

1.1.8　函数的连续性

1）函数 $f(x)$ 连续的定义：设 $f(x)$ 在 $x = a$ 的某邻域内有定义，若

$$\lim_{x \to a} f(x) = f(a)$$

则称 $f(x)$ **在 $x = a$ 处连续**，记为 $f \in \mathscr{C}(a)$；若 $f(x)$ 在某区间 (a,b) 上每一点皆连续，称 $f(x)$ **在 (a,b) 上连续**，记为 $f \in \mathscr{C}(a,b)$；若 $f(x)$ 在 (a,b) 上连续，且 $f(x)$ 在 $x = a$ 处**右连续**，即

$$\lim_{x \to a^+} f(x) = f(a)$$

在 $x = b$ 处**左连续**，即

$$\lim_{x \to b^-} f(x) = f(b)$$

则称 $f(x)$ **在 $[a,b]$ 上连续**，记为 $f \in \mathscr{C}[a,b]$.

2）连续函数的四则运算性质

3）复合函数的极限与连续性

定理 1　若 $\lim\limits_{x \to a} \varphi(x) = b$，函数 $f(x)$ 在 $x = b$ 处连续，则

$$\lim_{x \to a} f(\varphi(x)) = f(\lim_{x \to a} \varphi(x)) = f(b)$$

定理 2　若函数 $\varphi(x)$ 在 $x = a$ 处连续，函数 $f(x)$ 在 $x = b = \varphi(a)$ 处连续，则 $f(\varphi(x))$ 在 $x = a$ 处连续，即有 $\lim\limits_{x \to a} f(\varphi(x)) = f(\varphi(a))$.

定理 3　初等函数在其有定义的区间上连续.

4）间断点的分类

若 $f(x)$ 在 $x = a$ 处不连续，则称 $x = a$ 为 $f(x)$ 的**间断点**. 间断点分为两类：

（1）若 $f(a^-)$ 与 $f(a^+)$ 皆存在时，称 $x = a$ 为 $f(x)$ 的**第一类间断点**. 若 $f(a^-) = f(a^+)$，称 $x = a$ 为**可去型间断点**；若 $f(a^-) \neq f(a^+)$，称 $x = a$ 为**跳跃型间断点**.

（2）若 $f(a^-)$ 与 $f(a^+)$ 中至少有一个不存在时，称 $x = a$ 为 $f(x)$ 的**第二类间断点**.

5）闭区间上连续函数的性质

定理 4（有界定理）　若 $f \in \mathscr{C}[a,b]$，则 $\exists K > 0$，使得 $\forall x \in [a,b]$，$|f(x)| \leqslant K$.

定理 5（最值定理）　若 $f \in \mathscr{C}[a,b]$，则 $\exists x_1, x_2 \in [a,b]$，使得

$$\forall\, x \in [a,b], \quad f(x_1) \leqslant f(x) \leqslant f(x_2)$$

定理6(零点定理)　若 $f \in \mathscr{C}[a,b], f(a)f(b) < 0$，则 $\exists\, \xi \in (a,b)$，使得 $f(\xi) = 0$，并称 $x = \xi$ 为函数 $f(x)$ 的零点.

定理7(介值定理)　若 $f \in \mathscr{C}[a,b]$ 且 $f(a) \neq f(b)$，则 $\forall\, \mu \in (f(a),f(b))$ 或 $(f(b),f(a))$，必 $\exists\, \xi \in (a,b)$，使得 $f(\xi) = \mu$，并称 μ 为函数 $f(x)$ 的介值.

1.2　竞赛题与精选题解析

1.2.1　求函数的表达式(例 1.1—1.3)

例 1.1(江苏省 2004 年竞赛题)　已知函数 $f(x)$ 是周期为 π 的奇函数，且当 $x \in \left(0, \dfrac{\pi}{2}\right)$ 时 $f(x) = \sin x - \cos x + 2$，则当 $x \in \left(\dfrac{\pi}{2}, \pi\right)$ 时 $f(x) = $ _____.

解析　因 $f(x)$ 为奇函数，所以当 $-\dfrac{\pi}{2} < x < 0$ 时

$$f(x) = -f(-x) = -(\sin(-x) - \cos(-x) + 2)$$
$$= \sin x + \cos x - 2$$

又因为 $f(x)$ 是周期为 π 的函数，所以当 $\dfrac{\pi}{2} < x < \pi$ 时

$$f(x) = f(x - \pi) = \sin(x - \pi) + \cos(x - \pi) - 2$$
$$= -\sin x - \cos x - 2$$

例 1.2(江苏省 1991 年竞赛题)　函数 $y = \sin x |\sin x|\left(\text{其中} |x| \leqslant \dfrac{\pi}{2}\right)$ 的反函数为_____.

解析　当 $0 \leqslant x \leqslant \dfrac{\pi}{2}$ 时 $y = \sin^2 x$，即 $\sin x = \sqrt{y}\ (0 \leqslant y \leqslant 1)$，所以 $x = \arcsin\sqrt{y}\,(0 \leqslant y \leqslant 1)$；当 $-\dfrac{\pi}{2} \leqslant x \leqslant 0$ 时 $y = -\sin^2 x\,(-1 \leqslant y \leqslant 0)$，所以 $\sin^2 x = -y$, $\sin x = -\sqrt{-y}$, $x = \arcsin(-\sqrt{-y}) = -\arcsin(\sqrt{-y})\ (-1 \leqslant y \leqslant 0)$. 于是所求反函数为

$$y = \begin{cases} \arcsin\sqrt{x}, & 0 < x \leqslant 1; \\ -\arcsin(\sqrt{-x}), & -1 \leqslant x \leqslant 0 \end{cases}$$

点评　若利用公式 $\sin^2 x = \dfrac{1 - \cos 2x}{2}$，类似的分析可得所求反函数为

$$y = \begin{cases} \dfrac{1}{2}\arccos(1 - 2x), & 0 < x \leqslant 1; \\ -\dfrac{1}{2}\arccos(1 + 2x), & -1 \leqslant x \leqslant 0 \end{cases}$$

例 1.3(莫斯科经济统计学院 1975 年竞赛题)   求

$$f(x) = \lim_{n\to\infty} \sqrt[n]{1 + x^n + \left(\frac{x^2}{2}\right)^n}$$

的表达式,并作函数 $f(x)$ 的图形.

分析   这里应用两个知识点:一是当 $|x| < 1$ 时, $\lim\limits_{n\to\infty} x^n = 0$;二是当 $0 < a < b < c$ 时,有

$$\lim_{n\to\infty} \sqrt[n]{a^n + b^n + c^n} = \lim_{n\to\infty} c \cdot \sqrt[n]{\left(\frac{a}{c}\right)^n + \left(\frac{b}{c}\right)^n + 1}$$
$$= c(0 + 0 + 1)^0 = c = \max\{a, b, c\}$$

需要注意的是,当 a, b, c 不全为正数时,上式不成立,须另作考虑.

解析   当 $|x| < 1$ 时, $f(x) = (1 + 0 + 0)^0 = 1$.

当 $x = 1$ 时, $f(1) = (1 + 1 + 0)^0 = 1$.

当 $x > 1$ 时,函数 $1, x, \dfrac{x^2}{2}$ 皆取正值,由于

$$\max_{1\leqslant x\leqslant 2}\left\{1, x, \frac{x^2}{2}\right\} = x, \qquad \max_{x>2}\left\{1, x, \frac{x^2}{2}\right\} = \frac{x^2}{2}$$

于是

$$\begin{cases} f(x) = \max\limits_{1\leqslant x\leqslant 2}\left\{1, x, \dfrac{x}{2}\right\} = x, & \text{当 } 1 \leqslant x \leqslant 2; \\ f(x) = \max\limits_{x>2}\left\{1, x, \dfrac{x^2}{2}\right\} = \dfrac{x^2}{2}, & \text{当 } x > 2 \end{cases}$$

当 $x < -2$ 时,因为 $\left|\dfrac{2}{x^2}\right| < 1$, $\left|\dfrac{2}{x}\right| < 1$,所以

$$f(x) = \lim_{n\to\infty} \frac{x^2}{2} \cdot \sqrt[n]{\left(\frac{2}{x^2}\right)^n + \left(\frac{2}{x}\right)^n + 1} = \frac{x^2}{2}(0 + 0 + 1)^0 = \frac{x^2}{2}$$

下面证明 $f(x)$ 在 $[-2, -1]$ 上无定义. 设 $x \in (-2, -1)$,当 n 分别取偶数或奇数时,有

$$\lim_{n\to\infty} \sqrt[2n]{1 + x^{2n} + \left(\frac{x^2}{2}\right)^{2n}} = \lim_{n\to\infty} |x| \cdot \sqrt[2n]{\frac{1}{x^{2n}} + 1 + \left(\frac{x}{2}\right)^{2n}}$$
$$= -x(0 + 1 + 0)^0 = -x$$
$$\lim_{n\to\infty} \sqrt[2n+1]{1 + x^{2n+1} + \left(\frac{x^2}{2}\right)^{2n+1}} = \lim_{n\to\infty} x \cdot \sqrt[2n+1]{\frac{1}{x^{2n+1}} + 1 + \left(\frac{x}{2}\right)^{2n+1}}$$
$$= x(0 + 1 + 0)^0 = x$$

它们的极限不同,所以 $f(x)$ 在 $(-2, -1)$ 内无定义;在 $x = -1$ 处,当 n 分别取偶数或奇数时,有

$$\lim_{n\to\infty} \sqrt[2n]{1 + (-1)^{2n} + \left(\frac{1}{2}\right)^{2n}} = 2^0 = 1, \quad \lim_{n\to\infty} \sqrt[2n+1]{1 + (-1)^{2n+1} + \left(\frac{1}{2}\right)^{2n+1}} = \frac{1}{2}$$

它们的极限不同,所以 $f(x)$ 在 $x=-1$ 处无定义;在 $x=-2$ 处,当 n 分别取偶数或奇数时,有

$$\lim_{n\to\infty}\sqrt[2n]{1+(-2)^{2n}+2^{2n}}=\lim_{n\to\infty}2\cdot\sqrt[2n]{\frac{1}{2^{2n}}+2}=2\cdot 2^0=2$$

$$\lim_{n\to\infty}\sqrt[2n+1]{1+(-2)^{2n+1}+2^{2n+1}}=1^0=1$$

它们的极限不同,故 $f(x)$ 在 $x=-2$ 处无定义.

函数 $f(x)$ 的图形如下图所示.

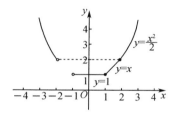

1.2.2 利用极限的定义与四则运算求极限(例 1.4—1.14)

例 1.4(江苏省 2008 年竞赛题) 当 $a=$ _____ , $b=$ _____ 时,有

$$\lim_{x\to\infty}\frac{ax+2|x|}{bx-|x|}\arctan x=-\frac{\pi}{2}$$

解析 因为

$$\lim_{x\to+\infty}\frac{ax+2|x|}{bx-|x|}\arctan x=\frac{a+2}{b-1}\cdot\frac{\pi}{2}=-\frac{\pi}{2}$$

所以 $a+2=1-b$;又因为

$$\lim_{x\to-\infty}\frac{ax+2|x|}{bx-|x|}\arctan x=\frac{a-2}{b+1}\left(-\frac{\pi}{2}\right)=-\frac{\pi}{2}$$

所以 $a-2=b+1$.

由上,解得 $a=1,b=-2$.

例 1.5(江苏省 2012 年竞赛题) 求 $\lim\limits_{n\to\infty}n^4\left(\dfrac{3}{n^3}-\sum\limits_{i=1}^{3}\dfrac{1}{(n+i)^3}\right)$.

解析 原式 $=\lim\limits_{n\to\infty}\left(n^4\left(\dfrac{1}{n^3}-\dfrac{1}{(n+1)^3}\right)+n^4\left(\dfrac{1}{n^3}-\dfrac{1}{(n+2)^3}\right)+n^4\left(\dfrac{1}{n^3}-\dfrac{1}{(n+3)^3}\right)\right)$

$$=\lim_{n\to\infty}\left(\frac{n^4(3n^2+3n+1)}{n^3(n+1)^3}+\frac{n^4(6n^2+12n+8)}{n^3(n+2)^3}+\frac{n^4(9n^2+27n+27)}{n^3(n+3)^3}\right)$$

$$=3+6+9=18$$

例 1.6(江苏省 2012 年竞赛题) 求 $\lim\limits_{n\to\infty}\dfrac{1}{n}\cdot|1-2+3-\cdots+(-1)^{n+1}n|$.

解析　令 $x_n = \dfrac{1}{n} \cdot |1 - 2 + 3 - \cdots + (-1)^{n+1}n|$，则

$$x_{2n} = \frac{1}{2n} \cdot |1 - 2 + 3 - \cdots + (2n-1) - 2n|$$

$$= \frac{1}{2n} \cdot |(1 + 3 + \cdots + (2n-1)) - (2 + 4 + \cdots + 2n)|$$

$$= \frac{1}{2n} \cdot |n^2 - (n^2 + n)| = \frac{1}{2}$$

$$x_{2n+1} = \frac{1}{2n+1} \cdot |1 - 2 + 3 - \cdots - 2n + (2n+1)|$$

$$= \frac{1}{2n+1} \cdot |(1 + 3 + \cdots + (2n+1)) - (2 + 4 + \cdots + 2n)|$$

$$= \frac{1}{2n+1} \cdot |(n^2 + 2n + 1) - (n^2 + n)| = \frac{n+1}{2n+1}$$

由于 $\lim\limits_{n \to \infty} x_{2n} = \dfrac{1}{2}$，$\lim\limits_{n \to \infty} x_{2n+1} = \dfrac{1}{2}$，故

$$\lim_{n \to \infty} \frac{1}{n} \cdot |1 - 2 + 3 - \cdots + (-1)^{n+1}n| = \lim_{n \to \infty} x_n = \frac{1}{2}$$

例 1.7（全国 2020 年初赛题）　设数列 $\{a_n\}$ 满足 $a_1 = 1$，且

$$a_{n+1} = \frac{a_n}{(n+1)(a_n + 1)} \quad (n \geqslant 1)$$

求极限 $\lim\limits_{n \to \infty} a_n n!$．

解析　将题中递推关系式两边取倒数，然后同除以 $(n+1)!$，得

$$\frac{1}{a_{n+1}(n+1)!} = \frac{1}{n!} + \frac{1}{a_n n!} \quad (n \geqslant 1)$$

由此式递推得

$$\frac{1}{a_{n+1}(n+1)!} = \frac{1}{n!} + \frac{1}{a_n n!} = \frac{1}{n!} + \frac{1}{(n-1)!} + \frac{1}{a_{n-1}(n-1)!} = \cdots$$

$$= \frac{1}{n!} + \frac{1}{(n-1)!} + \cdots + \frac{1}{1!} + \frac{1}{a_1 1!}$$

$$= \frac{1}{n!} + \frac{1}{(n-1)!} + \cdots + \frac{1}{1!} + \frac{1}{0!}$$

上式两端取极限，并应用 e^x 的麦克劳林展式，得

$$\lim_{n \to \infty} \frac{1}{a_{n+1}(n+1)!} = \lim_{n \to \infty} \sum_{k=0}^{n} \frac{1}{k!} = \sum_{k=0}^{\infty} \frac{1}{k!} = e$$

$$\Rightarrow \qquad \lim_{n \to \infty} a_n n! = \lim_{n \to \infty} a_{n+1}(n+1)! = \frac{1}{e}$$

点评 递推关系式两边取倒数后同除以$(n+1)$!这步很妙,读者须仔细体会.

例 1.8(江苏省 1991 年竞赛题) 已知一点先向正东移动 a m,然后左拐弯移动 aq m(其中 $0 < q < 1$),如此不断重复地左拐弯,使得后一段移动的距离为前一段的 q 倍,这样该点有一极限位置,试问该极限位置与原出发点相距多少米?

解析 设出发点为坐标原点 $O(0,0)$,移动 n 次到达点 (x_n, y_n). 根据移动规则,得 $x_1 = a, x_2 = a, x_3 = a - aq^2, x_4 = a - aq^2, x_5 = a - aq^2 + aq^4, x_6 = x_5, x_7 = a - aq^2 + aq^4 - aq^6, x_8 = x_7, \cdots$,归纳得

$$x_{2n-1} = a - aq^2 + aq^4 - \cdots + (-1)^{n-1} aq^{2(n-1)}, \qquad x_{2n} = x_{2n-1}$$

于是

$$\lim_{n\to\infty} x_{2n-1} = \lim_{n\to\infty} x_{2n} = \frac{a}{1+q^2}$$

同样,根据移动规则得 $y_1 = 0, y_2 = aq, y_3 = y_2, y_4 = aq - aq^3, y_5 = y_4, y_6 = aq - aq^3 + aq^5, y_7 = y_6, \cdots$,归纳得

$$y_{2n} = aq - aq^3 + \cdots + (-1)^{n-1} aq^{2n-1}, \qquad y_{2n+1} = y_{2n}$$

于是

$$\lim_{n\to\infty} y_{2n} = \lim_{n\to\infty} y_{2n+1} = \frac{aq}{1+q^2}$$

综上,极限位置为 $\left(\dfrac{a}{1+q^2}, \dfrac{aq}{1+q^2} \right)$,它与原点的距离为

$$d = \sqrt{\left(\frac{a}{1+q^2} \right)^2 + \left(\frac{aq}{1+q^2} \right)^2} = \frac{a}{\sqrt{1+q^2}} \ (\text{m})$$

例 1.9(上海交通大学 1991 年竞赛题) 设 $x_1 = 1, x_2 = 2$,且

$$x_{n+2} = \sqrt{x_{n+1} \cdot x_n} \quad (n = 1, 2, \cdots)$$

求极限 $\lim_{n\to\infty} x_n$.

分析 通过对数变换,可将乘积运算化为加法运算.

解析 令 $y_n = \ln x_n$,则原式 $x_{n+2} = \sqrt{x_{n+1} \cdot x_n}$ 两边取对数可得

$$y_{n+2} = \frac{1}{2}(y_{n+1} + y_n)$$

由此可得

$$y_{n+2} - y_{n+1} = -\frac{1}{2}(y_{n+1} - y_n) = \left(-\frac{1}{2} \right)^2 (y_n - y_{n-1})$$

$$= \cdots = \left(-\frac{1}{2} \right)^n (y_2 - y_1) = \left(-\frac{1}{2} \right)^n \ln 2$$

移项得

$$y_{n+2} = y_{n+1} + \left(-\frac{1}{2} \right)^n \ln 2 = y_n + \left(-\frac{1}{2} \right)^{n-1} \ln 2 + \left(-\frac{1}{2} \right)^n \ln 2$$

$$= \cdots = y_1 + \left[\left(-\frac{1}{2}\right)^0 \ln 2 + \left(-\frac{1}{2}\right)\ln 2 + \cdots + \left(-\frac{1}{2}\right)^n \ln 2\right]$$

$$= \ln 2\left[1 + \left(-\frac{1}{2}\right) + \left(-\frac{1}{2}\right)^2 + \cdots + \left(-\frac{1}{2}\right)^n\right]$$

$$= \ln 2 \cdot \frac{1 - \left(-\frac{1}{2}\right)^{n+1}}{1 + \frac{1}{2}} = \frac{2}{3}\left[1 - \left(-\frac{1}{2}\right)^{n+1}\right]\ln 2$$

故 $\lim\limits_{n\to\infty} y_{n+2} = \frac{2}{3}\ln 2 \lim\limits_{n\to\infty}\left[1 - \left(-\frac{1}{2}\right)^{n+1}\right] = \frac{2}{3}\ln 2$，于是

$$\lim_{n\to\infty} x_n = \lim_{n\to\infty} x_{n+2} = \lim_{n\to\infty} e^{y_{n+2}} = 2^{\frac{2}{3}}$$

例 1.10（全国 2011 年初赛题） 设数列 $\{a_n\}$ 收敛，且 $\lim\limits_{n\to\infty} a_n = A(A \in \mathbf{R})$，证明：

$$\lim_{n\to\infty} \frac{a_1 + a_2 + \cdots + a_n}{n} = A$$

分析 本题及例 1.11 和例 1.12 是有关数列极限公式的证明题，难度都比较大，下面利用数列极限的定义（即 ε-N 语言）给出证明.

解析 由极限的定义，任给 $\varepsilon > 0$，$\exists N \in \mathbf{N}^*$，当 $n > N$ 时，恒有 $|a_n - A| < \frac{\varepsilon}{2}$，令 $S_n = a_1 + a_2 + \cdots + a_n$，则有

$$\left|\frac{S_n}{n} - A\right| \leqslant \frac{|S_N| + |a_{N+1} - A| + \cdots + |a_n - A| + N|A|}{n}$$

$$\leqslant \frac{|S_N|}{n} + \frac{n-N}{n} \cdot \frac{\varepsilon}{2} + \frac{N|A|}{n} \leqslant \frac{|S_N| + N|A|}{n} + \frac{\varepsilon}{2}$$

由于 $\lim\limits_{n\to\infty} \frac{|S_N| + N|A|}{n} = 0$，所以 $\exists N_1 \in \mathbf{N}^* (N_1 > N)$，当 $n > N_1$ 时，有

$$\frac{|S_N| + N|A|}{n} < \frac{\varepsilon}{2}$$

于是 $\left|\frac{S_n}{n} - A\right| < \varepsilon \Leftrightarrow \lim\limits_{n\to\infty} \frac{S_n}{n} = \lim\limits_{n\to\infty} \frac{a_1 + a_2 + \cdots + a_n}{n} = A$.

例 1.11（莫斯科技术物理学院 1976 年竞赛题） 设数列 $\{a_n\}$ 与 $\{b_n\}$ 都收敛，且 $\lim\limits_{n\to\infty} a_n = A$，$\lim\limits_{n\to\infty} b_n = B(A, B \in \mathbf{R})$，证明：$\lim\limits_{n\to\infty} \frac{a_1 b_n + a_2 b_{n-1} + \cdots + a_n b_1}{n} = AB$.

解析 应用极限与无穷小量的关系，必存在 $\alpha_n \to 0, \beta_n \to 0(n \to \infty)$，使得

$$a_n = A + \alpha_n, \quad b_n = B + \beta_n$$

因为 $\{\alpha_n\}, \{\beta_n\}$ 有界，必 $\exists K > 1$，使得 $\forall n \in \mathbf{N}^*$，有 $|\alpha_n| \leqslant K, |\beta_n| \leqslant K$. 再由无穷小的定义，$\forall \varepsilon > 0, \exists N \in \mathbf{N}^*$，当 $n > N$ 时，有

$$|\alpha_n| < \frac{\varepsilon}{2K}, \quad |\beta_n| < \frac{\varepsilon}{2K} \quad \left(\text{这里} \frac{\varepsilon}{2K} < \frac{\varepsilon}{2}\right)$$

记 $S_n^{(1)} = \sum_{k=1}^{n} \alpha_k$，$S_n^{(2)} = \sum_{k=1}^{n} \beta_k$，$S_n^{(3)} = \sum_{k=1}^{n} \alpha_k \beta_{n-k+1}$，则

$$a_1 b_n + a_2 b_{n-1} + \cdots + a_{n-1} b_2 + a_n b_1$$

$$= (A+\alpha_1)(B+\beta_n) + (A+\alpha_2)(B+\beta_{n-1}) + \cdots + (A+\alpha_{n-1})(B+\beta_2) + (A+\alpha_n)(B+\beta_1)$$

$$= nAB + B\sum_{k=1}^{n} \alpha_k + A\sum_{k=1}^{n} \beta_k + \sum_{k=1}^{n} \alpha_k \beta_{n-k+1} = nAB + BS_n^{(1)} + AS_n^{(2)} + S_n^{(3)}$$

又

$$\left|\frac{S_n^{(1)}}{n}\right| \leqslant \frac{|S_N^{(1)}|}{n} + \frac{|\alpha_{N+1}| + \cdots + |\alpha_n|}{n} \leqslant \frac{|S_N^{(1)}|}{n} + \frac{n-N}{n} \cdot \frac{\varepsilon}{2K} \leqslant \frac{|S_N^{(1)}|}{n} + \frac{\varepsilon}{2}$$

$$\left|\frac{S_n^{(2)}}{n}\right| \leqslant \frac{|S_N^{(2)}|}{n} + \frac{|\beta_{N+1}| + \cdots + |\beta_n|}{n} \leqslant \frac{|S_N^{(2)}|}{n} + \frac{n-N}{n} \cdot \frac{\varepsilon}{2K} \leqslant \frac{|S_N^{(2)}|}{n} + \frac{\varepsilon}{2}$$

$$\left|\frac{S_n^{(3)}}{n}\right| \leqslant \frac{K}{n}\sum_{k=1}^{n} |\alpha_k| \leqslant \frac{K}{n}\sum_{k=1}^{N} |\alpha_k| + K\frac{n-N}{n} \cdot \frac{\varepsilon}{2K} \leqslant \frac{K}{n}\sum_{k=1}^{N} |\alpha_k| + \frac{\varepsilon}{2}$$

由于 $\lim\limits_{n\to\infty} \dfrac{|S_N^{(1)}|}{n} = 0$，$\lim\limits_{n\to\infty} \dfrac{|S_N^{(2)}|}{n} = 0$，$\lim\limits_{n\to\infty} \dfrac{K}{n}\sum\limits_{k=1}^{N} |\alpha_k| = 0$，所以 $\exists N_1 \in \mathbf{N}^* (N_1 > N)$，当 $n > N_1$ 时，有

$$\frac{|S_N^{(1)}|}{n} < \frac{\varepsilon}{2}, \quad \frac{|S_N^{(2)}|}{n} < \frac{\varepsilon}{2}, \quad \frac{K}{n}\sum_{k=1}^{N} |\alpha_k| < \frac{\varepsilon}{2}$$

$$\Rightarrow \qquad \left|\frac{S_n^{(1)}}{n}\right| < \varepsilon, \quad \left|\frac{S_n^{(2)}}{n}\right| < \varepsilon, \quad \left|\frac{S_n^{(3)}}{n}\right| < \varepsilon$$

$$\Leftrightarrow \qquad \lim_{n\to\infty} \frac{S_n^{(1)}}{n} = 0, \quad \lim_{n\to\infty} \frac{S_n^{(2)}}{n} = 0, \quad \lim_{n\to\infty} \frac{S_n^{(3)}}{n} = 0$$

$$\Rightarrow \qquad \lim_{n\to\infty} \frac{a_1 b_n + a_2 b_{n-1} + \cdots + a_{n-1} b_2 + a_n b_1}{n}$$

$$= \lim_{n\to\infty} \frac{nAB + BS_n^{(1)} + AS_n^{(2)} + S_n^{(3)}}{n}$$

$$= \lim_{n\to\infty} \left(AB + B\frac{S_n^{(1)}}{n} + A\frac{S_n^{(2)}}{n} + \frac{S_n^{(3)}}{n}\right) = AB + B \cdot 0 + A \cdot 0 + 0 = AB$$

例 1.12（全国 2017 年初赛题）　设 $\{a_n\}$ 为一数列，p 为固定的正整数，如果极限 $\lim\limits_{n\to\infty}(a_{n+p} - a_n) = \lambda$，其中 λ 为常数，证明：$\lim\limits_{n\to\infty} \dfrac{a_n}{n} = \dfrac{\lambda}{p}$.

解析　将数列 $\{a_n\}$ 分为 p 个子数列：

$$\{a_{np+1}\}, \{a_{np+2}\}, \cdots, \{a_{np+i}\}, \cdots, \{a_{np+p}\} \quad (n = 0, 1, 2, \cdots)$$

对子数列 $\{a_{np+i}\}$ $(n = 0, 1, 2, \cdots)$，令 $b_n^{(i)} = a_{np+i} - a_{(n-1)p+i}$ $(1 \leqslant i \leqslant p)$，由条件有 $\lim\limits_{n\to\infty} b_n^{(i)} = \lambda$，再由极限定义，任给 $\varepsilon > 0$，$\exists N \in \mathbf{N}^*$，当 $n > N$ 时，恒有 $|b_n^{(i)} - \lambda| < \dfrac{\varepsilon}{2}$. 记

$$S_n^{(i)} = b_1^{(i)} + b_2^{(i)} + \cdots + b_n^{(i)} = (a_{p+i} - a_i) + (a_{2p+i} - a_{p+i}) + \cdots + (a_{np+i} - a_{(n-1)p+i})$$
$$= a_{np+i} - a_i$$

则有

$$\left| \frac{S_n^{(i)}}{n} - \lambda \right| \leqslant \frac{|S_N^{(i)}|}{n} + \frac{|b_{N+1}^{(i)} - \lambda| + \cdots + |b_n^{(i)} - \lambda|}{n} + \frac{N|\lambda|}{n}$$

$$\leqslant \frac{|S_N^{(i)}|}{n} + \frac{n-N}{n} \cdot \frac{\varepsilon}{2} + \frac{N|\lambda|}{n} \leqslant \frac{|S_N^{(i)}| + N|\lambda|}{n} + \frac{\varepsilon}{2}$$

由于 $\lim\limits_{n\to\infty} \dfrac{|S_N^{(i)}| + N|\lambda|}{n} = 0$，所以 $\exists N_1 \in \mathbf{N}^* (N_1 > N)$，当 $n > N_1$ 时，有

$$\frac{|S_N^{(i)}| + N|\lambda|}{n} < \frac{\varepsilon}{2}$$

则

$$\left| \frac{S_n^{(i)}}{n} - \lambda \right| < \varepsilon \Leftrightarrow \lim_{n\to\infty} \frac{S_n^{(i)}}{n} = \lambda \Leftrightarrow \lim_{n\to\infty} \frac{a_{np+i} - a_i}{n} = \lim_{n\to\infty} \frac{a_{np+i}}{n} = \lambda$$

$$\Rightarrow \qquad \lim_{n\to\infty} \frac{a_{np+i}}{np+i} = \lim_{n\to\infty} \frac{a_{np+i}}{n} \cdot \frac{n}{np+i} = \frac{\lambda}{p}$$

因数列 $\left\{ \dfrac{a_n}{n} \right\}$ 的 p 个子数列 $\left\{ \dfrac{a_{np+i}}{np+i} \right\} (i = 1, 2, \cdots, p)$ 的极限都是 $\dfrac{\lambda}{p}$，故 $\lim\limits_{n\to\infty} \dfrac{a_n}{n} = \dfrac{\lambda}{p}$.

例 1.13（东南大学 2006 年竞赛题） 已知 $a_1 = 3, a_n = 2a_{n-1}^2 - 1 (n \geqslant 2)$，试求极限 $\lim\limits_{n\to\infty} \dfrac{a_n}{2^n a_1 a_2 \cdots a_{n-1}}$.

分析 对任意正实数 b 有恒等式 $\left(b + \dfrac{1}{b} \right)^2 = b^2 + \dfrac{1}{b^2} + 2$，此式等价于

$$2\left[\frac{1}{2}\left(b + \frac{1}{b} \right) \right]^2 - 1 = \frac{1}{2}\left(b^2 + \frac{1}{b^2} \right)$$

令 $a_1 = \dfrac{1}{2}\left(b + \dfrac{1}{b} \right)$，则 $a_2 = 2a_1^2 - 1 = \dfrac{1}{2}\left(b^2 + \dfrac{1}{b^2} \right)$，用数学归纳法可证

$$a_n = 2a_{n-1}^2 - 1 = \frac{1}{2}\left(b^{2^{n-1}} + \frac{1}{b^{2^{n-1}}} \right)$$

将通项 $\{a_n\}$ 写成上面的形式则是本题解析的关键.

解析 令 $a_1 = 3 = \dfrac{1}{2}\left(b + \dfrac{1}{b} \right)$，解得 $b = 3 \pm 2\sqrt{2}$，则

$$a_2 = 2a_1^2 - 1 = \frac{1}{2}\left(b + \frac{1}{b} \right)^2 - 1 = \frac{1}{2}\left(b^2 + \frac{1}{b^2} \right)$$

$$a_3 = 2a_2^2 - 1 = \frac{1}{2}\left(b^2 + \frac{1}{b^2} \right)^2 - 1 = \frac{1}{2}\left(b^4 + \frac{1}{b^4} \right)$$

归纳假设 $a_{n-1} = \dfrac{1}{2}\left(b^{2^{n-2}} + \dfrac{1}{b^{2^{n-2}}} \right) (n \geqslant 2)$，则

$$a_n = 2a_{n-1}^2 - 1 = \frac{1}{2}\left(b^{2^{n-2}} + \frac{1}{b^{2^{n-2}}}\right)^2 - 1 = \frac{1}{2}\left(b^{2^{n-1}} + \frac{1}{b^{2^{n-1}}}\right) \qquad (*)_n$$

即应用数学归纳法,得 $(*)_n$ 式对 $n \in \{2,3,\cdots\}$ 均成立. 于是

$$\frac{a_n}{2^n a_1 a_2 \cdots a_{n-1}} = \frac{\frac{1}{2}\left(b^{2^{n-1}} + \frac{1}{b^{2^{n-1}}}\right)}{2^n \cdot \frac{1}{2}\left(b + \frac{1}{b}\right) \cdot \frac{1}{2}\left(b^2 + \frac{1}{b^2}\right) \cdot \cdots \cdot \frac{1}{2}\left(b^{2^{n-2}} + \frac{1}{b^{2^{n-2}}}\right)}$$

$$= \frac{\frac{1}{2}\left(b - \frac{1}{b}\right)\left(b^{2^{n-1}} + \frac{1}{b^{2^{n-1}}}\right)}{2\left(b - \frac{1}{b}\right)\left(b + \frac{1}{b}\right)\left(b^2 + \frac{1}{b^2}\right) \cdot \cdots \cdot \left(b^{2^{n-2}} + \frac{1}{b^{2^{n-2}}}\right)}$$

$$= \frac{\left(b - \frac{1}{b}\right)\left(b^{2^{n-1}} + \frac{1}{b^{2^{n-1}}}\right)}{4\left(b^{2^{n-1}} - \frac{1}{b^{2^{n-1}}}\right)}$$

(1) 当 $b = 3 + 2\sqrt{2}$ 时 $b > 1, b - \frac{1}{b} = 4\sqrt{2}$,则

$$\lim_{n \to \infty} \frac{a_n}{2^n a_1 a_2 \cdots a_{n-1}} = \sqrt{2} \lim_{n \to \infty} \frac{1 + b^{-2^n}}{1 - b^{-2^n}} = \sqrt{2} \cdot 1 = \sqrt{2}$$

(2) 当 $b = 3 - 2\sqrt{2}$ 时 $0 < b < 1, b - \frac{1}{b} = -4\sqrt{2}$,则

$$\lim_{n \to \infty} \frac{a_n}{2^n a_1 a_2 \cdots a_{n-1}} = -\sqrt{2} \lim_{n \to \infty} \frac{b^{2^n} + 1}{b^{2^n} - 1} = \sqrt{2}$$

综上,可得 $\lim\limits_{n \to \infty} \dfrac{a_n}{2^n a_1 a_2 \cdots a_{n-1}} = \sqrt{2}$.

例 1.14(江苏省 2014 年竞赛题)　设对每一个 j,$\{f_j(k)\}_{k=1}^{\infty}$ 都是无穷小数列,其中 $j = 1,2,3,\cdots$. 现定义 $z_k = \lim\limits_{n \to \infty}\{f_1(k) f_2(k) \cdots f_n(k)\}$,若 $\{z_k\}$ 是一个数列,那么 $\lim\limits_{k \to \infty} z_k = 0$ 是否一定成立?若一定成立,给出证明;若不一定成立,举一反例.

解析　$\lim\limits_{k \to \infty} z_k = 0$ 不一定成立. 反例如下:

当 $j = 1$ 时,设

$$f_1(k) = \frac{1}{k}, \quad k = 1,2,\cdots$$

当 $j \geqslant 2$ 时,设

$$f_j(k) = \begin{cases} 1, & k < j, \\ j^{-1}, & k = j, \\ \dfrac{1}{k}, & k > j \end{cases}$$

即

$$f_1(k): 1, \frac{1}{2}, \frac{1}{3}, \frac{1}{4}, \cdots, \frac{1}{n}, \frac{1}{n+1}, \cdots$$

$$f_2(k): 1, 2, \frac{1}{3}, \frac{1}{4}, \cdots, \frac{1}{n}, \frac{1}{n+1}, \cdots$$

$$f_3(k): 1, 1, 3^2, \frac{1}{4}, \cdots, \frac{1}{n}, \frac{1}{n+1}, \cdots$$

$$\vdots$$

$$f_n(k): 1, 1, 1, 1, \cdots, n^{n-1}, \frac{1}{n+1}, \cdots$$

$$\vdots$$

则 $z_k = \lim\limits_{n \to \infty}\{f_1(k) f_2(k) \cdots f_n(k)\} = 1$，所以 $\lim\limits_{k \to \infty} z_k = 1$.

点评 此例可以用来阐明一个重要结论：无穷多个无穷小量的乘积不一定是无穷小量.

1.2.3 利用夹逼准则与单调有界准则求极限 (例 1.15—1.18)

例 1.15(江苏省 2018 年竞赛题) 求 $\lim\limits_{n \to \infty}\left[\dfrac{1 \cdot 3 \cdot \cdots \cdot (2n-3) \cdot (2n-1)}{2 \cdot 4 \cdot \cdots \cdot (2n-2) \cdot (2n)}\right]^2$.

解析 记 $a_n = \dfrac{1^2 \cdot 3^2 \cdot \cdots \cdot (2n-1)^2}{2^2 \cdot 4^2 \cdot \cdots \cdot (2n)^2}$，因为 $\dfrac{(2k-1) \cdot (2k+1)}{(2k)^2} < 1$(其中 $k \in \mathbf{N}^*$)，所以

$$0 < a_n = \frac{1 \cdot 3}{2^2} \cdot \frac{3 \cdot 5}{4^2} \cdot \frac{5 \cdot 7}{6^2} \cdot \cdots \cdot \frac{(2n-3) \cdot (2n-1)}{(2n-2)^2} \cdot \frac{2n-1}{(2n)^2} < \frac{2n-1}{(2n)^2}$$

又因为 $\lim\limits_{n \to \infty}\dfrac{2n-1}{(2n)^2} = 0$，应用夹逼准则得 $\lim\limits_{n \to \infty} a_n = 0$.

例 1.16(江苏省 2008 年竞赛题) 设数列 $\{x_n\}$ 为 $x_1 = \sqrt{3}$，$x_2 = \sqrt{3 - \sqrt{3}}$，$x_{n+2} = \sqrt{3 - \sqrt{3 + x_n}}$ $(n = 1, 2, \cdots)$，求证数列 $\{x_n\}$ 收敛，并求其极限.

解析 易知 $0 < x_n < 3$ $(n = 1, 2, \cdots)$. 因为

$$|x_{n+2} - 1| = \left|\sqrt{3 - \sqrt{3 + x_n}} - 1\right| = \frac{\left|2 - \sqrt{3 + x_n}\right|}{\sqrt{3 - \sqrt{3 + x_n}} + 1}$$

$$\leqslant \left|\sqrt{x_n + 3} - 2\right| = \frac{1}{\sqrt{x_n + 3} + 2}|x_n - 1|$$

$$\leqslant \frac{1}{2}|x_n - 1|$$

所以

$$0 \leqslant |x_{2n} - 1| \leqslant \frac{1}{2}|x_{2n-2} - 1| \leqslant \cdots \leqslant \frac{1}{2^{n-1}}|x_2 - 1| = \frac{1}{2^{n-1}}\left|\sqrt{3 - \sqrt{3}} - 1\right|$$

$$0 \leqslant |x_{2n+1} - 1| \leqslant \frac{1}{2} |x_{2n-1} - 1| \leqslant \cdots \leqslant \frac{1}{2^n} |x_1 - 1| = \frac{1}{2^n} |\sqrt{3} - 1|$$

由于 $\lim\limits_{n\to\infty} \frac{1}{2^{n-1}} \left| \sqrt{3 - \sqrt{3}} - 1 \right| = 0$，$\lim\limits_{n\to\infty} \frac{1}{2^n} \left| \sqrt{3} - 1 \right| = 0$，应用夹逼准则得 $x_{2n} \to 1$，$x_{2n+1} \to 1$，故 $\lim\limits_{n\to\infty} x_n = 1$.

例 1.17（莫斯科公路学院 1976 年竞赛题）　设 $a > b > 0$，定义 $a_1 = \dfrac{a+b}{2}$，$b_1 = \sqrt{ab}$，$a_2 = \dfrac{a_1+b_1}{2}$，$b_2 = \sqrt{a_1 b_1}$，$\cdots$，$a_{n+1} = \dfrac{a_n+b_n}{2}$，$b_{n+1} = \sqrt{a_n b_n}$，$\cdots$. 求证：数列 $\{a_n\}$ 和 $\{b_n\}$ 皆收敛，且其极限相等.

解析　由于

$$0 < b = \sqrt{b^2} < \sqrt{ab} < \frac{a+b}{2} < \frac{a+a}{2} = a$$

所以 $0 < b < b_1 < a_1 < a$. 同理可得 $0 < b_1 < b_2 < a_2 < a_1$，$0 < b_2 < b_3 < a_3 < a_2$. 归纳假设 $0 < b_{n-1} < b_n < a_n < a_{n-1}$，则

$$0 < b_n = \sqrt{b_n^2} < \sqrt{a_n b_n} < \frac{a_n+b_n}{2} < \frac{a_n+a_n}{2} = a_n$$

所以 $0 < b_n < b_{n+1} < a_{n+1} < a_n$，由此得数列 $\{a_n\}$ 单调递减，有下界 b；数列 $\{b_n\}$ 单调递增，有上界 a. 应用单调有界准则，它们皆收敛. 设

$$\lim_{n\to\infty} a_n = A, \qquad \lim_{n\to\infty} b_n = B$$

在 $a_{n+1} = \dfrac{a_n+b_n}{2}$，$b_{n+1} = \sqrt{a_n b_n}$ 两边令 $n \to \infty$，得

$$2A = A + B, \qquad B^2 = AB$$

由于 $A > 0$，$B > 0$，所以 $A = B$，即 $\lim\limits_{n\to\infty} a_n = \lim\limits_{n\to\infty} b_n$.

例 1.18（全国 2021 年初赛题）　设

$$x_1 = 2021, \quad x_n^2 - 2(x_n + 1)x_{n+1} + 2021 = 0 \quad (n \geqslant 1)$$

证明数列 $\{x_n\}$ 收敛，并求极限 $\lim\limits_{n\to\infty} x_n$.

解析　由于 $x_1 = 2021$，$x_{n+1} = \dfrac{x_n^2 + 2021}{2(x_n + 1)}(n \geqslant 1)$，所以 $x_n > 0(n \geqslant 1)$. 记 $x_n + 1 = y_n$，则 $y_1 = 2022$，$y_n > 0(n \geqslant 1)$. 将 $x_n = y_n - 1$ 代入原式得

$$y_{n+1} = \frac{y_n}{2} + \frac{1011}{y_n} \quad (n \geqslant 1)$$

由于 $\dfrac{y_n}{2} + \dfrac{1011}{y_n} \geqslant 2 \cdot \sqrt{\dfrac{1011}{2}} = \sqrt{2022}$，故 $y_{n+1} \geqslant \sqrt{2022}$，即数列 $\{y_n\}$ 下有界. 又

$$y_{n+2} = \frac{y_{n+1}}{2} + \frac{1011}{y_{n+1}} \Rightarrow \frac{y_{n+2}}{y_{n+1}} = \frac{1}{2} + \frac{1011}{y_{n+1}^2} \leqslant \frac{1}{2} + \frac{1011}{2022} = 1 \quad (n \geqslant 1)$$

且 $y_2 = 1011.5 < y_1$，因此数列 $\{y_n\}$ 单调减少，应用单调有界准则即得 $\{y_n\}$ 收敛.

再记 $\lim\limits_{n \to \infty} y_n = A$，在等式 $y_{n+1} = \frac{y_n}{2} + \frac{1011}{y_n}$ 两边取极限，得

$$A = \frac{A}{2} + \frac{1011}{A} \Rightarrow A = \sqrt{2022}$$

于是

$$\lim_{n \to \infty} y_n = \sqrt{2022} \Rightarrow \lim_{n \to \infty} x_n = \sqrt{2022} - 1$$

点评 上面 $x_n + 1 = y_n$ 这一变换很妙，读者须仔细体会.

1.2.4 利用重要极限与等价无穷小替换求极限（例 1.19—1.26）

例 1.19（精选题） 设 $x_n = \left(1 - \frac{1}{n}\right)^{-n}(n \geqslant 2)$，证明数列 $\{x_n\}$ 单调减少，并求极限 $\lim\limits_{n \to \infty} x_n$.

解析 计算可得 $x_2 = 4$，且当 $n > 2$ 时显然有 $x_n > 0$. 因为 $\frac{1}{x_n} = \left(\frac{n-1}{n}\right)^n$，对其应用 A-G 不等式，得

$$\frac{1}{x_n} = \left(\frac{n-1}{n}\right)^n = 1 \cdot \underbrace{\frac{n-1}{n} \cdot \cdots \cdot \frac{n-1}{n}}_{n\text{项}} \leqslant \left[\frac{1}{n+1}\left(1 + \frac{n-1}{n} \cdot n\right)\right]^{n+1}$$

$$= \left(\frac{n}{n+1}\right)^{n+1} = \frac{1}{x_{n+1}}$$

所以 $x_n \geqslant x_{n+1}$，此式表明数列 $\{x_n\}$ 单调减少.

应用重要极限 $\lim\limits_{\square \to 0}(1 + \square)^{\frac{1}{\square}} = e$，令 $\square = -\frac{1}{n}$，则

$$\lim_{n \to \infty} x_n = \lim_{n \to \infty}\left(1 - \frac{1}{n}\right)^{-n} = \lim_{\square \to 0}(1 + \square)^{\frac{1}{\square}} = e$$

例 1.20（浙江省 2010 年竞赛题） 求 $\lim\limits_{n \to \infty}\left[\sqrt{n}(\sqrt{n+1} - \sqrt{n}) + \frac{1}{2}\right]^{\frac{\sqrt{n+1} + \sqrt{n}}{\sqrt{n+1} - \sqrt{n}}}$.

解析 原式的底数可改写为

$$\sqrt{n}(\sqrt{n+1} - \sqrt{n}) + \frac{1}{2} = 1 + \frac{\sqrt{n} - \sqrt{n+1}}{2(\sqrt{n} + \sqrt{n+1})}$$

记 $\square = \frac{\sqrt{n} - \sqrt{n+1}}{2(\sqrt{n} + \sqrt{n+1})}$，由于

$$\lim_{n \to \infty} \frac{\sqrt{n} - \sqrt{n+1}}{2(\sqrt{n} + \sqrt{n+1})} = \lim_{n \to \infty} \frac{-1}{2(\sqrt{n} + \sqrt{n+1})^2} = 0$$

所以 $\square \to 0(n \to \infty)$. 又因为原式的指数为 $\dfrac{\sqrt{n+1}+\sqrt{n}}{\sqrt{n+1}-\sqrt{n}} = -\dfrac{1}{2\square}$，应用关于数 e 的重要极限，得

$$\text{原式} = \lim_{n \to \infty}(1+\square)^{\frac{1}{\square}\left(-\frac{1}{2}\right)} = e^{-\frac{1}{2}} = \frac{1}{\sqrt{e}}$$

例 1.21（东南大学 2021 年竞赛题）　设 n 为正整数，求极限

$$\lim_{x \to +\infty}\left[\frac{x^n}{(x-1)(x-2)\cdots(x-n)}\right]^{2x}$$

解析　应用关于数 e 的重要极限 $\lim\limits_{\square \to 0}(1+\square)^{\frac{1}{\square}} = e$，得

$$\text{原式} = \lim_{x \to +\infty}\left[\left(1+\frac{-1}{x}\right)^{\frac{x}{-1}\times 1}\left(1+\frac{-2}{x}\right)^{\frac{x}{-2}\times 2}\cdots\left(1+\frac{-n}{x}\right)^{\frac{x}{-n}\times n}\right]^2$$

$$= (e^1 e^2 \cdots e^n)^2 = e^{2(1+2+\cdots+n)} = e^{n(n+1)}$$

例 1.22（全国 2020 年决赛题）　求极限

$$\lim_{x \to \frac{\pi}{2}}\frac{(1-\sqrt{\sin x})(1-\sqrt[3]{\sin x})\cdots(1-\sqrt[n]{\sin x})}{(1-\sin x)^{n-1}}$$

解析　作变量代换，令 $t = 1-\sin x$，当 $x \to \pi/2$ 时 $t \to 0$. 又当 $t \to 0$ 时，因为 $(1-t)^{\lambda}-1 \sim -\lambda t$，所以

$$1-\sqrt[k]{\sin x} = -((1-t)^{\frac{1}{k}}-1) \sim \frac{t}{k}\quad (k = 2,3,\cdots,n)$$

应用等价无穷小替换，得

$$\text{原式} = \lim_{t \to 0}\frac{t}{2}\cdot\frac{t}{3}\cdot\cdots\cdot\frac{t}{n}\cdot\frac{1}{t^{n-1}} = \frac{1}{n!}$$

例 1.23（北京市 1996 年竞赛题）　已知 $\lim\limits_{x \to 0}\dfrac{\ln\left(1+\dfrac{f(x)}{\sin 2x}\right)}{3^x-1} = 5$，求 $\lim\limits_{x \to 0}\dfrac{f(x)}{x^2}$.

解析　由于 $x \to 0$ 时，$\ln\left(1+\dfrac{f(x)}{\sin 2x}\right) \to 0$，所以 $\dfrac{f(x)}{\sin 2x} \to 0$，且

$$\ln\left(1+\frac{f(x)}{\sin 2x}\right) \sim \frac{f(x)}{\sin 2x} \sim \frac{f(x)}{2x}, \quad 3^x-1 = e^{x\ln 3}-1 \sim x\ln 3$$

所以

$$\lim_{x \to 0}\frac{\ln\left(1+\dfrac{f(x)}{\sin 2x}\right)}{3^x-1} = \lim_{x \to 0}\frac{\dfrac{f(x)}{2x}}{x\ln 3} = \lim_{x \to 0}\frac{f(x)}{x^2}\cdot\frac{1}{2\ln 3} = 5$$

故 $\lim\limits_{x \to 0}\dfrac{f(x)}{x^2} = 10\ln 3$.

例 1.24(浙江省 2016 年竞赛题)　求极限 $\lim\limits_{n\to\infty}\dfrac{\ln\cos(\sqrt{n^2+1}-n)}{\ln(n^2+2)-2\ln n}$,其中 n 为正整数.

解析　由于

$$\lim_{n\to\infty}(\sqrt{n^2+1}-n)=\lim_{n\to\infty}\frac{1}{\sqrt{n^2+1}+n}=0\Rightarrow\lim_{n\to\infty}\left[\cos(\sqrt{n^2+1}-n)-1\right]=0$$

又应用等价无穷小替换 $\ln(1+\square)\sim\square,1-\cos\square\sim\dfrac{1}{2}\square^2(\square\to0)$,所以

$$原式=\lim_{n\to\infty}\frac{\ln\left[1+(\cos(\sqrt{n^2+1}-n)-1)\right]}{\ln(1+2/n^2)}=-\lim_{n\to\infty}\frac{1-\cos(\sqrt{n^2+1}-n)}{2/n^2}$$

$$=-\lim_{n\to\infty}\frac{\frac{1}{2}(\sqrt{n^2+1}-n)^2}{2/n^2}=-\frac{1}{4}\lim_{n\to\infty}\frac{n^2}{(\sqrt{n^2+1}+n)^2}$$

$$=-\frac{1}{4}\lim_{n\to\infty}\frac{1}{(\sqrt{1+1/n^2}+1)^2}=-\frac{1}{16}$$

例 1.25(全国 2013 年初赛题)　求极限 $\lim\limits_{n\to\infty}\left(1+\sin(\pi\sqrt{1+4n^2})\right)^n$.

解析　由于

$$\sin(\pi\sqrt{1+4n^2})=\sin\left[\pi(\sqrt{1+4n^2}-2n)\right]$$
$$=\sin\frac{\pi}{\sqrt{1+4n^2}+2n}\to0\quad(n\to\infty)$$

又应用等价无穷小替换 $\ln(1+\square)\sim\square,\sin\square\sim\square(\square\to0)$,所以

$$原式=\exp\left(\lim_{n\to\infty}n\ln(1+\sin(\pi\sqrt{1+4n^2}))\right)$$

$$=\exp\left(\lim_{n\to\infty}n\sin\frac{\pi}{\sqrt{1+4n^2}+2n}\right)=\exp\left(\lim_{n\to\infty}n\frac{\pi}{\sqrt{1+4n^2}+2n}\right)$$

$$=\exp\left(\lim_{n\to\infty}\frac{\pi}{\sqrt{4+1/n^2}+2}\right)=e^{\frac{\pi}{4}}$$

例 1.26(浙江省 2021 年竞赛题)　已知 $x_n=\left(1+\dfrac{1}{n^2}\right)\left(1+\dfrac{2}{n^2}\right)\cdots\left(1+\dfrac{n}{n^2}\right)$,求极限 $\lim\limits_{n\to\infty}x_n$.

解析　原式两边取对数得 $\ln x_n=\sum\limits_{k=1}^n\ln\left(1+\dfrac{k}{n^2}\right)$,再应用 $\ln(1+x)$ 的二阶麦克劳林展式 $\ln(1+x)=x-\dfrac{x^2}{2}+o(x^2)(x\to0)$,得

$$\ln x_n=\sum_{k=1}^n\ln\left(1+\frac{k}{n^2}\right)=\sum_{k=1}^n\left(\frac{k}{n^2}-\frac{k^2}{2n^4}+o\left(\frac{k^2}{n^4}\right)\right)$$

$$= \frac{n(n+1)}{2n^2} - \frac{n(n+1)(2n+1)}{12n^4} + o\left(\frac{n(n+1)(2n+1)}{6n^4}\right)$$

此式两端求极限,得

$$\lim_{n\to\infty}\ln x_n = \lim_{n\to\infty}\frac{n(n+1)}{2n^2} - \lim_{n\to\infty}\frac{n(n+1)(2n+1)}{12n^4} + 0 = \frac{1}{2} - 0 = \frac{1}{2}$$

因此 $\lim_{n\to\infty} x_n = \exp(\lim_{n\to\infty}\ln x_n) = \exp(1/2) = \sqrt{e}$.

点评　取对数将乘积运算化为加法运算,这一方法很巧妙,读者应熟练掌握.

1.2.5　连续性与间断点(例1.27—1.30)

例1.27(江苏省2004年竞赛题)　设函数 $f(x)$ 在区间 $(-\infty,+\infty)$ 上有定义,在 $x=0$ 处连续,且对一切实数 x_1,x_2 有 $f(x_1+x_2) = f(x_1) + f(x_2)$,求证: $f(x)$ 在 $(-\infty,+\infty)$ 上处处连续.

解析　在 $f(x_1+x_2) = f(x_1) + f(x_2)$ 中令 $x_1 = x_2 = 0$,可得 $f(0) = 0$. 因 $f(x)$ 在 $x=0$ 处连续,所以

$$\lim_{x\to 0} f(x) = f(0) = 0$$

$\forall x_0 \in (-\infty,+\infty)$,令 $x - x_0 = t$,则

$$\lim_{x\to x_0} f(x) = \lim_{t\to 0} f(x_0 + t) = \lim_{t\to 0}(f(x_0) + f(t))$$
$$= f(x_0) + \lim_{t\to 0} f(t) = f(x_0) + 0 = f(x_0)$$

所以 $f(x)$ 在 x_0 处连续. 由 $x_0 \in (-\infty,+\infty)$ 的任意性,故 $f(x)$ 在 $(-\infty,+\infty)$ 上处处连续.

例1.28(精选题)　设函数 $f(x)$ 对一切实数满足 $f(x^2) = f(x)$,且在 $x=0$ 与 $x=1$ 处连续,求证: $f(x)$ 恒为常数.

解析　$\forall x_0 > 0$,有

$$f(x_0) = f(\sqrt{x_0}) = f(x_0^{\frac{1}{4}}) = f(x_0^{\frac{1}{8}}) = \cdots = f(x_0^{\frac{1}{2^n}})$$

由于 $n\to\infty$ 时 $u = x_0^{\frac{1}{2^n}} \to 1$,且 $f(x)$ 在 $x=1$ 处连续,所以

$$f(x_0) = \lim_{n\to\infty} f(x_0^{\frac{1}{2^n}}) = \lim_{u\to 1} f(u) = f(1)$$

又 $\forall x_1 < 0$,有

$$f(x_1) = f(x_1^2) = f(|x_1|^2) = f(|x_1|) = f(|x_1|^{\frac{1}{2}}) = \cdots f(|x_1|^{\frac{1}{2^n}})$$

于是

$$f(x_1) = \lim_{n\to\infty} f(|x_1|^{\frac{1}{2^n}}) = \lim_{u\to 1} f(u) = f(1)$$

由于 $f(x)$ 在 $x=0$ 处连续,所以 $f(0) = f(1)$. 故 $\forall x \in \mathbf{R}, f(x) = f(1)$.

例 1.29(北京市 1992 年竞赛题) 设函数 $f(x)$ 在区间 $(0,1)$ 内有定义,且函数 $e^x f(x)$ 与函数 $e^{-f(x)}$ 在 $(0,1)$ 内都是单调增加的,求证: $f(x)$ 在 $(0,1)$ 内连续.

解析 $\forall x_0 \in (0,1)$,设变量 s,t 满足 $0 < s < x_0 < t < 1$. 由于 e^{-x} 单调减少,而 $e^{-f(x)}$ 单调增加,所以 $f(x)$ 在区间 $(0,1)$ 内单调减少,于是

$$f(t) \leqslant f(x_0) \leqslant f(s) \qquad (*)_1$$

又因为 $e^x f(x)$ 单调增加,故

$$e^s f(s) \leqslant e^{x_0} f(x_0) \leqslant e^t f(t) \qquad (*)_2$$

由 $(*)_1$ 与 $(*)_2$ 可推出

$$f(x_0) \leqslant f(s) \leqslant \exp(x_0 - s) f(x_0), \quad \exp(x_0 - t) f(x_0) \leqslant f(t) \leqslant f(x_0)$$

在上行两式中分别令 $s \to x_0^-, t \to x_0^+$,由夹逼准则得

$$\lim_{x \to x_0^-} f(x) = \lim_{s \to x_0^-} f(s) = f(x_0), \quad \lim_{x \to x_0^+} f(x) = \lim_{t \to x_0^+} f(t) = f(x_0)$$

因此 $\lim\limits_{x \to x_0} f(x) = f(x_0)$,故 $f(x)$ 在 x_0 处连续. 再由 x_0 在区间 $(0,1)$ 内的任意性即得 $f(x)$ 在区间 $(0,1)$ 内连续.

例 1.30(江苏省 2022 年竞赛题) 设 $x = 1, x = e$ 分别为

$$f(x) = \frac{e^{2x} + b}{(x-a)(x^2 + b)}$$

的第一类及第二类间断点,则常数 $a = \underline{\hspace{2cm}}, b = \underline{\hspace{2cm}}$.

解析 由于 $x = 1$ 为 $f(x)$ 的第一类间断点,所以 $f(x)$ 在 $x = 1$ 处没有定义,但 $\lim\limits_{x \to 1^+} f(x)$ 存在. 因此

$$(x-a)(x^2 + b)\Big|_{x=1} = (1-a)(1+b) = 0 \Rightarrow a = 1 \text{ 或 } b = -1.$$

当 $a = 1$ 时,要想 $\lim\limits_{x \to 1^+} f(x)$ 存在,必须 $\lim\limits_{x \to 1^+} (e^{2x} + b) = e^2 + b = 0 \Rightarrow b = -e^2$,此时

$$\lim_{x \to 1} f(x) = \lim_{x \to 1} \frac{e^{2x} - e^2}{(x-1)(x^2 - e^2)} = \lim_{x \to 1} \frac{e^2 (e^{2(x-1)} - 1)}{(x-1)(x^2 - e^2)}$$

$$= \lim_{x \to 1} \frac{2e^2 (x-1)}{(x-1)(x^2 - e^2)} = \frac{2e^2}{1 - e^2}$$

故 $a = 1, b = -e^2$ 时, $x = 1$ 是第一类间断点.且此时

$$\lim_{x \to e} f(x) = \lim_{x \to e} \frac{e^{2x} - e^2}{(x-1)(x^2 - e^2)} = \infty$$

即 $x = e$ 确为第二类间断点.

当 $b = -1$ 时,由于

$$\lim_{x \to 1}(x-a)(x^2 - 1) = 0, \quad \lim_{x \to 1}(e^{2x} - 1) = e^2 - 1 \neq 0$$

所以 $\lim\limits_{x \to 1} f(x) = \infty$,因而 $x = 1$ 是第二类间断点,不符合条件.

综上可得 $a = 1, b = -e^2$.

1.2.6　零点定理与介值定理的应用(例 1.31—1.35)

例 1.31(北京市 1994 年竞赛题)　设
$$f_n(x) = x + x^2 + \cdots + x^n \quad (n = 2, 3, \cdots)$$
(1) 证明:方程 $f_n(x) = 1$ 在$[0, +\infty)$ 内有惟一的实根 x_n;

(2) 求 $\lim\limits_{n \to \infty} x_n$.

解析　(1) 由题可知 $f_n(x)$ 在$[0, 1]$上连续,且 $f_n(0) = 0$,$f_n(1) = n > 1$,则由介值定理知,$\exists x_n \in (0, 1)$,使得 $f_n(x_n) = 1$. 又 $f_n(x)$ 显然在$[0, +\infty)$ 上单调增加,故 $f_n(x) = 1$ 在$[0, +\infty)$ 内有惟一的实根 x_n.

(2) 由(1) 可知,$\forall n \geqslant 2$,有 $0 < x_n < 1$,故数列$\{x_n\}$ 是有界的. 又 $f_n(x_n) = 1 = f_{n+1}(x_{n+1})$,即
$$x_n + x_n^2 + \cdots + x_n^n = x_{n+1} + x_{n+1}^2 + \cdots + x_{n+1}^n + x_{n+1}^{n+1}$$
移项得
$$(x_n - x_{n+1})[1 + (x_n + x_{n+1}) + \cdots + (x_n^{n-1} + x_n^{n-2} x_{n+1} + \cdots + x_{n+1}^{n-1})]$$
$$= x_{n+1}^{n+1} > 0$$
故 $x_n > x_{n+1}$,即数列$\{x_n\}$ 单调递减. 据单调有界准则知数列$\{x_n\}$ 收敛.

由 $0 < x_n^n < x_2^n$,且 $0 < x_2 < 1$,应用夹逼准则,得 $\lim\limits_{n \to \infty} x_n^n = 0$. 又
$$x_n + x_n^2 + \cdots + x_n^n = \frac{x_n(1 - x_n^n)}{1 - x_n} = 1$$
令 $x_n \to A (n \to \infty)$,则 $\dfrac{A}{1 - A} = 1$. 解得 $A = \dfrac{1}{2}$,所以 $\lim\limits_{n \to \infty} x_n = \dfrac{1}{2}$.

例 1.32(同济大学 2016 年竞赛题)　设函数
$$f_n(x) = e^{nx} + x - e^n \quad (n = 1, 2, \cdots)$$
(1) 证明在区间$(0, 1)$ 内,方程 $f_n(x) = 0$ 有惟一的根 r_n;

(2) 证明极限 $\lim\limits_{n \to \infty} r_n$ 存在;

(3) 求 $\lim\limits_{n \to \infty} r_n$.

解析　(1) $\forall n \in \mathbf{N}^*$,$f_n(x) \in \mathscr{C}[0, 1]$,且函数 $f_n(x)$ 在$[0, 1]$上显然严格单调增加. 又由于 $f_n(0) = 1 - e^n < 0$,$f_n(1) = 1 > 0$,应用零点定理得 $f_n(x) = 0$ 在区间$(0, 1)$ 内有惟一的根 $r_n (n \in \mathbf{N}^*)$.

(2) 由上面 (1) 得
$$f_n(r_n) = e^{nr_n} + r_n - e^n = 0, \quad f_{n+1}(r_{n+1}) = e^{(n+1)r_{n+1}} + r_{n+1} - e^{n+1} = 0$$
又由上面左式得 $r_n = e^n - e^{nr_n}$,代入 $f_{n+1}(x) = e^{(n+1)x} + x - e^{n+1}$ 得
$$f_{n+1}(r_n) = e^{(n+1)r_n} + r_n - e^{n+1} = e^{(n+1)r_n} + e^n - e^{nr_n} - e^{n+1}$$

$$= \mathrm{e}^{rr_n}(\mathrm{e}^{r_n}-1)-\mathrm{e}^n(\mathrm{e}-1)$$

因为 $0<r_n<1 \Rightarrow 1<\mathrm{e}^{r_n}<\mathrm{e}$，$0<\mathrm{e}^{r_n}-1<\mathrm{e}-1 \Rightarrow f_{n+1}(r_n)<0$，而函数 $f_{n+1}(x)$ 单调增加，所以 $r_n<r_{n+1}$，即数列 $\{r_n\}$ 单调递增有上界，应用单调有界准则得数列 $\{r_n\}$ 收敛.

(3) 由 $f_n(r_n)=\mathrm{e}^{rr_n}+r_n-\mathrm{e}^n=0 \Rightarrow r_n=\dfrac{1}{n}\ln(\mathrm{e}^n-r_n)$，又 $0<r_n<1$，得

$$\frac{1}{n}\ln(\mathrm{e}^n-1)<r_n<\frac{1}{n}\ln(\mathrm{e}^n-0)=1$$

由于

$$\lim_{n\to\infty}\frac{1}{n}\ln(\mathrm{e}^n-1)=\lim_{n\to\infty}\frac{1}{n}(n+\ln(1-\mathrm{e}^{-n}))=1+\lim_{n\to\infty}\frac{1}{n}\ln(1-\mathrm{e}^{-n})=1$$

应用夹逼准则即得 $\lim\limits_{n\to\infty}r_n=1$.

例 1.33（江西省 2010 年竞赛题）　设 $x_0=1$，$x_{n+1}=\dfrac{1}{x_n^3+4}(n=0,1,2,\cdots)$.

(1) 证明：数列 $\{x_n\}$ 收敛；

(2) 证明：$\{x_n\}$ 的极限值 a 是方程 $x^4+4x-1=0$ 的惟一正根.

分析　首先利用数列的递推关系式计算出前 4 项，由此猜想原数列的子数列 $\{x_{2n}\}$ 单调递减下有界，子数列 $\{x_{2n+1}\}$ 单调递增上有界；再将这两个结论绞合在一起，巧妙地运用数学归纳法，即可得到证明.

解析　(1) 简单计算可得 $x_0=1$，$x_1=0.2$，$x_2=0.2495$，$x_3=0.2490$，故有 $x_1<x_3<x_2<x_0$. 下面证明不等式

$$x_{2n-1}<x_{2n+1}<x_{2n}<x_{2n-2}\quad(n=1,2,\cdots) \tag{1}_n$$

$(1)_1$ 式已证成立，假设 $(*)_n$ 式成立. 记 $y=\dfrac{1}{x^3+4}$，则 $y'=-\dfrac{3x^2}{(x^3+4)^2}<0$，所以 $y=\dfrac{1}{x^3+4}$ 单调减少. 因此，由

$$x_{2n-1}<x_{2n+1} \Rightarrow x_{2n}=\frac{1}{x_{2n-1}^3+4}>\frac{1}{x_{2n+1}^3+4}=x_{2n+2} \tag{2}$$

$$x_{2n+1}<x_{2n} \Rightarrow x_{2n+2}=\frac{1}{x_{2n+1}^3+4}>\frac{1}{x_{2n}^3+4}=x_{2n+1} \tag{3}$$

再由

$$(2)\ \text{式} \Rightarrow x_{2n+1}=\frac{1}{x_{2n}^3+4}<\frac{1}{x_{2n+2}^3+4}=x_{2n+3}$$

$$(3)\ \text{式} \Rightarrow x_{2n+3}=\frac{1}{x_{2n+2}^3+4}<\frac{1}{x_{2n+1}^3+4}=x_{2n+2}$$

所以 $x_{2n+1}<x_{2n+3}<x_{2n+2}<x_{2n}$，即 $(1)_{n+1}$ 式成立. 因此，应用数学归纳法得 $(1)_n$ 式成立.

由 $(1)_n$ 式可得数列 $\{x_{2n}\}(n\in\mathbf{N}^*)$ 单调递减，数列 $\{x_{2n+1}\}(n\in\mathbf{N}^*)$ 单调递增，

且 $0 < x_n \leqslant 1(n = 0, 1, 2, \cdots)$,应用单调有界准则得数列 $\{x_{2n}\}$ 与 $\{x_{2n+1}\}$ 皆收敛. 令 $n \to \infty$ 时,$x_{2n} \to a, x_{2n+1} \to b(0 < b \leqslant a < 1)$,则由

$$x_{2n+1} = \frac{1}{x_{2n}^3 + 4}, \quad x_{2n} = \frac{1}{x_{2n-1}^3 + 4}$$

可得

$$b = \frac{1}{a^3 + 4}, \ a = \frac{1}{b^3 + 4} \Leftrightarrow (a - b)(ab(a + b) - 4) = 0$$

由于 $0 < a < 1, 0 < b < 1$,则 $ab(a + b) - 4 < 0$,故 $a = b$,所以数列 $\{x_{2n}\}, \{x_{2n+1}\}$ 皆收敛于 a,因此数列 $\{x_n\}$ 收敛于 a,其中 a 满足方程 $a^4 + 4a - 1 = 0$.

(2) 记 $f(x) = x^4 + x - 1(x \geqslant 0)$,由于 $f \in \mathscr{C}[0, +\infty)$,函数 $f(x)$ 严格单调增加,且 $f(0) = -1 < 0, f(1) = 1 > 0$,应用零点定理,必存在惟一的 $a \in (0, 1)$,使得 $f(a) = 0$,所以数列 $\{x_n\}$ 的极限值 a 是方程 $x^4 + 4x - 1 = 0$ 的惟一正根.

例 1.34(全国 2018 年决赛题) 设函数 $f(x)$ 在区间 $(0, 1)$ 内连续,且存在两两互异的点 $x_1, x_2, x_3, x_4 \in (0, 1)$,使得

$$\alpha = \frac{f(x_1) - f(x_2)}{x_1 - x_2} < \frac{f(x_3) - f(x_4)}{x_3 - x_4} = \beta$$

证明:对任意 $\lambda \in (\alpha, \beta)$,存在互异的点 $x_5, x_6 \in (0, 1)$,使得 $\lambda = \dfrac{f(x_5) - f(x_6)}{x_5 - x_6}$.

解析 不妨设 $x_1 < x_2, x_3 < x_4$,作辅助函数
$$F(t) = \frac{f((1-t)x_1 + tx_3) - f((1-t)x_2 + tx_4)}{((1-t)x_1 + tx_3) - ((1-t)x_2 + tx_4)} \quad (0 \leqslant t \leqslant 1)$$

记
$$g(t) = ((1-t)x_1 + tx_3) - ((1-t)x_2 + tx_4) \quad (0 \leqslant t \leqslant 1)$$
由于 $g(t)$ 是关于 t 的线性函数,又 $g(0) = x_1 - x_2 < 0, g(1) = x_3 - x_4 < 0$,所以 $g(t) < 0(0 \leqslant t \leqslant 1)$,即知 $F \in \mathscr{C}[0, 1]$. 又 $F(0) = \alpha < \lambda < \beta = F(1)$,应用介值定理,必存在 $t_0 \in (0, 1)$,使得 $F(t_0) = \lambda$. 令
$$x_5 = (1 - t_0)x_1 + t_0 x_3, \quad x_6 = (1 - t_0)x_2 + t_0 x_4$$
显然 $x_6 > x_5$,且 x_5 介于 x_1 与 x_3 之间,x_6 介于 x_2 与 x_4 之间,于是存在互异的两点 $x_5, x_6 \in (0, 1)$,使得

$$F(t_0) = \lambda = \frac{f(x_5) - f(x_6)}{x_5 - x_6}$$

点评 上面的辅助函数 $F(t)$ 是按 $F(0) = \alpha, F(1) = \beta$ 的要求设计的,这是关键的一步.

例 1.35(同济大学 2012 年竞赛题) 设函数 $f(x)$ 在区间 $[a, b]$ 上连续,实数 λ 满足 $0 < \lambda < 1$,证明:$f(x)$ 在 $[a, b]$ 上有零点的充要条件是 $\forall x_1 \in [a, b], \exists x_2 \in [a, b]$,使得 $f(x_2) = \lambda f(x_1)$.

解析 (必要性)因 $f(x)$ 在 $[a, b]$ 上连续,应用最值定理,存在

$$M = \max_{a \leqslant x \leqslant b} f(x), \quad m = \min_{a \leqslant x \leqslant b} f(x)$$

由于 $f(x)$ 在 $[a,b]$ 上有零点,所以 $m \leqslant 0 \leqslant M$. 任取 $x_1 \in [a,b]$,若 $f(x_1) \geqslant 0$,则 $m \leqslant 0 \leqslant \lambda f(x_1) \leqslant f(x_1) \leqslant M$;若 $f(x_1) < 0$,则 $m \leqslant f(x_1) < \lambda f(x_1) < 0 \leqslant M$. 因此 $\lambda f(x_1)$ 是 $f(x)$ 的介值,由介值定理,必 $\exists x_2 \in [a,b]$,使得 $f(x_2) = \lambda f(x_1)$.

（充分性）应用最值定理,$\exists x_1, x_2 \in [a,b]$,使得

$$f(x_1) = M = \max_{a \leqslant x \leqslant b} f(x), \quad f(x_2) = m = \min_{a \leqslant x \leqslant b} f(x)$$

又由条件知 $\exists x_3, x_4 \in [a,b]$,使得

$$\lambda M = \lambda f(x_1) = f(x_3) \leqslant M, \quad m \leqslant f(x_4) = \lambda f(x_2) = \lambda m$$

由上两式推得 $m \leqslant 0 \leqslant M$,应用零点定理即得 $f(x)$ 在 $[a,b]$ 上至少有一个零点.

练 习 题 一

1. 已知函数 $f(x)$ 在区间 (a,b) 内连续,且 $f(a^+)$ 和 $f(b^-)$ 都存在,则 $f(x)$ 在区间 (a,b) 内（　　）.

A. 有最大值　　　　　B. 有最小值　　　　　C. 有界　　　　D. 无界

2. 设 $z = x - y + f(x+y)$,当 $x = 0$ 时,$z = y^3$,求 $f(x)$ 和 $z(x,y)$.

3. 设函数 $f(x)$ 满足 $\sin f(x) - \dfrac{1}{3}\sin f\left(\dfrac{1}{3}x\right) = x$,求 $f(x)$.

4. 求 $\lim\limits_{n \to \infty}\left(\dfrac{1}{2} + \dfrac{3}{2^2} + \dfrac{5}{2^3} + \cdots + \dfrac{2n-1}{2^n}\right)$.

5. 求 $\lim\limits_{n \to \infty}\left(\dfrac{1^2}{n^3+1^2} + \dfrac{2^2}{n^3+2^2} + \cdots + \dfrac{n^2}{n^3+n^2}\right)$.

6. 设 $x_n = \sum\limits_{k=1}^{n} \dfrac{k}{(k+1)!}$,求 $\lim\limits_{n \to \infty} x_n$.

7. 设 $\lim\limits_{x \to \infty}\left(\sqrt[3]{1+x^2+x^3} - ax - b\right) = 0$,求 a 与 b 的值.

8. 求下列极限:

(1) $\lim\limits_{x \to +\infty}\left(\cos\sqrt{x+1} - \cos\sqrt{x}\right)$;

(2) $\lim\limits_{x \to +\infty}\left(\sin\dfrac{1}{x} + \cos\dfrac{1}{x}\right)^x$;

(3) $\lim\limits_{x \to 0}\dfrac{e^x - e^{\sin x}}{(x+x^2)\ln(1+x)\arcsin x}$;

(4) $\lim\limits_{x \to -3}\dfrac{(x^2-9)\ln(4+x)}{\arctan^2(x+3)}$;

(5) $\lim\limits_{x \to 0}\dfrac{x - \sin x + \ln(1+x^3)}{\tan^3 x}$;

(6) $\lim\limits_{x \to 0}\dfrac{(1+x)^{\frac{1}{x}} - e}{x}$;

(7) $\lim\limits_{x \to 0}(\cos \pi x)^{\frac{1}{x^2}}$;

(8) $\lim\limits_{x \to -\infty} x\left(\sqrt{x^2+100} + x\right)$;

(9) $\lim\limits_{n \to \infty}\left(\sqrt{1+2+\cdots+n} - \sqrt{1+2+\cdots+(n-1)}\right)$;

(10) $\lim\limits_{x \to -\infty}\dfrac{\sqrt{4x^2+x-1} + x + 1}{\sqrt{x^2+\sin x}}$;

(11) $\lim\limits_{x \to 0} x\left[\dfrac{1}{x}\right]$;

(12) $\lim\limits_{n \to \infty}\left(\dfrac{1}{1 \cdot 2 \cdot 3} + \dfrac{1}{2 \cdot 3 \cdot 4} + \cdots + \dfrac{1}{n(n+1)(n+2)}\right)$;

(13) $\lim\limits_{n \to \infty} |\sin(\pi\sqrt{n^2 + n})|$.

9. 设 $f(x)$ 是 x 的三次多项式,且

$$\lim_{x \to 2a} \frac{f(x)}{x - 2a} = 1, \quad \lim_{x \to 4a} \frac{f(x)}{x - 4a} = 1 \quad (a \neq 0)$$

求极限 $\lim\limits_{x \to 3a} \dfrac{f(x)}{x - 3a}$.

10. 求正整数 n,使得 $n < 6(1 - 1.001^{-1000}) < n + 1$.

11. 设 $x_1 = 1, x_n = 1 + \dfrac{x_{n-1}}{1 + x_{n-1}}, n = 1, 2, \cdots$,试证明数列 $\{x_n\}$ 收敛,并求其极限.

12. 设 $x_1 = 1, x_{n+1} + \sqrt{1 - x_n} = 0, n = 1, 2, \cdots$,试证明数列 $\{x_n\}$ 收敛,并求其极限.

13. 求 $f(x) = \lim\limits_{n \to \infty} \sqrt[n]{1 + 2^n + x^n} \ (x > 0)$ 的表达式.

14. 求函数 $f(x) = \dfrac{x}{|1 - x|} \ln|x|$ 的间断点,并判别其类型.

15. 设 $f(x) = \dfrac{e^x - b}{(x - a)(x - b)}$ 有可去间断点 $x = 1$,求 a 和 b 的值.

16. 设 $f(x) = \lim\limits_{n \to \infty} \dfrac{x^{2n-1} + ax^2 + bx}{x^{2n} + 1}$ 为连续函数,试确定 a 和 b 的值.

17. 讨论函数 $f(x) = \lim\limits_{n \to \infty} \arctan(1 + x^n)$ 的定义域、连续性;若有间断点,指出其类型.

18. 证明:方程 $x - 2\sin x = 0$ 在 $\left(\dfrac{\pi}{2}, \pi\right)$ 内恰有一个实根.

19. 证明:方程 $\ln x = ax + b$ 至多有两个实根(其中 a, b 为常数,$a > 0$).

20. 证明:方程 $e^x = \dfrac{1}{2}ex^2$ 恰有一个实根.

21. 证明:方程 $2^x = 1 + x^2$ 恰有三个实根.

22. 若函数 $f(x)$ 在闭区间 $[a, b]$ 上连续,且 $f(a) = f(b)$,求证:$\exists \xi \in (a, b)$,使得 $f(\xi) = f\left(\xi + \dfrac{b - a}{2}\right)$.

23. 已知 $f_n(x) = C_n^1 \cos x - C_n^2 \cos^2 x + \cdots + (-1)^{n-1} C_n^n \cos^n x$,求证:

(1) 对于任何自然数 n,方程 $f_n(x) = \dfrac{1}{2}$ 在区间 $\left(0, \dfrac{\pi}{2}\right)$ 内仅有一根;

(2) 设 $x_n \in \left(0, \dfrac{\pi}{2}\right)$ 满足 $f_n(x_n) = \dfrac{1}{2}$,则 $\lim\limits_{n \to \infty} x_n = \dfrac{\pi}{2}$.

专题 2   一元函数微分学

2.1   基本概念与内容提要

2.1.1   导数的定义

$$f'(a) \xlongequal{\text{def}} \lim_{\square \to 0} \frac{f(a+\square) - f(a)}{\square} = \lim_{x \to a} \frac{f(x) - f(a)}{x - a}$$

$$f'(0) \xlongequal{\text{def}} \lim_{\square \to 0} \frac{f(\square) - f(0)}{\square} = \lim_{x \to 0} \frac{f(x) - f(0)}{x}$$

2.1.2   左、右导数的定义

$$f'_-(a) \xlongequal{\text{def}} \lim_{\square \to 0^-} \frac{f(a+\square) - f(a)}{\square} = \lim_{x \to a^-} \frac{f(x) - f(a)}{x - a}$$

$$f'_+(a) \xlongequal{\text{def}} \lim_{\square \to 0^+} \frac{f(a+\square) - f(a)}{\square} = \lim_{x \to a^+} \frac{f(x) - f(a)}{x - a}$$

左导数 $f'_-(a)$ 不同于导函数 $f'(x)$ 在 $x = a$ 的左极限 $f'(a^-)$，右导数 $f'_+(a)$ 也不同于导函数 $f'(x)$ 在 $x = a$ 的右极限 $f'(a^+)$. 可以证明：当 $f(x)$ 在 $x = a$ 处连续，导函数 $f'(x)$ 在 $x = a$ 的左(右)极限 $f'(a^-)(f'(a^+))$ 存在时，则左(右)导数 $f'_-(a)(f'_+(a))$ 必存在，且 $f'_-(a) = f'(a^-)(f'_+(a) = f'(a^+))$；当 $f(x)$ 在 $x = a$ 处不连续时，上述结论不成立.

2.1.3   微分概念

1) 可微的定义：若 $f(x)$ 在 $x = a$ 处的全增量可写为

$$\Delta f(x)\Big|_{x=a} = f(a + \Delta x) - f(a) = A\Delta x + o(\Delta x) \tag{*}$$

时，称 $f(x)$ 在 $x = a$ 处**可微**.

定理 1   当 f 在 $x = a$ 处可微时，f 在 $x = a$ 处必连续.

定理 2   函数 f 在 $x = a$ 处可微的充要条件是 f 在 $x = a$ 处可导，且 (*) 式中的 $A = f'(a)$.

2) 微分的定义：当函数 f 在 $x = a$ 处可微时，f 在 $x = a$ 处的**微分**定义为

$$\mathrm{d}f(x)\Big|_{x=a} \xlongequal{\text{def}} f'(a)\mathrm{d}x$$

一般的，有

$$\mathrm{d}f(x) = f'(x)\mathrm{d}x$$

2.1.4　基本初等函数的导数公式

$$(x^{\lambda})' = \lambda x^{\lambda-1}, \quad (a^x)' = a^x \ln a, \quad (\mathrm{e}^x)' = \mathrm{e}^x$$

$$(\log_a |x|)' = \frac{1}{x \ln a}, \quad (\ln|x|)' = \frac{1}{x}$$

$$(\sin x)' = \cos x, \quad (\cos x)' = -\sin x, \quad (\tan x)' = \sec^2 x, \quad (\cot x)' = -\csc^2 x$$

$$(\sec x)' = \sec x \tan x, \quad (\csc x)' = -\csc x \cot x$$

$$(\arcsin x)' = \frac{1}{\sqrt{1-x^2}}, \quad (\arccos x)' = \frac{-1}{\sqrt{1-x^2}}$$

$$(\arctan x)' = \frac{1}{1+x^2}, \quad (\operatorname{arccot} x)' = \frac{-1}{1+x^2}$$

熟记两个函数的导数：$(\sqrt{x})' = \dfrac{1}{2\sqrt{x}}, \left(\dfrac{1}{x}\right)' = -\dfrac{1}{x^2}.$

2.1.5　求导法则

1）四则运算法则：设函数 u, v 可导，则

$$(u \pm v)' = u' \pm v'$$

$$(uv)' = u'v + uv', \quad (cu)' = cu' \quad (c \in \mathbf{R})$$

$$\left(\frac{u}{v}\right)' = \frac{u'v - uv'}{v^2} \quad (v \neq 0)$$

2）复合函数链锁法则

$$(f(\varphi(x)))' = f'(\varphi(x)) \cdot \varphi'(x)$$

3）反函数、隐函数与参数式函数求导法则

4）取对数求导法则

$$f'(x) = f(x)(\ln|f(x)|)', \quad f'(a) = f(a)(\ln|f(x)|)'\Big|_{x=a}$$

2.1.6　高阶导数

1）几个高阶导数公式

$$(\sin x)^{(n)} = \sin\left(x + n \cdot \frac{\pi}{2}\right), \quad (\cos x)^{(n)} = \cos\left(x + n \cdot \frac{\pi}{2}\right)$$

$$\left(\frac{1}{x}\right)^{(n)} = (-1)^n \frac{n!}{x^{n+1}}, \quad (\ln x)^{(n+1)} = (-1)^n \frac{n!}{x^{n+1}}$$

$$(x^n)^{(k)} = \frac{n!}{(n-k)!} x^{n-k} \ (1 \leqslant k \leqslant n), \quad (x^n)^{(k)} = 0 \ (k > n)$$

2) 参数式函数的二阶导数

3) 分段函数在分段点处的二阶导数

4) 莱布尼茨公式:设函数 u,v 皆 n 阶可导,则

$$(uv)^{(n)} = u^{(n)}v + C_n^1 u^{(n-1)}v' + \cdots + C_n^{n-1}u'v^{(n-1)} + uv^{(n)}$$

2.1.7　微分中值定理

定理 1(费马定理)　若函数 $f(x)$ 在 $x = a$ 的某邻域 U 上定义,$f(a)$ 为 f 在 U 上的最大或最小值,且 f 在 $x = a$ 处可导,则 $f'(a) = 0$.

定理 2(罗尔定理)　若函数 $f(x)$ 在 $[a,b]$ 上连续,在 (a,b) 内可导,且 $f(a) = f(b)$,则 $\exists \xi \in (a,b)$,使得 $f'(\xi) = 0$.

定理 3(拉格朗日中值定理)　若函数 $f(x)$ 在 $[a,b]$ 上连续,在 (a,b) 内可导,则 $\exists \xi \in (a,b)$,使得

$$f(b) - f(a) = f'(\xi)(b-a)$$

定理 4(柯西中值定理)　若函数 $f(x)$ 与 $g(x)$ 皆在 $[a,b]$ 上连续,在 (a,b) 内可导,且 $g'(x) \neq 0$,则 $\exists \xi \in (a,b)$,使得

$$\frac{f(b) - f(a)}{g(b) - g(a)} = \frac{f'(\xi)}{g'(\xi)}$$

2.1.8　泰勒公式与麦克劳林公式

1) 若 $f(x)$ 在 $x = a$ 的某邻域 U 上 $(n+1)$ 阶可导,则 $\forall x \in U$,有

$$f(x) = f(a) + f'(a)(x-a) + \cdots + \frac{1}{n!}f^{(n)}(a)(x-a)^n + R_n(x) \qquad (1)$$

称(1)式为 $f(x)$ 在 $x = a$ 的 n 阶**泰勒公式**,$R_n(x)$ 称为**余项**,有

$$R_n(x) = \frac{1}{(n+1)!}f^{(n+1)}(\xi)(x-a)^{n+1} \qquad (2)$$

或

$$R_n(x) = o((x-a)^n) \qquad (3)$$

其中 ξ 介于 a 与 x 之间,并称(2)式为**拉格朗日余项**,称(3)式为**佩亚诺余项**.

2) 若 $f(x)$ 在 $x = 0$ 的某邻域 U 上 $(n+1)$ 阶可导,则 $\forall x \in U$,有

$$f(x) = f(0) + f'(0)x + \frac{1}{2!}f''(0)x^2 + \cdots + \frac{1}{n!}f^{(n)}(0)x^n + o(x^n) \qquad (4)$$

称(4)式为 $f(x)$ 的 **麦克劳林公式**.

3) 几个常用函数的麦克劳林公式：

$$e^x = 1 + x + \frac{1}{2!}x^2 + \frac{1}{3!}x^3 + \cdots + \frac{1}{n!}x^n + o(x^n)$$

$$\sin x = x - \frac{1}{3!}x^3 + \frac{1}{5!}x^5 - \cdots + (-1)^n \frac{1}{(2n+1)!}x^{2n+1} + o(x^{2n+1})$$

$$\cos x = 1 - \frac{1}{2!}x^2 + \frac{1}{4!}x^4 - \cdots + (-1)^n \frac{1}{(2n)!}x^{2n} + o(x^{2n})$$

$$\frac{1}{1-x} = 1 + x + x^2 + \cdots + x^n + o(x^n)$$

$$\ln(1-x) = -x - \frac{1}{2}x^2 - \frac{1}{3}x^3 - \cdots - \frac{1}{n}x^n + o(x^n)$$

2.1.9   洛必达法则

在某极限过程中(下面以 $x \to a$ 为例)，$f(x) \to 0, g(x) \to 0$，则称 $\lim\limits_{x \to a} \dfrac{f(x)}{g(x)}$ 为 $\dfrac{0}{0}$ 型的 **未定式极限**. 类似的，有 $\dfrac{\infty}{\infty}$ 型，$0 \cdot \infty$ 型，$\infty - \infty$ 型，以及 $1^\infty, 0^0, \infty^0$ 型的未定式的极限，洛必达法则是求上述未定式的极限的好方法.

1) $\dfrac{0}{0}$ 型的未定式的极限

定理 1(洛必达法则 Ⅰ)   若在某极限过程中(下文以 $x \to a$ 为例)，有

(1) $f(x) \to 0, g(x) \to 0$；

(2) $f(x), g(x)$ 在 $x = a$ 的某去心邻域内可导，$g'(x) \neq 0$；

(3) $\lim\limits_{x \to a} \dfrac{f'(x)}{g'(x)} = A$(或 ∞)，

则有

$$\lim_{x \to a} \frac{f(x)}{g(x)} = \lim_{x \to a} \frac{f'(x)}{g'(x)} = A \quad (\text{或} \infty)$$

2) $\dfrac{\infty}{\infty}$ 型的未定式的极限

定理 2(洛必达法则 Ⅱ)   若在某极限过程中(下文以 $x \to a$ 为例)，有

(1) $f(x) \to \infty, g(x) \to \infty$；

(2) $f(x), g(x)$ 在 $x = a$ 的某去心邻域内可导，$g'(x) \neq 0$；

（3）$\lim\limits_{x\to a}\dfrac{f'(x)}{g'(x)}=A$（或 ∞），

则有

$$\lim\limits_{x\to a}\dfrac{f(x)}{g(x)}=\lim\limits_{x\to a}\dfrac{f'(x)}{g'(x)}=A\quad（或 \infty）$$

3）其他型的未定式的极限

对于 $0\cdot\infty,\infty-\infty$ 型的未定式，总可化为 $\dfrac{0}{0}$ 或 $\dfrac{\infty}{\infty}$ 型的形式；对 $1^{\infty},0^{0},\infty^{0}$ 型的未定式 u^{v}，有

$$u^{v}=\exp(v\ln u)=\exp\left(\dfrac{\ln u}{1/v}\right)$$

这里 $\dfrac{\ln u}{1/v}$ 是 $\dfrac{0}{0}$ 或 $\dfrac{\infty}{\infty}$ 型.

2.1.10 导数在几何上的应用

1）单调性

可导函数 $f(x)$ 在区间 I 上单调增加（减少）的充要条件是 $f'(x)\geqslant 0(\leqslant 0)$；可导函数 $f(x)$ 在区间 I 上严格单调增加（减少）的充分条件是 $f'(x)>0(<0)$.

2）极值

可导函数 $f(x)$ 在 $x=a$ 取极值的必要条件是 $f'(a)=0$. 反之，若 $f'(a)=0$，且

$$f'(x)(x-a)>0\quad（<0）$$

这里 x 在 $x=a$ 的去心邻域内取值，则 $f(a)$ 为 $f(x)$ 的一个极小值（极大值）. 若 $f'(a)=0,f''(a)>0(<0)$，则 $f(a)$ 为 $f(x)$ 的极小值（极大值）.

3）最值

设函数 $f(x)\in\mathscr{C}[a,b]$，$f(x)$ 的驻点为 $x_i\in(a,b)$（即 $f'(x_i)=0$），$f(x)$ 的不可导点为 $x_j\in(a,b)$，则 $f(x)$ 在区间 $[a,b]$ 上的最大值与最小值分别为

$$\max\limits_{x\in[a,b]}f(x)=\max\{f(x_i),f(x_j),f(a),f(b)\}$$
$$\min\limits_{x\in[a,b]}f(x)=\min\{f(x_i),f(x_j),f(a),f(b)\}$$

4）凹凸性、拐点

设 $f(x)$ 在区间 Z 上二阶可导，当 $f''(x)>0$ 时，$f(x)$ 在 Z 上的曲线是凹的；当 $f''(x)<0$ 时，$f(x)$ 在 Z 上的曲线是凸的. 二阶可导函数 $f(x)$ 有拐点 $(a,f(a))$ 的必要条件是 $f''(a)=0$. 反之，若 $f''(a)=0$，且

$$f''(x)(x-a)\neq 0$$

这里 x 在 $x=a$ 的去心邻域内取值，则 $(a,f(a))$ 是 $f(x)$ 的拐点.

5）作函数的图形

第一步考察函数 $f(x)$ 的定义域,是否有奇偶性、周期性,是否连续;第二步求 $f'(x)$,确定驻点与不可导点,判别 $f(x)$ 的单调性,求其极值;第三步求 $f''(x)$,确定凹凸区间,求出拐点;第四步考察 $x \to \infty$ 时 $f(x)$ 的曲线的走向,即求 $y = f(x)$ 的渐近线;最后作 $y = f(x)$ 的简图.

6）渐近线

（1）铅直渐近线:若 $\lim\limits_{x \to a^+} f(x) = \infty$ 或 $\lim\limits_{x \to a^-} f(x) = \infty$,则 $x = a$ 是 $y = f(x)$ 的一条铅直渐近线.

（2）水平渐近线:若 $\lim\limits_{x \to +\infty} f(x) = A$, $\lim\limits_{x \to -\infty} f(x) = B(A, B \in \mathbf{R})$,则 $y = A$ 与 $y = B$ 是 $y = f(x)$ 的两条水平渐近线. $y = f(x)$ 的水平渐近线最多有两条.

（3）斜渐近线

若 $\lim\limits_{x \to +\infty} \dfrac{f(x)}{x} = a$, $\lim\limits_{x \to +\infty} (f(x) - ax) = b$,则 $y = ax + b$ 是 $y = f(x)$ 的一条斜渐近线;若 $\lim\limits_{x \to -\infty} \dfrac{f(x)}{x} = c$, $\lim\limits_{x \to -\infty} (f(x) - cx) = d$,则 $y = cx + d$ 是 $y = f(x)$ 的一条斜渐近线.

曲线 $y = f(x)$ 的斜渐近线最多有两条,并且曲线 $y = f(x)$ 的水平渐近线与斜渐近线合起来也最多有两条.

2.2　竞赛题与精选题解析

2.2.1　利用导数的定义解题(例 2.1—2.4)

例 2.1(全国 2010 年决赛题)　设 $f(x)$ 在 $x = 1$ 附近有定义,且在 $x = 1$ 可导, $f(1) = 0$, $f'(1) = 2$,求极限 $\lim\limits_{x \to 0} \dfrac{f(\sin^2 x + \cos x)}{x^2 + x \tan x}$.

解析　令 $u = \sin^2 x + \cos x$,因 $\lim\limits_{x \to 0} u = 1$, $f(1) = 0$,应用导数的定义、极限的四则运算法则与等价无穷小替换 $\sin x \sim x, 1 - \cos x \sim \dfrac{1}{2} x^2, \tan x \sim x (x \to 0)$ 得

$$\lim_{x \to 0} \frac{f(\sin^2 x + \cos x)}{x^2 + x \tan x} = \lim_{u \to 1} \frac{f(u) - f(1)}{u - 1} \cdot \lim_{x \to 0} \frac{\sin^2 x + \cos x - 1}{x^2 + x \tan x}$$

$$= f'(1) \cdot \lim_{x \to 0} \frac{\dfrac{\sin^2 x}{x^2} - \dfrac{1 - \cos x}{x^2}}{1 + \dfrac{\tan x}{x}} = 2 \cdot \frac{1 - \dfrac{1}{2}}{1 + 1} = \frac{1}{2}$$

例 2.2(江苏省 2006 年竞赛题)　设

$$f(x) = \begin{cases} ax^2 + b \sin x + c, & x \leqslant 0, \\ \ln(1 + x), & x > 0 \end{cases}$$

试问 a,b,c 为何值时，$f(x)$ 在 $x=0$ 处一阶导数连续，但二阶导数不存在？

解析 因为 $f(x) \in \mathscr{C}(0)$，所以 $f(0^-)=f(0^+)=f(0) \Rightarrow c=0$. 由于 $f(x)$ 在 $x=0$ 处可导，所以 $f'_-(0)=f'_+(0)$，又

$$f'_-(0)=\lim_{x\to 0^-}\frac{f(x)-f(0)}{x}=\lim_{x\to 0^-}\frac{ax^2+b\sin x}{x}=b$$

$$f'_+(0)=\lim_{x\to 0^+}\frac{f(x)-f(0)}{x}=\lim_{x\to 0^+}\frac{\ln(1+x)}{x}=1$$

故 $b=1,f'(0)=1$. 由此可得

$$f'(x)=\begin{cases}2ax+\cos x, & x<0, \\ 1/(1+x), & x>0,\end{cases}$$

所以 $f'(0^-)=f'(0^+)=f'(0)=1 \Rightarrow f'(x) \in \mathscr{C}(0)$. 再应用二阶导数的定义，得

$$f''_-(0)=\lim_{x\to 0^-}\frac{f'(x)-f'(0)}{x}=\lim_{x\to 0^-}\frac{2ax+\cos x-1}{x}$$
$$=2a+\lim_{x\to 0^-}\frac{\cos x-1}{x}=2a$$

$$f''_+(0)=\lim_{x\to 0^+}\frac{f'(x)-f'(0)}{x}=\lim_{x\to 0^+}\frac{1/(1+x)-1}{x}=\lim_{x\to 0^+}\frac{-x}{x(1+x)}=-1$$

由于 $f'(x)$ 在 $x=0$ 处不可导，所以 $a\neq-\dfrac{1}{2}$.

综上，$a\neq-\dfrac{1}{2}$，$b=1,c=0$ 为所求之值.

例 2.3（江苏省 2018 年竞赛题） 若函数 $f(x)$ 在 $x=a$ 处可导 $(a\in \mathbf{R})$，数列 $\{x_n\},\{y_n\}$ 满足：$x_n\in(a-\delta,a),y_n\in(a,a+\delta)(\delta>0)$，且 $\lim\limits_{n\to\infty}x_n=a,\lim\limits_{n\to\infty}y_n=a$，试求 $\lim\limits_{n\to\infty}\dfrac{x_nf(y_n)-y_nf(x_n)}{y_n-x_n}$.

解析 由 $f(x)$ 在 $x=a$ 处可导，有

$$\lim_{n\to\infty}\frac{f(x_n)-f(a)}{x_n-a}=f'_-(a)=f'(a)$$

$$\lim_{n\to\infty}\frac{f(y_n)-f(a)}{y_n-a}=f'_+(a)=f'(a)$$

应用极限存在的充要条件，必存在无穷小量 $\alpha_n\to 0,\beta_n\to 0(n\to\infty)$，使得

$$f(x_n)=f(a)+f'(a)(x_n-a)+\alpha_n\cdot(x_n-a)$$
$$f(y_n)=f(a)+f'(a)(y_n-a)+\beta_n\cdot(y_n-a)$$

则

$$\lim_{n\to\infty}\frac{x_nf(y_n)-y_nf(x_n)}{y_n-x_n}$$

$$=-f(a)+af'(a)+\lim_{n\to\infty}\frac{x_n\beta_n(y_n-a)+y_n\alpha_n(a-x_n)}{y_n-x_n}$$

$$=-f(a)+af'(a)+\lim_{n\to\infty}x_n\beta_n\frac{y_n-a}{y_n-x_n}+\lim_{n\to\infty}y_n\alpha_n\frac{a-x_n}{y_n-x_n}$$

$$\left(\text{因}\ 0<\frac{y_n-a}{y_n-x_n},\frac{a-x_n}{y_n-x_n}<1\right)$$

$$=-f(a)+af'(a)+0+0=-f(a)+af'(a)$$

例 2.4(江苏省 2016 年竞赛题) 设命题:若函数 $f(x)$ 在 $x=0$ 处连续,且

$$\lim_{x\to0}\frac{f(2x)-f(x)}{x}=a\quad(a\in\mathbf{R})$$

则 $f(x)$ 在 $x=0$ 处可导,且 $f'(0)=a$.

判断该命题是否成立. 若成立,给出证明;若不成立,举一反例并作出说明.

解析 命题成立. 因为 $\lim\limits_{x\to0}\dfrac{f(2x)-f(x)}{x}=a$,所以

$$f(2x)-f(x)=ax+x\alpha(x)\quad(x\to0\text{ 时 }\alpha(x)\to0)$$

由此可得

$$f(x)-f\left(\frac{x}{2}\right)=a\frac{x}{2}+\frac{x}{2}\alpha\left(\frac{x}{2}\right)\quad\left(x\to0\text{ 时 }\alpha\left(\frac{x}{2}\right)\to0\right)$$

$$\vdots$$

$$f\left(\frac{x}{2^{n-1}}\right)-f\left(\frac{x}{2^n}\right)=a\frac{x}{2^n}+\frac{x}{2^n}\alpha\left(\frac{x}{2^n}\right)\quad\left(x\to0\text{ 时 }\alpha\left(\frac{x}{2^n}\right)\to0\right)$$

将上述 n 个式子相加,得

$$f(x)-f\left(\frac{x}{2^n}\right)=\left(\frac{1}{2}+\frac{1}{2^2}+\frac{1}{2^3}+\cdots+\frac{1}{2^n}\right)ax+A(x)$$

其中 $A(x)=x\sum\limits_{k=1}^{n}\dfrac{1}{2^k}\alpha\left(\dfrac{x}{2^k}\right)$. 记 $\beta(x)=\max\left\{\left|\alpha\left(\dfrac{x}{2}\right)\right|,\left|\alpha\left(\dfrac{x}{2^2}\right)\right|,\cdots,\left|\alpha\left(\dfrac{x}{2^n}\right)\right|\right\}$,则 $x\to0$ 时 $\beta(x)\to0$,又因为 $0<\dfrac{1}{2}+\dfrac{1}{2^2}+\cdots+\dfrac{1}{2^n}<1$,所以 $|A(x)|\leqslant|x|\beta(x)$,因此 $A(x)=o(x)$,于是有

$$f(x)-f\left(\frac{x}{2^n}\right)=\left(\frac{1}{2}+\frac{1}{2^2}+\cdots+\frac{1}{2^n}\right)ax+o(x)\quad(x\to0)$$

又由于 $\lim\limits_{n\to\infty}\left(\dfrac{1}{2}+\dfrac{1}{2^2}+\cdots+\dfrac{1}{2^n}\right)=1$,$\lim\limits_{n\to\infty}\dfrac{x}{2^n}=0$,且 $f(x)$ 在 $x=0$ 处连续,在上式中令 $n\to\infty$,可得

$$f(x) - f(0) = ax + o(x) \quad (x \to 0)$$

应用微分的定义得 $f(x)$ 在 $x = 0$ 处可导,且 $f'(0) = a$.

2.2.2　利用求导法则解题(例 2.5—2.8)

例 2.5(浙江省 2003 年竞赛题)　求 $\lim\limits_{n \to \infty} \dfrac{2^{-n}}{n(n+1)} \sum\limits_{k=1}^{n} C_n^k \cdot k^2$.

解析　应用二项式定理,有

$$(1+x)^n = 1 + C_n^1 x + C_n^2 x^2 + \cdots + C_n^n x^n = \sum_{k=0}^{n} C_n^k x^k$$

两边求导得

$$n(1+x)^{n-1} = \sum_{k=1}^{n} C_n^k \cdot k x^{k-1}$$

两边乘以 x 后再求导得

$$n(1+x)^{n-1} + n(n-1)x(1+x)^{n-2} = \sum_{k=1}^{n} C_n^k \cdot k^2 x^{k-1}$$

令 $x = 1$ 得

$$n \cdot 2^{n-1} + n(n-1) \cdot 2^{n-2} = \sum_{k=1}^{n} C_n^k \cdot k^2$$

化简得 $\sum\limits_{k=1}^{n} C_n^k \cdot k^2 = \dfrac{1}{4} 2^n \cdot n(n+1)$,于是

$$\lim_{n \to \infty} \frac{2^{-n}}{n(n+1)} \sum_{k=1}^{n} C_n^k \cdot k^2 = \frac{1}{4}$$

例 2.6(全国 2021 年决赛题)　设 n 为正整数,求极限

$$\lim_{x \to 0} \frac{\sqrt{\dfrac{1+x}{1-x}} \sqrt[4]{\dfrac{1+2x}{1-2x}} \sqrt[6]{\dfrac{1+3x}{1-3x}} \cdots \sqrt[2n]{\dfrac{1+nx}{1-nx}} - 1}{3\pi \arcsin x - (x^2 + 1) \arctan^3 x}$$

解析　记 $f(x) = \sqrt{\dfrac{1+x}{1-x}} \sqrt[4]{\dfrac{1+2x}{1-2x}} \sqrt[6]{\dfrac{1+3x}{1-3x}} \cdots \sqrt[2n]{\dfrac{1+nx}{1-nx}}$,则 $f(0) = 1$. 由于

$$\lim_{x \to 0} \frac{3\pi \arcsin x - (x^2+1)\arctan^3 x}{3\pi x} = \lim_{x \to 0} \frac{\arcsin x}{x} - \lim_{x \to 0} \frac{\arctan^3 x}{3\pi x}$$

$$= 1 - \lim_{x \to 0} \frac{x^2}{3\pi} = 1$$

$\Rightarrow \qquad 3\pi \arcsin x - (x^2 + 1) \arctan^3 x \sim 3\pi x \quad (x \to 0)$

应用等价无穷小替换,得

$$原式 = \lim_{x \to 0} \frac{f(x)-1}{3\pi x} = \frac{1}{3\pi} \lim_{x \to 0} \frac{f(x)-f(0)}{x} = \frac{1}{3\pi} f'(0)$$

再应用取对数求导法则,得

$$f'(0) = f(0) \left(\ln f(x)\right)' \Big|_{x=0} = \left(\frac{1}{2} \ln \frac{1+x}{1-x} + \frac{1}{4} \ln \frac{1+2x}{1-2x} + \cdots + \frac{1}{2n} \ln \frac{1+nx}{1-nx} \right)' \Big|_{x=0}$$

$$= \frac{1}{2} \left(\frac{1}{1+x} + \frac{1}{1-x} \right) + \frac{1}{2} \left(\frac{1}{1+2x} + \frac{1}{1-2x} \right) + \cdots + \frac{1}{2} \left(\frac{1}{1+nx} + \frac{1}{1-nx} \right) \Big|_{x=0}$$

$$= n$$

$\Rightarrow$
$$原式 = \frac{1}{3\pi} f'(0) = \frac{n}{3\pi}.$$

例 2.7(南京大学 1995 年竞赛题)　设 $f'(0) = 1$,$f''(0) = 0$,求证:在 $x = 0$ 处,有

$$\frac{\mathrm{d}^2}{\mathrm{d}x^2} f(x^2) = \frac{\mathrm{d}^2}{\mathrm{d}x^2} f^2(x)$$

解析　因为 $f''(0) = 0$,所以 $f'(x)$ 在 $x = 0$ 处可导,因此 $f'(x)$ 在 $x = 0$ 处连续. 令 $F(x) = f(x^2)$,则

$$F'(x) = 2xf'(x^2), \quad F'(0) = 0$$

应用二阶导数的定义得

$$\frac{\mathrm{d}^2}{\mathrm{d}x^2} f(x^2) \Big|_{x=0} = F''(0) = \lim_{x \to 0} \frac{F'(x)-F'(0)}{x}$$

$$= \lim_{x \to 0} \frac{2xf'(x^2)}{x} = 2f'(0) = 2$$

又令 $G(x) = f^2(x)$,则

$$G'(x) = 2f(x)f'(x), \quad G'(0) = 2f(0)f'(0) = 2f(0)$$

应用二阶导数的定义得

$$\frac{\mathrm{d}^2}{\mathrm{d}x^2} f^2(x) \Big|_{x=0} = G''(0) = \lim_{x \to 0} \frac{G'(x)-G'(0)}{x} = \lim_{x \to 0} \frac{2f(x)f'(x)-2f(0)}{x}$$

$$= 2 \lim_{x \to 0} \frac{f(x)f'(x)-f(x)+f(x)-f(0)}{x}$$

$$= 2 \lim_{x \to 0} \frac{f(x)(f'(x)-f'(0))}{x} + 2 \lim_{x \to 0} \frac{f(x)-f(0)}{x}$$

$$= 2f(0)f''(0) + 2f'(0) = 0 + 2 = 2$$

综上,原式得证.

点评　本题若将条件"$f(x)$ 在 $x = 0$ 处二阶可导"改为"$f(x)$ 在 $x = 0$ 处二阶连续可导",则有下面的简捷解法:

由于 $f(x)$ 在 $x=0$ 处二阶连续可导,所以存在 $x=0$ 的邻域 U,使得 $f(x)$ 在 U 内二阶可导,且 $\lim\limits_{x\to 0}f''(x)=f''(0)$. 令 $F(x)=f(x^2)$,$G(x)=f^2(x)$,$x\in U$.
分别求它们的一阶和二阶导数得

$$F'(x)=2xf'(x^2),\quad G'(x)=2f(x)f'(x)$$

$$F''(x)=2f'(x^2)+4x^2f''(x^2),\quad G''(x)=2(f'(x))^2+2f(x)f''(x)$$

在上式中令 $x\to 0$,得

$$\frac{\mathrm{d}^2}{\mathrm{d}x^2}f(x^2)\Big|_{x=0}=F''(0)=2f'(0)+0\cdot f''(0)=2$$

$$\frac{\mathrm{d}^2}{\mathrm{d}x^2}f^2(x)\Big|_{x=0}=G''(0)=2(f'(0))^2+2f(0)f''(0)=2$$

即两式相等.

例 2.8(全国 2010 年决赛题)   是否存在 **R** 中的可微函数 $f(x)$,使得

$$f(f(x))=1+x^2+x^4-x^3-x^5$$

若存在,请给出一个例子;若不存在,请给出证明.

解析   满足条件的可微函数不存在.用反证法,假设这样的可微函数 $f(x)$ 存在,记

$$g(x)=f(f(x))=1+x^2+x^4-x^3-x^5$$

$$\Rightarrow\qquad g'(1)=f'(f(1))f'(1)=(2x+4x^3-3x^2-5x^4)\Big|_{x=1}=-2$$

再考察曲线 $y=f(x)$ 与直线 $y=x$ 的交点,由 $f(x)=x$ 得

$$f(f(x))=f(x)\Leftrightarrow 1+x^2+x^4-x^3-x^5=x\Leftrightarrow(1-x)(1+x^2+x^4)=0$$

即得 $x=1$,因此 $f(1)=1$,且有 $g'(1)=f'(f(1))f'(1)=(f'(1))^2\geqslant 0$,从而导出了矛盾.所以满足条件的函数不存在.

2.2.3   费马定理与微分中值定理的应用(例 2.9—2.31)

例 2.9(莫斯科大学 1975 年竞赛题)   设 $f(x)$ 在 $[0,+\infty)$ 上连续可导,$f(0)=1$,且对一切 $x\geqslant 0$ 有 $|f(x)|\leqslant \mathrm{e}^{-x}$,求证:$\exists\xi\in(0,+\infty)$,使得 $f'(\xi)=-\mathrm{e}^{-\xi}$.

解析   令 $F(x)=f(x)-\mathrm{e}^{-x}$,则 $F(x)$ 在 $(0,+\infty)$ 上连续可导,且 $F(0)=f(0)-1=0$. 由于 $|f(x)|\leqslant \mathrm{e}^{-x}$,所以

$$\lim_{x\to+\infty}|f(x)|\leqslant \lim_{x\to+\infty}\mathrm{e}^{-x}=0\Leftrightarrow \lim_{x\to+\infty}f(x)=0$$

于是

$$\lim_{x\to+\infty}F(x)=\lim_{x\to+\infty}f(x)-\lim_{x\to+\infty}\mathrm{e}^{-x}=0$$

若 $f(x)=\mathrm{e}^{-x}$,则 $\forall x\in[0,+\infty)$,$F(x)=0$,于是 $\forall\xi\in(0,+\infty)$,有 $f'(\xi)=-\mathrm{e}^{-\xi}$.若 $f(x)\neq \mathrm{e}^{-x}$,由于 $|f(x)|\leqslant \mathrm{e}^{-x}$,所以 $\exists c\in(0,+\infty)$,使得 $f(c)<\mathrm{e}^{-c}$,则 $F(c)<0$.于是 $F(x)$ 在 $(0,+\infty)$ 内取得最小值.设 $F(\xi)$ 是其最小值,则由费马

定理得 $F'(\xi) = 0$，即 $\exists \xi \in (0, +\infty)$，使得 $F'(\xi) = 0$，从而 $f'(\xi) = -e^{-\xi}$.

例 2.10（浙江省 2013 年竞赛题） 设函数 $f(x)$ 在 $[0,1]$ 上连续，在 $(0,1)$ 内可导，且 $f(0) = f(1) = 0$，证明：$\forall x \in (0,1)$，$\exists \xi \in (0,1)$，使得 $f'(\xi) = f(x)$.

解析 问题等价于证明：$\forall x_0 \in (0,1)$，$\exists \xi \in (0,1)$，使得 $f'(\xi) = f(x_0)$. 如果 $f(x_0) = 0$，则在 $[0,1]$ 上应用罗尔定理，必 $\exists \xi \in (0,1)$，使得

$$f'(\xi) = 0 = f(x_0)$$

下面设 $f(x_0) \neq 0$. 作辅助函数 $F(x) = f(x) - f(x_0)x$，则 $F(x)$ 在 $[0,1]$ 上连续，在 $(0,1)$ 内可导. 因为

$$F(x_0)F(1) = (f(x_0) - f(x_0)x_0)(-f(x_0)) = -f^2(x_0)(1 - x_0) < 0$$

应用零点定理，必 $\exists c \in (x_0, 1)$，使得 $F(c) = 0$. 又 $F(0) = f(0) - f(x_0)0 = 0$，则在 $[0,c]$ 上应用罗尔定理，必 $\exists \xi \in (0,c) \subset (0,1)$，使得

$$F'(\xi) = 0 \Leftrightarrow f'(\xi) = f(x_0)$$

例 2.11（莫斯科石油工业学院 1976 年竞赛题） 设实系数一元 n 次方程

$$P(x) = a_0 x^n + a_1 x^{n-1} + \cdots + a_{n-1}x + a_n = 0 \quad (a_0 \neq 0, n \geqslant 2)$$

的根全为实数，证明：方程 $P'(x) = 0$ 的根也全为实数.

解析 设方程 $P(x) = 0$ 的 n 个实根为

$$c_1, c_2, \cdots, c_r, d_1, d_2, \cdots, d_l$$

其中 $c_1, c_2, \cdots, c_r$ 为单根；$d_1, d_2, \cdots, d_l$ 为重根，其重数依次为 $k_1, k_2, \cdots, k_l (k_j \geqslant 2, j = 1, 2, \cdots, l)$，则

$$r + k_1 + k_2 + \cdots + k_l = n$$

对于重根 $d_j (j = 1, 2, \cdots, l)$，多项式 $P(x)$ 可写为

$$P(x) = (x - d_j)^{k_j} Q(x), \quad Q(d_j) \neq 0$$

则

$$P'(x) = k_j(x - d_j)^{k_j - 1} Q(x) + (x - d_j)^{k_j} Q'(x)$$

$$= (x - d_j)^{k_j - 1} [k_j Q(x) + (x - d_j) Q'(x)]$$

由于

$$k_j Q(x) + (x - d_j) Q'(x) \Big|_{x = d_j} = k_j Q(d_j) \neq 0$$

所以 $x = d_j$ 是方程 $P'(x) = 0$ 的 $(k_j - 1)$ 重实根. 由此可得方程 $P'(x) = 0$ 有实根 $d_1, d_2, \cdots, d_l$，它们的重数依次为 $k_1 - 1, k_2 - 1, \cdots, k_l - 1$，这些实根的总个数为

$$(k_1 - 1) + (k_2 - 1) + \cdots + (k_l - 1) = n - r - l$$

另一方面,在 $P(x)=0$ 的每两个相邻实根之间应用罗尔定理,可得方程 $P'(x)=0$ 至少有一个实根. 由此可得 $P'(x)=0$ 至少有 $(r+l-1)$ 个实根.

由上述两种情况获得的方程 $P'(x)=0$ 的实根,至少有 $(n-r-l)+(r+l-1)=(n-1)$ 个. 而 $P'(x)=0$ 为实系数一元 $(n-1)$ 次方程,它至多有 $(n-1)$ 个实根. 因此方程 $P'(x)=0$ 恰有 $(n-1)$ 个实根,即 $P'(x)=0$ 的根全为实数.

例 2.12(东南大学 2006 年竞赛题)   设 $a_1<a_2<\cdots<a_n$ 为 n 个不同的实数, 函数 $f(x)$ 在 $[a_1,a_n]$ 上有 n 阶导数,并满足 $f(a_1)=f(a_2)=\cdots=f(a_n)=0$. 证明:对任意 $c\in[a_1,a_n]$,存在 $\xi\in(a_1,a_n)$ 满足等式
$$f(c)=\frac{(c-a_1)(c-a_2)\cdots(c-a_n)}{n!}f^{(n)}(\xi)$$

解析   若 $c=a_i(i=1,2,\cdots,n)$,则上式两边皆等于 0,即 $\forall\xi\in(a_1,a_n)$ 成立. 下面设 $c\in[a_1,a_n]$,$c\neq a_i(i=1,2,\cdots,n)$,作辅助函数
$$F(x)=f(c)(x-a_1)(x-a_2)\cdots(x-a_n)-f(x)(c-a_1)(c-a_2)\cdots(c-a_n)$$
则 $F(x)$ 在 $[a_1,a_n]$ 上 n 阶可导,且
$$F(a_1)=F(a_2)=\cdots=F(a_n)=F(c)=0$$
在这 $n+1$ 个不同零点的每两个相邻零点之间应用罗尔定理,可得 $F'(x)$ 在 (a_1,a_n) 内至少有 n 个不同零点,再在这 n 个不同零点的每两个相邻零点之间应用罗尔定理,可得 $F''(x)$ 在 (a_1,a_n) 内至少有 $n-1$ 个不同零点,依此类推,最后得 $F^{(n)}(x)$ 在 (a_1,a_n) 内至少有一个零点,记为 $x=\xi$,使得 $F^{(n)}(\xi)=0$. 由于
$$F^{(n)}(x)=f(c)n!-f^{(n)}(x)(c-a_1)(c-a_2)\cdots(c-a_n)$$
所以 $F^{(n)}(\xi)=f(c)n!-f^{(n)}(\xi)(c-a_1)(c-a_2)\cdots(c-a_n)=0$,移项即得
$$f(c)=\frac{(c-a_1)(c-a_2)\cdots(c-a_n)}{n!}f^{(n)}(\xi)$$

点评   构造辅助函数 $F(x)$ 是本题证明的关键. 记 $g(x)=(x-a_1)\cdots(x-a_n)$,则 $g(x)$ 与 $f(x)$ 皆在区间 $[a_1,a_n]$ 上有 n 个不同的零点 $a_i(i=1,2,\cdots,n)$,令 $F(x)=kg(x)+lf(x)(k,l\in\mathbf{R})$,则 $F(a_i)=0$,取 $k=f(c)$,$l=-g(c)$,便有
$$F(c)=f(c)g(c)-g(c)f(c)=0$$

例 2.13(东南大学 2021 年竞赛题)   设函数 $f(x)$ 在 $[0,2]$ 上可导,在 $(0,2)$ 内三阶可导,并且 $f(0)=f'(0)=0$,$\int_0^2 f(x)\mathrm{d}x=8\int_0^1 f(x)\mathrm{d}x$,证明:存在 $\xi\in(0,2)$,使得 $f'''(\xi)=0$.

分析   将数 8 写为 2^3,再将这个 2 与积分上限 2 改为 x 即得辅助函数 $F(x)$.

解析   记 $F(x)=\int_0^x f(x)\mathrm{d}x-x^3\int_0^1 f(x)\mathrm{d}x$,则 $F(0)=0$,$F(1)=0$,$F(2)=0$,且
$$F'(x)=f(x)-3kx^2,\quad F''(x)=f'(x)-6kx$$
$$F'''(x)=f''(x)-6k,\quad F^{(4)}(x)=f'''(x)$$

对函数 $F(x)$ 分别在区间 $[0,1]$ 与 $[1,2]$ 上应用罗尔定理,必存在 $\xi_1 \in (0,1)$, $\xi_2 \in (1,2)$,使得 $F'(\xi_1) = F'(\xi_2) = 0$;

因为 $F'(0) = 0$,对函数 $F'(x)$ 分别在区间 $[0,\xi_1]$ 与 $[\xi_1,\xi_2]$ 上应用罗尔定理,必存在 $\eta_1 \in (0,\xi_1)$, $\eta_2 \in (\xi_1,\xi_2)$,使得 $F''(\eta_1) = F''(\eta_2) = 0$;

又 $F''(0) = 0$,对函数 $F''(x)$ 分别在区间 $[0,\eta_1]$ 与 $[\eta_1,\eta_2]$ 上应用罗尔定理,必存在 $\zeta_1 \in (0,\eta_1)$, $\zeta_2 \in (\eta_1,\eta_2)$,使得 $F'''(\zeta_1) = F'''(\zeta_2) = 0$;

最后对函数 $F'''(x)$ 在 $[\zeta_1,\zeta_2]$ 上应用罗尔定理,必存在 $\xi \in (\zeta_1,\zeta_2) \subset (0,2)$,使得 $F^{(4)}(\xi) = f'''(\xi) = 0$.

例 2.14(全国 2021 年决赛题) 设函数 $f(x)$ 在 $[a,b]$ 上连续,在 (a,b) 内二阶可导,$f(a) = f(b) = 0$,$\int_a^b f(x)\mathrm{d}x = 0$,证明:

(1) 存在互不相同的点 $x_1,x_2 \in (a,b)$,使得 $f'(x_i) = f(x_i)(i = 1,2)$;

(2) 存在 $\xi \in (a,b)$,$\xi \neq x_i(i = 1,2)$,使得 $f''(\xi) = f(\xi)$.

解析 (1) 因为 $f(x)$ 在 $[a,b]$ 上连续,应用积分中值定理,必存在 $c \in (a,b)$,使得

$$\int_a^b f(x)\mathrm{d}x = f(c)(b-a) = 0 \Rightarrow f(c) = 0$$

记 $F(x) = \mathrm{e}^{-x}f(x)$,则 $F(x)$ 分别在 $[a,c]$ 和 $[c,b]$ 上连续,在 (a,c) 和 (c,b) 内可导,且 $F(a) = F(c) = F(b) = 0$,分别在 $[a,c]$ 与 $[c,b]$ 上应用罗尔定理,必存在 $x_1 \in (a,c)$, $x_2 \in (c,b)$,使得 $F'(x_i) = \mathrm{e}^{-x_i}(f'(x_i) - f(x_i)) = 0$,则

$$f'(x_i) = f(x_i) \quad (i = 1,2 \text{ 且 } x_1 \neq x_2)$$

(2) 记 $G(x) = \mathrm{e}^x(f'(x) - f(x))$,则 $G(x)$ 在 $[x_1,x_2]$ 上连续,在 (x_1,x_2) 内可导,$G(x_1) = G(x_2) = 0$,在 $[x_1,x_2]$ 上应用罗尔定理,必存在 $\xi \in (x_1,x_2) \subset (a,b)$,使得

$$G'(\xi) = \mathrm{e}^\xi(f''(\xi) - f'(\xi) + f'(\xi) - f(\xi)) = \mathrm{e}^\xi(f''(\xi) - f(\xi)) = 0$$

即得 $f''(\xi) = f(\xi)$.

例 2.15(南京大学 1995 年竞赛题) 设 $f(x)$ 在 $(0,1)$ 内有三阶导数,$0 < a < b < 1$,证明:$\exists \xi \in (a,b)$,使得

$$f(b) = f(a) + \frac{1}{2}(b-a)[f'(a) + f'(b)] - \frac{(b-a)^3}{12}f'''(\xi)$$

分析 首先借用拉格朗日中值定理介绍一下"k 值法". 此法要求欲证明的等式中与 ξ 有关的项能够写成仅与 a,b 有关的表达式,这里是

$$f'(\xi) = \frac{f(b) - f(a)}{b - a}$$

故存在常数 k 使得

$$\frac{f(b) - f(a)}{b - a} = k \Rightarrow G(a,b) = f(b) - f(a) - k(b-a) \equiv 0 \quad (*)_1$$

作辅助函数 $F(x)=G(a,x)=f(x)-f(a)-k(x-a)$，则 $F(a)=F(b)=0$，应用罗尔定理，必存在 $\xi\in(a,b)$，使得 $F'(\xi)=0\Rightarrow k=f'(\xi)$，代入 $(*)_1$ 式即得所证结论.

解析 运用 k 值法，令

$$\frac{12}{(b-a)^3}\Big[f(a)-f(b)+\frac{1}{2}(b-a)(f'(a)+f'(b))\Big]=k$$

则有等式

$$f(a)-f(b)+\frac{1}{2}(b-a)(f'(a)+f'(b))-\frac{(b-a)^3}{12}k=0 \qquad (*)_2$$

作辅助函数

$$F(x)=f(a)-f(x)+\frac{1}{2}(x-a)(f'(a)+f'(x))-\frac{(x-a)^3}{12}k$$

由 $(*)_2$ 式得 $F(b)=0$，又 $F(x)$ 在 $(0,1)$ 内可导，$F(a)=0$，在 $[a,b]$ 上应用罗尔定理，必 $\exists\eta\in(a,b)$，使得 $F'(\eta)=0$. 由于

$$F'(x)=-f'(x)+\frac{1}{2}(f'(a)+f'(x))+\frac{1}{2}(x-a)f''(x)-\frac{1}{4}(x-a)^2k$$
$$=\frac{1}{2}(f'(a)-f'(x))+\frac{1}{2}(x-a)f''(x)-\frac{1}{4}(x-a)^2k$$

所以 $F'(a)=0$. 由于 $F'(x)$ 在 $(0,1)$ 上可导，且 $F'(a)=F'(\eta)=0$，对函数 $F'(x)$ 在 $[a,\eta]$ 上应用罗尔定理，必 $\exists\xi\in(a,\eta)\subset(a,b)$，使得 $F''(\xi)=0$. 又因为

$$F''(x)=\frac{1}{2}(x-a)(f'''(x)-k)$$

所以

$$F''(\xi)=\frac{1}{2}(\xi-a)(f'''(\xi)-k)=0$$

于是 $k=f'''(\xi)$，代入 $(*)_2$ 式即为所求证的等式.

例 2. 16（厦门大学 2018 年竞赛题） 设函数 $f(x)$ 在 $[a,b]$ 上连续，在 (a,b) 内二阶可导，证明：存在 $\xi\in(a,b)$，使得 $f(a)+f(b)-2f\Big(\frac{a+b}{2}\Big)=\frac{f''(\xi)}{4}(b-a)^2$.

解析 运用 k 值法，令 $\frac{4}{(b-a)^2}\Big(f(a)+f(b)-2f\Big(\frac{a+b}{2}\Big)\Big)=k$，则有等式

$$f(a)+f(b)-2f\Big(\frac{a+b}{2}\Big)-\frac{1}{4}k(b-a)^2=0 \qquad (*)_1$$

作辅助函数

$$F(x)=f(a)+f(x)-2f\Big(\frac{a+x}{2}\Big)-\frac{1}{4}k(x-a)^2$$

由 $(\ast)_1$ 式可得 $F(b)=0$. 又 $F(x)$ 在 $[a,b]$ 上连续,在 (a,b) 内可导,且 $F(a)=0$,在 $[a,b]$ 上应用罗尔定理,必 $\exists\eta\in(a,b)$,使得 $F'(\eta)=0$. 由

$$F'(x)=f'(x)-f'\left(\frac{a+x}{2}\right)-\frac{1}{2}k(x-a)$$

$$\Rightarrow\quad f'(\eta)-f'\left(\frac{a+\eta}{2}\right)=\frac{1}{2}k(\eta-a)\ \Leftrightarrow\ k=\frac{2}{\eta-a}\left(f'(\eta)-f'\left(\frac{a+\eta}{2}\right)\right)(\ast)_2$$

又因为 $f'(x)$ 在 $\left[\dfrac{a+\eta}{2},\eta\right]$ 上可导,应用拉格朗日中值定理,必 $\exists\xi\in\left(\dfrac{a+\eta}{2},\eta\right)\subset(a,b)$,使得

$$f'(\eta)-f'\left(\frac{a+\eta}{2}\right)=f''(\xi)\left(\eta-\frac{a+\eta}{2}\right)=\frac{\eta-a}{2}f''(\xi)$$

将上式代入 $(\ast)_2$ 式得 $k=f''(\xi)$,再代入 $(\ast)_1$ 式即得所要求证的表达式.

例 2.17(浙江省 2004 年竞赛题)　已知函数 $f(x)$ 在区间 $[0,1]$ 上三阶可导,且 $f(0)=-1,f(1)=0,f'(0)=0$,试证:至少存在一点 $\xi\in(0,1)$,使

$$f(x)=-1+x^2+\frac{x^2(x-1)}{3!}f'''(\xi),\quad x\in(0,1)$$

解析　$\forall x_0\in(0,1)$,记 $k=\dfrac{3!}{x_0^2(x_0-1)}(f(x_0)+1-x_0^2)$,则有等式

$$f(x_0)+1-x_0^2-\frac{x_0^2(x_0-1)}{6}k=0 \qquad\qquad (\ast)$$

运用 k 值法,作辅助函数

$$F(x)=f(x)+1-x^2-\frac{x^2(x-1)}{6}k$$

则 $F(0)=f(0)+1=0,F(1)=f(1)+1-1=0$,且由 $(\ast)$ 式可得 $F(x_0)=0$. 因为函数 $F(x)$ 在 $[0,1]$ 上可导,分别在区间 $[0,x_0]$ 与 $[x_0,1]$ 上应用罗尔定理,必 $\exists\eta_1\in(0,x_0),\eta_2\in(x_0,1)$,使得 $F'(\eta_1)=0,F'(\eta_2)=0$. 由于

$$F'(x)=f'(x)-2x-\frac{3x^2-2x}{6}k$$

所以 $F'(0)=f'(0)=0$,又 $F'(x)$ 在 $[0,\eta_2]$ 上可导,分别在区间 $[0,\eta_1]$ 与 $[\eta_1,\eta_2]$ 上应用罗尔定理,必 $\exists\xi_1\in(0,\eta_1),\xi_2\in(\eta_1,\eta_2)$,使得 $F''(\xi_1)=0,F''(\xi_2)=0$. 由于

$$F''(x)=f''(x)-2-\frac{3x-1}{3}k$$

在 $[\xi_1,\xi_2]$ 上可导,应用罗尔定理,必 $\exists\xi(x_0)\in(\xi_1,\xi_2)\subset(0,1)$,使得 $F'''(\xi(x_0))=0$. 由于 $F'''(x)=f'''(x)-k$,所以 $k=f'''(\xi(x_0))$. 代入 $(\ast)$ 式,由 $x_0\in(0,1)$ 的任意性即得:$\forall x\in(0,1)$,必 $\exists\xi(x)\in(0,1)$,使得

$$f(x)=-1+x^2+\frac{x^2(x-1)}{3!}f'''(\xi(x))$$

例 2.18(全国 2013 年决赛题)　已知函数 $f(x)$ 在区间 $[-2,2]$ 上二阶可导,且

$|f(x)| \leqslant 1$，又 $[f(0)]^2 + [f'(0)]^2 = 4$，试证：在区间 $(-2,2)$ 内至少存在一点 ξ，使得 $f(\xi) + f''(\xi) = 0$.

解析　因为函数 $f(x)$ 在区间 $[-2,2]$ 上二阶可导，所以 $f(x)$ 与 $f'(x)$ 在区间 $[-2,2]$ 上皆连续. 记 $F(x) = [f(x)]^2 + [f'(x)]^2$，则 $F(0) = 4$.

分别在区间 $[-2,0]$ 与 $[0,2]$ 上应用拉格朗日中值定理，则存在 $\xi_1 \in (-2,0)$，$\xi_2 \in (0,2)$，使得

$$f'(\xi_1) = \frac{f(0) - f(-2)}{0 - (-2)}, \quad f'(\xi_2) = \frac{f(2) - f(0)}{2 - 0}$$

由于 $|f(x)| \leqslant 1$，故 $|f'(\xi_1)| \leqslant 1$，$|f'(\xi_2)| \leqslant 1$，得 $0 \leqslant F(\xi_1) \leqslant 2, 0 \leqslant F(\xi_2) \leqslant 2$.

因为 $F(x)$ 在闭区间 $[\xi_1, \xi_2]$ 上连续，所以 $F(x)$ 在 $[\xi_1, \xi_2]$ 上取到最大值，设最大值为 $F(\xi) = M$，又 $F(0) = 4$，所以 $M \geqslant 4$，且 $\xi \in (\xi_1, \xi_2)$. 因此 $F(\xi)$ 是 $F(x)$ 在 (ξ_1, ξ_2) 内的极大值，故有 $F'(\xi) = 0$，即

$$F'(\xi) = 2f(\xi)f'(\xi) + 2f'(\xi)f''(\xi) = 2f'(\xi)(f(\xi) + f''(\xi)) = 0$$

因为 $F(\xi) = [f(\xi)]^2 + [f'(\xi)]^2 \geqslant 4$，$[f(\xi)]^2 \leqslant 1$，所以 $f'(\xi) \neq 0$，于是有

$$f(\xi) + f''(\xi) = 0$$

其中 $\xi \in (\xi_1, \xi_2) \subset (-2,2)$.

例 2.19（东南大学 2005 年竞赛题）　设函数 $f(x)$ 在 $[0,1]$ 上连续，在 $(0,1)$ 内可导，且 $f(0) = 0, f(1) = \frac{1}{2}$，试证：$\exists \xi, \eta \in (0,1)$ 且 $\xi \neq \eta$，使得

$$f'(\xi) + f'(\eta) = \xi + \eta$$

解析　作辅助函数 $F(x) = f(x) - \frac{1}{2}x^2$，则 $F(x)$ 在 $[0,1]$ 上连续，在 $(0,1)$ 内可导，且 $F(0) = 0, F(1) = 0$. $\forall c \in (0,1)$，分别在 $[0,c]$ 与 $[c,1]$ 上应用拉格朗日中值定理，必 $\exists \xi \in (0,c), \eta \in (c,1)$，使得

$$F(c) - F(0) = F'(\xi)(c - 0), \quad F(1) - F(c) = F'(\eta)(1 - c)$$

由此得

$$F'(\xi) = \frac{F(c)}{c}, \quad F'(\eta) = \frac{F(c)}{c-1}, \quad F'(\xi) + F'(\eta) = F(c)\frac{2c-1}{c(c-1)}$$

令 $2c - 1 = 0$ 得 $c = \frac{1}{2}$，则 $\exists \xi \in \left(0, \frac{1}{2}\right), \eta \in \left(\frac{1}{2}, 1\right)(\xi \neq \eta)$，使 $F'(\xi) + F'(\eta) = 0$.

由于 $F'(x) = f'(x) - x$，所以 $f'(\xi) - \xi + f'(\eta) - \eta = 0$，移项即得

$$f'(\xi) + f'(\eta) = \xi + \eta$$

例 2.20（江苏省 2016 年竞赛题）　设函数 $f(x)$ 在 $[0,1]$ 上二阶可导，且 $f(0) = 0$，$f(1) = 1$，求证：存在 $\xi \in (0,1)$，使得 $\xi f''(\xi) + (1 + \xi)f'(\xi) = 1 + \xi$.

解析　因为 $f(x)$ 在 $[0,1]$ 上连续，在 $(0,1)$ 内可导，$f(0) = 0$，$f(1) = 1$，应用

拉格朗日中值定理,可知存在 $c \in (0,1)$,使得 $f'(c) = \dfrac{f(1)-f(0)}{1-0} = 1$.

令 $F(x) = \mathrm{e}^x x(f'(x)-1)$,则 $F(0) = 0$,$F(c) = 0$. 因 $F(x)$ 在区间 $[0,c]$ 上可导,应用罗尔定理,可知存在 $\xi \in (0,c) \subset (0,1)$,使得 $F'(\xi) = 0$. 由于

$$F'(x) = \mathrm{e}^x[x(f'(x)-1) + (f'(x)-1) + xf''(x)]$$
$$= \mathrm{e}^x[xf''(x) + (1+x)f'(x) - (1+x)]$$

即

$$F'(\xi) = \mathrm{e}^{\xi}[\xi f''(\xi) + (1+\xi)f'(\xi) - (1+\xi)]$$

于是 $\xi f''(\xi) + (1+\xi)f'(\xi) = 1+\xi$.

点评　本题辅助函数 $F(x)$ 的构造思路如下:先将原式中的 ξ 改为 x,得表达式为

$$xf''(x) + f'(x) - 1 + x(f'(x)-1) = 0$$

再取 $g(x) = x(f'(x)-1)$,将上式写为 $g'(x) + \lambda g(x) = 0$(这里 $\lambda = 1$),则辅助函数为 $F(x) = \mathrm{e}^{\lambda x} g(x)$,这里

$$F(x) = \mathrm{e}^x g(x) = \mathrm{e}^x x(f'(x)-1)$$

例 2.21(莫斯科钢铁与合金学院 1975 年竞赛题)　设 $f(x)$ 在 $(0,+\infty)$ 上连续可导,$\lim\limits_{x \to +\infty} f(x)$ 存在,$f(x)$ 的图形在 $(0,+\infty)$ 上是凸的,求证:$\lim\limits_{x \to +\infty} f'(x) = 0$.

解析　设 $\lim\limits_{x \to +\infty} f(x) = A$. 又因为函数 $f(x)$ 的图形是凸的,所以 $f'(x)$ 单调减少. 对任意 $x > 1$,在区间 $[x-1,x]$ 与 $[x,x+1]$ 上分别应用拉格朗日中值定理,必存在 $\xi \in (x-1,x)$,$\eta \in (x,x+1)$ 使得

$$f(x) - f(x-1) = f'(\xi), \quad f(x+1) - f(x) = f'(\eta)$$

由于 $f'(\eta) \leqslant f'(x) \leqslant f'(\xi)$,所以

$$f(x+1) - f(x) \leqslant f'(x) \leqslant f(x) - f(x-1)$$

又由于

$$\lim\limits_{x \to +\infty} (f(x+1) - f(x)) = A - A = 0, \quad \lim\limits_{x \to +\infty} (f(x) - f(x-1)) = A - A = 0$$

应用夹逼准则即得 $\lim\limits_{x \to +\infty} f'(x) = 0$.

例 2.22(全国 2019 年考研题)　设函数 $f(x)$ 在区间 $[0,1]$ 上具有二阶导数,且 $f(0) = 0$,$f(1) = 1$,$\displaystyle\int_0^1 f(x)\mathrm{d}x = 1$,证明:

(1) 存在 $\xi \in (0,1)$,使得 $f'(\xi) = 0$;

(2) 存在 $\eta \in (0,1)$,使得 $f''(\eta) < -2$.

解析　(1) 应用积分中值定理,必存在 $c \in (0,1)$ 使得

$$\int_0^1 f(x)\mathrm{d}x = f(c)(1-0) = f(c) \Rightarrow f(c) = 1$$

因 $f(x)$ 在 $[c,1]$ 上可导，$f(c)=f(1)$，应用罗尔定理，必存在 $\xi\in(c,1)\subset(0,1)$，使得 $f'(\xi)=0$.

(2) 作辅助函数 $F(x)=f(x)+x^2$，则
$$F'(x)=f'(x)+2x, \quad F''(x)=f''(x)+2$$
因 $F(x)$ 在区间 $[0,c]$ 上可导，$F(0)=0$，$F(c)=1+c^2$，应用拉格朗日中值定理，必存在 $d\in(0,c)$ 使得

$$F'(d)=\frac{F(c)-F(0)}{c-0}=\frac{1+c^2}{c}$$

因 $F'(x)$ 在 $[d,\xi]$ 上可导，应用拉格朗日中值定理，必存在 $\eta\in(d,\xi)\subset(0,1)$ 使得

$$F''(\eta)=\frac{F'(\xi)-F'(d)}{\xi-d}=\frac{2\xi-\dfrac{1+c^2}{c}}{\xi-d}=\frac{2\xi c-(1+c^2)}{(\xi-d)c}$$

又由于 $F''(\eta)=f''(\eta)+2$，且 $0<d<c<\xi<1$，应用 A-G 不等式得

$$f''(\eta)+2=\frac{2\xi c-(1+c^2)}{(\xi-d)c}<\frac{c^2+\xi^2-1-c^2}{(\xi-d)c}=\frac{(\xi-1)(\xi+1)}{(\xi-d)c}<0$$

于是 $f''(\eta)<-2$.

例 2.23(江苏省 2019 年竞赛题)　已知函数 $f(x)$ 在 $[0,1]$ 上连续，在 $(0,1)$ 内可导，且 $f(0)=f(1)=0$，若 $a\in(0,1)$，$f(a)>0$，证明：存在 $\xi\in(0,1)$，使得
$$|f'(\xi)|>2f(a)$$

解析　(1) 当 $a\neq 0.5$ 时，则 $a\in(0,0.5)$ 或 $a\in(0.5,1)$.

① 若 $a\in(0,0.5)$，在 $[0,a]$ 上应用拉格朗日中值定理，必 $\exists\xi\in(0,a)$，使得
$$|f'(\xi)|=\left|\frac{f(a)-f(0)}{a}\right|=\frac{f(a)}{a}>\frac{f(a)}{0.5}=2f(a)$$

② 若 $a\in(0.5,1)$，在 $[a,1]$ 上应用拉格朗日中值定理，必 $\exists\xi\in(a,1)$，使得
$$|f'(\xi)|=\left|\frac{f(1)-f(a)}{1-a}\right|=\frac{f(a)}{1-a}>\frac{f(a)}{0.5}=2f(a)$$

(2) 当 $a=0.5$ 时，因为函数 $f(x)$ 在 a 处可导，所以 $f(x)$ 不可能在 $[0,a]$ 与 $[a,1]$ 上皆为线性函数，则 $f(x)$ 在 $[0,0.5]$ 上为非线性函数或在 $[0.5,1]$ 上为非线性函数.

（Ⅰ）若 $f(x)$ 在 $[0,0.5]$ 上为非线性函数，因通过两点 $(0,0)$，$(0.5,f(0.5))$ 的直线方程为 $y=2xf(0.5)$，故 $\exists c\in(0,0.5)$，使得 $f(c)\neq 2cf(0.5)$，记此数为 k.

① 当 $f(c)>k$ 时，在 $[0,c]$ 上应用拉格朗日中值定理，必 $\exists\xi\in(0,c)$，使得
$$|f'(\xi)|=\left|\frac{f(c)-f(0)}{c}\right|=\frac{f(c)}{c}>\frac{2cf(0.5)}{c}=2f(0.5)$$

② 当 $f(c)<k$ 时，在 $[c,0.5]$ 上应用拉格朗日中值定理，必 $\exists\xi\in(c,0.5)$，使得

$$|f'(\xi)| = \left| \frac{f(0.5) - f(c)}{0.5 - c} \right| > \frac{2(f(0.5) - 2cf(0.5))}{1 - 2c} = 2f(0.5)$$

（Ⅱ）若 $f(x)$ 在 $[0.5,1]$ 上为非线性函数,因通过两点 $(0.5, f(0.5))$, $(1,0)$ 的直线方程为 $y = -2(x-1)f(0.5)$,故 $\exists d \in (0.5,1)$,使得

$$f(d) \neq 2(1-d)f(0.5)$$

记此数为 h.

① 当 $f(d) < h$ 时,在 $[0.5, d]$ 上应用拉格朗日中值定理,必 $\exists \xi \in (0.5, d)$,使得

$$|f'(\xi)| = \left| \frac{f(d) - f(0.5)}{d - 0.5} \right| > \frac{2(f(0.5) - 2(1-d)f(0.5))}{2d - 1} = 2f(0.5)$$

② 当 $f(d) > h$ 时,在 $[d,1]$ 上应用拉格朗日中值定理,必 $\exists \xi \in (d,1)$,使得

$$|f'(\xi)| = \left| \frac{f(1) - f(d)}{1 - d} \right| = \frac{f(d)}{1-d} > \frac{2(1-d)f(0.5)}{1-d} = 2f(0.5)$$

由于上述 6 种情况至少有一种情况会发生,所以不管 a 在 $(0,1)$ 中取何值,总存在 $\xi \in (0,1)$,使得 $|f'(\xi)| > 2f(a)$.

例 2.24(莫斯科大学 1975 年竞赛题)　设 $f(x)$ 在 $(-\infty, +\infty)$ 上有界,且二阶可导,求证:存在 $\xi \in \mathbf{R}$,使得 $f''(\xi) = 0$.

解析　(1) 若存在 $a, b \in (-\infty, +\infty)$,且 $a < b$,使得 $f'(a) = f'(b)$,令 $F(x) = f'(x)$,则函数 $F(x)$ 在 $[a,b]$ 上可导,且有 $F(a) = F(b)$,应用罗尔定理,必存在 $\xi \in (a,b)$,使得 $F'(\xi) = 0$,即 $f''(\xi) = 0$.

(2) 若 $\forall a, b \in (-\infty, +\infty)$ 且 $a < b$,有 $f'(a) \neq f'(b)$,则 $f'(x)$ 在区间 $(-\infty, +\infty)$ 上严格单调增加或严格单调减少.不妨设 $f'(x)$ 在 $(-\infty, +\infty)$ 上单调增加.

$\forall c \in (-\infty, +\infty)$,① 若 $f'(c) \geq 0$,则 $f'(1+c) > 0$,当 $x > 1+c$ 时,在 $[1+c, x]$ 上应用拉格朗日中值定理,有

$$f(x) = f(1+c) + f'(\xi)(x-1-c)$$
$$> f(1+c) + f'(1+c)(x-1-c)$$

这里 $1+c < \xi < x$.令 $x \to +\infty$ 得 $\lim\limits_{x \to +\infty} f(x) = +\infty$,此与 $f(x)$ 在 $(-\infty, +\infty)$ 上有界矛盾.② 若 $f'(c) < 0$,当 $x < c$ 时,在 $[x,c]$ 上应用拉格朗日中值定理,有

$$f(x) = f(c) + f'(\eta)(x-c)$$
$$> f(c) + f'(c)(x-c)$$

这里 $x < \eta < c$.令 $x \to -\infty$ 得 $\lim\limits_{x \to -\infty} f(x) = +\infty$,此与 $f(x)$ 在 $(-\infty, +\infty)$ 上有界矛盾.此表明情况(2) 不可能发生,只有第(1) 种情况发生.

例 2.25(精选题)　设函数 $f(x)$ 在区间 $(0, +\infty)$ 上可导,若

$$\lim\limits_{x \to +\infty} (f(x) + f'(x)) = k \quad (k \in \mathbf{R})$$

试求 $\lim\limits_{x\to+\infty}f(x)$，$\lim\limits_{x\to+\infty}f'(x)$．

解析 取 $l\in\mathbf{R}$，使得 $k+l>0$，则

$$\lim_{x\to+\infty}((f(x)+l)'+(f(x)+l))=\lim_{x\to+\infty}(f(x)+f'(x)+l)=k+l>0$$

再令 $F(x)=\mathrm{e}^x(f(x)+l)$，则

$$\lim_{x\to+\infty}F'(x)=\lim_{x\to+\infty}\mathrm{e}^x(f(x)+f'(x)+l)=+\infty$$

应用极限的定义得：$\forall M>0$，必 $\exists N>0$，当 $x>N$ 时，$F'(x)>M$．对函数 $F(x)$ 在 $[N,x]$ 上应用拉格朗日中值定理，必 $\exists\xi\in(N,x)$，使得

$$F(x)=F(N)+F'(\xi)(x-N)>F(N)+M(x-N)$$

在上式中令 $x\to+\infty$ 得 $\lim\limits_{x\to+\infty}F(x)=+\infty$．应用洛必达法则，得

$$\lim_{x\to+\infty}(f(x)+l)=\lim_{x\to+\infty}\frac{F(x)}{\mathrm{e}^x}\overset{\frac{\infty}{\infty}}{=}\lim_{x\to+\infty}\frac{F'(x)}{(\mathrm{e}^x)'}=\lim_{x\to+\infty}(f(x)+f'(x)+l)=k+l$$

由此可得 $\lim\limits_{x\to+\infty}f(x)=k$，且

$$\lim_{x\to+\infty}f'(x)=\lim_{x\to+\infty}(f(x)+f'(x)-f(x))=k-k=0$$

点评 此题是自编题，构思新颖，有难度，解析方法很妙，请读者体会．

例 2.26（东南大学 2014 年竞赛题） 已知函数 $f(x)$ 在 $(-\infty,+\infty)$ 上可微，且 $|f'(x)|<mf(x)(0<m<1)$，任取实数 a_0，定义 $a_n=\ln f(a_{n-1})(n=1,2,\cdots)$，证明：数列 $\{a_n\}$ 收敛．

解析 由题意得 $f(x)>0$，$-m<\dfrac{f'(x)}{f(x)}<m$．令

$$F(x)=-x+\ln f(x)\quad(x\in\mathbf{R})$$

首先证明 $F(x)$ 在 $(-\infty,+\infty)$ 上有惟一的零点．

由于

$$F'(x)=-1+\frac{f'(x)}{f(x)}\ \Rightarrow\ -(m+1)<F'(x)<m-1<0$$

所以 $F(x)$ 在 $(-\infty,+\infty)$ 上严格单调减少．对任意 $s<0,t>0$，分别在 $[s,0]$ 与 $[0,t]$ 上应用拉格朗日中值定理，必存在 $\xi\in(s,0)$，$\eta\in(0,t)$，使得

$$F(s)=F(0)+F'(\xi)s>F(0)+(m-1)s$$
$$F(t)=F(0)+F'(\eta)t<F(0)+(m-1)t$$

由于

$$\lim_{s\to-\infty}(F(0)+(m-1)s)=+\infty,\quad\lim_{t\to+\infty}(F(0)+(m-1)t)=-\infty,$$

所以 $\lim\limits_{s\to-\infty}F(s)=+\infty$，$\lim\limits_{t\to+\infty}F(t)=-\infty$，应用极限的性质，必存在 $\alpha<0,\beta>0$，使得 $F(\alpha)>0,F(\beta)<0$．又由于 $F(x)\in\mathscr{C}[\alpha,\beta]$，应用零点定理，必存在惟一的一点 $A\in(\alpha,\beta)$，使得 $F(A)=0$，即 $\ln f(A)=A$．

再记 $g(x)=\ln f(x)$，则 $|g'(x)|=\left|\dfrac{f'(x)}{f(x)}\right|<m<1$，应用拉格朗日中值定

理,有

$$0 \leqslant |a_n - A| = |\ln f(a_{n-1}) - \ln f(A)| = |g(a_{n-1}) - g(A)|$$
$$= |g'(c)| |a_{n-1} - A| \leqslant m |a_{n-1} - A|$$
$$\leqslant m^2 |a_{n-2} - A| \leqslant \cdots \leqslant m^n |a_0 - A|$$

又 $0 < m < 1, \lim\limits_{n \to \infty} m^n |a_0 - A| = 0$,应用夹逼准则,得 $\lim\limits_{n \to \infty} a_n = A$,故数列 $\{a_n\}$ 收敛.

例 2.27(全国 2019 年初赛题)　设 $f(x)$ 在 $[0, +\infty)$ 上可微,$f(0) = 0$,且存在常数 $A > 0$,使得 $|f'(x)| \leqslant A |f(x)|$ 在 $[0, +\infty)$ 上成立,试证明:在 $[0, +\infty)$ 上有 $f(x) \equiv 0$.

解析　记 $h = \dfrac{1}{2A}$,将区间 $[0, +\infty)$ 分为小区间 $[(i-1)h, ih](i = 1, 2, 3, \cdots)$.

$i = 1$ 时,由于 $|f(x)|$ 在 $[0, h]$ 上连续,应用最值定理,必 $\exists x_1 \in (0, h]$,使得

$$|f(x_1)| = \max\{|f(x)| \mid x \in [0, h]\}$$

在区间 $[0, x_1]$ 上应用拉格朗日中值定理,必 $\exists \xi_1 \in (0, x_1)$,使得

$$|f(x_1)| = |f(x_1) - f(0)| = |f'(\xi_1) x_1| \leqslant A |f(\xi_1)| h \leqslant \frac{1}{2} |f(x_1)|$$

由此可得 $|f(x_1)| = 0$,$|f(x)| \leqslant |f(x_1)| = 0 (x \in [0, h])$,于是 $f(x)$ 在 $[0, h]$ 上恒等于 0.

归纳假设 $i = n$ 时 $f(x)$ 在 $[(n-1)h, nh](n \in \mathbf{N}^*)$ 上恒等于 0,则 $i = n+1$ 时,由于 $|f(x)|$ 在 $[nh, (n+1)h]$ 上连续,应用最值定理,必 $\exists x_{n+1} \in (nh, (n+1)h]$,使得

$$|f(x_{n+1})| = \max\{|f(x)| \mid x \in [nh, (n+1)h]\}$$

在区间 $[nh, x_{n+1}]$ 上应用拉格朗日中值定理,必 $\exists \xi_{n+1} \in (nh, x_{n+1})$,使得

$$|f(x_{n+1})| = |f(x_{n+1}) - f(nh)| = |f'(\xi_{n+1})(x_{n+1} - nh)|$$
$$\leqslant A |f(\xi_{n+1})| h \leqslant \frac{1}{2} |f(x_{n+1})|$$

由此可得 $|f(x_{n+1})| = 0$,$|f(x)| \leqslant |f(x_{n+1})| = 0 (x \in [nh, (n+1)h])$,于是函数 $f(x)$ 在 $[nh, (n+1)h]$ 上恒等于 0.

应用归纳法,可知 $f(x)$ 在所有区间 $[(i-1)h, ih](i = 1, 2, 3, \cdots)$ 上恒等于 0,于是 $f(x)$ 在 $[0, +\infty)$ 上恒等于 0.

点评　虽然本题的已知条件与要证明的结论都很简单,但证明是有难度的.上面解析过程中巧妙运用了最值定理、拉格朗日中值定理与数学归纳法,读者须细细体会.

例 2.28(江苏省 2016 年竞赛题)　求 $\lim\limits_{x \to 0} \dfrac{\tan(\tan x) - \tan(\tan(\tan x))}{\tan x \cdot \tan(\tan x) \cdot \tan(\tan(\tan x))}$.

解析　由于 $\square \to 0$ 时 $\tan \square \sim \square$,所以 $x \to 0$ 时,有

$$\tan x \cdot \tan(\tan x) \cdot \tan(\tan(\tan x)) \sim x^3$$

应用拉格朗日中值定理,在 $\tan x$ 与 $\tan(\tan x)$ 之间必存在 $\xi (x \to 0$ 时 $\xi \to 0)$,使得

$$\tan(\tan x) - \tan(\tan(\tan x)) = \sec^2 \xi \cdot (\tan x - \tan(\tan x))$$

再应用拉格朗日中值定理,在 x 与 $\tan x$ 之间必存在 η($x \to 0$ 时 $\eta \to 0$),使得

$$\tan x - \tan(\tan x) = \sec^2 \eta \cdot (x - \tan x)$$

由上述结论,并应用等价无穷小替换与洛必达法则,得

$$原式 = \lim_{x \to 0} \frac{\sec^2 \xi \cdot \sec^2 \eta \cdot (x - \tan x)}{x^3} = \lim_{x \to 0} \frac{x - \tan x}{x^3} = \lim_{x \to 0} \frac{1 - \sec^2 x}{3x^2}$$

$$= \lim_{x \to 0} \frac{-\tan^2 x}{3x^2} = -\frac{1}{3}$$

点评 本题及下面的例 2.29 和例 2.30 是求极限,按题型通常采用洛必达法则与等价无穷小替换求解. 这里巧妙地运用了拉格朗日中值定理、柯西中值定理等方法,具有特色!

例 2.29(莫斯科电子技术学院 1977 年竞赛题) 求 $\lim\limits_{x \to 0} \dfrac{\tan(\tan x) - \sin(\sin x)}{\tan x - \sin x}$.

解析 应用求极限的四则运算,有

$$原式 = I_1 + I_2 \xlongequal{\text{def}} \lim_{x \to 0} \frac{\tan(\tan x) - \tan(\sin x)}{\tan x - \sin x} + \lim_{x \to 0} \frac{\tan(\sin x) - \sin(\sin x)}{\tan x - \sin x}$$

在 $x = 0$ 的右邻域中,$0 < \sin x < \tan x$;在 $x = 0$ 的左邻域中,$\tan x < \sin x < 0$. 因此,对 I_1 利用拉格朗日中值定理,在 $\sin x$ 与 $\tan x$ 之间必存在 ξ,使得

$$I_1 = \lim_{x \to 0} \frac{\sec^2 \xi \cdot (\tan x - \sin x)}{\tan x - \sin x} = 1 \quad (x \to 0 \text{ 时 } \xi \to 0)$$

对 I_2 利用恒等变换与等价无穷小替换,得

$$I_2 = \lim_{x \to 0} \frac{\dfrac{\sin(\sin x) \cdot (1 - \cos(\sin x))}{\cos(\sin x)}}{\dfrac{\sin x \cdot (1 - \cos x)}{\cos x}} = \lim_{x \to 0} \frac{\sin x \cdot \dfrac{1}{2} \sin^2 x}{\sin x \cdot \dfrac{1}{2} x^2} = 1$$

于是原式 $= I_1 + I_2 = 1 + 1 = 2$.

例 2.30(厦门大学 2012 年竞赛题) 求 $\lim\limits_{x \to 0} \dfrac{(1 + \tan x)^5 - (1 + \sin x)^5}{\sin(\tan x) - \sin(\sin x)}$.

解析 令

$$F(x) = (1 + x)^5, \quad G(x) = \sin x \quad (|x| < 1, x \neq 0)$$

显然 $F(x), G(x)$ 连续且可导,$G'(x) \neq 0$. 在 $x = 0$ 的右邻域中,$0 < \sin x < \tan x$;在 $x = 0$ 的左邻域中,$\tan x < \sin x < 0$. 因此,应用柯西中值定理,在 $\sin x$ 与 $\tan x$ 之间必存在一点 ξ,使得

$$\frac{F(\tan x) - F(\sin x)}{G(\tan x) - G(\sin x)} = \frac{F'(\xi)}{G'(\xi)} \Longleftrightarrow \frac{(1 + \tan x)^5 - (1 + \sin x)^5}{\sin(\tan x) - \sin(\sin x)} = \frac{5(1 + \xi)^4}{\cos \xi}$$

令 $x \to 0$,此时 $\xi \to 0$,于是

$$\lim_{x \to 0} \frac{(1 + \tan x)^5 - (1 + \sin x)^5}{\sin(\tan x) - \sin(\sin x)} = \lim_{\xi \to 0} \frac{5(1 + \xi)^4}{\cos \xi} = 5$$

例 2.31(北京市 1998 与 2010 年竞赛题)　设 $f(x)$ 在闭区间 $[a,b]$ 上连续,在开区间 (a,b) 内可导,且 $0 \leqslant a < b \leqslant \pi/2$,证明:在 (a,b) 内至少存在两点 ξ_1,ξ_2,使

$$f'(\xi_2)\tan\frac{a+b}{2} = f'(\xi_1)\frac{\sin\xi_2}{\cos\xi_1}$$

解析　分别对函数 $f(x)$ 与 $g(x) = \sin x$,以及函数 $f(x)$ 与 $h(x) = \cos x$ 在区间 $[a,b]$ 上应用柯西中值定理,必存在 $\xi_1,\xi_2 \in (a,b)$,使得

$$\frac{f(b)-f(a)}{\sin b - \sin a} = \frac{f'(\xi_1)}{\cos\xi_1}, \quad \frac{f(b)-f(a)}{\cos b - \cos a} = \frac{f'(\xi_2)}{-\sin\xi_2}$$

两式相除得

$$\frac{f'(\xi_1)\sin\xi_2}{f'(\xi_2)\cos\xi_1} = -\frac{\cos b - \cos a}{\sin b - \sin a} = -\frac{-2\sin\dfrac{b+a}{2}\sin\dfrac{b-a}{2}}{2\cos\dfrac{b+a}{2}\sin\dfrac{b-a}{2}} = \tan\frac{b+a}{2}$$

上式移项即得原式.

2.2.4　麦克劳林公式与泰勒公式的应用(例 2.32—2.42)

例 2.32(同济大学 2015 年竞赛题)　求 A,B,C,D,使得当 x 充分小时,有

$$(1+x)^{\frac{1}{x}} = A + Bx + Cx^2 + Dx^3 + o(x^3)$$

解析　记 $f(x) = (1+x)^{\frac{1}{x}} = A + Bx + Cx^2 + Dx^3 + o(x^3)$,则

$$\ln f(x) = \frac{1}{x}\ln(1+x)$$

再应用函数 $\ln(1+x)$ 的四阶麦克劳林展式

$$\ln(1+x) = x - \frac{1}{2}x^2 + \frac{1}{3}x^3 - \frac{1}{4}x^4 + o(x^4)$$

得 $\ln f(x) = \dfrac{1}{x}\ln(1+x) = 1 - \dfrac{x}{2} + \dfrac{x^2}{3} - \dfrac{x^3}{4} + o(x^3)$,此式两端求导得

$$\frac{f'(x)}{f(x)} = -\frac{1}{2} + \frac{2x}{3} - \frac{3x^2}{4} + o(x^2) \Leftrightarrow f'(x) = \left(-\frac{1}{2} + \frac{2x}{3} - \frac{3x^2}{4} + o(x^2)\right)f(x)$$

$$\Rightarrow \quad B + 2Cx + 3Dx^2 + o(x^2)$$

$$= \left(-\frac{1}{2} + \frac{2x}{3} - \frac{3x^2}{4} + o(x^2)\right)(A + Bx + Cx^2 + Dx^3 + o(x^3))$$

$$= -\frac{A}{2} + \left(\frac{2A}{3} - \frac{B}{2}\right)x + \left(-\frac{3A}{4} + \frac{2B}{3} - \frac{C}{2}\right)x^2 + o(x^2)$$

由于 $A = \lim\limits_{x\to 0}(1+x)^{\frac{1}{x}} = e$,比较上式两端同次幂的系数得

$$A = e, \ B = -\frac{e}{2}, \ C = -\frac{B}{4} + \frac{e}{3}, \ D = -\frac{C}{6} + \frac{2B}{9} - \frac{e}{4}$$

即得 $A = e, B = -\dfrac{e}{2}, C = \dfrac{11e}{24}, D = -\dfrac{7e}{16}$.

例 2.33(全国 2010 年决赛题)　求极限 $\lim\limits_{n\to\infty}\sum\limits_{k=1}^{n-1}\left(1+\dfrac{k}{n}\right)\sin\dfrac{k\pi}{n^2}$.

解析　记 $S_n=\sum\limits_{k=1}^{n-1}\left(1+\dfrac{k}{n}\right)\sin\dfrac{k\pi}{n^2}(n\geqslant 2)$,由麦克劳林展式 $\sin u=u-\dfrac{1}{3!}u^3$

$+o(u^3)$,得

$$\begin{aligned}
S_n &=\sum_{k=1}^{n-1}\left(1+\frac{k}{n}\right)\sin\frac{k\pi}{n^2}=\sum_{k=1}^{n-1}\left(1+\frac{k}{n}\right)\left(\frac{k\pi}{n^2}-\frac{k^3\pi^3}{6n^6}+o\left(\frac{k^3}{n^6}\right)\right)\\
&=\sum_{k=1}^{n-1}\left(\frac{k\pi}{n^2}+\frac{k^2\pi}{n^3}-\frac{k^3\pi^3}{6n^6}+o\left(\frac{k^3}{n^6}\right)\right)\\
&=\frac{\pi}{n^2}\sum_{k=1}^{n-1}k+\frac{\pi}{n^3}\sum_{k=1}^{n-1}k^2-\frac{\pi^3}{6n^6}\sum_{k=1}^{n-1}k^3+\sum_{k=1}^{n-1}o\left(\frac{k^3}{n^6}\right)\\
&=\frac{n(n-1)\pi}{2n^2}+\frac{n(n-1)(2n-1)\pi}{6n^3}-\frac{n^2(n-1)^2\pi^3}{24n^6}+o\left(\frac{n^2(n-1)^2}{n^6}\right)
\end{aligned}$$

上式两端令 $n\to\infty$ 求极限,得

$$\text{原式}=\lim_{n\to\infty}S_n=\frac{1}{2}\pi+\frac{1}{3}\pi+0+0=\frac{5}{6}\pi$$

例 2.34(全国 2016 年决赛题)　求极限 $\lim\limits_{n\to\infty}n\,|\sin(\pi n!\mathrm{e})|$.

解析　应用 e^x 的 $n+1$ 阶麦克劳林展式

$$\mathrm{e}^x=1+x+\frac{1}{2!}x^2+\cdots+\frac{1}{(n+1)!}x^{n+1}+\frac{\mathrm{e}^{\theta x}}{(n+2)!}x^{n+2}\quad(0<\theta<1)$$

取 $x=1$ 得

$$\begin{aligned}
\mathrm{e} &=2+\frac{1}{2!}+\cdots+\frac{1}{n!}+\frac{1}{(n+1)!}+\frac{\mathrm{e}^{\theta}}{(n+2)!}\\
&=2+\frac{1}{2!}+\cdots+\frac{1}{n!}+\frac{1}{(n+1)!}+o\left(\frac{1}{(n+1)!}\right)
\end{aligned}$$

$$\Rightarrow\qquad \pi n!\mathrm{e}=\pi\left(2\cdot n!+\frac{n!}{2!}+\cdots+\frac{n!}{n!}\right)+\frac{\pi}{n+1}+o\left(\frac{1}{n+1}\right)$$

记 $f(n)=2\cdot n!+\dfrac{n!}{2!}+\cdots+\dfrac{n!}{n!}(n\in\mathbf{N}^*),k\in\mathbf{N}^*$,则

$$\begin{aligned}
f(2k) &=2\cdot(2k)!+\frac{(2k)!}{2!}+\cdots+\frac{(2k)!}{(2k-1)!}+\frac{(2k)!}{(2k)!}\\
&=2\cdot(2k)!+(2k)(2k-1)\cdots 3+(2k)(2k-1)+(2k)+1\\
f(2k+1) &=2\cdot(2k+1)!+\frac{(2k+1)!}{2!}+\cdots+\frac{(2k+1)!}{(2k)!}+\frac{(2k+1)!}{(2k+1)!}\\
&=2\cdot(2k+1)!+(2k+1)(2k)\cdots 3+\cdots+(2k+1)(2k)\\
&\quad+(2k+1)+1
\end{aligned}$$

由此可得:当 n 为偶数时,$f(n)$ 为奇数;当 n 为奇数时,$f(n)$ 为偶数. 再应用等价无穷小替换 $\sin\square\sim\square(\square\to 0)$,得

$$\lim_{n\to\infty}n\,|\sin(\pi n!\mathrm{e})| = \lim_{n\to\infty}n\left|\sin\left(\pi f(n)+\frac{\pi}{n+1}+o\left(\frac{1}{n+1}\right)\right)\right|$$

$$= \lim_{n\to\infty}|(-1)^{f(n)}|\,n\sin\left(\frac{\pi}{n+1}+o\left(\frac{1}{n}\right)\right)$$

$$= \lim_{n\to\infty}n\left(\frac{\pi}{n+1}+o\left(\frac{1}{n}\right)\right)$$

$$= \lim_{n\to\infty}\frac{n\pi}{n+1}+\lim_{n\to\infty}\frac{o(1/n)}{1/n} = \pi+0 = \pi$$

点评   原题是求极限 $\lim\limits_{n\to\infty}n\sin(\pi n!\mathrm{e})$. 记 $x_n = n\sin(\pi n!\mathrm{e})$,由上面的解析可得

$$\lim_{n\to\infty}x_{2n} = -\pi, \qquad \lim_{n\to\infty}x_{2n+1} = \pi$$

所以数列 $\{x_n\}$ 发散. 编者将题目改为求 $\lim|x_n|$,比较恰当.

例 2.35(全国 2011 年初赛题)   设函数 $f(x)$ 在闭区间 $[-1,1]$ 上具有连续的三阶导数,且 $f(-1)=0,f(1)=1,f'(0)=0$,求证:在开区间 $(-1,1)$ 内至少存在一点 x_0,使得 $f'''(x_0)=3$.

解析   令 $F(x)=f(x)-\dfrac{1}{2}x^3$,则 $F(x)$ 在 $[-1,1]$ 上三阶可导,且 $F(-1)=\dfrac{1}{2},F(1)=\dfrac{1}{2},F'(0)=0$. 函数 $F(x)$ 的一阶麦克劳林展式为

$$F(x)=F(0)+F'(0)x+\frac{1}{2}F''(\xi)x^2 = f(0)+\frac{1}{2}F''(\xi)x^2$$

其中 ξ 介于 $0,x$ 之间. 在上式中分别取 $x=-1$ 与 $x=1$ 得

$$\frac{1}{2}=f(0)+\frac{1}{2}F''(\xi_1) \quad 与 \quad \frac{1}{2}=f(0)+\frac{1}{2}F''(\xi_2)$$

其中 $\xi_1\in(-1,0),\xi_2\in(0,1)$,则 $F''(\xi_1)=F''(\xi_2)$. 再在区间 $[\xi_1,\xi_2]$ 上应用罗尔定理,必存在 $x_0\in(\xi_1,\xi_2)\subset(-1,1)$,使得 $F'''(x_0)=0$,由于 $F'''(x_0)=f'''(x_0)-3$,所以 $f'''(x_0)=3$.

例 2.36(同济大学 2017 年竞赛题)   设 $f(x)$ 三阶可导,$\lim\limits_{x\to\infty}f(x)=A(A\in\mathbf{R})$,$\lim\limits_{x\to\infty}f'''(x)=0$,证明:$\lim\limits_{x\to\infty}f'(x)=\lim\limits_{x\to\infty}f''(x)=0$.

解析   任取 $x\in\mathbf{R}$,函数 $f(u)$ 在 $u=x$ 处的二阶泰勒展式为

$$f(u)=f(x)+f'(x)(u-x)+\frac{f''(x)}{2!}(u-x)^2+\frac{f'''(\xi)}{3!}(u-x)^3$$

其中 ξ 介于 u,x 之间. 在上式中分别取 $u=x+1$ 与 $u=x-1$ 得

$$f(x+1)=f(x)+f'(x)+\frac{f''(x)}{2}+\frac{f'''(\xi_1)}{6}, \quad \xi_1\in(x,x+1)$$

$$f(x-1)=f(x)-f'(x)+\frac{f''(x)}{2}-\frac{f'''(\xi_2)}{6}, \quad \xi_2\in(x-1,x)$$

分别将上面两式相减与相加得

$$f(x+1) - f(x-1) = 2f'(x) + \frac{f'''(\xi_1)}{6} + \frac{f'''(\xi_2)}{6}$$

$$f(x+1) + f(x-1) = 2f(x) + f''(x) + \frac{f'''(\xi_1)}{6} - \frac{f'''(\xi_2)}{6}$$

在两式中分别令 $x \to \infty$(此时 $\xi_1 \to \infty, \xi_2 \to \infty$),再利用已知条件得

$$A - A = 2\lim_{x\to\infty} f'(x), \quad A + A = 2A + \lim_{x\to\infty} f''(x)$$

所以 $\lim_{x\to\infty} f'(x) = \lim_{x\to\infty} f''(x) = 0$.

例 2.37(精选题) 设函数 $f(x)$ 在 $[a,b]$ 上二阶可导,$f'(a) = 0, f'(b) = 0$,求证:$\exists \xi \in (a,b)$,使得

$$|f''(\xi)| \geqslant 4 \frac{|f(b) - f(a)|}{(b-a)^2}$$

解析 函数 $f(x)$ 在 $x = a$ 与 $x = b$ 处的一阶泰勒展式分别为

$$f(x) = f(a) + f'(a)(x-a) + \frac{1}{2!}f''(\xi_1)(x-a)^2 \tag{1}$$

$$f(x) = f(b) + f'(b)(x-b) + \frac{1}{2!}f''(\eta_1)(x-b)^2 \tag{2}$$

这里 $\xi_1 \in (a,x), \eta_1 \in (x,b)$. 在(1)式和(2)式中分别令 $x = \dfrac{a+b}{2}$ 得

$$f\left(\frac{a+b}{2}\right) = f(a) + \frac{1}{8}f''(\xi_1')(b-a)^2 \tag{3}$$

$$f\left(\frac{a+b}{2}\right) = f(b) + \frac{1}{8}f''(\eta_1')(b-a)^2 \tag{4}$$

这里 $\xi_1' \in \left(a, \dfrac{a+b}{2}\right), \eta_1' \in \left(\dfrac{a+b}{2}, b\right)$. (3)式减(4)式得

$$f(b) - f(a) = \frac{1}{8}[f''(\xi_1') - f''(\eta_1')](b-a)^2$$

$$|f(b) - f(a)| = \frac{1}{8}|f''(\xi_1') - f''(\eta_1')|(b-a)^2$$

$$\leqslant \frac{1}{8}(|f''(\xi_1')| + |f''(\eta_1')|)(b-a)^2$$

$$\leqslant \frac{1}{4}\max\{|f''(\xi_1')|, |f''(\eta_1')|\}(b-a)^2$$

$$= \frac{1}{4}|f''(\xi)|(b-a)^2$$

这里 $\xi = \xi_1'$ 或 η_1',且上式即为原式.

例 2.38（浙江省 2007 年竞赛题）　若 $f(x)$ 二阶可导,且

$$f(x) > 0, \quad f''(x)f(x) - [f'(x)]^2 > 0, \quad x \in \mathbf{R}$$

(1) 证明: $f(x_1)f(x_2) \geqslant f^2\left(\dfrac{x_1 + x_2}{2}\right), \forall x_1, x_2 \in \mathbf{R}$;

(2) 若 $f(0) = 1$,证明: $f(x) \geqslant \mathrm{e}^{f'(0)x}, \forall x \in \mathbf{R}$.

解析　(1) 令 $F(x) = \ln f(x)$,则

$$F'(x) = \frac{f'(x)}{f(x)}, \quad F''(x) = \frac{f''(x)f(x) - [f'(x)]^2}{[f(x)]^2}$$

故 $\forall x \in \mathbf{R}, F''(x) > 0$,曲线 $F(x)$ 是凹的,于是 $\forall x_1, x_2 \in \mathbf{R}$,有

$$\frac{1}{2}[F(x_1) + F(x_2)] \geqslant F\left(\frac{x_1 + x_2}{2}\right)$$

即 $\dfrac{1}{2}\ln f(x_1)f(x_2) \geqslant \ln f\left(\dfrac{x_1 + x_2}{2}\right)$,所以

$$f(x_1)f(x_2) \geqslant f^2\left(\frac{x_1 + x_2}{2}\right), \quad \forall x_1, x_2 \in \mathbf{R}$$

(2) 由于 $F(0) = 0, F'(0) = f'(0)$,应用麦克劳林公式,有

$$F(x) = F(0) + F'(0)x + \frac{F''(\xi)}{2!}x^2 \geqslant f'(0)x$$

故得 $f(x) \geqslant \mathrm{e}^{f'(0)x}, \forall x \in \mathbf{R}$.

例 2.39（全国 2012 年决赛题）　设函数 $f(x)$ 在 $(-\infty, +\infty)$ 上无穷次可微, 并且满足:存在 $M > 0$,使得

$$|f^{(k)}(x)| \leqslant M \quad (x \in (-\infty, +\infty), k = 1, 2, \cdots)$$

且满足 $f\left(\dfrac{1}{2^n}\right) = 0 (n = 1, 2, \cdots)$,求证:在 $(-\infty, +\infty)$ 上有 $f(x) \equiv 0$.

解析　由于 $f(2^{-n}) = 0(n = 1, 2, \cdots)$,所以 $\lim\limits_{n \to \infty} f(2^{-n}) = 0$. 因为 $f(x)$ 无穷次可微,所以 $f(x) \in \mathscr{C}(-\infty, +\infty), f^{(n)}(x) \in \mathscr{C}(-\infty, +\infty)(n = 1, 2, \cdots)$,于是

$$\lim_{n \to \infty} f(2^{-n}) = f(\lim_{n \to \infty} 2^{-n}) = f(0) \implies f(0) = 0$$

对 $f(x)$ 在 $[0, 2^{-n}]$ 上应用拉格朗日中值定理,必 $\exists \xi_1(n) \in (0, 2^{-n}), \forall n \in \mathbf{N}^*$ 有

$$0 = f(2^{-n}) = f(0) + f'(\xi_1(n))2^{-n} = f'(\xi_1(n))2^{-n} \implies f'(\xi_1(n)) = 0$$

$$\implies \qquad 0 = \lim_{n \to \infty} f'(\xi_1(n)) = f'(\lim_{n \to \infty} \xi_1(n)) = f'(0)$$

应用一阶麦克劳林展式,必 $\exists \xi_2(n) \in (0, 2^{-n}), \forall n \in \mathbf{N}^*$ 有

$$0 = f(2^{-n}) = f(0) + f'(0)2^{-n} + \frac{1}{2}f''(\xi_2(n))2^{-2n} = \frac{1}{2}f''(\xi_2(n))2^{-2n}$$

$\Rightarrow \qquad f''(\xi_2(n)) = 0, \quad 0 = \lim_{n\to\infty} f''(\xi_2(n)) = f''(\lim_{n\to\infty}\xi_2(n)) = f''(0)$

依此类推,若已证得 $f(0) = f'(0) = \cdots = f^{(k)}(0) = 0$,则应用 k 阶麦克劳林展式,可证 $f^{(k+1)}(0) = 0$. 于是

$$f(0) = 0, \quad \text{且} \quad f^{(n)}(0) = 0 \quad (n = 1, 2, \cdots)$$

任取 $x_0 \in \mathbf{R}\backslash\{0\}$,应用 $n-1$ 阶麦克劳林展式,必 $\exists \xi \in (0, x_0)$ 或 $(x_0, 0)$,使得

$$f(x_0) = f(0) + f'(0)x_0 + \cdots + \frac{1}{(n-1)!}f^{(n-1)}(0)x_0^{n-1} + \frac{1}{n!}f^{(n)}(\xi)x_0^n$$

$$= \frac{1}{n!}f^{(n)}(\xi)x_0^n$$

$\Rightarrow \quad |f(x_0)| \leqslant \dfrac{M}{n!}|x_0|^n, \quad$ 其中 M 为 $f^{(n)}(x)$ 在 $(-\infty, +\infty)$ 上的最大值

由于级数 $\sum\limits_{n=0}^{\infty} \dfrac{M}{n!}|x_0|^n = Me^{|x_0|}$,又据级数收敛的必要条件可知 $\lim\limits_{n\to\infty} \dfrac{M}{n!}|x_0|^n = 0$,因此 $f(x_0) = 0$.

由 x_0 在 $\mathbf{R}\backslash\{0\}$ 上的任意性及 $f(0) = 0$,即得 $f(x) \equiv 0 (x \in \mathbf{R})$.

例 2.40(北京邮电大学 1996 年竞赛题) 设函数 $f(x)$ 在 $(x_0-\delta, x_0+\delta)$ 上有 n 阶连续导数,且

$$f^{(k)}(x_0) = 0 \quad (k = 2, 3, \cdots, n-1) \quad \text{而} \quad f^{(n)}(x_0) \neq 0$$

当 $0 < |h| < \delta$ 时,有

$$f(x_0+h) - f(x_0) = hf'(x_0+\theta h), \quad 0 < \theta < 1 \qquad (*)$$

试证:$\lim\limits_{h\to 0}\theta = \dfrac{1}{\sqrt[n-1]{n}}$.

解析 运用 $f(x)$ 在 x_0 点的 $n-1$ 阶泰勒展式,并取 $x = x_0+h$,得

$$f(x_0+h) = f(x_0) + f'(x_0)h + \frac{f^{(n)}(\xi)}{n!}h^n$$

这里 ξ 介于 x_0 与 x_0+h 之间. 再运用 $f'(x)$ 在 x_0 点的 $n-2$ 阶泰勒展式,并取 $x = x_0+\theta h$,得

$$f'(x_0+\theta h) = f'(x_0) + \frac{f^{(n)}(\eta)}{(n-1)!}(\theta h)^{n-1}$$

这里 η 介于 x_0 与 $x_0+\theta h$ 之间. 将条件 $f(x_0+h) - f(x_0) = hf'(x_0+\theta h)$ 与上面两式联立,得

$$\frac{f^{(n)}(\eta)}{(n-1)!}(\theta h)^{n-1} = \frac{f^{(n)}(\xi)}{n!}h^{n-1} \Leftrightarrow f^{(n)}(\eta)\theta^{n-1} = \frac{f^{(n)}(\xi)}{n}$$

在上式右端令 $h \to 0$,此时 $\xi \to x_0, \eta \to x_0$,又 $f^{(n)}(x) \in \mathscr{C}(x_0), f^{(n)}(x_0) \neq 0$,则

$$f^{(n)}(x_0)(\lim_{h\to 0}\theta^{n-1}) = \frac{f^{(n)}(x_0)}{n} \Leftrightarrow \lim_{h\to 0}\theta = \frac{1}{\sqrt[n-1]{n}}$$

例 2.41（莫斯科电子技术学院 1977 年竞赛题）　设函数 $f(x)$ 二阶可导，且 $f(0) = f(1) = 0$，$\min\limits_{x \in [0,1]} f(x) = -1$，求证：$\max\limits_{x \in [0,1]} f''(x) \geqslant 8$.

解析　由于 $f(x) \in \mathscr{C}[0,1]$，应用最值定理，必存在 $c \in (0,1)$，使得

$$f(c) = \min\limits_{x \in [0,1]} f(x) = -1$$

因 $f(x)$ 在 c 处可导，所以 $f'(c) = 0$，得 $f(x)$ 在 $x = c$ 处的一阶泰勒展式为

$$f(x) = f(c) + f'(c)h + \frac{1}{2!}f''(\xi)h^2 = -1 + \frac{1}{2}f''(\xi)h^2 \qquad (*)$$

其中 $h = x - c$，ξ 介于 x 与 c 之间.

当 $0 < c \leqslant \dfrac{1}{2}$ 时，在（*）式中取 $x = 0$，则存在 $\xi_1 \in (0, c)$ 使得

$$0 = f(0) = -1 + \frac{1}{2}f''(\xi_1)c^2 \ \Rightarrow\ f''(\xi_1) = \frac{2}{c^2} \geqslant \frac{2}{(1/2)^2} = 8$$

当 $\dfrac{1}{2} < c < 1$ 时，在（*）式中取 $x = 1$，则存在 $\xi_2 \in (c, 1)$ 使得

$$0 = f(1) = -1 + \frac{1}{2}f''(\xi_2)(1-c)^2 \ \Rightarrow\ f''(\xi_2) = \frac{2}{(1-c)^2} > \frac{2}{(1/2)^2} = 8$$

综上即得 $\max\limits_{0 \leqslant x \leqslant 1} f''(x) \geqslant 8$.

例 2.42（江苏省 2006 年竞赛题）　某人由甲地开汽车出发沿直线行驶，一路通畅并经过 $2\,\mathrm{h}$ 到达乙地停止. 若开车的最大速度为 $100\,\mathrm{km/h}$，求证：该汽车在行驶途中加速度的变化率的最小值不大于 $-200\,\mathrm{km/h^3}$.

解析　设 t 为时间，$v(t)$ 为速度，则 $v(0) = v(2) = 0$，$\max\limits_{0 \leqslant x \leqslant 2} v(t) = 100$，且 $v(t)$ 二阶可导，加速度的变化率就是 $v''(t)$. 欲证 $\min\limits_{0 \leqslant t \leqslant 2} v''(t) \leqslant -200$. 由于 $v(t) \in \mathscr{C}[0,2]$，应用最值定理，必存在 $c \in (0,2)$，使得 $v(c) = \max\limits_{0 \leqslant t \leqslant 2} v(t) = 100$，又 $v(t)$ 在 c 处可导，所以 $v'(c) = 0$. 因此，$v(t)$ 在 $t = c$ 处的一阶泰勒展式为

$$v(t) = v(c) + v'(c)h + \frac{1}{2!}v''(\xi)h^2 = 100 + \frac{1}{2}v''(\xi)h^2 \qquad (*)$$

其中 $h = t - c$，ξ 介于 t 与 c 之间.

当 $0 < c \leqslant 1$ 时，在（*）式中取 $t = 0$，则存在 $\xi_1 \in (0, c)$ 使得

$$0 = v(0) = 100 + \frac{1}{2}v''(\xi_1)c^2 \ \Rightarrow\ v''(\xi_1) = \frac{-200}{c^2} \leqslant \frac{-200}{1^2} = -200$$

当 $1 < c < 2$ 时，在（*）式中取 $t = 2$，则存在 $\xi_2 \in (c, 2)$ 使得

$$0 = v(2) = 100 + \frac{1}{2}v''(\xi_2)(2-c)^2 \ \Rightarrow\ v''(\xi_2) = \frac{-200}{(2-c)^2} < \frac{-200}{1^2} = -200$$

综上即得 $\min\limits_{0 \leqslant t \leqslant 2} v''(t) \leqslant -200\,(\mathrm{km/h^3})$.

点评　上面两题分别是求二阶导数的最大值与最小值，题型类似，证明方法相同.

2.2.5 求高阶导数(例 2.43—2.53)

例 2.43(江苏省 1994 年竞赛题)   设 $f(x) = (x^2 - 3x + 2)^n \cos\dfrac{\pi x^2}{16}$，求 $f^{(n)}(2)$.

解析   令 $u(x) = (x-2)^n, v(x) = (x-1)^n \cos\dfrac{\pi x^2}{16}$，则 $f(x) = u(x)v(x)$. 因为

$$u(2) = u'(2) = \cdots = u^{(n-1)}(2) = 0, \ u^{(n)}(2) = n!, \ v(2) = \cos\frac{\pi}{4} = \frac{\sqrt{2}}{2}$$

其余的 $v'(2), v''(2), \cdots, v^{(n)}(2)$ 可以不求，则应用莱布尼茨公式，得

$$f^{(n)}(2) = u^{(n)}(2)v(2) + n u^{(n-1)}(2)v'(2) + \cdots = \frac{\sqrt{2}}{2}n!$$

点评   这里函数 $u(x), v(x)$ 的选取很巧妙，读者应仔细体会.

例 2.44(广东省 1991 年竞赛题)   设 $f(x) = \dfrac{x^n}{x^2 - 1} (n = 1, 2, 3, \cdots)$，求 $f^{(n)}(x)$.

解析   利用因式分解公式，有

$$
\begin{aligned}
f(x) &= \frac{x^n}{x^2 - 1} = \frac{1}{2}\left(\frac{x^n}{x-1} - \frac{x^n}{x+1}\right) \\
&= \frac{1}{2}\Big[(x^{n-1} + x^{n-2} + \cdots + x + 1) + \frac{1}{x-1} \\
&\quad - (x^{n-1} - x^{n-2} + \cdots + (-1)^{n-2}x + (-1)^{n-1}) - \frac{(-1)^n}{x+1}\Big] \\
&= x^{n-2} + x^{n-4} + \cdots + \frac{1}{2}(1 - (-1)^{n-2})x \\
&\quad + \frac{1}{2}(1 - (-1)^{n-1}) + \frac{1}{2}\left(\frac{1}{x-1} - \frac{(-1)^n}{x+1}\right)
\end{aligned}
$$

由于 $\dfrac{\mathrm{d}^n}{\mathrm{d}x^n}\left(x^{n-2} + x^{n-4} + \cdots + \frac{1}{2}(1 - (-1)^{n-2})x + \frac{1}{2}(1 - (-1)^{n-1})\right) = 0$，应用求导数基本公式，得

$$f^{(n)}(x) = \frac{1}{2}\left(\frac{1}{x-1}\right)^{(n)} - \frac{1}{2}\left(\frac{(-1)^n}{x+1}\right)^{(n)} = \frac{n!}{2}\left(\frac{(-1)^n}{(x-1)^{n+1}} - \frac{1}{(x+1)^{n+1}}\right)$$

例 2.45(浙江省 2016 年竞赛题)   设函数 $f(x) = \dfrac{1}{(1+x^2)^2}$，求 $f^{(n)}(0)$ 的值.

解析   由于 $\left(\dfrac{1}{1+x^2}\right)' = -\dfrac{2x}{(1+x^2)^2}$，所以 $f(x) = -\dfrac{1}{2x}\left(\dfrac{1}{1+x^2}\right)'$. 再应用麦克劳林展式，得

$$f(x) = -\frac{1}{2x}\left(\sum_{k=0}^{n+1}(-x^2)^k + o(x^{2n+2})\right)' = \sum_{k=1}^{n+1}(-1)^{k+1}kx^{2k-2} + o(x^{2n})$$

$$= \sum_{k=0}^{n} (-1)^k (k+1) x^{2k} + o(x^{2n})$$

将此展式中项 x^n 的系数记为 a_n,由麦克劳林展式的系数公式知 $a_n = \dfrac{1}{n!} f^{(n)}(0)$,故

$$f^{(n)}(0) = n! a_n = \begin{cases} (-1)^k (k+1)(2k)!, & n = 2k; \\ 0, & n = 2k+1 \end{cases}$$

例 2.46(北京市 2006 年竞赛题)　设 $f(x) = \dfrac{1}{1+2x+4x^2}$,求 $f^{(100)}(0)$.

解析　将原式变形后求麦克劳林展式得

$$f(x) = \frac{1-2x}{(1-2x)(1+2x+4x^2)} = \frac{1-2x}{1-(2x)^3}$$
$$= \sum_{n=0}^{33} 2^{3n} x^{3n} - \sum_{n=0}^{33} 2^{3n+1} x^{3n+1} + o(x^{100})$$

令 $3n = 100$,无解;令 $3n+1 = 100$,解得 $n = 33$,根据麦克劳林展式的系数公式,得

$$f^{(100)}(0) = -2^{100} \cdot 100!$$

例 2.47(浙江省 2016 年竞赛题)　设函数 $f(x) = \dfrac{1+x\mathrm{e}^x}{1+x}$,求 $f^{(5)}(0)$.

解析　因为

$$f(x) = \frac{1+x\mathrm{e}^x}{1+x} = \frac{\mathrm{e}^x + x\mathrm{e}^x - \mathrm{e}^x + 1}{1+x} = \mathrm{e}^x + \frac{1-\mathrm{e}^x}{1+x}$$

令 $g(x) = \dfrac{1-\mathrm{e}^x}{1+x}$,则 $f(x) = \mathrm{e}^x + g(x)$,$f^{(5)}(0) = 1 + g^{(5)}(0)$. 又对

$$(1+x) g(x) = 1 - \mathrm{e}^x$$

两边求 n 阶导数,应用莱布尼茨公式得

$$g^{(n)}(x)(1+x) + n g^{(n-1)}(x) \cdot 1 + 0 + \cdots + 0 = -\mathrm{e}^x$$

取 $x = 0$ 得 $g^{(n)}(0) = -n g^{(n-1)}(0) - 1$,利用此式递推即得

$$g^{(5)}(0) = -5 g^{(4)}(0) - 1 = -5(-4 g^{(3)}(0) - 1) - 1 = 20 g^{(3)}(0) + 4$$
$$= 20(-3 g^{(2)}(0) - 1) + 4 = -60 g^{(2)}(0) - 16$$
$$= -60(-2 g'(0) - 1) - 16 = 120 g'(0) + 44$$
$$= 120(-g(0) - 1) + 44 = 120(0-1) + 44 = -76$$

于是 $f^{(5)}(0) = 1 + g^{(5)}(0) = 1 - 76 = -75$.

例 2.48(精选题)　设 $y = \dfrac{1}{\sqrt{1-x^2}} \arcsin x$,求 $y^{(n)}(0)$.

解析　因为

$$y' = \frac{1}{1-x^2} + \frac{x \arcsin x}{(1-x^2)\sqrt{1-x^2}} = \frac{1+xy}{1-x^2} \Leftrightarrow (1-x^2) y' = 1 + xy$$

右端两边求 n 阶导数,应用莱布尼茨公式得

$$(1-x^2)y^{(n+1)} - 2xny^{(n)} - n(n-1)y^{(n-1)} = xy^{(n)} + ny^{(n-1)}$$

取 $x = 0$ 得 $y^{(n+1)}(0) = n^2 y^{(n-1)}(0)$. 又由于 $y(0) = 0, y'(0) = 1$, 所以

$$y^{(2n)}(0) = (2n-1)^2 y^{(2n-2)}(0) = \cdots = ((2n-1)!!)^2 y(0) = 0$$

$$y^{(2n+1)}(0) = 4n^2 y^{(2n-1)}(0) = 4^2(n(n-1))^2 y^{(2n-3)}(0) = \cdots$$

$$= 4^n(n(n-1)\cdots 1)^2 y'(0) = 4^n(n!)^2$$

点评　上面两题通过建立递推公式求高阶导数, 这是求高阶导数很好的方法.

例 2.49(东南大学 2021 年竞赛题)　设 $f(x) = (xe^{x^2} + e^x)\sin x$, 求 $f^{(2021)}(0)$.

解析　记 $g(x) = xe^{x^2}, h(x) = \sin x, f_1(x) = g(x)h(x)$. 由麦克劳林公式, 有

$$g(x) = \sum_{k=0}^{1010} \frac{1}{k!}x^{2k+1} + o(x^{2021}), \quad h(x) = \sum_{k=0}^{1010} \frac{(-1)^k}{(2k+1)!}x^{2k+1} + o(x^{2021})$$

由系数公式得 $g^{(2k)}(0) = 0, h^{(2k)}(0) = 0(k = 0, 1, \cdots, 1010)$, 运用莱布尼茨公式得

$$f_1^{(2021)}(0) = \sum_{k=0}^{2021} C_{2021}^k g^{(k)}(0)h^{(2021-k)}(0) = 0 + 0 + \cdots + 0 + 0 = 0$$

再记 $f_2(x) = e^x \sin x$, 应用递推法得

$$f_2'(x) = e^x(\sin x + \cos x) = \sqrt{2}e^x \sin\left(x + \frac{\pi}{4}\right)$$

$$f_2''(x) = (\sqrt{2})^2 e^x \sin\left(x + 2 \cdot \frac{\pi}{4}\right)$$

$$\vdots$$

$$f_2^{(2021)}(x) = (\sqrt{2})^{2021} e^x \sin\left(x + 2021 \cdot \frac{\pi}{4}\right)$$

综上可得

$$f^{(2021)}(0) = f_1^{(2021)}(0) + f_2^{(2021)}(0) = 0 + (\sqrt{2})^{2021} \sin\left(505\pi + \frac{\pi}{4}\right) = -2^{1010}$$

例 2.50(浙江省 2014 年竞赛题)　已知函数 $f(x) = x\ln(x + \sqrt{1+x^2})$, 求 $f^{(2014)}(0)$.

解析　记 $g(x) = \ln(x + \sqrt{1+x^2})$, 则 $g'(x) = \dfrac{1}{\sqrt{1+x^2}}$.

再记 $h(t) = (1+t)^{-\frac{1}{2}}$, 则

$$h^{(k)}(t) = (-1)^k \frac{(2k-1)!!}{2^k}(1+t)^{-\frac{1}{2}-k} = (-1)^k \frac{(2k)!}{4^k k!}(1+t)^{-\frac{1}{2}-k}$$

于是函数 $h(t)$ 的 n 阶麦克劳林展式为

$$h(t) = \sum_{k=0}^{n} \frac{h^{(k)}(0)}{k!}t^k + o(t^n) = \sum_{k=0}^{n} (-1)^k \frac{(2k)!}{4^k(k!)^2}t^k + o(t^n)$$

$$\Rightarrow \qquad g'(x) = h(x^2) = \sum_{k=0}^{n} (-1)^k \frac{(2k)!}{4^k(k!)^2}x^{2k} + o(x^{2n})$$

$$\Rightarrow \qquad g(x) = \sum_{k=0}^{n} (-1)^k \frac{(2k)!}{4^k(k!)^2(2k+1)}x^{2k+1} + o(x^{2n+1})$$

$$\Rightarrow \qquad f(x) = xg(x) = \sum_{k=0}^{n} (-1)^k \frac{(2k)!}{4^k (k!)^2 (2k+1)} x^{2k+2} + o(x^{2n+2})$$

上式右端取 $2k+2 = 2014$，即 $k = 1006$，应用麦克劳林展式的系数公式得

$$f^{(2014)}(0) = 2014!(-1)^k \frac{(2k)!}{4^k (k!)^2 (2k+1)} \Big|_{k=1006} = \frac{2014}{4^{1006}} \left(\frac{2012!}{1006!}\right)^2$$

例 2.51（江苏省 2019 年竞赛题）　已知函数

$$f(x) = x^2 \int_1^x \frac{1}{t^3 - 3t^2 + 3t} \mathrm{d}t$$

求 $f^{(2019)}(1)$.

解析　令 $x-1 = y$，记 $g(y) = f(y+1) = f(x)$，则 $y \to 0$ 时，有

$$g(y) = (y+1)^2 \int_1^{y+1} \frac{1}{t^3 - 3t^2 + 3t} \mathrm{d}t = (y+1)^2 \int_1^{y+1} \frac{1}{1 + (t-1)^3} \mathrm{d}t$$

$$\xlongequal{\diamond\, t-1 = s} (y+1)^2 \int_0^y \frac{1}{1+s^3} \mathrm{d}s = (y+1)^2 \int_0^y \left(\sum_{k=0}^{n} (-1)^k s^{3k} + o(s^{3n})\right) \mathrm{d}s$$

$$= (1 + 2y + y^2) \left[\sum_{k=0}^{n} (-1)^k \frac{1}{3k+1} y^{3k+1} + o(y^{3n+1})\right]$$

$$= \sum_{k=0}^{n} (-1)^k \left(\frac{1}{3k+1} y^{3k+1} + \frac{2}{3k+1} y^{3k+2} + \frac{1}{3k+1} y^{3k+3}\right) + o(y^{3n+1})$$

$$\Rightarrow \qquad f^{(n)}(1) = f^{(n)}(x)\Big|_{x=1} = g^{(n)}(y)\left(\frac{\mathrm{d}y}{\mathrm{d}x}\right)^n \Big|_{y=0} = g^{(n)}(0) \cdot 1^n = g^{(n)}(0)$$

取 $n = 2019$，令 $3k+1 = 2019$，$3k+2 = 2019$，皆无整数解；令 $3k+3 = 2019$，解得 $k = 672$. 应用麦克劳林展式的系数公式得 y^{2019} 的系数为

$$\frac{g^{(2019)}(0)}{(2019)!} = (-1)^{672} \frac{1}{3 \times 672 + 1} = \frac{1}{2017}$$

于是

$$f^{(2019)}(1) = g^{(2019)}(0) = \frac{2019!}{2017}$$

点评　本题先作平移变换，然后运用麦克劳林展式的系数公式求高阶导数. 积分运算也可作平移变换，再得出麦克劳林展式，而后逐项求积分.

例 2.52（东南大学 2019 年竞赛题）　设 $f(x)$ 无穷阶可导，证明恒等式：

$$\left(x^{n-1} f\left(\frac{1}{x}\right)\right)^{(n)} = \frac{(-1)^n}{x^{n+1}} f^{(n)}\left(\frac{1}{x}\right) \qquad (n = 1, 2, \cdots) \qquad (*)_n$$

解析　$n = 1$ 时 $\left(f\left(\frac{1}{x}\right)\right)' = -\frac{1}{x^2} f'\left(\frac{1}{x}\right)$，故 $(*)_1$ 式成立. 假设 $(*)_n$ 式成立，应用莱布尼茨公式得

$$\left(x^n f\left(\frac{1}{x}\right)\right)^{(n+1)} = \left(x \cdot x^{n-1} f\left(\frac{1}{x}\right)\right)^{(n+1)}$$

$$= x \left(x^{n-1} f \left(\frac{1}{x} \right) \right)^{(n+1)} + (n+1) \left(x^{n-1} f \left(\frac{1}{x} \right) \right)^{(n)}$$

$$= x \left(\frac{(-1)^n}{x^{n+1}} f^{(n)} \left(\frac{1}{x} \right) \right)' + (n+1) \frac{(-1)^n}{x^{n+1}} f^{(n)} \left(\frac{1}{x} \right)$$

$$= x \left[-\frac{(-1)^n (n+1)}{x^{n+2}} f^{(n)} \left(\frac{1}{x} \right) + \frac{(-1)^n}{x^{n+1}} f^{(n+1)} \left(\frac{1}{x} \right) \cdot \left(-\frac{1}{x^2} \right) \right]$$

$$\quad + \frac{(-1)^n (n+1)}{x^{n+1}} f^{(n)} \left(\frac{1}{x} \right)$$

$$= \frac{(-1)^{n+1}}{x^{n+2}} f^{(n+1)} \left(\frac{1}{x} \right)$$

所以 $(*)_{n+1}$ 式成立,由数学归纳法即得原恒等式成立.

例 2.53(浙江省 2013 年竞赛题) 设 $f_n(x) = x^n \ln x$,求 $\lim\limits_{n \to \infty} \frac{1}{n!} f_n^{(n-1)} \left(\frac{1}{n} \right)$.

解析 对 $f_n(x)$ 求导得 $f_n'(x) = n x^{n-1} \ln x + x^{n-1} = n f_{n-1}(x) + x^{n-1}$,该式两边再求 $n-2$ 阶导数得

$$f_n^{(n-1)}(x) = n f_{n-1}^{(n-2)}(x) + x(n-1)! \Rightarrow \frac{1}{n!} f_n^{(n-1)}(x) = \frac{f_{n-1}^{(n-2)}(x)}{(n-1)!} + \frac{x}{n}$$

由此关系式递推可得

$$\frac{1}{n!} f_n^{(n-1)}(x) = \frac{f_{n-2}^{(n-3)}(x)}{(n-2)!} + \frac{x}{n-1} + \frac{x}{n} = \cdots$$

$$= \frac{f_2'(x)}{2!} + \frac{x}{3} + \cdots + \frac{x}{n} = \frac{f_1(x)}{1!} + \frac{x}{2} + \cdots + \frac{x}{n}$$

由于 $f_1(x) = x \ln x$,所以 $\frac{1}{n!} f_n^{(n-1)}(x) = x \left(\ln x + \frac{1}{2} + \cdots + \frac{1}{n} \right)$. 取 $x = \frac{1}{n}$ 得

$$\frac{1}{n!} f_n^{(n-1)} \left(\frac{1}{n} \right) = \frac{1}{n} \left(\frac{1}{2} + \frac{1}{3} + \cdots + \frac{1}{n} - \ln n \right)$$

又由于

$$\frac{1}{k+1} = \int_k^{k+1} \frac{1}{k+1} \mathrm{d}x \leqslant \int_k^{k+1} \frac{1}{x} \mathrm{d}x = \ln \frac{k+1}{k} \leqslant \int_k^{k+1} \frac{1}{k} \mathrm{d}x = \frac{1}{k}$$

对上式分别取 $k = 1, 2, \cdots, n$,并将各式相加得

$$\frac{1}{2} + \frac{1}{3} + \cdots + \frac{1}{n+1} \leqslant \ln(n+1) \leqslant \frac{1}{1} + \frac{1}{2} + \cdots + \frac{1}{n}$$

$$\Leftrightarrow \quad \frac{1}{n} \left(\ln \left(1 + \frac{1}{n} \right) - 1 \right) \leqslant \frac{1}{n!} f_n^{(n-1)} \left(\frac{1}{n} \right) = \frac{1}{n} \left(\frac{1}{2} + \cdots + \frac{1}{n} - \ln n \right)$$

$$\leqslant \frac{1}{n} \left(\ln \left(1 + \frac{1}{n} \right) - \frac{1}{n+1} \right)$$

由于 $\lim\limits_{n \to \infty} \frac{1}{n} \left(\ln \left(1 + \frac{1}{n} \right) - 1 \right) = 0, \lim\limits_{n \to \infty} \frac{1}{n} \left(\ln \left(1 + \frac{1}{n} \right) - \frac{1}{n+1} \right) = 0$,应用夹逼准则得

$$\lim_{n \to \infty} \frac{1}{n!} f_n^{(n-1)} \left(\frac{1}{n} \right) = 0$$

2.2.6   利用洛必达法则求极限(例 2.54—2.63)

例 2.54(南京大学 1996 年竞赛题) $\lim\limits_{x\to+\infty}(\sqrt[3]{x^3+2x^2+1}-x\mathrm{e}^{\frac{1}{x}})=$ _____.

解析   令 $x=\dfrac{1}{t}$,应用变量代换与洛必达法则,有

$$原式=\lim_{t\to0^+}\frac{\sqrt[3]{1+2t+t^3}-\mathrm{e}^t}{t}\overset{\frac{0}{0}}{=}\lim_{t\to0^+}\frac{\frac{1}{3}(1+2t+t^3)^{-\frac{2}{3}}(2+3t^2)-\mathrm{e}^t}{1}$$

$$=\frac{1}{3}\cdot1\cdot2-1=-\frac{1}{3}$$

例 2.55(浙江省 2006 年竞赛题)   求 $\lim\limits_{n\to\infty}n\left[\left(1+\dfrac{x}{n}\right)^n-\mathrm{e}^x\right]$.

解析   先考虑 $\lim\limits_{t\to+\infty}t\left[\left(1+\dfrac{x}{t}\right)^t-\mathrm{e}^x\right]$.令 $r=\dfrac{1}{t}$,应用变量代换、等价无穷小替换 $\mathrm{e}^{\square}-1\sim\square(\square\to0)$ 与洛必达法则,有

$$\lim_{t\to+\infty}t\left[\left(1+\frac{x}{t}\right)^t-\mathrm{e}^x\right]=\lim_{r\to0^+}\frac{(1+rx)^{\frac{1}{r}}-\mathrm{e}^x}{r}=\mathrm{e}^x\lim_{r\to0^+}\frac{\mathrm{e}^{\frac{1}{r}\ln(1+rx)-x}-1}{r}$$

$$=\mathrm{e}^x\lim_{r\to0^+}\frac{\ln(1+rx)-rx}{r^2}\overset{\frac{0}{0}}{=}\mathrm{e}^x\lim_{r\to0^+}\frac{\frac{x}{1+rx}-x}{2r}$$

$$=x\mathrm{e}^x\lim_{r\to0^+}\frac{-rx}{2r(1+rx)}=-\frac{x^2}{2}\mathrm{e}^x$$

故原式 $=-\dfrac{x^2}{2}\mathrm{e}^x$.

例 2.56(全国 2018 年初赛题)   求 $\lim\limits_{x\to0}\dfrac{1-\cos x\sqrt{\cos2x}\sqrt[3]{\cos3x}}{x^2}$.

解析   应用洛必达法则与等价无穷小替换 $\sin\square\sim\square(\square\to0)$,得

$$原式\overset{\frac{0}{0}}{=}\lim_{x\to0}\frac{\sin x\sqrt{\cos2x}\sqrt[3]{\cos3x}}{2x}+\lim_{x\to0}\frac{\cos x\dfrac{\sin2x}{\sqrt{\cos2x}}\sqrt[3]{\cos3x}}{2x}$$

$$+\lim_{x\to0}\frac{\cos x\sqrt{\cos2x}\dfrac{\sin3x}{\sqrt[3]{\cos^23x}}}{2x}$$

$$=\lim_{x\to0}\frac{\sin x}{2x}+\lim_{x\to0}\frac{\sin2x}{2x}+\lim_{x\to0}\frac{\sin3x}{2x}=\frac{1}{2}+1+\frac{3}{2}=3$$

例 2.57(同济大学 2014 年竞赛题)   计算极限 $L=\lim\limits_{x\to0^+}\dfrac{x^x-(\sin x)^x}{x^2\ln(1-x)}$.

解析   首先应用洛必达法则,可得

$$\lim_{x \to 0^+} x\ln x = \lim_{x \to 0^+} \frac{\ln x}{x^{-1}} \overset{\frac{\infty}{\infty}}{=\!=\!=\!=} \lim_{x \to 0^+} \frac{x^{-1}}{-x^{-2}} = \lim_{x \to 0^+}(-x) = 0$$

所以 $\lim\limits_{x \to 0^+} x^x = \lim\limits_{x \to 0^+} e^{x\ln x} = e^0 = 1.$ 又由于 $\square \to 0$ 时

$$e^\square - 1 \sim \square, \quad \ln(1+\square) \sim \square, \quad 1-\cos\square \sim \frac{1}{2}\square^2$$

应用等价无穷小替换与洛必达法则,得

$$L = \lim_{x \to 0^+} \frac{x^x\left(\left(\frac{\sin x}{x}\right)^x - 1\right)}{x^3} = \lim_{x \to 0^+} \frac{e^{x\ln\frac{\sin x}{x}} - 1}{x^3} = \lim_{x \to 0^+} \frac{x\ln\frac{\sin x}{x}}{x^3}$$

$$= \lim_{x \to 0^+} \frac{\ln\left(1+\frac{\sin x}{x}-1\right)}{x^2} = \lim_{x \to 0^+} \frac{\frac{\sin x}{x}-1}{x^2} = \lim_{x \to 0^+} \frac{\sin x - x}{x^3}$$

$$= \lim_{x \to 0^+} \frac{\cos x - 1}{3x^2} = \lim_{x \to 0^+} \frac{-\frac{1}{2}x^2}{3x^2} = -\frac{1}{6}$$

例 2.58(南京大学 1995 年竞赛题) 求 $\lim\limits_{x \to 0} \dfrac{2\ln(2-\cos x) - 3\left[(1+\sin^2 x)^{\frac{1}{3}} - 1\right]}{[x\ln(1+x)]^2}.$

解析 应用等价无穷小替换 $\ln(1+x) \sim x(x \to 0)$ 与洛必达法则,得

$$原式 = \lim_{x \to 0} \frac{2\ln(2-\cos x) - 3\left[(1+\sin^2 x)^{\frac{1}{3}} - 1\right]}{x^4}$$

$$\overset{\frac{0}{0}}{=\!=} \lim_{x \to 0} \frac{\dfrac{2\sin x}{2-\cos x} - (1+\sin^2 x)^{-\frac{2}{3}}2\sin x\cos x}{4x^3}$$

$$= \lim_{x \to 0} \frac{(1+\sin^2 x)^{\frac{2}{3}} - (2-\cos x)\cos x}{(2-\cos x)2x^2(1+\sin^2 x)^{\frac{2}{3}}}$$

$$= \lim_{x \to 0} \frac{(1+\sin^2 x)^{\frac{2}{3}} - (2-\cos x)\cos x}{2x^2}$$

$$\overset{\frac{0}{0}}{=\!=} \lim_{x \to 0} \frac{\dfrac{2}{3}(1+\sin^2 x)^{-\frac{1}{3}}\sin 2x + 2\sin x - \sin 2x}{4x}$$

$$= \lim_{x \to 0} \frac{2}{3}(1+\sin^2 x)^{-\frac{1}{3}}\frac{\sin 2x}{4x} + \lim_{x \to 0} \frac{2\sin x}{4x} - \lim_{x \to 0} \frac{\sin 2x}{4x}$$

$$= \frac{2}{3} \cdot \frac{1}{2} + \frac{1}{2} - \frac{1}{2} = \frac{1}{3}$$

例 2.59(江苏省 2012 年竞赛题) 设 $f(x)$ 在 $x=0$ 处三阶可导,且 $f'(0) = 0$, $f''(0) = 3$,求 $\lim\limits_{x \to 0} \dfrac{f(e^x - 1) - f(x)}{x^3}.$

解析 应用洛必达法则、等价无穷小替换与二阶、三阶导数的定义,得

$$\text{原式} \overset{\frac{0}{0}}{=} \lim_{x \to 0} \frac{\mathrm{e}^x f'(\mathrm{e}^x - 1) - f'(x)}{3x^2} \overset{\frac{0}{0}}{=} \lim_{x \to 0} \frac{\mathrm{e}^x f'(\mathrm{e}^x - 1) + \mathrm{e}^{2x} f''(\mathrm{e}^x - 1) - f''(x)}{6x}$$

$$= \frac{1}{6} \Big(\lim_{x \to 0} \mathrm{e}^x \frac{f'(\mathrm{e}^x - 1) - f'(0)}{\mathrm{e}^x - 1} + \lim_{x \to 0} \mathrm{e}^{2x} \frac{f''(\mathrm{e}^x - 1) - f''(0)}{\mathrm{e}^x - 1}$$

$$- \lim_{x \to 0} \frac{f''(x) - f''(0)}{x} + \lim_{x \to 0} \frac{3(\mathrm{e}^{2x} - 1)}{x} \Big)$$

$$= \frac{1}{6} \big(f''(0) + f'''(0) - f'''(0) + 6 \big) = \frac{3}{2}$$

例 2.60（北京市 1999 年竞赛题）　设 $f(x)$ 具有连续的二阶导数，且

$$\lim_{x \to 0} \Big(1 + x + \frac{f(x)}{x} \Big)^{\frac{1}{x}} = \mathrm{e}^3$$

试求 $f(0), f'(0), f''(0)$ 及 $\lim_{x \to 0} \Big(1 + \frac{f(x)}{x} \Big)^{\frac{1}{x}}$.

解析　由 $\lim_{x \to 0} \Big(1 + x + \frac{f(x)}{x} \Big)^{\frac{1}{x}} = \mathrm{e}^3$，得 $\lim_{x \to 0} \frac{\ln \Big(1 + x + \dfrac{f(x)}{x} \Big)}{x} = 3$，故

$$\lim_{x \to 0} \ln \Big(1 + x + \frac{f(x)}{x} \Big) = 0 \Rightarrow \lim_{x \to 0} \frac{f(x)}{x} = 0$$

因此 $f(0) = \lim_{x \to 0} f(x) = 0$，$f'(0) = \lim_{x \to 0} \dfrac{f(x) - f(0)}{x} = \lim_{x \to 0} \dfrac{f(x)}{x} = 0$，且

$$3 = \lim_{x \to 0} \frac{\ln \Big(1 + x + \dfrac{f(x)}{x} \Big)}{x} = \lim_{x \to 0} \frac{x + \dfrac{f(x)}{x}}{x} = \lim_{x \to 0} \frac{f(x)}{x^2} + 1$$

由上式可得 $\lim_{x \to 0} \dfrac{f(x)}{x^2} = 2$. 另一方面，由于 $f''(x) \in \mathscr{C}$，应用洛必达法则，得

$$\lim_{x \to 0} \frac{f(x)}{x^2} \overset{\frac{0}{0}}{=\!=\!=} \lim_{x \to 0} \frac{f'(x)}{2x} \overset{\frac{0}{0}}{=\!=\!=} \lim_{x \to 0} \frac{f''(x)}{2} = \frac{f''(0)}{2} = 2$$

由此可得 $f''(0) = 4$. 最后应用关于数 e 的重要极限，得

$$\lim_{x \to 0} \Big(1 + \frac{f(x)}{x} \Big)^{\frac{1}{x}} = \lim_{x \to 0} \Big(1 + \frac{f(x)}{x} \Big)^{\frac{x}{f(x)} \cdot \frac{f(x)}{x^2}} = \mathrm{e}^2$$

点评　本题出得很好，需要灵活运用连续性、导数的定义、重要极限、等价无穷小替换、洛必达法则等知识点.

例 2.61（全国 2011 年决赛题）　设函数 $f(x)$ 在 $x = 0$ 的某邻域内具有二阶连续导数，且 $f(0), f'(0), f''(0)$ 均不为 0，证明：存在惟一一组实数 k_1, k_2, k_3，使得

$$\lim_{h \to 0} \frac{k_1 f(h) + k_2 f(2h) + k_3 f(3h) - f(0)}{h^2} = 0$$

解析　记 $x = 0$ 的某邻域为 U，则 $f(x) \in \mathscr{C}^{(2)}(U)$. 由原式 $= 0$，其必要条件

是

$$\lim_{h \to 0}(k_1 f(h) + k_2 f(2h) + k_3 f(3h) - f(0)) = (k_1 + k_2 + k_3 - 1)f(0) = 0$$

因为 $f(0) \neq 0$，所以 $k_1 + k_2 + k_3 = 1$. 对原式试用洛必达法则，得

$$\text{原式} \overset{\frac{0}{0}}{=} \lim_{h \to 0} \frac{k_1 f'(h) + 2k_2 f'(2h) + 3k_3 f'(3h)}{2h} \qquad (*)_1$$

$(*)_1$ 式右端极限存在的必要条件是

$$\lim_{h \to 0}(k_1 f'(h) + 2k_2 f'(2h) + 3k_3 f'(3h)) = (k_1 + 2k_2 + 3k_3)f'(0) = 0$$

因为 $f'(0) \neq 0$，所以 $k_1 + 2k_2 + 3k_3 = 0$. 对 $(*)_1$ 式右端再试用洛必达法则，得

$$\text{原式} \overset{\frac{0}{0}}{=} \lim_{h \to 0} \frac{k_1 f''(h) + 4k_2 f''(2h) + 9k_3 f''(3h)}{2} = \frac{k_1 + 4k_2 + 9k_3}{2}f''(0) \quad (*)_2$$

由于 $(*)_2$ 式右边的极限存在，所以洛必达法则试用成功，等式皆成立. 由原式 $= 0$ 推得 $(k_1 + 4k_2 + 9k_3)f''(0) = 0$，因为 $f''(0) \neq 0$，所以 $k_1 + 4k_2 + 9k_3 = 0$. 于是

$$\begin{cases} k_1 + k_2 + k_3 = 1, \\ k_1 + 2k_2 + 3k_3 = 0, \\ k_1 + 4k_2 + 9k_3 = 0, \end{cases} \text{且} \quad \begin{vmatrix} 1 & 1 & 1 \\ 1 & 2 & 3 \\ 1 & 4 & 9 \end{vmatrix} = 2 \neq 0$$

所以方程组有惟一解 $k_1 = 3, k_2 = -3, k_3 = 1$，此即为所求.

点评 应用洛必达法则 $\lim_{x \to a} \frac{f(x)}{g(x)} \overset{\frac{0}{0}}{=} \lim_{x \to a} \frac{f'(x)}{g'(x)}$ 时要注意两点：一是左式极限必须为 $\frac{0}{0} \left(\frac{\infty}{\infty}\right)$ 型；二是右式的极限必须存在. 右式极限存在可以推得左式极限存在，但左式极限存在不能推出右式极限存在，所以本题中两次称"试用"洛必达法则.

例 2.62（莫斯科大学 1977 年竞赛题） 设函数 $f(x)$ 在区间 $(-1, 1)$ 上任意阶可导，且 $f^{(n)}(0) \neq 0 (n = 1, 2, 3, \cdots)$，又设对 $0 < |x| < 1$ 和 $n \in \mathbf{N}$，有泰勒公式

$$f(x) = f(0) + f'(0)x + \cdots + \frac{f^{(n-1)}(0)}{(n-1)!}x^{n-1} + \frac{f^{(n)}(\theta x)}{n!}x^n$$

这里 $0 < \theta < 1$，试求 $\lim_{x \to 0} \theta$.

解析 由题给条件得

$$f^{(n)}(\theta x) = \frac{n!\left(f(x) - f(0) - f'(0)x - \cdots - \frac{f^{(n-1)}(0)}{(n-1)!}x^{n-1}\right)}{x^n}$$

于是

$$\frac{f^{(n)}(\theta x) - f^{(n)}(0)}{\theta x} \cdot \theta$$

$$= \frac{n!\left(f(x) - f(0) - f'(0)x - \cdots - \frac{f^{(n-1)}(0)}{(n-1)!}x^{n-1}\right) - f^{(n)}(0)x^n}{x^{n+1}}$$

上式等号两边分别求极限,其中前式应用函数 $f(x)$ 在 $x=0$ 处的 $n+1$ 阶导数的定义,后式 $n+1$ 次利用洛必达法则,得

$$\lim_{x \to 0} \frac{f^{(n)}(\theta x) - f^{(n)}(0)}{\theta x} \cdot \theta = f^{(n+1)}(0) \cdot \lim_{x \to 0} \theta$$

$$\lim_{x \to 0} \frac{n!\left(f(x) - f(0) - f'(0)x - \cdots - \dfrac{f^{(n-1)}(0)}{(n-1)!}x^{n-1}\right) - f^{(n)}(0)x^n}{x^{n+1}}$$

$$\overset{\frac{0}{0}}{=\!=\!=} \lim_{x \to 0} \frac{n!f^{(n)}(x) - f^{(n)}(0)n!}{(n+1)!x} \overset{\frac{0}{0}}{=\!=\!=} \frac{1}{n+1}f^{(n+1)}(0)$$

再由 $f^{(n+1)}(0) \neq 0$,即得 $\lim\limits_{x \to 0} \theta = \dfrac{1}{n+1}$.

例 2.63(全国 2014 年决赛题)　设 $f \in \mathscr{C}^{(4)}(-\infty, +\infty)$,且

$$f(x+h) = f(x) + f'(x)h + \frac{1}{2}f''(x+\theta h)h^2$$

其中 θ 是与 x, h 无关的常数,证明: f 是不超过 3 次的多项式.

解析　将函数 $f''(x)$ 作泰勒展开,在 x 与 $x+\theta h$ 之间必存在 ξ,使得

$$f''(x+\theta h) = f''(x) + f^{(3)}(x)\theta h + \frac{1}{2!}f^{(4)}(\xi)\theta^2 h^2 \qquad (*)_1$$

将 $(*)_1$ 式代入原式并化简得

$$\frac{1}{2}f^{(4)}(\xi)\theta^2 = \frac{2f(x+h) - 2f(x) - 2f'(x)h - f''(x)h^2 - f^{(3)}(x)\theta h^3}{h^4}$$

此式两边令 $h \to 0$,此时 $\xi \to x$. 三次试用洛必达法则,得

$$\frac{1}{2}f^{(4)}(x)\theta^2 \overset{\frac{0}{0}}{=\!=\!=} \lim_{h \to 0} \frac{2f'(x+h) - 2f'(x) - 2f''(x)h - 3f^{(3)}(x)\theta h^2}{4h^3}$$

$$\overset{\frac{0}{0}}{=\!=\!=} \lim_{h \to 0} \frac{f''(x+h) - f''(x) - 3f^{(3)}(x)\theta h}{6h^2}$$

$$\overset{\frac{0}{0}}{=\!=\!=} \lim_{h \to 0} \frac{f^{(3)}(x+h) - 3f^{(3)}(x)\theta}{12h} \qquad (*)_2$$

$(*)_2$ 式中最后一式极限存在的必要条件是

$$\lim_{h \to 0}(f^{(3)}(x+h) - 3f^{(3)}(x)\theta) = (1 - 3\theta)f^{(3)}(x) = 0$$

(1) 当 $\theta \neq \dfrac{1}{3}$ 时可得 $f^{(3)}(x) = 0(\forall x \in \mathbf{R})$,积分得 $f(x) = C_1 x^2 + C_2 x + C_3$.

(2) 当 $\theta = \dfrac{1}{3}$ 时,$(*)_2$ 式右端是 $\dfrac{0}{0}$ 型极限,继续试用洛必达法则,得

$$\frac{1}{18}f^{(4)}(x) = \lim_{h \to 0} \frac{f^{(3)}(x+h) - f^{(3)}(x)}{12h} \overset{\frac{0}{0}}{=\!=\!=} \frac{f^{(4)}(x)}{12}$$

由于 $h \to 0$ 时上式右端为常数,所以上面试用洛必达法则皆成功,等式都成立,由此

可得 $f^{(4)}(x) = 0 (\forall\, x \in \mathbf{R})$，积分得 $f(x) = C_1 x^3 + C_2 x^2 + C_3 x + C_4$.

综上即得 $f(x)$ 是不超过 3 次的多项式.

2.2.7　与导数有关的不等式的证明(例2.64—2.75)

例2.64(南京大学1995年竞赛题)　设在 $[0,2]$ 上定义的函数 $f(x) \in \mathscr{C}^{(2)}$，且 $f(a) \geqslant f(a+b)$，$f''(x) \leqslant 0$，证明：对于 $0 < a < b < a+b < 2$，恒有

$$\frac{af(a) + bf(b)}{a+b} \geqslant f(a+b)$$

解析　分别在区间 $[a,b]$ 和 $[b, a+b]$ 上应用拉格朗日中值定理，$\exists\, \xi \in (a,b)$ 和 $\eta \in (b, a+b)$，使得

$$f(b) - f(a) = f'(\xi)(b-a)$$

$$f(a+b) - f(b) = f'(\eta)(a+b-b) = af'(\eta)$$

因为 $f''(x) \leqslant 0$，所以 $f'(x)$ 单调减少，故 $f'(\xi) \geqslant f'(\eta)$，即

$$\frac{f(b) - f(a)}{b-a} \geqslant \frac{f(a+b) - f(b)}{a}$$

$\Leftrightarrow \qquad a(f(b) - f(a)) \geqslant (f(a+b) - f(b))(b-a)$

$\Leftrightarrow \quad bf(b) + af(a) \geqslant bf(a+b) + af(a+b) + 2a(f(a) - f(a+b))$

因为 $f(a) \geqslant f(a+b)$，故

$$bf(b) + af(a) \geqslant (a+b)f(a+b)$$

即

$$\frac{af(a) + bf(b)}{a+b} \geqslant f(a+b)$$

例2.65(江苏省1991年竞赛题)　设 $a_1, a_2, \cdots, a_n$ 为常数，且

$$\left| \sum_{k=1}^{n} a_k \sin kx \right| \leqslant |\sin x|, \qquad \left| \sum_{j=1}^{n} a_{n-j+1} \sin jx \right| \leqslant |\sin x|$$

试证明：$\left| \sum_{k=1}^{n} a_k \right| \leqslant \dfrac{2}{n+1}$.

解析　令 $f(x) = \sum_{k=1}^{n} a_k \sin kx$，$g(x) = \sum_{j=1}^{n} a_{n-j+1} \sin jx$，由已知条件可得

$$\left| \frac{f(x)}{x} \right| \leqslant \left| \frac{\sin x}{x} \right|, \qquad \left| \frac{g(x)}{x} \right| \leqslant \left| \frac{\sin x}{x} \right|$$

由于 $f(0) = g(0) = 0$，再应用导数的定义得

$$\lim_{x \to 0} \frac{f(x)}{x} = \lim_{x \to 0} \frac{f(x) - f(0)}{x} = f'(0) = \sum_{k=1}^{n} ka_k \cos kx \Big|_{x=0} = \sum_{k=1}^{n} ka_k$$

$$\lim_{x \to 0} \frac{g(x)}{x} = \lim_{x \to 0} \frac{g(x) - g(0)}{x} = g'(0) = \sum_{j=1}^{n} j a_{n-j+1} \cos jx \bigg|_{x=0}$$

$$= \sum_{k=1}^{n} (n - k + 1) a_k$$

于是

$$\lim_{x \to 0} \left| \frac{f(x)}{x} \right| = \left| \lim_{x \to 0} \frac{f(x)}{x} \right| = \left| \sum_{k=1}^{n} k a_k \right| \leqslant \lim_{x \to 0} \left| \frac{\sin x}{x} \right| = \left| \lim_{x \to 0} \frac{\sin x}{x} \right| = 1$$

$$\lim_{x \to 0} \left| \frac{g(x)}{x} \right| = \left| \lim_{x \to 0} \frac{g(x)}{x} \right| = \left| \sum_{k=1}^{n} (n - k + 1) a_k \right|$$

$$\leqslant \lim_{x \to 0} \left| \frac{\sin x}{x} \right| = \left| \lim_{x \to 0} \frac{\sin x}{x} \right| = 1$$

由此可得

$$\left| \sum_{k=1}^{n} a_k \right| = \frac{1}{n+1} \left| \sum_{k=1}^{n} (k + (n-k+1)) a_k \right| = \frac{1}{n+1} \left| \sum_{k=1}^{n} k a_k + \sum_{k=1}^{n} (n-k+1) a_k \right|$$

$$\leqslant \frac{1}{n+1} \left| \sum_{k=1}^{n} k a_k \right| + \frac{1}{n+1} \left| \sum_{k=1}^{n} (n-k+1) a_k \right| \leqslant \frac{2}{n+1}$$

例 2.66（全国 2017 年决赛题）　设 $0 < x < \dfrac{\pi}{2}$，证明：

$$\frac{4}{\pi^2} < \frac{1}{x^2} - \frac{1}{\tan^2 x} < \frac{2}{3}$$

解析　记 $f(x) = \dfrac{1}{x^2} - \dfrac{1}{\tan^2 x} \left(0 < x < \dfrac{\pi}{2} \right)$，则

$$f'(x) = -\frac{2}{x^3} + \frac{2\cos x}{\sin^3 x} = \frac{2\cos x \cdot \left(x^3 - \dfrac{\sin^3 x}{\cos x} \right)}{x^3 \sin^3 x}$$

令 $g(x) = \dfrac{\sin x}{\sqrt[3]{\cos x}} - x$，则 $g'(x) = \dfrac{2}{3} \cos^{\frac{2}{3}} x + \dfrac{1}{3} \cos^{-\frac{4}{3}} x - 1$. 应用 A - G 不等式有

$$\frac{1}{3} \left(\cos^{\frac{2}{3}} x + \cos^{\frac{2}{3}} x + \cos^{-\frac{4}{3}} x \right) > \sqrt[3]{\cos^{\frac{2}{3}} x \cdot \cos^{\frac{2}{3}} x \cdot \cos^{-\frac{4}{3}} x} = 1$$

所以 $g'(x) > 0 \Rightarrow g(x)$ 严格单调增加 $\Rightarrow g(x) > g(0) = 0 \Rightarrow \dfrac{\sin x}{\sqrt[3]{\cos x}} > x >$

$0 \Rightarrow \left(\dfrac{\sin x}{\sqrt[3]{\cos x}} \right)^3 = \dfrac{\sin^3 x}{\cos x} > x^3 \Rightarrow f'(x) < 0 \Rightarrow f(x)$ 严格单调减少. 又因为

$$\lim_{x \to 0} f(x) = \lim_{x \to 0} \left(\frac{1}{x^2} - \frac{1}{\tan^2 x} \right) = \lim_{x \to 0} \frac{(\tan x + x)(\tan x - x)}{x^4}$$

$$= \lim_{x \to 0} \frac{\tan x + x}{x} \cdot \frac{\tan x - x}{x^3} = 2 \lim_{x \to 0} \frac{\sin x - x \cos x}{x^3 \cos x}$$

$$= 2 \lim_{x \to 0} \frac{x \sin x}{3 x^2} = \frac{2}{3}$$

$$\lim_{x \to \frac{\pi}{2}} f(x) = \lim_{x \to \frac{\pi}{2}} \left(\frac{1}{x^2} - \frac{1}{\tan^2 x} \right) = \frac{4}{\pi^2} - 0 = \frac{4}{\pi^2}$$

故原不等式成立.

例 2.67（精选题）　设函数 $f(x)$ 在 $[a, +\infty)$ 上二阶可导，$M_1 > 0, M_2 > 0$，且 $|f(x)| \leqslant M_1, |f''(x)| \leqslant M_2$，求证：$\forall x \in [a, +\infty)$，有 $|f'(x)| \leqslant 2\sqrt{M_1 M_2}$.

解析　$\forall x_0 \in [a, +\infty), f(x)$ 在 $x = x_0$ 处的一阶泰勒展式为

$$f(x) = f(x_0) + f'(x_0)(x - x_0) + \frac{1}{2!} f''(\xi)(x - x_0)^2$$

这里 ξ 介于 x 与 x_0 之间，所以

$$f'(x_0) = \frac{1}{x - x_0} [f(x) - f(x_0)] - \frac{1}{2} f''(\xi)(x - x_0)$$

$$|f'(x_0)| \leqslant \frac{1}{|x - x_0|} (|f(x)| + |f(x_0)|) + \frac{1}{2} |f''(\xi)| |x - x_0|$$

$$\leqslant \frac{2}{h} M_1 + \frac{1}{2} M_2 h$$

这里 $h = |x - x_0| > 0$. 令 $g(h) = \frac{2}{h} M_1 + \frac{1}{2} M_2 h$，则

$$g'(h) = -\frac{2}{h^2} M_1 + \frac{M_2}{2} = 0$$

的惟一解为 $h_0 = 2\sqrt{\dfrac{M_1}{M_2}}$，又因为 $g''(h_0) = \dfrac{4}{h_0^3} M_1 > 0$，所以 $g(h)$ 的最小值为 $g(h_0) = 2\sqrt{M_1 M_2}$. 于是

$$|f'(x_0)| \leqslant \min \left\{ \frac{2}{h} M_1 + \frac{1}{2} M_2 h \right\} = 2\sqrt{M_1 M_2}$$

由 $x_0 \in [a, +\infty)$ 的任意性即得 $\forall x \in [a, +\infty)$，有 $|f'(x)| \leqslant 2\sqrt{M_1 M_2}$.

例 2.68（浙江省 2003 年、江苏省 2021 年竞赛题）　求使不等式

$$\mathrm{e} \leqslant \left(1 + \frac{1}{n} \right)^{n+\beta}$$

对所有正整数 n 都成立的最小的数 β.

解析　原不等式等价于 $\beta \geqslant \dfrac{1}{\ln(1 + 1/n)} - n$，下面先求

$$f(x) = \frac{1}{\ln(1+x)} - \frac{1}{x} \quad (0 < x \leqslant 1)$$

的最大值. 由于

$$f'(x) = \frac{-1}{(1+x)\ln^2(1+x)} + \frac{1}{x^2}$$

$$= \frac{(\sqrt{1+x}\ln(1+x) - x)(\sqrt{1+x}\ln(1+x) + x)}{x^2(1+x)\ln^2(1+x)}$$

显然上式右端的各项中除 $\sqrt{1+x}\ln(1+x) - x$ 这一项外,其它项一定取正值. 令 $g(x) = \sqrt{1+x}\ln(1+x) - x\,(0 < x \leqslant 1)$,则

$$g'(x) = \frac{\ln(1+x)}{2\sqrt{1+x}} + \frac{1}{\sqrt{1+x}} - 1 = \frac{\ln(1+x) + 2 - 2\sqrt{1+x}}{2\sqrt{1+x}}$$

再令 $h(x) = \ln(1+x) + 2 - 2\sqrt{1+x}\,(0 < x \leqslant 1)$,则

$$h'(x) = \frac{1}{1+x} - \frac{1}{\sqrt{1+x}} = \frac{1 - \sqrt{1+x}}{1+x} < 0$$

于是 $h(x)$ 严格单调减少 $\Rightarrow h(x) < h(0) = 0 \Rightarrow g'(x) < 0 \Rightarrow g(x)$ 严格单调减少 $\Rightarrow g(x) < g(0) = 0 \Rightarrow f'(x) < 0 \Rightarrow f(x)$ 严格单调减少. 由于

$$\lim_{x \to 0^+} f(x) = \lim_{x \to 0^+}\left(\frac{1}{\ln(1+x)} - \frac{1}{x}\right) = \lim_{x \to 0^+}\frac{x - \ln(1+x)}{x\ln(1+x)}$$

$$= \lim_{x \to 0^+}\frac{x - (x - x^2/2 + o(x^2))}{x^2} = \frac{1}{2}$$

所以函数 $f(x)$ 在 $(0,1]$ 上的最大值为 $\frac{1}{2} \Rightarrow f\left(\frac{1}{n}\right)$ 的最大值为 $\frac{1}{2}$. 由于

$$\beta \geqslant f\left(\frac{1}{n}\right) \ \Rightarrow \ \beta \geqslant \max f\left(\frac{1}{n}\right) = \frac{1}{2}$$

于是满足条件的 β 的最小值为 $\frac{1}{2}$.

例 2.69(全国 2022 年初赛补赛题)　证明:当 $\alpha > 0$ 时,有

$$\left(\frac{2\alpha + 2}{2\alpha + 1}\right)^{\sqrt{\alpha+1}} > \left(\frac{2\alpha + 1}{2\alpha}\right)^{\sqrt{\alpha}}$$

解析　应用对数函数的单调性,原式两边取对数,则原不等式等价于

$$\sqrt{\alpha + 1}\ln\left(\frac{2\alpha + 2}{2\alpha + 1}\right) > \sqrt{\alpha}\ln\left(\frac{2\alpha + 1}{2\alpha}\right)$$

$\Leftrightarrow$　$\sqrt{(2\alpha+1)(2\alpha+2)}\ln\left(\frac{2\alpha + 2}{2\alpha + 1}\right) > \sqrt{2\alpha(2\alpha+1)}\ln\left(\frac{2\alpha + 1}{2\alpha}\right)$　　　　($*$)

令 $f(x) = \sqrt{x(x+1)}\ln\dfrac{x+1}{x}\,(x > 0)$,则($*$)式等价于 $f(2\alpha+1) > f(2\alpha)$. 由于

$$f'(x) = \frac{1+2x}{2\sqrt{x(x+1)}}\ln\frac{x+1}{x} - \frac{1}{\sqrt{x(x+1)}} = \frac{1}{\sqrt{x(x+1)}}\left(\frac{1+2x}{2}\ln\frac{x+1}{x} - 1\right)$$

上式中 $\sqrt{x(x+1)} > 0$,记 $g(x) = \dfrac{1+2x}{2}\ln\dfrac{x+1}{x} - 1\,(x > 0)$,求导得

$$g'(x) = \ln\frac{x+1}{x} - \frac{1+2x}{2x(x+1)}$$

$$g''(x) = -\frac{1}{x(x+1)} + \frac{1 + 2x + 2x^2}{2x^2(x+1)^2} = \frac{1}{2x^2(x+1)^2} > 0$$

由于 $g''(x) > 0, x \in (0, +\infty)$,所以 $g'(x)$ 在 $(0, +\infty)$ 上严格单调增加. 由于

$$\lim_{x \to +\infty} g'(x) = \lim_{x \to +\infty} \left(\ln \frac{x+1}{x} - \frac{1+2x}{2x(x+1)} \right) = 0 - 0 = 0$$

所以 $g'(x) < g'(+\infty) = 0 \Rightarrow g(x)$ 在 $(0, +\infty)$ 上严格单调减少. 再由 $\ln(1+\square)$ $\sim \square (\square \to 0)$, 应用等价无穷小替换后求极限, 得

$$\lim_{x \to +\infty} g(x) = \lim_{x \to +\infty} \frac{1+2x}{2} \ln \left(1 + \frac{1}{x} \right) - 1 = \lim_{x \to +\infty} \frac{1+2x}{2x} - 1 = 1 - 1 = 0$$

所以 $g(x) > g(+\infty) = 0$, 于是 $f'(x) > 0$, 因此 $f(x)$ 在 $(0, +\infty)$ 上严格单调增加, 所以 $f(2a+1) > f(2a)$, 故 $(*)$ 式成立, 于是原不等式成立.

例 2.70(全国 2022 年决赛题)   设 $a > 0, b > 0, a + b = 1$, 证明:

$$a^b + b^a \leqslant \sqrt{a} + \sqrt{b} \leqslant a^a + b^b$$

解析   不妨设 $0 < a \leqslant 0.5 \leqslant b < 1$, 令

$$f(x) = a^x + b^{1-x} \quad (0 < a \leqslant x \leqslant b < 1)$$

则原式化为

$$f(b) \leqslant f(0.5) \leqslant f(a) \tag{$*$}_1$$

因此只要证明 $f(x)$ 在 $[a, b]$ 上单调减少, 又 $f(x)$ 可导, 即等价于证明 $f'(x) \leqslant 0$. 由于

$$f'(x) = a^x \ln a - b^{1-x} \ln b, \quad f''(x) = a^x \ln^2 a + b^{1-x} \ln^2 b > 0$$

即 $f'(x)$ 在 $[a, b]$ 上严格单调增加, $f'(x) \leqslant f'(b) = a^b \ln a - b^a \ln b$, 故要证 $(*)_1$ 式, 只要证明: 当 $a + b = 1$ 时

$$a^b \ln a \leqslant b^a \ln b \iff a^{b-1} \ln a^a \leqslant b^{a-1} \ln b^b \iff \frac{\ln a^a}{a^a} \leqslant \frac{\ln b^b}{b^b} \tag{$*$}_2$$

令 $g(x) = \dfrac{\ln x}{x} (0 < x < 1)$, 则 $g'(x) = \dfrac{1 - \ln x}{x^2} > 0 \Rightarrow g(x)$ 在 $(0, 1)$ 上严格单调增加, 因此要证 $(*)_2$ 式, 只要证明: 当 $a + b = 1$ 时

$$a^a \leqslant b^b \iff a \ln a \leqslant b \ln b \iff \frac{\ln a}{1-a} \leqslant \frac{\ln b}{1-b} \tag{$*$}_3$$

令

$$h(x) = \frac{\ln x}{1-x} \quad (0 < x < 1)$$

则

$$h'(x) = \frac{1 - x + x \ln x}{x(1-x)^2}$$

设

$$p(x) = 1 - x + x \ln x \quad (0 < x < 1)$$

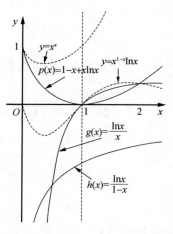

则 $p'(x) = \ln x < 0 \Rightarrow$ 函数 $p(x)$ 严格单调减少 $\Rightarrow p(x) > p(1) = 0 \Rightarrow h'(x) > 0 \Rightarrow h(x)$ 在 $(0, 1)$ 上严格单调增加, 故 $(*)_3$ 式成立, 再由上述证明即得 $(*)_1$ 式成立, 因此原式成立.

点评   本题的证明得益于辅助函数 $g(x), h(x)$

与 $p(x)$ 的选取,它们在区间 $(0,1)$ 上都是单调的,如果选取 $y=x^x$ 或 $y=x^{1-x}\ln x$ 就不行了(参见上图).

例 2.71(东南大学 2021 年竞赛题)　(1) 证明: $x-\dfrac{1}{x}<2\ln x(0<x<1)$;

(2) 设 $f(x)$ 是 $(0,+\infty)$ 上单调减少的可导函数,且 $0<f(x)<|f'(x)|$,试证明: $xf(x)>\dfrac{1}{x}f\left(\dfrac{1}{x}\right)(0<x<1)$.

解析　(1) 记 $g(x)=2\ln x-x+\dfrac{1}{x}(0<x<1)$,则

$$g'(x)=\frac{2}{x}-1-\frac{1}{x^2}=-\left(\frac{x-1}{x}\right)^2<0$$

所以 $g(x)$ 在 $(0,1)$ 上单调减少, $g(x)>g(1)=0$,此即原不等式成立.

(2) 由于 $f(x)$ 单调减少且 $f'(x)\neq0$,所以 $f'(x)<0$,则

$$0<f(x)<-f'(x)\Rightarrow\frac{f'(x)}{f(x)}<-1$$

再对 $\ln f(x)$ 在 $\left[x,\dfrac{1}{x}\right](0<x<1)$ 上应用拉格朗日中值定理,必存在 $\xi\in\left(x,\dfrac{1}{x}\right)$,使得

$$\ln f\left(\frac{1}{x}\right)-\ln f(x)=\frac{f'(\xi)}{f(\xi)}\left(\frac{1}{x}-x\right)\qquad(*)$$

由第(1)问知 $0<-2\ln x<\dfrac{1}{x}-x$,又 $\dfrac{f'(\xi)}{f(\xi)}<-1$,所以 $\dfrac{f'(\xi)}{f(\xi)}\left(\dfrac{1}{x}-x\right)<2\ln x$.将其代入 $(*)$ 式并移项,得

$$\ln f\left(\frac{1}{x}\right)-\ln x<\ln f(x)+\ln x\Leftrightarrow\frac{1}{x}f\left(\frac{1}{x}\right)<xf(x)$$

例 2.72(精选题)　设 $f(x)$ 在 $[0,+\infty)$ 上二阶可导, $f(0)=1,f'(0)\leqslant1$, $f''(x)<f(x)$,求证: $x>0$ 时, $f(x)<e^x$.

解析　令 $F(x)=e^{-x}f(x)$,则

$$F'(x)=e^{-x}(f'(x)-f(x))$$

令 $G(x)=e^x(f'(x)-f(x))$,则

$$G'(x)=e^x(f''(x)-f(x))<0$$

$\Rightarrow G(x)$ 在 $[0,+\infty)$ 上严格单调减少 $\Rightarrow$

$$G(x)<G(0)=f'(0)-f(0)\leqslant0$$

$\Rightarrow f'(x)-f(x)<0\Rightarrow$

$$F'(x)=e^{-x}(f'(x)-f(x))<0$$

$\Rightarrow F(x)$ 在 $[0,+\infty)$ 上严格单调减少 $\Rightarrow$

$$F(x)=e^{-x}f(x)<F(0)=1$$

由此可得 $f(x)<e^x$.

点评　辅助函数 $F(x),G(x)$ 的构造思路如下:

(1) 由于 $f(x) < \mathrm{e}^x \Leftrightarrow \mathrm{e}^{-x}f(x) < 1$,想到令 $F(x) = \mathrm{e}^{-x}f(x)$;

(2) 由于

$$
\begin{aligned}
f''(x) < f(x) &\Leftrightarrow f''(x) - f'(x) + f'(x) - f(x) < 0 \\
&\Leftrightarrow [f'(x) - f(x)]' + [f'(x) - f(x)] < 0 \\
&\Leftrightarrow [\mathrm{e}^x(f'(x) - f(x))]' < 0
\end{aligned}
$$

想到令 $G(x) = \mathrm{e}^x(f'(x) - f(x))$.

例 2.73(莫斯科国立师范学院 1977 年竞赛题) 求实数 α 的取值范围,使得不等式 $x \leqslant \dfrac{\alpha-1}{\alpha}y + \dfrac{1}{\alpha}x^\alpha y^{1-\alpha}$ 对一切正数 x 与 y 成立.

解析 当 $\alpha = 1$ 时原式化为 $x \leqslant x$,故 $\alpha = 1$ 满足条件.

当 $\alpha \neq 1$ 时,令

$$
f(y) = \frac{\alpha-1}{\alpha}y + \frac{1}{\alpha}x^\alpha y^{1-\alpha} \quad (y > 0)
$$

上式中视 x 为正常数,则

$$
f'(y) = \frac{\alpha-1}{\alpha}\left(1 - \left(\frac{x}{y}\right)^\alpha\right), \quad f''(y) = \frac{\alpha-1}{y}\left(\frac{x}{y}\right)^\alpha
$$

由 $f'(y) = 0$ 解得驻点为 $y = x$,又

$$
f''(x) = \frac{\alpha-1}{x}\begin{cases} < 0, & \alpha < 1; \\ > 0, & \alpha > 1 \end{cases}
$$

则 $\alpha < 1$ 时,$f(y)$ 在 $y = x$ 处取极大值 $f(x) = x$,即 $f(y) \leqslant x$,不合题意;$\alpha > 1$ 时,$f(y)$ 在 $y = x$ 处取极小值 $f(x) = x$,即 $f(y) \geqslant x$,原不等式成立.

综上,可得实数 α 的取值范围是 $[1, +\infty)$.

例 2.74(美国高校竞赛题) 设 $0 < x_i < \pi (i = 1, 2, \cdots, n)$,令 $x = \dfrac{1}{n}(x_1 + x_2 + \cdots + x_n)$,证明:$\displaystyle\prod_{i=1}^{n} \frac{\sin x_i}{x_i} \leqslant \left(\frac{\sin x}{x}\right)^n$.

解析 原式等价于

$$
\frac{1}{n}\sum_{k=1}^{n} \ln\frac{\sin x_k}{x_k} \leqslant \ln\frac{\sin x}{x}
$$

令 $f(t) = \ln\dfrac{\sin t}{t}(0 < t < \pi)$,则上式化为

$$
\frac{1}{n}\sum_{k=1}^{n} f(x_k) \leqslant f(x) = f\left(\frac{x_1 + x_2 + \cdots + x_n}{n}\right) \tag{$*$}
$$

因此只要证明函数 $f(t)$ 的曲线是凸的. 函数 $f(t)$ 的一、二阶导数分别为

$$
f'(t) = \cot t - \frac{1}{t}, \quad f''(t) = -\csc^2 t + \frac{1}{t^2} = \frac{1}{t^2} - \frac{1}{\sin^2 t}
$$

当 $0 < t < \pi$ 时,显然

$$0 < \sin t < t \ \Rightarrow \ 0 < \sin^2 t < t^2 \ \Rightarrow \ \frac{1}{t^2} < \frac{1}{\sin^2 t} \ \Rightarrow \ f''(t) < 0$$

所以 $f(t)$ 的曲线是凸的. 由曲线是凸的定义得($*$)式成立,因此原不等式成立.

点评　上面取对数将乘积运算化为加法运算是一种很巧妙的方法,读者应仔细体会.

例 2.75(北京市 2007 年竞赛题)　在 $\left(0, \dfrac{\pi}{2}\right)$ 内比较 $\tan(\sin x)$ 与 $\sin(\tan x)$ 的大小,并证明你的结论.

解析　令 $f(x) = \tan(\sin x) - \sin(\tan x)(0 < x < \pi/2)$,下面证明 $f(x) > 0$.

因为函数 $\sin x$ 与 $\tan x$ 在区间 $(0, \pi/2)$ 上皆单调增加,记 $x_0 = \arctan(\pi/2)$,显然 $x_0 \in (\pi/4, \pi/2)$.

(1) 当 $x \in (0, x_0)$ 时,$0 < \sin x < \sin x_0 < 1, 0 < \tan x < \tan x_0 = \pi/2$. 求 $f(x)$ 的导数得

$$f'(x) = \sec^2(\sin x)\cos x - \cos(\tan x)\sec^2 x$$
$$= \frac{\cos^3 x - \cos(\tan x) \cdot \cos^2(\sin x)}{\cos^2(\sin x) \cdot \cos^2 x}$$

记 $\alpha = \sqrt[3]{\cos(\tan x) \cdot \cos^2(\sin x)}$,显然 $\alpha > 0$,且

$$f'(x) = \frac{(\cos x - \alpha)(\cos^2 x + \alpha\cos x + \alpha^2)}{\cos^2(\sin x) \cdot \cos^2 x}$$

于是 $f'(x)$ 与 $\cos x - \alpha$ 同号. 应用 A-G 不等式与曲线 $y = \cos x$ 在 $(0, \pi/2)$ 上是凸的性质,得

$$\alpha = \sqrt[3]{\cos(\tan x) \cdot \cos^2(\sin x)} \leqslant \frac{1}{3}\cos(\tan x) + \frac{2}{3}\cos(\sin x)$$

$$\leqslant \cos\left(\frac{1}{3}\tan x + \frac{2}{3}\sin x\right)$$

再令 $g(x) = \tan x + 2\sin x - 3x$,则

$$g'(x) = \sec^2 x + 2\cos x - 3 = \tan^2 x - 4\sin^2 \frac{x}{2}$$

$$= \left(\tan x - 2\sin \frac{x}{2}\right)\left(\tan x + 2\sin \frac{x}{2}\right)$$

由于 $\tan x > x = 2 \cdot \dfrac{x}{2} > 2\sin \dfrac{x}{2}, \tan x + 2\sin \dfrac{x}{2} > 0$,所以 $g'(x) > 0$,于是 $g(x)$ 在 $(0, \pi/2)$ 上严格单调增加,$g(x) > g(0) = 0$, 这等价于 $\dfrac{\tan x + 2\sin x}{3} > x$. 因为 $\cos x$ 在 $(0, \pi/2)$ 上严格单调减少,所以

$$\cos\left(\frac{\tan x + 2\sin x}{3}\right) < \cos x \Rightarrow \cos x > \alpha \Rightarrow f'(x) > 0$$

从而 $f(x)$ 严格单调增加,得 $f(x) > f(0) = 0$.

(2) 当 $x \in \left[x_0, \dfrac{\pi}{2}\right)$ 时,由于

$$\sin x_0 = \frac{\tan x_0}{\sqrt{\sec^2 x_0}} = \frac{\pi/2}{\sqrt{1+(\pi/2)^2}} = \frac{\pi}{\sqrt{4+\pi^2}} > \frac{\pi}{4}$$

所以

$$\frac{\pi}{4} < \sin x < 1, \frac{\pi}{2} \leqslant \tan x < +\infty \Rightarrow \tan(\sin x) > 1, \sin(\tan x) \leqslant 1$$

于是 $\tan(\sin x) - \sin(\tan x) > 0$.

综上,当 $x \in (0, \pi/2)$ 时,有 $\tan(\sin x) > \sin(\tan x)$.

2.2.8　导数的应用(例 2.76—2.83)

例 2.76(江苏省 2017 年竞赛题)　已知命题:若函数 $f(x)$ 在区间 $[a,b]$ 上可导,$f'(a) > 0$,则存在 $c \in (a,b)$,使得 $f(x)$ 在区间 $[a,c]$ 上单调增加. 判断该命题是否成立. 若判断成立,给出证明;若判断不成立,举一反例,证明命题不成立.

解析　命题不成立. 反例:$f(x) = \begin{cases} \dfrac{1}{2}x + x^2 \sin \dfrac{1}{x} & (0 < x \leqslant 1); \\ 0 & (x = 0). \end{cases}$

因为

$$f'_+(0) = \lim_{x \to 0^+} \frac{f(x) - f(0)}{x} = \lim_{x \to 0^+}\left(\frac{1}{2} + x\sin\frac{1}{x}\right) = \frac{1}{2} + 0 = \frac{1}{2} > 0$$

当 $0 < x \leqslant 1$ 时,$f'(x) = \dfrac{1}{2} + 2x\sin\dfrac{1}{x} - \cos\dfrac{1}{x}$,所以 $f(x)$ 在 $[0,1]$ 上可导.

下面用反证法证明命题不成立. 若存在 $c \in (0,1)$,使得 $f(x)$ 在区间 $[0,c]$ 上单调增加,则 $x \in [0,c)$ 时 $f'(x) \geqslant 0$. 由于 n 充分大时,$x_0 = \dfrac{1}{2n\pi} \in [0,c)$,但

$$f'(x_0) = f'\left(\frac{1}{2n\pi}\right) = \frac{1}{2} + \frac{1}{n\pi}\sin 2n\pi - \cos 2n\pi = -\frac{1}{2} < 0$$

此与 $\forall x \in [0,c), f'(x) \geqslant 0$ 矛盾,所以命题不成立.

例 2.77(全国 2018 年考研题)　已知数列 $\{x_n\}$,其中 $x_1 > 0$,$x_n e^{x_{n+1}} = e^{x_n} - 1$,证明 $\{x_n\}$ 收敛,并求 $\lim\limits_{n \to \infty} x_n$.

解析　原式化为 $x_{n+1} = \ln\dfrac{e^{x_n} - 1}{x_n}$. 已知 $x_1 > 0$,再设 $x_n > 0 (n \in \mathbf{N}^*)$. 令函数 $f(x) = e^x - 1 - x (x > 0)$,则 $f'(x) = e^x - 1 > 0$,得 $f(x)$ 严格单调增加,又

$$\lim_{x \to 0^+} f(x) = 0 \Rightarrow f(x) > 0 \Leftrightarrow \frac{e^x - 1}{x} > 1 \Leftrightarrow \ln\frac{e^x - 1}{x} > 0$$

于是 $x_{n+1} = \ln\dfrac{e^{x_n} - 1}{x_n} > 0$. 应用数学归纳法即得 $x_n > 0$ 对任意 $n \in \mathbf{N}^*$ 成立.

因为

$$x_{n+1} - x_n = \ln\frac{e^{x_n} - 1}{x_n} - \ln e^{x_n} = \ln\frac{e^{x_n} - 1}{x_n e^{x_n}} \quad (n = 1, 2, \cdots)$$

令 $g(x) = \mathrm{e}^x - 1 - x\mathrm{e}^x(x > 0)$，则 $g'(x) = -x\mathrm{e}^x < 0 \Rightarrow g(x)$ 单调减少. 又

$$\lim_{x \to 0^+} g(x) = 0 \Rightarrow g(x) < 0 \Leftrightarrow 0 < \frac{\mathrm{e}^x - 1}{x\mathrm{e}^x} < 1 \Leftrightarrow \ln \frac{\mathrm{e}^x - 1}{x\mathrm{e}^x} < 0$$

所以 $x_{n+1} - x_n = \ln \dfrac{\mathrm{e}^{x_n} - 1}{x_n \mathrm{e}^{x_n}} < 0$，且 $x_n > 0$，因此数列 $\{x_n\}$ 严格单调递减有下界，应用单调有界准则，得数列 $\{x_n\}$ 收敛.

设 $\lim\limits_{n \to \infty} x_n = A(A \geqslant 0)$，在 $x_n \mathrm{e}^{x_{n+1}} = \mathrm{e}^{x_n} - 1$ 两边令 $n \to \infty$ 得 $A\mathrm{e}^A - \mathrm{e}^A + 1 = 0$. 再令 $h(x) = x\mathrm{e}^x - \mathrm{e}^x + 1(x \geqslant 0)$，则 $h'(x) = x\mathrm{e}^x > 0(x > 0) \Rightarrow h(x)$ 严格单调增加，又 $h(0) = 0$，所以 $h(x)$ 有惟一的零点 $x = 0$，于是 $A = 0$，即 $\lim\limits_{n \to \infty} x_n = 0$.

例 2.78（江苏省 2012 年竞赛题）　在下面两题中，分别指出满足条件的函数是否存在. 若存在，举一例，并证明满足条件；若不存在，请给出证明.

（1）函数 $f(x)$ 在 $x = 0$ 处可导，但在 $x = 0$ 的某去心邻域内处处不可导；

（2）函数 $f(x)$ 在 $(-\delta, \delta)$ 上一阶可导 $(\delta > 0)$，$f(0)$ 为极值，且 $(0, f(0))$ 为曲线 $y = f(x)$ 的拐点.

解析　（1）满足条件的函数存在，例如

$$f(x) = \begin{cases} x^2, & x \text{ 为有理数}, \\ 0, & x \text{ 为无理数} \end{cases}$$

证明如下：因为

$$0 \leqslant \left| \frac{f(x) - f(0)}{x} \right| \leqslant \left| \frac{x^2}{x} \right| = |x|$$

所以由夹逼准则可得 $\lim\limits_{x \to 0} \left| \dfrac{f(x) - f(0)}{x} \right| = 0$，所以 $f'(0) = \lim\limits_{x \to 0} \dfrac{f(x) - f(0)}{x} = 0$. 对任意 $a \neq 0$，若 a 为无理数，则 $f(a) = 0$，当 x_n 取有理数趋向于 a 时

$$\lim_{x_n \to a} \frac{f(x_n) - f(a)}{x_n - a} = \lim_{x_n \to a} \frac{x_n^2}{x_n - a} = \infty$$

若 a 为有理数，则 $f(a) = a^2 \neq 0$，当 x_n 取无理数趋向于 a 时

$$\lim_{x_n \to a} \frac{f(x_n) - f(a)}{x_n - a} = \lim_{x_n \to a} \frac{0 - a^2}{x_n - a} = \infty$$

所以 $f(x)$ 在 $x = a$ 处不可导，于是 $f(x)$ 在 $x = 0$ 的任何去心邻域内处处不可导.

（2）满足条件的函数不存在，证明如下（用反证法）：因为 $f(0)$ 是极值，所以 $f'(0) = 0$. 我们不妨设 $f(0)$ 为极小值，如果 $(0, f(0))$ 是拐点，则存在 $x = 0$ 的去心邻域 $U = \{x \mid 0 < |x| < \delta_1\}(\delta_1 \leqslant \delta)$，使得在 U 中 $x = 0$ 的左、右侧，$f'(x)$ 的单调性相反. 不妨设 $-\delta_1 < x < 0$ 时，$f'(x)$ 单调增加，$0 < x < \delta_1$ 时，$f'(x)$ 单调减少. 因 $f'(0) = 0$，于是 $\forall x \in U$，都有 $f'(x) < 0$. 因此 $0 < x < \delta_1$ 时，函数 $f(x)$ 单调减少，故 $f(0)$ 不可能是 $f(x)$ 的极小值. 此与 $f(0)$ 为极小值矛盾，所以满足题目条件的函数不存在.

例 2.79（莫斯科技术物理学院 1977 年竞赛题）　就参数 a 讨论方程 $e^x = ax^2$ 实根的个数.

解析　$a \leqslant 0$ 时，由于 $e^x > 0$，所以原方程无实根. 下面令 $a > 0$. 设 $f(x) = e^x x^{-2}$，则 $\lim\limits_{x \to 0} f(x) = +\infty$，$f(+\infty) = +\infty$，$f(-\infty) = 0$. 又

$$f'(x) = e^x x^{-3}(x-2)$$

所以

函数	$(-\infty, 0)$	$(0, 2)$	2	$(2, +\infty)$
$f'(x)$	$+$	$-$	0	$+$
$f(x)$	↑	↓		↑

于是当 $x \in (-\infty, 0)$ 时，$f(x)$ 从 0 严格单调增加到 $+\infty$；当 $x \in (0, 2)$ 时，$f(x)$ 从 $+\infty$ 严格单调减少到 $\dfrac{1}{4}e^2$；当 $x \in (2, +\infty)$ 时，$f(x)$ 从 $\dfrac{1}{4}e^2$ 严格单调增加到 $+\infty$.

因此得到：当 $a \leqslant 0$ 时，原方程无实根；当 $0 < a < \dfrac{1}{4}e^2$ 时，原方程有一个实根，位于区间 $(-\infty, 0)$ 中；当 $a = \dfrac{1}{4}e^2$ 时，原方程有两个实根，一个位于区间 $(-\infty, 0)$ 中，另一个为 $x = 2$；当 $a > \dfrac{1}{4}e^2$ 时，原方程有三个实根，分别位于区间 $(-\infty, 0)$，$(0, 2)$ 与 $(2, +\infty)$ 中.

例 2.80（江苏省 2021 年竞赛题）　确定常数 k 的取值范围，使两条曲线

$$y = \frac{1}{\ln(1+x)} \quad \text{和} \quad y = k + \frac{1}{x}$$

在第一象限相交.

解析　曲线 $y = \dfrac{1}{\ln(1+x)}$ 与曲线 $y = k + \dfrac{1}{x}$ 在第一象限相交，表示方程 $\dfrac{1}{\ln(1+x)} = k + \dfrac{1}{x}(x > 0)$ 有解. 令 $f(x) = k = \dfrac{1}{\ln(1+x)} - \dfrac{1}{x}(0 < x < +\infty)$，则函数 $f(x)$ 的值域就是常数 k 的取值范围. 由于

$$f'(x) = \frac{-1}{(1+x)\ln^2(1+x)} + \frac{1}{x^2} = \frac{(1+x)\ln^2(1+x) - x^2}{x^2(1+x)\ln^2(1+x)}$$

$$= \frac{(\sqrt{1+x}\ln(1+x) + x)(\sqrt{1+x}\ln(1+x) - x)}{x^2(1+x)\ln^2(1+x)}$$

记 $g(x) = \sqrt{1+x}\ln(1+x) - x(0 < x < +\infty)$，则上式分子与分母中除 $g(x)$ 外的代数式皆取正值. 因为

$$g'(x) = \frac{\ln(1+x)}{2\sqrt{1+x}} + \frac{1}{\sqrt{1+x}} - 1 = \frac{\ln(1+x) + 2 - 2\sqrt{1+x}}{2\sqrt{1+x}}$$

再记 $h(x) = \ln(1+x) + 2 - 2\sqrt{1+x}(0 < x < +\infty)$，由于

$$h'(x) = \frac{1}{1+x} - \frac{1}{\sqrt{1+x}} = \frac{1-\sqrt{1+x}}{1+x} < 0$$

所以 $h(x)$ 严格单调减少，显然 $h(0) = 0 \Rightarrow h(x) < 0 \Rightarrow g'(x) < 0 \Rightarrow g(x)$ 严格单调减少，显然 $g(0) = 0 \Rightarrow g(x) < 0 \Rightarrow f'(x) < 0$，于是 $f(x)$ 严格单调减少. 由于

$$\lim_{x \to 0^+} f(x) = \lim_{x \to 0^+} \frac{x - \ln(1+x)}{x\ln(1+x)} = \lim_{x \to 0^+} \frac{x - \ln(1+x)}{x^2}$$

$$\xlongequal{\frac{0}{0}} \lim_{x \to 0^+} \frac{x}{2x(1+x)} = \lim_{x \to 0^+} \frac{1}{2(1+x)} = 0.5$$

$$\lim_{x \to +\infty} f(x) = \lim_{x \to +\infty} \frac{x - \ln(1+x)}{x\ln(1+x)} \xlongequal{\frac{\infty}{\infty}} \lim_{x \to +\infty} \frac{x}{(1+x)\ln(1+x) + x}$$

$$\xlongequal{\frac{\infty}{\infty}} \lim_{x \to +\infty} \frac{1}{\ln(1+x) + 2} = 0$$

所以 $f(x)$ 的值域为 $(0, 0.5)$，因此常数 k 的取值范围是 $(0, 0.5)$.

例 2.81（江苏省 1996 年竞赛题）　设 $f(x) = x^2(x-1)^2(x-3)^2$，试问曲线 $y = f(x)$ 有几个拐点，证明你的结论.

解析　令 $u(x) = x(x-1)(x-3)$，则 $f(x) = u^2$，得 $f'(x) = 2u(x)u'(x)$，其中 $u'(x) = 3x^2 - 8x + 3$. 令 $u'(x) = 0$，解得 $x = (4 \pm \sqrt{7})/3$，所以 $f'(x)$ 有 5 个零点：$x = 0, (4-\sqrt{7})/3, 1, (4+\sqrt{7})/3, 3$. 应用罗尔定理，在 $f'(x)$ 的相邻零点之间必有 $f''(x)$ 的零点，所以 $f''(x)$ 至少有 4 个零点，又由于 $f''(x)$ 是 4 次多项式，所以 $f''(x) = 0$ 最多有 4 个实根. 因此 $f''(x)$ 恰有 4 个零点，分别属于以下区间：

$$\left(0, \frac{4-\sqrt{7}}{3}\right), \quad \left(\frac{4-\sqrt{7}}{3}, 1\right), \quad \left(1, \frac{4+\sqrt{7}}{3}\right), \quad \left(\frac{4+\sqrt{7}}{3}, 3\right)$$

由于 $f(x)$ 是多项式，它的一阶导数、二阶导数都是连续的. $x = 0, 1, 3$ 显见是 $f(x)$ 的极小值点. 由连续函数的最值定理，$f(x)$ 在 $[0,1], [1,3]$ 内分别有最大值，并且它的最大值点应是 $f'(x)$ 的零点，故 $x = \frac{4 \pm \sqrt{7}}{3}$ 是 $f(x)$ 的极大值点. 由于 $f(x)$

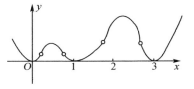

在极小值点 $x = 0, 1, 3$ 的附近是凹的，在极大值点 $x = \frac{4 \pm \sqrt{7}}{3}$ 的附近是凸的，所以 $f''(x)$ 的 4 个零点左、右两侧的凹凸性改变，故 $f(x)$ 恰有 4 个拐点. 由 $f(x)$ 的简图也可见此结论（如上图所示）.

例 2.82（莫斯科矿业学院 1977 年竞赛题）　两条宽分别为 a 与 b 的走廊相交成直角，试求一个梯子能够水平地通过这两条走廊的最大长度.

解析 以走廊 A 与走廊 B 的交点为坐标原点,走廊 A 的一边为 x 轴,走廊 B 的一边为 y 轴建立直角坐标系(如图). 则走廊 A 的另一边的方程为 $y=a$,走廊 B 的另一边的方程为 $x=-b$.

过原点作直线 $y=kx(0<k<+\infty)$,设此直线与 $y=a$ 的交点为 P,与 $x=-b$ 的交点为 Q,则线段 PQ 的长度的最小值即为所求梯子的最大长度.

因为 P,Q 的坐标分别为 $P\left(\dfrac{a}{k},a\right)$,$Q(-b,-kb)$,所以 PQ 的长度 d 的平方为

$$l=d^2=\left(\frac{a}{k}+b\right)^2+(a+kb)^2$$

于是

$$\frac{\mathrm{d}l}{\mathrm{d}k}=-\frac{2a}{k^2}\left(\frac{a}{k}+b\right)+2b(a+kb)=2(a+kb)\left(b-\frac{a}{k^3}\right)$$

令 $\dfrac{\mathrm{d}l}{\mathrm{d}k}=0$,得 $k=\sqrt[3]{\dfrac{a}{b}}$(因 $a+kb>0$). 且 $0<k<\sqrt[3]{\dfrac{a}{b}}$ 时 $\dfrac{\mathrm{d}l}{\mathrm{d}k}<0$,$\sqrt[3]{\dfrac{a}{b}}<k<+\infty$ 时 $\dfrac{\mathrm{d}l}{\mathrm{d}k}>0$,所以 l 在 $k=\sqrt[3]{\dfrac{a}{b}}$ 时取极小值,而驻点 $k=\sqrt[3]{\dfrac{a}{b}}$ 是惟一的,所以 l 在 $k=\sqrt[3]{\dfrac{a}{b}}$ 时取最小值,其最小值为

$$l\left(\sqrt[3]{\frac{a}{b}}\right)=(\sqrt[3]{a^2b}+\sqrt[3]{b^3})^2+(\sqrt[3]{a^3}+\sqrt[3]{ab^2})^2$$
$$=\sqrt[3]{b^2}(\sqrt[3]{a^2}+\sqrt[3]{b^2})^2+\sqrt[3]{a^2}(\sqrt[3]{a^2}+\sqrt[3]{b^2})^2$$
$$=(\sqrt[3]{a^2}+\sqrt[3]{b^2})^3$$

于是所求梯子的最大长度为

$$\min d=\sqrt{l\left(\sqrt[3]{\frac{a}{b}}\right)}=(\sqrt[3]{a^2}+\sqrt[3]{b^2})^{\frac{3}{2}}$$

例 2.83(莫斯科建筑工程学院 1977 年竞赛题) 设 $y=f(x)$ 有渐近线,且 $f''(x)>0$,求证:函数 $y=f(x)$ 的图形从上方趋近于此渐近线.

解析 由题意,此渐近线为斜渐近线或水平渐近线. 设其方程为 $y=ax+b$,令 $F(x)=f(x)-ax-b$,则

$$\lim_{x\to+\infty}F(x)=0 \quad \text{或} \quad \lim_{x\to-\infty}F(x)=0$$

(1) 当 $\lim\limits_{x\to+\infty}F(x)=0$ 时,因 $F''(x)=f''(x)>0$,故 $F'(x)$ 在 $[c,+\infty)(c\in\mathbf{R})$ 上严格单调增加,$\forall\alpha\in[c,+\infty)$,下面用反证法证明 $F'(\alpha)<0$. 如果 $F'(\alpha)\geqslant0$,

因为 $F'(x)$ 严格单调增加,所以 $\exists\,\beta>\alpha$,使得 $F'(\beta)>0$. $\forall\,x>\beta$,在区间 $[\beta,x]$ 上应用拉格朗日中值定理,必 $\exists\,\xi\in(\beta,x)$,使得

$$F(x)=F(\beta)+F'(\xi)(x-\beta)>F(\beta)+F'(\beta)(x-\beta)$$

于是 $\lim\limits_{x\to+\infty}F(x)=+\infty$,此与 $F(+\infty)=0$ 矛盾. 故 $\forall\,x\in[c,+\infty)$ 有 $F'(x)<0$,因此 $F(x)$ 在 $[c,+\infty)$ 上严格单调减少. 又由于 $F(+\infty)=0$,故 $\forall\,x\in[c,+\infty)$ 有 $F(x)>0$,此表明 $f(x)>ax+b$,即 $y=f(x)$ 的图形从上方趋近于渐近线.

(2) 当 $\lim\limits_{x\to-\infty}F(x)=0$ 时,因 $F''(x)=f''(x)>0$,故 $F'(x)$ 在 $(-\infty,c](c\in\mathbf{R})$ 上严格单调增加,$\forall\,\alpha\in(-\infty,c]$,下面用反证法证明 $F'(\alpha)>0$. 如果 $F'(\alpha)\leqslant0$,因为 $F'(x)$ 严格单调增加,所以 $\exists\,\beta<\alpha$,使得 $F'(\beta)<0$. $\forall\,x<\beta$,在区间 $[x,\beta]$ 上应用拉格朗日中值定理,必 $\exists\,\xi\in(x,\beta)$,使得

$$F(x)=F(\beta)+F'(\xi)(x-\beta)>F(\beta)+F'(\beta)(x-\beta)$$

于是 $\lim\limits_{x\to-\infty}F(x)=+\infty$,此与 $F(-\infty)=0$ 矛盾. 故 $\forall\,x\in(-\infty,c]$ 有 $F'(x)>0$,因此 $F(x)$ 在 $(-\infty,c]$ 上严格单调增加. 又由于 $F(-\infty)=0$,故 $\forall\,x\in(-\infty,c]$ 有 $F(x)>0$,此表明 $f(x)>ax+b$,即 $y=f(x)$ 的图形从上方趋近于渐近线.

练 习 题 二

1. 已知命题:若函数 $f(x)$ 满足 $f(0)=0$,且 $\lim\limits_{x\to0}\dfrac{f(2x)-f(x)}{x}=a(a\in\mathbf{R})$,则 $f(x)$ 在 $x=0$ 处可导,且 $f'(0)=a$. 判断该命题是否成立. 若成立,给出证明;若不成立,举一反例并作出说明.

2. 设 $f(x)=\begin{cases}\dfrac{|x^2-1|}{x-1},&x\neq1,\\2,&x=1,\end{cases}$ 则 $f(x)$ 在 $x=1$ 处 （　　）

 A. 不连续　　　　　　　　　　B. 连续但不可导

 C. 可导但导函数不连续　　　　D. 可导且导函数连续

3. 若曲线 $y=x^2+ax+b$ 与 $2y=xy^3-1$ 在点 $(1,-1)$ 处相切,则常数 a,b 的值分别为 （　　）

 A. $a=0,b=-2$　　　　　　　B. $a=1,b=-3$

 C. $a=-3,b=1$　　　　　　　D. $a=-1,b=-1$

4. 设 $f(x)=\max\{3x,x^3\},x\in(0,2)$,求 $f'(x)$.

5. 设 $f(x)=\begin{cases}\ln(x^2+a^2),&x>1,\\\sin(b(x-1)),&x\leqslant1,\end{cases}$ 为使 $f(x)$ 在区间 $(-\infty,+\infty)$ 上可导,求 a,b 的值.

6. 求函数 $f(x)=(x^2+3x+2)\,|x^3-x|$ 的不可导点.

7. 设函数 $f(1+x)=af(x)$,且 $f'(0)=b(ab\neq0)$,求 $f'(1)$.

8. 设 $f(x) = \begin{cases} x\arctan\dfrac{1}{|x|}, & x \neq 0, \\ 0, & x = 0, \end{cases}$ 求 $f'(x)$.

9. 求下列函数的导数：

(1) 已知 $f(x) = x\arcsin\left(x^2 + \dfrac{1}{4}\right)$，求 $f'(0)$；

(2) 已知 $f(x) = \dfrac{1}{\tan^2 2x}$，求 $f'(x)$；

(3) 已知 $f(x) = (x + \sqrt{1+x^2})^x$，求 $f'(x)$；

(4) 已知 $\arctan y = xe^y$，求 y'；

(5) 已知 $\arctan\dfrac{x-y}{x+y} = \ln\sqrt{x^2+y^2}$，求 y'；

(6) 已知 $\begin{cases} x = \arcsin\dfrac{t}{\sqrt{1+t^2}}, \\ y = \arccos\dfrac{1}{\sqrt{1+t^2}}, \end{cases}$ 求 $\dfrac{\mathrm{d}y}{\mathrm{d}x}$；

(7) 已知 $f(x) = x\lim\limits_{t\to\infty}\left(1 + \dfrac{2x}{t}\right)^t$，求 $f'(x)$.

10. 已知

$$g(x) = \begin{cases} (x-1)^2\cos\dfrac{1}{x-1}, & x \neq 1, \\ 0, & x = 1 \end{cases}$$

且 $f(x)$ 在 $x = 0$ 处可导，$F(x) = f(g(x))$，求 $F'(1)$.

11. 设 $P(x) = \dfrac{\mathrm{d}^n}{\mathrm{d}x^n}(1 - x^m)^n$，其中 m, n 为正整数，求 $P(1)$.

12. 设 $y = y(x)$ 由方程 $xe^{f(y)} = e^y\ln 29$ 确定，其中 f 具有二阶导数，且 $f' \neq 1$，求 $\dfrac{\mathrm{d}^2 y}{\mathrm{d}x^2}$.

13. 设 $f(x) = x^2(2 + |x|)$，求使得 $f^{(n)}(0)$ 存在的最高阶数 n.

14. 已知 $f(x) = x(2x+5)^2(3-x)^3$，求 $f^{(6)}(0)$.

15. 设 $f(x) = \arctan\dfrac{1-x}{1+x}$，求 $f^{(n)}(0)$.

16. 已知 $f(x) = \sin^2(3x) \cdot \cos(5x)$，求 $f^{(n)}(x)$.

17. 已知函数 $f(x)$ 满足：$\forall x, y \in (-\infty, +\infty)$，$f(x+y) = f(x)f(y)$，且 $f'(0) = 1$，求 $f(x)$.

18. 求下列极限：

(1) $\lim\limits_{x\to 0}\dfrac{\tan x - x - \dfrac{1}{3}x^3}{x^5}$；

(2) $\lim\limits_{x\to 0}\dfrac{\sin^2 x - x^2\cos^2 x}{x(e^{2x}-1)\ln(1+\tan^2 x)}$；

(3) $\lim\limits_{x \to 1}\left(\dfrac{x}{x-1} - \dfrac{1}{\ln x}\right)$；

(4) $\lim\limits_{x \to 1}\dfrac{x^x - x}{\ln x - x + 1}$；

(5) $\lim\limits_{x \to 0}\dfrac{\sin(\sin x) - \sin(\sin(\sin x))}{\sin x \cdot \sin(\sin x) \cdot \sin(\sin(\sin x))}$；

(6) $\lim\limits_{x \to 0}\dfrac{x^3 - (\arcsin x)^3}{x^5}$；

(7) $\lim\limits_{x \to 0}\left(\dfrac{\mathrm{e}^x + \mathrm{e}^{2x} + \cdots + \mathrm{e}^{nx}}{n}\right)^{\frac{\mathrm{e}}{x}}$；

(8) $\lim\limits_{n \to \infty}\left[f\left(\dfrac{1}{n^2}\right) + f\left(\dfrac{2}{n^2}\right) + \cdots + f\left(\dfrac{n}{n^2}\right)\right]$（已知 $f(0) = 0$，$f'(0) = 1$）.

19. 设函数 $f(x)$ 在区间 $[1, +\infty)$ 上连续可导，且

$$f'(x) = \frac{1}{1 + f^2(x)}\left(\sqrt{\frac{1}{x}} - \sqrt{\ln\left(1 + \frac{1}{x}\right)}\right)$$

证明：$\lim\limits_{x \to +\infty} f(x)$ 存在.

20. 考察函数

$$f(x) = \begin{cases} \sqrt{1 - 4x - x^2}, & -4 \leqslant x < 0, \\ x^3 - x^2 - 2x + 1, & 0 \leqslant x \leqslant 1 \end{cases}$$

在区间 $[-4,1]$ 上是否满足拉格朗日中值定理的条件. 如果满足，求出该定理结论中 ξ 的值.

21. 已知函数 $f(x)$，$g(x)$ 在区间 $[a,b]$ 上可微，且 $g'(x) \neq 0$，证明：存在一点 $c(a < c < b)$，使得

$$\frac{f(a) - f(c)}{g(c) - g(b)} = \frac{f'(c)}{g'(c)}$$

22. 设 $f(x)$ 在 $[0,1]$ 上连续，在 $(0,1)$ 内可导，且有 $f(0) = 0$，$f(1) = 1$，如果 $a > 0$，$b > 0$，求证：$\exists \xi \in (0,1)$，$\eta \in (0,1)$，且 $\xi \neq \eta$，使得

$$\frac{a}{f'(\xi)} + \frac{b}{f'(\eta)} = a + b$$

23. 设 $f(x)$ 在 $[0,1]$ 上连续，在 $(0,1)$ 内可导，$f(0) = 0$，$f(1) = 1$，证明：存在互异的 $\xi_1, \xi_2, \xi_3 \in (0,1)$，使得

$$\frac{1}{f'(\xi_1)} + \frac{1}{f'(\xi_2)} + \frac{1}{f'(\xi_3)} = 3$$

24. 设 $f(x)$ 在 $[0,2]$ 上连续，在 $(0,2)$ 内二阶可导，且 $f(0) = f(2) = 0$，$f(1) = 1$，证明：存在 $\xi \in (0,2)$，使得 $f''(\xi) = -2$.

25. 设 $f(x)$ 在 $[a,b]$ 上可导，$f'(x) \neq 0$，证明：$\exists \xi, \eta \in (a,b)$（$\xi$ 与 η 不一定相等），使得

$$(b - a)\mathrm{e}^{\eta} f'(\xi) = (\mathrm{e}^b - \mathrm{e}^a) f'(\eta)$$

26. 设 $f(x)$ 在 $[a,b]$ 上二阶可导，$f(a) = f(b)$，且 $\forall x \in (a,b)$，$|f''(x)| \leqslant M$，

证明：$\forall\, x \in (a,b)$，有

$$|f'(x)| \leqslant \frac{M}{2}(b-a)$$

27. 已知函数 $f(x)$ 在区间 $[0,1]$ 上二阶可导，且 $f(0)=0$，$f(1)=1$，求证：存在 $\xi \in (0,1)$，使得 $\xi f''(\xi) + f'(\xi) = 1$.

28. 已知函数 $f(x)$ 的二阶导数 $f''(x)$ 在 $[2,4]$ 上连续，且 $f(3)=0$，试证：在区间 $(2,4)$ 上至少存在一点 ξ，使得 $f''(\xi) = 3\displaystyle\int_2^4 f(t)\mathrm{d}t$.

29. 求一个次数最低的多项式 $P(x)$，使得它在 $x=1$ 时取极大值 2，且 $(2,0)$ 是曲线 $y=P(x)$ 的拐点.

30. 设函数 $f(x)$ 在 $[0,+\infty)$ 上二阶可导，$f(0)>0$，$f'(0)<0$，且 $x>0$ 时，$f''(x)<0$，证明：$f(x)$ 在 $(0,+\infty)$ 上恰有一个零点.

31. 假设 k 为常数，方程 $kx^2 - \dfrac{1}{x} + 1 = 0$ 在区间 $(0,+\infty)$ 上恰有一根，求 k 的取值范围.

32. 已知方程 $\log_a x = x^b$ 存在实根，常数 $a>1$，$b>0$，求 a 和 b 应满足的条件.

33. 已知数列 $\{a_n\}$，其中 $a_n = (\sqrt{n^2+1} - \sqrt{n^2-1})\sqrt{n}\ln n$，试求极限 $\lim\limits_{n\to\infty} a_n$，并证明：当 $n \geqslant 9$ 时，数列 $\{a_n\}$ 单调递减.

34. 证明下列不等式：

(1) $x\ln^2 x < (x-1)^2 \quad (1<x<2)$；

(2) $\dfrac{x}{1+2x} < \ln\sqrt{1+2x} < x \quad (x>0)$；

(3) $\dfrac{\ln x}{x-1} \leqslant \dfrac{1}{\sqrt{x}} \quad (x>0$ 且 $x \neq 1)$；

(4) $\dfrac{\mathrm{e}^b - \mathrm{e}^a}{b-a} < \dfrac{\mathrm{e}^b + \mathrm{e}^a}{2} \quad (a \neq b)$；

(5) $\cos\sqrt{2}\,x \leqslant -x^2 + \sqrt{1+x^4} \quad \left(x \in \left(0, \dfrac{\sqrt{2}}{4}\pi\right)\right)$.

35. 求下列曲线的渐近线：

(1) $y = \mathrm{e}^{\frac{1}{x}} \arctan \dfrac{x^2+x+1}{x-2}$； (2) $y = |x+2|\mathrm{e}^{\frac{1}{x}}$.

专题 3   一元函数积分学

3.1   基本概念与内容提要

3.1.1   不定积分基本概念

1）原函数与不定积分

如果函数 $f(x)$ 和 $F(x)$ 满足 $F'(x)=f(x)$，则称 $F(x)$ 为 $f(x)$ 的一个**原函数**. 如果 $F(x)$ 是 $f(x)$ 的一个原函数，则 $f(x)$ 的全体原函数为 $F(x)+C(C$ 为任意常数). $f(x)$ 的全体原函数 $F(x)+C$ 称为 $f(x)$ 的**不定积分**，记为

$$\int f(x)\mathrm{d}x = F(x)+C$$

2）不定积分的性质

$$\int f'(x)\mathrm{d}x = f(x)+C, \qquad \int \mathrm{d}f(x)=f(x)+C$$

$$\left(\int f(x)\mathrm{d}x\right)' = f(x), \qquad \mathrm{d}\left(\int f(x)\mathrm{d}x\right)=f(x)\mathrm{d}x$$

3.1.2   基本积分公式

$$\int x^{\lambda}\mathrm{d}x = \frac{x^{\lambda+1}}{\lambda+1}+C \quad (\lambda \neq 1), \qquad \int \frac{1}{x}\mathrm{d}x = \ln|x|+C$$

$$\int a^{x}\mathrm{d}x = \frac{a^{x}}{\ln a}+C \quad (a>0, a\neq 1), \qquad \int \mathrm{e}^{x}\mathrm{d}x = \mathrm{e}^{x}+C$$

$$\int \sin x\mathrm{d}x = -\cos x +C, \qquad \int \cos x\mathrm{d}x = \sin x + C$$

$$\int \sec^{2}x\mathrm{d}x = \tan x +C, \qquad \int \csc^{2}x\mathrm{d}x = -\cot x + C$$

$$\int \sec x\tan x\mathrm{d}x = \sec x +C, \qquad \int \csc x\cot x\mathrm{d}x = -\csc x + C$$

$$\int \sec x\mathrm{d}x = \ln|\sec x+\tan x|+C, \qquad \int \csc x\mathrm{d}x = \ln|\csc x-\cot x|+C$$

$$\int \frac{1}{\sqrt{a^{2}-x^{2}}}\mathrm{d}x = \arcsin\frac{x}{a}+C \quad \left(\text{或} -\arccos\frac{x}{a}+C\right) \quad (a>0)$$

$$\int \frac{1}{a^2 + x^2} \mathrm{d}x = \frac{1}{a} \arctan \frac{x}{a} + C \quad \left(或 -\frac{1}{a} \text{arccot} \frac{x}{a} + C\right) \quad (a > 0)$$

$$\int \frac{1}{\sqrt{x^2 \pm a^2}} \mathrm{d}x = \ln|x + \sqrt{x^2 \pm a^2}| + C \quad (a > 0)$$

$$\int \frac{1}{a^2 - x^2} \mathrm{d}x = \frac{1}{2a} \ln\left|\frac{a+x}{a-x}\right| + C \quad (a > 0)$$

3.1.3　不定积分的计算

1) 换元积分法

定理 1（第一换元积分法）　设 $\int f(x)\mathrm{d}x = F(x) + C$，$\varphi(x)$ 连续可导，则

$$\int f(\varphi(x))\varphi'(x)\mathrm{d}x = \int f(\varphi(x))\mathrm{d}\varphi(x) = F(\varphi(x)) + C$$

定理 2（第二换元积分法）　设 $x = \varphi(t)$ 单调且连续可导，若

$$\int f(\varphi(t))\varphi'(t)\mathrm{d}t = F(t) + C$$

则

$$\int f(x)\mathrm{d}x = \int f(\varphi(t))\varphi'(t)\mathrm{d}t = F(\varphi^{-1}(x)) + C$$

2) 分部积分法

定理 3（分部积分法）　设 $u(x), v(x)$ 皆连续可导，$u'(x)v(x)$ 与 $u(x)v'(x)$ 中至少有一个有原函数，则

$$\int u(x)\mathrm{d}v(x) = u(x)v(x) - \int v(x)\mathrm{d}u(x)$$

当被积函数是三角函数（或反三角函数）、指数函数、对数函数、幂函数中两个乘积形式时，通常采用分部积分公式计算.

3) 简单的有理函数的积分

任一有理函数（又称有理分式，它是两个多项式的商）可分解为一个多项式（对于真分式此为零多项式）与若干个部分分式的和. 这些部分分式的积分形式为

$$\int \frac{1}{(x-a)^n} \mathrm{d}x \quad (n \in \mathbf{N}^*), \qquad \int \frac{Ax+B}{(x^2+px+q)^n} \mathrm{d}x \quad (p^2 < 4q, n \in \mathbf{N}^*)$$

它们都可用第一换元积分法进行求解.

4) 简单的无理函数的积分，选取适当的换元变换，采用第二换元积分法积分.

5) 三角函数有理式的积分

第一种方法是采用换元积分法或分部积分法;第二种方法是采用万能变换,如令 $\tan \dfrac{x}{2} = t$,则 $\sin x = \dfrac{2t}{1+t^2}, \cos x = \dfrac{1-t^2}{1+t^2}, \tan x = \dfrac{2t}{1-t^2}, \mathrm{d}x = \dfrac{2}{1+t^2}\mathrm{d}t$,代入被积表达式,原积分可化为有理函数的积分.

3.1.4   定积分基本概念

1) 定积分的定义

将区间 $[a,b]$ 分割为 n 个小区间

$$a = x_0 < x_1 < x_2 < \cdots < x_{n-1} < x_n = b$$

记 $\Delta x_i = x_i - x_{i-1}, \lambda = \max\{\Delta x_i\}, \forall \xi_i \in [x_{i-1}, x_i]$,则 $f(x)$ 在区间 $[a,b]$ 上的**定积分**定义为

$$\int_a^b f(x)\mathrm{d}x = \lim_{\lambda \to 0} \sum_{i=1}^n f(\xi_i)\Delta x_i$$

这里右端的极限存在.

2) $f(x)$ 在 $[a,b]$ 上可积的必要条件是 $f(x)$ 在 $[a,b]$ 上有界. 当 $f(x)$ 在 $[a,b]$ 上连续时,$f(x)$ 在 $[a,b]$ 上可积;当 $f(x)$ 在 $[a,b]$ 上有界,且只有有限个间断点时,$f(x)$ 在 $[a,b]$ 上可积.

3) 定积分的主要性质

定理 1(保号性)   若函数 $f(x), g(x)$ 在区间 $[a,b]$ 上可积,$\forall x \in [a,b]$ 有 $f(x) \leqslant g(x)$,则

$$\int_a^b f(x)\mathrm{d}x \leqslant \int_a^b g(x)\mathrm{d}x$$

定理 2(严格保号性)   若函数 $f(x), g(x)$ 在区间 $[a,b]$ 上可积,$\forall x \in [a,b]$ 有 $f(x) \leqslant g(x)$,且 $\exists x_0 \in [a,b]$,使得 $f(x_0) < g(x_0)$,则

$$\int_a^b f(x)\mathrm{d}x < \int_a^b g(x)\mathrm{d}x$$

定理 3(可加性)   当下列三个积分皆可积时,有

$$\int_a^b f(x)\mathrm{d}x = \int_a^c f(x)\mathrm{d}x + \int_c^b f(x)\mathrm{d}x$$

对于实数 a, b, c 的任意大小关系,上式皆成立.

3.1.5   定积分中值定理

定理 1(积分中值定理)   设 $f(x)$ 在 $[a,b]$ 上连续,则 $\exists \xi \in (a,b)$,使得

$$\int_a^b f(x)\mathrm{d}x = f(\xi)(b-a)$$

定理 2（推广积分中值定理）　设 $f(x),g(x)$ 在 $[a,b]$ 上连续，$g(x) \geqslant$（或 $\leqslant$）0，则 $\exists \xi \in (a,b)$，使得

$$\int_a^b f(x)g(x)\mathrm{d}x = f(\xi)\int_a^b g(x)\mathrm{d}x$$

3.1.6　变限的定积分

定理　若 $f(x)$ 连续，$\varphi(x),\psi(x)$ 可导，则

$$\frac{\mathrm{d}}{\mathrm{d}x}\left(\int_a^x f(t)\mathrm{d}t\right) = \frac{\mathrm{d}}{\mathrm{d}x}\left(\int_0^x f(x)\mathrm{d}x\right) = f(x)$$

$$\frac{\mathrm{d}}{\mathrm{d}x}\left(\int_a^{\varphi(x)} f(t)\mathrm{d}t\right) = \frac{\mathrm{d}}{\mathrm{d}x}\left(\int_0^{\varphi(x)} f(x)\mathrm{d}x\right) = f(\varphi(x))\varphi'(x)$$

$$\frac{\mathrm{d}}{\mathrm{d}x}\left(\int_{\psi(x)}^{\varphi(x)} f(t)\mathrm{d}t\right) = \frac{\mathrm{d}}{\mathrm{d}x}\left(\int_{\psi(x)}^{\varphi(x)} f(x)\mathrm{d}x\right) = f(\varphi(x))\varphi'(x) - f(\psi(x))\psi'(x)$$

3.1.7　定积分的计算

1）定积分基本定理

定理 1（牛顿-莱布尼茨公式，简记为 N-L 公式）　若 $f(x)$ 在 $[a,b]$ 上连续，$F(x)$ 是 $f(x)$ 的一个原函数，则

$$\int_a^b f(x)\mathrm{d}x = F(x)\Big|_a^b = F(b) - F(a)$$

2）换元积分法

定理 2（换元积分公式）　设 $f(x)$ 在 $[a,b]$ 上连续，$\varphi'(t)$ 在 $[\alpha,\beta]$（或 $[\beta,\alpha]$）上连续，且 $\varphi(\alpha) = a,\varphi(\beta) = b,\varphi'(x) \neq 0$，则

$$\int_a^b f(x)\mathrm{d}x = \int_\alpha^\beta f(\varphi(t))\varphi'(t)\mathrm{d}t$$

3）分部积分法

定理 3（分部积分公式）　设函数 $u(x),v(x)$ 在 $[a,b]$ 上连续可导，则

$$\int_a^b u(x)\mathrm{d}v(x) = u(x)v(x)\Big|_a^b - \int_a^b v(x)\mathrm{d}u(x)$$

3.1.8　奇偶函数与周期函数定积分的性质

1）（偶倍奇零性）设 $f(x)$ 在区间 $[-a,a]$ 上连续，则

$$\int_{-a}^a f(x)\mathrm{d}x = \begin{cases} 0, & f(x) \text{ 为奇函数；} \\ 2\int_0^a f(x)\mathrm{d}x, & f(x) \text{ 为偶函数} \end{cases}$$

2) 设 $f(x)$ 是周期为 T 的连续函数,则

$$\int_a^{a+T} f(x)\mathrm{d}x = \int_0^T f(x)\mathrm{d}x \quad (T>0,a \in \mathbf{R})$$

$$\int_a^{a+nT} f(x)\mathrm{d}x = n\int_0^T f(x)\mathrm{d}x \quad (a \in \mathbf{R},n \in \mathbf{N})$$

3.1.9　定积分在几何与物理上的应用

1) 平面图形的面积

(1) 若平面图形 D 是由上、下两条曲线 $y = f(x)$,$y = g(x)(g(x) \leqslant f(x))$ 与直线 $x = a$,$x = b(a < b)$ 围成的,则 D 的面积为

$$S = \int_a^b (f(x) - g(x))\mathrm{d}x$$

(2) 若平面图形 D 是由左、右两条曲线 $x = \varphi(y)$,$x = \psi(y)(\varphi(y) \leqslant \psi(y))$ 与直线 $y = c$,$y = d(c < d)$ 围成的,则 D 的面积为

$$S = \int_c^d (\psi(y) - \varphi(y))\mathrm{d}y$$

(3) 若平面图形 D 是极坐标下的两条曲线 $\rho = \rho_1(\theta)$,$\rho = \rho_2(\theta)(\rho_1(\theta) \leqslant \rho_2(\theta))$ 与射线 $\theta = \alpha$,$\theta = \beta(\alpha < \beta)$ 围成的,则 D 的面积为

$$S = \frac{1}{2}\int_\alpha^\beta (\rho_2^2(\theta) - \rho_1^2(\theta))\mathrm{d}\theta$$

2) 特殊立体的体积

(1) 设立体 Ω 介于两平面 $x = a$,$x = b(a < b)$ 之间,$\forall x \in [a,b]$,过点 x 作平面垂直于 x 轴,该平面与立体 Ω 的截面的面积为可求的连续函数 $A(x)$,则立体 Ω 的体积为

$$V = \int_a^b A(x)\mathrm{d}x$$

(2) 平面图形 $D:\{(x,y) \mid 0 \leqslant g(x) \leqslant y \leqslant f(x),a \leqslant x \leqslant b\}$ 绕 x 轴旋转一周所得旋转体的体积为

$$V = \pi\int_a^b \left[f^2(x) - g^2(x)\right]\mathrm{d}x$$

(3) 平面图形 $D:\{(x,y) \mid g(x) \leqslant y \leqslant f(x),a < x < b,a \geqslant 0\}$ 绕 y 轴旋转一周所得旋转体的体积为

$$V = 2\pi\int_a^b x(f(x) - g(x))\mathrm{d}x$$

(4) 已知函数 $f(x) \in \mathscr{C}^{(1)}[a,b]$,$D$ 是由曲线 $y = f(x)$ $(a \leqslant x \leqslant b)$,直线 $y = kx + c(k \neq 0)$ 及

$$y = -\frac{1}{k}x + b_1, \quad y = -\frac{1}{k}x + b_2 \quad (b_1 < b_2)$$

所围的平面区域(如图),在弧段 $y = f(x)$ 上取点

$$P(x, f(x)), \quad Q(x + \mathrm{d}x, f(x + \mathrm{d}x)) \quad (a < x < b)$$

则向量 $\overrightarrow{PQ}$ 在直线 $y = kx + c$ 上的投影长为

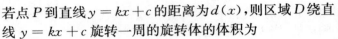

$$\mathrm{d}l \approx \frac{|1 + kf'(x)|}{\sqrt{1 + k^2}}\mathrm{d}x$$

若点 P 到直线 $y = kx + c$ 的距离为 $d(x)$,则区域 D 绕直线 $y = kx + c$ 旋转一周的旋转体的体积为

$$V = \pi \int_a^b d^2(x)\mathrm{d}l = \pi \int_a^b d^2(x) \cdot \frac{|1 + kf'(x)|}{\sqrt{1 + k^2}}\mathrm{d}x$$

3) 平面曲线的弧长

(1) 平面曲线 Γ 的方程为 $y = f(x)(a \leqslant x \leqslant b)$,若 $f(x)$ 连续可导,则曲线 Γ 的弧长为

$$l = \int_a^b \sqrt{1 + (f'(x))^2}\,\mathrm{d}x$$

(2) 平面曲线 Γ 的参数方程为 $x = \varphi(t), y = \psi(t)(\alpha \leqslant t \leqslant \beta), \varphi(t)$ 与 $\psi(t)$ 皆连续可导,则曲线 Γ 的弧长为

$$l = \int_\alpha^\beta \sqrt{(\varphi'(t))^2 + (\psi'(t))^2}\,\mathrm{d}t$$

(3) 平面曲线 Γ 的极坐标方程为 $\rho = \rho(\theta), \alpha \leqslant \theta \leqslant \beta, \rho(\theta)$ 连续可导,则曲线 Γ 的弧长为

$$l = \int_\alpha^\beta \sqrt{(\rho(\theta))^2 + (\rho'(\theta))^2}\,\mathrm{d}\theta$$

4) 旋转曲面的面积

平面曲线 $y = f(x)(f(x) \geqslant 0, a \leqslant x \leqslant b)$ 绕 x 轴旋转一周所得旋转曲面的面积为

$$S = 2\pi \int_a^b f(x)\sqrt{1 + (f'(x))^2}\,\mathrm{d}x$$

5) 定积分在物理上可用于求变力在直线运动下所做的功、液体的压力以及引力等,这些应用可用微元法解决.

微元法 $\forall X = [x, x + \mathrm{d}x] \subset [a, b]$,设总量 Q 在 X 上的部分量为 $Q(X)$,若 $\exists f(x), f \in \mathcal{C}[a, b]$,使得 $\mathrm{d}x \to 0$ 时 $Q(X) \sim f(x)\mathrm{d}x$,则 $Q = \int_a^b f(x)\mathrm{d}x$.

3.1.10 反常积分

1) 两类反常积分的定义

(1) 若 $f(x)$ 在任意有限区间 $[a,x]$ 上可积,则

$$\int_a^{+\infty} f(x)\mathrm{d}x \xlongequal{\text{def}} \lim_{x\to+\infty} \int_a^x f(x)\mathrm{d}x$$

若上式右端极限存在时,称反常积分 $\int_a^{+\infty} f(x)\mathrm{d}x$ 收敛;否则称为发散.

(2) 若 $f(x)$ 在 $x=b$ 的左邻域内无界,则

$$\int_a^b f(x)\mathrm{d}x \xlongequal{\text{def}} \lim_{x\to b^-} \int_a^x f(x)\mathrm{d}x$$

若上式右端极限存在时,称反常积分 $\int_a^b f(x)\mathrm{d}x$ 收敛;否则称为发散. 称 $x=b$ 为奇点(或瑕点).

(3) 三个基本结论:反常积分 $\int_1^{+\infty} \dfrac{1}{x^p}\mathrm{d}x$,当且仅当 $p>1$ 时收敛;反常积分 $\int_a^b \dfrac{1}{(b-x)^\lambda}\mathrm{d}x$,当且仅当 $\lambda<1$ 时收敛;反常积分 $\int_a^b \dfrac{1}{(x-a)^\lambda}\mathrm{d}x$,当且仅当 $\lambda<1$ 时收敛.

2) 两类反常积分的计算

(1) 广义牛顿-莱布尼茨公式:若 $x=+\infty$ 是反常积分 $\int_a^{+\infty} f(x)\mathrm{d}x$ 的惟一奇点,$F'(x)=f(x),x\in[a,+\infty)$,则

$$\int_a^{+\infty} f(x)\mathrm{d}x = F(x)\Big|_a^{+\infty} = F(+\infty)-F(a)$$

若 $x=b$ 是反常积分 $\int_a^b f(x)\mathrm{d}x$ 的惟一奇点,$F'(x)=f(x),x\in[a,b)$,则

$$\int_a^b f(x)\mathrm{d}x = F(x)\Big|_a^{b^-} = F(b^-)-F(a)$$

若 $x=a$ 是反常积分 $\int_a^b f(x)\mathrm{d}x$ 的惟一奇点,$F'(x)=f(x),x\in(a,b]$,则

$$\int_a^b f(x)\mathrm{d}x = F(x)\Big|_{a^+}^b = F(b)-F(a^+)$$

(2) 广义换元积分法:若 $x=b(b$ 可为 $+\infty)$ 是反常积分 $\int_a^b f(x)\mathrm{d}x$ 的惟一奇点,令 $x=\varphi(t),\varphi(t)$ 连续可导,且 $a=\varphi(\alpha),\lim_{t\to\beta}\varphi(t)=b(\beta$ 可为 $+\infty)$,则

$$\int_a^b f(x)\mathrm{d}x = \int_\alpha^\beta f(\varphi(t))\varphi'(t)\mathrm{d}t$$

（3）广义分部积分法：若 $x = b(b$ 可为 $+\infty)$ 是反常积分 $\int_a^b u(x)\mathrm{d}v(x)$ 的惟一奇点，则

$$\int_a^b u(x)\mathrm{d}v(x) = u(x)v(x)\Big|_a^{b^-} - \int_a^b v(x)\mathrm{d}u(x)$$

3）反常积分敛散性判别法

（1）设 $x = b$（或 $+\infty$）是反常积分 $\int_a^{b(\text{或}+\infty)} f(x)\mathrm{d}x$ 的惟一奇点，则

$$\int_a^{b(\text{或}+\infty)} |f(x)|\mathrm{d}x \text{ 收敛} \Rightarrow \int_a^{b(\text{或}+\infty)} f(x)\mathrm{d}x \text{ 收敛}$$

（2）（比较判别法）设 $x = b$（或 $+\infty$）是反常积分

$$\int_a^{b(\text{或}+\infty)} f(x)\mathrm{d}x \quad \text{与} \quad \int_a^{b(\text{或}+\infty)} g(x)\mathrm{d}x$$

的惟一奇点，若 $0 \leqslant f(x) \leqslant g(x)(a \leqslant x < b)$，则有如下结论：

① 当 $\int_a^{b(\text{或}+\infty)} g(x)\mathrm{d}x$ 收敛时，$\int_a^{b(\text{或}+\infty)} f(x)\mathrm{d}x$ 收敛；

② 当 $\int_a^{b(\text{或}+\infty)} f(x)\mathrm{d}x$ 发散时，$\int_a^{b(\text{或}+\infty)} g(x)\mathrm{d}x$ 发散.

3.2　竞赛题与精选题解析

3.2.1　求不定积分（例 3.1—3.14）

例 3.1（浙江省 2020 年竞赛题）　求不定积分 $\int (1+x^n)^{-(1+\frac{1}{n})}\mathrm{d}x$，其中 n 为正整数.

解析　由于

$$(1+x^n)^{-(1+\frac{1}{n})} = \frac{1}{x^{n+1}}\left(1+\frac{1}{x^n}\right)^{-1-\frac{1}{n}}, \quad \left(\frac{1}{x^n}\right)' = -n\frac{1}{x^{n+1}}$$

故令 $\dfrac{1}{x^n} = t$，则 $\dfrac{1}{x^{n+1}}\mathrm{d}x = -\dfrac{1}{n}\mathrm{d}t$，应用不定积分换元公式得

$$\text{原式} = \int \frac{1}{x^{n+1}}\left(1+\frac{1}{x^n}\right)^{-1-\frac{1}{n}}\mathrm{d}x = -\frac{1}{n}\int (1+t)^{-1-\frac{1}{n}}\mathrm{d}t$$

$$= (1+t)^{-\frac{1}{n}} + C = \left(1+\frac{1}{x^n}\right)^{-\frac{1}{n}} + C = \frac{x}{\sqrt[n]{1+x^n}} + C$$

例 3.2（江苏省 2000 年竞赛题）　求 $\displaystyle\int\frac{x^5-x}{x^8+1}\mathrm{d}x$.

解析　令 $x^2=t$,则

$$\int\frac{x(x^4-1)}{x^8+1}\mathrm{d}x=\frac{1}{2}\int\frac{t^2-1}{t^4+1}\mathrm{d}t=\frac{1}{2}\int\frac{1-\dfrac{1}{t^2}}{t^2+\dfrac{1}{t^2}}\mathrm{d}t=\frac{1}{2}\int\frac{1}{\left(t+\dfrac{1}{t}\right)^2-2}\mathrm{d}\left(t+\frac{1}{t}\right)$$

$$=\frac{1}{4\sqrt{2}}\ln\left|\frac{\sqrt{2}-\left(t+\dfrac{1}{t}\right)}{\sqrt{2}+\left(t+\dfrac{1}{t}\right)}\right|+C=\frac{1}{4\sqrt{2}}\ln\left|\frac{\sqrt{2}x^2-x^4-1}{\sqrt{2}x^2+x^4+1}\right|+C$$

例 3.3（浙江省 2015 年竞赛题）　求不定积分 $\displaystyle\int\frac{x+1}{(x^2+4)^2}\mathrm{d}x$.

解析　拆项后分别应用换元积分法与分部积分法,得

$$原式=\int\frac{x}{(x^2+4)^2}\mathrm{d}x+\int\frac{1}{(x^2+4)^2}\mathrm{d}x=\frac{1}{2}\int\frac{\mathrm{d}(x^2+4)}{(x^2+4)^2}+\frac{1}{2}\int\frac{\mathrm{d}(x^2+4)}{x(x^2+4)^2}$$

$$=-\frac{1}{2(x^2+4)}-\frac{1}{2}\int\frac{1}{x}\mathrm{d}\frac{1}{x^2+4}$$

$$=-\frac{1}{2(x^2+4)}-\frac{1}{2x(x^2+4)}-\frac{1}{2}\int\frac{1}{x^2(x^2+4)}\mathrm{d}x$$

$$=-\frac{1}{2(x^2+4)}-\frac{1}{2x(x^2+4)}-\frac{1}{8}\int\left(\frac{1}{x^2}-\frac{1}{x^2+4}\right)\mathrm{d}x$$

$$=\frac{-x-1}{2x(x^2+4)}+\frac{1}{8x}+\frac{1}{16}\arctan\frac{x}{2}+C$$

例 3.4（江苏省 2004 年竞赛题）　求 $\displaystyle\int\frac{\mathrm{e}^x(x-1)}{(x-\mathrm{e}^x)^2}\mathrm{d}x$.

解析　因为 $\left(\dfrac{\mathrm{e}^x}{x}\right)'=\dfrac{\mathrm{e}^x(x-1)}{x^2}$,所以

$$原式=\int\frac{\mathrm{e}^x(x-1)}{x^2(1-\mathrm{e}^x x^{-1})^2}\mathrm{d}x=\int\frac{1}{\left(\dfrac{\mathrm{e}^x}{x}-1\right)^2}\mathrm{d}\frac{\mathrm{e}^x}{x}=-\frac{1}{\dfrac{\mathrm{e}^x}{x}-1}+C$$

$$=\frac{x}{x-\mathrm{e}^x}+C$$

例 3.5（浙江省 2009 年竞赛题）　求 $\displaystyle\int\frac{\ln x}{\sqrt{1+x^2(\ln x-1)^2}}\mathrm{d}x$.

解析　因为 $(x\ln x-x)'=\ln x$,令 $x(\ln x-1)=t$,应用换元积分法,则

$$\int\frac{\ln x}{\sqrt{1+x^2(\ln x-1)^2}}\mathrm{d}x=\int\frac{1}{\sqrt{1+t^2}}\mathrm{d}t=\ln(t+\sqrt{1+t^2})+C$$

$$=\ln(x(\ln x-1)+\sqrt{1+x^2(\ln x-1)^2})+C$$

例 3.6(浙江省 2016 年竞赛题)　求不定积分 $\int \dfrac{1-x^2\cos x}{(1+x\sin x)^2}\mathrm{d}x$.

解析　将被积函数拆分为两项,并对其中一项应用分部积分公式,得

原式 $=\displaystyle\int \frac{1+x\sin x-x(\sin x+x\cos x)}{(1+x\sin x)^2}\mathrm{d}x=\int \frac{1}{1+x\sin x}\mathrm{d}x+\int x\mathrm{d}\frac{1}{1+x\sin x}$

$\qquad=\displaystyle\int \frac{1}{1+x\sin x}\mathrm{d}x+\frac{x}{1+x\sin x}-\int \frac{1}{1+x\sin x}\mathrm{d}x=\frac{x}{1+x\sin x}+C$

例 3.7(南京大学 1996 年竞赛题)　已知 $f''(x)$ 连续,$f'(x)\neq 0$,求

$$\int \left[\frac{f(x)}{f'(x)}-\frac{f^2(x)f''(x)}{(f'(x))^3}\right]\mathrm{d}x$$

解析　对被积函数的第二项分部积分,有

$$\int \frac{f^2(x)f''(x)}{[f'(x)]^3}\mathrm{d}x=\int \frac{f^2(x)}{[f'(x)]^3}\mathrm{d}f'(x)=-\frac{1}{2}\int f^2(x)\mathrm{d}\frac{1}{[f'(x)]^2}$$

$$=-\frac{f^2(x)}{2[f'(x)]^2}+\int \frac{1}{2[f'(x)]^2}\mathrm{d}f^2(x)$$

$$=-\frac{f^2(x)}{2[f'(x)]^2}+\int \frac{f(x)}{f'(x)}\mathrm{d}x$$

于是

$$原式=\int \frac{f(x)}{f'(x)}\mathrm{d}x+\frac{f^2(x)}{2[f'(x)]^2}-\int \frac{f(x)}{f'(x)}\mathrm{d}x=\frac{f^2(x)}{2[f'(x)]^2}+C$$

点评　上面两题均是 $\int (p(x)+q(x))\mathrm{d}x$ 形式求积分,如果分成两项单独求积分很困难,若能找到 $u(x),v(x)$ 使得 $p(x)=u(x)v'(x)$,$q(x)=u'(x)v(x)$,则

$$\int (p(x)+q(x))\mathrm{d}x=\int (u(x)v'(x)+u'(x)v(x))\mathrm{d}x$$

$$=\int u(x)v'(x)\mathrm{d}x+u(x)v(x)-\int u(x)v'(x)\mathrm{d}x$$

$$=u(x)v(x)+C$$

例如在例 3.6 与例 3.7 中,分别有

$$p(x)=\frac{1}{1+x\sin x}\cdot (x)',\quad q(x)=\left(\frac{1}{1+x\sin x}\right)'\cdot x$$

$$p(x)=\frac{1}{2(f'(x))^2}\cdot (f^2(x))',\quad q(x)=\left(\frac{1}{2(f'(x))^2}\right)'\cdot f^2(x)$$

例 3.8(解放军防化学院 1992 年竞赛题)　求 $\displaystyle\int \sqrt{\frac{\mathrm{e}^x-1}{\mathrm{e}^x+1}}\mathrm{d}x$.

解析　令 $\sqrt{\dfrac{\mathrm{e}^x-1}{\mathrm{e}^x+1}}=t$,有 $x=\ln(1+t^2)-\ln(1-t^2)$,则

$$原式=\int t\mathrm{d}(\ln(1+t^2)-\ln(1-t^2))$$

$$= \int t\left(\frac{2t^2}{1+t^2} + \frac{2t}{1-t^2}\right)dt = 2\int\left(\frac{1}{1-t^2} - \frac{1}{1+t^2}\right)dt$$

$$= 2\left(\frac{1}{2}\ln\left|\frac{1+t}{1-t}\right| - \arctan t\right) + C$$

$$= \ln(e^x + \sqrt{e^{2x}-1}) - 2\arctan\sqrt{\frac{e^x-1}{e^x+1}} + C$$

例 3.9（全国 2018 年初赛题）　求 $\displaystyle\int \frac{\ln(x+\sqrt{1+x^2})}{(1+x^2)^{\frac{3}{2}}}dx$.

　　解析　如图，令 $x = \tan t$（其中 $|t| < \pi/2$），应用换元积分法与分部积分法，得

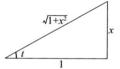

$$原式 = \int \frac{\ln(\tan t + \sec t)}{\sec^3 t}\sec^2 t\,dt = \int\ln(\tan t + \sec t)\,d\sin t$$

$$= \sin t\ln(\tan t + \sec t) - \int \sin t\,\frac{1}{\tan t + \sec t}(\sec^2 t + \sec t\tan t)\,dt$$

$$= \sin t\ln(\tan t + \sec t) - \int \frac{\sin t}{\cos t}dt = \sin t\ln(\tan t + \sec t) + \ln|\cos t| + C$$

$$= \frac{x}{\sqrt{1+x^2}}\ln(x+\sqrt{1+x^2}) - \frac{1}{2}\ln(1+x^2) + C$$

例 3.10（全国 2013 年决赛题）　计算不定积分 $\displaystyle\int x\arctan x\ln(1+x^2)\,dx$.

　　解析　令 $x\ln(1+x^2)\,dx = dv$，则

$$v = \int x\ln(1+x^2)\,dx = \frac{1}{2}\int\ln(1+x^2)\,d(1+x^2)$$

$$= \frac{1}{2}\left((1+x^2)\ln(1+x^2) - \int\frac{1+x^2}{1+x^2}dx^2\right)$$

$$= \frac{1}{2}((1+x^2)\ln(1+x^2) - x^2) + C$$

应用分部积分法，有

$$原式 = \frac{1}{2}\int\arctan x\,d((1+x^2)\ln(1+x^2) - x^2)$$

$$= \frac{1}{2}((1+x^2)\ln(1+x^2) - x^2)\arctan x - \frac{1}{2}\int\left(\ln(1+x^2) - \frac{x^2}{1+x^2}\right)dx$$

$$= \frac{1}{2}((1+x^2)\ln(1+x^2) - x^2)\arctan x - \frac{1}{2}(x\ln(1+x^2) - 3x + 3\arctan x) + C$$

$$= \frac{1}{2}((1+x^2)\ln(1+x^2) - x^2 - 3)\arctan x - \frac{1}{2}(x\ln(1+x^2) - 3x) + C$$

　　点评　若先令 $x\arctan x\,dx = dv$，求出 v 后再对原式分部积分，也可计算.

例 3.11（江苏省 2023 年竞赛题）　求不定积分 $\displaystyle\int \frac{x\arctan x}{\sqrt{1-x^2}}\mathrm{d}x$.

解析　首先由 $1-x^2>0$ 得 $|x|<1$，应用分部积分法得

$$\text{原式} =-\int \arctan x\,\mathrm{d}\sqrt{1-x^2} =-\sqrt{1-x^2}\arctan x+\int \frac{\sqrt{1-x^2}}{1+x^2}\mathrm{d}x$$

再对上式右端的积分应用换元积分法，令 $x=\sin t(|t|<\pi/2)$，则

$$\int \frac{\sqrt{1-x^2}}{1+x^2}\mathrm{d}x =\int \frac{\cos^2 t}{\cos^2 t+2\sin^2 t}\mathrm{d}t =\int \frac{1}{(1+2\tan^2 t)(1+\tan^2 t)}\mathrm{d}\tan t$$

$$=\int \frac{1}{(1+2u^2)(1+u^2)}\mathrm{d}u \quad \left(\text{其中 } u=\tan t=\frac{x}{\sqrt{1-x^2}}\right)$$

$$=\int \left(\frac{2}{1+2u^2}-\frac{1}{1+u^2}\right)\mathrm{d}u =\sqrt{2}\arctan\sqrt{2}\,u-\arctan u+C$$

$$=\sqrt{2}\arctan \frac{\sqrt{2}\,x}{\sqrt{1-x^2}}-\arcsin x+C$$

$\Rightarrow$ 　　　$\text{原式} =-\sqrt{1-x^2}\arctan x+\sqrt{2}\arctan \dfrac{\sqrt{2}\,x}{\sqrt{1-x^2}}-\arcsin x+C$

例 3.12（全国 2010 年决赛题）　已知函数 $f(x)$ 满足

$$f'(x)=\frac{1}{\sin^3 x+\cos^3 x}, \quad \text{其中 } x\in \left(\frac{1}{4},\frac{1}{2}\right)$$

求 $f(x)$.

解析　因为 $f(x)=\displaystyle\int \frac{1}{\sin^3 x+\cos^3 x}\mathrm{d}x, x\in \left(\frac{1}{4},\frac{1}{2}\right)\subset \left(0,\frac{\pi}{4}\right)$，又

$$\sin^3 x+\cos^3 x=(\sin x+\cos x)(1-\sin x\cos x)$$

$$=\frac{1}{\sqrt{2}}\cos\left(\frac{\pi}{4}-x\right)\left(1+2\sin^2\left(\frac{\pi}{4}-x\right)\right)$$

作换元积分变换，令 $\dfrac{\pi}{4}-x=t\Rightarrow 0<t<\dfrac{\pi}{4}\Rightarrow 0<\sin t<\dfrac{\sqrt{2}}{2}<\cos t<1$，则

$$f(x)=-\sqrt{2}\int \frac{1}{\cos t\cdot(1+2\sin^2 t)}\mathrm{d}t =-\sqrt{2}\int \frac{1}{(1-\sin^2 t)\cdot(1+2\sin^2 t)}\mathrm{d}\sin t$$

$$\xlongequal{\text{令 } u=\sin t}-\sqrt{2}\int \frac{1}{(1-u^2)\cdot(1+2u^2)}\mathrm{d}u =-\sqrt{2}\int \frac{2}{(2-2u^2)\cdot(1+2u^2)}\mathrm{d}u$$

$$=-\frac{\sqrt{2}}{3}\int \frac{1}{1-u^2}\mathrm{d}u-\frac{2\sqrt{2}}{3}\int \frac{1}{1+2u^2}\mathrm{d}u =-\frac{\sqrt{2}}{6}\ln\frac{1+u}{1-u}-\frac{2}{3}\arctan(\sqrt{2}\,u)+C$$

$$=-\frac{\sqrt{2}}{6}\ln\frac{1+\sin\left(\frac{\pi}{4}-x\right)}{1-\sin\left(\frac{\pi}{4}-x\right)}-\frac{2}{3}\arctan\left(\sqrt{2}\sin\left(\frac{\pi}{4}-x\right)\right)+C$$

例 3.13(北京市 1995 年竞赛题)　设 y 是由方程 $y^3(x+y)=x^3$ 所确定的隐函数,求 $\displaystyle\int\frac{1}{y^3}\mathrm{d}x$.

解析　令 $x=ty$,代入原方程有 $(1+t)y^4=t^3y^3$,从而

$$y=\frac{t^3}{1+t},x=\frac{t^4}{1+t}\Rightarrow \mathrm{d}x=\frac{t^3(3t+4)}{(1+t)^2}\mathrm{d}t$$

所以

$$\int\frac{1}{y^3}\mathrm{d}x=\int\frac{(1+t)^3}{t^9}\cdot\frac{t^3(3t+4)}{(1+t)^2}\mathrm{d}t=\int\left(\frac{3}{t^4}+\frac{7}{t^5}+\frac{4}{t^6}\right)\mathrm{d}t$$

$$=-\left(\frac{1}{t^3}+\frac{7}{4}\cdot\frac{1}{t^4}+\frac{4}{5}\cdot\frac{1}{t^5}\right)+C$$

$$=-\left(\left(\frac{y}{x}\right)^3+\frac{7}{4}\left(\frac{y}{x}\right)^4+\frac{4}{5}\left(\frac{y}{x}\right)^5\right)+C$$

例 3.14(江苏省 2018 年竞赛题)　已知

$$f(x)=\begin{cases}x\sin\dfrac{1}{x}-\dfrac{1}{2}\cos\dfrac{1}{x}&(-1\leqslant x<0\text{ 或 }0<x\leqslant1);\\0&(x=0)\end{cases}$$

(1) $f(x)$ 在区间 $[-1,1]$ 上是否连续?如果有间断点,判断其类型.

(2) $f(x)$ 在区间 $[-1,1]$ 上是否存在原函数?如果存在,写出一个原函数;如果不存在,写出理由.

(3) $f(x)$ 在区间 $[-1,1]$ 上是否可积?如果可积,求出 $\displaystyle\int_{-1}^{1}f(x)\mathrm{d}x$;如果不可积,写出理由.

解析　(1) 由于 $\displaystyle\lim_{x\to0}x\sin\frac{1}{x}=0$,$\displaystyle\lim_{x\to0}\frac{1}{2}\cos\frac{1}{x}$ 不存在,所以 $\displaystyle\lim_{x\to0}f(x)$ 不存在,因此 $f(x)$ 在 $x=0$ 处不连续,且 $x=0$ 是第二类振荡型间断点.

(2) 当 $x\neq0$ 时,由于

$$F(x)=\int\left(x\sin\frac{1}{x}-\frac{1}{2}\cos\frac{1}{x}\right)\mathrm{d}x=\int x\sin\frac{1}{x}\mathrm{d}x+\frac{1}{2}\int x^2\mathrm{d}\sin\frac{1}{x}$$

$$=\int x\sin\frac{1}{x}\mathrm{d}x+\frac{1}{2}x^2\sin\frac{1}{x}-\int x\sin\frac{1}{x}\mathrm{d}x=\frac{1}{2}x^2\sin\frac{1}{x}+C$$

取 $C=0$,并令 $F(0)=0$,则

$$F'(0)=\lim_{x\to0}\frac{F(x)-F(0)}{x}=\lim_{x\to0}\frac{1}{2}x\sin\frac{1}{x}=0$$

所以 $f(x)$ 在区间 $[-1,1]$ 上存在原函数,一个原函数为

$$F(x) = \begin{cases} \dfrac{1}{2}x^2 \sin\dfrac{1}{x} & (-1 \leqslant x < 0 \text{ 或 } 0 < x \leqslant 1); \\ 0 & (x = 0) \end{cases}$$

（3）由于 $x = 0$ 是 $f(x)$ 在 $[-1,1]$ 上的惟一间断点，又 $f(x)$ 在 $[-1,1]$ 上有界，所以 $f(x)$ 在区间 $[-1,1]$ 上可积，且

$$\int_{-1}^{1} f(x)\mathrm{d}x = F(x)\Big|_{-1}^{1} = \frac{1}{2}\sin 1 - \frac{1}{2}\sin(-1) = \sin 1$$

3.2.2　利用定积分的定义求极限（例 3.15—3.20）

例 3.15（东南大学 2018 年竞赛题）　设 n 为正整数，求极限

$$\lim_{n\to\infty} \frac{\sqrt{1} + \sqrt{2} + \cdots + \sqrt{n}}{\sqrt{1^2 + 2^2 + \cdots + n^2}}$$

解析　由于 $1^2 + 2^2 + \cdots + n^2 = \dfrac{n(n+1)(2n+1)}{6}$，所以

$$\lim_{n\to\infty} \frac{\sqrt{1} + \sqrt{2} + \cdots + \sqrt{n}}{\sqrt{1^2 + 2^2 + \cdots + n^2}} = \sqrt{6}\lim_{n\to\infty} \frac{\sqrt{1} + \sqrt{2} + \cdots + \sqrt{n}}{\sqrt{n(n+1)(2n+1)}}$$

$$= \sqrt{6}\lim_{n\to\infty} \frac{1}{\sqrt{\left(1+\dfrac{1}{n}\right)\left(2+\dfrac{1}{n}\right)}} \cdot \lim_{n\to\infty}\left(\sqrt{\dfrac{1}{n}} + \sqrt{\dfrac{2}{n}} + \cdots + \sqrt{\dfrac{n}{n}}\right) \cdot \frac{1}{n}$$

$$= \sqrt{3}\int_0^1 \sqrt{x}\,\mathrm{d}x = \sqrt{3}\cdot\frac{2}{3}x^{\frac{3}{2}}\Big|_0^1 = \frac{2}{3}\sqrt{3}$$

例 3.16（浙江省 2007 年竞赛题）　设

$$u_n = 1 + \frac{1}{2} - \frac{2}{3} + \frac{1}{4} + \frac{1}{5} - \frac{2}{6} + \cdots + \frac{1}{3n-2} + \frac{1}{3n-1} - \frac{2}{3n}$$

$$v_n = \frac{1}{n+1} + \frac{1}{n+2} + \cdots + \frac{1}{3n}$$

求：（1）$\dfrac{u_{10}}{v_{10}}$；（2）$\lim\limits_{n\to\infty} u_n$.

解析　$u_n = \sum\limits_{i=1}^{n}\left(\dfrac{1}{3i-2} + \dfrac{1}{3i-1} - \dfrac{2}{3i}\right) = \sum\limits_{i=1}^{n}\left(\dfrac{1}{3i-2} + \dfrac{1}{3i-1} + \dfrac{1}{3i} - \dfrac{3}{3i}\right)$

$$= \sum_{i=1}^{n}\left(\frac{1}{3i-2} + \frac{1}{3i-1} + \frac{1}{3i}\right) - \sum_{i=1}^{n}\frac{1}{i} = \sum_{i=1}^{2n}\frac{1}{i+n}$$

（1）由于 $v_n = \sum\limits_{i=1}^{2n}\dfrac{1}{n+i}$，所以 $\dfrac{u_{10}}{v_{10}} = 1$.

（2）由于 $u_n = \sum\limits_{i=1}^{2n} \dfrac{1}{i+n} = \sum\limits_{i=1}^{2n} \dfrac{1}{1+\frac{i}{n}} \cdot \dfrac{1}{n}$，将区间 $[0,2]$ 等分为 $2n$ 个小区间，

应用定积分的定义得

$$\lim_{n\to\infty} u_n = \int_0^2 \frac{1}{1+x} \mathrm{d}x = \ln 3$$

例 3.17（全国 2020 年决赛题）　求极限 $\lim\limits_{n\to\infty} \sqrt{n}\Big(1 - \sum\limits_{k=1}^{n} \dfrac{1}{n+\sqrt{k}}\Big)$.

解析　记 $a_n = \sqrt{n}\Big(1 - \sum\limits_{k=1}^{n} \dfrac{1}{n+\sqrt{k}}\Big)$，则

$$a_n = \sum_{k=1}^{n}\Big(\frac{1}{\sqrt{n}} - \frac{\sqrt{n}}{n+\sqrt{k}}\Big) = \sum_{k=1}^{n}\Big(\frac{\sqrt{k}}{\sqrt{n}(n+\sqrt{k})}\Big) = \sum_{k=1}^{n}\sqrt{\frac{k}{n}} \cdot \frac{1}{n+\sqrt{k}}$$

$\Rightarrow\qquad \dfrac{n}{n+\sqrt{n}}\Big(\sum\limits_{k=1}^{n}\sqrt{\dfrac{k}{n}} \cdot \dfrac{1}{n}\Big) \leqslant a_n \leqslant \sum\limits_{k=1}^{n}\sqrt{\dfrac{k}{n}} \cdot \dfrac{1}{n}$ $\qquad$（＊）

由定积分的定义得 $\lim\limits_{n\to\infty}\sum\limits_{k=1}^{n}\sqrt{\dfrac{k}{n}} \cdot \dfrac{1}{n} = \int_0^1 \sqrt{x}\,\mathrm{d}x = \dfrac{2}{3}x^{\frac{3}{2}}\Big|_0^1 = \dfrac{2}{3}$，又 $\lim\limits_{n\to\infty}\dfrac{n}{n+\sqrt{n}} = 1$，

再对（＊）式利用夹逼准则，即得原式 $= \lim\limits_{n\to\infty} a_n = \dfrac{2}{3}$.

例 3.18（江苏省 1996 年竞赛题）　设

$$f(x) = \begin{cases} \lim\limits_{n\to\infty}\dfrac{1}{n}\Big(1 + \cos\dfrac{x}{n} + \cos\dfrac{2x}{n} + \cdots + \cos\dfrac{n-1}{n}x\Big), & x > 0, \\[3mm] \lim\limits_{n\to\infty}\Big[1 + \dfrac{1}{n!}\Big(\int_0^1 \sqrt{x^5+x^3+1}\,\mathrm{d}x\Big)^n\Big], & x = 0, \\[3mm] f(-x), & x < 0, \end{cases}$$

（1）讨论 $f(x)$ 在 $x=0$ 的可导性；

（2）求函数 $f(x)$ 在 $[-\pi,\pi]$ 上的最大值.

解析　（1）当 $x>0$ 时，将区间 $[0,x]$ 等分为 n 个小区间，则

$$f(x) = \frac{1}{x}\lim_{n\to\infty}\Big[\Big(\sum_{k=0}^{n-1}\cos\frac{k}{n}x\Big) \cdot \frac{x}{n}\Big] = \frac{1}{x}\int_0^x \cos x\,\mathrm{d}x$$

$$= \frac{1}{x}\sin x\Big|_0^x = \frac{\sin x}{x}$$

当 $x=0$ 时

$$f(0) = 1 + \lim_{n\to\infty}\frac{1}{n!}\Big(\int_0^1 \sqrt{x^5+x^3+1}\,\mathrm{d}x\Big)^n$$

记 $\int_0^1 \sqrt{x^5 + x^3 + 1}\,\mathrm{d}x = a$，显然 $1 < a < \sqrt{3}$，所以 $\dfrac{1}{n!} < \dfrac{a^n}{n!} < \dfrac{(\sqrt{3})^n}{n!}$. 因 $\lim\limits_{n \to \infty} \dfrac{1}{n!} = 0$，又 $n > 3$ 时

$$0 < \frac{(\sqrt{3})^n}{n!} = \frac{\sqrt{3}}{1} \cdot \frac{\sqrt{3}}{2} \cdot \frac{\sqrt{3}}{3} \cdot \cdots \cdot \frac{\sqrt{3}}{n-1} \cdot \frac{\sqrt{3}}{n} < \frac{\sqrt{3}}{1} \cdot 1 \cdot 1 \cdot \cdots \cdot 1 \cdot \frac{\sqrt{3}}{n}$$

$$= \frac{3}{n} \to 0 \quad (n \to \infty)$$

应用夹逼准则得 $\lim\limits_{n \to \infty} \dfrac{(\sqrt{3})^n}{n!} = 0$，再应用夹逼准则得 $\lim\limits_{n \to \infty} \dfrac{a^n}{n!} = 0$，即

$$\lim_{n \to \infty} \frac{1}{n!} \left(\int_0^1 \sqrt{x^5 + x^3 + 1}\,\mathrm{d}x \right)^n = 0$$

所以 $f(0) = 1$. 当 $x < 0$ 时 $f(x) = f(-x) = \dfrac{\sin(-x)}{-x} = \dfrac{\sin x}{x}$. 故

$$f'(0) = \lim_{x \to 0} \frac{f(x) - f(0)}{x} = \lim_{x \to 0} \frac{\dfrac{\sin x}{x} - 1}{x} = \lim_{x \to 0} \frac{\sin x - x}{x^2}$$

$$= \lim_{x \to 0} \frac{\cos x - 1}{2x} = \lim_{x \to 0} \frac{-\sin x}{2} = 0$$

(2) $0 < x \leqslant \pi$ 时，$f'(x) = \dfrac{x\cos x - \sin x}{x^2}$. 令 $g(x) = x\cos x - \sin x$，则 $g'(x) = -x\sin x \leqslant 0$，且仅当 $x = \pi$ 时 $g'(x) = 0$，所以 $g(x)$ 严格单调减少，$g(x) < g(0) = 0$，所以 $f'(x) < 0$，$f(x)$ 严格单调减少. 又 $f(x)$ 为偶函数，故 $-\pi \leqslant x < 0$ 时 $f(x)$ 严格单调增加. 因此，$f(x)$ 在 $[-\pi, \pi]$ 上的最大值为 $f(0) = 1$.

例 3.19（全国 2016 年初赛题、北京市 1997 年竞赛题）　设函数 $f(x)$ 在 $[a,b]$ 上具有连续导数，证明：

$$\lim_{n \to \infty} n \left[\int_a^b f(x)\,\mathrm{d}x - \frac{b-a}{n} \sum_{k=1}^n f\left(a + \frac{k(b-a)}{n} \right) \right] = \frac{b-a}{2}\left[f(a) - f(b) \right]$$

解析　将 $[a,b]$ 等分为 n 个小区间，记 $h = \dfrac{b-a}{n}$，$x_k = a + kh\,(k = 0,1,\cdots,n)$，则

$$I = \lim_{n \to \infty} n \left[\int_a^b f(x)\,\mathrm{d}x - \frac{b-a}{n} \sum_{k=1}^n f\left(a + \frac{k(b-a)}{n} \right) \right]$$

$$= \lim_{n \to \infty} n \sum_{k=1}^n \int_{x_{k-1}}^{x_k} (f(x) - f(x_k))\,\mathrm{d}x$$

对 $x \in [x_{k-1}, x_k]$，在区间 $[x, x_k]$ 上应用拉格朗日中值定理，必 $\exists \xi_k(x) \in (x, x_k)$，

使得

$$f(x) - f(x_k) = f'(\xi_k(x))(x - x_k) \quad (k = 1, 2, \cdots, n)$$

$$\Rightarrow \qquad I = -\lim_{n \to \infty} n \sum_{k=1}^{n} \int_{x_{k-1}}^{x_k} f'(\xi_k(x))(x_k - x)\mathrm{d}x$$

由于 $f'(x)$ 在区间 $[x_{k-1}, x_k]$ 上连续,应用最值定理,$f'(x)$ 在 $[x_{k-1}, x_k]$ 上必存在最大值 M_k 与最小值 m_k,即 $m_k \leqslant f'(x) \leqslant M_k (k = 1, 2, \cdots, n)$,于是

$$\int_{x_{k-1}}^{x_k} f'(\xi_k(x))(x_k - x)\mathrm{d}x \leqslant M_k \int_{x_{k-1}}^{x_k} (x_k - x)\mathrm{d}x$$

$$= -\frac{1}{2} M_k (x_k - x)^2 \Big|_{x_{k-1}}^{x_k} = \frac{1}{2} M_k h^2$$

$$\int_{x_{k-1}}^{x_k} f'(\xi_k(x))(x_k - x)\mathrm{d}x \geqslant m_k \int_{x_{k-1}}^{x_k} (x_k - x)\mathrm{d}x$$

$$= -\frac{1}{2} m_k (x_k - x)^2 \Big|_{x_{k-1}}^{x_k} = \frac{1}{2} m_k h^2$$

即

$$m_k \leqslant \frac{2}{h^2} \int_{x_{k-1}}^{x_k} f'(\xi_k(x))(x_k - x)\mathrm{d}x \leqslant M_k$$

再应用介值定理,必 $\exists \eta_k \in [x_{k-1}, x_k] (k = 1, 2, \cdots, n)$,使得

$$\frac{2}{h^2} \int_{x_{k-1}}^{x_k} f'(\xi_k(x))(x_k - x)\mathrm{d}x = f'(\eta_k) \Leftrightarrow \int_{x_{k-1}}^{x_k} f'(\xi_k(x))(x_k - x)\mathrm{d}x = \frac{h^2}{2} f'(\eta_k)$$

即

$$I = -\lim_{n \to \infty} n \sum_{k=1}^{n} \frac{h^2}{2} f'(\eta_k) = -\frac{1}{2}(b - a) \lim_{n \to \infty} \sum_{k=1}^{n} f'(\eta_k) h$$

由于 $f'(x)$ 在 $[a, b]$ 上可积,应用定积分的定义,即得

$$I = -\frac{1}{2}(b - a) \lim_{n \to \infty} \sum_{k=1}^{n} f'(\eta_k) h = -\frac{1}{2}(b - a) \int_a^b f'(x)\mathrm{d}x$$

$$= \frac{1}{2}(b - a)(f(a) - f(b))$$

例 3.20(东南大学 2012 年竞赛题)　已知函数 $f(x)$ 在区间 $[a, b]$ 上有二阶连续导数,记 $B_n = \int_a^b f(x)\mathrm{d}x - \frac{b - a}{n} \sum_{i=1}^{n} f\left(a + (2i - 1)\frac{b - a}{2n}\right)$,试证:

$$\lim_{n \to \infty} n^2 B_n = \frac{(b - a)^2}{24}(f'(b) - f'(a))$$

解析　将区间 $[a, b]$ 等分为 n 个小区间,记

$$h = \frac{b - a}{n}, \quad x_k = a + kh, \quad \xi_k = a + \left(k - \frac{1}{2}\right)h \quad (k = 0, 1, 2, \cdots, n)$$

这里 ξ_k 是 $[x_{k-1}, x_k]$ 的中点,则 $B_n = \sum\limits_{k=1}^{n} \int_{x_{k-1}}^{x_k} (f(x) - f(\xi_k)) \mathrm{d}x$. 在每个 $[x_{k-1}, x_k]$ 上,将 $f(x)$ 在点 ξ_k 展开为一阶泰勒公式,则在 x 与 ξ_k 之间必存在 η_k,使得

$$f(x) = f(\xi_k) + f'(\xi_k)(x - \xi_k) + \frac{1}{2} f''(\eta_k)(x - \xi_k)^2$$

$$\Rightarrow \qquad B_n = \sum_{k=1}^{n} \int_{x_{k-1}}^{x_k} \left(f'(\xi_k)(x - \xi_k) + \frac{1}{2} f''(\eta_k)(x - \xi_k)^2 \right) \mathrm{d}x$$

$$= \frac{1}{2} \sum_{k=1}^{n} f'(\xi_k)(x - \xi_k)^2 \Big|_{x_{k-1}}^{x_k} + \frac{1}{2} \sum_{k=1}^{n} \int_{x_{k-1}}^{x_k} f''(\eta_k)(x - \xi_k)^2 \mathrm{d}x$$

$$= \frac{1}{2} \sum_{k=1}^{n} \int_{x_{k-1}}^{x_k} f''(\eta_k)(x - \xi_k)^2 \mathrm{d}x$$

因为 $f''(x)$ 在闭区间 $[x_{k-1}, x_k]$ 上连续,应用最值定理,必存在

$$M_k = \max_{x_{k-1} \leqslant x \leqslant x_k} f''(x), \quad m_k = \min_{x_{k-1} \leqslant x \leqslant x_k} f''(x) \quad (k = 1, 2, \cdots, n)$$

于是

$$m_k \int_{x_{k-1}}^{x_k} (x - \xi_k)^2 \mathrm{d}x \leqslant \int_{x_{k-1}}^{x_k} f''(\eta_k)(x - \xi_k)^2 \mathrm{d}x \leqslant M_k \int_{x_{k-1}}^{x_k} (x - \xi_k)^2 \mathrm{d}x$$

又由于 $\int_{x_{k-1}}^{x_k} (x - \xi_k)^2 \mathrm{d}x = \frac{1}{3}(x - \xi_k)^3 \Big|_{x_{k-1}}^{x_k} = \frac{1}{12} h^3$,所以上式可化为

$$m_k \leqslant \frac{12}{h^3} \int_{x_{k-1}}^{x_k} f''(\eta_k)(x - \xi_k)^2 \mathrm{d}x \leqslant M_k$$

再应用介值定理,必存在 $\zeta_k \in [x_{k-1}, x_k] (k = 1, 2, \cdots, n)$,使得

$$\frac{12}{h^3} \int_{x_{k-1}}^{x_k} f''(\eta_k)(x - \xi_k)^2 \mathrm{d}x = f''(\zeta_k) \Leftrightarrow \int_{x_{k-1}}^{x_k} f''(\eta_k)(x - \xi_k)^2 \mathrm{d}x = \frac{(b-a)^3}{12n^3} f''(\zeta_k)$$

由于 $f''(x)$ 在 $[a, b]$ 上可积,应用定积分的定义即得

$$\lim_{n \to \infty} n^2 B_n = \frac{1}{2} \lim_{n \to \infty} n^2 \sum_{k=1}^{n} \int_{x_{k-1}}^{x_k} f''(\eta_k)(x - \xi_k)^2 \mathrm{d}x$$

$$= \frac{(b-a)^2}{24} \lim_{n \to \infty} \sum_{k=1}^{n} f''(\zeta_k) \frac{b-a}{n} = \frac{(b-a)^2}{24} \int_a^b f''(x) \mathrm{d}x$$

$$= \frac{(b-a)^2}{24} f'(x) \Big|_a^b = \frac{(b-a)^2}{24} (f'(b) - f'(a))$$

3.2.3 利用定积分的性质解题(例 3.21—3.26)

例 3.21(北京市 1992 年竞赛题) 设函数 $f(x)$ 在 $[0, \pi]$ 上连续,在 $(0, \pi)$ 内可导,且

$$\int_0^\pi f(x) \cos x \mathrm{d}x = \int_0^\pi f(x) \sin x \mathrm{d}x = 0$$

求证:$\exists \xi \in (0, \pi)$,使得 $f'(\xi) = 0$.

解析　当 $x \in (0,\pi)$ 时,可知 $\sin x > 0$. 如果 $\forall x \in (0,\pi)$,有 $f(x) > 0 (< 0)$,则 $\int_0^\pi f(x) \sin x \mathrm{d}x > 0 (< 0)$. 而已知 $\int_0^\pi f(x) \sin x \mathrm{d}x = 0$,故在 $(0,\pi)$ 内 $f(x)$ 不可能恒正或恒负,即 $f(x)$ 在 $(0,\pi)$ 内必有零点.

假设 $f(x)$ 在 $(0,\pi)$ 内有惟一零点 x_0,则在 $(0,x_0)$ 及 (x_0,π) 上 $f(x)$ 异号. 不妨设 $0 < x < x_0$ 时 $f(x) > 0, x_0 < x < \pi$ 时 $f(x) < 0$,则

$$\int_0^\pi f(x) \sin(x - x_0) \mathrm{d}x = \int_0^{x_0} f(x) \sin(x - x_0) \mathrm{d}x + \int_{x_0}^\pi f(x) \sin(x - x_0) \mathrm{d}x < 0$$

但由已知条件有

$$\int_0^\pi f(x) \sin(x - x_0) \mathrm{d}x = \int_0^\pi f(x) \sin x \cos x_0 \mathrm{d}x - \int_0^\pi f(x) \cos x \sin x_0 \mathrm{d}x = 0$$

导出矛盾,故 $f(x)$ 在 $(0,\pi)$ 内至少存在两个零点 $x_1, x_2 (x_1 < x_2)$. 在区间 $[x_1, x_2]$ 上应用罗尔定理,$\exists \xi \in (x_1, x_2) \subset (0,\pi)$,使 $f'(\xi) = 0$.

例 3.22(浙江省 2009 年竞赛题)　设函数 f 满足 $f''(x) > 0, \int_0^1 f(x) \mathrm{d}x = 0$,证明:$\forall x \in [0,1]$, $|f(x)| \leqslant \max\{f(0), f(1)\}$.

解析　记 $\max\{f(0), f(1)\} = d$. 因 $f''(x) > 0$,故曲线 $y = f(x) (0 \leqslant x \leqslant 1)$ 是凹的,因此 $\forall x_0 \in (0,1)$,有

$$f(x_0) = f((1 - x_0) \cdot 0 + x_0 \cdot 1) \leqslant (1 - x_0) f(0) + x_0 f(1)$$
$$\leqslant (1 - x_0) d + x_0 d = d$$

设顺次连接点 $(0, f(0)), (x_0, f(x_0)), (1, f(1))$ 的折线方程为 $y = g(x)$,则由曲线 $y = f(x)$ 的凹性可得 $f(x) \leqslant g(x) (0 \leqslant x \leqslant 1)$,再应用定积分的保号性与线性函数的积分性质,得

$$0 = \int_0^1 f(x) \mathrm{d}x \leqslant \int_0^1 g(x) \mathrm{d}x = \int_0^{x_0} g(x) \mathrm{d}x + \int_{x_0}^1 g(x) \mathrm{d}x$$

$$= \frac{1}{2} [f(0) + f(x_0)] x_0 + \frac{1}{2} [f(x_0) + f(1)](1 - x_0)$$

$$= \frac{1}{2} f(x_0) + \frac{1}{2} [f(0) x_0 + f(1)(1 - x_0)]$$

$$\leqslant \frac{1}{2} f(x_0) + \frac{1}{2} [d x_0 + d(1 - x_0)]$$

$$= \frac{1}{2} (f(x_0) + d) \quad \Rightarrow \quad f(x_0) \geqslant -d$$

由 x_0 在 $(0,1)$ 上的任意性得:$\forall x \in (0,1)$,有 $-d \leqslant f(x) \leqslant d$. 又因为 $f(x)$ 在 $x = 0$ 与 $x = 1$ 处皆连续,应用极限的保号性得 $-d \leqslant f(0) \leqslant d, -d \leqslant f(1) \leqslant d$. 于是 $\forall x \in [0,1]$,有

$$|f(x)| \leqslant d = \max\{f(0), f(1)\}$$

例 3.23（全国 2012 年决赛题） 证明：$\lim\limits_{n\to\infty}\int_0^1\dfrac{n}{n^2x^2+1}\mathrm{e}^{x^2}\mathrm{d}x=\dfrac{\pi}{2}$.

解析 对函数 $f(x)=\mathrm{e}^{x^2}$ 在区间 $[0,x](0\leqslant x\leqslant 1)$ 上应用拉格朗日中值定理，必 $\exists\xi\in(0,x)$，使得 $f(x)-f(0)=f'(\xi)x$，即

$$\mathrm{e}^{x^2}-1=2\xi\mathrm{e}^{\xi^2}x\Rightarrow 1\leqslant\mathrm{e}^{x^2}=1+2\xi\mathrm{e}^{\xi^2}x\leqslant 1+2\mathrm{e}x$$

于是

$$\frac{n}{n^2x^2+1}\leqslant\frac{n}{n^2x^2+1}\mathrm{e}^{x^2}\leqslant\frac{n}{n^2x^2+1}+\frac{2\mathrm{e}nx}{n^2x^2+1}$$

应用定积分的保号性，有

$$\int_0^1\frac{n}{n^2x^2+1}\mathrm{e}^{x^2}\mathrm{d}x\geqslant\int_0^1\frac{n}{n^2x^2+1}\mathrm{d}x=\arctan nx\,\Big|_0^1=\arctan n$$

$$\int_0^1\frac{n}{n^2x^2+1}\mathrm{e}^{x^2}\mathrm{d}x\leqslant\int_0^1\left(\frac{n}{n^2x^2+1}+\frac{2\mathrm{e}nx}{n^2x^2+1}\right)\mathrm{d}x$$

$$=\arctan nx\,\Big|_0^1+\frac{\mathrm{e}}{n}\ln(1+n^2x^2)\,\Big|_0^1$$

$$=\arctan n+\frac{\mathrm{e}}{n}\ln(1+n^2)$$

由于

$$\lim_{n\to\infty}\arctan n=\frac{\pi}{2},\qquad\lim_{n\to\infty}\left(\arctan n+\frac{\mathrm{e}}{n}\ln(1+n^2)\right)=\frac{\pi}{2}+0=\frac{\pi}{2}$$

再应用夹逼准则，得 $\lim\limits_{n\to\infty}\int_0^1\dfrac{n}{n^2x^2+1}\mathrm{e}^{x^2}\mathrm{d}x=\dfrac{\pi}{2}$

例 3.24（江苏省 2019 年竞赛题） 设 $f(t)=t|\sin t|$，求：

(1) $\displaystyle\int_0^{2\pi}f(t)\mathrm{d}t$； (2) $\displaystyle\lim_{x\to+\infty}\frac{\displaystyle\int_0^x f(t)\mathrm{d}t}{x^2}$.

解析 （1）由于

$$\int t\sin t\,\mathrm{d}t=-\int t\mathrm{d}\cos t=-t\cos t+\int\cos t\,\mathrm{d}t=\sin t-t\cos t+C$$

应用定积分的可加性与 N-L 公式，得

$$\int_0^{2\pi}f(t)\mathrm{d}t=\int_0^{2\pi}t|\sin t|\,\mathrm{d}t=\int_0^{\pi}t\sin t\,\mathrm{d}t-\int_{\pi}^{2\pi}t\sin t\,\mathrm{d}t$$

$$=(\sin t-t\cos t)\,\Big|_0^{\pi}-(\sin t-t\cos t)\,\Big|_{\pi}^{2\pi}=4\pi$$

（2）任取正整数 N，应用定积分的可加性与 N-L 公式得

$$\int_0^{N\pi} f(t)\mathrm{d}t = \int_0^{N\pi} t\,|\sin t|\,\mathrm{d}t = \sum_{k=1}^{N} \int_{(k-1)\pi}^{k\pi} t\,|\sin t|\,\mathrm{d}t$$

$$= \sum_{k=1}^{N} (-1)^{k-1} \int_{(k-1)\pi}^{k\pi} t\sin t\,\mathrm{d}t$$

$$= \sum_{k=1}^{N} (-1)^{k-1} (\sin t - t\cos t)\Big|_{(k-1)\pi}^{k\pi}$$

$$= \sum_{k=1}^{N} (-1)^{k-1}\big[-(-1)^k k\pi + (-1)^{k-1}(k-1)\pi\big]$$

$$= \sum_{k=1}^{N} (2k-1)\pi = N^2\pi$$

设 $n\pi \leqslant x < (n+1)\pi(n=0,1,2,\cdots)$,分别取 $N=n$ 与 $N=n+1$,由上式得

$$\int_0^{n\pi} t\,|\sin t|\,\mathrm{d}t = n^2\pi, \quad \int_0^{(n+1)\pi} t\,|\sin t|\,\mathrm{d}t = (n+1)^2\pi$$

$$\Rightarrow \quad \frac{n^2\pi}{(n+1)^2\pi^2} = \frac{\int_0^{n\pi} t\,|\sin t|\,\mathrm{d}t}{(n+1)^2\pi^2} \leqslant \frac{\int_0^x t\,|\sin t|\,\mathrm{d}t}{x^2} \leqslant \frac{\int_0^{(n+1)\pi} t\,|\sin t|\,\mathrm{d}t}{n^2\pi^2} = \frac{(n+1)^2\pi}{n^2\pi^2}$$

又 $\lim\limits_{n\to\infty} \dfrac{n^2\pi}{(n+1)^2\pi^2} = \lim\limits_{n\to\infty} \dfrac{(n+1)^2\pi}{n^2\pi^2} = \dfrac{1}{\pi}$,应用夹逼准则,即得 $\lim\limits_{x\to+\infty} \dfrac{\int_0^x f(t)\mathrm{d}t}{x^2} = \dfrac{1}{\pi}$.

例 3.25(湖南大学 2021 年竞赛题)　设函数 $f(x),g(x)$ 在闭区间 $[a,b]$ 上连续,且 $f(x)\geqslant 0,g(x)>0$,证明:$\lim\limits_{n\to\infty} \sqrt[n]{\int_a^b (f(x))^n g(x)\mathrm{d}x} = \max\limits_{a\leqslant x\leqslant b} f(x)$.

解析　因 $f(x)$ 在闭区间 $[a,b]$ 上连续,应用最值定理,存在 $x_0\in[a,b]$,使得 $f(x_0) = \max\limits_{a\leqslant x\leqslant b} f(x)$.当 $f(x_0)=0$ 时 $f(x)\equiv 0$,原式显然成立.下面设 $f(x_0)>0$. 显然有

$$\sqrt[n]{\int_a^b (f(x))^n g(x)\mathrm{d}x} \leqslant \sqrt[n]{\int_a^b (f(x_0))^n g(x)\mathrm{d}x} = f(x_0)\sqrt[n]{\int_a^b g(x)\mathrm{d}x}$$

又因为 $f(x)$ 在 x_0 处连续,故 $\forall \varepsilon>0$(不妨设 $\varepsilon < f(x_0)$),存在 $[\alpha,\beta]\subset[a,b]$,使得 $x\in[\alpha,\beta]$ 时恒有 $f(x)>f(x_0)-\varepsilon>0$,应用积分的保号性得

$$\sqrt[n]{\int_a^b (f(x))^n g(x)\mathrm{d}x} \geqslant \sqrt[n]{\int_\alpha^\beta (f(x_0)-\varepsilon)^n g(x)\mathrm{d}x} = (f(x_0)-\varepsilon)\sqrt[n]{\int_\alpha^\beta g(x)\mathrm{d}x}$$

由于 $g(x)>0$,且 $g(x)\in \mathscr{C}[a,b]$,所以 $\int_a^b g(x)\mathrm{d}x = A>0$,$\int_\alpha^\beta g(x)\mathrm{d}x = B>0$, 于是

$$\lim_{n\to\infty} \sqrt[n]{\int_a^b g(x)\mathrm{d}x} = A^0 = 1, \quad \lim_{n\to\infty} \sqrt[n]{\int_\alpha^\beta g(x)\mathrm{d}x} = B^0 = 1$$

$$\Rightarrow \quad f(x_0)-\varepsilon \leqslant \lim_{n\to\infty} \sqrt[n]{\int_a^b (f(x))^n g(x)\mathrm{d}x} \leqslant f(x_0)$$

再由 $\varepsilon > 0$ 的任意性,即得

$$\lim_{n\to\infty}\sqrt[n]{\int_a^b (f(x))^n g(x)\mathrm{d}x} = f(x_0) = \max_{a\leqslant x\leqslant b}f(x)$$

例 3.26(北京市 1988 年竞赛题)　求 $\displaystyle\lim_{\substack{m\to+\infty \\ n\to+\infty}}\sum_{i=1}^{m}\sum_{j=1}^{n}\frac{(-1)^{i+j}}{i+j}$.

解析　记 $S = \displaystyle\sum_{i=1}^{m}\sum_{j=1}^{n}\frac{(-1)^{i+j}}{i+j}$,由于

$$\int_{-1}^{0}x^{i+j-1}\mathrm{d}x = \frac{x^{i+j}}{i+j}\Big|_{-1}^{0} = -\frac{(-1)^{i+j}}{i+j}$$

$\Rightarrow$
$$S = -\sum_{i=1}^{m}\sum_{j=1}^{n}\int_{-1}^{0}x^{i+j-1}\mathrm{d}x = -\sum_{i=1}^{m}\int_{-1}^{0}(x^i + x^{i+1} + \cdots + x^{i+n-1})\mathrm{d}x$$

$$= -\sum_{i=1}^{m}\int_{-1}^{0}\frac{x^i - x^{i+n}}{1-x}\mathrm{d}x$$

$$= \int_{-1}^{0}\frac{x^{1+n} + x^{2+n} + \cdots + x^{m+n}}{1-x}\mathrm{d}x - \int_{-1}^{0}\frac{x^1 + x^2 + \cdots + x^m}{1-x}\mathrm{d}x$$

$$= \int_{-1}^{0}\frac{x^{1+n} - x^{m+n+1}}{(1-x)^2}\mathrm{d}x - \int_{-1}^{0}\frac{x - x^{m+1}}{(1-x)^2}\mathrm{d}x$$

$$= -\int_{-1}^{0}\frac{x}{(1-x)^2}\mathrm{d}x + \int_{-1}^{0}\frac{x^{m+1} + x^{1+n} - x^{m+n+1}}{(1-x)^2}\mathrm{d}x$$

再设 $k\in\mathbf{N}^*$,令 $x=-t$,作积分换元变换得

$$\int_{-1}^{0}\frac{x^k}{(1-x)^2}\mathrm{d}x = (-1)^k\int_{0}^{1}\frac{t^k}{(1+t)^2}\mathrm{d}t$$

因此

$$0\leqslant\left|\int_{-1}^{0}\frac{x^k}{(1-x)^2}\mathrm{d}x\right| = \int_{0}^{1}\frac{t^k}{(1+t)^2}\mathrm{d}t \leqslant \int_{0}^{1}t^k\mathrm{d}t = \frac{1}{k+1}\to 0\quad(k\to+\infty)$$

则应用夹逼准则得 $\displaystyle\int_{-1}^{0}\frac{x^k}{(1-x)^2}\mathrm{d}x\to 0(k\to+\infty)$,所以

$$\lim_{\substack{m\to+\infty \\ n\to+\infty}}\int_{-1}^{0}\frac{x^{m+1} + x^{1+n} - x^{m+n+1}}{(1-x)^2}\mathrm{d}x = 0$$

于是

$$原式 = \lim_{\substack{m\to+\infty \\ n\to+\infty}}S = -\int_{-1}^{0}\frac{x}{(1-x)^2}\mathrm{d}x = \int_{-1}^{0}\frac{1}{1-x}\mathrm{d}x - \int_{-1}^{0}\frac{1}{(1-x)^2}\mathrm{d}x$$

$$= -\left(\ln(1-x) + \frac{1}{1-x}\right)\Big|_{-1}^{0} = \ln 2 - \frac{1}{2}$$

3.2.4　应用积分中值定理解题(例 3.27—3.30)

例 3.27(全国 2020 年决赛题)　设函数 $f(x)$ 在闭区间 $[0,1]$ 上具有连续导数,且 $\displaystyle\int_{0}^{1}f(x)\mathrm{d}x = \frac{5}{2}$,$\displaystyle\int_{0}^{1}xf(x)\mathrm{d}x = \frac{3}{2}$,证明:存在 $\xi\in(0,1)$,使得 $f'(\xi) = 3$.

解析 **方法 1** 令 $F(x)=x(1-x)(f'(x)-3)$，则 $F\in\mathscr{C}[0,1]$，应用分部积分法，得

$$\int_0^1 F(x)\mathrm{d}x=\int_0^1 x(1-x)(f'(x)-3)\mathrm{d}x=\int_0^1 x(1-x)\mathrm{d}(f(x)-3x)$$

$$=x(1-x)(f(x)-3x)\Big|_0^1-\int_0^1(f(x)-3x)(1-2x)\mathrm{d}x$$

$$=0-\int_0^1 f(x)\mathrm{d}x+2\int_0^1 xf(x)\mathrm{d}x+3\int_0^1 x(1-2x)\mathrm{d}x$$

$$=-\frac{5}{2}+3-\frac{1}{2}=0$$

又应用积分中值定理，必存在 $\xi\in(0,1)$，使得

$$\int_0^1 F(x)\mathrm{d}x=F(\xi)(1-0)=\xi(1-\xi)(f'(\xi)-3)$$

于是 $\xi(1-\xi)(f'(\xi)-3)=0$，由于 $\xi\neq 0,\xi\neq 1$，所以 $f'(\xi)=3(\xi\in(0,1))$.

方法 2 令 $F(x)=\int_0^x x(1-x)(f'(x)-3)\mathrm{d}x$，则 $F(x)$ 在 $[0,1]$ 上连续，在 $(0,1)$ 内可导，$F'(x)=x(1-x)(f'(x)-3)$.应用分部积分法，得

$$F(1)=\int_0^1 x(1-x)(f'(x)-3)\mathrm{d}x=0\quad\text{（计算过程同方法 1，这里从略）}$$

又 $F(0)=0$，应用罗尔定理，必存在 $\xi\in(0,1)$，使得

$$F'(\xi)=\xi(1-\xi)(f'(\xi)-3)=0$$

由于 $\xi\neq 0,\xi\neq 1$，所以 $f'(\xi)=3$.

例 3.28（同济大学 2013 年竞赛题） 已知函数 $f(x)$ 在区间 $[a,b]$ 上连续，如果

$$\int_a^b x^k f(x)\mathrm{d}x=0,\quad\text{其中 }k=0,1,2,\cdots,n$$

证明：$f(x)$ 在 (a,b) 内至少有 $n+1$ 个互不相等的零点.

解析 因为 $f(x)$ 在区间 $[a,b]$ 上连续，应用积分中值定理，必存在 $c\in(a,b)$ 使得 $\int_a^b f(x)\mathrm{d}x=f(c)(b-a)=0$，于是 $f(x)$ 在 (a,b) 内至少有一个零点. 现假设 $f(x)$ 在 (a,b) 内只有 m 个互不相等的零点：

$$a<x_1<x_2<\cdots<x_m<b\quad(2\leqslant m\leqslant n)$$

则

$$f(x)=(x-x_1)^{\alpha_1}(x-x_2)^{\alpha_2}\cdots(x-x_m)^{\alpha_m}g(x)$$

其中 $\alpha_i\in\mathbf{N}^*(i=1,2,\cdots,m)$，$g(x)\in\mathscr{C}[a,b]$ 且 $g(x)$ 在 (a,b) 内没有零点. 作多项式函数

$$p_m(x)=(x-x_1)^{k_1}(x-x_2)^{k_2}\cdots(x-x_m)^{k_m}$$

其中 $k_i(i=1,2,\cdots,m)$ 取值为：当 α_i 为奇数时，$k_i=1$；当 α_i 为偶数时，$k_i=0$. 因为 $p_m(x)$ 是次数不超过 $m(m\leqslant n)$ 次的多项式，由已知条件得 $\int_a^b p_m(x)f(x)\mathrm{d}x=0$.

另一方面,由于

$$p_m(x)f(x) = (x-x_1)^{a_1+k_1}(x-x_2)^{a_2+k_2}\cdots(x-x_m)^{a_m+k_m}g(x)$$

在区间 $[a,b]$ 上不变号,所以 $\int_a^b p_m(x)f(x)\mathrm{d}x \neq 0$,从而导出矛盾.

于是 $f(x)$ 在 (a,b) 内至少有 $n+1$ 个互不相等的零点.

例 3.29(江苏省 2004 年竞赛题) 设函数 $f(x)$ 在 $[a,b]$ 上连续,在 (a,b) 内可导,且有 $f(a)=a$,$\int_a^b f(x)\mathrm{d}x = \dfrac{1}{2}(b^2-a^2)$,求证:在 (a,b) 内至少有一点 ξ,使得

$$f'(\xi) = f(\xi) - \xi + 1$$

解析 由

$$\int_a^b f(x)\mathrm{d}x = \frac{1}{2}(b^2-a^2) \Rightarrow \int_a^b (f(x)-x)\mathrm{d}x = 0$$

对上面的右式应用积分中值定理,$\exists c \in (a,b)$,使得

$$\int_a^b (f(x)-x)\mathrm{d}x = (f(c)-c)(b-a) = 0$$

于是 $f(c)-c=0$ $(a<c<b)$.作辅助函数

$$F(x) = \mathrm{e}^{-x}(f(x)-x)$$

则 $F(a)=F(c)=0$,且函数 $F(x)$ 在 $[a,c]$ 上连续,在 (a,c) 内可导,应用罗尔定理,$\exists \xi \in (a,c) \subset (a,b)$,使得 $F'(\xi)=0$.因

$$F'(x) = \mathrm{e}^{-x}(f'(x) - 1 - f(x) + x)$$

所以 $F'(\xi) = \mathrm{e}^{-\xi}(f'(\xi) - 1 - f(\xi) + \xi) = 0$,即 $f'(\xi) = f(\xi) - \xi + 1$.

例 3.30(江苏省 2022 年竞赛题) (1) 证明:若函数 f,g 在 $[a,b]$ 上连续,$g(x) \geqslant 0$,则存在一点 $\xi \in [a,b]$,使得 $\int_a^b f(x)g(x)\mathrm{d}x = f(\xi)\int_a^b g(x)\mathrm{d}x$;

(2) 求 $\lim\limits_{n\to\infty}\int_0^\pi x^{2022}|\sin nx|\mathrm{d}x$.

解析 (1) 应用闭区间上连续函数的最值定理,存在

$$M = \max_{a\leqslant x\leqslant b}f(x), \quad m = \min_{a\leqslant x\leqslant b}f(x)$$

于是

$$m \leqslant f(x) \leqslant M \Rightarrow mg(x) \leqslant f(x)g(x) \leqslant Mg(x)$$

再利用定积分的保号性,得

$$m\int_a^b g(x)\mathrm{d}x \leqslant \int_a^b f(x)g(x)\mathrm{d}x \leqslant M\int_a^b g(x)\mathrm{d}x$$

记 $K = \int_a^b g(x)\mathrm{d}x$,令 $g(x) \not\equiv 0$,则 $K>0$,代入上式得 $m \leqslant \dfrac{1}{K}\int_a^b f(x)g(x)\mathrm{d}x \leqslant M$,

再应用闭区间上连续函数的介值定理,必存在 $\xi \in [a, b]$,使得

$$f(\xi) = \frac{1}{K} \int_a^b f(x) g(x) \mathrm{d}x \Leftrightarrow \int_a^b f(x) g(x) \mathrm{d}x = K f(\xi) = f(\xi) \int_a^b g(x) \mathrm{d}x$$

(2) 应用定积分的可加性与第(1)问的结论,必存在 $\xi_k \in \left[\frac{(k-1)\pi}{n}, \frac{k\pi}{n} \right]$,其中 $k = 1, 2, \cdots, n$,使得

$$\int_0^\pi x^{2022} \mid \sin nx \mid \mathrm{d}x = \sum_{k=1}^n \int_{\frac{(k-1)\pi}{n}}^{\frac{k\pi}{n}} x^{2022} \mid \sin nx \mid \mathrm{d}x$$

$$= \sum_{k=1}^n \xi_k^{2022} \int_{\frac{(k-1)\pi}{n}}^{\frac{k\pi}{n}} \mid \sin nx \mid \mathrm{d}x \qquad (*)$$

由于 $\mid \sin nx \mid$ 是周期为 $\frac{\pi}{n}$ 的连续函数,应用周期函数的积分性质得

$$\int_{\frac{(k-1)\pi}{n}}^{\frac{k\pi}{n}} \mid \sin nx \mid \mathrm{d}x = \int_0^{\frac{\pi}{n}} \sin nx \, \mathrm{d}x = -\frac{1}{n} \cos nx \, \Big|_0^{\frac{\pi}{n}} = \frac{2}{n}$$

将其代入 $(*)$ 式,并利用定积分的定义得

$$\lim_{n \to \infty} \int_0^\pi x^{2022} \mid \sin nx \mid \mathrm{d}x = \frac{2}{\pi} \lim_{n \to \infty} \sum_{k=1}^n \xi_k^{2022} \frac{\pi}{n} = \frac{2}{\pi} \int_0^\pi x^{2022} \mathrm{d}x$$

$$= \frac{2}{2023\pi} x^{2023} \, \Big|_0^\pi = \frac{2\pi^{2022}}{2023}$$

3.2.5　变限的定积分的应用(例 3.31—3.41)

例 3.31(全国 2020 年考研题)　$x \to 0^+$ 时,下列无穷小量中最高阶的是(　　)

A. $\int_0^x (\mathrm{e}^{t^2} - 1) \mathrm{d}t$　　　　　　　B. $\int_0^x \ln(1 + \sqrt{t^3}) \mathrm{d}t$

C. $\int_0^{\sin x} \sin(t^2) \mathrm{d}t$　　　　　　　D. $\int_0^{1 - \cos x} \sqrt{\sin t^3} \, \mathrm{d}t$

解析　先证一个命题:在 $x = 0$ 的某邻域中,若函数 $F(x)$ 可导,$x \to 0$ 时 $F(x)$ 是无穷小量,且 $F'(x)$ 是 k 阶无穷小量,$F'(x) \sim A x^k (A \neq 0)$,则 $x \to 0$ 时 $F(x)$ 是 $k + 1$ 阶无穷小量,且 $F(x) \sim \frac{A}{k+1} x^{k+1} (A \neq 0)$. 证明如下:

因为 $F'(x) \sim A x^k (A \neq 0)$,所以 $\lim\limits_{x \to 0} \frac{F'(x)}{x^k} = A (A \neq 0)$. 应用洛必达法则,得

$$\lim_{x \to 0} \frac{F(x)}{x^{k+1}} \xlongequal{\frac{0}{0}} \lim_{x \to 0} \frac{F'(x)}{(k+1)x^k} = \frac{A}{k+1} \quad \left(\frac{A}{k+1} \neq 0 \right)$$

此式表明 $x \to 0$ 时 $F(x)$ 是 $k + 1$ 阶无穷小量,且 $F(x) \sim \frac{A}{k+1} x^{k+1} (A \neq 0)$.

再将 4 个选项依次记为 $F_i(x) (i = 1, 2, 3, 4)$,应用变上限积分的求导公式得

$$F'_1(x) = e^{x^2} - 1 \sim x^2 \ (x \to 0^+) \Rightarrow F'_1(x) \text{ 是 2 阶无穷小}$$

$$F'_2(x) = \ln(1 + \sqrt{x^3}) \sim \sqrt{x^3} \ (x \to 0^+) \Rightarrow F'_2(x) \text{ 是 } \frac{3}{2} \text{ 阶无穷小}$$

$$F'_3(x) = \cos x \cdot \sin(\sin^2 x) \sim x^2 \ (x \to 0^+) \Rightarrow F'_3(x) \text{ 是 2 阶无穷小}$$

$$F'_4(x) = \sin x \cdot \sqrt{\sin(1 - \cos x)^3} \sim \frac{\sqrt{2}}{4} x^4 \ (x \to 0^+) \Rightarrow F'_4(x) \text{ 是 4 阶无穷小}$$

故 $F_1(x), F_2(x), F_3(x), F_4(x)$ 分别是 $3, \dfrac{5}{2}, 3, 5$ 阶无穷小.

综上,选 D.

例 3.32(全国 2021 年初赛题) 设函数 $f(x)$ 连续,且 $f(0) \neq 0$,求

$$\lim_{x \to 0} \frac{2 \displaystyle\int_0^x (x-t) f(t) \mathrm{d}t}{x \displaystyle\int_0^x f(x-t) \mathrm{d}t}$$

解析 令 $x - t = u$,应用换元积分法,得 $\displaystyle\int_0^x f(x-t)\mathrm{d}t = \int_0^x f(u)\mathrm{d}u$,再应用洛必达法则与变限定积分的求导公式得

$$\text{原式} = \lim_{x \to 0} \frac{2x \displaystyle\int_0^x f(t)\mathrm{d}t - 2\displaystyle\int_0^x t f(t)\mathrm{d}t}{x \displaystyle\int_0^x f(u)\mathrm{d}u} \xlongequal{\frac{0}{0}} \lim_{x \to 0} \frac{2\displaystyle\int_0^x f(t)\mathrm{d}t}{\displaystyle\int_0^x f(t)\mathrm{d}t + x f(x)}$$

又应用积分中值定理,必存在 ξ 介于 0 与 x 之间,使得 $\displaystyle\int_0^x f(t)\mathrm{d}t = x f(\xi)$,于是

$$\text{原式} = \lim_{x \to 0} \frac{2x f(\xi)}{x f(\xi) + x f(x)} = \lim_{x \to 0} \frac{2 f(\xi)}{f(\xi) + f(x)} \xlongequal{\xi \to 0} \frac{2 f(0)}{2 f(0)} = 1$$

点评 本题不能两次应用洛必达法则,因为函数 $f(x)$ 不一定可导.

例 3.33(江苏省 2000 年竞赛题) 设

$$f(x) = x, \quad g(x) = \begin{cases} \sin x, & 0 \leqslant x \leqslant \dfrac{\pi}{2}, \\ 0, & x > \dfrac{\pi}{2} \end{cases}$$

求 $F(x) = \displaystyle\int_0^x f(t) g(x-t) \mathrm{d}t$.

解析 令 $x - t = u$,则

$$F(x) = -\int_x^0 f(x-u) g(u)\mathrm{d}u = \int_0^x f(x-u) g(u)\mathrm{d}u = \int_0^x (x-u) g(u)\mathrm{d}u$$

$$= \begin{cases} \displaystyle\int_0^x (x-u)\sin u\,\mathrm{d}u, & 0 \leqslant x \leqslant \dfrac{\pi}{2}, \\[4mm] \displaystyle\int_0^{\frac{\pi}{2}} (x-u)\sin u\,\mathrm{d}u, & x > \dfrac{\pi}{2} \end{cases}$$

$$= \begin{cases} (-x\cos u + (u\cos u - \sin u))\Big|_0^x = x - \sin x, & 0 \leqslant x \leqslant \dfrac{\pi}{2}, \\[4mm] (-x\cos u + (u\cos u - \sin u))\Big|_0^{\frac{\pi}{2}} = x - 1, & x > \dfrac{\pi}{2} \end{cases}$$

例 3.34(全国 2009 年初赛题)　设 $f(x)$ 是连续函数,又

$$g(x) = \int_0^1 f(xt)\,\mathrm{d}t, \quad 且 \quad \lim_{x\to 0}\frac{f(x)}{x} = A \quad (A\ 为常数)$$

求 $g'(x)$,并讨论 $g'(x)$ 在 $x = 0$ 处的连续性.

解析　由于 $\lim\limits_{x\to 0}\dfrac{f(x)}{x} = A$,所以 $\lim\limits_{x\to 0}f(x) = 0$. 又因为 $f(x) \in \mathscr{C}$,所以

$$f(0) = 0, \quad g(0) = \int_0^1 f(0)\,\mathrm{d}x = 0$$

当 $x \neq 0$ 时,作换元变换,令 $xt = u$,则 $g(x) = \dfrac{1}{x}\displaystyle\int_0^x f(u)\,\mathrm{d}u$,求导得

$$g'(x) = \frac{xf(x) - \displaystyle\int_0^x f(u)\,\mathrm{d}u}{x^2} = \frac{f(x)}{x} - \frac{\displaystyle\int_0^x f(u)\,\mathrm{d}u}{x^2} \quad (x \neq 0)$$

由于

$$g'(0) = \lim_{x\to 0}\frac{g(x) - g(0)}{x} = \lim_{x\to 0}\frac{\displaystyle\int_0^x f(u)\,\mathrm{d}u}{x^2} \overset{\frac{0}{0}}{=\!=\!=} \lim_{x\to 0}\frac{f(x)}{2x} = \frac{A}{2}$$

又因为

$$\lim_{x\to 0}g'(x) = \lim_{x\to 0}\frac{f(x)}{x} - \lim_{x\to 0}\frac{\displaystyle\int_0^x f(u)\,\mathrm{d}u}{x^2} = A - \lim_{x\to 0}\frac{f(x)}{2x}$$

$$= A - \frac{A}{2} = \frac{A}{2} = g'(0)$$

所以 $g'(x)$ 在 $x = 0$ 处连续.

例 3.35(浙江省 2017 年竞赛题)　设 $f(x)$ 连续,且 $f(x+2) - f(x) = \sin x$,$\displaystyle\int_0^2 f(x)\,\mathrm{d}x = 0$,求定积分 $\displaystyle\int_1^3 f(x)\,\mathrm{d}x$.

解析　令 $F(x) = \displaystyle\int_x^{x+2} f(x)\,\mathrm{d}x$,则 $F(0) = \displaystyle\int_0^2 f(x)\,\mathrm{d}x = 0$,$F(1) = \displaystyle\int_1^3 f(x)\,\mathrm{d}x$,且

$$F'(x) = f(x+2) - f(x) = \sin x$$

上式两端从 0 到 1 积分得

$$\int_0^1 F'(x)\mathrm{d}x = F(1) - F(0) = \int_1^3 f(x)\mathrm{d}x = \int_0^1 \sin x\,\mathrm{d}x = -\cos x\Big|_0^1 = 1 - \cos 1$$

即 $\int_1^3 f(x)\mathrm{d}x = 1 - \cos 1$.

例 3.36（浙江省 2002 年竞赛题）　设 $f(x)$ 连续，且当 $x > -1$ 时有

$$f(x)\left(\int_0^x f(t)\mathrm{d}t + 1\right) = \frac{x\mathrm{e}^x}{2(1+x)^2}$$

求 $f(x)$.

解析　令 $F(x) = \int_0^x f(t)\mathrm{d}t + 1$，则 $F(0) = 1, F'(x) = f(x)$，于是有

$$2F'(x)F(x) = \frac{x\mathrm{e}^x}{(1+x)^2}$$

上式两边分别从 0 到 $x(x > -1)$ 积分，得

$$\int_0^x 2F'(x)F(x)\mathrm{d}x = F^2(x) - 1$$

$$\int_0^x \frac{x\mathrm{e}^x}{(1+x)^2}\mathrm{d}x = -\int_0^x x\mathrm{e}^x \mathrm{d}\frac{1}{1+x} = -\frac{x\mathrm{e}^x}{1+x}\Big|_0^x + \int_0^x \mathrm{e}^x \mathrm{d}x$$

$$= -\frac{x\mathrm{e}^x}{1+x} + \mathrm{e}^x - 1 = \frac{\mathrm{e}^x}{1+x} - 1$$

由此推出 $F^2(x) = \dfrac{\mathrm{e}^x}{1+x}$. 又因为 $F(0) = 1$，所以 $F(x) = \sqrt{\dfrac{\mathrm{e}^x}{1+x}}\ (x > -1)$，于是所求的函数为

$$f(x) = F'(x) = \frac{1}{2} \cdot \sqrt{\frac{1+x}{\mathrm{e}^x}} \cdot \frac{x\mathrm{e}^x}{(1+x)^2} = \frac{x\sqrt{\mathrm{e}^x}}{2(1+x)^{3/2}} \quad (x > -1)$$

例 3.37（江苏省 2019 年竞赛题）　已知函数 $f(x)$ 在 $[a,b]$ 上连续，在 (a,b) 内二阶可导，且

$$\int_a^b f(x)\mathrm{d}x = (b-a)f\left(\frac{a+b}{2}\right)$$

证明：存在 $\xi \in (a,b)$，使得 $f''(\xi) = 0$.

解析　作辅助函数 $F(x) = \int_a^x f(t)\mathrm{d}t - (x-a)f\left(\dfrac{a+x}{2}\right)$，则 $F(x)$ 在 (a,b) 内可导，且 $F(a) = F(b) = 0$，应用罗尔定理，必存在 $c \in (a,b)$，使得 $F'(c) = 0$. 因

$$F'(x) = f(x) - f\left(\frac{a+x}{2}\right) - \frac{x-a}{2}f'\left(\frac{a+x}{2}\right)$$

$$\Rightarrow \qquad f(c) - f\left(\frac{a+c}{2}\right) = \frac{c-a}{2}f'\left(\frac{a+c}{2}\right)$$

而 $f(x)$ 在 $\left[\dfrac{a+c}{2},c\right]$ 上可导,应用拉格朗日中值定理,必存在 $d\in\left(\dfrac{a+c}{2},c\right)$ 使得

$$f(c)-f\left(\frac{a+c}{2}\right)=f'(d)\left(c-\frac{a+c}{2}\right)=\frac{c-a}{2}f'(d)$$

于是 $f'\left(\dfrac{a+c}{2}\right)=f'(d)$. 又由于 $f'(x)$ 在区间 $\left[\dfrac{a+c}{2},d\right]$ 上可导,应用罗尔定理,必存在 $\xi\in\left(\dfrac{a+c}{2},d\right)\subset(a,b)$,使得 $f''(\xi)=0$.

点评　首先将原式记为

$$G(a,b)=\int_a^b f(x)\mathrm{d}x-(b-a)f\left(\frac{a+b}{2}\right)=0$$

再取辅助函数 $F(x)=G(a,x)$(或 $G(x,b)$),显然有 $F(a)=F(b)=0$,然后即可应用罗尔定理.这是一种构造辅助函数的新方法,读者须仔细体会.

例 3.38(全国 2018 年决赛题)　设 $f(x)$ 在 $[0,1]$ 上连续,且 $\displaystyle\int_0^1 f(x)\mathrm{d}x\neq 0$,证明:在区间 $[0,1]$ 上存在三个不同的点 x_1,x_2,x_3,使得

$$\frac{\pi}{8}\int_0^1 f(x)\mathrm{d}x=\left[\frac{1}{1+x_1^2}\int_0^{x_1}f(x)\mathrm{d}x+f(x_1)\arctan x_1\right]x_3$$

$$=\left[\frac{1}{1+x_2^2}\int_0^{x_2}f(x)\mathrm{d}x+f(x_2)\arctan x_2\right](1-x_3)$$

解析　作辅助函数 $F(x)=\arctan x\cdot\displaystyle\int_0^x f(x)\mathrm{d}x$,则 $F(x)$ 在区间 $(0,1)$ 上可导,且 $F(0)=0,F(1)=\dfrac{\pi}{4}\displaystyle\int_0^1 f(x)\mathrm{d}x\neq 0$. 取 $\mu=\dfrac{1}{2}(F(0)+F(1))=\dfrac{\pi}{8}\displaystyle\int_0^1 f(x)\mathrm{d}x$,应用连续函数的介值定理,必存在 $x_3\in(0,1)$,使得

$$F(x_3)=\mu=\frac{\pi}{8}\int_0^1 f(x)\mathrm{d}x$$

再在区间 $[0,x_3]$ 和 $[x_3,1]$ 上分别应用拉格朗日中值定理,则必存在 $x_1\in(0,x_3)$,$x_2\in(x_3,1)$,使得

$$F(x_3)-F(0)=F'(x_1)(x_3-0),\quad F(1)-F(x_3)=F'(x_2)(1-x_3)$$

由于 $F(1)-F(x_3)=\dfrac{\pi}{8}\displaystyle\int_0^1 f(x)\mathrm{d}x,F'(x)=\dfrac{1}{1+x^2}\displaystyle\int_0^x f(x)\mathrm{d}x+f(x)\arctan x$,代入上式得

$$\frac{\pi}{8}\int_0^1 f(x)\mathrm{d}x=\left[\frac{1}{1+x_1^2}\int_0^{x_1}f(x)\mathrm{d}x+f(x_1)\arctan x_1\right]x_3$$

$$\frac{\pi}{8}\int_0^1 f(x)\mathrm{d}x=\left[\frac{1}{1+x_2^2}\int_0^{x_2}f(x)\mathrm{d}x+f(x_2)\arctan x_2\right](1-x_3)$$

其中 $0<x_1<x_3<x_2<1$,因此原式得证.

点评 本题出得非常好,解析过程中既要构造辅助函数,还要灵活运用变限的定积分、介值定理、拉格朗日中值定理等等知识点,具有一定的挑战性.

例 3.39(北京市 1992 年与 2008 年竞赛题) 设函数 $f(x)$ 有连续二阶导数,且
$$f(0) = f'(0) = 0, f''(x) > 0, \text{求} \lim_{x \to 0^+} \frac{\int_0^{u(x)} f(t)\,dt}{\int_0^x f(t)\,dt},$$
其中 $u(x)$ 是曲线 $y = f(x)$ 在点 $(x, f(x))$ 处的切线在 x 轴上的截距.

解析 当 $x > 0$ 时,由
$$f''(x) > 0 \Rightarrow f'(x) \text{ 严格单调增加} \Rightarrow f'(x) > f'(0) = 0$$
$$\Rightarrow f(x) \text{ 严格单调增加} \Rightarrow f(x) > f(0) = 0$$

又 $y = f(x)$ 在点 $(x, f(x))$ 的切线方程为 $Y - f(x) = f'(x)(X - x)$,令 $Y = 0$,得切线在 x 轴上的截距为 $u(x) = x - \dfrac{f(x)}{f'(x)}(x > 0)$. 因为 $f(x)$ 的二阶麦克劳林展式与 $f'(x)$ 的一阶麦克劳林展式分别为
$$f(x) = f(0) + f'(0)x + \frac{1}{2!}f''(0)x^2 + o(x^2) = \frac{1}{2!}f''(0)x^2 + o(x^2)$$
$$f'(x) = f'(0) + f''(0)x + o(x) = f''(0)x + o(x)$$

所以 $x \to 0^+$ 时, $f(x) \sim \dfrac{1}{2}f''(0)x^2$, $f'(x) \sim f''(0)x$. 应用无穷小替换法则,得
$$\lim_{x \to 0^+} u(x) = 0 - \lim_{x \to 0^+} \frac{f(x)}{f'(x)} = -\lim_{x \to 0^+} \frac{f''(0)x^2}{2f''(0)x} = 0$$
$$\lim_{x \to 0^+} \frac{u(x)}{x} = 1 - \lim_{x \to 0^+} \frac{f(x)}{xf'(x)} = 1 - \lim_{x \to 0^+} \frac{f''(0)x^2}{2f''(0)x^2} = 1 - \frac{1}{2} = \frac{1}{2}$$

所以 $x \to 0^+$ 时, $u(x) \sim \dfrac{1}{2}x$. 又 $f'' \in \mathscr{C}$,对原式应用洛必达法则、变上限积分求导公式与无穷小替换法则,得
$$\text{原式} \xlongequal{\frac{0}{0}} \lim_{x \to 0^+} \frac{u'(x)f(u(x))}{f(x)} = \lim_{x \to 0^+} \frac{f(x)f''(x)}{(f'(x))^2} \cdot \frac{f(u(x))}{f(x)}$$
$$= f''(0)\lim_{x \to 0^+} \frac{f(u(x))}{(f'(x))^2} = f''(0)\lim_{x \to 0^+} \frac{f''(0)u^2(x)}{2(f''(0)x)^2}$$
$$= f''(0)\lim_{x \to 0^+} \frac{x^2}{8f''(0)x^2} = \frac{1}{8}$$

例 3.40(全国 2010 年决赛题) 设 $n > 1$ 为整数,且
$$F(x) = \int_0^x e^{-t}\left(1 + \frac{t}{1!} + \frac{t^2}{2!} + \cdots + \frac{t^n}{n!}\right)dt$$
证明:方程 $F(x) = \dfrac{n}{2}$ 在 $\left(\dfrac{n}{2}, n\right)$ 内至少有一个根.

解析 由于 $t > 0$ 时 $1 + t + \dfrac{1}{2!}t^2 + \cdots + \dfrac{1}{n!}t^n < e^t$,所以

$$e^{-t}\left(1+t+\frac{1}{2!}t^2+\cdots+\frac{1}{n!}t^n\right)<1$$

于是

$$F\left(\frac{n}{2}\right)=\int_0^{\frac{n}{2}}e^{-t}\left(1+t+\frac{1}{2!}t^2+\cdots+\frac{1}{n!}t^n\right)dt<\int_0^{\frac{n}{2}}1dt=\frac{n}{2}$$

下面证明 $F(n)>\dfrac{n}{2}$. 记 $a_0=1,a_1=n,a_2=\dfrac{n^2}{2!},\cdots,a_n=\dfrac{n^n}{n!}$，由于

$$a_k<a_{k+1}\Leftrightarrow\frac{n^k}{k!}<\frac{n^{k+1}}{(k+1)!}\Leftrightarrow0\leqslant k<n-1\text{ 且 }a_{n-1}=\frac{n^{n-1}}{(n-1)!}=\frac{n^n}{n!}=a_n$$

所以 $a_0,a_1,a_2,\cdots,a_n$ 为单调递增的正数列. 对 $F(n)$ 逐次应用分部积分法得

$$F(n)=\int_0^n e^{-t}\left(1+t+\cdots+\frac{1}{n!}t^n\right)dt$$

$$=\left(1-\frac{a_0+a_1+\cdots+a_n}{e^n}\right)+\int_0^n e^{-t}\left(1+t+\cdots+\frac{1}{(n-1)!}t^{n-1}\right)dt$$

$$=\left(1-\frac{a_0+a_1+\cdots+a_n}{e^n}\right)+\left(1-\frac{a_0+a_1+\cdots+a_{n-1}}{e^n}\right)+\cdots$$

$$+\left(1-\frac{a_0+a_1}{e^n}\right)+\int_0^n e^{-t}dt$$

$$=\left(1-\frac{a_0+a_1+\cdots+a_n}{e^n}\right)+\left(1-\frac{a_0+a_1+\cdots+a_{n-1}}{e^n}\right)+\cdots$$

$$+\left(1-\frac{a_0+a_1}{e^n}\right)+\left(1-\frac{a_0}{e^n}\right)$$

$$=n+1-e^{-n}\frac{(n+1)a_0+na_1+\cdots+2a_{n-1}+1a_n}{(n+1)+n+\cdots+2+1}\cdot\frac{(n+1)(n+2)}{2}\quad(*)$$

由于数列 $a_0,a_1,\cdots,a_n$ 单调增加，所以这 $n+1$ 个正数的加权平均值

$$\frac{(n+1)a_0+na_1+\cdots+2a_{n-1}+1a_n}{(n+1)+n+\cdots+2+1}<\frac{a_0+a_1+\cdots+a_n}{n+1}$$

代入（ $*$ ）式得

$$F(n)>n+1-e^{-n}(a_0+a_1+\cdots+a_{n-1}+a_n)\cdot\frac{n+2}{2}$$

又由于 $a_0+a_1+\cdots+a_{n-1}+a_n=1+n+\cdots+\dfrac{n^n}{n!}<e^n$，代入上式即得

$$F(n)>n+1-e^{-n}e^n\frac{n+2}{2}=\frac{n}{2}$$

因为 $F(x)\in\mathscr{C}\left[\dfrac{n}{2},n\right]$，且 $F\left(\dfrac{n}{2}\right)<\dfrac{n}{2}<F(n)$，应用介值定理，必存在 $\xi\in\left(\dfrac{n}{2},n\right)$，使得 $F(\xi)=\dfrac{n}{2}$. 这就表示方程 $F(x)=\dfrac{n}{2}$ 在 $\left(\dfrac{n}{2},n\right)$ 内至少有一个根.

点评　本题中证明 $F(n)>n/2$ 这一步很关键，也很难. 上面解析过程中，编者在 $F(n)$ 的表达式（ $*$ ）中巧妙地凑出

$$\frac{(n+1)a_0 + na_1 + \cdots + 2a_{n-1} + 1a_n}{(n+1) + n + \cdots + 2 + 1}$$

这一项,此为 $n+1$ 个正数 $a_0, a_1, \cdots, a_n$ 的加权平均值,且数 a_k 越大其权越小,所以该加权平均值小于这 $n+1$ 个正数的算术平均值. 有了这一结果,余下的证明就迎刃而解了.

例 3.41(清华大学 1985 年竞赛题) 求

$$\int_0^x \left(1 + (x-t) + \frac{(x-t)^2}{2!} + \cdots + \frac{(x-t)^{n-1}}{(n-1)!} \right) e^{nt} dt$$

对 x 的 n 阶导数.

解析 令 $f_k(x) = \int_0^x \frac{(x-t)^k}{k!} e^{nt} dt (k = 0, 1, \cdots, n-1)$,则

$$\int_0^x \left(1 + (x-t) + \frac{(x-t)^2}{2!} + \cdots + \frac{(x-t)^{n-1}}{(n-1)!} \right) e^{nt} dt = f_0(x) + f_1(x) + \cdots + f_{n-1}(x)$$

应用莱布尼茨公式[①]得 $f_k'(x) = \int_0^x \frac{(x-t)^{k-1}}{(k-1)!} e^{nt} dt = f_{k-1}(x)$,于是

$$f_k''(x) = f_{k-1}'(x) = f_{k-2}(x), \quad \cdots, \quad f_k^{(k)}(x) = f_0(x) \quad (k = 1, 2, \cdots, n-1)$$

由于 $f_0'(x) = \left(\int_0^x e^{nt} dt \right)' = e^{nx}$,$f_0''(x) = n e^{nx}, \cdots, f_0^{(n)}(x) = n^{n-1} e^{nx}$,所以

$$\frac{d^n}{dx^n} \left(\int_0^x \left(1 + (x-t) + \frac{(x-t)^2}{2!} + \cdots + \frac{(x-t)^{n-1}}{(n-1)!} \right) e^{nt} dt \right)$$
$$= f_0^{(n)}(x) + f_1^{(n)}(x) + \cdots + f_{n-1}^{(n)}(x)$$
$$= f_0^{(n)}(x) + (f_1'(x))^{(n-1)} + (f_2''(x))^{(n-2)} + \cdots + (f_{n-1}^{(n-1)}(x))'$$
$$= f_0^{(n)}(x) + f_0^{(n-1)}(x) + f_0^{(n-2)}(x) + \cdots + f_0'(x)$$
$$= (n^{n-1} + n^{n-2} + \cdots + n + 1) e^{nx}$$

3.2.6 定积分的计算(例 3.42—3.62)

例 3.42(北京市 2010 年竞赛题) 求 $\int_0^4 x(x-1)(x-2)(x-3)(x-4) dx$.

解析 令 $x - 2 = t$,作积分换元变换,并利用偶倍奇零性,得

$$原式 = \int_{-2}^2 (t+2)(t+1)t(t-1)(t-2) dt$$

[①] 莱布尼茨公式:设 $\varphi(x)$ 可导,$f_x'(x, t)$ 连续,则有
$$\frac{d}{dx} \left(\int_a^{\varphi(x)} f(x, t) dt \right) = \varphi'(x) f(x, \varphi(x)) + \int_a^{\varphi(x)} f_x'(x, t) dt$$

$$= \int_{-2}^{2} t(t^2 - 4)(t^2 - 1) \mathrm{d}t = 0$$

例 3.43（东南大学 2019 年竞赛题）　计算定积分 $\int_{3}^{9} \dfrac{\sqrt{x-3}}{\sqrt{x-3} + \sqrt{9-x}} \mathrm{d}x$.

解析　记原式为 I，作积分换元变换，令 $x = 12 - t$，得

$$I = \int_{3}^{9} \frac{\sqrt{x-3}}{\sqrt{x-3} + \sqrt{9-x}} \mathrm{d}x = -\int_{9}^{3} \frac{\sqrt{9-t}}{\sqrt{9-t} + \sqrt{t-3}} \mathrm{d}t$$

$$= \int_{3}^{9} \frac{\sqrt{9-x}}{\sqrt{9-x} + \sqrt{x-3}} \mathrm{d}x$$

所以

$$I = \frac{1}{2}\left[\int_{3}^{9} \frac{\sqrt{x-3}}{\sqrt{x-3} + \sqrt{9-x}} \mathrm{d}x + \int_{3}^{9} \frac{\sqrt{9-x}}{\sqrt{9-x} + \sqrt{x-3}} \mathrm{d}x \right]$$

$$= \frac{1}{2} \int_{3}^{9} \frac{\sqrt{x-3} + \sqrt{9-x}}{\sqrt{x-3} + \sqrt{9-x}} \mathrm{d}x = \frac{1}{2} \int_{3}^{9} 1 \mathrm{d}t = 3$$

点评　上面的积分换元变换 $x = 12 - t$ 很妙，读者须仔细体会.

例 3.44（精选题）　求 $\int_{0}^{\frac{\pi}{2}} \dfrac{1}{1 + (\tan x)^{\lambda}} \mathrm{d}x$ $(\lambda \in \mathbf{R})$.

解析　令 $f(x) = \dfrac{1}{1 + (\tan x)^{\lambda}}$，则 $f(x)$ 在区间 $\left(0, \dfrac{\pi}{2}\right)$ 上连续. 当 $\lambda = 0$ 时，$f(x) = \dfrac{1}{2}$；当 $\lambda > 0$ 时，$f(0^{+}) = 1, f\left(\dfrac{\pi}{2}^{-}\right) = 0$；当 $\lambda < 0$ 时，$f(0^{+}) = 0, f\left(\dfrac{\pi}{2}^{-}\right) = 1$. 所以原定积分为常义积分.

记原式为 I，作积分换元变换，令 $x = \dfrac{\pi}{2} - t$，得

$$I = \int_{0}^{\frac{\pi}{2}} \frac{1}{1 + (\cot t)^{\lambda}} \mathrm{d}t = \int_{0}^{\frac{\pi}{2}} \frac{1}{1 + (\cot x)^{\lambda}} \mathrm{d}x = \int_{0}^{\frac{\pi}{2}} \frac{(\tan x)^{\lambda}}{(\tan x)^{\lambda} + 1} \mathrm{d}x$$

所以

$$I = \frac{1}{2}\left(\int_{0}^{\frac{\pi}{2}} \frac{1}{1 + (\tan x)^{\lambda}} \mathrm{d}x + \int_{0}^{\frac{\pi}{2}} \frac{(\tan x)^{\lambda}}{(\tan x)^{\lambda} + 1} \mathrm{d}x \right)$$

$$= \frac{1}{2} \int_{0}^{\frac{\pi}{2}} \frac{1 + (\tan x)^{\lambda}}{1 + (\tan x)^{\lambda}} \mathrm{d}x = \frac{1}{2} \int_{0}^{\frac{\pi}{2}} 1 \mathrm{d}x = \frac{\pi}{4}$$

点评　上面三题通过积分换元变换，几乎没有进行繁复的计算就得出了答案，读者应仔细体会并熟练掌握该方法.

例 3.45（江苏省 1998 年竞赛题）　设连续函数 $f(x)$ 满足

$$f(x) = x + x^2 \int_{0}^{1} f(x) \mathrm{d}x + x^3 \int_{0}^{2} f(x) \mathrm{d}x$$

求 $f(x)$.

解析 设 $A = \int_0^1 f(x)\mathrm{d}x, B = \int_0^2 f(x)\mathrm{d}x$,则 $f(x) = x + Ax^2 + Bx^3$,故

$$A = \int_0^1 (x + Ax^2 + Bx^3)\mathrm{d}x = \frac{1}{2} + \frac{1}{3}A + \frac{1}{4}B$$

$$B = \int_0^2 (x + Ax^2 + Bx^3)\mathrm{d}x = 2 + \frac{8}{3}A + 4B$$

由上述两式解出 $A = \dfrac{3}{8}, B = -1$,于是 $f(x) = x + \dfrac{3}{8}x^2 - x^3$.

例 3.46(全国 2020 年决赛题) 已知函数 $f(x)$ 的导数 $f'(x)$ 在区间 $[0,1]$ 上连续,$f(0) = f(1) = 0$,且满足 $\int_0^1 [f'(x)]^2 \mathrm{d}x - 8\int_0^1 f(x)\mathrm{d}x + \dfrac{4}{3} = 0$,求 $f(x)$.

解析 应用分部积分公式与 N-L 公式得

$$\int_0^1 f(x)\mathrm{d}x = xf(x)\Big|_0^1 - \int_0^1 xf'(x)\mathrm{d}x = -\int_0^1 xf'(x)\mathrm{d}x$$

$$\int_0^1 f'(x)\mathrm{d}x = f(1) - f(0) = 0$$

因此对任意常数 k 有

$$I = \int_0^1 [f'(x)]^2 \mathrm{d}x - 8\int_0^1 f(x)\mathrm{d}x + \frac{4}{3}$$

$$= \int_0^1 \left[(f'(x))^2 + 8xf'(x) + 2kf'(x) + \frac{4}{3} \right]\mathrm{d}x = 0$$

将上式的被积函数按前三项配成完全平方得

$$I = \int_0^1 \left[(f'(x) + 4x + k)^2 - \left(k^2 + 16x^2 + 8kx - \frac{4}{3} \right) \right]\mathrm{d}x$$

令 $\int_0^1 \left(k^2 + 16x^2 + 8kx - \dfrac{4}{3} \right)\mathrm{d}x = 0 \Rightarrow (k+2)^2 = 0$,得 $k = -2$,于是

$$\int_0^1 (f'(x) + 4x - 2)^2 \mathrm{d}x = 0$$

由于 $(f'(x) + 4x - 2)^2$ 在区间 $[0,1]$ 上连续,且 $(f'(x) + 4x - 2)^2 \geqslant 0$,所以必有

$$f'(x) + 4x - 2 = 0 \Rightarrow f'(x) = 2 - 4x \Rightarrow f(x) = 2x - 2x^2 + C$$

将 $f(0) = 0$ 代入上式得 $C = 0$,于是 $f(x) = 2x - 2x^2$.

例 3.47(江苏省 2000 年竞赛题) 设可微函数 $f(x)$ 在 $x > 0$ 上有定义,其反函数为 $g(x)$ 且满足 $\int_1^{f(x)} g(t)\mathrm{d}t = \dfrac{1}{3}(x^{\frac{3}{2}} - 8)$,试求 $f(x)$.

解析 因为 $g(x) = f^{-1}(x)$,所以原式两边对 x 求导得

$$f'(x)f^{-1}(f(x)) = \frac{1}{2}\sqrt{x} \Leftrightarrow xf'(x) = \frac{1}{2}\sqrt{x} \Leftrightarrow f'(x) = \frac{1}{2\sqrt{x}} \quad (x > 0)$$

对最后一式两边积分得 $f(x) = \sqrt{x} + C$. 再在原式中令 $f(x) = 1$ 得 $x\sqrt{x} - 8 = 0$,

解得 $x=4$，即 $f(4)=1$. 由此可得 $C=-1$，于是所求函数为 $f(x)=\sqrt{x}-1$.

例 3.48（浙江省 2020 年竞赛题）　求定积分 $\displaystyle\int_0^1 \frac{x^2+6x+3}{(x+3)^2+(x^2+x)^2}\mathrm{d}x$.

解析　由于 $\displaystyle\frac{x^2+6x+3}{(x+3)^2+(x^2+x)^2}=\frac{x^2+6x+3}{(x+3)^2}\cdot\frac{1}{1+\left(\dfrac{x^2+x}{x+3}\right)^2}$，且

$$\left(\frac{x^2+x}{x+3}\right)'=\frac{x^2+6x+3}{(x+3)^2}$$

故令 $\dfrac{x^2+x}{x+3}=t$，则 $\dfrac{x^2+6x+3}{(x+3)^2}\mathrm{d}x=\mathrm{d}t$，且 $x=0$ 时 $t=0$，$x=1$ 时 $t=\dfrac{1}{2}$，可得

$$原式=\int_0^{\frac{1}{2}}\frac{1}{1+t^2}\mathrm{d}t=\arctan t\Big|_0^{\frac{1}{2}}=\arctan\frac{1}{2}$$

例 3.49（江苏省 2017 年竞赛题）　设 $[x]$ 表示实数 x 的整数部分，试求定积分

$$\int_{1/6}^6 \frac{1}{x}\cdot\left[\frac{1}{\sqrt{x}}\right]\mathrm{d}x$$

解析　作换元变换，令 $\dfrac{1}{\sqrt{x}}=t$，则

$$原式=2\int_{1/\sqrt6}^{\sqrt6}\frac{[t]}{t}\mathrm{d}t=2\int_1^{\sqrt6}\frac{[t]}{t}\mathrm{d}t=2\int_1^2\frac{1}{t}\mathrm{d}t+2\int_2^{\sqrt6}\frac{2}{t}\mathrm{d}t$$
$$=2\ln2+2\ln6-4\ln2=2\ln3$$

例 3.50（江苏省 2006 年竞赛题）　求 $\displaystyle\int_0^1\frac{\arctan x}{(1+x)^2}\mathrm{d}x$.

解析　因为

$$原式=-\int_0^1\arctan x\,\mathrm{d}\frac{1}{1+x}=-\frac{\arctan x}{1+x}\Big|_0^1+\int_0^1\frac{1}{(1+x)(1+x^2)}\mathrm{d}x$$
$$=-\frac{\pi}{8}+\int_0^1\frac{1}{(1+x)(1+x^2)}\mathrm{d}x$$

令 $\dfrac{1}{(1+x)(1+x^2)}=\dfrac{A}{1+x}+\dfrac{Bx+C}{1+x^2}$，可解得 $A=\dfrac{1}{2}$，$B=-\dfrac{1}{2}$，$C=\dfrac{1}{2}$，则

$$\int_0^1\frac{1}{(1+x)(1+x^2)}\mathrm{d}x=\left(\frac{1}{2}\ln(1+x)-\frac{1}{4}\ln(1+x^2)+\frac{1}{2}\arctan x\right)\Big|_0^1$$
$$=\frac{1}{2}\ln2-\frac{1}{4}\ln2+\frac{\pi}{8}$$

故原式 $=\dfrac{1}{4}\ln2$.

例 3.51（江苏省 2016 年竞赛题）　求定积分 $\displaystyle\int_0^\pi\frac{x\sin^2 x}{1+\cos^2 x}\mathrm{d}x$.

解析 根据题意,有

$$原式 = \int_0^{\pi/2} \frac{x\sin^2 x}{1+\cos^2 x}\mathrm{d}x + \int_{\pi/2}^{\pi} \frac{x\sin^2 x}{1+\cos^2 x}\mathrm{d}x$$

在第二项中令 $x = \pi - t$,则

$$\int_{\pi/2}^{\pi} \frac{x\sin^2 x}{1+\cos^2 x}\mathrm{d}x = \int_0^{\pi/2} \frac{(\pi-t)\sin^2 t}{1+\cos^2 t}\mathrm{d}t = \pi\int_0^{\pi/2} \frac{\sin^2 t}{1+\cos^2 t}\mathrm{d}t - \int_0^{\pi/2} \frac{t\sin^2 t}{1+\cos^2 t}\mathrm{d}t$$

$$= \pi\int_0^{\pi/2} \frac{\sin^2 x}{1+\cos^2 x}\mathrm{d}x - \int_0^{\pi/2} \frac{x\sin^2 x}{1+\cos^2 x}\mathrm{d}x$$

于是

$$原式 = \pi\int_0^{\pi/2} \frac{\sin^2 x}{1+\cos^2 x}\mathrm{d}x = \pi\int_0^{\pi/2} \frac{-1-\cos^2 x+2}{1+\cos^2 x}\mathrm{d}x$$

$$= -\frac{\pi^2}{2} + 2\pi\int_0^{\pi/2} \frac{1}{\sin^2 x + 2\cos^2 x}\mathrm{d}x$$

$$= -\frac{\pi^2}{2} + 2\pi\int_0^{\pi/2} \frac{1}{2+\tan^2 x}\mathrm{d}\tan x \quad (令 \tan x = u)$$

$$= -\frac{\pi^2}{2} + 2\pi\int_0^{+\infty} \frac{1}{2+u^2}\mathrm{d}u$$

$$= -\frac{\pi^2}{2} + \sqrt{2}\,\pi\arctan\frac{u}{\sqrt{2}}\Big|_0^{+\infty} = \frac{\sqrt{2}-1}{2}\pi^2$$

例 3.52(全国 2013 年初赛题) 计算定积分 $I = \int_{-\pi}^{\pi} \frac{x\sin x \cdot \arctan \mathrm{e}^x}{1+\cos^2 x}\mathrm{d}x$.

解析 对原式 I 作积分换元变换,令 $x = -t$,得

$$I = \int_{-\pi}^{\pi} \frac{t\sin t \cdot \arctan \mathrm{e}^{-t}}{1+\cos^2 t}\mathrm{d}t = \int_{-\pi}^{\pi} \frac{x\sin x \cdot \arctan \mathrm{e}^{-x}}{1+\cos^2 x}\mathrm{d}x$$

由于 $\arctan \mathrm{e}^x + \arctan \mathrm{e}^{-x} = \frac{\pi}{2}$,并应用偶倍奇零性,得

$$I = \frac{1}{2}\int_{-\pi}^{\pi} \frac{x\sin x \cdot (\arctan \mathrm{e}^x + \arctan \mathrm{e}^{-x})}{1+\cos^2 x}\mathrm{d}x$$

$$= \frac{\pi}{4}\int_{-\pi}^{\pi} \frac{x\sin x}{1+\cos^2 x}\mathrm{d}x = \frac{\pi}{2}\int_0^{\pi} \frac{x\sin x}{1+\cos^2 x}\mathrm{d}x$$

对上式右端再次作积分换元变换,令 $x = \pi - t$,得

$$I = \frac{\pi}{2}\int_0^{\pi} \frac{(\pi-t)\sin t}{1+\cos^2 t}\mathrm{d}x = \frac{\pi^2}{2}\int_0^{\pi} \frac{\sin t}{1+\cos^2 t}\mathrm{d}t - \frac{\pi}{2}\int_0^{\pi} \frac{t\sin t}{1+\cos^2 t}\mathrm{d}t$$

$$= \frac{\pi^2}{2}\int_0^{\pi} \frac{\sin x}{1+\cos^2 x}\mathrm{d}x - I$$

所以

$$I = \frac{\pi^2}{4}\int_0^{\pi} \frac{\sin x}{1+\cos^2 x}\mathrm{d}x = -\frac{\pi^2}{4}\arctan\cos x\Big|_0^{\pi} = \frac{\pi^2}{4}\left(\frac{\pi}{4} + \frac{\pi}{4}\right) = \frac{\pi^3}{8}$$

例 3.53(南京大学 1995 年竞赛题)

(1) 证明:$\displaystyle\int_0^{\frac{\pi}{4}}\ln\sin\left(x+\frac{\pi}{4}\right)\mathrm{d}x=\int_0^{\frac{\pi}{4}}\ln\cos x\mathrm{d}x$;

(2) 计算:$\displaystyle\int_0^{\frac{\pi}{4}}\ln(1+\tan x)\mathrm{d}x$.

解析　(1) 令 $x=\dfrac{\pi}{4}-t$,则

$$\int_0^{\frac{\pi}{4}}\ln\sin\left(x+\frac{\pi}{4}\right)\mathrm{d}x=-\int_{\frac{\pi}{4}}^0\ln\sin\left(\frac{\pi}{2}-t\right)\mathrm{d}t=\int_0^{\frac{\pi}{4}}\ln\cos t\mathrm{d}t=\int_0^{\frac{\pi}{4}}\ln\cos x\mathrm{d}x$$

(2) 原式 $=\displaystyle\int_0^{\frac{\pi}{4}}\ln\frac{\sin x+\cos x}{\cos x}\mathrm{d}x=\int_0^{\frac{\pi}{4}}\ln\left[\sqrt{2}\sin\left(x+\frac{\pi}{4}\right)\right]\mathrm{d}x-\int_0^{\frac{\pi}{4}}\ln\cos x\mathrm{d}x$

$\qquad=\dfrac{1}{2}\cdot\dfrac{\pi}{4}\ln2+\displaystyle\int_0^{\frac{\pi}{4}}\ln\sin\left(x+\frac{\pi}{4}\right)\mathrm{d}x-\int_0^{\frac{\pi}{4}}\ln\cos x\mathrm{d}x=\dfrac{1}{8}\pi\ln2$

例 3.54(北京市 2000 年、浙江省 2002 年竞赛题)　求积分

$$\int_{\frac{1}{2}}^2\left(1+x-\frac{1}{x}\right)\mathrm{e}^{x+\frac{1}{x}}\mathrm{d}x$$

解析　应用定积分分部积分公式,有

$$原式=\int_{\frac{1}{2}}^2\mathrm{e}^{x+\frac{1}{x}}\mathrm{d}x+\int_{\frac{1}{2}}^2 x\left(1-\frac{1}{x^2}\right)\mathrm{e}^{x+\frac{1}{x}}\mathrm{d}x$$

$$=\int_{\frac{1}{2}}^2\mathrm{e}^{x+\frac{1}{x}}\mathrm{d}x+\int_{\frac{1}{2}}^2 x\mathrm{d}\mathrm{e}^{x+\frac{1}{x}}$$

$$=\int_{\frac{1}{2}}^2\mathrm{e}^{x+\frac{1}{x}}\mathrm{d}x+x\mathrm{e}^{x+\frac{1}{x}}\Big|_{\frac{1}{2}}^2-\int_{\frac{1}{2}}^2\mathrm{e}^{x+\frac{1}{x}}\mathrm{d}x=\frac{3}{2}\mathrm{e}^{\frac{5}{2}}$$

例 3.55(江苏省 2002 年竞赛题)　求 $\displaystyle\int_0^{\frac{\pi}{2}}\mathrm{e}^x\frac{1+\sin x}{1+\cos x}\mathrm{d}x$.

解析　原式 $=\displaystyle\int_0^{\frac{\pi}{2}}\mathrm{e}^x\frac{\left(\sin\dfrac{x}{2}+\cos\dfrac{x}{2}\right)^2}{2\cos^2\dfrac{x}{2}}\mathrm{d}x=\frac{1}{2}\int_0^{\frac{\pi}{2}}\mathrm{e}^x\left(1+\tan\frac{x}{2}\right)^2\mathrm{d}x$

$\qquad=\dfrac{1}{2}\displaystyle\int_0^{\frac{\pi}{2}}\mathrm{e}^x\sec^2\frac{x}{2}\mathrm{d}x+\int_0^{\frac{\pi}{2}}\mathrm{e}^x\tan\frac{x}{2}\mathrm{d}x$

$\qquad=\displaystyle\int_0^{\frac{\pi}{2}}\mathrm{e}^x\mathrm{d}\tan\frac{x}{2}+\int_0^{\frac{\pi}{2}}\mathrm{e}^x\tan\frac{x}{2}\mathrm{d}x$

$\qquad=\mathrm{e}^x\tan\dfrac{x}{2}\Big|_0^{\frac{\pi}{2}}-\displaystyle\int_0^{\frac{\pi}{2}}\mathrm{e}^x\tan\frac{x}{2}\mathrm{d}x+\int_0^{\frac{\pi}{2}}\mathrm{e}^x\tan\frac{x}{2}\mathrm{d}x=\mathrm{e}^{\frac{\pi}{2}}$

点评 上面两题均是 $\int_a^b (f(x)+g(x))\mathrm{d}x$ 形式求定积分，如果分成两项单独求积分很困难，若能找到 $u(x),v(x)$ 使得 $f(x)=u(x)v'(x),g(x)=u'(x)v(x)$，则

$$\int_a^b (f(x)+g(x))\mathrm{d}x = \int_a^b (u(x)v'(x)+u'(x)v(x))\mathrm{d}x$$
$$= \int_a^b u(x)v'(x)\mathrm{d}x + u(x)v(x)\Big|_a^b - \int_a^b u(x)v'(x)\mathrm{d}x$$
$$= u(b)v(b)-u(a)v(a)$$

例如在例 3.54 与例 3.55 中，分别有

$$f(x)=\mathrm{e}^{x+\frac{1}{x}}=\mathrm{e}^{x+\frac{1}{x}}\cdot(x)', \quad g(x)=x\Big(1-\frac{1}{x^2}\Big)\mathrm{e}^{x+\frac{1}{x}}=x\cdot(\mathrm{e}^{x+\frac{1}{x}})'$$

$$f(x)=\frac{1}{2}\mathrm{e}^x\Big(\sec^2\frac{x}{2}\Big)=\mathrm{e}^x\Big(\tan\frac{x}{2}\Big)', \quad g(x)=\mathrm{e}^x\tan\frac{x}{2}=\tan\frac{x}{2}\cdot(\mathrm{e}^x)'$$

例 3.56（江苏省 2022 年竞赛题） 已知 $f(x)$ 的一个原函数为 $x\sqrt{1-x^2}+x^2+\arcsin x$，求定积分 $\int_0^1 \dfrac{x^4}{f(x)}\mathrm{d}x$.

解析 由题意得 $\int f(x)\mathrm{d}x = x\sqrt{1-x^2}+x^2+\arcsin x+C$，求导得

$$f(x)=\sqrt{1-x^2}-\frac{x^2}{\sqrt{1-x^2}}+2x+\frac{1}{\sqrt{1-x^2}}=2(x+\sqrt{1-x^2})$$

将其代入定积分式，并应用换元积分法，得

$$\int_0^1 \frac{x^4}{f(x)}\mathrm{d}x = \frac{1}{2}\int_0^1 \frac{x^4}{x+\sqrt{1-x^2}}\mathrm{d}x \quad (\text{分别令 } x=\sin t \text{ 与 } x=\cos t)$$

$$= \frac{1}{2}\int_0^{\frac{\pi}{2}} \frac{\sin^4 t\cdot\cos t}{\sin t+\cos t}\mathrm{d}t = \frac{1}{2}\int_0^{\frac{\pi}{2}} \frac{\cos^4 t\cdot\sin t}{\cos t+\sin t}\mathrm{d}t \quad (\text{相加后除以 }2)$$

$$= \frac{1}{4}\int_0^{\frac{\pi}{2}} \frac{\sin t\cdot\cos t\cdot(\sin^3 t+\cos^3 t)}{\sin t+\cos t}\mathrm{d}t$$

$$= \frac{1}{4}\int_0^{\frac{\pi}{2}} \sin t\cdot\cos t\cdot(1-\sin t\cos t)\mathrm{d}t$$

$$= \frac{1}{4}\int_0^{\frac{\pi}{2}} \sin t\cdot\cos t\mathrm{d}t - \frac{1}{4}\int_0^{\frac{\pi}{2}} \sin^2 t\cdot\cos^2 t\mathrm{d}t$$

$$= \frac{1}{8}\sin^2 t\Big|_0^{\frac{\pi}{2}} - \frac{1}{32}\Big(t-\frac{1}{4}\sin 4t\Big)\Big|_0^{\frac{\pi}{2}} = \frac{1}{8}-\frac{\pi}{64}$$

例 3.57（厦门大学 2018 年竞赛题） 计算 $I=\int_0^1 \arctan x\cdot\ln(1+x^2)\mathrm{d}x$.

解析 应用分部积分法，可得

$$\int \ln(1+x^2)\mathrm{d}x = x\ln(1+x^2)-2\int \frac{x^2+1-1}{1+x^2}\mathrm{d}x$$

$$= x\ln(1+x^2) - 2x + 2\arctan x + C$$

$$\Rightarrow \qquad \ln(1+x^2)\mathrm{d}x = \mathrm{d}(x\ln(1+x^2) - 2x) + 2\mathrm{d}\arctan x$$

代入原式并运用分部积分法与换元积分法，得

$$I = \int_0^1 \arctan x \, \mathrm{d}(x\ln(1+x^2) - 2x) + 2\int_0^1 \arctan x \, \mathrm{d}\arctan x$$

$$= \arctan x \cdot (x\ln(1+x^2) - 2x)\Big|_0^1 - \int_0^1 \frac{x\ln(1+x^2) - 2x}{1+x^2}\mathrm{d}x + (\arctan x)^2\Big|_0^1$$

$$= \frac{\pi}{4}(\ln 2 - 2) - \frac{1}{2}\int_0^1 \ln(1+x^2)\mathrm{d}\ln(1+x^2) + \int_0^1 \frac{1}{1+x^2}\mathrm{d}(1+x^2) + \frac{\pi^2}{16}$$

$$= \frac{\pi}{4}(\ln 2 - 2) - \frac{1}{4}\ln^2(1+x^2)\Big|_0^1 + \ln(1+x^2)\Big|_0^1 + \frac{\pi^2}{16}$$

$$= \frac{\pi}{4}(\ln 2 - 2) - \frac{1}{4}\ln^2 2 + \ln 2 + \frac{\pi^2}{16}$$

例 3.58（江苏省 2016 年竞赛题）　设 $f(x) = \int_0^x \frac{\ln(1+t)}{1+t^2}\mathrm{d}t$，试求 $\int_0^1 xf(x)\mathrm{d}x$.

解析　由于 $f'(x) = \frac{\ln(1+x)}{1+x^2}$，应用分部积分法，得

$$\int_0^1 xf(x)\mathrm{d}x = \frac{1}{2}\int_0^1 f(x)\mathrm{d}x^2 = \frac{1}{2}x^2 f(x)\Big|_0^1 - \frac{1}{2}\int_0^1 x^2 f'(x)\mathrm{d}x$$

$$= \frac{1}{2}f(1) - \frac{1}{2}\int_0^1 (x^2 + 1 - 1)\frac{\ln(1+x)}{1+x^2}\mathrm{d}x$$

$$= \frac{1}{2}f(1) - \frac{1}{2}\int_0^1 \ln(1+x)\mathrm{d}x + \frac{1}{2}f(1)$$

$$= f(1) - \frac{1}{2}\left(x\ln(1+x)\Big|_0^1 - \int_0^1 \frac{x+1-1}{1+x}\mathrm{d}x\right)$$

$$= f(1) - \frac{1}{2}\left(\ln 2 - 1 + \ln(1+x)\Big|_0^1\right)$$

$$= f(1) - \frac{1}{2}(2\ln 2 - 1) = f(1) - \ln 2 + \frac{1}{2}$$

下面来求 $f(1)$. 令 $t = \tan x$，作积分换元变换得

$$f(1) = \int_0^{\frac{\pi}{4}} \frac{\ln(1+\tan x)}{\sec^2 x}\sec^2 x \, \mathrm{d}x = \int_0^{\frac{\pi}{4}} \ln(\sin x + \cos x)\mathrm{d}x - \int_0^{\frac{\pi}{4}} \ln\cos x \, \mathrm{d}x$$

$$= \int_0^{\frac{\pi}{4}} \ln\left(\sqrt{2}\sin\left(x + \frac{\pi}{4}\right)\right)\mathrm{d}x - \int_0^{\frac{\pi}{4}} \ln\cos x \, \mathrm{d}x \quad \left(\text{在第一项中令 } x = \frac{\pi}{4} - u\right)$$

$$= \frac{\pi}{8}\ln 2 + \int_0^{\frac{\pi}{4}} \ln\cos u \, \mathrm{d}u - \int_0^{\frac{\pi}{4}} \ln\cos x \, \mathrm{d}x = \frac{\pi}{8}\ln 2$$

$$\Rightarrow \qquad \int_0^1 xf(x)\mathrm{d}x = \frac{\pi}{8}\ln 2 - \ln 2 + \frac{1}{2}$$

例 3.59（浙江省 2016 年竞赛题）　记 $y_n(x) = \cos(n\arccos x)(n = 0, 1, 2, \cdots)$.

(1) 证明:当 $n \neq m$ 时,$\int_{-1}^{1} \dfrac{y_n(x)y_m(x)}{\sqrt{1-x^2}}\mathrm{d}x = 0$;

(2) 求 $c_n(n=0,1,2,\cdots)$,使得 $\exp(\arccos x) = \displaystyle\sum_{n=0}^{\infty} c_n y_n(x)$.

解析 (1) 当 $n \neq m$ 时,作换元积分变换,令 $x = \cos t$,并应用三角函数的积化和差公式,得

$$
\begin{aligned}
\int_{-1}^{1} \frac{y_n(x)y_m(x)}{\sqrt{1-x^2}}\mathrm{d}x &= \int_{0}^{\pi} \cos(nt)\cos(mt)\mathrm{d}t \\
&= \frac{1}{2}\int_{0}^{\pi}\left[\cos((n+m)t)+\cos((n-m)t)\right]\mathrm{d}t \\
&= \frac{1}{2}\left[\frac{1}{n+m}\sin((n+m)t)+\frac{1}{n-m}\sin((n-m)t)\right]\Big|_{0}^{\pi} = 0
\end{aligned}
$$

(2) 将原式改写为 $\exp(\arccos x) = \displaystyle\sum_{k=0}^{\infty} c_k y_k(x)$,再两边乘以 $\dfrac{y_n(x)}{\sqrt{1-x^2}}$ 并在区间 $[-1,1]$ 上积分,应用上面(1)的结论得

$$
\int_{-1}^{1} \frac{y_n(x)\exp(\arccos x)}{\sqrt{1-x^2}}\mathrm{d}x = \sum_{k=0}^{\infty} c_k \int_{-1}^{1}\frac{y_k(x)y_n(x)}{\sqrt{1-x^2}}\mathrm{d}x = c_n\int_{-1}^{1}\frac{y_n^2(x)}{\sqrt{1-x^2}}\mathrm{d}x
$$

当 $n=0$ 时 $y_0(x)=1$,对下式分子作换元积分变换,令 $x=\cos t$,得

$$
c_0 = \frac{\displaystyle\int_{-1}^{1}\frac{\exp(\arccos x)}{\sqrt{1-x^2}}\mathrm{d}x}{\displaystyle\int_{-1}^{1}\frac{1}{\sqrt{1-x^2}}\mathrm{d}x} = \frac{\displaystyle\int_{0}^{\pi}\mathrm{e}^t\mathrm{d}t}{\arcsin x\Big|_{-1}^{1}} = \frac{\mathrm{e}^\pi-1}{\pi}
$$

当 $n=1,2,\cdots$ 时,对下式分子与分母都作换元积分变换,令 $x=\cos t$,得

$$
\begin{aligned}
c_n &= \frac{\displaystyle\int_{-1}^{1}\frac{\cos(n\arccos x)\exp(\arccos x)}{\sqrt{1-x^2}}\mathrm{d}x}{\displaystyle\int_{-1}^{1}\frac{\cos^2(n\arccos x)}{\sqrt{1-x^2}}\mathrm{d}x} = \frac{\displaystyle\int_{0}^{\pi}\cos(nt)\mathrm{e}^t\mathrm{d}t}{\displaystyle\int_{0}^{\pi}\cos^2(nt)\mathrm{d}t} \\
&= \frac{\dfrac{\mathrm{e}^t}{1+n^2}(\cos nt + n\sin nt)\Big|_{0}^{\pi}}{\left(\dfrac{t}{2}+\dfrac{\sin 2nt}{4n}\right)\Big|_{0}^{\pi}} = \frac{\dfrac{(-1)^n\mathrm{e}^\pi-1}{1+n^2}}{\dfrac{\pi}{2}} = \frac{2((-1)^n\mathrm{e}^\pi-1)}{(1+n^2)\pi}
\end{aligned}
$$

例 3.60(全国 2020 年初赛题) 证明 $f(n)=\displaystyle\sum_{m=1}^{n}\int_{0}^{m}\cos\frac{2\pi n[x+1]}{m}\mathrm{d}x$ 等于 n 的所有因子(包括 1 和 n 本身)之和,其中 $[x+1]$ 表示不超过 $x+1$ 的最大整数,并计算 $f(2021)$.

解析　记 $a_m = \int_0^m \cos\dfrac{2\pi n[x+1]}{m}\mathrm{d}x$，则 $f(n) = \sum\limits_{m=1}^{n} a_m$.

（1）当 m 是 n 的因子时（包括 $m=1$ 和 n），令 $n = km(k \in \mathbf{N}^*)$，则

$$a_m = \int_0^m \cos\frac{2\pi km[x+1]}{m}\mathrm{d}x = \int_0^m \cos(2\pi k[x+1])\mathrm{d}x = \int_0^m 1\mathrm{d}x = m$$

（2）当 m 不是 n 的因子时，令 $n = km + r(k,r \in \mathbf{N}^*, 1 \leqslant r < m)$，则

$$a_m = \sum_{i=1}^{m}\int_{i-1}^{i}\cos\frac{2\pi n[x+1]}{m}\mathrm{d}x = \sum_{i=1}^{m}\int_{i-1}^{i}\cos\frac{2\pi i(km+r)}{m}\mathrm{d}x$$

$$= \sum_{i=1}^{m}\cos\left(2ik\pi + 2i\frac{r}{m}\pi\right)$$

$$= \sum_{i=1}^{m}\cos\left(2i\frac{r}{m}\pi\right) = \sum_{i=1}^{m}\cos 2it \quad \left(记\frac{r}{m}\pi = t\right)$$

$$= \frac{1}{2\sin t}\sum_{i=1}^{m}2\cos 2it \cdot \sin t = \frac{1}{2\sin t}\sum_{i=1}^{m}(\sin(2i+1)t - \sin(2i-1)t)$$

$$= \frac{1}{2\sin t}(\sin(2m+1)t - \sin t)$$

$$= \frac{1}{\sin t}\cos(m+1)t \cdot \sin(mt) = 0 \quad (mt = r\pi)$$

由（1）和（2）得 $f(n)$ 等于 n 的所有因子 m 之和（包括 $m=1$ 和 n）.

由于 2021 的全部因子为 $1,43,47,2021$，所以

$$f(2021) = 1 + 43 + 47 + 2021 = 2112$$

例 3.61（东南大学 2016 年竞赛题）　设 n 为正整数，证明：

$$I_n = \int_0^{\frac{\pi}{2}}\cos^n x \sin nx\,\mathrm{d}x = \frac{1}{2^{n+1}}\left(\frac{2^1}{1} + \frac{2^2}{2} + \frac{2^3}{3} + \cdots + \frac{2^n}{n}\right)$$

解析　对 I_n 分部积分得

$$I_n = -\frac{1}{n}\left(\cos^n x \cdot \cos nx\,\Big|_0^{\pi/2} + n\int_0^{\frac{\pi}{2}}\cos^{n-1}x \cdot \sin x \cdot \cos nx\,\mathrm{d}x\right)$$

$$= \frac{1}{n} - \int_0^{\frac{\pi}{2}}\cos^{n-1}x \cdot \sin x \cdot \cos nx\,\mathrm{d}x$$

上式与原式相加得

$$2I_n = \frac{1}{n} + \int_0^{\frac{\pi}{2}}\cos^{n-1}x \cdot (\sin nx \cdot \cos x - \cos nx \cdot \sin x)\mathrm{d}x$$

$$= \frac{1}{n} + \int_0^{\frac{\pi}{2}}\cos^{n-1}x \cdot \sin(n-1)x\mathrm{d}x = \frac{1}{n} + I_{n-1}$$

由于 $I_1 = \int_0^{\frac{\pi}{2}}\cos x \sin x\mathrm{d}x = \frac{1}{2}\sin^2 x\,\Big|_0^{\pi/2} = \frac{1}{2}$，于是有

$$2^n I_n = \frac{2^{n-1}}{n} + 2^{n-1}I_{n-1} = \frac{2^{n-1}}{n} + \frac{2^{n-2}}{n-1} + 2^{n-2}I_{n-2}$$

$$= \frac{2^{n-1}}{n} + \frac{2^{n-2}}{n-1} + \cdots + \frac{2^1}{2} + 2^1 I_1 = \frac{2^{n-1}}{n} + \frac{2^{n-2}}{n-1} + \cdots + \frac{2^1}{2} + \frac{2^0}{1}$$

$$I_n = \frac{1}{2^{n+1}} \left(\frac{2^n}{n} + \frac{2^{n-1}}{n-1} + \cdots + \frac{2^2}{2} + \frac{2^1}{1} \right) = \frac{1}{2^{n+1}} \left(\frac{2^1}{1} + \frac{2^2}{2} + \cdots + \frac{2^{n-1}}{n-1} + \frac{2^n}{n} \right)$$

例 3.62(东南大学 2018 年竞赛题) 设 $I_n = \int_0^{\frac{\pi}{2}} \frac{\sin^2 nt}{\sin t} dt$,其中 n 为正整数,证明:极限 $\lim\limits_{n \to \infty} (2I_n - \ln n)$ 存在.

解析 应用三角函数的和差化积公式得

$$I_n - I_{n-1} = \int_0^{\frac{\pi}{2}} \frac{\sin^2 nt - \sin^2 (n-1)t}{\sin t} dt$$

$$= \int_0^{\frac{\pi}{2}} \frac{(\sin nt + \sin(n-1)t)(\sin nt - \sin(n-1)t)}{\sin t} dt$$

$$= \int_0^{\frac{\pi}{2}} \frac{4 \sin \frac{2n-1}{2} t \cdot \cos \frac{t}{2} \cdot \cos \frac{2n-1}{2} t \cdot \sin \frac{t}{2}}{\sin t} dt$$

$$= \int_0^{\frac{\pi}{2}} \sin(2n-1) t \, dt = \frac{1}{2n-1}$$

且 $I_1 = \int_0^{\frac{\pi}{2}} \sin t \, dt = 1$,所以

$$I_n = I_{n-1} + \frac{1}{2n-1} = I_{n-2} + \frac{1}{2n-3} + \frac{1}{2n-1}$$

$$= \cdots = 1 + \frac{1}{3} + \frac{1}{5} + \cdots + \frac{1}{2n-1}$$

记 $x_n = 2I_n - \ln n$,则

$$x_{n+1} - x_n = 2(I_{n+1} - I_n) + \ln \frac{n}{n+1} = \frac{2}{2n+1} + \ln \frac{n}{n+1}$$

令 $f(x) = \frac{2}{2x+1} + \ln \frac{x}{x+1} (x \geqslant 1)$,由于

$$f'(x) = -\frac{4}{(2x+1)^2} + \frac{1}{x(x+1)} = \frac{1}{x(x+1)(2x+1)^2} > 0$$

所以 $f(x)$ 在 $[1, +\infty)$ 上单调增加,又 $\lim\limits_{x \to +\infty} f(x) = \lim\limits_{x \to +\infty} \left(\frac{2}{2x+1} + \ln \frac{x}{x+1} \right) = 0$,因此 $f(x) < 0$,故 $x_{n+1} - x_n = f(n) < 0$,这表明数列 $\{x_n\}$ 单调递减.

对函数 $g(x) = \ln x$ 在区间 $[2n-1, 2n+1]$ 上应用拉格朗日中值定理,得

$$\ln(2n+1) - \ln(2n-1) = \frac{2}{\xi} < \frac{2}{2n-1} \quad (\xi \in (2n-1, 2n+1))$$

在此式中分别取 n 为 $1,2,\cdots,n$,并将各式相加得

$$2\left(1+\frac{1}{3}+\frac{1}{5}+\cdots+\frac{1}{2n-1}\right)-\ln(2n+1)=2I_n-\ln(2n+1)>0$$

因此

$$x_n=2I_n-\ln n>2I_n-\ln(2n+1)>0$$

这表明数列 $\{x_n\}$ 有下界.

综上,应用单调有界准则得数列 $\{x_n\}$ 收敛,即 $\lim\limits_{n\to\infty}(2I_n-\ln n)$ 存在.

3.2.7　积分不等式的证明(例 3.63—3.84)

例 3.63(全国 2018 年初赛题)　设函数 $f(x)$ 连续,$f(x)>0$,证明:

$$\int_0^1\ln f(x)\mathrm{d}x\leqslant\ln\int_0^1 f(x)\mathrm{d}x$$

解析　由于 $f(x)\in\mathscr{C}[0,1]$,又 $f(x)>0(x\in[0,1])$,所以 $f(x)$ 与 $\ln f(x)$ 在 $[0,1]$ 上皆连续. 将 $[0,1]$ 等分为 n 个小区间,$\forall\xi_k\in\left[\dfrac{k-1}{n},\dfrac{k}{n}\right](k=1,2,\cdots,n)$,应用定积分的定义,得

$$\int_0^1\ln f(x)\mathrm{d}x=\lim_{n\to\infty}\sum_{k=1}^n(\ln f(\xi_k))\frac{1}{n},\quad\int_0^1 f(x)\mathrm{d}x=\lim_{n\to\infty}\sum_{k=1}^n f(\xi_k)\frac{1}{n}$$

再应用 A-G 不等式与 $\ln x$ 的单调性,得

$$\sum_{k=1}^n(\ln f(\xi_k))\frac{1}{n}=\frac{1}{n}\ln(f(\xi_1)f(\xi_2)\cdots f(\xi_n))$$

$$=\ln(f(\xi_1)f(\xi_2)\cdots f(\xi_n))^{\frac{1}{n}}\leqslant\ln\left[\sum_{k=1}^n f(\xi_k)\frac{1}{n}\right]$$

于是

$$\int_0^1\ln f(x)\mathrm{d}x=\lim_{n\to\infty}\sum_{k=1}^n(\ln f(\xi_k))\frac{1}{n}\leqslant\ln\left[\lim_{n\to\infty}\sum_{k=1}^n f(\xi_k)\frac{1}{n}\right]=\ln\left(\int_0^1 f(x)\mathrm{d}x\right)$$

例 3.64(全国 2014 年决赛题)　已知 $f(x)$ 是闭区间 $[0,1]$ 上的连续函数,且满足 $\int_0^1 f(x)\mathrm{d}x=1$,求函数 $f(x)$,使得 $I=\int_0^1(1+x^2)f^2(x)\mathrm{d}x$ 取得最小值.

解析　应用柯西-施瓦茨不等式,有

$$1^2=\left(\int_0^1 f(x)\mathrm{d}x\right)^2=\left(\int_0^1\sqrt{1+x^2}\,f(x)\cdot\frac{1}{\sqrt{1+x^2}}\mathrm{d}x\right)^2$$

$$\leqslant\int_0^1(1+x^2)f^2(x)\mathrm{d}x\cdot\int_0^1\frac{1}{1+x^2}\mathrm{d}x$$

$$= \int_0^1 (1+x^2) f^2(x) \mathrm{d}x \cdot \arctan x \Big|_0^1 = \frac{\pi}{4} \int_0^1 (1+x^2) f^2(x) \mathrm{d}x$$

由此可得 $\int_0^1 (1+x^2) f^2(x) \mathrm{d}x \geqslant \dfrac{4}{\pi}$, 即 $\int_0^1 (1+x^2) f^2(x) \mathrm{d}x$ 的最小值为 $\dfrac{4}{\pi}$. 因此, 只要函数 $f(x)$ 满足

$$\int_0^1 \frac{4}{\pi} f(x) \mathrm{d}x = \int_0^1 (1+x^2) f^2(x) \mathrm{d}x = \frac{4}{\pi}$$

故所求函数为 $f(x) = \dfrac{4}{\pi(1+x^2)}$.

例 3.65(江苏省 2017 年竞赛题)   已知函数 $f(x)$ 在区间 $[a,b]$ 上连续并单调增加, 求证:

$$\int_a^b \left(\frac{b-x}{b-a}\right)^n f(x) \mathrm{d}x \leqslant \frac{1}{n+1} \int_a^b f(x) \mathrm{d}x \quad (n \in \mathbf{N})$$

解析   **方法 1**   原不等式等价于

$$G(a,b) = (b-a)^n \int_a^b f(t) \mathrm{d}t - (n+1) \int_a^b (b-t)^n f(t) \mathrm{d}t \geqslant 0$$

令 $F(x) = G(x,b)(a \leqslant x \leqslant b)$【注意: 这里令 $F(x) = G(a,x)$ 不行】, 即

$$F(x) = (b-x)^n \int_x^b f(t) \mathrm{d}t - (n+1) \int_x^b (b-t)^n f(t) \mathrm{d}t$$

则 $F(b) = 0$. 应用变限积分的求导公式与积分中值定理, 得

$$\begin{aligned}
F'(x) &= -n(b-x)^{n-1} \int_x^b f(t) \mathrm{d}t - (b-x)^n f(x) + (n+1)(b-x)^n f(x) \\
&= -n(b-x)^{n-1} f(\xi)(b-x) + n(b-x)^n f(x) \\
&= n(b-x)^n (f(x) - f(\xi))
\end{aligned}$$

其中 $a \leqslant x < \xi < b$. 由于 $f(x)$ 单调增加, 所以 $f(x) - f(\xi) \leqslant 0 \Rightarrow F'(x) \leqslant 0 \Rightarrow F(x)$ 单调减少 $\Rightarrow F(a) \geqslant F(b) = 0 \Rightarrow G(a,b) \geqslant 0$, 即原不等式成立.

方法 2   作积分变换, 令 $\dfrac{b-x}{b-a} = t$, 则 $x = b - (b-a)t$, 并应用函数 $f(x)$ 的单调增加性, 有

$$\begin{aligned}
\int_a^b \left(\frac{b-x}{b-a}\right)^n f(x) \mathrm{d}x &= (b-a) \int_0^1 t^n f(b - (b-a)t) \mathrm{d}t \\
&\leqslant (b-a) \int_0^1 t^n f(b - (b-a)t^{n+1}) \mathrm{d}t \\
&= \frac{-1}{n+1} \int_0^1 f(b - (b-a)t^{n+1}) \mathrm{d}(b - (b-a)t^{n+1})
\end{aligned}$$

令 $b - (b-a)t^{n+1} = u$, 上式右端化简得

$$\int_a^b \left(\frac{b-x}{b-a}\right)^n f(x)\mathrm{d}x \leqslant \frac{1}{n+1}\int_a^b f(u)\mathrm{d}u = \frac{1}{n+1}\int_a^b f(x)\mathrm{d}x$$

点评 上面两种解法各有特色,其中方法 1 是构造辅助函数证明不等式成立;方法 2 是作积分变换,巧妙地利用了函数的单调性与定积分的保号性.

例 3.66(北京市 1996 年竞赛题、全国 2016 年初赛题) 设 $f(x)$ 是区间 $[0,1]$ 上的连续可微函数,且当 $x \in (0,1)$ 时,$0 < f'(x) < 1$,$f(0) = 0$,证明:

$$\int_0^1 f^3(x)\mathrm{d}x < \left(\int_0^1 f(x)\mathrm{d}x\right)^2 < \int_0^1 f^2(x)\mathrm{d}x$$

解析 先证左边不等式. 令 $F(x) = \left(\int_0^x f(t)\mathrm{d}t\right)^2 - \int_0^x f^3(t)\mathrm{d}t\,(0 \leqslant x \leqslant 1)$,则

$$F'(x) = 2f(x)\int_0^x f(t)\mathrm{d}t - f^3(x) = f(x)\left(2\int_0^x f(t)\mathrm{d}t - f^2(x)\right)$$

当 $x \in (0,1)$ 时,令 $g(x) = 2\int_0^x f(t)\mathrm{d}t - f^2(x)$. 因为 $0 < f'(x) < 1$,所以 $f(x)$ 严格单调增加,得 $f(x) > f(0) = 0$,则

$$g'(x) = 2f(x) - 2f(x)f'(x) = 2f(x)(1 - f'(x)) > 0$$

所以 $g(x)$ 严格单调增加,得 $g(x) > g(0) = 0 \Rightarrow F'(x) > 0 \Rightarrow F(x)$ 严格单调增加 $\Rightarrow F(1) > F(0) = 0$,即左边不等式成立.

下面证明右边不等式. 由于 $f'(x) > 0$,所以 $f(x) \not\equiv 1$,应用柯西-施瓦茨不等式,得

$$\left(\int_0^1 f(x)\mathrm{d}x\right)^2 = \left(\int_0^1 1 \cdot f(x)\mathrm{d}x\right)^2 < \int_0^1 1^2 \mathrm{d}x \cdot \int_0^1 f^2(x)\mathrm{d}x = \int_0^1 f^2(x)\mathrm{d}x$$

例 3.67(浙江省 2011 年竞赛题) 设 $f:[0,1] \to [-a,b]$ 连续,且 $\int_0^1 f^2(x)\mathrm{d}x = ab$,证明:$0 \leqslant \frac{1}{b-a}\int_0^1 f(x)\mathrm{d}x \leqslant \frac{1}{4}\left(\frac{a+b}{a-b}\right)^2$.

解析 记区间 $[-a,b]$ 的中点为 $y_0 = \frac{b-a}{2}$,$[-a,b]$ 长为 $2h = a+b$,则

$$0 \leqslant |f(x) - y_0| \leqslant h \Leftrightarrow 0 \leqslant (f(x) - y_0)^2 = f^2(x) - 2y_0 f(x) + y_0^2 \leqslant h^2$$

上式右端两边在区间 $[0,1]$ 上积分,利用定积分的保号性可得

$$0 \leqslant \int_0^1 f^2(x)\mathrm{d}x - 2y_0\int_0^1 f(x)\mathrm{d}x + y_0^2 \leqslant h^2$$

再将 $\int_0^1 f^2(x)\mathrm{d}x = ab$,$y_0 = \frac{b-a}{2}$,$h = \frac{a+b}{2}$ 代入上式,并移项得

$$ab + \frac{(b-a)^2}{4} - \frac{(b+a)^2}{4} \leqslant (b-a)\int_0^1 f(x)\mathrm{d}x \leqslant ab + \frac{(b-a)^2}{4}$$

则

$$0 \leqslant (b-a) \int_0^1 f(x) \mathrm{d}x \leqslant \frac{(b+a)^2}{4} \Leftrightarrow 0 \leqslant \frac{1}{b-a} \int_0^1 f(x) \mathrm{d}x \leqslant \frac{1}{4} \left(\frac{b+a}{b-a} \right)^2$$

点评 由题给条件可确定常数 a,b 皆为正数,但它们可能相等,此时上一行中的两个表达式是不等价的. 若要等价,需在原题条件中增加条件 $a \neq b$.

例 3.68(全国 2018 年初赛题) 已知 $f(x)$ 在 $[0,1]$ 上连续,且 $1 \leqslant f(x) \leqslant 3$,证明:$1 \leqslant \int_0^1 f(x) \mathrm{d}x \cdot \int_0^1 \frac{1}{f(x)} \mathrm{d}x \leqslant \frac{4}{3}$.

解析 先证左边不等式. 应用柯西-施瓦茨不等式,有

$$1 = \left(\int_0^1 \sqrt{f(x)} \frac{1}{\sqrt{f(x)}} \mathrm{d}x \right)^2 \leqslant \int_0^1 f(x) \mathrm{d}x \cdot \int_0^1 \frac{1}{f(x)} \mathrm{d}x$$

再证右边不等式. 由于 $1 \leqslant f(x) \leqslant 3$,所以

$$(f(x)-1)(3-f(x)) \geqslant 0 \Leftrightarrow f(x) + \frac{3}{f(x)} \leqslant 4$$

对上式右端在区间 $[0,1]$ 上积分,应用定积分的保号性,得

$$\int_0^1 f(x) \mathrm{d}x + \int_0^1 \frac{3}{f(x)} \mathrm{d}x = \int_0^1 \left(f(x) + \frac{3}{f(x)} \right) \mathrm{d}x \leqslant \int_0^1 4 \mathrm{d}x = 4$$

再由 A-G 不等式得

$$\sqrt{\int_0^1 f(x) \mathrm{d}x \cdot \int_0^1 \frac{3}{f(x)} \mathrm{d}x} \leqslant \frac{1}{2} \left(\int_0^1 f(x) \mathrm{d}x + \int_0^1 \frac{3}{f(x)} \mathrm{d}x \right) \leqslant \frac{4}{2} = 2$$

所以

$$\int_0^1 f(x) \mathrm{d}x \cdot \int_0^1 \frac{3}{f(x)} \mathrm{d}x \leqslant 4 \Rightarrow \int_0^1 f(x) \mathrm{d}x \cdot \int_0^1 \frac{1}{f(x)} \mathrm{d}x \leqslant \frac{4}{3}$$

例 3.69(东南大学 2006 年竞赛题) 设函数 $f(x)$ 在 $[0,1]$ 上具有二阶连续导数,证明:$\forall \xi \in \left(0, \frac{1}{3} \right), \eta \in \left(\frac{2}{3}, 1 \right)$,有

$$|f'(x)| \leqslant 3|f(\xi) - f(\eta)| + \int_0^1 |f''(x)| \mathrm{d}x \quad (x \in [0,1])$$

解析 因函数 $f(x)$ 在 $[\xi, \eta]$ 上可导,应用拉格朗日中值定理,必 $\exists \alpha \in (\xi, \eta)$,使得 $f(\xi) - f(\eta) = f'(\alpha)(\xi - \eta)$. $\forall x \in [0,1]$,由于 $f''(x)$ 在 $[0,1]$ 上连续,则有

$$\int_\alpha^x f''(x) \mathrm{d}x = f'(x) - f'(\alpha) = f'(x) - \frac{f(\xi) - f(\eta)}{\xi - \eta} \quad \left(\frac{1}{3} < \eta - \xi < 1 \right)$$

$$\Leftrightarrow \quad f'(x) = \frac{f(\xi) - f(\eta)}{\xi - \eta} + \int_\alpha^x f''(x) \mathrm{d}x \quad \left(x \in [0,1], \frac{1}{3} < \eta - \xi < 1 \right)$$

上式两边取绝对值,应用不等式的性质,可知 $\forall x \in [0,1]$ 有

$$|f'(x)| \leqslant \left| \frac{f(\xi)-f(\eta)}{\xi-\eta} \right| + \left| \int_a^x f''(x)\mathrm{d}x \right| \leqslant 3|f(\xi)-f(\eta)| + \int_0^1 |f''(x)|\mathrm{d}x$$

例 3.70(江苏省 2008 年竞赛题)　设 $f(x)$ 在 $[a,b]$ 上具有连续的导数,求证:

$$\max_{a \leqslant x \leqslant b} |f(x)| \leqslant \frac{1}{b-a} \left| \int_a^b f(x)\mathrm{d}x \right| + \int_a^b |f'(x)|\mathrm{d}x$$

解析　应用积分中值定理,$\exists \xi \in (a,b)$,使得

$$\int_a^b f(x)\mathrm{d}x = f(\xi)(b-a)$$

因为 $\int_\xi^x f'(x)\mathrm{d}x = f(x)-f(\xi)$,所以 $\forall x \in [a,b]$,有

$$|f(x)| \leqslant |f(\xi)| + \left| \int_\xi^x f'(x)\mathrm{d}x \right| \leqslant |f(\xi)| + \int_a^b |f'(x)|\mathrm{d}x$$

$$= \frac{1}{b-a} \left| \int_a^b f(x)\mathrm{d}x \right| + \int_a^b |f'(x)|\mathrm{d}x$$

于是

$$\max_{a \leqslant x \leqslant b} |f(x)| \leqslant \frac{1}{b-a} \left| \int_a^b f(x)\mathrm{d}x \right| + \int_a^b |f'(x)|\mathrm{d}x$$

例 3.71(南京大学 1996 年竞赛题)　已知函数 $y = f(x)$ 在区间 $[0,+\infty)$ 上连续且单调增加,$f(0)=0$,f^{-1} 是 f 的反函数,证明:对任意 $a > 0$,$b > 0$,恒有

$$\int_0^a f(x)\mathrm{d}x + \int_0^b f^{-1}(y)\mathrm{d}y \geqslant ab$$

解析　因为 $f(x)$ 连续、单调增加,$f(0)=0$,所以 $f^{-1}(x)$ 也连续、单调增加,且 $f^{-1}(0)=0$. 记 $D_1 = \int_0^a f(x)\mathrm{d}x$,$D_2 = \int_0^b f^{-1}(y)\mathrm{d}y$,下面分三种情况证明.

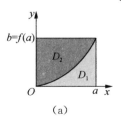 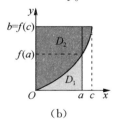 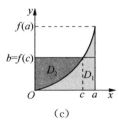

(a)　　　　　　　(b)　　　　　　　(c)

(1) 如图(a),若 $b = f(a)$.令 $x = f^{-1}(y)$,作换元积分变换并分部积分得

$$D_1 + D_2 = \int_0^a f(x)\mathrm{d}x + \int_0^b f^{-1}(y)\mathrm{d}y = \int_0^a f(x)\mathrm{d}x + \int_0^a x\,\mathrm{d}f(x)$$

$$= \int_0^a f(x)\mathrm{d}x + xf(x)\Big|_0^a - \int_0^a f(x)\mathrm{d}x = ab$$

(2) 如图(b),若 $b > f(a)$. 设 $b = f(c)(c > a)$,令 $x = f^{-1}(y)$,作换元积分变换并分部积分得

$$D_1 + D_2 = \int_0^a f(x)\mathrm{d}x + \int_0^b f^{-1}(y)\mathrm{d}y = \int_0^a f(x)\mathrm{d}x + \int_0^c x\mathrm{d}f(x)$$

$$= \int_0^a f(x)\mathrm{d}x + xf(x)\Big|_0^c - \int_0^c f(x)\mathrm{d}x = cb - \int_a^c f(x)\mathrm{d}x$$

$$\geqslant cb - \int_a^c f(c)\mathrm{d}x = cb - b(c-a) = ab$$

(3) 如图(c),若 $b < f(a)$. 设 $b = f(c)(0 < c < a)$,令 $x = f^{-1}(y)$,作换元积分变换并分部积分得

$$D_1 + D_2 = \int_0^a f(x)\mathrm{d}x + \int_0^b f^{-1}(y)\mathrm{d}y = \int_0^a f(x)\mathrm{d}x + \int_0^c x\mathrm{d}f(x)$$

$$= \int_0^a f(x)\mathrm{d}x + xf(x)\Big|_0^c - \int_0^c f(x)\mathrm{d}x = \int_c^a f(x)\mathrm{d}x + cb$$

$$\geqslant \int_c^a f(c)\mathrm{d}x + cb = b(a-c) + cb = ab$$

综上,得证.

例 3.72(东南大学 2017 年竞赛题) 设 $f(x)$ 在区间 $[a,b]$ 上连续可微,且满足 $|f(x)| \leqslant \pi, f'(x) \geqslant m > 0 (a \leqslant x \leqslant b)$,证明:$\left| \int_a^b \sin f(x)\mathrm{d}x \right| \leqslant \dfrac{2}{m}$.

解析 因 $f(x)$ 在区间 $[a,b]$ 上连续可微,$f'(x) > 0$,所以 $f(x)$ 在 $[a,b]$ 上严格单调增加,其反函数 $f^{-1}(y)$ 存在,且 $f^{-1}(y)$ 在 $[f(a),f(b)]$ 上也连续可微,并有

$$0 < (f^{-1}(y))' = \frac{1}{f'(x)} \leqslant \frac{1}{m}$$

作换元积分变换,令 $f(x) = y \Leftrightarrow x = f^{-1}(y)$,可得

$$\int_a^b \sin f(x)\mathrm{d}x = \int_{f(a)}^{f(b)} \sin y \cdot (f^{-1}(y))'\mathrm{d}y$$

(1) 当 $-\pi \leqslant f(a) < 0 < f(b) \leqslant \pi$ 时,有

$$\int_a^b \sin f(x)\mathrm{d}x = -\int_{f(a)}^0 (-\sin y) \cdot (f^{-1}(y))'\mathrm{d}y + \int_0^{f(b)} (\sin y) \cdot (f^{-1}(y))'\mathrm{d}y$$

记 $I_1 = \int_{f(a)}^0 (-\sin y)(f^{-1}(y))'\mathrm{d}y, I_2 = \int_0^{f(b)} (\sin y)(f^{-1}(y))'\mathrm{d}y$,则

$$\int_a^b \sin f(x)\mathrm{d}x = I_2 - I_1$$

$$0 < I_1 \leqslant \frac{1}{m}\int_{-\pi}^0 (-\sin y)\mathrm{d}y = \frac{2}{m}, \quad 0 < I_2 \leqslant \frac{1}{m}\int_0^\pi \sin y\mathrm{d}y = \frac{2}{m}$$

$$\Rightarrow \qquad \left| \int_a^b \sin f(x)\mathrm{d}x \right| = |I_2 - I_1| < \frac{2}{m}$$

(2) 当 $-\pi \leqslant f(a) < f(b) \leqslant 0$ 时，$\left|\int_a^b \sin f(x)\mathrm{d}x\right| \leqslant I_1 \leqslant \dfrac{2}{m}$.

(3) 当 $0 \leqslant f(a) < f(b) \leqslant \pi$ 时，$\left|\int_a^b \sin f(x)\mathrm{d}x\right| \leqslant I_2 \leqslant \dfrac{2}{m}$.

综上，可得 $\left|\int_a^b \sin f(x)\mathrm{d}x\right| \leqslant \dfrac{2}{m}$.

点评　本题在作换元变换时，被积函数中出现反函数的导数，为保证可积性，函数 $f^{-1}(x)$ 须连续可微，故 $f(x)$ 须连续可微，只可微是不够的. 这里编者对原题条件作了修改.

例 3.73（全国 2015 年初赛题）　已知 $f(x)$ 在 $[0,1]$ 上连续，且
$$\int_0^1 f(x)\mathrm{d}x = 0, \quad \int_0^1 xf(x)\mathrm{d}x = 1$$
(1) 证明：$\exists \xi \in [0,1]$，使得 $|f(\xi)| > 4$；

(2) 证明：$\exists \eta \in [0,1]$，使得 $|f(\eta)| = 4$.

解析　(1) 用反证法. 假设 $\forall x \in [0,1]$，恒有 $|f(x)| \leqslant 4$，于是有不等式
$$\left|x - \dfrac{1}{2}\right| \cdot |f(x)| \leqslant 4\left|x - \dfrac{1}{2}\right|$$

因为 $f(x) \in \mathscr{C}[0,1]$，应用积分中值定理，必 $\exists c \in (0,1)$，使得 $\int_0^1 f(x)\mathrm{d}x = f(c) = 0$. 又因为 $\lim\limits_{x\to c} |f(x)| = |f(c)| = 0 < 4$，则应用极限的保号性，必 $\exists \delta > 0$，使得 $\forall x \in X = (c-\delta, c+\delta) \subset (0,1)$ 有 $|f(x)| < 4$. 在区间 X 中显然 $\exists x_1 \neq \dfrac{1}{2}$，使得 $|f(x_1)| < 4$，因此有
$$\left|x_1 - \dfrac{1}{2}\right| \cdot |f(x_1)| < 4\left|x_1 - \dfrac{1}{2}\right|$$
应用定积分的严格保号性，得
$$\begin{aligned}
1 &= \int_0^1 xf(x)\mathrm{d}x - \dfrac{1}{2}\int_0^1 f(x)\mathrm{d}x = \int_0^1 \left(x - \dfrac{1}{2}\right)f(x)\mathrm{d}x \\
&\leqslant \int_0^1 \left|x - \dfrac{1}{2}\right| |f(x)|\mathrm{d}x < 4\int_0^1 \left|x - \dfrac{1}{2}\right|\mathrm{d}x \\
&= 4\left(\int_0^{\frac{1}{2}} \left(\dfrac{1}{2} - x\right)\mathrm{d}x + \int_{\frac{1}{2}}^1 \left(x - \dfrac{1}{2}\right)\mathrm{d}x\right) = 4\left(\dfrac{1}{8} + \dfrac{1}{8}\right) = 1
\end{aligned}$$
由此可得 $1 < 1$，此为矛盾式. 所以 $\exists \xi \in [0,1]$，使得 $|f(\xi)| > 4$.

(2) 由上面 (1) 有 $|f(c)| = 0$，$|f(\xi)| > 4$，由于 $|f(x)| \in \mathscr{C}[0,1]$，应用介值定理，必 $\exists \eta \in [0,1]$，使得 $|f(\eta)| = 4$.

例 3.74（精选题）　设 $f(x) \in \mathscr{C}^{(2)}[0,1]$，$f(0) = f(1) = 0$，$\forall x \in (0,1)$ 有 $f(x) \neq 0$，且函数 $\dfrac{f''(x)}{f(x)}$ 在 $[0,1]$ 上可积，求证：$\int_0^1 \left|\dfrac{f''(x)}{f(x)}\right|\mathrm{d}x > 4$.

解析　由于 $f(x) \in \mathscr{C}[0,1]$，且 $f(x) \neq 0 (x \in (0,1))$，所以 $f(x)$ 在 $(0,1)$ 上

不变号,不妨设 $f(x) > 0(x \in (0,1))$. 应用最值定理,必 $\exists x_0 \in (0,1)$,使得

$$f(x_0) = \max_{0 \leqslant x \leqslant 1} f(x) > 0$$

因此 $\forall x \in (0,1)$,有 $\dfrac{|f''(x)|}{f(x)} \geqslant \dfrac{|f''(x)|}{f(x_0)}$. 又 $f'(x) \in \mathscr{C}[0,1]$,对 $f(x)$ 分别在区间 $[0,x_0]$ 与 $[x_0,1]$ 上应用拉格朗日中值定理,必 $\exists \alpha \in (0,x_0)$, $\beta \in (x_0,1)$,使得

$$f(x_0) - f(0) = f'(\alpha)x_0, \quad f(1) - f(x_0) = f'(\beta)(1 - x_0)$$

$\Rightarrow \qquad\qquad f'(\alpha) = \dfrac{f(x_0)}{x_0} > 0, \quad f'(\beta) = \dfrac{f(x_0)}{x_0 - 1} < 0$

再对 $f'(x)$ 在区间 $[\alpha, \beta]$ 上应用拉格朗日中值定理,必 $\exists c \in (\alpha, \beta) \subset (0,1)$,使得

$$f''(c) = \frac{f'(\beta) - f'(\alpha)}{\beta - \alpha} < 0$$

因为 $\lim\limits_{x \to c} f''(x) = f''(c) < 0$,应用极限的保号性,必 $\exists \delta > 0$,使得 $\forall x \in X = (c - \delta, c + \delta) \subset (0,1)$ 有 $f''(x) < 0$,因此 $f'(x)$ 在 X 上严格单调减少.

下面证明:必 $\exists x_1 \in X$,使得 $f(x_1) < f(x_0)$. (反证) 若 $f(x) \equiv f(x_0)(x \in X)$,则 $f'(x) \equiv 0(x \in X)$,此与 $f'(x)$ 在 X 上严格单调减少矛盾. 于是 $\exists x_1 \in X$,有

$$f(x_1) < f(x_0), \ f''(x_1) < 0 \ \Rightarrow \ \frac{|f''(x_1)|}{f(x_1)} > \frac{|f''(x_1)|}{f(x_0)}$$

由于函数 $\dfrac{f''(x)}{f(x)}$ 在 $[0,1]$ 上可积,所以 $\left|\dfrac{f''(x)}{f(x)}\right|$ 在 $[0,1]$ 上可积,应用定积分的严格保号性,得

$$\int_0^1 \left|\frac{f''(x)}{f(x)}\right| \mathrm{d}x = \int_0^1 \frac{|f''(x)|}{f(x)} \mathrm{d}x > \int_0^1 \frac{|f''(x)|}{f(x_0)} \mathrm{d}x = \frac{1}{f(x_0)} \int_0^1 |f''(x)| \mathrm{d}x$$

$$\geqslant \frac{1}{f(x_0)} \int_\alpha^\beta |f''(x)| \mathrm{d}x \geqslant \frac{1}{f(x_0)} \left|\int_\alpha^\beta f''(x) \mathrm{d}x\right|$$

$$= \frac{1}{f(x_0)} |f'(\beta) - f'(\alpha)| = \frac{1}{f(x_0)} \left|\frac{f(x_0)}{x_0 - 1} - \frac{f(x_0)}{x_0}\right|$$

$$= \left|\frac{1}{x_0 - 1} - \frac{1}{x_0}\right| = \frac{1}{x_0(1 - x_0)}$$

因为 $x(1 - x)$ 在 $x = \dfrac{1}{2}$ 时取极大值 $\dfrac{1}{4}$,所以 $\dfrac{1}{x_0(1 - x_0)} \geqslant 4$,代入上式即得

$$\int_0^1 \left|\frac{f''(x)}{f(x)}\right| \mathrm{d}x > 4$$

点评 本题如果是证明不等式 $\int_0^1 \left|\dfrac{f''(x)}{f(x)}\right| \mathrm{d}x \geqslant 4$,难度会小很多. 而为了证明严格不等式,需找到一点 $x_1 \in (0,1)$,使得 $f(x_1) < f(x_0)$ 且 $f''(x_1) \neq 0$,这是本题的难点,费了不少笔墨.

例 3.75(精选题) 设函数 $f(x)$ 在区间 $[a,b]$ 上可导且 $f'(x)$ 单调减少,如果 $f(x) > 0$,求证: $\max\limits_{a \leqslant x \leqslant b} f(x) < \dfrac{2}{b-a} \int_a^b f(x) \mathrm{d}x$.

解析　由于 $f(x)$ 在区间 $[a,b]$ 上可导,所以 $f(x)$ 在区间 $[a,b]$ 上连续,应用最值定理,必存在 $x_0 \in [a,b]$,使得 $f(x_0) = \max\limits_{a \leqslant x \leqslant b} f(x)$.

任取 $x \in [a,b]$,当 $a \leqslant x \leqslant x_0$ 时,应用拉格朗日中值定理,必 $\exists \xi \in [x,x_0]$,使得
$$f(x_0) - f(x) = f'(\xi)(x_0 - x) \leqslant f'(x)(x_0 - x) \quad (\text{因 } f'(\xi) \leqslant f'(x))$$
当 $x_0 \leqslant x \leqslant b$ 时,应用拉格朗日中值定理,必 $\exists \eta \in [x_0, x]$,使得
$$f(x_0) - f(x) = f'(\eta)(x_0 - x) \leqslant f'(x)(x_0 - x) \quad (\text{因 } f'(\eta) \geqslant f'(x))$$
于是 $\forall x \in [a,b]$,总有
$$f(x_0) - f(x) \leqslant f'(x)(x_0 - x)$$
上式两边在 $[a,b]$ 上积分,运用定积分的保号性与分部积分法,得

$$f(x_0)(b-a) - \int_a^b f(x)\mathrm{d}x$$
$$\leqslant \int_a^b f'(x)(x_0 - x)\mathrm{d}x = \int_a^b (x_0 - x)\mathrm{d}f(x)$$
$$= (x_0 - x)f(x)\Big|_a^b + \int_a^b f(x)\mathrm{d}x$$
$$= (x_0 - b)f(b) - (x_0 - a)f(a) + \int_a^b f(x)\mathrm{d}x \qquad (*)$$

又因为 $f(a) > 0, f(b) > 0, x_0 \in [a,b]$,所以 $(x_0 - b)f(b) - (x_0 - a)f(a) < 0$,由此 $(*)$ 式化为

$$f(x_0) = \max\limits_{a \leqslant x \leqslant b} f(x) < \frac{2}{b-a}\int_a^b f(x)\mathrm{d}x$$

例 3.76(莫斯科大学 1977 年竞赛题)　设函数 $f(x)$ 在区间 $[a,b]$ 上连续可导,且 $f(a) = f(b) = 0$,求证:

$$\int_a^b |f(x)|\,\mathrm{d}x \leqslant \frac{(b-a)^2}{4} \max\limits_{a \leqslant x \leqslant b} |f'(x)|$$

解析　因为 $|f'(x)|$ 在 $[a,b]$ 上连续,由最值定理,必存在 $M = \max\limits_{a \leqslant x \leqslant b} |f'(x)|$.再对任意的 $x \in (a,b)$,分别在区间 $[a,x]$ 与 $[x,b]$ 上应用拉格朗日中值定理,必存在 $\xi \in (a,x), \eta \in (x,b)$,使得
$$f(x) = f(x) - f(a) = f'(\xi)(x-a) \Rightarrow |f(x)| = |f'(\xi)|(x-a) \leqslant M(x-a)$$
$$f(x) = f(x) - f(b) = f'(\eta)(x-b) \Rightarrow |f(x)| = |f'(\eta)|(b-x) \leqslant M(b-x)$$
则应用定积分的可加性与保号性,$\forall x \in (a,b)$,可得
$$\int_a^b |f(x)|\mathrm{d}x = \int_a^x |f(x)|\mathrm{d}x + \int_x^b |f(x)|\mathrm{d}x$$
$$\leqslant M\int_a^x (x-a)\mathrm{d}x + M\int_x^b (b-x)\mathrm{d}x$$

$$= \frac{1}{2} M\left[(x-a)^2 + (b-x)^2\right]$$

记 $g(x) = (x-a)^2 + (b-x)^2$，由 $g'(x) = 2(2x-a-b) = 0$ 得驻点 $x_0 = \dfrac{a+b}{2}$，

由于 $g''(x_0) = 4 > 0$，所以 $g(x_0) = \dfrac{1}{2}(b-a)^2$ 是 $g(x)$ 在区间 $[a,b]$ 上的最小值.

因此

$$\int_a^b |f(x)|\, dx \leqslant \frac{1}{2} M g(x_0) = \frac{1}{4} M(b-a)^2 = \frac{1}{4}(b-a)^2 \max_{a \leqslant x \leqslant b} |f'(x)|$$

点评　上面三题都是从最值定理入手，然后灵活运用拉格朗日中值定理、定积分的保号性或严格保号性、绝对值积分性质等多个知识点，难度较大.

例 3.77（东南大学 2018 年竞赛题）　设函数 $f:[0,1] \to \mathbf{R}$ 有连续的导数，且 $\int_0^1 f(x)\, dx = 0$，证明：$\forall a \in [0,1]$，有 $\left| \int_0^a f(x)\, dx \right| \leqslant \dfrac{1}{8} \max_{0 \leqslant x \leqslant 1} |f'(x)|$.

解析　令 $F(x) = \int_0^x f(t)\, dt$，$x \in [0,1]$，则 $F(0) = F(1) = 0$，$F'(x) = f(x)$，$F''(x) = f'(x)$. 又由于 $|F(x)| \in \mathscr{C}[0,1]$，应用最值定理，必存在 $x_0 \in (0,1)$，使得 $|F(x_0)| = \max_{0 \leqslant x \leqslant 1} |F(x)|$，且 $F'(x_0) = 0$.

应用函数 $F(x)$ 在 x_0 点的一阶泰勒展式，在 x_0 与 x 之间必存在 ξ，使得

$$F(x) = F(x_0) + F'(x_0)(x-x_0) + \frac{1}{2} F''(\xi)(x-x_0)^2$$

$$= F(x_0) + \frac{1}{2} f'(\xi)(x-x_0)^2$$

在上式中分别取 $x = 0$ 与 $x = 1$，得

$$F(x_0) + \frac{1}{2} f'(\xi_1) x_0^2 = 0 \tag{1}$$

$$F(x_0) + \frac{1}{2} f'(\xi_2)(1-x_0)^2 = 0 \tag{2}$$

其中 $\xi_1 \in (0, x_0)$，$\xi_2 \in (x_0, 1)$. 又因为 $|f'(x)| \in \mathscr{C}[0,1]$，再次应用最值定理，必存在 $M > 0$，使得 $M = \max_{0 \leqslant x \leqslant 1} |f'(x)|$，则由 (1) 式和 (2) 式得

$$|F(x_0)| = \frac{1}{2} |f'(\xi_1)| x_0^2 \leqslant \frac{1}{2} M x_0^2 \tag{3}$$

$$|F(x_0)| = \frac{1}{2} |f'(\xi_2)|(1-x_0)^2 \leqslant \frac{1}{2} M(1-x_0)^2 \tag{4}$$

当 $0 \leqslant x_0 \leqslant \dfrac{1}{2}$ 时，$\forall a \in [0,1]$，由 (3) 式得

$$\left| \int_0^a f(x)\, dx \right| \leqslant |F(x_0)| \leqslant \frac{1}{2} M x_0^2 \leqslant \frac{1}{8} M = \frac{1}{8} \max_{0 \leqslant x \leqslant 1} |f'(x)|$$

当 $\dfrac{1}{2} < x_0 \leqslant 1$ 时，$\forall a \in [0,1]$，由 (4) 式得

$$\left|\int_0^a f(x)\mathrm{d}x\right| \leqslant |F(x_0)| \leqslant \frac{1}{2}M(1-x_0)^2 \leqslant \frac{1}{8}M = \frac{1}{8}\max_{0\leqslant x\leqslant 1}|f'(x)|$$

例3.78(北京市 1990 年竞赛题) 已知函数 $f(x)$ 在区间 $[a,b]$ 上连续,并且对于 $t \in [0,1]$ 及 $x_1,x_2 \in [a,b]$ 满足

$$f(tx_1+(1-t)x_2) \leqslant tf(x_1)+(1-t)f(x_2)$$

证明:

$$f\left(\frac{a+b}{2}\right) \leqslant \frac{1}{b-a}\int_a^b f(x)\mathrm{d}x \leqslant \frac{1}{2}(f(a)+f(b))$$

解析 先证左边不等式. 记 $c = \dfrac{a+b}{2}$,应用定积分的可加性,得

$$\int_a^b f(x)\mathrm{d}x = \int_a^c f(x)\mathrm{d}x + \int_c^b f(x)\mathrm{d}x \qquad (*)$$

对 $(*)$ 式等号右边的第 2 个积分作积分换元变换,令 $x = 2c-t$,得

$$\int_c^b f(x)\mathrm{d}x = -\int_c^a f(2c-t)\mathrm{d}t = \int_a^c f(2c-t)\mathrm{d}t = \int_a^c f(2c-x)\mathrm{d}x$$

将上式代入 $(*)$ 式,再利用已知条件与定积分的保号性,得

$$\begin{aligned}
\int_a^b f(x)\mathrm{d}x &= \int_a^c f(x)\mathrm{d}x + \int_a^c f(2c-x)\mathrm{d}x \\
&= 2\int_a^c \frac{f(x)+f(2c-x)}{2}\mathrm{d}x \geqslant 2\int_a^c f\left(\frac{x+(2c-x)}{2}\right)\mathrm{d}x \\
&= 2\int_a^c f(c)\mathrm{d}x = 2f(c)(c-a) = f\left(\frac{a+b}{2}\right)(b-a)
\end{aligned}$$

上式两端除以 $(b-a)$,即得左边不等式成立.

再证右不等式. $\forall x \in [a,b]$,有 $x = \dfrac{b-x}{b-a}a + \dfrac{x-a}{b-a}b$,由已知条件与定积分的保号性得

$$\begin{aligned}
\int_a^b f(x)\mathrm{d}x &= \int_a^b f\left(\frac{b-x}{b-a}a + \frac{x-a}{b-a}b\right)\mathrm{d}x \leqslant \int_a^b \left(\frac{b-x}{b-a}f(a) + \frac{x-a}{b-a}f(b)\right)\mathrm{d}x \\
&= f(a)\int_a^b \frac{b-x}{b-a}\mathrm{d}x + f(b)\int_a^b \frac{x-a}{b-a}\mathrm{d}x = \frac{1}{2}(b-a)(f(a)+f(b))
\end{aligned}$$

上式两端除以 $(b-a)$,即得右边不等式成立.

例3.79(全国 2022 年考研题) 设函数 $f(x)$ 在 $(-\infty,+\infty)$ 上有二阶连续导数,证明: $f''(x) \geqslant 0$ 的充要条件是对任意不等实数 a,b 有

$$f\left(\frac{a+b}{2}\right) \leqslant \frac{1}{b-a}\int_a^b f(x)\mathrm{d}x$$

解析 已知 $f(x) \in \mathscr{C}^{(2)}(-\infty,+\infty)$,不妨设 $a < b$.

先证必要性. 设 $f''(x) \geqslant 0$,则 $f'(x)$ 单调增加. 令

$$F(x) = \int_a^x f(x)\mathrm{d}x - (x-a)f\left(\frac{a+x}{2}\right) \quad (a \leqslant x \leqslant b)$$

则 $F(a) = 0$. 上式求导得

$$F'(x) = f(x) - f\left(\frac{a+x}{2}\right) - \frac{1}{2}(x-a)f'\left(\frac{a+x}{2}\right)$$

对 $f(x)$ 在区间 $\left[\frac{a+x}{2}, x\right]$ 上应用拉格朗日中值定理,必 $\exists \xi \in \left[\frac{a+x}{2}, x\right]$,使得

$$F'(x) = f'(\xi)\left(x - \frac{a+x}{2}\right) - \frac{1}{2}(x-a)f'\left(\frac{a+x}{2}\right)$$

$$= \frac{1}{2}(x-a)\left[f'(\xi) - f'\left(\frac{a+x}{2}\right)\right] \geqslant 0$$

于是 $F(x)$ 单调增加,所以 $F(b) \geqslant F(a) = 0$,即

$$\int_a^b f(x)\mathrm{d}x \geqslant (b-a)f\left(\frac{a+b}{2}\right) \Leftrightarrow f\left(\frac{a+b}{2}\right) \leqslant \frac{1}{b-a}\int_a^b f(x)\mathrm{d}x$$

再证充分性. $\forall x \in \mathbf{R}, h > 0$,由已知条件有不等式

$$\frac{1}{2h}\int_{x-h}^{x+h} f(x)\mathrm{d}x - f\left(\frac{(x+h)+(x-h)}{2}\right) = \frac{1}{2h}\int_{x-h}^{x+h} f(x)\mathrm{d}x - f(x) \geqslant 0$$

$$\Rightarrow \quad \frac{1}{h^2}\left(\frac{1}{2h}\int_{x-h}^{x+h} f(x)\mathrm{d}x - f(x)\right) = \frac{\int_{x-h}^{x+h} f(x)\mathrm{d}x - 2hf(x)}{2h^3} \geqslant 0$$

应用洛必达法则与极限的保号性,得

$$\lim_{h \to 0^+} \frac{\int_{x-h}^{x+h} f(x)\mathrm{d}x - 2hf(x)}{2h^3} \overset{\frac{0}{0}}{=} \lim_{h \to 0^+} \frac{f(x+h)+f(x-h)-2f(x)}{6h^2}$$

$$\overset{\frac{0}{0}}{=} \lim_{h \to 0^+} \frac{f'(x+h)-f'(x-h)}{12h}$$

$$\overset{\frac{0}{0}}{=} \lim_{h \to 0^+} \frac{f''(x+h)+f''(x-h)}{12} = \frac{1}{6}f''(x) \geqslant 0$$

于是 $f''(x) \geqslant 0$.

例 3.80(北京市 2012 年竞赛题)   设函数 $f(x)$ 在闭区间 $[a,b]$ 上有连续的导数,且 $f(a) = 0$,试证明: $\int_a^b |f(x)f'(x)|\mathrm{d}x \leqslant \frac{b-a}{2}\int_a^b (f'(x))^2\mathrm{d}x$.

解析   令 $F(x) = \int_a^x |f'(t)|\mathrm{d}t (a \leqslant x \leqslant b)$,则 $F(a) = 0, F'(x) = |f'(x)|$,且

$$|f(x)| = \left|\int_a^x f'(t)\mathrm{d}t\right| \leqslant \int_a^x |f'(t)|\mathrm{d}t = F(x)$$

代入原式左边,并应用柯西-施瓦茨不等式,得

$$\int_a^b |f(x)f'(x)|\mathrm{d}x$$

$$\leqslant \int_a^b F(x)F'(x)\mathrm{d}x = \frac{1}{2}F^2(x)\bigg|_a^b = \frac{1}{2}F^2(b)$$

$$= \frac{1}{2} \left(\int_a^b |f'(x)| \, dx \right)^2 \leqslant \frac{1}{2} \int_a^b 1^2 \, dx \cdot \int_a^b (f'(x))^2 \, dx$$

$$= \frac{b-a}{2} \int_a^b (f'(x))^2 \, dx$$

例 3.81（东南大学 2019 年竞赛题）　设 $f(x)$ 和 $g(x)$ 在区间 $[0,1]$ 上连续，并且两函数同时单调增加或同时单调减少，证明：

$$\int_0^1 f(x)g(x) \, dx \geqslant \int_0^1 f(x) \, dx \cdot \int_0^1 g(x) \, dx$$

解析　应用积分中值定理，必存在 $\xi \in (0,1)$ 使得 $\int_0^1 g(x) \, dx = g(\xi)$. 因为

$$(f(x) - f(\xi))(g(x) - g(\xi)) \geqslant 0$$

所以

$$f(x)g(x) \geqslant f(\xi)g(x) + g(\xi)f(x) - f(\xi)g(\xi)$$

再应用定积分的保号性，上式两边在 $[0,1]$ 上积分，得

$$\int_0^1 f(x)g(x) \, dx \geqslant f(\xi) \int_0^1 g(x) \, dx + g(\xi) \int_0^1 f(x) \, dx - \int_0^1 f(\xi)g(\xi) \, dx$$

$$= f(\xi)g(\xi) + g(\xi) \int_0^1 f(x) \, dx - f(\xi)g(\xi)$$

$$= g(\xi) \int_0^1 f(x) \, dx = \int_0^1 f(x) \, dx \cdot \int_0^1 g(x) \, dx$$

例 3.82（精选题）　已知函数 $f(x)$ 二阶可导，$f''(x) \geqslant 0$，且 $g(x)$ 为连续函数，若 $a > 0$，求证：

$$\frac{1}{a} \int_0^a f(g(x)) \, dx \geqslant f\left(\frac{1}{a} \int_0^a g(x) \, dx \right)$$

解析　记 $x_0 = \frac{1}{a} \int_0^a g(x) \, dx$，函数 $f(x)$ 在 x_0 点的一阶泰勒展式为

$$f(x) = f(x_0) + f'(x_0)(x - x_0) + \frac{1}{2!} f''(\xi)(x - x_0)^2$$

$$\geqslant f(x_0) + f'(x_0)(x - x_0)$$

其中 ξ 介于 x 与 x_0 之间，且 $f''(\xi) \geqslant 0$. 在上式中取 $x = g(t)$ 得

$$f(g(t)) \geqslant f(x_0) + f'(x_0)(g(t) - x_0)$$

此式两边在 $[0,a]$ 上积分，应用定积分的保号性，得

$$\int_0^a f(g(t)) \, dt \geqslant a f(x_0) + f'(x_0) \left(\int_0^a g(t) \, dt - a x_0 \right)$$

$$= a f(x_0) + f'(x_0)(a x_0 - a x_0) = a f\left(\frac{1}{a} \int_0^a g(x) \, dx \right)$$

即

$$\frac{1}{a}\int_0^a f(g(x))\mathrm{d}x \geqslant f\Big(\frac{1}{a}\int_0^a g(x)\mathrm{d}x\Big)$$

例 3.83(全国 2021 年决赛题) 设 $f(x),g(x)$ 是 $[0,1] \to [0,1]$ 上的连续函数,且 $f(x)$ 单调增加,求证:$\int_0^1 f(g(x))\mathrm{d}x \leqslant \int_0^1 f(x)\mathrm{d}x + \int_0^1 g(x)\mathrm{d}x$.

解析 由于 $f(x) \in \mathscr{C}[0,1]$,$f:[0,1] \to [0,1]$,且单调增加,所以 $f(0)=0$,$f(1)=1$.令 $F(x)=f(x)-x(0 \leqslant x \leqslant 1)$,则 $F(0)=F(1)=0$.原不等式等价于

$$\int_0^1 [F(g(x))-F(x)-x]\mathrm{d}x \leqslant 0 \iff \int_0^1 F(x)\mathrm{d}x \geqslant \int_0^1 F(g(x))\mathrm{d}x - \frac{1}{2}$$
$$(*)_1$$

由于 $F(x) \in \mathscr{C}[0,1]$,应用最值定理,必 $\exists x_0 \in (0,1)$,使得 $F(x_0)=\max\limits_{0 \leqslant x \leqslant 1} F(x)$,记 $k=F(x_0)$.又因为 $f(x)$ 单调增加,所以

$$F(x)=f(x)-x \geqslant f(0)-x \geqslant -x$$
$$F(x)=f(x)-x \leqslant f(1)-x = 1-x$$

即 $-x \leqslant F(x) \leqslant 1-x$,考虑到 $F(0)=0$,故 $0 \leqslant k < 1$.

(1) 当 $k=0$ 时,由于 $F(x) \geqslant -x$,应用定积分的保号性,得

$$\int_0^1 F(x)\mathrm{d}x \geqslant \int_0^1 (-x)\mathrm{d}x = -\frac{1}{2} = \int_0^1 \max\limits_{0 \leqslant x \leqslant 1} F(x)\mathrm{d}x - \frac{1}{2}$$
$$\geqslant \int_0^1 F(g(x))\mathrm{d}x - \frac{1}{2}$$

(2) 当 $0 < k < 1$ 时,$0 < x_0 < 1$,应用定积分的可加性,得

$$\int_0^1 F(x)\mathrm{d}x = \int_0^{x_0} F(x)\mathrm{d}x + \int_{x_0}^1 F(x)\mathrm{d}x \qquad (*)_2$$

当 $x \in [0,x_0]$ 时,$F(x) \geqslant -x$,应用定积分的保号性,得

$$\int_0^{x_0} F(x)\mathrm{d}x \geqslant \int_0^{x_0} (-x)\mathrm{d}x = -\frac{1}{2}x^2 \Big|_0^{x_0} = -\frac{1}{2}x_0^2$$

当 $x \in [x_0,1]$ 时,$F(x)=f(x)-x \geqslant f(x_0)-x = k+x_0-x$,应用定积分的保号性,得

$$\int_{x_0}^1 F(x)\mathrm{d}x \geqslant \int_{x_0}^1 (k+x_0-x)\mathrm{d}x = (k+x_0)(1-x_0) - \frac{1}{2}(1-x_0^2)$$

将上述两个结论代入 $(*)_2$ 式得

$$\int_0^1 F(x)\mathrm{d}x = -\frac{1}{2}x_0^2 + (k+x_0)(1-x_0) - \frac{1}{2}(1-x_0^2)$$
$$= (k+x_0)(1-x_0) - \frac{1}{2} = k + x_0[(1-k)-x_0] - \frac{1}{2}$$

由于 $0 \leqslant k \leqslant 1-x_0$,所以 $x_0 \leqslant 1-k$,又 $x_0 > 0$,可得 $x_0[(1-k)-x_0] \geqslant 0$,则由上式可得

$$\int_0^1 F(x)\mathrm{d}x \geqslant k-\frac{1}{2} = \int_0^1 \max\limits_{0 \leqslant x \leqslant 1} F(x)\mathrm{d}x - \frac{1}{2} \geqslant \int_0^1 F(g(x))\mathrm{d}x - \frac{1}{2}$$

综上(1)与(2)的证明,得(＊)$_1$ 式成立,因此原不等式也成立.

点评　本题难度较高,在解析过程中,编者引进辅助函数 $F(x)$,将关于复合函数 $f(g(x))$ 的积分表达式化为关于函数 $F(x)$ 的积分表达式,大大降低了难度.

例 3.84(全国 2022 年初赛题)　证明:对任意正整数 n,恒有

$$\int_0^{\frac{\pi}{2}} x\left(\frac{\sin nx}{\sin x}\right)^4 \mathrm{d}x \leqslant \left(\frac{n^2}{4} - \frac{1}{8}\right)\pi^2$$

解析　当 $0 \leqslant x \leqslant \dfrac{\pi}{2}$ 时,首先证明不等式

$$|\sin nx| \leqslant n|\sin x| \qquad\qquad (＊)_n$$

因 $|\sin 2x| = 2|\sin x \cos x| \leqslant 2|\sin x|$,故(＊)$_2$ 式成立. 归纳假设(＊)$_n$ 式成立,则

$$|\sin(n+1)x| = |\sin nx \cos x + \cos nx \sin x|$$
$$\leqslant |\sin nx| + |\sin x| \leqslant (n+1)|\sin x|$$

此式表明(＊)$_{n+1}$ 式成立.据数学归纳法得 $|\sin nx| \leqslant n|\sin x|$ 对 $\forall n \geqslant 2$ 成立.

当 $n = 1$ 时,原式两边相等.下面设 $n \geqslant 2$,取 $k \in \mathbf{N}^*$ 且 $k \geqslant 2$,应用定积分的可加性,得

$$\int_0^{\frac{\pi}{2}} x\left(\frac{\sin nx}{\sin x}\right)^4 \mathrm{d}x = \int_0^{\frac{\pi}{2k}} x\left(\frac{\sin nx}{\sin x}\right)^4 \mathrm{d}x + \int_{\frac{\pi}{2k}}^{\frac{\pi}{2}} x\left(\frac{\sin nx}{\sin x}\right)^4 \mathrm{d}x \qquad (＊)$$

对(＊)式等号右边的第一项,应用不等式(＊)$_n$ 与积分的保号性,得

$$\int_0^{\frac{\pi}{2k}} x\left(\frac{\sin nx}{\sin x}\right)^4 \mathrm{d}x \leqslant \int_0^{\frac{\pi}{2k}} x\left(\frac{n\sin x}{\sin x}\right)^4 \mathrm{d}x = n^4 \int_0^{\frac{\pi}{2k}} x \mathrm{d}x = \frac{n^4 \pi^2}{8k^2}$$

对(＊)式等号右边的第二项,由于 $0 \leqslant x \leqslant \dfrac{\pi}{2}$ 时,显然有 $|\sin nx| \leqslant 1$,又因为曲线 $y = \sin x$ 是凸的,所以 $\sin x \geqslant \dfrac{2x}{\pi}$,应用积分的保号性,得

$$\int_{\frac{\pi}{2k}}^{\frac{\pi}{2}} x\left(\frac{\sin nx}{\sin x}\right)^4 \mathrm{d}x \leqslant \int_{\frac{\pi}{2k}}^{\frac{\pi}{2}} x\left(\frac{1}{2x/\pi}\right)^4 \mathrm{d}x = \frac{\pi^4}{2^4}\int_{\frac{\pi}{2k}}^{\frac{\pi}{2}} \frac{1}{x^3}\mathrm{d}x$$
$$= -\frac{\pi^4}{16}\cdot\frac{1}{2x^2}\bigg|_{\frac{\pi}{2k}}^{\frac{\pi}{2}} = \frac{k^2\pi^2}{8} - \frac{\pi^2}{8}$$

将上述两式代入(＊)式得

$$\int_0^{\frac{\pi}{2}} x\left(\frac{\sin nx}{\sin x}\right)^4 \mathrm{d}x \leqslant \frac{n^4\pi^2}{8k^2} + \frac{k^2\pi^2}{8} - \frac{\pi^2}{8} = \frac{\pi^2}{8}\left(\frac{n^4}{k^2} + k^2\right) - \frac{\pi^2}{8}$$

上式 $\forall k \geqslant 2$ 成立,又 $\dfrac{n^4}{k^2} + k^2 \geqslant 2\dfrac{n^2}{k}\cdot k = 2n^2$,且 $k = n$ 时 $\dfrac{n^4}{k^2} + k^2 = 2n^2$,所以

$$\int_0^{\frac{\pi}{2}} x\left(\frac{\sin nx}{\sin x}\right)^4 \mathrm{d}x \leqslant \min_{k\geqslant 2}\left[\frac{\pi^2}{8}\left(\frac{n^4}{k^2} + k^2\right) - \frac{\pi^2}{8}\right] = \left(\frac{n^2}{4} - \frac{1}{8}\right)\pi^2$$

3.2.8　积分等式的证明(例 3.85—3.89)

例 3.85(精选题)　设函数 $f(x)$ 在闭区间 $[a,b]$ 上具有连续的二阶导数,求

证：$\exists \xi \in (a,b)$，使得

$$\int_a^b f(x)\mathrm{d}x = (b-a)f\left(\frac{a+b}{2}\right) + \frac{1}{24}(b-a)^3 f''(\xi)$$

解析　函数 $f(x)$ 在 $x_0 = \dfrac{a+b}{2}$ 处的一阶泰勒展式为

$$f(x) = f(x_0) + f'(x_0)(x-x_0) + \frac{1}{2}f''(\eta)(x-x_0)^2$$

其中 η 介于 x 与 x_0 之间. 上式两边在 $[a,b]$ 上积分，由于 $\int_a^b (x-x_0)\mathrm{d}x = 0$，故

$$\int_a^b f(x)\mathrm{d}x = (b-a)f(x_0) + \frac{1}{2}\int_a^b f''(\eta)(x-x_0)^2\mathrm{d}x \qquad (*)$$

又 $f''(x) \in \mathscr{C}[a,b]$，应用最值定理，必 $\exists m = \min\limits_{x \in [a,b]} f''(x)$，$M = \max\limits_{x \in [a,b]} f''(x)$，有

$$m(x-x_0)^2 \leqslant f''(\eta)(x-x_0)^2 \leqslant M(x-x_0)^2$$

不妨设 $f''(x)$ 非常数，上式在区间 $[a,b]$ 上积分得

$$\frac{1}{12}m(b-a)^3 < \int_a^b f''(\eta)(x-x_0)^2\mathrm{d}x < \frac{1}{12}M(b-a)^3$$

$$\Leftrightarrow \qquad m < \frac{12}{(b-a)^3}\int_a^b f''(\eta)(x-x_0)^2\mathrm{d}x < M$$

再应用连续函数的介值定理，必 $\exists \xi \in (a,b)$，使得

$$f''(\xi) = \frac{12}{(b-a)^3}\int_a^b f''(\eta)(x-x_0)^2\mathrm{d}x$$

将上式恒等交形并与 $x_0 = \dfrac{a+b}{2}$ 代入 $(*)$ 式即得

$$\int_a^b f(x)\mathrm{d}x = (b-a)f\left(\frac{a+b}{2}\right) + \frac{1}{24}(b-a)^3 f''(\xi)$$

例 3.86（精选题）

(1) 设函数 $f(x)$ 在区间 $[a,b]$ 上二阶可导，求证：$\exists \xi \in (a,b)$，使得

$$\int_a^b f(x)\mathrm{d}x = (b-a)\frac{f(a)+f(b)}{2} - \frac{1}{12}(b-a)^3 f''(\xi)$$

(2) 设函数 $f(x)$ 在区间 $[a,b]$ 上二阶连续可导，且 $f'(a) = f'(b) = 0$，求证：$\exists \eta \in (a,b)$，使得

$$\int_a^b f(x)\mathrm{d}x = (b-a)\frac{f(a)+f(b)}{2} + \frac{1}{6}(b-a)^3 f''(\eta)$$

解析　(1) 应用 k 值法，记常数

$$k = \frac{-12}{(b-a)^3}\left(\int_a^b f(x)\mathrm{d}x - (b-a)\frac{f(a)+f(b)}{2}\right) \qquad (*)_1$$

令

$$F(x) = \int_a^x f(t)\mathrm{d}t - (x-a)\frac{f(a)+f(x)}{2} + \frac{1}{12}(x-a)^3 k$$

则 $F(b)=0$,且 $F(x)$ 在区间 $[a,b]$ 上二阶可导. 又因为 $F(a)=0$,应用罗尔定理, 必 $\exists c \in (a,b)$,使得 $F'(c)=0$. 由于 $F'(x) \in \mathscr{C}[a,b]$,且

$$F'(x)=f(x)-\frac{f(a)+f(x)}{2}-\frac{x-a}{2}f'(x)+\frac{1}{4}(x-a)^2 k$$

显然 $F'(a)=0$,再在区间 $[a,c]$ 上应用罗尔定理,必 $\exists \xi \in (a,c) \subset (a,b)$,使得 $F''(\xi)=0$. 由于

$$F''(x)=f'(x)-\frac{1}{2}f'(x)-\frac{1}{2}f'(x)-\frac{1}{2}(x-a)f''(x)+\frac{1}{2}(x-a)k$$

$$=-\frac{1}{2}(x-a)f''(x)+\frac{1}{2}(x-a)k$$

所以 $F''(\xi)=\frac{1}{2}(\xi-a)(-f''(\xi)+k)=0$. 又因为 $\xi-a \neq 0$,所以 $k=f''(\xi)$,将其代入 $(*)_1$ 式并恒等变形即得要求证的等式.

(2) 由 $f'(a)=f'(b)=0$,可得函数 $f(x)$ 在 $x=a$ 与 $x=b$ 处的一阶泰勒展式分别为

$$f(x)=f(a)+\frac{1}{2}f''(\eta_1)(x-a)^2 \quad 与 \quad f(x)=f(b)+\frac{1}{2}f''(\eta_2)(x-b)^2$$

这里 $\eta_1 \in (a,x), \eta_2 \in (x,b)$. 上行两式相加得

$$f(x)=\frac{f(a)+f(b)}{2}+\frac{1}{4}[f''(\eta_1)(x-a)^2+f''(\eta_2)(x-b)^2]$$

此式在区间 $[a,b]$ 上积分得

$$\int_a^b f(x)\mathrm{d}x=(b-a)\frac{f(a)+f(b)}{2}$$
$$+\frac{1}{4}\int_a^b[f''(\eta_1)(x-a)^2+f''(\eta_2)(x-b)^2]\mathrm{d}x \qquad (*)_2$$

又 $f''(x) \in \mathscr{C}[a,b]$,应用最值定理,必 $\exists m=\min_{x \in [a,b]}f''(x), M=\max_{x \in [a,b]}f''(x)$,有

$$m[(x-a)^2+(x-b)^2] \leqslant f''(\eta_1)(x-a)^2+f''(\eta_2)(x-b)^2$$
$$\leqslant M[(x-a)^2+(x-b)^2]$$

不妨设 $f''(x)$ 非常值,上式在区间 $[a,b]$ 上积分,应用定积分的严格保号性得

$$\frac{2}{3}m(b-a)^3 < \int_a^b[f''(\eta_1)(x-a)^2+f''(\eta_2)(x-b)^2]\mathrm{d}x < \frac{2}{3}M(b-a)^3$$

$$\Leftrightarrow \qquad m < \frac{3}{2(b-a)^3}\int_a^b[f''(\eta_1)(x-a)^2+f''(\eta_2)(x-b)^2]\mathrm{d}x < M$$

再应用连续函数的介值定理,必 $\exists \eta \in (a,b)$,使得

$$f''(\eta)=\frac{3}{2(b-a)^3}\int_a^b[f''(\eta_1)(x-a)^2+f''(\eta_2)(x-b)^2]\mathrm{d}x$$

将上式恒等变形再代入 $(*)_2$ 式即得要求证的等式.

例 3.87(江苏省 2020 年竞赛题)   设 $f(x)$ 在 $[a,b]$ 上可导,且 $f'(x) \neq 0$.

(1) 证明:至少存在一点 $\xi \in (a,b)$,使得

$$\int_a^b f(x)\mathrm{d}x = f(b)(\xi-a) + f(a)(b-\xi)$$

(2) 对 (1) 中的 ξ, 求 $\lim\limits_{b\to a^+} \dfrac{\xi-a}{b-a}$.

解析 (1) 首先用反证法证明: $\forall x \in [a,b]$, 有 $f'(x) > 0$(或 < 0). 否则, $\exists x_1, x_2 \in [a,b]$, 使得 $f'(x_1) > 0, f'(x_2) < 0$. 不妨设 $x_1 < x_2$, 于是在点 x_1 的右邻域中存在点 $x_1'(<x_2)$, 使得 $f(x_1) < f(x_1')$, 在点 $x=x_2$ 的左邻域中存在点 $x_2'(>x_1)$, 使得 $f(x_2') > f(x_2)$, 因此 $\exists x_0 \in (x_1, x_2)$, 使得

$$f(x_0) = \max\{f(x) \mid x \in [x_1, x_2]\}$$

因为 $f(x)$ 在点 x_0 处可导, 应用费马定理可得 $f'(x_0) = 0$, 此与条件矛盾. 不妨设 $\forall x \in [a,b], f'(x) > 0$, 则 $f(x)$ 在 $[a,b]$ 上单调增加, 记

$$F(x) = \int_a^b f(x)\mathrm{d}x - f(b)(x-a) - f(a)(b-x)$$

由于 $f(a) < f(x) < f(b)(x \in (a,b))$, 应用定积分的保号性, 得

$$F(a) = \int_a^b f(x)\mathrm{d}x - f(a)(b-a) = \int_a^b (f(x)-f(a))\mathrm{d}x > 0$$

$$F(b) = \int_a^b f(x)\mathrm{d}x - f(b)(b-a) = \int_a^b (f(x)-f(b))\mathrm{d}x < 0$$

又 $F(x) \in \mathscr{C}[a,b]$, 应用零点定理, 必 $\exists \xi \in (a,b)$, 使得 $F(\xi) = 0$, 即原式成立.

(2) 由 (1) 得

$$\frac{\xi-a}{b-a} = \left[\frac{\int_a^b f(x)\mathrm{d}x + af(b) - bf(a)}{f(b)-f(a)} - a\right] \cdot \frac{1}{b-a}$$

$$= \left(\frac{f(b)-f(a)}{b-a}\right)^{-1} \cdot \frac{\int_a^b f(x)\mathrm{d}x - f(a)(b-a)}{(b-a)^2}$$

令 $b \to a^+$, 上式两端求极限, 应用右导数的定义与洛必达法则, 得

$$\lim_{b\to a^+} \frac{\xi-a}{b-a} = \lim_{x\to a^+} \left(\frac{f(x)-f(a)}{x-a}\right)^{-1} \cdot \frac{\int_a^x f(t)\mathrm{d}t - f(a)(x-a)}{(x-a)^2}$$

$$= \frac{1}{f_+'(a)} \cdot \lim_{x\to a^+} \frac{f(x)-f(a)}{2(x-a)} = \frac{f_+'(a)}{2f_+'(a)} = \frac{1}{2}$$

例 3.88(东南大学 2015 年竞赛题) 设 $f(x)$ 在 $[a,b]$ 上连续, 且 $f(x)$ 非负并单调增加, 若存在 $x_n \in [a,b]$, 使得

$$(f(x_n))^n = \frac{1}{b-a}\int_a^b (f(x))^n\mathrm{d}x$$

试求 $\lim\limits_{n\to\infty} x_n$.

解析 作积分换元变换, 令 $x = a + (b-a)t$, 则

$$(f(x_n))^n = \frac{1}{b-a}\int_a^b (f(x))^n \mathrm{d}x = \int_0^1 (f(a+(b-a)t))^n \mathrm{d}t$$

函数 $f(a+(b-a)t)$ 在 $[0,1]$ 上连续、非负且单调增加，$\forall \varepsilon \in (0,1)$，则有

$$(f(x_n))^n = \int_0^1 (f(a+(b-a)t))^n \mathrm{d}t \geqslant \int_{1-\frac{\varepsilon}{2}}^1 (f(a+(b-a)t))^n \mathrm{d}t$$

$$\geqslant \left[f\left(a+(b-a)\left(1-\frac{\varepsilon}{2}\right)\right)\right]^n \frac{\varepsilon}{2}$$

记 $q = \dfrac{f(a+(b-a)(1-\varepsilon))}{f\left(a+(b-a)\left(1-\frac{\varepsilon}{2}\right)\right)}$，则 $0<q<1$，$\lim\limits_{n\to\infty} q^n = 0$，所以 $\exists N \in \mathbf{N}^*$（$\varepsilon$ 越小，

N 越大），当 $n>N$ 时 $0<q^n<\dfrac{\varepsilon}{2}$. 于是 $n>N$ 时

$$(f(x_n))^n \geqslant \left[f\left(a+(b-a)\left(1-\frac{\varepsilon}{2}\right)\right)\right]^n \frac{\varepsilon}{2} > \left[f(a+(b-a)(1-\varepsilon))\right]^n$$

由于 $f(x)$ 单调增加，因此当 $n>N$ 时有

$$a+(b-a)(1-\varepsilon) < x_n \leqslant b$$

又由 $\varepsilon>0$ 的任意性，即得 $\lim\limits_{n\to\infty} x_n = b$.

例 3.89（北京市 2009 年竞赛题）　利用定积分证明恒等式：

$$C_n^1 - \frac{1}{2}C_n^2 + \cdots + (-1)^{n+1}\frac{1}{n}C_n^n = 1 + \frac{1}{2} + \cdots + \frac{1}{n}$$

解析　由于 $1-(1-x)^n = (1-(1-x))\sum\limits_{k=0}^{n-1}(1-x)^k = x\sum\limits_{k=0}^{n-1}(1-x)^k$，故

$$\int_0^1 \frac{1-(1-x)^n}{x}\mathrm{d}x = \sum_{k=0}^{n-1}\int_0^1 (1-x)^k \mathrm{d}x \qquad (*)$$

又

$$\int_0^1 \frac{1-(1-x)^n}{x}\mathrm{d}x = \int_0^1 \left(\frac{1}{x}\left(1-\sum_{k=0}^n C_n^k (-1)^k x^k\right)\right)\mathrm{d}x$$

$$= \sum_{k=1}^n C_n^k (-1)^{k+1}\int_0^1 x^{k-1}\mathrm{d}x$$

$$= \sum_{k=1}^n C_n^k (-1)^{k+1}\frac{1}{k}$$

$$= C_n^1 - \frac{1}{2}C_n^2 + \cdots + (-1)^{n+1}\frac{1}{n}C_n^n$$

$$\sum_{k=0}^{n-1}\int_0^1 (1-x)^k \mathrm{d}x = -\sum_{k=0}^{n-1}\frac{(1-x)^{k+1}}{k+1}\Big|_0^1 = \sum_{k=0}^{n-1}\frac{1}{k+1} = 1 + \frac{1}{2} + \cdots + \frac{1}{n}$$

将上面两式的结论代入 $(*)$ 式，即得原恒等式成立.

3.2.9　定积分在几何上的应用（例 3.90—3.100）

例 3.90（江苏省 2000 年竞赛题）　过抛物线 $y=x^2$ 上一点 (a,a^2) 作切线，问

a 为何值时所作切线与抛物线 $y = -x^2 + 4x - 1$ 所围成的图形面积最小?

解析 由题意可得抛物线 $y = x^2$ 在 (a, a^2) 处的切线方程为 $y - a^2 = 2a(x - a)$,即 $y = 2ax - a^2$. 令 $\begin{cases} y = 2ax - a^2, \\ y = -x^2 + 4x - 1 \end{cases} \Rightarrow x^2 + 2(a-2)x + 1 - a^2 = 0$,设此方程的两个解为 $x_1, x_2 (x_1 < x_2)$,则

$$x_1 \cdot x_2 = 1 - a^2, \quad x_1 + x_2 = 2(2 - a)$$

$$x_2 - x_1 = 2\sqrt{2a^2 - 4a + 3}$$

设抛物线 $y = -x^2 + 4x - 1$ 下方、切线上方图形的面积为 S,则

$$S = \int_{x_1}^{x_2} (-x^2 + 4x - 1 - 2ax + a^2) \mathrm{d}x$$

$$= (x_2 - x_1)\left[-\frac{1}{3}((x_1 + x_2)^2 - x_1 x_2) + (2 - a)(x_1 + x_2) + a^2 - 1 \right]$$

$$= (x_2 - x_1)\frac{2}{3}(2a^2 - 4a + 3) = \frac{4}{3}(2a^2 - 4a + 3)^{\frac{3}{2}}$$

$$S' = 2(2a^2 - 4a + 3)^{\frac{1}{2}}(4a - 4)$$

令 $S' = 0$,解得惟一驻点 $a = 1$,且 $a < 1$ 时 $S' < 0$,$a > 1$ 时 $S' > 0$,所以 $a = 1$ 为极小值点,即最小值点. 于是 $a = 1$ 时切线与抛物线所围面积最小.

例 3.91(东南大学 2021 年竞赛题) 设曲线 C 的极坐标方程为 $\rho = \rho(\theta)(0 \leqslant \theta \leqslant \pi)$,其中 $\rho(\theta)$ 是 $[0, \pi]$ 上的连续函数,且 C 上任意两点之间的距离不超过 1,证明:由曲线 C 与射线 $\theta = 0, \theta = \pi$ 围成的扇形面积 $S \leqslant \frac{\pi}{4}$.

解析 应用极坐标下扇形面积的计算公式,得

$$S = \frac{1}{2}\int_0^\pi \rho^2(\theta) \mathrm{d}\theta = \frac{1}{2}\int_0^{\frac{\pi}{2}} \rho^2(\theta) \mathrm{d}\theta + \frac{1}{2}\int_{\frac{\pi}{2}}^\pi \rho^2(\theta) \mathrm{d}\theta \qquad (*)$$

在 $(*)$ 式右端的第二个积分中令 $\theta = t + \frac{\pi}{2}$,则

$$\int_{\frac{\pi}{2}}^\pi \rho^2(\theta) \mathrm{d}\theta = \int_0^{\frac{\pi}{2}} \rho^2\left(t + \frac{\pi}{2}\right) \mathrm{d}t = \int_0^{\frac{\pi}{2}} \rho^2\left(\theta + \frac{\pi}{2}\right) \mathrm{d}\theta$$

将此式代入 $(*)$ 式得

$$S = \frac{1}{2}\int_0^{\frac{\pi}{2}} \rho^2(\theta) \mathrm{d}\theta + \frac{1}{2}\int_0^{\frac{\pi}{2}} \rho^2\left(\theta + \frac{\pi}{2}\right) \mathrm{d}\theta = \frac{1}{2}\int_0^{\frac{\pi}{2}} \left[\rho^2(\theta) + \rho^2\left(\theta + \frac{\pi}{2}\right) \right] \mathrm{d}\theta$$

由于 $\rho(\theta), \rho\left(\theta + \frac{\pi}{2}\right)$ 是直角三角形的两条直角边长,应用勾股定理得直角三角形的斜边长为 $\sqrt{\rho^2(\theta) + \rho^2\left(\theta + \frac{\pi}{2}\right)}$,于是 $\rho^2(\theta) + \rho^2\left(\theta + \frac{\pi}{2}\right) \leqslant 1$,因此

$$S = \frac{1}{2}\int_0^{\frac{\pi}{2}} \left[\rho^2(\theta) + \rho^2\left(\theta + \frac{\pi}{2}\right) \right] \mathrm{d}\theta \leqslant \frac{1}{2}\int_0^{\frac{\pi}{2}} 1 \mathrm{d}\theta = \frac{\pi}{4}$$

例 3.92(全国 2022 年初赛补赛题) 设曲线 $C: x^3 + y^3 - \frac{3}{2}xy = 0$. (1) 已知

曲线 C 存在渐近线,求其渐近线的方程;(2) 求由曲线 C 所围成的平面图形的面积.

解析　(1) 因为曲线 C 的渐近线存在,故极限 $\lim\limits_{x\to\pm\infty}\dfrac{y}{x}=k$ 与 $\lim\limits_{x\to\pm\infty}(y-kx)=b$

皆存在. 在等式 $1+\left(\dfrac{y}{x}\right)^3=\dfrac{3}{2x}\cdot\dfrac{y}{x}$ 两边令 $x\to\pm\infty$ 得 $1+k^3=0$,所以

$$\lim_{x\to\pm\infty}\frac{y}{x}=k=-1$$

$$b=\lim_{x\to\pm\infty}(y+x)=\lim_{x\to\pm\infty}\frac{3xy}{2(x^2-xy+y^2)}$$

$$=\lim_{x\to\pm\infty}\frac{3y/x}{2(1-y/x+(y/x)^2)}=-\frac{1}{2}$$

因此曲线 C 的渐近线的方程为 $y=kx+b=-x-\dfrac{1}{2}$.

(2) 记 $F(x,y)=x^3+y^3-\dfrac{3}{2}xy=0$. 显然 $F(y,x)=F(x,y)$,所以曲线 C 关

于直线 $y=x$ 对称. 原式化为极坐标方程为

$$\rho(\theta)=\frac{3\sin\theta\cos\theta}{2(\sin^3\theta+\cos^3\theta)}=\frac{3\sin2\theta}{4\sqrt{2}\sin(\theta+\pi/4)}\cdot\frac{1}{1-(\sin2\theta)/2}$$

其中 $1-\dfrac{\sin2\theta}{2}>0\,(\forall\theta\in[0,2\pi])$. 当 θ 从 0 增大到 $\dfrac{5\pi}{4}$ 时,根据 $\sin2\theta,\sin(\theta+\pi/4)$

在每个区间内的符号可得出 $\rho(\theta)$ 的变化情况(见下表):

θ	0	$\left(0,\dfrac{\pi}{4}\right)$	$\dfrac{\pi}{4}$	$\left(\dfrac{\pi}{4},\dfrac{\pi}{2}\right)$	$\dfrac{\pi}{2}$	$\left(\dfrac{\pi}{2},\dfrac{3\pi}{4}\right)$	$\dfrac{3\pi}{4}$	$\left(\dfrac{3\pi}{4},\pi\right)$	π	$\left(\pi,\dfrac{5\pi}{4}\right)$	$\dfrac{5\pi}{4}$
$\rho(\theta)$	0	>0	$\dfrac{3}{4}\sqrt{2}$	>0	0	<0	∞	>0	0	<0	$-\dfrac{3}{4}\sqrt{2}$

其中 $\theta\in\left(\dfrac{\pi}{2},\dfrac{3\pi}{4}\right)\cup\left(\pi,\dfrac{5\pi}{4}\right)$ 时,$\rho(\theta)<0$,表示在对

应的区域上曲线 C 不存在. 曲线 C 的图形参见右图.

应用极坐标计算,曲线 C 所围图形的面积为

$$S=2\cdot\frac{1}{2}\int_0^{\frac{\pi}{4}}\rho^2\mathrm{d}\theta=\frac{9}{4}\int_0^{\frac{\pi}{4}}\frac{\sec^2\theta\tan^2\theta}{(1+\tan^3\theta)^2}\mathrm{d}\theta$$

$$\xrightarrow{\text{令}\tan\theta=u}\frac{9}{4}\int_0^1\frac{u^2}{(1+u^3)^2}\mathrm{d}u$$

$$=-\frac{3}{4}\frac{1}{1+u^3}\Big|_0^1=\frac{3}{8}$$

点评　本题用极坐标计算面积比较自然,难的是确定积分的上、下限. 这里让

θ 从 0 增大到 $\dfrac{5\pi}{4}$,将 $\rho(\theta)$ 变化的情况列表表示,重点分析曲线在区间端点的走向,从

而画出简图.

例 3. 93（浙江省 2012 年竞赛题） 在草地中间有一座圆柱形房子，外墙脚处拴了一只山羊，已知拴山羊的绳子长为 π m，外墙底面半径为 3 m，求山羊能吃到草的草地面积.

解析 建立如图所示坐标系，坐标原点在房子中心，拴绳点 O_1 坐标为 $(3,0)$. 山羊能吃到草的草地分为三块，其中 D_1 为半径为 π 的圆的右半圆，D_2 为曲边三角形 AO_1B，D_3 与 D_2 上下对称.

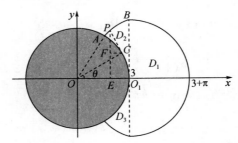

在区域 D_2 的边界 $\overparen{AO_1}$ 上任意取一点 $C(x_0, y_0)$，记 $\angle COO_1 = \theta$，则 $\overparen{O_1C} = 3\theta$，$x_0 = 3\cos\theta$，$y_0 = 3\sin\theta$. PC 是圆 O 的切线，且点 $P(x, y)$ 在 D_2 的边界曲线 $\overparen{AB}$ 上，$PC \perp OC$，$|PC| = \pi - 3\theta$. 再作 $PE \perp OO_1$，$FC \perp PE$，则 $\angle CPF = \theta$，得
$$|FC| = x_0 - x = (\pi - 3\theta)\sin\theta, \quad |PF| = y - y_0 = (\pi - 3\theta)\cos\theta$$
因此曲线 $\overparen{AB}$ 的参数方程为
$$x = x_1(\theta) = 3\cos\theta - (\pi - 3\theta)\sin\theta, \quad y = y_1(\theta) = 3\sin\theta + (\pi - 3\theta)\cos\theta$$
由于 $\overparen{O_1A} = \pi$，此时 $\theta = \dfrac{\pi}{3}$，对应的点为 $A\left(\dfrac{3}{2}, \dfrac{3}{2}\sqrt{3}\right)$，参数 $\theta = 0$ 对应于点 $B(3, \pi)$.

圆弧 $\overparen{AO_1}$ 的参数方程为
$$x = x_2(\theta) = 3\cos\theta, \quad y = y_2(\theta) = 3\sin\theta$$
记曲线 $\overparen{AB}$ 与 $\overparen{AO_1}$ 的直角坐标方程分别为 $y = y_1(x)$，$y = y_2(x)$，则 D_2 的面积为
$$S_2 = \int_{\frac{3}{2}}^{3} y_1(x)\,\mathrm{d}x - \int_{\frac{3}{2}}^{3} y_2(x)\,\mathrm{d}x = \int_{\frac{\pi}{3}}^{0} y_1(\theta) x_1'(\theta)\,\mathrm{d}\theta - \int_{\frac{\pi}{3}}^{0} y_2(\theta) x_2'(\theta)\,\mathrm{d}\theta$$
$$= \int_{\frac{\pi}{3}}^{0} (3\sin\theta + (\pi - 3\theta)\cos\theta)(3\cos\theta - (\pi - 3\theta)\sin\theta)'\,\mathrm{d}\theta - \int_{\frac{\pi}{3}}^{0} 3\sin\theta(3\cos\theta)'\,\mathrm{d}\theta$$
$$= \frac{3}{2}\int_{\frac{\pi}{3}}^{0} (3\theta - \pi)\sin2\theta\,\mathrm{d}\theta - \frac{1}{2}\int_{\frac{\pi}{3}}^{0} (3\theta - \pi)^2(1 + \cos2\theta)\,\mathrm{d}\theta + \frac{9}{2}\int_{\frac{\pi}{3}}^{0} (1 - \cos2\theta)\,\mathrm{d}\theta$$
$$= -\frac{3}{4}\int_{\frac{\pi}{3}}^{0} (3\theta - \pi)\,\mathrm{d}\cos2\theta + \frac{1}{18}\pi^3 - \frac{1}{4}\int_{\frac{\pi}{3}}^{0} (3\theta - \pi)^2\,\mathrm{d}\sin2\theta - \frac{3}{2}\pi - \frac{9}{4}\int_{\frac{\pi}{3}}^{0} \mathrm{d}\sin2\theta$$
$$= \left(\frac{3}{4}\pi - \frac{9}{16}\sqrt{3}\right) + \frac{1}{18}\pi^3 + \left(\frac{3}{4}\pi - \frac{9}{16}\sqrt{3}\right) - \frac{3}{2}\pi + \frac{9}{8}\sqrt{3} = \frac{1}{18}\pi^3$$
区域 D_1 的面积显然为 $S_1 = \pi^3/2$，则所求草地的面积为
$$S = S_1 + 2S_2 = \frac{1}{2}\pi^3 + 2 \times \frac{1}{18}\pi^3 = \frac{11}{18}\pi^3 (\mathrm{m}^2)$$

例 3.94(莫斯科电气学院 1977 年竞赛题) 　点 A 位于半径为 a 的圆周内部,且离圆心的距离为 $b(0 < b < a)$,从点 A 向圆周上所有点的切线作垂线,求所有垂足所围成的图形的面积.

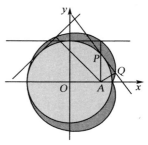

解析 　如图,设圆周方程为 $x^2 + y^2 = a^2$,点 A 位于 $(b,0)$,在圆周上任取点 $P(x_0, y_0)$,过点 P 作圆的切线 L,则 L 的方程为 $x_0 x + y_0 y = a^2$,这里 (x, y) 为 L 上点的流动坐标.过点 A 作 L 的垂线 AQ,则直线 AQ 的参数方程为
$$x = b + x_0 t, \quad y = y_0 t$$
将其代入 L 的方程,解得垂足 Q 所对应的参数为 $t = 1 - \dfrac{b}{a^2} x_0$,于是垂足 Q 的坐标 (x, y) 为

$$x = b + x_0 \left(1 - \frac{b}{a^2} x_0\right), \qquad y = y_0 \left(1 - \frac{b}{a^2} x_0\right)$$

令 $x_0 = a\cos t$, $y_0 = a\sin t$,代入上式得垂足 Q 的坐标 (x, y) 为

$$x = b + \left(1 - \frac{b}{a}\cos t\right) a\cos t = b + a\cos t - b\cos^2 t$$

$$y = \left(1 - \frac{b}{a}\cos t\right) a\sin t = a\sin t - b\sin t\cos t$$

垂足 Q 的轨迹显见对称于 x 轴,它与 x 轴的交点为 $(-a, 0)$ 与 $(a, 0)$.于是所求图形的面积为

$$S = 2\int_{-a}^{a} y\,\mathrm{d}x = 2\int_{\pi}^{0} (a\sin t - b\sin t\cos t)\,\mathrm{d}(b + a\cos t - b\cos^2 t)$$

$$= 2\int_{0}^{\pi} \sin^2 t \cdot (a^2 - 3ab\cos t + 2b^2\cos^2 t)\,\mathrm{d}t$$

$$= a^2 \left(t - \frac{1}{2}\sin 2t\right)\Big|_{0}^{\pi} - 2ab\sin^3 t \Big|_{0}^{\pi} + \frac{b^2}{2}\left(t - \frac{1}{4}\sin 4t\right)\Big|_{0}^{\pi}$$

$$= a^2\pi + \frac{b^2}{2}\pi = \left(a^2 + \frac{b^2}{2}\right)\pi$$

例 3.95(精选题) 　设 D 是由 $y = 2x - x^2$ 与 x 轴所围的平面图形,直线 $y = kx$ 将 D 分成如右图所示两部分,若 D_1 与 D_2 的面积分别为 S_1 与 S_2, $S_1 : S_2 = 1 : 7$,求平面图形 D_1 的周长及 D_1 绕 y 轴旋转一周的旋转体的体积.

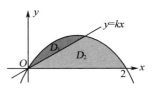

解析 　曲线 $y = 2x - x^2$ 与直线 $y = kx$ 的交点为 $O(0,0), A(2 - k, k(2 - k))(0 < k < 2)$,于是

$$S_1 = \int_{0}^{2-k} (2x - x^2 - kx)\,\mathrm{d}x = \frac{1}{6}(2 - k)^3$$

$$S_1 + S_2 = \int_0^2 (2x - x^2)\mathrm{d}x = \frac{4}{3}$$

由 $S_1 : S_2 = 1 : 7$，所以 $S_2 = 7S_1$，即 $8S_1 = \dfrac{4}{3}$，故 $S_1 = \dfrac{1}{6}$. 由此解得 $k = 1$，于是点 A 的坐标为 $(1, 1)$.

区域 D_1 的周长为

$$l = \sqrt{2} + \int_0^1 \sqrt{1 + (y')^2}\,\mathrm{d}x = \sqrt{2} + \int_0^1 \sqrt{1 + 4(1-x)^2}\,\mathrm{d}x$$

$$= \sqrt{2} + \frac{1}{2}\int_0^2 \sqrt{1 + t^2}\,\mathrm{d}t \quad (\text{其中 } t = 2(1-x))$$

$$= \sqrt{2} + \frac{1}{2} \cdot \left(\frac{1}{2}t\sqrt{1+t^2} + \frac{1}{2}\ln(t + \sqrt{1+t^2}) \right)\Big|_0^2$$

$$= \sqrt{2} + \frac{\sqrt{5}}{2} + \frac{1}{4}\ln(2 + \sqrt{5})$$

区域 D_1 绕 y 轴旋转一周的立体的体积为

$$V = \frac{1}{3}(\pi \cdot 1^2) \cdot 1 - \pi\int_0^1 x^2 \mathrm{d}y = \frac{\pi}{3} - \pi\int_0^1 (1 - \sqrt{1-y})^2 \mathrm{d}y$$

$$= \frac{\pi}{3} - \pi\int_0^1 [1 - 2\sqrt{1-y} + 1 - y]\mathrm{d}y$$

$$= \frac{\pi}{3} - \pi\left(2y + \frac{4}{3}(1-y)^{\frac{3}{2}} - \frac{1}{2}y^2 \right)\Big|_0^1 = \frac{\pi}{6}$$

例 3.96（同济大学 2013 年竞赛题） 一个开口向上的容器由平面 yOz 上的曲线 $z = y^2$ 绕 z 轴旋转而成（假设 z 充分大），现在该容器内放入一个半径为 r 的圆球.

（1）求该球体的球心所在的位置；

（2）当球体半径为 $r = \dfrac{\sqrt{5}}{2}$ 时，试求球体与容器之间所夹部分立体的体积.

解析 （1）问题可简化为 yOz 平面上的抛物线 $L: z = y^2$ 与圆 $\Gamma: y^2 + (z-h)^2 = r^2$ 相切. 抛物线 L 切线的斜率为 $z' = 2y$，圆 Γ 切线的斜率为 $z' = \dfrac{-y}{\pm\sqrt{r^2 - y^2}}$，

由 $2y = \dfrac{y}{\pm\sqrt{r^2 - y^2}}$，解得 $y = 0$ 或 $y^2 = r^2 - 0.25 > 0$. 下面分别讨论：

①$y = 0$ 时，代入方程组 $\begin{cases} z = y^2, \\ y^2 + (z-h)^2 = r^2 \end{cases}$ 得 $z = 0$，$h = r$（见图(a)）. 为了使 $(0, 0)$ 是该方程组的惟一解，则方程 $z + (z-r)^2 = r^2$ 即 $z(z - (2r-1)) = 0$ 只有零解，由此可得 $0 < r \leqslant 0.5$，此时抛物线 L 与圆 Γ 相切于一点 $P(0, 0)$，所求球心在空间的坐标为 $(0, 0, r)$；

② $y^2 = r^2 - 0.25 > 0$ 时,$r > 0.5$,圆 Γ 与抛物线 L 相切于两点

$P_1(-\sqrt{r^2 - 0.25}, r^2 - 0.25)$,　$P_2(\sqrt{r^2 - 0.25}, r^2 - 0.25)$　（见图(b)）

此时 $h = r^2 + 0.25$,所求球心在空间的坐标为 $(0, 0, r^2 + 0.25)$.

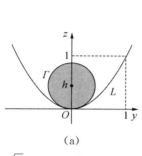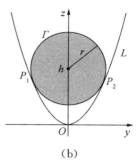

(a)　　　　　　　　　　　(b)

(2) $r = \dfrac{\sqrt{5}}{2}$ 时 $h = \dfrac{3}{2}$,可得右半圆 Γ 的方程为 $y = f(z) = \sqrt{3z - z^2 - 1}$,且 Γ 上的最低点为 $(0, a)$,其中 $a = \dfrac{3 - \sqrt{5}}{2}$,切点为 $P(1, 1)$. 又右半抛物线 L 的方程为 $y = g(z) = \sqrt{z}$,则所求旋转体的体积为

$$V = \pi \int_0^a g^2(z)\mathrm{d}z + \pi \int_a^1 (g^2(z) - f^2(z))\mathrm{d}z$$

$$= \pi \int_0^a z\mathrm{d}z + \pi \int_a^1 (z - (3z - z^2 - 1))\mathrm{d}z$$

$$= \frac{a^2}{2}\pi + \pi \int_a^1 (z - 1)^2\mathrm{d}z = \frac{a^2}{2}\pi + \frac{\pi}{3}(z - 1)^3 \Big|_a^1 = \frac{a^2}{2}\pi - \frac{\pi}{3}(a - 1)^3$$

$$= \frac{\pi}{2}\left(\frac{3 - \sqrt{5}}{2}\right)^2 - \frac{\pi}{3}\left(\frac{1 - \sqrt{5}}{2}\right)^3 = \frac{13 - 5\sqrt{5}}{12}\pi$$

例 3.97（东南大学 2017 年竞赛题）　已知直线 $L: x + y = 1$,曲线 $S: \sqrt{x} + \sqrt{y} = 1$,求由 L 与 S 所围平面图形 D 绕直线 L 旋转一周所得旋转体的体积.

解析　曲线 S 的方程为 $y = (1 - \sqrt{x})^2 (0 \leqslant x \leqslant 1)$,则 S 上任一点 $P(x, y)$ 到直线 $L: y = -x + 1$ 的距离为

$$d(x) = \frac{|x + (1 - \sqrt{x})^2 - 1|}{\sqrt{2}} = \sqrt{2}(\sqrt{x} - x)$$

又直线 L 的斜率 $k = -1$,$y' = 1 - \dfrac{1}{\sqrt{x}}$,得 $\mathrm{d}l \approx \dfrac{|1 + ky'(x)|}{\sqrt{1 + k^2}}\mathrm{d}x = \dfrac{1}{\sqrt{2x}}\mathrm{d}x$,则所求旋转体的体积为

$$V = \pi \int_0^1 d^2(x)\mathrm{d}l = \pi \int_0^1 2(\sqrt{x} - x)^2 \frac{1}{\sqrt{2x}}\mathrm{d}x = \sqrt{2}\pi \int_0^1 (\sqrt{x} - 2x + x^{\frac{3}{2}})\mathrm{d}x$$

$$= \sqrt{2}\pi\left(\frac{2}{3} - 1 + \frac{2}{5}\right) = \frac{\sqrt{2}}{15}\pi$$

例 3.98(江苏省 2004 年竞赛题) 设

$$D: y^2 - x^2 \leqslant 4, \ y \geqslant x, \ x + y \geqslant 2, \ x + y \leqslant 4$$

在 D 的边界 $y = x$ 上任取点 P,设 P 到原点的距离为 t,作 PQ 垂直于 $y = x$,交 D 的边界 $y^2 - x^2 = 4$ 于 Q.

(1) 试将 P, Q 的距离 $|PQ|$ 表示为 t 的函数;

(2) 求 D 绕 $y = x$ 旋转一周的旋转体体积.

解析 (1) 作坐标系的旋转变换,将 x 轴逆时针旋

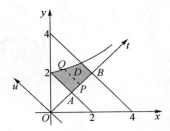

转 $\dfrac{\pi}{4}$ 成为 t 轴,因此 y 轴逆时针旋转 $\dfrac{\pi}{4}$ 成为 u 轴. 也即

令 $\begin{cases} y + x = \sqrt{2}\,t, \\ y - x = \sqrt{2}\,u, \end{cases}$ 则区域 D(如图所示) 化为

$$\{(t,u) \mid \sqrt{2} \leqslant t \leqslant 2\sqrt{2}, 0 \leqslant u \leqslant 2/t\}$$

在新坐标系 tOu 下,曲线 $y^2 - x^2 = 4$ 化为 $tu = 2$. 设点 P 的坐标为 $P(t,0)$,则 Q 的坐标为 $Q(t, 2/t)$,因此得 $|PQ| = 2/t$.

(2) 在新坐标系 tOu 下,由于点 A, B 的坐标为 $A(\sqrt{2}, 0)$,$B(2\sqrt{2}, 0)$,因此所求旋转体的体积为

$$V = \pi \int_{\sqrt{2}}^{2\sqrt{2}} |PQ|^2 \, \mathrm{d}t = \pi \int_{\sqrt{2}}^{2\sqrt{2}} \frac{4}{t^2} \, \mathrm{d}t = -\frac{4\pi}{t} \Big|_{\sqrt{2}}^{2\sqrt{2}} = \sqrt{2}\,\pi$$

例 3.99(全国 2016 年考研题) 设 D 是由曲线 $y = \sqrt{1 - x^2} \, (0 \leqslant x \leqslant 1)$ 与曲线

$$\begin{cases} x = \cos^3 t, \\ y = \sin^3 t \end{cases} \quad \left(0 \leqslant t \leqslant \frac{\pi}{2} \right)$$

围成的平面区域,求 D 绕 x 轴旋转一周所得旋转体的体积和表面积.

解析 记圆的方程为 $y = y_1(x)$,星形线的方程为 $y = y_2(x) \, (0 \leqslant x \leqslant 1)$,则 D 绕 x 轴旋转一周所得的旋转体的体积为

$$V = \pi \int_0^1 y_1^2(x) \, \mathrm{d}x - \pi \int_0^1 y_2^2(x) \, \mathrm{d}x = \pi \int_0^1 (1 - x^2) \, \mathrm{d}x - \pi \int_{\pi/2}^0 \sin^6 t \, \mathrm{d}\cos^3 t$$

$$= \frac{2}{3}\pi - 3\pi \int_0^{\pi/2} (\sin^7 t - \sin^9 t) \, \mathrm{d}t$$

再应用公式 $I_{2n+1} = \displaystyle\int_0^{\pi/2} \sin^{2n+1} t \, \mathrm{d}t = \dfrac{(2n)!!}{(2n+1)!!}$,即得旋转体的体积为

$$V = \frac{2}{3}\pi - 3\pi(I_7 - I_9) = \frac{2}{3}\pi - 3\pi \left(\frac{6!!}{7!!} - \frac{8!!}{9!!} \right) = \frac{2}{3}\pi - \frac{16}{105}\pi = \frac{18}{35}\pi$$

旋转体的表面积为

$$S = 2\pi \int_0^1 y_1(x) \sqrt{1 + (y_1'(x))^2}\, dx + 2\pi \int_0^1 y_2(x) \sqrt{1 + (y_2'(x))^2}\, dx$$

$$= 2\pi \int_0^1 \sqrt{1 - x^2} \cdot \frac{1}{\sqrt{1 - x^2}}\, dx + 2\pi \int_0^{\pi/2} y(t) \sqrt{(x'(t))^2 + (y'(t))^2}\, dt$$

$$= 2\pi + 6\pi \int_0^{\pi/2} \sin^4 t \cos t\, dt = 2\pi + 6\pi \frac{1}{5} \sin^5 t \Big|_0^{\pi/2} = \frac{16}{5}\pi$$

例 3.100（全国 2017 年决赛题）　求曲线 $L_1 : y = \frac{1}{3}x^3 + 2x\ (0 \leqslant x \leqslant 1)$ 绕直线 $y = \frac{4}{3}x$ 旋转一周生成的旋转曲面的面积.

解析　令 $f(x) = \frac{1}{3}x^3 + 2x - \frac{4}{3}x = \frac{1}{3}x^3 + \frac{2}{3}x$，则

$$f'(x) = x^2 + \frac{2}{3} > 0 \quad (0 < x \leqslant 1)$$

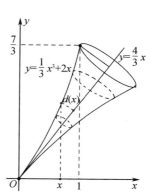

故 $f(x)$ 在 $(0,1]$ 上单调增加，$f(x) > f(0) = 0$，即曲线 L_1 在直线 $y = \frac{4}{3}x$ 的上方. 又 $y''(x) = 2x > 0 (0 < x \leqslant 1)$，所以曲线 L_1 在 $[0,1]$ 上是凹的（如右图所示）.

曲线 L_1 上的点 (x, y) 到直线 $y = \frac{4}{3}x$ 的距离为

$$d(x) = \frac{3y - 4x}{\sqrt{3^2 + (-4)^2}} = \frac{x(x^2 + 2)}{5}$$

弧长微元为

$$ds = \sqrt{1 + (y')^2}\, dx = \sqrt{1 + (x^2 + 2)^2}\, dx$$

则旋转曲面的面积为

$$S = 2\pi \int_0^1 d(x) \sqrt{1 + (y')^2}\, dx$$

$$= \frac{\pi}{5} \int_0^1 2x(x^2 + 2) \sqrt{1 + (x^2 + 2)^2}\, dx$$

$$(\text{令 } x^2 + 2 = \tan t, \tan\alpha = 2, \tan\beta = 3)$$

$$= \frac{\pi}{5} \int_\alpha^\beta \tan t \cdot \sec^3 t\, dt = \frac{\pi}{5} \int_\alpha^\beta \sec^2 t\, d\sec t = \frac{\pi}{15} \sec^3 t \Big|_\alpha^\beta$$

由于 $\tan\alpha = 2, \tan\beta = 3$，可得 $\sec\alpha = \sqrt{5}, \sec\beta = \sqrt{10}$，故所求曲面的面积为

$$S = \frac{\pi}{15}(\sec^3\beta - \sec^3\alpha) = \frac{\sqrt{5}}{3}(2\sqrt{2} - 1)\pi$$

3.2.10 反常积分(例 3.101—3.111)

例 3.101(莫斯科钢铁与合金学院 1977 年竞赛题) 求证：

$$\int_0^1 \frac{\cos x}{\sqrt{1-x^2}}dx > \int_0^1 \frac{\sin x}{\sqrt{1-x^2}}dx$$

解析 由于 $\left|\dfrac{\cos x}{\sqrt{1-x^2}}\right| \leqslant \dfrac{1}{\sqrt{1-x^2}}$，$\left|\dfrac{\sin x}{\sqrt{1-x^2}}\right| \leqslant \dfrac{1}{\sqrt{1-x^2}}$，且反常积分

$$\int_0^1 \frac{1}{\sqrt{1-x^2}}dx = \arcsin x\Big|_0^1 = \frac{\pi}{2}$$

所以原式中的两个反常积分皆收敛. 在原式中分别令 $x = \sin t$ 与 $x = \cos t$，得

$$\int_0^1 \frac{\cos x}{\sqrt{1-x^2}}dx = \int_0^{\frac{\pi}{2}} \cos(\sin t)dt, \quad \int_0^1 \frac{\sin x}{\sqrt{1-x^2}}dx = \int_0^{\frac{\pi}{2}} \sin(\cos t)dt$$

所以原不等式等价于

$$\int_0^1 \frac{\cos x}{\sqrt{1-x^2}}dx - \int_0^1 \frac{\sin x}{\sqrt{1-x^2}}dx = \int_0^{\frac{\pi}{2}} (\cos(\sin t) - \sin(\cos t))dt$$

$$= \int_0^{\frac{\pi}{2}} \left(\sin\left(\frac{\pi}{2} - \sin t\right) - \sin(\cos t)\right)dt > 0 \qquad (*)$$

令 $f(t) = \dfrac{\pi}{2} - \sin t - \cos t \left(0 \leqslant t \leqslant \dfrac{\pi}{2}\right)$，则由 $f'(t) = -\cos t + \sin t = 0$ 可得

驻点 $t = \dfrac{\pi}{4}$，又由于 $f''\left(\dfrac{\pi}{4}\right) = \sqrt{2} > 0$，所以 $f\left(\dfrac{\pi}{4}\right) = \dfrac{\pi}{2} - \sqrt{2}(>0)$ 为极小值，因此

$f(t) \geqslant f\left(\dfrac{\pi}{4}\right) > 0$. 从而可得

$$\frac{\pi}{2} - \sin t > \cos t \Rightarrow \sin\left(\frac{\pi}{2} - \sin t\right) > \sin(\cos t)$$

再应用积分的严格保号性，得 $(*)$ 式成立，故原不等式成立.

例 3.102(江苏省 2006 年竞赛题) 设 $f(x)$ 在 $(-\infty, +\infty)$ 上是导数连续的有界函数，且 $|f(x) - f'(x)| \leqslant 1$，求证：$|f(x)| \leqslant 1$，$x \in (-\infty, +\infty)$.

解析 令 $F(x) = e^{-x}f(x)$，则

$$F(+\infty) = \lim_{x \to +\infty} e^{-x}f(x) = 0, \quad F'(x) = e^{-x}(f'(x) - f(x))$$

任取 $x \in (-\infty, +\infty)$，对 $F'(x)$ 在 $[x, +\infty)$ 上积分，得

$$\int_x^{+\infty} F'(x)dx = F(x)\Big|_x^{+\infty} = -F(x) = \int_x^{+\infty} e^{-x}(f'(x) - f(x))dx$$

$$\Rightarrow \quad |F(x)| = e^{-x}|f(x)| \leqslant \int_x^{+\infty} e^{-x}|f'(x) - f(x)|dx \leqslant \int_x^{+\infty} e^{-x}dx$$

$$= -e^{-x}\Big|_x^{+\infty} = e^{-x}$$

所以 $|f(x)| \leqslant 1$.

例 3. 103（北京市 2004 竞赛题）　求反常积分 $\displaystyle\int_0^{+\infty}\frac{\ln x}{x^2+a^2}\mathrm{d}x(a>0)$ 的值.

解析　记原式为 I,显然 I 有奇点 $x=0,+\infty$. 记 $f(x)=\dfrac{\ln x}{a^2+x^2}$. 对于奇点 $x=0$,由于

$$\lim_{x\to0^+}\frac{f(x)}{(\sqrt{x})^{-1}}=\lim_{x\to0^+}\frac{\ln x}{a^2(\sqrt{x})^{-1}}\stackrel{\frac{\infty}{\infty}}{=\!=\!=}\lim_{x\to0^+}\frac{2\sqrt{x}}{-a^2}=0$$

且 $\displaystyle\int_0^1\frac{1}{\sqrt{x}}\mathrm{d}x$ 收敛,应用比较判别法可得 $\displaystyle\int_0^1 f(x)\mathrm{d}x$ 收敛;对于奇点 $x=+\infty$,由于

$$\lim_{x\to+\infty}\frac{f(x)}{x^{-3/2}}=\lim_{x\to+\infty}\frac{x^{3/2}\ln x}{a^2+x^2}=\lim_{x\to+\infty}\frac{\ln x}{\sqrt{x}}\stackrel{\frac{\infty}{\infty}}{=\!=\!=}\lim_{x\to+\infty}\frac{x^{-1}}{(2\sqrt{x})^{-1}}=\lim_{x\to+\infty}\frac{2}{\sqrt{x}}=0$$

且 $\displaystyle\int_1^{+\infty}\frac{1}{x^{3/2}}\mathrm{d}x$ 收敛,应用比较判别法可得 $\displaystyle\int_1^{+\infty}f(x)\mathrm{d}x$ 收敛. 因此原式 I 收敛.

下面求 I 的值. 作反常积分换元变换,令 $x=\dfrac{a^2}{u}$,则

$$\begin{aligned}
I&=\int_0^{+\infty}\frac{2\ln a-\ln u}{a^2+u^2}\mathrm{d}u=2\ln a\int_0^{+\infty}\frac{1}{a^2+u^2}\mathrm{d}u-\int_0^{+\infty}\frac{\ln u}{a^2+u^2}\mathrm{d}u\\
&=2\ln a\int_0^{+\infty}\frac{1}{a^2+u^2}\mathrm{d}u-I=\frac{2\ln a}{a}\arctan\frac{u}{a}\Big|_0^{+\infty}-I\\
&=\frac{\ln a}{a}\pi-I
\end{aligned}$$

即得 $I=\dfrac{\ln a}{2a}\pi$.

例 3. 104（精选题）　证明反常积分 $\displaystyle\int_0^{+\infty}\frac{1-x+x^2-\cdots+x^{2020}-x^{2021}}{(1+x)^{2023}}\mathrm{d}x$ 收敛,并求值.

解析　记原式为 I,显然 I 有惟一奇点 $x=+\infty$. 首先将原式化简,得

$$I=\int_0^{+\infty}\frac{(1-x+x^2-\cdots+x^{2020}-x^{2021})(1+x)}{(1+x)^{2024}}\mathrm{d}x=-\int_0^{+\infty}\frac{x^{2022}-1}{(1+x)^{2024}}\mathrm{d}x$$

由于 $x\to+\infty$ 时,$0<\dfrac{x^{2022}-1}{(1+x)^{2024}}\sim\dfrac{1}{x^2}$,而反常积分 $\displaystyle\int_1^{+\infty}\frac{1}{x^2}\mathrm{d}x$ 收敛,应用比较判别法可得 $\displaystyle\int_1^{+\infty}\frac{x^{2022}-1}{(1+x)^{2024}}\mathrm{d}x$ 收敛,因此 $\displaystyle\int_0^{+\infty}\frac{x^{2022}-1}{(1+x)^{2024}}\mathrm{d}x$ 收敛,故反常积分 I 收敛.

下面求 I 的值,有

$$\begin{aligned}
I&=\int_0^{+\infty}\frac{1}{(1+x)^{2024}}\mathrm{d}x-\int_0^{+\infty}\frac{x^{2022}}{(1+x)^{2024}}\mathrm{d}x\quad\left(\text{在第 2 个积分中,令}\ x=\frac{1}{t}\right)\\
&=\int_0^{+\infty}\frac{1}{(1+x)^{2024}}\mathrm{d}x-\int_0^{+\infty}\frac{t^{-2022}}{(1+t^{-1})^{2024}t^2}\mathrm{d}t\\
&=\int_0^{+\infty}\frac{1}{(1+x)^{2024}}\mathrm{d}x-\int_0^{+\infty}\frac{1}{(1+t)^{2024}}\mathrm{d}t=0
\end{aligned}$$

例 3.105（同济大学 2019 年竞赛题）　试问反常积分 $\int_0^{+\infty} \dfrac{1}{1+\alpha x^2 + x^4}\mathrm{d}x$ 是否收敛（其中 $\alpha > -2$ 是常数）？如果收敛，请计算它的值.

解析　首先证明 $\alpha > -2$ 时方程 $x^4 + \alpha x^2 + 1 = 0$ 在区间 $[0, +\infty)$ 上无解. 根据求根公式 $x^2 = \dfrac{-\alpha \pm \sqrt{\alpha^2 - 4}}{2}$：① 当 $-2 < \alpha < 2$ 时，因为 x^2 为虚数，所以上述方程无解；② 当 $\alpha = 2$ 时，因为 $x^2 = -1$，所以上述方程无解；③ 当 $\alpha > 2$ 时，因为 $x^2 = \dfrac{-\alpha \pm \sqrt{\alpha^2 - 4}}{2} < 0$，所以上述方程无解. 因此原式有惟一奇点 $x = +\infty$. 记原式为 I，由于 $x \to +\infty$ 时 $\dfrac{1}{1+\alpha x^2 + x^4} \sim \dfrac{1}{x^4}$，而反常积分 $\int_1^{+\infty} \dfrac{1}{x^4}\mathrm{d}x$ 收敛，应用比较判别法，推得 $\int_1^{+\infty} \dfrac{1}{1+\alpha x^2 + x^4}\mathrm{d}x$ 收敛，因此原式 I 也收敛.

下面求反常积分的值. 令 $x = \dfrac{1}{t}$，则

$$\text{原式} = \int_0^{+\infty} \frac{1}{1+\alpha x^2 + x^4}\mathrm{d}x = \int_0^{+\infty} \frac{t^2}{1+\alpha t^2 + t^4}\mathrm{d}t = \int_0^{+\infty} \frac{x^2}{1+\alpha x^2 + x^4}\mathrm{d}x$$

从而可得

$$\text{原式} = \frac{1}{2}\int_0^{+\infty} \frac{1+x^2}{1+\alpha x^2 + x^4}\mathrm{d}x = \frac{1}{2}\int_0^{+\infty} \frac{1+1/x^2}{\alpha + x^2 + 1/x^2}\mathrm{d}x \quad \left(\text{令 } x - \frac{1}{x} = t\right)$$

$$= \frac{1}{2}\int_{-\infty}^{+\infty} \frac{1}{t^2 + \alpha + 2}\mathrm{d}t = \frac{1}{2\sqrt{\alpha+2}}\arctan\frac{t}{\sqrt{\alpha+2}}\Big|_{-\infty}^{+\infty} = \frac{\pi}{2\sqrt{\alpha+2}}$$

例 3.106（厦门大学 2022 年竞赛题）　求证：$\displaystyle\lim_{x \to +\infty} \sum_{n=1}^{\infty} \frac{x}{n^2 + x^2} = \frac{\pi}{2}$.

解析　应用定积分的保号性得

$$\int_n^{n+1} \frac{x}{t^2 + x^2}\mathrm{d}t \leqslant \int_n^{n+1} \frac{x}{n^2 + x^2}\mathrm{d}t = \frac{x}{n^2 + x^2}$$

$$\int_{n-1}^{n} \frac{x}{t^2 + x^2}\mathrm{d}t \geqslant \int_{n-1}^{n} \frac{x}{n^2 + x^2}\mathrm{d}t = \frac{x}{n^2 + x^2}$$

再应用广义 N-L 公式得

$$\lim_{x \to +\infty} \sum_{n=1}^{\infty} \frac{x}{n^2 + x^2} \geqslant \lim_{x \to +\infty} \sum_{n=1}^{\infty} \int_n^{n+1} \frac{x}{t^2 + x^2}\mathrm{d}t = \lim_{x \to +\infty} \int_1^{+\infty} \frac{x}{t^2 + x^2}\mathrm{d}t$$

$$= \lim_{x \to +\infty} \arctan\frac{t}{x}\Big|_1^{+\infty} = \lim_{x \to +\infty}\left(\frac{\pi}{2} - \arctan\frac{1}{x}\right) = \frac{\pi}{2}$$

$$\lim_{x \to +\infty} \sum_{n=1}^{\infty} \frac{x}{n^2 + x^2} \leqslant \lim_{x \to +\infty} \sum_{n=1}^{\infty} \int_{n-1}^{n} \frac{x}{t^2 + x^2}\mathrm{d}t = \lim_{x \to +\infty} \int_0^{+\infty} \frac{x}{t^2 + x^2}\mathrm{d}t$$

$$= \lim_{x \to +\infty} \arctan\frac{t}{x}\Big|_0^{+\infty} = \frac{\pi}{2}$$

由夹逼准则即得 $\displaystyle\lim_{x \to +\infty} \sum_{n=1}^{\infty} \frac{x}{n^2 + x^2} = \frac{\pi}{2}$.

例 3.107(江苏省 2012 年竞赛题)　过点 $(0,0)$ 作曲线 $\Gamma: y = \mathrm{e}^{-x}$ 的切线 L, 设 D 是以曲线 Γ、切线 L 及 x 轴为边界的无界区域(如图所示).

(1) 求切线 L 的方程;

(2) 求区域 D 的面积;

(3) 求区域 D 绕 x 轴旋转一周所得旋转体的体积.

解析　(1) 设切点为 (a, e^{-a}), 则
$$L: y - \mathrm{e}^{-a} = -\mathrm{e}^{-a}(x - a)$$

用 $(0,0)$ 代入, 得 $a = -1$, 于是切线 L 的方程为
$$y = -\mathrm{e}x$$

(2) 因切点为 $(-1, \mathrm{e})$, 故区域 D 的面积为
$$S = \int_{-1}^{+\infty} \mathrm{e}^{-x}\,\mathrm{d}x - \frac{1}{2}\mathrm{e} = -\mathrm{e}^{-x}\Big|_{-1}^{+\infty} - \frac{1}{2}\mathrm{e} = \frac{1}{2}\mathrm{e}$$

(3) 旋转体的体积为
$$V = \pi \int_{-1}^{+\infty} \mathrm{e}^{-2x}\,\mathrm{d}x - \frac{1}{3}\pi \mathrm{e}^2 = -\frac{\pi}{2}\mathrm{e}^{-2x}\Big|_{-1}^{+\infty} - \frac{1}{3}\pi \mathrm{e}^2$$
$$= \frac{1}{2}\pi \mathrm{e}^2 - \frac{1}{3}\pi \mathrm{e}^2 = \frac{1}{6}\pi \mathrm{e}^2.$$

例 3.108(全国 2019 年考研题)　求曲线 $y = \mathrm{e}^{-x}\sin x\ (x \geqslant 0)$ 与 x 轴之间图形的面积.

解析　无界图形的面积用反常积分表示为
$$S = \int_0^{+\infty} \mathrm{e}^{-x}\,|\sin x|\,\mathrm{d}x = \lim_{n \to \infty} \sum_{k=0}^{n} (-1)^k \int_{k\pi}^{(k+1)\pi} \mathrm{e}^{-x}\sin x\,\mathrm{d}x$$

又由于 $\displaystyle\int \mathrm{e}^{-x}\sin x\,\mathrm{d}x = -\frac{1}{2}\mathrm{e}^{-x}(\sin x + \cos x) + C$, 所以

$$S = -\frac{1}{2}\lim_{n \to \infty} \sum_{k=0}^{n} (-1)^k \mathrm{e}^{-x}(\sin x + \cos x)\Big|_{k\pi}^{(k+1)\pi}$$
$$= -\frac{1}{2}\lim_{n \to \infty} \sum_{k=0}^{n} (-1)^k \left[\mathrm{e}^{-(k+1)\pi}(-1)^{k+1} - \mathrm{e}^{-k\pi}(-1)^k \right]$$
$$= \frac{1}{2}\lim_{n \to \infty} \sum_{k=0}^{n} (\mathrm{e}^{-(k+1)\pi} + \mathrm{e}^{-k\pi}) = \frac{1}{2}(\mathrm{e}^{-\pi} + 1) \sum_{k=0}^{\infty} \mathrm{e}^{-k\pi}$$
$$= \frac{1}{2}(\mathrm{e}^{-\pi} + 1)\frac{1}{1 - \mathrm{e}^{-\pi}} = \frac{\mathrm{e}^{\pi} + 1}{2(\mathrm{e}^{\pi} - 1)}$$

例 3.109(全国 2018 年决赛题)　求极限 $\displaystyle\lim_{n \to \infty} \left(\sqrt[n+1]{(n+1)!} - \sqrt[n]{n!} \right)$.

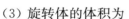

解析　将原式变形,得

$$原式 = \lim_{n\to\infty} n\left[\frac{^{n+1}\sqrt{(n+1)!}}{\sqrt[n]{n!}} - 1\right] \cdot \frac{\sqrt[n]{n!}}{n}$$

下面先求极限 $\lim\limits_{n\to\infty} \dfrac{\sqrt[n]{n!}}{n}$. 由于 $\displaystyle\int_0^1 \ln x \mathrm{d}x = x\ln x\Big|_{0^+}^1 - \int_0^1 \mathrm{d}x = 0 - 1 = -1$,所以反常积

分 $\displaystyle\int_0^1 \ln x \mathrm{d}x$ 收敛. 将区间 $[0,1]$ 等分为 n 个小区间 $\left[\dfrac{i-1}{n}, \dfrac{i}{n}\right](i=1,2,\cdots,n)$,并取

$\ln x$ 在其右端点的函数值,得

$$\lim_{n\to\infty} \frac{\sqrt[n]{n!}}{n} = \lim_{n\to\infty}\left(\frac{n!}{n^n}\right)^{\frac{1}{n}} = \exp\left(\lim_{n\to\infty}\frac{1}{n}\sum_{i=1}^n \ln\frac{i}{n}\right) = \exp\left(\int_0^1 \ln x \mathrm{d}x\right) = \frac{1}{\mathrm{e}}$$

$$原式 = \frac{1}{\mathrm{e}}\lim_{n\to\infty} n\left[\left(\left(\frac{(n+1)!}{n!}\right)^n \frac{1}{n!}\right)^{\frac{1}{n(n+1)}} - 1\right]$$

$$= \frac{1}{\mathrm{e}}\lim_{n\to\infty} n\left[\left(\frac{(n+1)!}{(n+1)^{n+1}}\right)^{\frac{-1}{n(n+1)}} - 1\right]$$

$$= \frac{1}{\mathrm{e}}\lim_{n\to\infty} n\left[\exp\left(\frac{-1}{n(n+1)}\sum_{i=1}^{n+1}\ln\frac{i}{n+1}\right) - 1\right]$$

由于 $\lim\limits_{n\to\infty}\left(\dfrac{1}{n+1}\sum\limits_{i=1}^{n+1}\ln\dfrac{i}{n+1}\right) = \lim\limits_{n\to\infty}\left(\dfrac{1}{n}\sum\limits_{i=1}^n\ln\dfrac{i}{n}\right) = \displaystyle\int_0^1 \ln x \mathrm{d}x = -1$,所以

$$\lim_{n\to\infty}\left(\frac{-1}{n(n+1)}\sum_{i=1}^{n+1}\ln\frac{i}{n+1}\right) = \lim_{n\to\infty}\left(\frac{-1}{n}\right)\cdot\lim_{n\to\infty}\left(\frac{1}{n+1}\sum_{i=1}^{n+1}\ln\frac{i}{n+1}\right) = 0\cdot(-1) = 0$$

又因为 $\square\to 0$ 时,$\exp\square - 1 = \mathrm{e}^\square - 1 \sim \square$,应用等价无穷小替换法则,得

$$原式 = \frac{1}{\mathrm{e}}\lim_{n\to\infty} n\left(\frac{-1}{n(n+1)}\sum_{i=1}^{n+1}\ln\frac{i}{n+1}\right)$$

$$= \frac{-1}{\mathrm{e}}\lim_{n\to\infty}\left(\frac{1}{n+1}\sum_{i=1}^{n+1}\ln\frac{i}{n+1}\right) = \frac{-1}{\mathrm{e}}\cdot(-1) = \frac{1}{\mathrm{e}}$$

点评　本题具有较高难度. 其难点之一是提取因子 $\dfrac{\sqrt[n]{n!}}{n}$ 将原式变形,并将极

限 $\lim\limits_{n\to\infty}\dfrac{\sqrt[n]{n!}}{n}$ 化为反常积分 $\exp\left(\displaystyle\int_0^1 \ln x \mathrm{d}x\right)$;难点之二是将极限 $\lim\limits_{n\to\infty}\dfrac{^{n+1}\sqrt{(n+1)!}}{\sqrt[n]{n!}}$ 化为

$\exp\left(\lim\limits_{n\to\infty}\dfrac{-1}{n}\displaystyle\int_0^1 \ln x \mathrm{d}x\right)$. 此外,还要掌握一定的运算技巧.

例 3.110(全国 2009 年初赛题)　求 $x\to 1^-$ 时与 $\displaystyle\sum_{n=0}^\infty x^{n^2}$ 等价的无穷大量.

解析　不妨设 $x\in(0,1)$,并记 $I(x) = \displaystyle\sum_{n=0}^\infty x^{n^2} = \sum_{n=0}^\infty \exp(-(n\sqrt{-\ln x})^2)$.

首先考察反常积分

$$J(x) = \int_0^{+\infty} \exp(-(t\sqrt{-\ln x})^2)dt = \sum_{n=0}^{\infty} \int_n^{n+1} \exp(-(t\sqrt{-\ln x})^2)dt$$

因函数 $\exp(-(t\sqrt{-\ln x})^2)$ 在 $t \in [0, +\infty)$ 上单调减少,应用积分的保号性,得

$$J(x) \leqslant \sum_{n=0}^{\infty} \int_n^{n+1} \exp(-(n\sqrt{-\ln x})^2)dt = \sum_{n=0}^{\infty} \exp(-(n\sqrt{-\ln x})^2) = I(x)$$

$$J(x) \geqslant \sum_{n=0}^{\infty} \int_n^{n+1} \exp(-((n+1)\sqrt{-\ln x})^2)dt$$

$$= \sum_{n=1}^{\infty} \exp(-(n\sqrt{-\ln x})^2) = I(x) - 1$$

即 $J(x) \leqslant I(x) \leqslant J(x) + 1$,因此当 $x \to 1^-$ 时,$I(x)$ 与 $J(x)$ 为等价无穷大量.

下面应用公式 $\int_0^{+\infty} \exp(-u^2)du = \dfrac{\sqrt{\pi}}{2}$ 计算 $J(x)$.令 $t\sqrt{-\ln x} = u$,应用换元积分法可得

$$J(x) = \int_0^{+\infty} \exp(-(t\sqrt{-\ln x})^2)dt = \frac{1}{\sqrt{-\ln x}} \int_0^{+\infty} \exp(-u^2)du = \frac{\sqrt{\pi}}{2\sqrt{-\ln x}}$$

$$= \frac{\sqrt{\pi}}{2\sqrt{-\ln(1+x-1)}} \sim \frac{\sqrt{\pi}}{2\sqrt{-(x-1)}} = \frac{\sqrt{\pi}}{2\sqrt{1-x}} \quad (x \to 1^-)$$

于是 $x \to 1^-$ 时,与原式等价的无穷大量为 $\dfrac{\sqrt{\pi}}{2\sqrt{1-x}}$.

例 3.111(精选题)　设 $n \in \mathbf{N}^*, x \geqslant 0$,试证:

(1) $\int_0^{+\infty} e^{-t}t^n dt = n!$;

(2) $e^x = 1 + x + \dfrac{x^2}{2!} + \cdots + \dfrac{x^n}{n!} + \dfrac{1}{n!}\int_0^x e^t(x-t)^n dt \quad (0 \leqslant x \leqslant n)$;

(3) $\dfrac{1}{2}e^x < 1 + x + \dfrac{x^2}{2!} + \cdots + \dfrac{x^n}{n!} < e^x \quad (0 \leqslant x \leqslant n)$.

解析　(1) 记 $f(n) = \int_0^{+\infty} e^{-t}t^n dt$,分部积分得

$$f(n) = -\int_0^{+\infty} t^n de^{-t} = -\left(\frac{t^n}{e^t}\Big|_0^{+\infty} - n\int_0^{+\infty} e^{-t}t^{n-1}dt\right)$$

$$= nf(n-1) = n(n-1)f(n-2) = \cdots = n(n-1)\cdots 2 \cdot 1 f(0)$$

$$= n! \int_0^{+\infty} e^{-t}dt = n!(-e^{-t})\Big|_0^{+\infty} = n!$$

(2) 用数学归纳法.当 $n = 1$ 时,由于

$$\int_0^x e^t(x-t)dt = \int_0^x (x-t)de^t = (x-t)e^t\Big|_0^x + \int_0^x e^t dt = -x + e^x - 1$$

推得 $e^x = 1 + x + \int_0^x e^t(x-t)dt$,所以 $(2)_1$ 成立.假设 $(2)_n$ 成立,由于

$$1+x+\frac{x^2}{2!}+\cdots+\frac{x^n}{n!}+\frac{x^{n+1}}{(n+1)!}+\frac{1}{(n+1)!}\int_0^x \mathrm{e}^t (x-t)^{n+1}\mathrm{d}t$$

$$=1+x+\frac{x^2}{2!}+\cdots+\frac{x^n}{n!}+\frac{x^{n+1}}{(n+1)!}$$

$$+\frac{1}{(n+1)!}\left(\mathrm{e}^t (x-t)^{n+1}\Big|_0^x+(n+1)\int_0^x \mathrm{e}^t (x-t)^n\mathrm{d}t\right)$$

$$=1+x+\frac{x^2}{2!}+\cdots+\frac{x^n}{n!}+\frac{x^{n+1}}{(n+1)!}-\frac{x^{n+1}}{(n+1)!}+\frac{1}{n!}\int_0^x \mathrm{e}^t (x-t)^n\mathrm{d}t$$

$$=\mathrm{e}^x$$

所以$(2)_{n+1}$成立. 因此,$(2)_n$对一切$n\in\mathbf{N}^*$成立.

(3) 显然$\frac{1}{n!}\int_0^x \mathrm{e}^t (x-t)^n\mathrm{d}t>0$,由第(2)问即得

$$1+x+\frac{x^2}{2!}+\cdots+\frac{x^n}{n!}<\mathrm{e}^x \quad (0\leqslant x\leqslant n)$$

下面证明左边不等式,并记其为$(3)_{左}$. 由上两问可知

$$(3)_{左}\Leftrightarrow\frac{1}{n!}\int_0^x \mathrm{e}^t (x-t)^n\mathrm{d}t<\frac{1}{2}\mathrm{e}^x\Leftrightarrow 2\int_0^x \mathrm{e}^{t-x}(x-t)^n\mathrm{d}t<\int_0^{+\infty}\mathrm{e}^{-t}t^n\mathrm{d}t$$

$$\Leftrightarrow 2\int_0^x \mathrm{e}^{-u}u^n\mathrm{d}u=2\int_0^x \mathrm{e}^{-t}t^n\mathrm{d}t<\int_0^{+\infty}\mathrm{e}^{-t}t^n\mathrm{d}t \quad (\diamondsuit\, x-t=u)$$

$$\Leftrightarrow\int_0^x \mathrm{e}^{-t}t^n\mathrm{d}t<\int_x^{+\infty}\mathrm{e}^{-t}t^n\mathrm{d}t \quad (0\leqslant x\leqslant n) \tag{4}$$

下面证明$\int_0^x \mathrm{e}^{-t}t^n\mathrm{d}t<\int_x^{2x}\mathrm{e}^{-t}t^n\mathrm{d}t$,若此式成立,(4)式自然成立. 令$2x-t=u$,则

$$\int_x^{2x}\mathrm{e}^{-t}t^n\mathrm{d}t=\int_0^x \mathrm{e}^{-(2x-u)}(2x-u)^n\mathrm{d}u=\int_0^x \mathrm{e}^{-(2x-t)}(2x-t)^n\mathrm{d}t$$

这里$2x-t=x+(x-t)>0$,应用定积分的保号性,只需证明

$$\mathrm{e}^{-t}t^n<\mathrm{e}^{-(2x-t)}(2x-t)^n$$

此式等价于

$$n\ln(2x-t)+2(t-x)>n\ln t \quad (0<t<x\leqslant n) \tag{5}$$

下面只要证明不等式(5)成立就行. 令

$$g(t)=n\ln(2x-t)+2(t-x)-n\ln t \quad (0<t<x\leqslant n)$$

则$g'(t)=\frac{2(2tx-t^2-nx)}{t(2x-t)}$. 因

$$(x-t)^2=x^2-2tx+t^2>0\Rightarrow 2tx-t^2<x^2<nx$$

又由于$t(2x-t)>0$,故$g'(t)<0$,所以$g(t)$单调减少,得$g(t)>g(x)=0$,因此不等式(5)成立.

练 习 题 三

1. 设 $f'(\ln x) = x^3$，$f(0) = 1$，求 $f(x)$.

2. 设 $f'(\sin^2 x) = 3\cos^2 x - 2\tan^2 x$，求 $f(x)$.

3. 设定义于 **R** 的函数 $f(x)$ 满足
$$f'(\ln x) = \begin{cases} 1, & x \in (0,1], \\ x, & x \in (1, +\infty) \end{cases}$$
又 $f(0) = 1$，求 $f(x)$.

4. 设 $f(x)$ 的一个原函数为 $\dfrac{\sin x}{x}$，求 $\displaystyle\int x f'(x)\mathrm{d}x$.

5. 求下列不定积分：

(1) $\displaystyle\int \frac{1}{(2+x)\sqrt{1+x}}\mathrm{d}x$;

(2) $\displaystyle\int \frac{\ln\left(1 - \dfrac{1}{x}\right)}{x(x-1)}\mathrm{d}x$;

(3) $\displaystyle\int \left[\frac{1}{\ln x} + \ln(\ln x)\right]\mathrm{d}x$;

(4) $\displaystyle\int \frac{x\mathrm{e}^x}{\sqrt{\mathrm{e}^x - 2}}\mathrm{d}x$;

(5) $\displaystyle\int \tan^4 x\,\mathrm{d}x$;

(6) $\displaystyle\int \frac{\tan x}{\sqrt{\cos x}}\mathrm{d}x$;

(7) $\displaystyle\int \frac{x\arctan x}{(1+x^2)^{\frac{3}{2}}}\mathrm{d}x$;

(8) $\displaystyle\int \frac{\sqrt{x}}{\sqrt{1 - x\sqrt{x}}}\mathrm{d}x$;

(9) $\displaystyle\int \frac{\sin x\cos x}{\sin x + \cos x}\mathrm{d}x$;

(10) $\displaystyle\int \frac{1+x}{x(1 + x\mathrm{e}^x)}\mathrm{d}x$;

(11) $\displaystyle\int \frac{\ln x - 1}{\ln^2 x}\mathrm{d}x$;

(12) $\displaystyle\int \max\{x, x^2, x^3\}\mathrm{d}x$;

(13) $\displaystyle\int \ln\left[(x+a)^{x+a} \cdot (x+b)^{x+b}\right] \frac{1}{(x+a)(x+b)}\mathrm{d}x$.

6. 设 $f(x)$ 在 $\left[0, \dfrac{\pi}{2}\right]$ 上连续，满足 $f(x) = x^2\sin x + \displaystyle\int_0^{\frac{\pi}{2}} f(x)\mathrm{d}x$，求 $f(x)$.

7. 求下列极限：

(1) $\displaystyle\lim_{n \to \infty} \frac{1^k + 2^k + \cdots + n^k}{n^{k+1}}$ $(k > 0)$;

(2) $\displaystyle\lim_{n \to \infty} \frac{1}{n} \sqrt[n]{n(n+1)\cdots(2n-1)}$;

(3) $\displaystyle\lim_{n \to \infty} \left(\frac{\sin\dfrac{\pi}{n}}{n+1} + \frac{\sin\dfrac{2\pi}{n}}{n+\dfrac{1}{2}} + \cdots + \frac{\sin\dfrac{n\pi}{n}}{n+\dfrac{1}{n}} \right)$;

(4) $\lim\limits_{n\to\infty}\dfrac{1}{n^4}\ln\left[f(1)f(2)\cdots f(n)\right]$，其中 $f(x)=a^{x^3}$；

(5) $\lim\limits_{n\to\infty}\left(\dfrac{2^{\frac{1}{n}}}{n+1}+\dfrac{2^{\frac{2}{n}}}{n+\frac{1}{2}}+\cdots+\dfrac{2^{\frac{n}{n}}}{n+\frac{1}{n}}\right).$

8. 已知函数

$$f(x)=\begin{cases}\lim\limits_{n\to\infty}\left(1+\dfrac{2nx+x^2}{2n^2}\right)^{-n}, & x\neq 0,\\[3mm]\lim\limits_{n\to\infty}2\left[\dfrac{n}{(n+1)^2}+\dfrac{n}{(n+2)^2}+\cdots+\dfrac{n}{(n+n)^2}\right], & x=0\end{cases}$$

求 $f'(0)$.

9. 设 $f(x)$ 在 $[a,b]$ 上连续，且 $\int_0^1 f(x)\mathrm{d}x=0$，证明：存在 $\xi\in(a,b)$，使得

$$f(\xi)+f(1-\xi)=0$$

10. 已知 $A_n=\dfrac{n}{n^2+1^2}+\dfrac{n}{n^2+2^2}+\cdots+\dfrac{n}{n^2+n^2}$，求 $\lim\limits_{n\to\infty}n\left(\dfrac{\pi}{4}-A_n\right).$

11. 求下列定积分：

(1) $\displaystyle\int_a^b |x|\,\mathrm{d}x\ (a<b)$；

(2) $\displaystyle\int_{-3}^3 \max\{x,x^2,x^3\}\,\mathrm{d}x$；

(3) $\displaystyle\int_0^\pi \sqrt{\sin x-\sin^3 x}\,\mathrm{d}x$；

(4) $\displaystyle\int_0^{\frac{\pi}{4}} \ln(1+\tan x)\,\mathrm{d}x$；

(5) $\displaystyle\int_1^e \cos(\ln x)\,\mathrm{d}x$；

(6) $\displaystyle\int_{-\frac{\pi}{2}}^{\frac{\pi}{2}} \dfrac{\mathrm{e}^x}{1+\mathrm{e}^x}\sin^4 x\,\mathrm{d}x$；

(7) $\displaystyle\int_0^\pi \dfrac{x\sin x}{1+\sin^2 x}\,\mathrm{d}x$；

(8) $\displaystyle\int_0^{\pi/2} \dfrac{1}{(\sin x+\cos x)^4}\,\mathrm{d}x.$

12. 设 $f(x)=\begin{cases}\dfrac{1}{1+x}, & x\geqslant 0,\\[3mm]\dfrac{1}{1+\mathrm{e}^x}, & x<0,\end{cases}$ 求 $\displaystyle\int_0^2 f(x-1)\,\mathrm{d}x.$

13. 已知函数 $f(x)=x-[x]$，其中 $[x]$ 表示不超过 x 的最大整数，试求极限

$$\lim\limits_{x\to+\infty}\dfrac{1}{x}\int_0^x f(x)\,\mathrm{d}x$$

14. 求极限 $\lim\limits_{x\to+\infty}\sqrt{x}\int_x^{x+1}\dfrac{\mathrm{d}t}{\sqrt{t+\sin t+x}}.$

15. 设函数 $f(x)$ 连续，且 $f(0)\neq 0$，求 $\lim\limits_{x\to 0}\dfrac{\displaystyle\int_0^x (x-t)f(t)\mathrm{d}t}{x\displaystyle\int_0^x f(x-t)\mathrm{d}t}.$

16. 设函数 $y=y(x)$ 由方程 $x=\displaystyle\int_1^{y-x}\sin^2\left(\dfrac{\pi}{4}t\right)\mathrm{d}t$ 所确定，求 $\dfrac{\mathrm{d}y}{\mathrm{d}x}\Big|_{x=0}.$

17. 设函数 $f(x)$ 在区间 $[a,b]$ 上连续,证明:

$$2\int_a^b f(x)\left(\int_x^b f(t)\mathrm{d}t\right)\mathrm{d}x = \left(\int_a^b f(x)\mathrm{d}x\right)^2$$

18. 设 $f(x)$ 在 $[a,b]$ 上有连续的二阶导数,且有 $f(a)=f(b)=0$,证明:

$$\int_a^b f(x)\mathrm{d}x = \frac{1}{2}\int_a^b (x-a)(x-b)f''(x)\mathrm{d}x$$

19. 已知函数 $f(x)$ 在区间 $[0,1]$ 上有连续的二阶导数,且有 $f'(0)=f'(1)$,证明:$\exists\,\xi\in(0,1)$,使得

$$\int_0^1 f(x)\mathrm{d}x = \frac{1}{2}[f(0)+f(1)] + \frac{1}{6}f''(\xi)$$

20. 已知函数 $f(x)$ 在区间 $[a,b]$ 上有连续的二阶导数,且有 $f'(a)=f'(b)$,证明:$\exists\,\xi\in(a,b)$,使得

$$\int_a^b f(x)\mathrm{d}x = \frac{1}{2}[f(a)+f(b)](b-a) + \frac{1}{24}f''(\xi)(b-a)^3$$

21. 设 $f(x)$ 在 $[a,b]$ 上有连续的二阶导数,证明:$\exists\,\xi\in(a,b)$,使得

$$\int_a^b f(x)\mathrm{d}x = \frac{1}{2}[f(a)+f(b)](b-a) - \frac{1}{12}f''(\xi)(b-a)^3$$

22. 已知函数 $f(x)$ 在区间 $[0,1]$ 上连续,且积分 $I=\int_0^1 f(x)\mathrm{d}x\neq 0$,证明:在 $[0,1]$ 上存在不同的两点 x_1,x_2,使得

$$\frac{1}{f(x_1)} + \frac{1}{f(x_2)} = \frac{2}{I}$$

23. 设 n 为正整数,$I_n=\int_0^{\pi/2}\dfrac{\sin 2nx}{\sin x}\mathrm{d}x$.

(1) 求 $I_n - I_{n-1}\,(n\geqslant 2)$;

(2) 试求定积分 $I_3=\int_0^{\pi/2}\dfrac{\sin 6x}{\sin x}\mathrm{d}x$.

24. 设函数 $f(x)$ 在 $[a,b]$ 上可导,$f'(x)$ 在 $[a,b]$ 上可积,且 $f(a)=f(b)=0$,求证:$\forall\,x\in[a,b]$,有 $|f(x)|\leqslant\dfrac{1}{2}\int_a^b |f'(x)|\mathrm{d}x$.

25. 设 $f(a)=0,f(x)$ 在 $[a,b]$ 上的导数连续,求证:

$$\frac{1}{(b-a)^2}\int_a^b |f(x)|\mathrm{d}x \leqslant \frac{1}{2}\max_{x\in[a,b]}|f'(x)|,\quad x\in[a,b]$$

26. 已知函数 $f(x)$ 在区间 $[a,b]$ 上连续并单调增加,求证:

$$\int_a^b \left(\frac{x-a}{b-a}\right)^n f(x)\mathrm{d}x \geqslant \frac{1}{n+1}\int_a^b f(x)\mathrm{d}x \quad (n \in \mathbf{N})$$

27. 设 $f(x)$ 在 $[a,b]$ $(a>0)$ 上连续,且 $f(x)\geqslant 0$,若对于 $[a,b]$ 上任何一点都有 $f(x)\leqslant \int_a^x f(t)\mathrm{d}t$,求证: $\forall x \in [a,b]$, $f(x)\equiv 0$.

28. 设函数 $f(x)$ 二阶可导,且 $f''(x)>0$, $\int_0^1 f(x)\mathrm{d}x=0$,求证: $f\left(\frac{1}{2}\right)<0$.

29. 已知曲线 Γ 的极坐标方程为

$$\rho = 1+\cos\theta \quad \left(0\leqslant\theta\leqslant\frac{\pi}{2}\right)$$

求该曲线在 $\theta = \frac{\pi}{4}$ 所对应的点处的切线 L 的直角坐标方程,并求曲线 Γ、切线 L 与 x 轴所围图形的面积.

30. 已知直线 L: $y=x$,曲线 Γ: $y=\frac{1}{4}x(10-x)$,求由 L 与 Γ 所围平面图形 D 绕直线 L 旋转一周所得旋转体的体积.

31. 已知直线 L: $y=1-x$,曲线 Γ: $y=1-x^2$,求由 L 与 Γ 所围平面图形 D 绕直线 L 旋转一周所得旋转体的体积.

32. 设 D: $y\leqslant -\frac{1}{4}x(x-10)$, $y\geqslant -x+6$, $y\geqslant x$,求区域 D 绕直线 $y=x$ 旋转一周的旋转体的体积.

33. 求下列反常积分:

(1) $\int_0^2 \sqrt{\frac{x}{2-x}}\mathrm{d}x$;

(2) $\int_0^{+\infty} x^7 \mathrm{e}^{-x^2}\mathrm{d}x$;

(3) $\int_0^{+\infty} \frac{1}{(1+x^2)(1+x^\alpha)}\mathrm{d}x$ $(\alpha\neq 0)$.

专题 4 　　多元函数微分学

4.1 　基本概念与内容提要

4.1.1 　二元函数的极限与连续性

1）二元函数极限的定义

假设二元函数 $f(x,y)$ 在点 (a,b) 的某去心邻域内有定义,若 $\forall \varepsilon > 0, \exists \delta > 0$,当 $0 < \sqrt{(x-a)^2 + (y-b)^2} < \delta$ 时,恒有

$$|f(x,y) - A| < \varepsilon$$

则称

$$\lim_{\substack{x \to a \\ y \to b}} f(x,y) = A$$

2）在二元函数极限的定义中,动点 (x,y) 在点 (a,b) 的邻近以任意路径趋向于点 (a,b) 时,函数值 $f(x,y)$ 与固定常数 A 需任意地接近. 这些任意路径是不可能一一取到的. 若取两条不同的路径让 $(x,y) \to (a,b)$,而 $f(x,y)$ 取不同的极限,则可推知:$(x,y) \to (a,b)$ 时 $f(x,y)$ 的极限不存在.

通常求二元函数极限的方法如下:（1）利用定义求极限;（2）在 $(x,y) \to (0,0)$ 时化为极坐标求极限,即 $(x,y) \to (0,0) \Leftrightarrow \rho \to 0$;（3）化为一元函数的极限;（4）利用无穷小量乘以有界变量仍为无穷小量;（5）利用夹逼准则求极限.

3）二元函数的连续性:若

$$\lim_{\substack{x \to a \\ y \to b}} f(x,y) = f(a,b)$$

则称 $f(x,y)$ 在点 (a,b) 处**连续**.

定理 　　多元初等函数在其有定义的区域上连续.

4）有界闭域上的连续函数的性质:若 $f(x,y)$ 在有界闭域 D 上连续,则 $f(x,y)$ 在 D 上为有界函数,$f(x,y)$ 在 D 上取到最大值与最小值.

4.1.2 　偏导数与全微分

1）偏导数的定义

$$\frac{\partial f}{\partial x}\bigg|_{(a,b)} = f'_x(a,b) \stackrel{\text{def}}{=} \lim_{\square \to 0} \frac{f(a+\square, b) - f(a,b)}{\square} = \lim_{x \to a} \frac{f(x,b) - f(a,b)}{x-a}$$

$$\frac{\partial f}{\partial y}\bigg|_{(a,b)} = f_y'(a,b) \stackrel{\text{def}}{=} \lim_{\square \to 0} \frac{f(a,b+\square)-f(a,b)}{\square} = \lim_{y \to b} \frac{f(a,y)-f(a,b)}{y-b}$$

这两式右端的极限存在,称 f 在点 (a,b) 处可偏导.

$$\frac{\partial f}{\partial x}\bigg|_{(0,0)} = f_x'(0,0) \stackrel{\text{def}}{=} \lim_{\square \to 0} \frac{f(\square,0)-f(0,0)}{\square} = \lim_{x \to 0} \frac{f(x,0)-f(0,0)}{x}$$

$$\frac{\partial f}{\partial y}\bigg|_{(0,0)} = f_y'(0,0) \stackrel{\text{def}}{=} \lim_{\square \to 0} \frac{f(0,\square)-f(0,0)}{\square} = \lim_{y \to 0} \frac{f(0,y)-f(0,0)}{y}$$

这两式右端的极限存在,称 f 在点 $(0,0)$ 处可偏导.

2) $f(x,y)$ 在点 (a,b) 处可偏导时,$f(x,y)$ 在点 (a,b) 处不一定连续.

3) 偏导数的几何意义

当 f 在点 (a,b) 处对 x 可偏导时,$f_x'(a,b)$ 表示曲线 $\begin{cases} z = f(x,y), \\ y = b \end{cases}$ 在点 (a,b) 的切线对 x 轴的斜率;

当 f 在点 (a,b) 处对 y 可偏导时,$f_y'(a,b)$ 表示曲线 $\begin{cases} z = f(x,y), \\ x = a \end{cases}$ 在点 (a,b) 的切线对 y 轴的斜率.

4) 全微分的定义:若 $f(x,y)$ 在点 (a,b) 的全增量 $\Delta f(x,y)$ 可写为

$$\Delta f(x,y) = f(a+\Delta x, b+\Delta y) - f(a,b) = A\Delta x + B\Delta y + o(\rho) \tag{1}$$

这里 $\rho = \sqrt{(\Delta x)^2 + (\Delta y)^2}$,则称 $f(x,y)$ **在点 (a,b) 处可微**.

当 $f(x,y)$ 在点 (a,b) 处可微时,$f(x,y)$ 在点 (a,b) 处必可偏导,且(1)式中

$$A = f_x'(a,b), \quad B = f_y'(a,b)$$

当 $f(x,y)$ 在点 (a,b) 处可微时,$f(x,y)$ 在点 (a,b) 处必连续.

当 $f_x'(x,y)$,$f_y'(x,y)$ 在点 (a,b) 处连续时,$f(x,y)$ 在点 (a,b) 处必可微(此时称 f 在点 (a,b) 处连续可微).

当 $f(x,y)$ 在点 (a,b) 处可微时,称

$$\mathrm{d}f(x,y)\bigg|_{(a,b)} \stackrel{\text{def}}{=} f_x'(a,b)\mathrm{d}x + f_y'(a,b)\mathrm{d}y \tag{2}$$

为 $f(x,y)$ 在点 (a,b) 处的全微分;当 $f(x,y)$ 在点 (x,y) 处可微时,称

$$\mathrm{d}f(x,y) \stackrel{\text{def}}{=} f_x'(x,y)\mathrm{d}x + f_y'(x,y)\mathrm{d}y \tag{3}$$

为 $f(x,y)$ 的**全微分**. 称

$$\mathrm{d}_x f(x,y) \stackrel{\text{def}}{=} f_x'(x,y)\mathrm{d}x \quad 与 \quad \mathrm{d}_y f(x,y) \stackrel{\text{def}}{=} f_y'(x,y)\mathrm{d}y$$

分别为 $f(x,y)$ 关于 x,y 的偏微分.

由于多元初等函数的偏导数仍是多元初等函数,所以多元初等函数在其可偏导处必偏导数连续,因而必可微,其全微分公式(2)与(3)可直接使用.

4.1.3 多元复合函数与隐函数的偏导数

1) 多元复合函数的链锁法则

定理 1 设 $z = f(u,v)$ 在 (u,v) 处可微,$u = \varphi(x,y)$,$v = \psi(x,y)$ 在 (x,y) 处可偏导,则 $z(x,y) = f(\varphi(x,y),\psi(x,y))$ 在 (x,y) 处可偏导,且有

$$\frac{\partial}{\partial x}z(x,y) = \frac{\partial f}{\partial u}\varphi'_x(x,y) + \frac{\partial f}{\partial v}\psi'_x(x,y) \overset{\text{or}}{=} f'_1 \cdot \varphi'_x + f'_2 \cdot \psi'_x$$

$$\frac{\partial}{\partial y}z(x,y) = \frac{\partial f}{\partial u}\varphi'_y(x,y) + \frac{\partial f}{\partial v}\psi'_y(x,y) \overset{\text{or}}{=} f'_1 \cdot \varphi'_y + f'_2 \cdot \psi'_y$$

由于多元复合函数的情况很多,下面再列举几个求偏导数的链锁法则,其可偏导的条件略去.

(1) 若 $z = z(x,y) = f(x,y,u,v)$,$u = \varphi(x,y)$,$v = \psi(x,y)$,则

$$\frac{\partial}{\partial x}z(x,y) = f'_x + f'_u \cdot \varphi'_x + f'_v \cdot \psi'_x \overset{\text{or}}{=} f'_1 + f'_3 \cdot \varphi'_x + f'_4 \cdot \psi'_x$$

$$\frac{\partial}{\partial y}z(x,y) = f'_y + f'_u \cdot \varphi'_y + f'_v \cdot \psi'_y \overset{\text{or}}{=} f'_2 + f'_3 \cdot \varphi'_y + f'_4 \cdot \psi'_y$$

(2) 若 $z = z(x) = f(x,u,v)$,$u = \varphi(x)$,$v = \psi(x)$,则

$$\frac{\mathrm{d}}{\mathrm{d}x}z(x) = f'_x + f'_u \cdot \varphi' + f'_v \cdot \psi' \overset{\text{or}}{=} f'_1 + f'_2 \cdot \varphi' + f'_3 \cdot \psi'$$

这里左端的导数称为**全导数**.

2) 隐函数的偏导数

定理 2(隐函数存在定理Ⅰ) 假设 $F(x,y)$ 在 (a,b) 的某邻域内连续可微,且 $F(a,b) = 0$,$F'_y(a,b) \neq 0$,则存在 $x = a$ 的邻域 U 和惟一函数 $y = f(x)(x \in U)$,使得

$$b = f(a), \quad \forall x \in U, \quad F(x,f(x)) = 0$$

这里 $f(x)$ 在 $x = a$ 处可导,且

$$f'(a) = -\frac{F'_x(a,b)}{F'_y(a,b)}$$

定理 3(隐函数存在定理 Ⅱ) 假设 $F(x,y,z)$ 在 (a,b,c) 的某邻域内连续可微,且 $F(a,b,c) = 0$,$F'_z(a,b,c) \neq 0$,则存在 (a,b) 的邻域 U 和惟一的函数 $z = f(x,y)((x,y) \in U)$,使得

$$c = f(a,b), \quad \forall (x,y) \in U, \quad F(x,y,f(x,y)) = 0$$

这里 $f(x,y)$ 在 (a,b) 处可偏导,且

$$f'_x(a,b) = -\frac{F'_x(a,b,c)}{F'_z(a,b,c)}, \quad f'_y(a,b) = -\frac{F'_y(a,b,c)}{F'_z(a,b,c)}$$

4.1.4 方向导数

1) 方向导数的定义:设 l 是空间的常向量,P_0 是定点,动点 P 使得 $\overrightarrow{P_0P}$ 与 l 方向相同,则

$$\left.\frac{\partial f}{\partial l}\right|_{P_0} \overset{\text{def}}{=} \lim_{P \to P_0} \frac{f(P) - f(P_0)}{|P_0P|}$$

2) 设 $f(x,y,z)$ 在点 (a,b,c) 处可微,则函数 $f(x,y,z)$ 在点 (a,b,c) 处沿任一方向 l 的方向导数存在,且若 $l^0 = (\cos\alpha, \cos\beta, \cos\gamma)$,则有计算公式

$$\left.\frac{\partial f}{\partial l}\right|_{(a,b,c)} = \left.\frac{\partial f}{\partial x}\right|_{(a,b,c)}\cos\alpha + \left.\frac{\partial f}{\partial y}\right|_{(a,b,c)}\cos\beta + \left.\frac{\partial f}{\partial z}\right|_{(a,b,c)}\cos\gamma$$

3) 设 $f(x,y,z)$ 在点 (a,b,c) 处可微,则函数 $f(x,y,z)$ 在点 (a,b,c) 处沿梯度

$$\mathbf{grad}f\Big|_{(a,b,c)} = (f_x'(a,b,c), f_y'(a,b,c), f_z'(a,b,c))$$

的方向导数取最大值,且其值为梯度的模,即

$$\max_l \left\{ \left.\frac{\partial f}{\partial l}\right|_{(a,b,c)} \right\} = \left| \mathbf{grad}f\Big|_{(a,b,c)} \right|$$
$$= \sqrt{(f_x'(a,b,c))^2 + (f_y'(a,b,c))^2 + (f_z'(a,b,c))^2}$$

4.1.5 高阶偏导数

1) 函数 $f(x,y)$ 的偏导数 $f_x'(x,y)$,$f_y'(x,y)$ 一般还是 x,y 的函数,若 $f_x'(x,y)$,$f_y'(x,y)$ 可偏导时,有四个二阶偏导数:

$$\frac{\partial^2 f}{\partial x^2} = f_{xx}''(x,y), \quad \frac{\partial^2 f}{\partial x \partial y} = f_{xy}''(x,y)$$

$$\frac{\partial^2 f}{\partial y \partial x} = f_{yx}''(x,y), \quad \frac{\partial^2 f}{\partial y^2} = f_{yy}''(x,y)$$

对二阶偏导数继续求偏导数,即得三阶及三阶以上的偏导数. 二阶及二阶以上偏导数统称**高阶偏导数**.

2) 两个混合二阶偏导数 $f_{xy}''(x,y)$ 和 $f_{yx}''(x,y)$ 不一定相等,但当 $f_{xy}''(x,y)$ 与 $f_{yx}''(x,y)$ 在 (x,y) 处连续时它们一定相等,即 $f_{xy}''(x,y) = f_{yx}''(x,y)$.

3) 由于多元初等函数的两个二阶混合偏导数仍是多元初等函数,所以多元初等函数在其二阶可偏导处两个二阶混合偏导数必连续,因此一定相等.

4.1.6 多元函数的极值

1) 可偏导的二元函数 $f(x,y)$ 在点 (a,b) 处取极值的必要条件是

$$f_x'(a,b) = 0, \quad f_y'(a,b) = 0$$

称点 (a,b) 为 $f(x,y)$ 的**驻点**. 对于二元以上的多元函数有类似结论.

2) 二元函数取极值的充分条件

若 $f(x,y)$ 在点 (a,b) 处二阶偏导函数连续, (a,b) 是 $f(x,y)$ 的驻点, 令

$$A = f''_{xx}(a,b), \quad B = f''_{xy}(a,b), \quad C = f''_{yy}(a,b)$$

(1) 当 $\Delta = B^2 - AC < 0, A > 0$ 时, $f(a,b)$ 为极小值;

(2) 当 $\Delta = B^2 - AC < 0, A < 0$ 时, $f(a,b)$ 为极大值;

(3) 当 $\Delta = B^2 - AC > 0$ 时, $f(a,b)$ 不是 f 的极值.

4.1.7 条件极值

1) 求函数 $z = f(x,y)$ 满足约束方程 $\varphi(x,y) = 0$ 的极值, 称为**条件极值**. 解决此问题有两种方法, 一是由 $\varphi(x,y) = 0$ 解出 $y = y(x)$ (或 $x = x(y)$) 代入函数 $f(x,y)$ 得到一元函数 $z(x) = f(x,y(x))$, 利用一元函数求极值的方法解决; 二是利用拉格朗日乘数法, 其步骤如下.

(1) 作拉格朗日函数: 令

$$F(x,y,\lambda) = f(x,y) + \lambda\varphi(x,y)$$

(2) 求拉格朗日函数的驻点: 由方程组

$$\begin{cases} F'_x = f'_x(x,y) + \lambda\varphi'_x(x,y) = 0, \\ F'_y = f'_y(x,y) + \lambda\varphi'_y(x,y) = 0, \\ F'_\lambda = \varphi(x,y) = 0 \end{cases}$$

解得驻点 (a,b,λ_0).

(3) 如果原问题存在条件极大值 (或条件极小值), 而上述求得的拉格朗日函数 F 的驻点是惟一的, 则 $f(a,b)$ 即为所求的条件极大值 (或条件极小值); 如果原问题既有条件极大值又有条件极小值, 而上述求得的拉格朗日函数的驻点有两个, 即 $(a_1,b_1,\lambda_1), (a_2,b_2,\lambda_2)$, 则 $\max\{f(a_1,b_1), f(a_2,b_2)\}$ 即为所求的条件极大值, 而 $\min\{f(a_1,b_1), f(a_2,b_2)\}$ 即为所求的条件极小值.

2) 求函数 $u = f(x,y,z)$ 满足约束方程 $\varphi(x,y,z) = 0$ 的极值, 称为**条件极值**. 解决此问题最好直接利用拉格朗日乘数法, 其步骤同上.

3) 求函数 $u = f(x,y,z)$ 满足两个约束方程 $\varphi(x,y,z) = 0$ 与 $\psi(x,y,z) = 0$ 的极值, 称为**条件极值**. 解决此问题有两种方法, 一是由方程组 $\begin{cases} \varphi(x,y,z) = 0, \\ \psi(x,y,z) = 0 \end{cases}$ 解出 $y = y(x), z = z(x)$, 代入函数 $f(x,y,z)$ 得到一元函数 $u(x) = f(x,y(x),z(x))$, 利用一元函数求极值的方法解决; 二是利用拉格朗日乘数法, 其步骤如下.

(1) 作拉格朗日函数: 令

$$F(x,y,z,\lambda,\mu) = f(x,y,z) + \lambda\varphi(x,y,z) + \mu\psi(x,y,z)$$

(2) 求拉格朗日函数的驻点:由方程组

$$\begin{cases} F'_x = f'_x(x,y,z) + \lambda\varphi'_x(x,y,z) + \mu\psi'_x(x,y,z) = 0, \\ F'_y = f'_y(x,y,z) + \lambda\varphi'_y(x,y,z) + \mu\psi'_y(x,y,z) = 0, \\ F'_z = f'_z(x,y,z) + \lambda\varphi'_z(x,y,z) + \mu\psi'_z(x,y,z) = 0, \\ F'_\lambda = \varphi(x,y,z) = 0, \\ F'_\mu = \psi(x,y,z) = 0 \end{cases}$$

解得驻点 (a,b,c,λ_0,μ_0).

(3) 对于函数值 $f(a,b,c)$ 进行与 1) 中 $f(a,b)$ 完全相同的说明.

4.1.8　多元函数的最值

设函数 f(二元函数或三元函数) 在有界闭域 G 上连续,应用最值定理,f 在 G 上存在最大值与最小值. 由于使函数 f 取得最值的点只可能是 f 在 G 的内部的驻点、或在 G 的边界上拉格朗日函数的驻点、或是 G 的边界上的端点,求出函数 f 在上述所有点的函数值,比较它们的大小,其中最大者为函数 f 在 G 上的最大值,其中最小者为函数 f 在 G 上的最小值(对上述这些点的函数值,无须逐一讨论取极大还是取极小或者不是极值).

4.2　竞赛题与精选题解析

4.2.1　求二元函数的极限(例 4.1—4.2)

例 4.1(江苏省 2018 年竞赛题)　求极限 $\displaystyle\lim_{\substack{x \to \infty \\ y \to \infty}} \frac{x^2 + xy + y^2}{x^4 + y^4} \sin(x^4 + y^4)$.

解析　由于

$$0 \leqslant \left| \frac{x^2 + xy + y^2}{x^4 + y^4} \sin(x^4 + y^4) \right| \leqslant \frac{|x^2 + xy + y^2|}{x^4 + y^4}$$

$$\leqslant \frac{2(x^2 + y^2)}{2x^2 y^2} = \frac{1}{y^2} + \frac{1}{x^2}$$

且 $\displaystyle\lim_{\substack{x \to \infty \\ y \to \infty}} \left(\frac{1}{y^2} + \frac{1}{x^2} \right) = 0$,应用夹逼准则即得 $\displaystyle\lim_{\substack{x \to \infty \\ y \to \infty}} \frac{x^2 + xy + y^2}{x^4 + y^4} \sin(x^4 + y^4) = 0$.

例 4.2(精选题)　设 $f(x,y) = \dfrac{x^2 y}{x^4 + y^2}$.

(1) 当 (x,y) 沿过原点的任一直线趋向于 $(0,0)$ 时,求 $f(x,y)$ 的极限;

(2) 求证:$(x,y) \to (0,0)$ 时 $f(x,y)$ 的极限不存在.

解析　(1) 沿着 y 轴,$y \to 0$ 时

$$\lim_{\substack{x=0\\y\to 0}} f(x,y) = \lim_{y\to 0} \frac{0}{y^2} = 0$$

沿着 $y = kx (k \neq 0), (x,y) \to (0,0)$ 时

$$\lim_{\substack{y=kx\\x\to 0}} f(x,y) = \lim_{x\to 0} \frac{kx^3}{x^4 + k^2 x^2} = \lim_{x\to 0} \frac{kx}{x^2 + k^2} = 0$$

沿着 x 轴, $x \to 0$ 时

$$\lim_{\substack{y=0\\x\to 0}} f(x,y) = \lim_{x\to 0} \frac{0}{x^4} = 0$$

所以 (x,y) 沿着过原点的任意直线趋向于 $(0,0)$ 时 $f(x,y) \to 0$.

（2）沿着抛物线 $y = x^2, (x,y) \to (0,0)$ 时

$$\lim_{\substack{y=x^2\\x\to 0}} f(x,y) = \lim_{x\to 0} \frac{x^4}{2x^4} = \frac{1}{2} \neq 0$$

所以 $(x,y) \to (0,0)$ 时 $f(x,y)$ 的极限不存在.

4.2.2　二元函数的连续性、可偏导性与可微性(例 4.3—4.4)

例 4.3(江苏省 2002 年竞赛题)　设

$$f(x,\,y) = \begin{cases} y\arctan \dfrac{1}{\sqrt{x^2 + y^2}}, & (x,y) \neq (0,0), \\ 0, & (x,y) = (0,0) \end{cases}$$

试讨论 $f(x,y)$ 在点 $(0,0)$ 的连续性、可偏导性与可微性.

解析　因 $\arctan \dfrac{1}{\sqrt{x^2 + y^2}}$ 有界, 所以

$$\lim_{\substack{x\to 0\\y\to 0}} f(x,y) = \lim_{\substack{x\to 0\\y\to 0}} y\arctan \frac{1}{\sqrt{x^2 + y^2}} = 0 = f(0,0)$$

故 $f(x,y)$ 在 $(0,0)$ 处连续. 因为

$$f_x'(0,0) = \lim_{x\to 0} \frac{f(x,0) - f(0,0)}{x} = \lim_{x\to 0} \frac{0}{x} = 0$$

$$f_y'(0,0) = \lim_{y\to 0} \frac{f(0,y) - f(0,0)}{y} = \lim_{y\to 0} \arctan \frac{1}{|y|} = \frac{\pi}{2}$$

所以 $f(x,y)$ 在 $(0,0)$ 处可偏导.

下面考虑可微性. 令

$$\Delta f(0,0) = f(x,y) - f(0,0) = f_x'(0,0)x + f_y'(0,0)y + \omega$$

则 $\rho = \sqrt{x^2+y^2} \to 0^+$ 时

$$\frac{\omega}{\rho} = \frac{y}{\sqrt{x^2+y^2}}\left(\arctan\frac{1}{\rho} - \frac{\pi}{2}\right) \to 0 \quad \left(因 \left|\frac{y}{\sqrt{x^2+y^2}}\right| \leqslant 1\right)$$

所以 $\omega = o(\rho)$，故 $f(x,y)$ 在 $(0,0)$ 处可微.

例 4.4（江苏省 2006 年竞赛题）　设

$$f(x,y) = \begin{cases} \dfrac{x-y}{x^2+y^2}\tan(x^2+y^2), & (x,y) \neq (0,0), \\ 0, & (x,y) = (0,0) \end{cases}$$

证明 $f(x,y)$ 在 $(0,0)$ 处可微，并求 $\mathrm{d}f(x,y)\Big|_{(0,0)}$.

解析　根据题意可得

$$f_x'(0,0) = \lim_{x\to 0}\frac{f(x,0)-f(0,0)}{x} = \lim_{x\to 0}\frac{x\tan x^2}{x^3} = 1$$

$$f_y'(0,0) = \lim_{y\to 0}\frac{f(0,y)-f(0,0)}{y} = \lim_{y\to 0}\frac{-y\tan y^2}{y^3} = -1$$

令

$$f(x,y) = f(0,0) + f_x'(0,0)x + f_y'(0,0)y + \omega$$
$$= x - y + \omega$$

因 $|\cos\theta - \sin\theta| \leqslant \sqrt{2}$，$\tan\rho^2 \sim \rho^2 (\rho \to 0^+)$，故

$$\lim_{\substack{x\to 0 \\ y\to 0}}\frac{\omega}{\sqrt{x^2+y^2}} = \lim_{\rho\to 0^+}\frac{\rho(\cos\theta - \sin\theta)\left(\dfrac{\tan\rho^2}{\rho^2}-1\right)}{\rho} = 0$$

所以 $\omega = o(\rho)$，故 f 在 $(0,0)$ 处可微，且 $\mathrm{d}f(x,y)\Big|_{(0,0)} = \mathrm{d}x - \mathrm{d}y$.

4.2.3　求多元复合函数与隐函数的偏导数（例 4.5—4.13）

例 4.5（江苏省 2004 年竞赛题）　设 $f(x,y)$ 可微，$f(1,2) = 2$，$f_x'(1,2) = 3$，$f_y'(1,2) = 4$，$\varphi(x) = f(x, f(x,2x))$，则 $\varphi'(1) = $ _____.

解析　应用多元复合函数的链锁法则，有

$$\varphi'(x) = f_1' + f_2' \cdot (f_1' + 2f_2')$$

因 $f(1, f(1,2)) = f(1,2)$，$f_1'(1,2) = f_x'(1,2) = 3$，$f_2'(1,2) = f_y'(1,2) = 4$，故

$$\varphi'(1) = f_1'(1,2) + f_2'(1,2) \cdot [f_1'(1,2) + 2f_2'(1,2)]$$
$$= 3 + 4 \cdot (3+8) = 47$$

例 4.6（江苏省 2000 年竞赛题）　设 $z = uv$，$x = \mathrm{e}^u \cos v$，$y = \mathrm{e}^u \sin v$，求 $\dfrac{\partial z}{\partial x}$ 和 $\dfrac{\partial z}{\partial y}$.

解析　由 $x = \mathrm{e}^u \cos v$，$y = \mathrm{e}^u \sin v$ 解得

$$u = \frac{1}{2}\ln(x^2 + y^2)，\quad v = \arctan\frac{y}{x}$$

于是 $z = uv = \dfrac{1}{2}\ln(x^2 + y^2)\arctan\dfrac{y}{x}$，因此

$$\frac{\partial z}{\partial x} = \frac{x}{x^2 + y^2}\arctan\frac{y}{x} + \frac{1}{2}\ln(x^2 + y^2)\cdot\frac{-y}{x^2 + y^2}$$

$$\frac{\partial z}{\partial y} = \frac{y}{x^2 + y^2}\arctan\frac{y}{x} + \frac{1}{2}\ln(x^2 + y^2)\frac{x}{x^2 + y^2}$$

例 4.7（江苏省 2018 年竞赛题）　已知函数 $F(u,v,w)$ 可微，且 $F_u'(0,0,0)=1$，$F_v'(0,0,0)=2$，$F_w'(0,0,0)=3$，函数 $z = f(x,y)$ 由 $F(2x-y+3z,4x^2-y^2+z^2,xyz)=0$ 确定，且满足 $f(1,2)=0$，试求 $f_x'(1,2)$.

解析　应用隐函数求偏导数法则与复合函数求偏导数法则得

$$f_x'(x,y) = -\frac{F_x'}{F_z'} = -\frac{2F_u' + 8xF_v' + yzF_w'}{3F_u' + 2zF_v' + xyF_w'}$$

由于 $(x,y,z)=(1,2,0)$ 时，$(u,v,w)=(0,0,0)$，所以

$$f_x'(1,2) = -\frac{2F_u' + 8xF_v' + yzF_w'}{3F_u' + 2zF_v' + xyF_w'}\bigg|_{(x,y,z)=(1,2,0)} = -\frac{2+16+0}{3+0+6} = -2$$

例 4.8（南京大学 1996 年竞赛题）　设 $y = f(x,t)$，而 t 是由方程 $G(x,y,t)=0$ 所确定的 x,y 的函数，其中 f,G 可微，求 $\dfrac{\mathrm{d}y}{\mathrm{d}x}$.

解析　将 $y = f(x,t)$ 中的 t 视为由方程

$$F(x,t) = G(x,f(x,t),t) = 0 \tag{$*$}_1$$

确定的 x 的隐函数，即 $t = t(x)$，则 $y = g(x) = f(x,t(x))$，y 对 x 的全导数为

$$\frac{\mathrm{d}y}{\mathrm{d}x} = g'(x) = f_x' + f_t'\cdot\frac{\mathrm{d}t}{\mathrm{d}x} \tag{$*$}_2$$

再对 $(*)_1$ 式应用隐函数求导公式，得 $\dfrac{\mathrm{d}t}{\mathrm{d}x} = -\dfrac{F_x'}{F_t'} = -\dfrac{G_x' + G_y'\cdot f_x'}{G_y'\cdot f_t' + G_t'}$，代入 $(*)_2$ 式，得所求全导数为

$$\frac{\mathrm{d}y}{\mathrm{d}x} = g'(x) = f_x' - f_t'\cdot\frac{G_x' + G_y'\cdot f_x'}{G_y'\cdot f_t' + G_t'}$$

$$= \frac{G_y'\cdot f_x'\cdot f_t' + G_t'\cdot f_x' - G_x'\cdot f_t' - G_y'\cdot f_x'\cdot f_t'}{G_y'\cdot f_t' + G_t'}$$

$$= \frac{G_t' \cdot f_x' - G_x' \cdot f_t'}{G_y' \cdot f_t' + G_t'}$$

例 4.9(江苏省 2000 年竞赛题)   假设 $u = u(x,y)$ 由方程 $u = f(x,y,z,t)$, $g(y,z,t) = 0$ 和 $h(z,t) = 0$ 确定(f,g,h 均为可微函数),求 $\dfrac{\partial u}{\partial x}$ 和 $\dfrac{\partial u}{\partial y}$.

解析   首先由 $\begin{cases} g(y,z,t) = 0, \\ h(z,t) = 0 \end{cases}$ 确定 $z = z(y), t = t(y)$. 方程组对 y 求导数得

$$\begin{cases} g_y' + g_z' \cdot z'(y) + g_t' \cdot t'(y) = 0, \\ h_z' \cdot z'(y) + h_t' \cdot t'(y) = 0 \end{cases}$$

由此解得

$$z'(y) = \frac{-g_y' \cdot h_t'}{g_z' \cdot h_t' - g_t' \cdot h_z'}, \quad t'(y) = \frac{g_y' \cdot h_z'}{g_z' \cdot h_t' - g_t' \cdot h_z'}$$

应用复合函数求偏导数法则得

$$\frac{\partial u}{\partial x} = f_x' + f_z' \cdot 0 + f_t' \cdot 0 = f_x'$$

$$\frac{\partial u}{\partial y} = f_y' + f_z' \cdot z'(y) + f_t' \cdot t'(y)$$

$$= f_y' + \frac{-f_z' \cdot g_y' \cdot h_t' + f_t' \cdot g_y' \cdot h_z'}{g_z' \cdot h_t' - g_t' \cdot h_z'}$$

例 4.10(全国 2017 年决赛题)   已知函数 $f(x,y)$ 可微,并且满足

$$\frac{\partial f}{\partial x} = f(x,y), \quad f\left(0, \frac{\pi}{2}\right) = 1$$

若 $\lim\limits_{n \to \infty} \left(\dfrac{f(0, y + 1/n)}{f(0,y)}\right)^n = e^{\cot y}$,求函数 $f(x,y)$.

解析   先解方程. 由于

$$\frac{\partial f}{\partial x} = f(x,y) \Rightarrow e^{-x} \frac{\partial f}{\partial x} = e^{-x} f(x,y) \Rightarrow \frac{\partial}{\partial x}(e^{-x} f(x,y)) = 0$$

上式右端两边对 x 积分得 $e^{-x} f(x,y) = \varphi(y)$,再令 $x = 0$ 得 $\varphi(y) = f(0,y)$.

下面来求 $f(0,y)$. 记 $g(y) = f(0,y)$,应用偏导数的定义,有

$$\lim\limits_{h \to 0} \left(\frac{f(0, y + h)}{f(0,y)}\right)^{\frac{1}{h}} = \exp\left(\lim\limits_{h \to 0} \frac{\ln g(y + h) - \ln g(y)}{h}\right)$$

$$= \exp(\ln g(y))' = \exp\frac{g'(y)}{g(y)}$$

在上式中取 $h = \dfrac{1}{n}$,得

$$\lim\limits_{n \to \infty} \left(\frac{f(0, y + 1/n)}{f(0,y)}\right)^n = \exp\frac{g'(y)}{g(y)} = \exp(\cot y)$$

所以 $\dfrac{g'(y)}{g(y)} = \cot y$,此式两边对 y 积分得 $\ln g(y) = \ln \sin y + \ln C$,即 $g(y) = C \sin y$.

再令 $y = \dfrac{\pi}{2}$，得 $f\left(0, \dfrac{\pi}{2}\right) = g\left(\dfrac{\pi}{2}\right) = C\sin\dfrac{\pi}{2} = C = 1$，所以 $\varphi(y) = f(0, y) = \sin y$，因此所求函数为 $f(x, y) = \mathrm{e}^x \sin y$.

例 4.11（北京市 2000 年竞赛题）　已知函数 $u = f(x, y, z)$，且 f 是可微函数，如果 $\dfrac{f_x'}{x} = \dfrac{f_y'}{y} = \dfrac{f_z'}{z}$，证明：$u$ 仅为 r 的函数，已知 $r = \sqrt{x^2 + y^2 + z^2}$.

分析　欲证 u 仅为 r 的函数，这启发我们利用球坐标变换
$$x = r\sin\varphi\cos\theta, \quad y = r\sin\varphi\sin\theta, \quad z = r\cos\varphi$$
将 u 化为 r, θ, φ 的函数，再证 $u_\theta' \equiv 0, u_\varphi' \equiv 0$ 即可.

解析　令 $x = r\cos\theta \cdot \sin\varphi, y = r\sin\theta \cdot \sin\varphi, z = r\cos\varphi$，则有
$$u = f(r\cos\theta \cdot \sin\varphi, r\sin\theta \cdot \sin\varphi, r\cos\varphi)$$
则
$$\frac{\partial u}{\partial \theta} = -r\sin\theta \cdot \sin\varphi \cdot f_x' + r\cos\theta \cdot \sin\varphi \cdot f_y'$$

$$\frac{\partial u}{\partial \varphi} = r\cos\theta \cdot \cos\varphi \cdot f_x' + r\sin\theta \cdot \cos\varphi \cdot f_y' - r\sin\varphi \cdot f_z'$$

由 $\dfrac{f_x'}{x} = \dfrac{f_y'}{y} = \dfrac{f_z'}{z}$ 得

$$\frac{f_x'}{r\cos\theta \cdot \sin\varphi} = \frac{f_y'}{r\sin\theta \cdot \sin\varphi} = \frac{f_z'}{r\cos\varphi} = \lambda$$

代入 $\dfrac{\partial u}{\partial \theta}, \dfrac{\partial u}{\partial \varphi}$ 有 $\dfrac{\partial u}{\partial \theta} \equiv 0, \dfrac{\partial u}{\partial \varphi} \equiv 0$，从而得证 u 仅为 r 的函数.

例 4.12（浙江省 2002 年竞赛题）　设二元函数 $f(x, y)$ 有一阶连续的偏导数，且 $f(0, 1) = f(1, 0)$，证明：单位圆周上至少存在两点满足方程
$$y\frac{\partial}{\partial x}f(x, y) - x\frac{\partial}{\partial y}f(x, y) = 0$$

解析　令 $g(t) = f(\cos t, \sin t)$，则 $g(t)$ 一阶连续可导，且
$$g(0) = f(1, 0), \quad g\left(\frac{\pi}{2}\right) = f(0, 1), \quad g(2\pi) = f(1, 0)$$
所以 $g(0) = g\left(\dfrac{\pi}{2}\right) = g(2\pi)$. 分别在区间 $\left[0, \dfrac{\pi}{2}\right]$ 与 $\left[\dfrac{\pi}{2}, 2\pi\right]$ 上应用罗尔定理，存在 $\xi_1 \in \left(0, \dfrac{\pi}{2}\right), \xi_2 \in \left(\dfrac{\pi}{2}, 2\pi\right)$，使得
$$g'(\xi_1) = 0, \quad g'(\xi_2) = 0$$
记 $(x_1, y_1) = (\cos\xi_1, \sin\xi_1), (x_2, y_2) = (\cos\xi_2, \sin\xi_2)$，则

$$g'(t) = -\sin t \frac{\partial}{\partial x} f(\cos t, \sin t) + \cos t \frac{\partial}{\partial y} f(\cos t, \sin t)$$

$$\Rightarrow \quad \sin\xi_i \cdot \frac{\partial f}{\partial x}\Big|_{(\cos\xi_i, \sin\xi_i)} - \cos\xi_i \cdot \frac{\partial f}{\partial y}\Big|_{(\cos\xi_i, \sin\xi_i)} = 0$$

$$\Rightarrow \quad y_i \frac{\partial f}{\partial x}\Big|_{(x_i, y_i)} - x_i \frac{\partial f}{\partial y}\Big|_{(x_i, y_i)} = 0 \quad (i = 1, 2)$$

此式即表明存在两点满足方程.

例 4.13(北京市 1995 年竞赛题) 已知 $z = z(x,y)$ 满足 $x^2 \cdot \frac{\partial z}{\partial x} + y^2 \cdot \frac{\partial z}{\partial y} = z^2$，设 $u = x, v = \frac{1}{y} - \frac{1}{x}, \psi = \frac{1}{z} - \frac{1}{x}$，对函数 $\psi = \psi(u,v)$，求证：$\frac{\partial \psi}{\partial u} = 0$.

解析 由 $u = x, v = \frac{1}{y} - \frac{1}{x}$，有 $x = u, y = \frac{u}{uv+1}$，且 $\psi = \frac{1}{z} - \frac{1}{u}$，于是

$$\frac{\partial \psi}{\partial u} = \left(-\frac{1}{z^2}\right)\frac{\partial z}{\partial u} + \frac{1}{u^2} = \left(-\frac{1}{z^2}\right)\left(\frac{\partial z}{\partial x}\frac{\partial x}{\partial u} + \frac{\partial z}{\partial y}\frac{\partial y}{\partial u}\right) + \frac{1}{u^2}$$

$$= \left(-\frac{1}{z^2}\right)\left(\frac{\partial z}{\partial x} + \frac{\partial z}{\partial y}\frac{1}{(uv+1)^2}\right) + \frac{1}{u^2} = \left(-\frac{1}{z^2}\right)\left(\frac{\partial z}{\partial x} + \frac{\partial z}{\partial y}\frac{y^2}{u^2}\right) + \frac{1}{u^2}$$

$$= \left(-\frac{1}{u^2 z^2}\right)\left(x^2\frac{\partial z}{\partial x} + y^2\frac{\partial z}{\partial y}\right) + \frac{1}{u^2} = -\frac{1}{u^2} + \frac{1}{u^2} = 0$$

点评 这是一道有关多元复合函数与隐函数的综合题，首先要确定因变量、中间变量与自变量，再弄清它们之间的函数关系. 本题中 ψ 是因变量，x 和 z 是第一中间变量，x 和 y 是第二中间变量，u 和 v 是自变量，其中 x,y 还是 u,v 的隐函数.

4.2.4 方向导数(例 4.14—4.16)

例 4.14(全国 2019 年考研题) 已知 a,b 为实数，函数 $z = 2 + ax^2 + by^2$ 在点 $(3,4)$ 的方向导数中沿方向 $\boldsymbol{l} = -3\boldsymbol{i} - 4\boldsymbol{j}$ 的方向导数最大，且最大值为 10.

(1) 求 a,b 的值；

(2) 求曲面 $z = 2 + ax^2 + by^2 (z \geq 0)$ 的面积.

解析 (1) 函数 $z = 2 + ax^2 + by^2$ 在点 $(3,4)$ 的梯度为

$$\mathbf{grad}z\Big|_{(3,4)} = (z'_x, z'_y)\Big|_{(3,4)} = (6a, 8b)$$

因沿梯度的方向导数取最大值，其值等于梯度的模，所以有

$$\frac{\partial z}{\partial \boldsymbol{l}}\Big|_{(3,4)} = \left|\mathbf{grad}z\Big|_{(3,4)}\right| = 10 \Rightarrow \left(\frac{6a}{10}, \frac{8b}{10}\right) = \boldsymbol{l}^0 = \left(-\frac{3}{5}, -\frac{4}{5}\right)$$

于是 $a = -1, b = -1$.

（2）曲面 $z = 2 - x^2 - y^2 (z \geqslant 0)$ 是由 yOz 平面上的曲线 $y = \sqrt{2-z}\,(0 \leqslant z \leqslant 2)$ 绕 z 轴旋转而成，于是所求曲面的面积为

$$S = 2\pi \int_0^2 y\sqrt{1 + (y'(z))^2}\,\mathrm{d}z = 2\pi \int_0^2 \sqrt{2-z}\sqrt{1 + \left(\frac{-1}{2\sqrt{2-z}}\right)^2}\,\mathrm{d}z$$

$$= \pi \int_0^2 \sqrt{9-4z}\,\mathrm{d}z = -\frac{\pi}{4} \cdot \frac{2}{3}(9-4z)^{\frac{3}{2}}\Big|_0^2 = \frac{13}{3}\pi$$

例 4.15（江苏省 1996 年竞赛题）　求函数 $u = xy^2 z^3$ 在点 $(1,2,-1)$ 处沿曲面 $x^2 + y^2 = 5$ 的外法向的方向导数.

解析　已知 $F = x^2 + y^2 - 5, \boldsymbol{n} = 2(x,y,0)$，点 $P(1,2,-1)$，故曲面在点 P 的外法向的方向余弦为 $\cos\alpha = \dfrac{1}{\sqrt{5}}, \cos\beta = \dfrac{2}{\sqrt{5}}, \cos\gamma = 0$. 又因

$$(u'_x, u'_y, u'_z)\Big|_P = (y^2 z^3, 2xyz^3, 3xy^2 z^2)\Big|_P = (-4, -4, 12)$$

于是

$$\frac{\partial u}{\partial \boldsymbol{n}}\Big|_P = u'_x(P)\cos\alpha + u'_y(P)\cos\beta + u'_z(P)\cos\gamma$$

$$= -\frac{4}{\sqrt{5}} - \frac{8}{\sqrt{5}} + 0 = -\frac{12}{5}\sqrt{5}$$

例 4.16（全国 2015 年决赛题）　已知 $l_j (j = 1, 2, \cdots, n)$ 是平面上点 P_0 处的 $n(n \geqslant 2)$ 个方向向量，相邻两个向量之间的夹角为 $\dfrac{2\pi}{n}$，若函数 $f(x,y)$ 在点 P_0 有连续的偏导数，证明：$\displaystyle\sum_{j=1}^{n} \frac{\partial f(P_0)}{\partial l_j} = 0$.

解析　记 $\beta = \dfrac{2\pi}{n}$，且

$$\boldsymbol{l}_j^0 = (\cos(\alpha + j\beta), \sin(\alpha + j\beta)) \quad (\alpha \in [0, 2\pi), j = 1, 2, \cdots, n)$$

则

$$\sum_{j=1}^{n} \frac{\partial f(P_0)}{\partial l_j} = \sum_{j=1}^{n} \left(\frac{\partial f(P_0)}{\partial x}\cos(\alpha + j\beta) + \frac{\partial f(P_0)}{\partial y}\sin(\alpha + j\beta) \right)$$

$$= \frac{\partial f(P_0)}{\partial x}\left(\cos\alpha \sum_{j=1}^{n}\cos j\beta - \sin\alpha \sum_{j=1}^{n}\sin j\beta \right)$$

$$+ \frac{\partial f(P_0)}{\partial y}\left(\sin\alpha \sum_{j=1}^{n}\cos j\beta + \cos\alpha \sum_{j=1}^{n}\sin j\beta \right)$$

由于

$$\sum_{j=1}^{n} \cos j\beta = \frac{1}{2\sin\frac{\beta}{2}} \sum_{j=1}^{n} 2\cos j\beta \cdot \sin\frac{\beta}{2} = \frac{1}{2\sin\frac{\beta}{2}} \sum_{j=1}^{n}\left(\sin\left(j+\frac{1}{2}\right)\beta - \sin\left(j-\frac{1}{2}\right)\beta\right)$$

$$= \frac{1}{2\sin\frac{\beta}{2}}\left(\sin\left(n+\frac{1}{2}\right)\frac{2\pi}{n} - \sin\frac{\pi}{n}\right) = \frac{1}{2\sin\frac{\beta}{2}}\left(\sin\frac{\pi}{n} - \sin\frac{\pi}{n}\right) = 0$$

$$\sum_{j=1}^{n} \sin j\beta = \frac{1}{2\sin\frac{\beta}{2}} \sum_{j=1}^{n} 2\sin j\beta \cdot \sin\frac{\beta}{2} = \frac{1}{2\sin\frac{\beta}{2}} \sum_{j=1}^{n}\left(\cos\left(j-\frac{1}{2}\right)\beta - \cos\left(j+\frac{1}{2}\right)\beta\right)$$

$$= \frac{1}{2\sin\frac{\beta}{2}}\left(\cos\frac{\pi}{n} - \cos\left(n+\frac{1}{2}\right)\frac{2\pi}{n}\right) = \frac{1}{2\sin\frac{\beta}{2}}\left(\cos\frac{\pi}{n} - \cos\frac{\pi}{n}\right) = 0$$

所以

$$\sum_{j=1}^{n} \frac{\partial f(P_0)}{\partial l_j} = \frac{\partial f(P_0)}{\partial x} \cdot 0 + \frac{\partial f(P_0)}{\partial y} \cdot 0 = 0$$

4.2.5 求解与高阶偏导数有关的问题(例 4.17—4.25)

例 4.17(江苏省 2023 年竞赛题) 设

$$f(x,y) = \begin{cases} x^2\arctan\dfrac{y}{x} - y^2\arctan\dfrac{x}{y}, & xy \neq 0, \\ 0, & xy = 0 \end{cases}$$

求 $f'_x(x,y), f''_{xy}(x,y)$.

解析 (1) 当 $xy \neq 0$ 时,应用求偏导数法则,得

$$f'_x(x,y) = 2x\arctan\frac{y}{x} - \frac{x^2 y}{x^2 + y^2} - \frac{y^3}{x^2 + y^2} = 2x\arctan\frac{y}{x} - y$$

$$f''_{xy}(x,y) = \frac{2x^2}{x^2 + y^2} - 1 = \frac{x^2 - y^2}{x^2 + y^2}$$

(2) 当 $xy = 0$ 时,分 $(0,0),(x,0)(x \neq 0),(0,y)(y \neq 0)$ 三种情况求一阶偏导数,得

$$f'_x(0,0) = \lim_{h \to 0} \frac{f(h,0) - f(0,0)}{h} = \lim_{h \to 0} \frac{0 - 0}{h} = 0$$

$$f'_x(x,0) \xlongequal{x \neq 0} \lim_{h \to 0} \frac{f(x+h,0) - f(x,0)}{h} = \lim_{h \to 0} \frac{0 - 0}{h} = 0$$

$$f'_x(0,y) \xlongequal{y \neq 0} \lim_{h \to 0} \frac{f(h,y) - f(0,y)}{h} = \lim_{h \to 0}\left(h\arctan\frac{y}{h} - \frac{y^2}{h}\arctan\frac{h}{y}\right)$$

$$= 0 - y = -y$$

(3) 当 $xy = 0$ 时,同样分上述三种情况求二阶偏导数,得

$$f''_{xy}(0,0) = \lim_{k \to 0} \frac{f'_x(0,k) - f'_x(0,0)}{k} = \lim_{k \to 0} \frac{-k - 0}{k} = -1$$

$$f''_{xy}(x,0) \xlongequal{x \neq 0} \lim_{k \to 0} \frac{f'_x(x,k) - f'_x(x,0)}{k} = \lim_{k \to 0} \frac{2x\arctan(k/x) - k - 0}{k}$$

$$= \lim_{k \to 0} \frac{2k}{k} - 1 = 1$$

$$f''_{xy}(0, y) \xlongequal{y \neq 0} \lim_{k \to 0} \frac{f'_x(0, y+k) - f'_x(0, y)}{k} = \lim_{k \to 0} \frac{-y-k+y}{k} = -1$$

即 $xy = 0$ 时, $f''_{xy}(x, 0) = 1(x \neq 0)$, $f''_{xy}(0, y) = -1(y \in \mathbf{R})$.

例 4.18(北京市 1990 年竞赛题)　设函数 $u = f(\ln \sqrt{x^2 + y^2})$ 满足

$$\frac{\partial^2 u}{\partial x^2} + \frac{\partial^2 u}{\partial y^2} = (x^2 + y^2)^{\frac{3}{2}}$$

试求函数 f 的表达式.

解析　令 $t = \frac{1}{2} \ln(x^2 + y^2)$,则

$$\frac{\partial u}{\partial x} = f'(t) \cdot \frac{x}{x^2 + y^2}, \quad \frac{\partial u}{\partial y} = f'(t) \frac{y}{x^2 + y^2}$$

$$\frac{\partial^2 u}{\partial x^2} = f''(t) \cdot \frac{x^2}{(x^2 + y^2)^2} + f'(t) \cdot \frac{y^2 - x^2}{(x^2 + y^2)^2}$$

同理可得 $\dfrac{\partial^2 u}{\partial y^2} = f''(t) \dfrac{y^2}{(x^2 + y^2)^2} + f'(t) \dfrac{x^2 - y^2}{(x^2 + y^2)^2}$,代入原方程得

$$\frac{\partial^2 u}{\partial x^2} + \frac{\partial^2 u}{\partial y^2} = f''(t) \cdot \frac{1}{x^2 + y^2} = (x^2 + y^2)^{\frac{3}{2}}$$

即得 $f''(t) = (x^2 + y^2)^{\frac{5}{2}} = \mathrm{e}^{5t}$,积分两次得 $f(t) = \dfrac{1}{25} \mathrm{e}^{5t} + C_1 t + C_2$.

例 4.19(浙江省 2013 年竞赛题)　已知二元函数 $u(x, y)$ 满足 $\dfrac{\partial^2 u}{\partial x \partial y} + \dfrac{\partial u}{\partial y} = 0$,且 $u(0, y) = y^2$, $u(x, 1) = \cos x$,求 $u(x, y)$ 的表达式.

解析　将原方程两边对 y 积分得 $\dfrac{\partial u}{\partial x} + u = \varphi(x)$,其中 $\varphi(x)$ 是待定函数,则

$$\mathrm{e}^x \frac{\partial u}{\partial x} + \mathrm{e}^x u = \mathrm{e}^x \varphi(x) \Leftrightarrow \frac{\partial}{\partial x}(\mathrm{e}^x u) = \mathrm{e}^x \varphi(x)$$

上式右端两边再对 x 在 $[0, x]$ 上积分得

$$\mathrm{e}^x u(x, y) \Big|_{x=0}^{x=x} = \int_0^x \mathrm{e}^x \varphi(x) \mathrm{d}x \Rightarrow \mathrm{e}^x u(x, y) - y^2 = \int_0^x \mathrm{e}^x \varphi(x) \mathrm{d}x \qquad (*)$$

取 $y = 1$ 得 $\mathrm{e}^x \cos x - 1 = \int_0^x \mathrm{e}^x \varphi(x) \mathrm{d}x$,则 $(*)$ 式化为 $\mathrm{e}^x u(x, y) - y^2 = \mathrm{e}^x \cos x - 1$,于是所求函数为

$$u(x, y) = \cos x + \mathrm{e}^{-x}(y^2 - 1)$$

例 4.20(全国 2020 年初赛题)　已知 $z = xf\left(\dfrac{y}{x}\right) + 2y\varphi\left(\dfrac{x}{y}\right)$,其中 f, φ 皆为二次可微函数.(1) 求 $\dfrac{\partial z}{\partial x}, \dfrac{\partial^2 z}{\partial x \partial y}$;(2) 当 $f = \varphi$,且 $\dfrac{\partial^2 z}{\partial x \partial y}\Big|_{x=a} = -by^2$ 时,求 $f(y)$.

解析　(1) 应用求偏导数法则,得

$$\frac{\partial z}{\partial x} = f\left(\frac{y}{x}\right) - \frac{y}{x}f'\left(\frac{y}{x}\right) + 2\varphi'\left(\frac{x}{y}\right)$$

$$\frac{\partial^2 z}{\partial x \partial y} = -\frac{y}{x^2}f''\left(\frac{y}{x}\right) - \frac{2x}{y^2}\varphi''\left(\frac{x}{y}\right)$$

（2）当 $f = \varphi, x = a$ 时

$$\frac{\partial^2 z}{\partial x \partial y}\bigg|_{x=a} = -\frac{y}{a^2}f''\left(\frac{y}{a}\right) - \frac{2a}{y^2}f''\left(\frac{a}{y}\right) = -by^2$$

令 $y = au$，则上式化为

$$\frac{u}{a}f''(u) + \frac{2}{au^2}f''\left(\frac{1}{u}\right) = a^2bu^2 \quad \Leftrightarrow \quad u^3 f''(u) + 2f''\left(\frac{1}{u}\right) = a^3bu^4$$

在上式中用 $\frac{1}{u}$ 代替 u，得 $\frac{1}{u^3}f''\left(\frac{1}{u}\right) + 2f''(u) = a^3b\frac{1}{u^4}$，再与上式联立消去 $f''\left(\frac{1}{u}\right)$，

解得 $f''(u) = \frac{1}{3}a^3b\left(\frac{2}{u^4} - u\right)$，积分两次即得

$$f(u) = \frac{1}{9}a^3b\left(\frac{1}{u^2} - \frac{1}{2}u^3\right) + C_1 u + C_2, \quad 其中 C_1, C_2 为任意常数$$

从而所求函数为 $f(y) = \frac{1}{9}a^3b\left(\frac{1}{y^2} - \frac{1}{2}y^3\right) + C_1 y + C_2$.

例 4.21（同济大学 2014 年竞赛题） 设 $z = z(x,t)$ 具有连续的二阶偏导数，且满足一维波动方程 $\frac{\partial^2 z}{\partial t^2} = \frac{\partial^2 z}{\partial x^2}$，证明：

（1）存在具有二阶导数的函数 $F(x), G(x)$，使 $z(x,t) = F(x+t) + G(x-t)$；

（2）若 $z(x,0) = f(x), \frac{\partial z}{\partial t}(x,0) = g(x)$，则

$$z(x,t) = \frac{1}{2}[f(x+t) + f(x-t)] + \frac{1}{2}\int_{x-t}^{x+t} g(y)\mathrm{d}y$$

解析 （1）令 $u = x+t, v = x-t$，则

$$\frac{\partial z}{\partial t} = \frac{\partial z}{\partial u}\frac{\partial u}{\partial t} + \frac{\partial z}{\partial v}\frac{\partial v}{\partial t} = \frac{\partial z}{\partial u} - \frac{\partial z}{\partial v}, \quad \frac{\partial z}{\partial x} = \frac{\partial z}{\partial u}\frac{\partial u}{\partial x} + \frac{\partial z}{\partial v}\frac{\partial v}{\partial x} = \frac{\partial z}{\partial u} + \frac{\partial z}{\partial v}$$

$$\frac{\partial^2 z}{\partial t^2} = \frac{\partial^2 z}{\partial u^2}\frac{\partial u}{\partial t} + \frac{\partial^2 z}{\partial u \partial v}\frac{\partial v}{\partial t} - \frac{\partial^2 z}{\partial v \partial u}\frac{\partial u}{\partial t} - \frac{\partial^2 z}{\partial v^2}\frac{\partial v}{\partial t} = \frac{\partial^2 z}{\partial u^2} - 2\frac{\partial^2 z}{\partial u \partial v} + \frac{\partial^2 z}{\partial v^2}$$

$$\frac{\partial^2 z}{\partial x^2} = \frac{\partial^2 z}{\partial u^2}\frac{\partial u}{\partial x} + \frac{\partial^2 z}{\partial u \partial v}\frac{\partial v}{\partial x} + \frac{\partial^2 z}{\partial v \partial u}\frac{\partial u}{\partial x} + \frac{\partial^2 z}{\partial v^2}\frac{\partial v}{\partial x} = \frac{\partial^2 z}{\partial u^2} + 2\frac{\partial^2 z}{\partial u \partial v} + \frac{\partial^2 z}{\partial v^2}$$

代入波动方程 $\frac{\partial^2 z}{\partial t^2} = \frac{\partial^2 z}{\partial x^2}$，则原方程化为 $\frac{\partial^2 z}{\partial u \partial v} = 0$. 此方程显然有解为

$$z = F(u) + G(v) = F(x+t) + G(x-t)$$

其中 F, G 是任意的二阶可导的函数.

（2）由 $z(x,0) = f(x), \frac{\partial z}{\partial t}(x,0) = g(x)$ 得

$$F(x) + G(x) = f(x), \quad F'(x) - G'(x) = g(x)$$

上面第二式两边积分得 $F(x) - G(x) = \int_0^x g(y)\mathrm{d}y + C$（这里 $C = F(0) - G(0)$），再

与第一式联立可得

$$F(x) = \frac{1}{2}\left(f(x) + \int_0^x g(y)\mathrm{d}y + C\right), \quad G(x) = \frac{1}{2}\left(f(x) - \int_0^x g(y)\mathrm{d}y - C\right)$$

将其代入 $z = F(x+t) + G(x-t)$ 得

$$z(x,t) = \frac{1}{2}\left(f(x+t) + \int_0^{x+t} g(y)\mathrm{d}y + C\right) + \frac{1}{2}\left(f(x-t) - \int_0^{x-t} g(y)\mathrm{d}y - C\right)$$

$$= \frac{1}{2}\left(f(x+t) + f(x-t) + \int_{x-t}^{x+t} g(y)\mathrm{d}y\right)$$

例 4.22(江苏省 2008 年竞赛题)   设函数 $u(x,y)$ 具有连续的二阶偏导数,算子 A 定义为 $A(u) = x\dfrac{\partial u}{\partial x} + y\dfrac{\partial u}{\partial y}$. (1) 求 $A(u - A(u))$;(2) 利用结论(1),以 $\xi = \dfrac{y}{x}$, $\eta = x - y$ 为新的自变量,改变方程 $x^2\dfrac{\partial^2 u}{\partial x^2} + 2xy\dfrac{\partial^2 u}{\partial x\partial y} + y^2\dfrac{\partial^2 u}{\partial y^2} = 0$ 的形式.

解析   (1) $A(u - A(u)) = A\left(u - x\dfrac{\partial u}{\partial x} - y\dfrac{\partial u}{\partial y}\right)$

$$= x\frac{\partial}{\partial x}\left(u - x\frac{\partial u}{\partial x} - y\frac{\partial u}{\partial y}\right) + y\frac{\partial}{\partial y}\left(u - x\frac{\partial u}{\partial x} - y\frac{\partial u}{\partial y}\right)$$

$$= x\left(-x\frac{\partial^2 u}{\partial x^2} - y\frac{\partial^2 u}{\partial x\partial y}\right) + y\left(-x\frac{\partial^2 u}{\partial x\partial y} - y\frac{\partial^2 u}{\partial y^2}\right)$$

$$= -\left(x^2\frac{\partial^2 u}{\partial x^2} + 2xy\frac{\partial^2 u}{\partial x\partial y} + y^2\frac{\partial^2 u}{\partial y^2}\right)$$

(2) 由 $x^2\dfrac{\partial^2 u}{\partial x^2} + 2xy\dfrac{\partial^2 u}{\partial x\partial y} + y^2\dfrac{\partial^2 u}{\partial y^2} = 0 \Leftrightarrow A(u - A(u)) = 0$,又

$$A(u) = x\frac{\partial u}{\partial x} + y\frac{\partial u}{\partial y} = x\left[\frac{\partial u}{\partial \xi}\left(-\frac{y}{x^2}\right) + \frac{\partial u}{\partial \eta}\right] + y\left(\frac{\partial u}{\partial \xi}\frac{1}{x} - \frac{\partial u}{\partial \eta}\right)$$

$$= (x-y)\frac{\partial u}{\partial \eta} = \eta\frac{\partial u}{\partial \eta}$$

$$A(u - A(u)) = A\left(u - \eta\frac{\partial u}{\partial \eta}\right) = \eta\frac{\partial}{\partial \eta}\left(u - \eta\frac{\partial u}{\partial \eta}\right)$$

$$= \eta\left(\frac{\partial u}{\partial \eta} - \frac{\partial u}{\partial \eta} - \eta\frac{\partial^2 u}{\partial \eta^2}\right) = -\eta^2\frac{\partial^2 u}{\partial \eta^2}$$

于是原方程化为 $\dfrac{\partial^2 u}{\partial \eta^2} = 0$.

例 4.23(北京市 2002 年竞赛题)   设函数 $z = f(x,y)$ 具有二阶连续偏导数,且 $\dfrac{\partial f}{\partial y} \neq 0$,证明:对任意常数 C, $f(x,y) = C$ 为一直线的充要条件是

$$(f_y')^2 f_{xx}'' - 2f_x' f_y' f_{xy}'' + (f_x')^2 f_{yy}'' = 0$$

解析   先证必要性. 若 $f(x,y) = C$ 为一直线,则 $\dfrac{\partial f}{\partial x}, \dfrac{\partial f}{\partial y}$ 均为常数,故 $f_{xx}'' = f_{xy}'' = f_{yy}'' = 0$,从而等式成立.

再证充分性. 设由 $f(x,y) = C$ 确定隐函数 $y = y(x)$,于是 $f(x, y(x)) \equiv 0$. 两

边对 x 求导得 $f_x' + f_y' \dfrac{\mathrm{d}y}{\mathrm{d}x} = 0$,两边再对 x 求导得

$$f_{xx}'' + f_{xy}'' \frac{\mathrm{d}y}{\mathrm{d}x} + \left(f_{yx}'' + f_{yy}'' \frac{\mathrm{d}y}{\mathrm{d}x} \right) \frac{\mathrm{d}y}{\mathrm{d}x} + f_y' \frac{\mathrm{d}^2 y}{\mathrm{d}x^2} = 0$$

因为 $\dfrac{\mathrm{d}y}{\mathrm{d}x} = -\dfrac{f_x'}{f_y'}$,代入上式得

$$f_{xx}'' - \frac{2 f_x' f_{xy}''}{f_y'} + \frac{f_{yy}'' (f_x')^2}{(f_y')^2} + f_y' \frac{\mathrm{d}^2 y}{\mathrm{d}x^2} = 0$$

由条件得

$$f_y' \frac{\mathrm{d}^2 y}{\mathrm{d}x^2} = 0, \quad \text{即} \quad \frac{\mathrm{d}^2 y}{\mathrm{d}x^2} = 0$$

积分得 $y = C_1 x + C_2 (C_1, C_2$ 为常数),从而 $f(x,y) = 0$ 为一直线.

例 4.24(全国 2011 年初赛题)　设 $z = z(x,y)$ 是由方程

$$F\left(z + \frac{1}{x}, z - \frac{1}{y} \right) = 0$$

确定的隐函数,且具有连续的二阶偏导数,求证:

$$x^2 \frac{\partial z}{\partial x} - y^2 \frac{\partial z}{\partial y} = 1, \quad x^3 \frac{\partial^2 z}{\partial x^2} + xy(x-y) \frac{\partial^2 z}{\partial x \partial y} - y^3 \frac{\partial^2 z}{\partial y^2} + 2 = 0$$

解析　记 $f(x,y,z) = F\left(z + \dfrac{1}{x}, z - \dfrac{1}{y} \right)$,应用隐函数求偏导数法则有

$$\frac{\partial z}{\partial x} = -\frac{f_x'}{f_z'} = -\frac{1}{F_1' + F_2'} \left(-\frac{1}{x^2} F_1' \right), \quad \frac{\partial z}{\partial y} = -\frac{f_y'}{f_z'} = -\frac{1}{F_1' + F_2'} \left(\frac{1}{y^2} F_2' \right)$$

于是

$$x^2 \frac{\partial z}{\partial x} - y^2 \frac{\partial z}{\partial y} = \frac{F_1'}{F_1' + F_2'} + \frac{F_2'}{F_1' + F_2'} = 1$$

此式两端分别对 x, y 求偏导数得

$$2x \frac{\partial z}{\partial x} + x^2 \frac{\partial^2 z}{\partial x^2} - y^2 \frac{\partial^2 z}{\partial x \partial y} = 0 \tag{1}$$

$$x^2 \frac{\partial^2 z}{\partial x \partial y} - 2y \frac{\partial z}{\partial y} - y^2 \frac{\partial^2 z}{\partial y^2} = 0 \tag{2}$$

(1) 式乘 x 加上(2) 式乘 y 得

$$2x^2 \frac{\partial z}{\partial x} + x^3 \frac{\partial^2 z}{\partial x^2} - xy^2 \frac{\partial^2 z}{\partial x \partial y} + x^2 y \frac{\partial^2 z}{\partial x \partial y} - 2y^2 \frac{\partial z}{\partial y} - y^3 \frac{\partial^2 z}{\partial y^2}$$

$$= x^3 \frac{\partial^2 z}{\partial x^2} + xy(x-y) \frac{\partial^2 z}{\partial x \partial y} - y^3 \frac{\partial^2 z}{\partial y^2} + 2\left(x^2 \frac{\partial z}{\partial x} - y^2 \frac{\partial z}{\partial y} \right)$$

$$= x^3 \frac{\partial^2 z}{\partial x^2} + xy(x-y) \frac{\partial^2 z}{\partial x \partial y} - y^3 \frac{\partial^2 z}{\partial y^2} + 2 = 0$$

例 4.25(南京大学 1995 年竞赛题)　若 $u = \dfrac{x+y}{x-y}$，求 $\dfrac{\partial^{m+n} u}{\partial x^m \partial y^n}\Big|_{(2,1)}$.

解析　因 $u = 1 + \dfrac{2y}{x-y}$，应用一元函数的导数公式 $\left(\dfrac{1}{x}\right)^{(m)} = (-1)^m \dfrac{m!}{x^{m+1}}$，得偏导数

$$\frac{\partial^m u}{\partial x^m} = (-1)^m \frac{m! \, 2y}{(x-y)^{m+1}} = -2 \cdot m! \frac{y-x+x}{(y-x)^{m+1}}$$

$$= k\big[(y-x)^{-m} + x(y-x)^{-m-1}\big]$$

其中 $k = -2 \cdot m!$. 上式两边逐次对 y 求偏导数，得

$$\frac{\partial^{m+1} u}{\partial x^m \partial y} = k(-1)\big[m(y-x)^{-m-1} + (m+1)x(y-x)^{-m-2}\big]$$

$$\frac{\partial^{m+2} u}{\partial x^m \partial y^2} = k(-1)^2\big[m(m+1)(y-x)^{-m-2} + (m+1)(m+2)x(y-x)^{-m-3}\big]$$

$$\vdots$$

$$\frac{\partial^{m+n} u}{\partial x^m \partial y^n} = k(-1)^n \cdot \big[m(m+1)\cdots(m+n-1)(y-x)^{-m-n}$$

$$+ (m+1)(m+2)\cdots(m+n)x(y-x)^{-m-n-1}\big]$$

$$= -2(-1)^n \left(\frac{(m+n-1)! \, m}{(y-x)^{m+n}} + \frac{(m+n)! \, x}{(y-x)^{m+n+1}}\right)$$

于是

$$\frac{\partial^{m+n} u}{\partial x^m \partial y^n}\Big|_{(2,1)} = -2(-1)^m\big[(m+n-1)! \, m - (m+n)! \, 2\big]$$

$$= 2(-1)^m (m+n-1)!(m+2n)$$

4.2.6　求多元函数的极值(例 4.26—4.30)

例 4.26(全国 2017 年初赛题)　已知二元函数 $f(x,y)$ 在平面上有连续的二阶偏导数，对任何角度 α，定义一元函数 $g_\alpha(t) = f(t\cos\alpha, t\sin\alpha)$，如果对任何 α 都有

$$\frac{\mathrm{d} g_\alpha(0)}{\mathrm{d} t} = 0 \quad 且 \quad \frac{\mathrm{d}^2 g_\alpha(0)}{\mathrm{d} t^2} > 0$$

证明：$f(0,0)$ 是 $f(x,y)$ 的极小值.

解析　由于

$$\frac{\mathrm{d} g_\alpha(0)}{\mathrm{d} t} = f_x'(t\cos\alpha, t\sin\alpha)\cos\alpha + f_y'(t\cos\alpha, t\sin\alpha)\sin\alpha \Big|_{t=0}$$

$$= f_x'(0,0)\cos\alpha + f_y'(0,0)\sin\alpha = 0$$

分别取 $\alpha = 0, \dfrac{\pi}{2}$，得 $f_x'(0,0) = f_y'(0,0) = 0$，所以 $(0,0)$ 是函数 $f(x,y)$ 的驻点.

记 $A = f_{xx}''(0,0)$，$B = f_{xy}''(0,0)$，$C = f_{yy}''(0,0)$，由于

$$\frac{\mathrm{d}^2 g_\alpha(t)}{\mathrm{d} t^2} = f_{xx}''(t\cos\alpha, t\sin\alpha)\cos^2\alpha + 2f_{xy}''(t\cos\alpha, t\sin\alpha)\cos\alpha\sin\alpha$$

$$+ f''_{yy}(t\cos\alpha, t\sin\alpha)\sin^2\alpha$$

$$\frac{d^2 g_\alpha(0)}{dt^2} = f''_{xx}(0,0)\cos^2\alpha + 2f''_{xy}(0,0)\cos\alpha\sin\alpha + f''_{yy}(0,0)\sin^2\alpha$$

$$= A\cos^2\alpha + 2B\cos\alpha\sin\alpha + C\sin^2\alpha > 0$$

分别取 $\alpha = 0, \dfrac{\pi}{2}$，得 $A > 0, C > 0$. 当 $\alpha \neq k\pi$ 时，$\forall u = \dfrac{\cos\alpha}{\sin\alpha}$，有

$$A\cos^2\alpha + 2B\cos\alpha\sin\alpha + C\sin^2\alpha = \sin^2\alpha \cdot (Au^2 + 2Bu + C) > 0$$

所以有 $B^2 - AC < 0$，因此 $f(0,0)$ 是 $f(x,y)$ 的极小值.

例 4.27（北京市 1993 年竞赛题） 求使函数

$$f(x,y) = \frac{1}{y^2}\exp\left\{-\frac{1}{2y^2}\left[(x-a)^2 + (y-b)^2\right]\right\} \quad (y \neq 0, b > 0)$$

达到最大值的 (x_0, y_0) 以及相应的 $f(x_0, y_0)$.

解析 记 $g(x,y) = \ln f(x,y)$，则

$$g(x,y) = -2\ln|y| - \frac{1}{2y^2}\left[(x-a)^2 + (y-b)^2\right]$$

且 $g(x,y)$ 与 $f(x,y)$ 有相同的极大值点. 由于

$$\frac{\partial g(x,y)}{\partial x} = -\frac{1}{y^2}(x-a)$$

$$\frac{\partial g(x,y)}{\partial y} = -\frac{2}{y} + \frac{1}{y^3}\left[(x-a)^2 + (y-b)^2\right] - \frac{1}{y^2}(y-b)$$

令 $\dfrac{\partial g(x,y)}{\partial x} = 0, \dfrac{\partial g(x,y)}{\partial y} = 0$，解得驻点 $(x_1, y_1) = \left(a, \dfrac{b}{2}\right), (x_2, y_2) = (a, -b)$.

当 $y > 0$ 时，因为

$$A_1 = \frac{\partial^2 g}{\partial x^2}\bigg|_{(a,\frac{b}{2})} = -\frac{4}{b^2} < 0$$

$$B_1 = \frac{\partial^2 g}{\partial x \partial y}\bigg|_{(a,\frac{b}{2})} = 0, \quad C_1 = \frac{\partial^2 g}{\partial y^2}\bigg|_{(a,\frac{b}{2})} = -\frac{24}{b^2}$$

因为 $\Delta = B_1^2 - A_1 C_1 = -\dfrac{96}{b^4} < 0$，且 $A < 0$，由二元函数极值存在的充分条件即知

函数 $f(x,y)$ 在 $\left(a, \dfrac{b}{2}\right)$ 点取到极大值，有 $f\left(a, \dfrac{b}{2}\right) = \dfrac{4}{b^2\sqrt{e}}$. 又在半平面 $y > 0$ 上，

$f(x,y)$ 可微，且驻点惟一，故 $f\left(a, \dfrac{b}{2}\right) = \dfrac{4}{b^2\sqrt{e}}$ 是 $f(x,y)$ 在 $y > 0$ 上的最大值.

当 $y < 0$ 时，因为

$$A_2 = \frac{\partial^2 g}{\partial x^2}\bigg|_{(a,-b)} = -\frac{1}{b^2} < 0$$

$$B_2 = \frac{\partial^2 g}{\partial x \partial y}\bigg|_{(a,-b)} = 0, \quad C_2 = \frac{\partial^2 g}{\partial y^2}\bigg|_{(a,-b)} = -\frac{3}{b^2}$$

因 $\Delta = B_2^2 - A_2 C_2 = -\dfrac{3}{b^4} < 0$,同理可得 $f(a, -b) = \dfrac{1}{b^2 e^2}$ 是 $f(x, y)$ 在 $y < 0$ 上的最大值.

综上,由于 $f\left(a, \dfrac{b}{2}\right) = \dfrac{4}{b^2 \sqrt{e}} > f(a, -b) = \dfrac{1}{b^2 e^2}$,因此 $f\left(a, \dfrac{b}{2}\right) = \dfrac{4}{b^2 \sqrt{e}}$ 是函数 $f(x, y)$ 的最大值.

例 4.28(江苏省 2017 年竞赛题)　求函数 $f(x, y) = 3(x - 2y)^2 + x^3 - 8y^3$ 的极值,并证明 $f(0, 0) = 0$ 不是 $f(x, y)$ 的极值.

解析　由 $\begin{cases} f_x' = 6(x - 2y) + 3x^2 = 0, \\ f_y' = -12(x - 2y) - 24y^2 = 0 \end{cases}$ 解得驻点 $P_1(-4, 2)$,$P_2(0, 0)$. 又

$$A = \frac{\partial^2 f}{\partial x^2} = 6x + 6, \quad B = \frac{\partial^2 f}{\partial x \partial y} = -12, \quad C = \frac{\partial^2 f}{\partial y^2} = -48y + 24$$

在 P_1 处,$A = -18$,$B = -12$,$C = -72$,$\Delta = B^2 - AC = -1152 < 0$,且 $A < 0$,所以 $f(-4, 2) = 64$ 为极大值;在 P_2 处,$A = 6$,$B = -12$,$C = 24$,$\Delta = B^2 - AC = 0$,所以不能利用二元函数极值存在的充分条件证明 $f(0, 0)$ 不是极值.

下面用极值的定义来判断. 任取 $(0, 0)$ 的去心邻域

$$U_\delta^\circ = \{(x, y) \mid 0 < \sqrt{x^2 + y^2} < \delta\}$$

(1) 在直线 $y = 0$ 上,取 $(x_n, y_n) = \left(\dfrac{1}{n}, 0\right) (n \in \mathbf{N}^*)$,当 n 充分大时,显然有 $(x_n, y_n) \in U_\delta^\circ$,且

$$f(x_n, y_n) = f\left(\frac{1}{n}, 0\right) = \frac{3n + 1}{n^3} > 0$$

(2) 在直线 $x = \left(2 - \dfrac{1}{m}\right) y (m \in \mathbf{N}^*)$ 上,取 $(x_m, y_m) = \left(\left(2 - \dfrac{1}{m}\right)\dfrac{1}{m}, \dfrac{1}{m}\right)$,当 m 充分大时,显然有 $(x_m, y_m) \in U_\delta^\circ$,且

$$f(x_m, y_m) = f\left(\left(2 - \frac{1}{m}\right)\frac{1}{m}, \frac{1}{m}\right) = \frac{3}{m^4} + \left(2 - \frac{1}{m}\right)^3 \frac{1}{m^3} - \frac{8}{m^3}$$

$$= -\frac{(3m - 1)^2}{m^6} < 0$$

由上述两点可得,在 $P_2(0, 0)$ 的任意小去心邻域 U_δ° 内,既存在点列 (x_n, y_n) 使得 $f(x_n, y_n) > 0$,也存在点列 (x_m, y_m) 使得 $f(x_m, y_m) < 0$,因此 $f(0, 0) = 0$ 不是极值.

点评　本题难点在于点列 (x_m, y_m) 的选取,上面的解法很好,请读者仔细体会.

例 4.29(北京市 2010 年竞赛题)　求函数 $u = x_1 + \dfrac{x_2}{x_1} + \dfrac{x_3}{x_2} + \cdots + \dfrac{x_n}{x_{n-1}} + \dfrac{2}{x_n}$ 的极值,其中 $x_i > 0 (i = 1, 2, \cdots, n)$.

解析　由极值存在的必要条件,令

$$\frac{\partial u}{\partial x_1} = 1 - \frac{x_2}{x_1^2} = 0, \quad \frac{\partial u}{\partial x_2} = \frac{1}{x_1} - \frac{x_3}{x_2^2} = 0, \quad \cdots$$

$$\frac{\partial u}{\partial x_{n-1}} = \frac{1}{x_{n-2}} - \frac{x_n}{x_{n-1}^2} = 0, \quad \frac{\partial u}{\partial x_n} = \frac{1}{x_{n-1}} - \frac{2}{x_n^2} = 0$$

$\Rightarrow x_2 = x_1^2, x_3 = x_1^3, \cdots, x_n = x_1^n, x_1^{n+1} = 2 \Rightarrow x_1 = 2^{\frac{1}{n+1}}, x_2 = 2^{\frac{2}{n+1}}, \cdots, x_n = 2^{\frac{n}{n+1}}$

所以函数 $u(x_1, x_2, \cdots, x_n)$ 有惟一的驻点 $(2^{\frac{1}{n+1}}, 2^{\frac{2}{n+1}}, \cdots, 2^{\frac{n}{n+1}})$.

又在边界上,例如 $x_1 \to 0$(或 $+\infty$)$(x_2 x_3 \cdots x_n \neq 0)$ 时,有 $u(x_1, x_2, \cdots, x_n) \to +\infty$,所以函数 $u(x_1, x_2, \cdots, x_n)$ 有惟一的极小值

$$u(2^{\frac{1}{n+1}}, 2^{\frac{2}{n+1}}, \cdots, 2^{\frac{n}{n+1}}) = (n+1)2^{\frac{1}{n+1}}$$

例 4.30(江苏省 2010 年竞赛题) 如图,$ABCD$ 是等腰梯形,且 $BC /\!/ AD$,$|AB| + |BC| + |CD| = 8$,求 AB,BC,AD 的长,使该梯形绕 AD 旋转一周所得旋转体的体积最大.

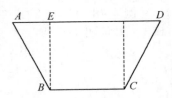

解析 作 $BE \perp AD$,垂足为 E,又设 $|BC| = x$,$|AE| = y$,则

$$|AB| = \frac{8-x}{2}, \quad |BE| = \sqrt{|AB|^2 - |AE|^2} = \frac{1}{2}\sqrt{(8-x)^2 - 4y^2}$$

于是旋转体的体积为

$$V = \pi |BE|^2 x + 2 \cdot \frac{1}{3}\pi |BE|^2 y = \frac{1}{12}\pi((x-8)^2 - 4y^2)(3x + 2y)$$

其中 $0 < x, y < 8$. 上式分别对 x, y 求偏导数得

$$\frac{\partial V}{\partial x} = \frac{1}{12}\pi[2(x-8)(3x+2y) + 3((x-8)^2 - 4y^2)]$$

$$\frac{\partial V}{\partial y} = \frac{1}{12}\pi[-8y(3x+2y) + 2((x-8)^2 - 4y^2)]$$

再令 $\frac{\partial V}{\partial x} = 0, \frac{\partial V}{\partial y} = 0$,可解得 $y = 1, x = 2$,所以有惟一驻点 $P(2,1)$. 由于

$$A = \frac{\partial^2 V}{\partial x^2}\bigg|_P = \frac{1}{12}\pi[2(3x+2y) + 6(x-8) + 6(x-8)]\bigg|_P = -\frac{14}{3}\pi$$

$$B = \frac{\partial^2 V}{\partial x \partial y}\bigg|_P = \frac{1}{12}\pi[4(x-8) - 24y]\bigg|_P = -4\pi$$

$$C = \frac{\partial^2 V}{\partial y^2}\bigg|_P = \frac{1}{12}\pi[-8(3x+2y) - 16y - 16y]\bigg|_P = -8\pi$$

且 $\Delta = B^2 - AC = -\frac{64}{3}\pi^2 < 0, A < 0$,据二元函数极值存在的充分条件即得 $x = 2$,$y = 1$ 时旋转体积取最大值. 此时 $|AB| = 3, |BC| = 2, |AD| = 4$ 为所求的值.

点评 设未知量时,令 $|BC| = x$,$|AE| = y$,它们在体积公式中分别表示"高",这样仅半径 $|BE|$ 中含根号,而体积表达式中不含根号,大大简化了计算.

4.2.7 求条件极值(例 4.31—4.33)

例 4.31(江苏省 1994 年竞赛题) 已知 a, b 满足

$$\int_a^b |x| \, \mathrm{d}x = \frac{1}{2} \quad (a \leqslant 0 \leqslant b)$$

求曲线 $y = x^2 + ax$ 与直线 $y = bx$ 所围区域的面积的最大值与最小值.

解析 因为

$$\int_a^b |x| \, \mathrm{d}x = \int_a^0 (-x) \mathrm{d}x + \int_0^b x \mathrm{d}x = \frac{1}{2}(a^2 + b^2) = \frac{1}{2}$$

故 $a^2 + b^2 = 1$. 曲线 $y = x^2 + ax$ 与直线 $y = bx$ 所围图形的面积为

$$S = \int_0^{b-a} (bx - x^2 - ax) \mathrm{d}x = \frac{1}{6}(b-a)^3$$

应用拉格朗日乘数法,令

$$F(a,b,\lambda) = \frac{1}{6}(b-a)^3 + \lambda(a^2 + b^2 - 1)$$

由方程组

$$\begin{cases} F_a' = \dfrac{-1}{2}(b-a)^2 + 2\lambda a = 0, \\ F_b' = \dfrac{1}{2}(b-a)^2 + 2\lambda b = 0, \\ F_\lambda' = a^2 + b^2 - 1 = 0 \end{cases}$$

解得驻点为 $\left(-\dfrac{\sqrt{2}}{2}, \dfrac{\sqrt{2}}{2}\right)$. 又曲线段 $a^2 + b^2 = 1 (a \leqslant 0 \leqslant b)$ 的端点为 $(-1,0)$ 和 $(0,1)$,所以

$$\max S = \max\left\{ S\left(-\frac{\sqrt{2}}{2}, \frac{\sqrt{2}}{2}\right), S(-1,0), S(0,1) \right\} = \max\left\{ \frac{\sqrt{2}}{3}, \frac{1}{6}, \frac{1}{6} \right\} = \frac{\sqrt{2}}{3}$$

$$\min S = \min\left\{ S\left(-\frac{\sqrt{2}}{2}, \frac{\sqrt{2}}{2}\right), S(-1,0), S(0,1) \right\} = \min\left\{ \frac{\sqrt{2}}{3}, \frac{1}{6}, \frac{1}{6} \right\} = \frac{1}{6}$$

例 4.32(江苏省 2018 年竞赛题)　已知曲面 $x^2 + 2y^2 + 4z^2 = 8$ 与平面 $x + 2y + 2z = 0$ 的交线 Γ 是椭圆,Γ 在 xOy 平面上的投影 Γ_1 也是椭圆.

(1) 求 Γ_1 的四个顶点 A_1, A_2, A_3, A_4 的坐标(A_i 位于第 i 象限,$i = 1,2,3,4$);

(2) 判断 Γ 的四个顶点在 xOy 平面上的投影是否为 A_1, A_2, A_3, A_4,写出理由.

解析　(1) 椭圆 Γ 在 xOy 平面上的投影为 Γ_1:$\begin{cases} x^2 + 3y^2 + 2xy = 4, \\ z = 0. \end{cases}$ 因为 Γ_1 关于坐标原点 O 中心对称,故椭圆 Γ_1 的中心是 $O(0,0)$,为了求椭圆 Γ_1 的四个顶点的坐标,只要求椭圆 Γ_1 上的点 $P(x,y)$ 到坐标原点 O 的距离平方 $|OP|^2 = x^2 + y^2$ 的最大值与最小值.

取拉格朗日函数 $F = x^2 + y^2 + \lambda(x^2 + 3y^2 + 2xy - 4)$,由

$$\begin{cases} F_x' = 2x + 2\lambda(x + y) = 0, \\ F_y' = 2y + 2\lambda(3y + x) = 0, \\ x^2 + 3y^2 + 2xy = 4 \end{cases}$$

解得 $y = \pm 1$. 当 $y = 1$ 时解得可疑的条件极值点为 $A_1(-1+\sqrt{2}, 1)$,$A_2(-1-\sqrt{2}, 1)$,当 $y = -1$ 时解得可疑的条件极值点为 $A_3(1-\sqrt{2}, -1)$,$A_4(1+\sqrt{2}, -1)$,由于

椭圆 Γ_1 的四个顶点存在,则上述 A_1,A_2,A_3,A_4 的坐标即为所求四个顶点的坐标.

(2) 椭圆 Γ 的四个顶点在 xOy 平面上的投影不是 A_1,A_2,A_3,A_4.(反证) 假设椭圆 Γ 的四个顶点 B_1,B_2,B_3,B_4 在 xOy 平面上的投影是 A_1,A_2,A_3,A_4,则 B_1,B_2,B_3,B_4 的坐标分别为

$$B_1\left(-1+\sqrt{2},1,\frac{-1-\sqrt{2}}{2}\right),\quad B_2\left(-1-\sqrt{2},1,\frac{-1+\sqrt{2}}{2}\right)$$

$$B_3\left(1-\sqrt{2},-1,\frac{1+\sqrt{2}}{2}\right),\quad B_4\left(1+\sqrt{2},-1,\frac{1-\sqrt{2}}{2}\right)$$

由于椭圆 Γ 的中心是 $(0,0,0)$,所以椭圆 Γ 的短半轴和长半轴分别为

$$|OB_1|=|OB_3|=\frac{1}{2}\sqrt{19-\sqrt{72}},\quad |OB_2|=|OB_4|=\frac{1}{2}\sqrt{19+\sqrt{72}}$$

由此得椭圆 Γ 所围图形的面积为 $S'=\pi\frac{1}{4}\sqrt{19^2-72}=\frac{17}{4}\pi$. 这是不对的. 因为

$$|OA_1|=|OA_3|=\sqrt{4-2\sqrt{2}},\quad |OA_2|=|OA_4|=\sqrt{4+2\sqrt{2}}$$

所以椭圆 Γ_1 的长半轴 $a=\sqrt{4+2\sqrt{2}}$,短半轴 $b=\sqrt{4-2\sqrt{2}}$,于是椭圆 Γ_1 所围图形的面积为 $S_1=\pi ab=2\sqrt{2}\pi$. 由于平面 $x+2y+2z=0$ 的法向量的方向余弦中 $\cos\gamma=\frac{2}{3}$,所以椭圆 Γ 所围图形的面积应为 $S=\frac{S_1}{\cos\gamma}=3\sqrt{2}\pi$,导出矛盾.

点评 本题题型新颖,具有一定难度,尤其在解析第(2)问时通过比较面积进行反证,技巧性很强.

例 4.33(全国 2011 年决赛题) 设

$$\Sigma_1:\frac{x^2}{a^2}+\frac{y^2}{b^2}+\frac{z^2}{c^2}=1\ (0<c<b<a),\quad \Sigma_2:z^2=x^2+y^2$$

Γ 为 Σ_1 与 Σ_2 的交线,求椭球面 Σ_1 在 Γ 上各点的切平面到原点的距离的最大值与最小值.

解析 在 Γ 上任取点 $P(x_0,y_0,z_0)$,椭球面 Σ_1 在点 P 处的切平面 Π 的方程为

$$\frac{x_0}{a^2}x+\frac{y_0}{b^2}y+\frac{z_0}{c^2}z=1$$

记原点 $O(0,0,0)$ 到平面 Π 的距离为 d,则 $d=\dfrac{1}{\sqrt{\dfrac{x_0^2}{a^4}+\dfrac{y_0^2}{b^4}+\dfrac{z_0^2}{c^4}}}$,$(x_0,y_0,z_0)\in\Gamma$. 下面用拉格朗日乘数法求距离 d 的函数 $\left(\dfrac{1}{d}\right)^2$ 的最大值与最小值.

令

$$F=\frac{x^2}{a^4}+\frac{y^2}{b^4}+\frac{z^2}{c^4}+\lambda\left(\frac{x^2}{a^2}+\frac{y^2}{b^2}+\frac{z^2}{c^2}-1\right)+\mu(x^2+y^2-z^2)$$

因曲线 Γ 分别关于 $x=0,y=0,z=0$ 对称,不妨设 $x\geqslant0,y\geqslant0,z>0$. 由方程组

$$\begin{cases} F'_x = \dfrac{2x}{a^4} + \lambda\left(\dfrac{2x}{a^2}\right) + 2\mu x = 0, \\[2mm] F'_y = \dfrac{2y}{b^4} + \lambda\left(\dfrac{2y}{b^2}\right) + 2\mu y = 0, \\[2mm] F'_z = \dfrac{2z}{c^4} + \lambda\left(\dfrac{2z}{c^2}\right) - 2\mu z = 0, \\[2mm] F'_\lambda = \dfrac{x^2}{a^2} + \dfrac{y^2}{b^2} + \dfrac{z^2}{c^2} - 1 = 0, \\[2mm] F'_\mu = x^2 + y^2 - z^2 = 0 \end{cases}$$

解得驻点为 $P_1\left(0,\dfrac{bc}{\sqrt{b^2+c^2}},\dfrac{bc}{\sqrt{b^2+c^2}}\right)$, $P_2\left(\dfrac{ac}{\sqrt{a^2+c^2}},0,\dfrac{ac}{\sqrt{a^2+c^2}}\right)$,与此对应有

$$\left(\frac{1}{d}\right)^2\Big|_{P_1} = \left(\frac{x^2}{a^4} + \frac{y^2}{b^4} + \frac{z^2}{c^4}\right)\Big|_{P_1} = \frac{b^4+c^4}{b^2c^2(b^2+c^2)}$$

$$\left(\frac{1}{d}\right)^2\Big|_{P_2} = \left(\frac{x^2}{a^4} + \frac{y^2}{b^4} + \frac{z^2}{c^4}\right)\Big|_{P_2} = \frac{a^4+c^4}{a^2c^2(a^2+c^2)}$$

则

$$d\Big|_{P_1} = bc\sqrt{\frac{b^2+c^2}{b^4+c^4}}, \quad d\Big|_{P_2} = ac\sqrt{\frac{a^2+c^2}{a^4+c^4}}$$

故所求距离 d 的最大值与最小值分别为

$$\max\left\{ac\sqrt{\frac{a^2+c^2}{a^4+c^4}},bc\sqrt{\frac{b^2+c^2}{b^4+c^4}}\right\}, \quad \min\left\{ac\sqrt{\frac{a^2+c^2}{a^4+c^4}},bc\sqrt{\frac{b^2+c^2}{b^4+c^4}}\right\}$$

4.2.8　求多元函数在空间区域上的最值(例 4.34—4.35)

例 4.34(江苏省 2019 年竞赛题)　证明:当 $x\geqslant0,y\geqslant0$ 时,

$$\mathrm{e}^{x+y-2} \geqslant \frac{1}{12}(x^2+3y^2)$$

解析　原不等式等价于 $(x^2+3y^2)\mathrm{e}^{-(x+y)} \leqslant 12\mathrm{e}^{-2}$ ($x\geqslant0,y\geqslant0$). 令

$$f(x,y) = (x^2+3y^2)\mathrm{e}^{-(x+y)} \quad (x>0,y>0)$$

由

$$\begin{cases} f'_x(x,y) = (2x-x^2-3y^2)\mathrm{e}^{-(x+y)} = 0, \\ f'_y(x,y) = (6y-x^2-3y^2)\mathrm{e}^{-(x+y)} = 0 \end{cases}$$

解得驻点为 $\left(\dfrac{3}{2},\dfrac{1}{2}\right)$.

下面考虑边界上的函数值:记 $\varphi(x) = f(x,0) = x^2\mathrm{e}^{-x}$ ($x\geqslant0$),由

$$\varphi'(x) = (2x-x^2)\mathrm{e}^{-x} = 0 \Rightarrow x = 0,2$$

记 $\psi(y) = f(0,y) = 3y^2 e^{-y}(y \geqslant 0)$,由
$$\psi'(y) = 3(2y - y^2)e^{-y} = 0 \Rightarrow y = 0,2$$
故 $f(x,y)$ 在边界 $y = 0(x \geqslant 0)$ 与 $x = 0(y \geqslant 0)$ 上可疑的最大值点为
$$(0,0), \quad (2,0), \quad (0,2)$$

又
$$\lim_{\substack{x=a \\ y \to +\infty}} f(x,y) = \lim_{y \to +\infty}(a^2 + 3y^2)e^{-(a+y)} = 0 \quad (a > 0)$$
$$\lim_{\substack{y=b \\ x \to +\infty}} f(x,y) = \lim_{x \to +\infty}(x^2 + 3b^2)e^{-(x+b)} = 0 \quad (b > 0)$$

所以函数 $f(x,y)$ 在 $x \geqslant 0, y \geqslant 0$ 上的最大值为
$$\max_{x \geqslant 0, y \geqslant 0} f(x,y) = \max\left\{ f\left(\frac{3}{2}, \frac{1}{2}\right), f(0,0), f(2,0), f(0,2), 0 \right\}$$
$$= \max\{3e^{-2}, 0, 4e^{-2}, 12e^{-2}, 0\} = 12e^{-2}$$

于是 $f(x,y) = (x^2 + 3y^2)e^{-(x+y)} \leqslant 12e^{-2}$,其中 $x \geqslant 0, y \geqslant 0$.

例 4.35(江苏省 2006 年竞赛题) 求函数 $f(x,y) = x^2 + \sqrt{2}\,xy + 2y^2$ 在区域 $x^2 + 2y^2 \leqslant 4$ 上的最大值与最小值.

解析 在 $x^2 + 2y^2 < 4$ 内,由 $f'_x = 2x + \sqrt{2}\,y = 0$,$f'_y = \sqrt{2}\,x + 4y = 0$ 得惟一驻点 $P_1(0,0)$. 在 $x^2 + 2y^2 = 4$ 上,令
$$F = x^2 + \sqrt{2}\,xy + 2y^2 + \lambda(x^2 + 2y^2 - 4)$$
由
$$\begin{cases} F'_x = 2x + \sqrt{2}\,y + 2\lambda x = (2 + 2\lambda)x + \sqrt{2}\,y = 0, & (1) \\ F'_y = \sqrt{2}\,x + 4y + 4\lambda y = \sqrt{2}\,x + (4 + 4\lambda)y = 0, & (2) \\ F'_\lambda = x^2 + 2y^2 - 4 = 0 & (3) \end{cases}$$

将 $4(1+\lambda)$ 乘以(1)式减去 $\sqrt{2}$ 乘以(2)式,可得$(8\lambda^2 + 16\lambda + 6)x = 0$. 若 $8\lambda^2 + 16\lambda + 6 \neq 0$,则 $x = 0$,由(1)和(2)式得 $y = 0$,与(3)式矛盾. 所以 $8\lambda^2 + 16\lambda + 6 = 0$,解得 $\lambda = -\dfrac{1}{2}, -\dfrac{3}{2}$.

当 $\lambda = -\dfrac{1}{2}$ 时,解得驻点 $P_2(\sqrt{2}, -1)$,$P_3(-\sqrt{2}, 1)$;

当 $\lambda = -\dfrac{3}{2}$ 时,解得驻点 $P_4(\sqrt{2}, 1)$,$P_5(-\sqrt{2}, -1)$.

又 $f(P_1) = 0, f(P_2) = 2, f(P_3) = 2, f(P_4) = 6, f(P_5) = 6$,故
$$f_{\min} = 0, \quad f_{\max} = 6$$

练 习 题 四

1. 求下列极限：

(1) $\lim\limits_{\substack{x\to+\infty \\ y\to+\infty}}\left(\dfrac{xy}{x^2+y^2}\right)^{xy}$；

(2) $\lim\limits_{\substack{x\to3 \\ y\to\infty}}\left(\dfrac{1+y}{y}\right)^{\frac{y^2}{x+y}}$；

(3) $\lim\limits_{\substack{x\to0 \\ y\to0}}(x^2+y^2)^{xy}$；

(4) $\lim\limits_{\substack{x\to0 \\ y\to0}}\dfrac{xy(x+y)}{x^2+y^2}$；

(5) $\lim\limits_{\substack{x\to0 \\ y\to2}}\dfrac{\sqrt{xy+1}-1}{xy^2}$；

(6) $\lim\limits_{\substack{x\to0 \\ y\to0}}\dfrac{\sqrt{xy+1}-1}{x-y}$.

2. 已知 $f(x,y)=\mathrm{e}^{\sqrt{x^2+y^4}}$，则 （　　）

A. $f'_x(0,0),f'_y(0,0)$ 都存在　　B. $f'_x(0,0)$ 不存在，$f'_y(0,0)$ 存在

C. $f'_x(0,0)$ 存在，$f'_y(0,0)$ 不存在　　D. $f'_x(0,0),f'_y(0,0)$ 都不存在

3. 函数 $f(x,y)$ 在 (a,b) 处连续是函数 $f(x,y)$ 在 (a,b) 处可偏导的 （　　）

A. 充分条件　　B. 必要条件　　C. 充要条件　　D. 无关条件

4. 函数 $f(x,y)$ 在 (a,b) 处可偏导是函数 $f(x,y)$ 在 (a,b) 处连续的 （　　）

A. 充分条件　　B. 必要条件　　C. 充要条件　　D. 无关条件

5. 函数 $f(x,y)$ 在 (a,b) 处可微是函数 $f(x,y)$ 在 (a,b) 处连续的 （　　）

A. 充分条件　　B. 必要条件　　C. 充要条件　　D. 无关条件

6. 函数 $f(x,y)$ 在 (a,b) 处可微是函数 $f(x,y)$ 在 (a,b) 处可偏导的 （　　）

A. 充分条件　　B. 必要条件　　C. 充要条件　　D. 无关条件

7. 函数 $f(x,y)$ 在 (a,b) 处可微是函数 $f(x,y)$ 在 (a,b) 处具有连续偏导数的

（　　）

A. 充分条件　　B. 必要条件　　C. 充要条件　　D. 无关条件

8. 试讨论函数

$$f(x,y)=\begin{cases} \dfrac{y(x-y)}{x+y}, & (x,y)\neq(0,0), \\ 0, & (x,y)=(0,0) \end{cases}$$

在 $(0,0)$ 处的连续性、可偏导性、可微性.

9. 试讨论函数

$$f(x,y)=\begin{cases} xy\sin\dfrac{1}{x^2+y^2}, & (x,y)\neq(0,0), \\ 0, & (x,y)=(0,0) \end{cases}$$

在 $(0,0)$ 处连续性、可偏导性、可微性.

10. 求下列函数的偏导数或全微分：

(1) 已知 $f(x,y) = x^2 + (\ln y)\arcsin\sqrt{\dfrac{x}{x^2+y^2}}$，求 $f'_x(2,1)$，$f'_y(2,1)$；

(2) 已知 $z = (1+xy)^y$，求 $\dfrac{\partial z}{\partial x}$，$\dfrac{\partial z}{\partial y}$；

(3) 已知 $z = x^3 f\left(\dfrac{y}{x^2}\right)$，且 f 可导，求 $\dfrac{\partial z}{\partial x}$，$\dfrac{\partial z}{\partial y}$；

(4) 已知 $z = \arctan\dfrac{x+y}{x-y}$，求 $\mathrm{d}z$；

(5) 已知 $u = \arcsin\dfrac{x}{y} + z^2$，求 $\mathrm{d}u$；

(6) 已知 $z = f(xy, x^2+y^2)$，其中 $y = \varphi(x)$，f,φ 可微，求 $\dfrac{\mathrm{d}z}{\mathrm{d}x}$；

(7) 已知 $z = x^2 y$，$y = \cos^2 x$，求 $\dfrac{\partial z}{\partial x}$，$\dfrac{\mathrm{d}z}{\mathrm{d}x}$；

(8) 已知 $z = \dfrac{\ln\sqrt{1+x^2}}{\ln(xy)}$，求 $\dfrac{\partial^2 z}{\partial x\partial y}$；

(9) 已知 $z = f(x+\varphi(y))$，且 f,φ 具有二阶连续导数，求 $\dfrac{\partial^2 z}{\partial x^2}$，$\dfrac{\partial^2 z}{\partial y^2}$；

(10) 已知 $z = \dfrac{1}{x}f(xy) + yf(x+y)$，且 f 具有二阶连续导数，求 $\dfrac{\partial^2 z}{\partial x\partial y}$；

(11) 已知 $z = f(x,y)$，其中 $x = \varphi(y)$，且 f 具有二阶连续偏导数，φ 具有二阶连续导数，求 $\dfrac{\mathrm{d}^2 z}{\mathrm{d}x^2}$；

(12) 设 f 连续可导，$z(x,y) = \displaystyle\int_0^y \mathrm{e}^y f(x-t)\mathrm{d}t$，求 $\dfrac{\partial^2 z}{\partial x\partial y}$.

11. 设 $z(x,y) = xyf\left(\dfrac{x+y}{xy}\right)$，且 f 可微，证明 $z(x,y)$ 满足形如 $x^2\dfrac{\partial z}{\partial x} - y^2\dfrac{\partial z}{\partial y} = g(x,y)z$ 的方程，并求函数 $g(x,y)$.

12. 设 $z = z(x,y)$ 由方程 $x - z = y\mathrm{e}^z$ 确定，求 $\dfrac{\partial z}{\partial x}$，$\dfrac{\partial^2 z}{\partial x^2}$.

13. 设 $x^2 + y^2 + z^2 = yf\left(\dfrac{z}{y}\right)$，且 f 可微，求 $\mathrm{d}z$.

14. 设 $F(u,v)$ 具有连续的偏导数，且 $F'_u \cdot F'_v > 0$，又函数 $y = f(x)$ 由
$$F\left(\ln x - \ln y, \ \frac{x}{y} - \frac{y}{x}\right) = 0$$
确定，求全导数 $f'(x)$.

15. 求函数 $f(x,y) = \mathrm{e}^{-x}(ax+b-y^2)$ 中常数 a,b 满足什么条件时，$f(-1,0)$

为其极大值.

16. 求二元函数 $f(x,y) = x^2(2+y^2) + y\ln y$ 的极值.

17. 设 $z = z(x,y)$ 是由 $x^2 - 6xy + 10y^2 - 2yz - z^2 + 18 = 0$ 确定的函数,求 $z = z(x,y)$ 的极值点和极值.

18. 求曲线 $\begin{cases} z = \sqrt{x}, \\ y = 0 \end{cases}$ 与 $\begin{cases} x + 2y - 3 = 0, \\ z = 0 \end{cases}$ 的距离.

19. 在平面 $\dfrac{x}{a} + \dfrac{y}{b} + \dfrac{z}{c} = 1$ 上求一点,使它到原点的距离最小.

20. 已知曲面 $\Sigma: \sqrt{x} + 2\sqrt{y} + 3\sqrt{z} = 3$.

(1) 求该曲面上点 $P(a,b,c)\,(abc > 0)$ 处的切平面方程;

(2) 问 a,b,c 为何值时,上述切平面与三个坐标平面所围四面体的体积最大?

21. 已知曲面 $4x^2 + 4y^2 - z^2 = 1$ 与平面 $x + y - z = 0$ 的交线在 xOy 平面上的投影为一椭圆,求此椭圆的面积.

22. 设函数 $f(x,y) = 2(y - x^2)^2 - y^2 - \dfrac{1}{7}x^7$.

(1) 求 $f(x,y)$ 的极值,并证明函数 $f(x,y)$ 在点 $(0,0)$ 处不取极值;

(2) 当点 (x,y) 在过原点的任一直线上变化时,求证函数 $f(x,y)$ 在点 $(0,0)$ 处取极小值.

专题 5　二重积分与三重积分

5.1　基本概念与内容提要

5.1.1　二重积分基本概念

1) 二重积分的定义：设 $f(x,y)$ 在平面的有界闭域 D 上定义，任意地将 D 分割为 n 个小区域 $D_i(i=1,2,\cdots,n)$，若 D_i 的面积为 $\Delta\sigma_i$，D_i 的直径为 d_i，$\lambda=\max\limits_{1\leqslant i\leqslant n}\{d_i\}$，$\forall(x_i,y_i)\in D_i$，则二重积分定义为

$$\iint\limits_{D}f(x,y)\mathrm{d}\sigma=\iint\limits_{D}f(x,y)\mathrm{d}x\mathrm{d}y\xlongequal{\text{def}}\lim_{\lambda\to0}\sum_{i=1}^{n}f(x_i,y_i)\Delta\sigma_i$$

这里右端的极限存在，且与分割 D 的方式无关，与点 (x_i,y_i) 的取法无关.

2) 当 $f(x,y)$ 在有界闭域 D 上连续时，$f(x,y)$ 在 D 上可积.

3) 二重积分的主要性质

定理 1（保号性）　设 $f(x,y),g(x,y)$ 在有界闭域 D 上可积，$\forall(x,y)\in D$，若 $f(x,y)\leqslant g(x,y)$，则

$$\iint\limits_{D}f(x,y)\mathrm{d}x\mathrm{d}y\leqslant\iint\limits_{D}g(x,y)\mathrm{d}x\mathrm{d}y$$

定理 2（严格保号性）　设 $f(x,y),g(x,y)$ 在有界闭域 D 上连续，$\forall(x,y)\in D$，若 $f(x,y)\leqslant g(x,y)$，且 $\exists(x_0,y_0)\in D$，使得 $f(x_0,y_0)<g(x_0,y_0)$，则

$$\iint\limits_{D}f(x,y)\mathrm{d}x\mathrm{d}y<\iint\limits_{D}g(x,y)\mathrm{d}x\mathrm{d}y$$

定理 3（可加性）　设 $f(x,y)$ 在有界闭域 D 上可积，用光滑曲线将 D 分为两个区域 $D_1\bigcup D_2$，则

$$\iint\limits_{D}f(x,y)\mathrm{d}x\mathrm{d}y=\iint\limits_{D_1}f(x,y)\mathrm{d}x\mathrm{d}y+\iint\limits_{D_2}f(x,y)\mathrm{d}x\mathrm{d}y$$

定理 4（二重积分中值定理）　设 $f(x,y)$ 在有界闭域 D 上连续，则 $\exists(\xi,\eta)\in D$，使得

$$\iint\limits_{D}f(x,y)\mathrm{d}x\mathrm{d}y=f(\xi,\eta)S$$

这里 S 为闭域 D 的面积.

定理 5（偶倍奇零性）

（1）设闭域 $D \subset \mathbf{R}^2$ 关于直线 $x = 0$ 对称，且直线 $x = 0$ 将 D 分为两个对称区域 D_1 与 D_2，若函数 $f(x, y)$ 在 D 上可积，$f(x, y)$ 关于 x 为奇函数或偶函数，则

$$\iint\limits_{D} f(x, y) \mathrm{d}x\mathrm{d}y = \begin{cases} 2\iint\limits_{D_1} f(x, y) \mathrm{d}x\mathrm{d}y, & f(-x, y) = f(x, y); \\ 0, & f(-x, y) = -f(x, y) \end{cases}$$

（2）设闭域 $D \subset \mathbf{R}^2$ 关于直线 $y = 0$ 对称，且直线 $y = 0$ 将 D 分为两个对称区域 D_1 与 D_2，若函数 $f(x, y)$ 在 D 上可积，$f(x, y)$ 关于 y 为奇函数或偶函数，则

$$\iint\limits_{D} f(x, y) \mathrm{d}x\mathrm{d}y = \begin{cases} 2\iint\limits_{D_1} f(x, y) \mathrm{d}x\mathrm{d}y, & f(x, -y) = f(x, y); \\ 0, & f(x, -y) = -f(x, y) \end{cases}$$

定理 6（轮换对称性）　设闭域 $D \subset \mathbf{R}^2$ 关于直线 $y = x$ 对称，且直线 $y = x$ 将 D 分为两个对称区域 D_1 与 D_2，若函数 $f(x, y)$ 在 D 上可积，则

$$\iint\limits_{D_1} f(x, y) \mathrm{d}x\mathrm{d}y = \iint\limits_{D_2} f(y, x) \mathrm{d}x\mathrm{d}y$$

$$\iint\limits_{D} f(x, y) \mathrm{d}x\mathrm{d}y = \iint\limits_{D} f(y, x) \mathrm{d}x\mathrm{d}y = \frac{1}{2}\iint\limits_{D} (f(x, y) + f(y, x)) \mathrm{d}x\mathrm{d}y$$

5.1.2　二重积分的计算

1）在直角坐标下将二重积分化为两种次序的累次积分

当区域 D 可表示为

$$D = \{(x, y) \mid \varphi_1(x) \leqslant y \leqslant \varphi_2(x), a \leqslant x \leqslant b\}$$

时，二重积分化为先对 y 后对 x 的累次积分，即

$$\iint\limits_{D} f(x, y) \mathrm{d}x\mathrm{d}y = \int_a^b \mathrm{d}x \int_{\varphi_1(x)}^{\varphi_2(x)} f(x, y) \mathrm{d}y$$

当区域 D 可表示为

$$D = \{(x, y) \mid \psi_1(y) \leqslant x \leqslant \psi_2(y), c \leqslant y \leqslant d\}$$

时，二重积分化为先对 x 后对 y 的累次积分，即

$$\iint\limits_{D} f(x, y) \mathrm{d}x\mathrm{d}y = \int_c^d \mathrm{d}y \int_{\psi_1(y)}^{\psi_2(y)} f(x, y) \mathrm{d}x$$

2）二重积分的换元积分法

设 $x = \varphi(u, v), y = \psi(u, v), (u, v) \in D'$，且函数 φ, ψ 连续可微，若雅可比行列式 $J = \dfrac{\partial(\varphi, \psi)}{\partial(u, v)} \neq 0$，则有

$$\iint\limits_{D} f(x, y) \mathrm{d}x\mathrm{d}y = \iint\limits_{D'} f(\varphi(u, v), \psi(u, v)) \mid J \mid \mathrm{d}u\mathrm{d}v$$

(1) 用平移变换计算二重积分

令 $x = u + \alpha, y = v + \beta$，这里 u, v 是新的积分变量，α, β 是常数，则 $dxdy = dudv$，且

$$\iint_D f(x,y)dxdy = \iint_{D'} f(u+\alpha, v+\beta)dudv$$

这里区域 D' 是区域 D 经上述变换在 $O\text{-}uv$ 平面得到的区域.

(2) 用极坐标变换计算二重积分

令 $x = \rho\cos\theta, y = \rho\sin\theta$，这里 θ, ρ 为新的积分变量，则 $J = \rho$，且

$$\iint_D f(x,y)dxdy = \iint_{D'} f(\rho\cos\theta, \rho\sin\theta)\rho d\rho d\theta$$

这里区域 D' 是区域 D 经上述变换在 $O\text{-}\theta\rho$ 平面得到的区域，其中 $\rho \geqslant 0, 0 \leqslant \theta \leqslant 2\pi$(或 $-\pi \leqslant \theta \leqslant \pi$).

5.1.3 交换二次积分的次序

对于给定的先对 y 后对 x 的二次积分，可由四个积分上下限决定积分区域 D，再将区域 D 上的二重积分化为先对 x 后对 y 的二次积分；对应的，对于给定的先对 x 后对 y 的二次积分，也可化为先对 y 后对 x 的二次积分. 极坐标下的二次积分也可作类似的积分次序的交换.

5.1.4 三重积分基本概念

1) 三重积分的定义：设 $f(x,y,z)$ 在空间的有界闭域 Ω 上定义，任意地将 Ω 分割为 n 个小区域 $\Omega_i(i = 1, 2, \cdots, n)$，$\Omega_i$ 的体积为 Δv_i，Ω_i 的直径为 d_i，$\lambda = \max\limits_{1 \leqslant i \leqslant n}\{d_i\}$，$\forall (x_i, y_i, z_i) \in \Omega_i$，则三重积分定义为

$$\iiint_\Omega f(x,y,z)dV = \iiint_\Omega f(x,y,z)dxdydz \xlongequal{\text{def}} \lim_{\lambda \to 0}\sum_{i=1}^n f(x_i, y_i, z_i)\Delta v_i$$

这里右端的极限存在，且与分割 Ω 的方式无关，与点 (x_i, y_i, z_i) 的取法无关.

2) 当 $f(x,y,z)$ 在有界闭域 Ω 上连续时，$f(x,y,z)$ 在 Ω 上可积.

3) 三重积分的主要性质：三重积分与二重积分一样，保号性、可加性、积分中值定理皆成立，在这里不一一赘述.

定理 1(偶倍奇零性)　设闭域 $\Omega \subset \mathbf{R}^3$ 关于平面 $x = 0$ 对称，且平面 $x = 0$ 将 Ω 分为两个对称区域 Ω_1 与 Ω_2，若函数 $f(x,y,z)$ 在 Ω 上可积，$f(x,y,z)$ 关于 x 为奇函数或偶函数，则

$$\iiint_\Omega f(x,y,z)dV = \begin{cases} 2\iiint_{\Omega_1} f(x,y,z)dV, & f(-x,y,z) = f(x,y,z); \\ 0, & f(-x,y,z) = -f(x,y,z) \end{cases}$$

注　当闭域 Ω 关于平面 $y = 0$(或 $z = 0$)对称，$f(x,y,z)$ 关于 y(或 z)为奇

函数或偶函数时有类似结论,不再赘述.

定理 2(轮换对称性)

(1) 设闭域 $\Omega \subset \mathbf{R}^3$ 关于平面 $y = x$ 对称,且平面 $y = x$ 将 Ω 分为两个对称区域 Ω_1 与 Ω_2,若函数 $f(x,y,z)$ 在 Ω 上可积,则

$$\iiint_{\Omega_1} f(x,y,z)\mathrm{d}V = \iiint_{\Omega_2} f(y,x,z)\mathrm{d}V$$

$$\iiint_{\Omega} f(x,y,z)\mathrm{d}V = \iiint_{\Omega} f(y,x,z)\mathrm{d}V = \frac{1}{2} \iiint_{\Omega} (f(x,y,z) + f(y,x,z))\mathrm{d}V$$

(2) 若闭域 $\Omega \subset \mathbf{R}^3$ 对 x,y,z 具有轮换性[①],且 $f(x,y,z)$ 在 Ω 上可积,则

$$\iiint_{\Omega} f(x,y,z)\mathrm{d}V = \iiint_{\Omega} f(y,z,x)\mathrm{d}V = \iiint_{\Omega} f(z,x,y)\mathrm{d}V$$

$$= \frac{1}{3} \iiint_{\Omega} (f(x,y,z) + f(y,z,x) + f(z,x,y))\mathrm{d}V$$

5.1.5 三重积分的计算

1) 先一后二法:在直角坐标下,将三重积分化为先计算一个定积分再计算一个二重积分.

设闭域 Ω 在 xOy 平面上的投影为有界闭域 D,$\forall (x,y) \in D$,若区域 Ω 中的点 (x,y,z) 满足 $\varphi_1(x,y) \leqslant z \leqslant \varphi_2(x,y)$,则

$$\iiint_{\Omega} f(x,y,z)\mathrm{d}x\mathrm{d}y\mathrm{d}z = \iint_{D} \mathrm{d}x\mathrm{d}y \int_{\varphi_1(x,y)}^{\varphi_2(x,y)} f(x,y,z)\mathrm{d}z$$

类似的,有先对 y 计算一个定积分再计算一个二重积分的公式,或先对 x 计算一个定积分再计算一个二重积分的公式.

2) 先二后一法:在直角坐标下,将三重积分化为先计算一个二重积分再计算一个定积分.

设闭域 Ω 在 z 轴上的投影为闭区间 $[c,d]$,$\forall z \in [c,d]$,过点 $(0,0,z)$ 作平面 Π 垂直于 z 轴,若平面 Π 与闭域 Ω 的截面为有界闭域 $D(z)$,则

$$\iiint_{\Omega} f(x,y,z)\mathrm{d}x\mathrm{d}y\mathrm{d}z = \int_{c}^{d} \mathrm{d}z \iint_{D(z)} f(x,y,z)\mathrm{d}x\mathrm{d}y$$

类似的,有先对 y,z 计算一个二重积分后对 x 计算一个定积分的公式,或先对 z,x 计算一个二重积分后对 y 计算一个定积分的公式.

3) 三重积分的换元积分法

设 $x = \varphi(u,v,w), y = \psi(u,v,w), z = \omega(u,v,w), (u,v,w) \in \Omega'$,且函数 $\varphi, \psi,$

---

① 若区域 Ω 满足:$\forall (x,y,z) \in \Omega$,必有 $(y,z,x) \in \Omega, (z,x,y) \in \Omega$,则称区域 Ω 对 x,y,z 具有轮换性.

ω 连续可微,若雅可比行列式 $J = \dfrac{\partial(\varphi,\psi,\omega)}{\partial(u,v,w)} \neq 0$,则有

$$\iiint\limits_{\Omega} f(x,y,z)\mathrm{d}x\mathrm{d}y\mathrm{d}z = \iiint\limits_{\Omega'} f(\varphi(u,v,w),\psi(u,v,w),\omega(u,v,w))\,|J|\,\mathrm{d}u\mathrm{d}v\mathrm{d}w$$

（1）利用柱面坐标计算三重积分

令 $x = \rho\cos\theta, y = \rho\sin\theta, z = z$,这里 θ,ρ,z 为新的积分变量,则

$$\iiint\limits_{\Omega} f(x,y,z)\mathrm{d}x\mathrm{d}y\mathrm{d}z = \iiint\limits_{\Omega'} f(\rho\cos\theta,\rho\sin\theta,z)\rho\mathrm{d}\rho\mathrm{d}\theta\mathrm{d}z$$

这里区域 Ω' 是区域 Ω 经上述变换在 O-$\theta\rho z$ 空间得到的区域,其中 $\rho \geqslant 0, 0 \leqslant \theta \leqslant 2\pi, -\infty < z < +\infty$.

（2）利用球面坐标计算三重积分

令 $x = r\sin\varphi\cos\theta, y = r\sin\varphi\sin\theta, z = r\cos\varphi$,这里 r,φ,θ 是新的积分变量,则

$$\iiint\limits_{\Omega} f(x,y,z)\mathrm{d}V = \iiint\limits_{\Omega'} f(r\sin\varphi\cos\theta,r\sin\varphi\sin\theta,r\cos\varphi)r^2\sin\varphi\mathrm{d}r\mathrm{d}\varphi\mathrm{d}\theta$$

这里区域 Ω' 是区域 Ω 经上述变换在 O-$r\varphi\theta$ 空间得到的区域,其中 $r \geqslant 0, 0 \leqslant \varphi \leqslant \pi, 0 \leqslant \theta \leqslant 2\pi$.

5.1.6　重积分的应用

1）平面图形的面积

设 D 为 xOy 平面上的有界闭域,则 D 的面积为

$$S = \iint\limits_{D}\mathrm{d}x\mathrm{d}y = \iint\limits_{D}\rho\mathrm{d}\rho\mathrm{d}\theta$$

2）空间曲面的面积

设 Σ 为一空间曲面,Σ 在 xOy 平面上的投影为有界闭域 D,Σ 的点与 D 的点一一对应,设 Σ 的方程为 $z = f(x,y)$,则曲面 Σ 的面积为

$$S = \iint\limits_{D} \sqrt{1 + (f'_x(x,y))^2 + (f'_y(x,y))^2}\,\mathrm{d}x\mathrm{d}y$$

与此公式对应的,还有化为 yOz 平面上的有界闭域上的二重积分的计算公式,以及化为 zOx 平面上的有界闭域上的二重积分的计算公式.

3）立体的体积

设 Ω 为空间的立体区域,Ω 为有界闭域,则 Ω 的体积为

$$V = \iiint\limits_{\Omega}\mathrm{d}x\mathrm{d}y\mathrm{d}z = \iiint\limits_{\Omega}\rho\mathrm{d}\rho\mathrm{d}\theta\mathrm{d}z = \iiint\limits_{\Omega}r^2\sin\varphi\mathrm{d}r\mathrm{d}\varphi\mathrm{d}\theta$$

这里三项分别是直角坐标下、柱面坐标下、球面坐标下的三重积分.

4）物理上的应用

二重积分可用于求平面薄片的质量,三重积分可用于求空间立体的质量、立体

的质心(重心)等.

5.1.7　反常重积分

与反常积分类似,重积分也可推广为两类反常重积分.下面以无界区域上的反常二重积分为例给出结论,对于无界函数的反常二重积分以及两种形式的反常三重积分有类似结论.

定理　设 D 是 xOy 平面上的无界区域,$D(t)$ 是 D 的有界闭子域,函数 $f(x,y)$ 在 $D(t)$ 上可积,且 $f(x,y) \geqslant 0$. 当 $t \rightarrow +\infty$ 时 $D(t)$ 以某种方式扩大,使得 D 中任一点能够包含于 $D(t)$ 内,若

$$\lim_{t \to +\infty} \iint\limits_{D(t)} f(x,y)\mathrm{d}x\mathrm{d}y = A \quad (A \in \mathbf{R})$$

则无界区域 D 上的反常二重积分 $\iint\limits_{D} f(x,y)\mathrm{d}x\mathrm{d}y$ 收敛,且 $\iint\limits_{D} f(x,y)\mathrm{d}x\mathrm{d}y = A$.

5.2　竞赛题与精选题解析

5.2.1　二重积分与二次积分的计算(例 5.1—5.14)

例 5.1(全国 2021 年初赛题)　设 $D = \{(x,y) \mid x^2 + y^2 \leqslant \pi\}$,求

$$\iint\limits_{D} (\sin x^2 \cdot \cos y^2 + x\sqrt{x^2 + y^2})\mathrm{d}x\mathrm{d}y$$

解析　应用积分区域 D 对 x,y 的轮换性与二重积分的偶倍奇零性可得

$$\iint\limits_{D} \sin x^2 \cdot \cos y^2 \mathrm{d}x\mathrm{d}y = \iint\limits_{D} \sin y^2 \cdot \cos x^2 \mathrm{d}x\mathrm{d}y, \qquad \iint\limits_{D} x\sqrt{x^2 + y^2}\,\mathrm{d}x\mathrm{d}y = 0$$

则

$$原式 = \frac{1}{2} \iint\limits_{D} (\sin x^2 \cdot \cos y^2 + \sin y^2 \cdot \cos x^2)\mathrm{d}x\mathrm{d}y = \frac{1}{2}\iint\limits_{D} \sin(x^2 + y^2)\mathrm{d}x\mathrm{d}y$$

采用极坐标计算得

$$原式 = \frac{1}{2}\int_0^{2\pi}\mathrm{d}\theta\int_0^{\sqrt{\pi}} \rho\sin\rho^2 \mathrm{d}\rho = -\frac{\pi}{2}\cos\rho^2 \Big|_0^{\sqrt{\pi}} = \pi$$

例 5.2(江苏省 2019 年竞赛题)　计算二重积分 $\iint\limits_{D} \dfrac{1 - x^3 y^2}{(y + 2\sqrt{1 - x^2})^2}\mathrm{d}x\mathrm{d}y$,其中 $D : x^2 + y^2 \leqslant 1, -y \leqslant x \leqslant y$.

解析　因为区域 D 关于 $x = 0$ 对称,且 $\dfrac{1}{(y + 2\sqrt{1 - x^2})^2}$ 关于 x 为偶函数,$\dfrac{x^3 y^2}{(y + 2\sqrt{1 - x^2})^2}$ 关于 x 为奇函数,应用二重积分的偶倍奇零性将原式化简,再化

为二次积分计算,得

$$原式 = 2 \iint\limits_{D(x \geqslant 0)} \frac{1}{(y + 2\sqrt{1-x^2})^2} \mathrm{d}x\mathrm{d}y + 0$$

$$= 2\int_0^{\frac{\sqrt{2}}{2}} \mathrm{d}x \int_x^{\sqrt{1-x^2}} \frac{1}{(y + 2\sqrt{1-x^2})^2} \mathrm{d}y$$

$$= -2\int_0^{\frac{\sqrt{2}}{2}} \frac{1}{y + 2\sqrt{1-x^2}} \Big|_x^{\sqrt{1-x^2}} \mathrm{d}x$$

$$= 2\int_0^{\frac{\sqrt{2}}{2}} \frac{1}{x + 2\sqrt{1-x^2}} \mathrm{d}x - \frac{2}{3}\int_0^{\frac{\sqrt{2}}{2}} \frac{1}{\sqrt{1-x^2}} \mathrm{d}x$$

上式中,第二个积分 $\int_0^{\frac{\sqrt{2}}{2}} \frac{1}{\sqrt{1-x^2}} \mathrm{d}x = \arcsin x \Big|_0^{\frac{\sqrt{2}}{2}} = \frac{\pi}{4}$,对第一个积分作换元变换,

令 $x = \sin t$ 得

$$\int_0^{\frac{\sqrt{2}}{2}} \frac{1}{x + 2\sqrt{1-x^2}} \mathrm{d}x = \int_0^{\frac{\pi}{4}} \frac{\cos t}{\sin t + 2\cos t} \mathrm{d}t = \frac{1}{5}\int_0^{\frac{\pi}{4}} \frac{(\sin t + 2\cos t)' + 2(\sin t + 2\cos t)}{\sin t + 2\cos t} \mathrm{d}t$$

$$= \frac{1}{5}\big[\ln(\sin t + 2\cos t) + 2t\big]\Big|_0^{\pi/4} = \frac{1}{5}\ln 3 - \frac{3}{10}\ln 2 + \frac{\pi}{10}$$

于是

$$原式 = 2\left(\frac{1}{5}\ln 3 - \frac{3}{10}\ln 2 + \frac{\pi}{10}\right) - \frac{2}{3} \cdot \frac{\pi}{4} = \frac{2}{5}\ln 3 - \frac{3}{5}\ln 2 + \frac{\pi}{30}$$

例 5.3(江苏省 2022 年竞赛题) 设 $D = \{(x,y) \mid -1 \leqslant x \leqslant 1, 0 \leqslant y \leqslant 2\}$,
求二重积分 $I = \iint\limits_D (\sqrt[3]{x}\cos y^2 + \max\{x^2 + y^2, 2y\})\mathrm{d}x\mathrm{d}y$.

解析 首先应用偶倍奇零性得

$$\iint\limits_D \sqrt[3]{x}\cos y^2 \mathrm{d}x\mathrm{d}y = 0$$

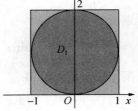

再用 $x^2 + y^2 = 2y$ 将区域 D 分为两部分,圆内部分记为 D_1,
圆外部分记为 D_2(如右图所示). 又圆 $x^2 + y^2 = 2y$ 的极坐
标方程为 $\rho = 2\sin\theta(0 \leqslant \theta \leqslant \pi)$,则

$$I = \iint\limits_{D_1} 2y\mathrm{d}x\mathrm{d}y + \iint\limits_{D_2} (x^2 + y^2)\mathrm{d}x\mathrm{d}y$$

$$= \iint\limits_{D_1} 2y\mathrm{d}x\mathrm{d}y + \iint\limits_D (x^2 + y^2)\mathrm{d}x\mathrm{d}y - \iint\limits_{D_1} (x^2 + y^2)\mathrm{d}x\mathrm{d}y$$

$$= 2\int_0^\pi \mathrm{d}\theta \int_0^{2\sin\theta} \rho^2\sin\theta \mathrm{d}\rho + \int_{-1}^1 x^2\mathrm{d}x \int_0^2 1\mathrm{d}y + \int_{-1}^1 1\mathrm{d}x \int_0^2 y^2\mathrm{d}y - \int_0^\pi \mathrm{d}\theta \int_0^{2\sin\theta} \rho^3\mathrm{d}\rho$$

$$= \frac{16}{3}\int_0^\pi \sin^4\theta \mathrm{d}\theta + \frac{4}{3} + \frac{16}{3} - 4\int_0^\pi \sin^4\theta \mathrm{d}\theta = \frac{20}{3} + \frac{4}{3}\int_0^\pi \sin^4\theta \mathrm{d}\theta$$

$$= \frac{20}{3} + \frac{4}{3} \left(\frac{3}{8} \theta - \frac{1}{4} \sin 2\theta + \frac{1}{32} \sin 4\theta \right) \Big|_0^\pi = \frac{20}{3} + \frac{\pi}{2}$$

例 5.4(全国 2018 年考研题) 设 D 是曲线 $\begin{cases} x = t - \sin t, \\ y = 1 - \cos t \end{cases} (0 \leqslant t \leqslant 2\pi)$ 与 x 轴

所围区域,计算二重积分 $\iint\limits_{D} (x + 2y) \mathrm{d}x\mathrm{d}y$.

解析 设曲线 $\begin{cases} x = t - \sin t, \\ y = 1 - \cos t \end{cases} (0 \leqslant t \leqslant 2\pi)$ 的直角坐标方程为 $y = y(x)$,那么

$t = 0$ 对应于点 $(0,0)$,$t = 2\pi$ 对应于点 $(2\pi, 0)$,且 $0 < t < 2\pi$ 时对应的点位于第一
象限. 于是

$$原式 = \int_0^{2\pi} \mathrm{d}x \int_0^{y(x)} (x + 2y) \mathrm{d}y = \int_0^{2\pi} \left[xy(x) + y^2(x) \right] \mathrm{d}x$$

作换元积分变换,令 $x = t - \sin t$,则 $y(x) = 1 - \cos t (0 \leqslant t \leqslant 2\pi)$,代入上式得

$$原式 = \int_0^{2\pi} \left[(t - \sin t)(1 - \cos t) + (1 - \cos t)^2 \right] (1 - \cos t) \mathrm{d}t \quad (令 t = u + \pi)$$

$$= \int_{-\pi}^{\pi} \left[(\pi + u + \sin u)(1 + \cos u)^2 + (1 + \cos u)^3 \right] \mathrm{d}u$$

因 $(u + \sin u)(1 + \cos u)^2$ 为奇函数,$\pi(1 + \cos u)^2 + (1 + \cos u)^3$ 为偶函数,应用定
积分的偶倍奇零性得

$$原式 = 2 \int_0^{\pi} \left[\pi(1 + \cos u)^2 + (1 + \cos u)^3 \right] \mathrm{d}u$$

$$= 2 \int_0^{\pi} \left[\pi \left(\frac{3}{2} + 2\cos u + \frac{1}{2} \cos 2u \right) + \left(\frac{5}{2} + 3\cos u + \frac{3\cos 2u}{2} + \cos^3 u \right) \right] \mathrm{d}u$$

$$= 2\pi \left(\frac{3}{2} \pi + 0 + 0 \right) + 2 \left[\frac{5}{2} \pi + 0 + 0 + \left(\sin u - \frac{1}{3} \sin^3 u \right) \Big|_0^{\pi} \right]$$

$$= 3\pi^2 + 5\pi$$

例 5.5(江苏省 2018 年竞赛题) 试求二次积分

$$\int_{-1}^1 \mathrm{d}x \int_x^{2 - |x|} (\mathrm{e}^{|y|} + \sin(x^3 y^3)) \mathrm{d}y$$

解析 区域 D 如图所示,则

$$原式 = \iint\limits_{D} (\mathrm{e}^{|y|} + \sin(x^3 y^3)) \mathrm{d}x\mathrm{d}y$$

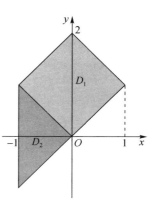

用直线 $y = -x$ 将区域 D 分为 D_1, D_2,则区域 D_1 关于
$x = 0$ 对称,$\mathrm{e}^{|y|}$ 关于 x 为偶函数,$\sin(x^3 y^3)$ 关于 x 为奇
函数;区域 D_2 关于 $y = 0$ 对称,$\mathrm{e}^{|y|}$ 关于 y 为偶函数,
$\sin(x^3 y^3)$ 关于 y 是奇函数. 应用二重积分的偶倍奇零

性得

$$原式 = \iint\limits_{D_1} \mathrm{e}^{|y|}\,\mathrm{d}x\mathrm{d}y + \iint\limits_{D_2} \mathrm{e}^{|y|}\,\mathrm{d}x\mathrm{d}y + \iint\limits_{D_1} \sin(x^3 y^3)\,\mathrm{d}x\mathrm{d}y + \iint\limits_{D_2} \sin(x^3 y^3)\,\mathrm{d}x\mathrm{d}y$$

$$= 2\iint\limits_{D_1(x \leqslant 0)} \mathrm{e}^{y}\,\mathrm{d}x\mathrm{d}y + 2\iint\limits_{D_2(y \geqslant 0)} \mathrm{e}^{y}\,\mathrm{d}x\mathrm{d}y + 0 + 0$$

$$(\text{记 } D' = D_1(x \leqslant 0) \bigcup D_2(y \geqslant 0))$$

$$= 2\iint\limits_{D'} \mathrm{e}^{y}\,\mathrm{d}x\mathrm{d}y = 2\int_{-1}^{0}\mathrm{d}x\int_{0}^{2+x} \mathrm{e}^{y}\,\mathrm{d}y = 2\int_{-1}^{0}(\mathrm{e}^{2+x} - 1)\,\mathrm{d}x$$

$$= 2(\mathrm{e}^{2+x} - x)\Big|_{-1}^{0} = 2(\mathrm{e}^2 - \mathrm{e} - 1)$$

例 5.6（天津市 2003 年竞赛题）　计算

$$I = \int_{0}^{a\sin\varphi} \mathrm{e}^{-y^2}\,\mathrm{d}y\int_{\sqrt{a^2-y^2}}^{\sqrt{b^2-y^2}} \mathrm{e}^{-x^2}\,\mathrm{d}x + \int_{a\sin\varphi}^{b\sin\varphi} \mathrm{e}^{-y^2}\,\mathrm{d}y\int_{y\cot\varphi}^{\sqrt{b^2-y^2}} \mathrm{e}^{-x^2}\,\mathrm{d}x$$

其中 $0 < a < b, 0 < \varphi < \dfrac{\pi}{2}$，且 a, b, φ 均为常数.

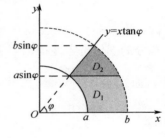

解析　原式中两项分别表示函数 $\mathrm{e}^{-(x^2+y^2)}$ 在图中 D_1 与 D_2 区域上的两次积分，$D = D_1 + D_2$，化为极坐标计算，有

$$原式 = \iint\limits_{D} \mathrm{e}^{-(x^2+y^2)}\,\mathrm{d}x\mathrm{d}y = \iint\limits_{D} \mathrm{e}^{-\rho^2}\rho\,\mathrm{d}\rho\mathrm{d}\theta$$

$$= \int_{0}^{\varphi}\mathrm{d}\theta\int_{a}^{b}\rho\mathrm{e}^{-\rho^2}\,\mathrm{d}\rho = \frac{\mathrm{e}^{-a^2} - \mathrm{e}^{-b^2}}{2}\varphi$$

例 5.7（江苏省 2017 年竞赛题）　设 $f(x) = \begin{cases} x, & 0 \leqslant x \leqslant 2, \\ 0, & x < 0 \text{ 或 } x > 2, \end{cases}$　求二重积分

$$\iint\limits_{D} \frac{f(x+y)}{f(\sqrt{x^2+y^2})}\,\mathrm{d}x\mathrm{d}y, \quad 其中 D = \{(x,y) \mid x^2 + y^2 \leqslant 4\}$$

解析　如图，设

$$D' = \{(x,y) \mid 0 \leqslant x + y \leqslant 2, x^2 + y^2 \leqslant 4\}$$

则由函数 $f(x)$ 的定义可得

$$\frac{f(x+y)}{f(\sqrt{x^2+y^2})} = \begin{cases} \dfrac{x+y}{\sqrt{x^2+y^2}}, & (x,y) \in D', \\ 0, & (x,y) \in D\backslash D_1 \end{cases}$$

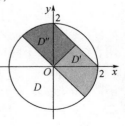

显然区域 D' 具有轮换对称性，将 D' 中 $y \geqslant x$ 的部分记为 D''，则

$$\text{原式} = \iint\limits_{D'} \frac{x+y}{\sqrt{x^2+y^2}} \mathrm{d}x\mathrm{d}y = 2\iint\limits_{D'} \frac{x+y}{\sqrt{x^2+y^2}} \mathrm{d}x\mathrm{d}y$$

采用极坐标计算,线段 $x+y=2$ 的极坐标方程为

$$\rho(\theta) = \frac{2}{\cos\theta + \sin\theta} \quad \left(\frac{\pi}{4} \leqslant \theta \leqslant \frac{\pi}{2} \right)$$

圆 $x^2+y^2=4$ 的极坐标方程为 $\rho=2(\pi/2 \leqslant \theta \leqslant 3\pi/4)$,则

$$\begin{aligned}
\text{原式} &= 2\int_{\pi/4}^{\pi/2} \mathrm{d}\theta \int_0^{\rho(\theta)} (\cos\theta + \sin\theta)\rho\mathrm{d}\rho + 2\int_{\pi/2}^{3\pi/4} \mathrm{d}\theta \int_0^2 (\cos\theta + \sin\theta)\rho\mathrm{d}\rho \\
&= 4\int_{\pi/4}^{\pi/2} \frac{1}{\cos\theta + \sin\theta}\mathrm{d}\theta + 4\int_{\pi/2}^{3\pi/4} (\cos\theta + \sin\theta)\mathrm{d}\theta \\
&= 2\sqrt{2}\int_{\pi/4}^{\pi/2} \sec\left(\theta - \frac{\pi}{4}\right)\mathrm{d}\theta + 4(\sin\theta - \cos\theta)\Big|_{\pi/2}^{3\pi/4} \\
&= 2\sqrt{2}\ln\big[\sec(\theta - \pi/4) + \tan(\theta - \pi/4)\big]\Big|_{\pi/4}^{\pi/2} + 4(\sqrt{2}-1) \\
&= 2\sqrt{2}\ln(1+\sqrt{2}) + 4(\sqrt{2}-1)
\end{aligned}$$

例 5.8(全国 2022 年考研题)　求二重积分 $I = \iint\limits_D \frac{(x-y)^2}{x^2+y^2}\mathrm{d}x\mathrm{d}y$,其中

$$D = \{(x,y) \mid -2+y \leqslant x \leqslant \sqrt{4-y^2}, 0 \leqslant y \leqslant 2\}$$

解析　如图,用直线 $x+y=2$ 将区域 D 分为 D_1 与 D_2,其中区域 D_2 关于 y 轴对称,区域 D_1 具有轮换对称性.应用极坐标计算,$y=-x+2$ 的极坐标方程为

$$\rho = \rho(\theta) = \frac{2}{\sin\theta + \cos\theta}$$

又区域 D 的面积 $\sigma(D) = \pi+2$,则

$$\begin{aligned}
I &= \iint\limits_D \mathrm{d}x\mathrm{d}y - 2\iint\limits_{D_1} \frac{xy}{x^2+y^2}\mathrm{d}x\mathrm{d}y - 2\iint\limits_{D_2} \frac{xy}{x^2+y^2}\mathrm{d}x\mathrm{d}y \\
&= \sigma(D) - 4\int_0^{\pi/4} \mathrm{d}\theta \int_{\rho(\theta)}^2 \rho\sin\theta\cos\theta\mathrm{d}\rho - 0 \\
&= \pi+2 - 4\int_0^{\pi/4} \left(1 - \frac{1}{1+\sin2\theta}\right)\sin2\theta\mathrm{d}\theta \\
&= \pi+2 + 2\cos2\theta\Big|_0^{\pi/4} + 4\int_0^{\pi/4} 1\mathrm{d}\theta - 4\int_0^{\pi/4} \frac{1}{(1+\tan\theta)^2}\mathrm{d}\tan\theta \\
&= \pi+2 - 2 + \pi + \frac{4}{1+\tan\theta}\Big|_0^{\pi/4} = 2\pi - 2
\end{aligned}$$

例 5.9(江苏省 2016 年竞赛题)　设

$$D = \{(x,y) \mid 0 \leqslant y \leqslant 1-x, 0 \leqslant x \leqslant 1\}$$

试求二重积分 $\iint\limits_D |x^2+y^2-x|\,\mathrm{d}x\mathrm{d}y$.

解析　记要求的二重积分为 I,再作坐标系平移变换,令 $x = u + \dfrac{1}{2}, y = v$,

则 $I=\left|u^2+v^2-\dfrac{1}{4}\right|\mathrm{d}u\mathrm{d}v$,其中

$$D'=\left\{(u,v)\,\Big|\,0\leqslant v\leqslant\frac{1}{2}-u,-\frac{1}{2}\leqslant u\leqslant\frac{1}{2}\right\}$$

在区域 D' 内作圆 $u^2+v^2=\dfrac{1}{4}$ 使其分为 D_1 与 D_2 两部分

（见右图），则

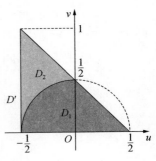

$$I=-\iint\limits_{D_1}\left(u^2+v^2-\frac{1}{4}\right)\mathrm{d}u\mathrm{d}v+\iint\limits_{D_2}\left(u^2+v^2-\frac{1}{4}\right)\mathrm{d}u\mathrm{d}v$$

$$=-2\iint\limits_{D_1}\left(u^2+v^2-\frac{1}{4}\right)\mathrm{d}u\mathrm{d}v+\iint\limits_{D'}\left(u^2+v^2-\frac{1}{4}\right)\mathrm{d}u\mathrm{d}v$$

在 D_1 上用直线 $u=0$ 将其分为左、右两部分,分别用极坐

标与直角坐标计算,在 D' 上用直角坐标与偶倍奇零性计算,又区域 D_1 的面积为 $\dfrac{\pi}{16}$

$+\dfrac{1}{8}$,区域 D' 的面积为 $\dfrac{1}{2}$,则

$$I=-2\left(\int_{\frac{\pi}{2}}^{\pi}\mathrm{d}\theta\int_0^{\frac{1}{2}}\rho^3\mathrm{d}\rho+\int_0^{\frac{1}{2}}\mathrm{d}u\int_0^{\frac{1}{2}-u}(u^2+v^2)\mathrm{d}v\right)+\frac{1}{2}\iint\limits_{D_1}\mathrm{d}u\mathrm{d}v$$

$$+\int_{-\frac{1}{2}}^{\frac{1}{2}}\mathrm{d}u\int_0^{\frac{1}{2}-u}(u^2+v^2)\mathrm{d}v-\frac{1}{4}\iint\limits_{D'}\mathrm{d}u\mathrm{d}v$$

$$=-\frac{\pi}{64}-2\int_0^{\frac{1}{2}}\left(\frac{1}{24}-\frac{1}{4}u+u^2-\frac{4}{3}u^3\right)\mathrm{d}u+\frac{\pi}{32}+\frac{1}{16}+2\int_0^{\frac{1}{2}}\left(\frac{1}{24}+u^2\right)\mathrm{d}u-\frac{1}{8}$$

$$=-\frac{\pi}{64}-\frac{1}{48}+\frac{\pi}{32}+\frac{1}{16}+\frac{1}{8}-\frac{1}{8}=\frac{\pi}{64}+\frac{1}{24}$$

点评 本题既可直接化为对 x,y 的二次积分,也可作坐标系平移变换计算. 这里采用平移变换将坐标原点平移至圆心处,使得后续计算比较简捷.

例 5.10（厦门大学 2012 年竞赛题） 设函数 $f(x)$ 连续且满足

$$f(x)=x^2+x\int_0^{x^2}f(x^2-t)\mathrm{d}t+\iint\limits_D f(xy)\mathrm{d}x\mathrm{d}y$$

其中 D 是以 $(1,-1),(-1,1)$ 和 $(1,1)$ 为顶点的三角形区域,且 $f(1)=0$,证明

$$1+\int_0^1 f(x)\mathrm{d}x+\iint\limits_D f(xy)\mathrm{d}x\mathrm{d}y=0$$

并求 $\displaystyle\int_0^1 f(x)\mathrm{d}x$.

解析 令 $x^2-t=u$,作积分换元变换,则原式化为

$$f(x)=x^2+x\int_0^{x^2}f(u)\mathrm{d}u+\iint\limits_D f(xy)\mathrm{d}x\mathrm{d}y \tag{1}$$

取 $x = 1$ 即得

$$1 + \int_0^1 f(u)\mathrm{d}u + \iint\limits_D f(xy)\mathrm{d}x\mathrm{d}y = 1 + \int_0^1 f(x)\mathrm{d}x + \iint\limits_D f(xy)\mathrm{d}x\mathrm{d}y = 0 \qquad (2)$$

在(1)式中取 $x = 0$ 得 $\iint\limits_D f(xy)\mathrm{d}x\mathrm{d}y = f(0)$，再由(1)式可得

$$f(xy) = x^2 y^2 + xy\int_0^{x^2 y^2} f(t)\mathrm{d}t + f(0)$$

上式两边在区域 $D: -x \leqslant y \leqslant 1, x \leqslant 1$ 上积分，得

$$\iint\limits_D f(xy)\mathrm{d}x\mathrm{d}y = \iint\limits_D \left(x^2 y^2 + xy\int_0^{x^2 y^2} f(t)\mathrm{d}t\right)\mathrm{d}x\mathrm{d}y + \iint\limits_D f(0)\mathrm{d}x\mathrm{d}y \qquad (3)$$

如图，用直线 $y = x$ 将区域 D 分为 D_1 与 D_2，则应用轮换对称性与偶倍奇零性，(3)式可化为

$$\begin{aligned} f(0) &= 2\iint\limits_{D_1} x^2 y^2 \mathrm{d}x\mathrm{d}y + 2\iint\limits_{D_1}\left(xy\int_0^{x^2 y^2} f(t)\mathrm{d}t\right)\mathrm{d}x\mathrm{d}y + 2f(0) \\ &= 2\int_0^1 \mathrm{d}y\int_{-y}^y x^2 y^2 \mathrm{d}x + 0 + 2f(0) \\ &= \frac{4}{3}\int_0^1 y^5 \mathrm{d}x + 2f(0) = \frac{2}{9} + 2f(0) \end{aligned}$$

由上式解得 $f(0) = -\dfrac{2}{9}$，再由(2)式得

$$\int_0^1 f(x)\mathrm{d}x = -1 - f(0) = -1 + \frac{2}{9} = -\frac{7}{9}$$

例 5.11（江苏省 2019 年竞赛题）　设函数 $f(x, y)$ 有连续偏导数，且在单位圆周上的值为 0，记 $D = \{(x, y) \mid 0 < t^2 \leqslant x^2 + y^2 \leqslant 1\}$，证明：

$$\lim_{t \to 0^+}\iint\limits_D \frac{x f_x'(x, y) + y f_y'(x, y)}{x^2 + y^2}\mathrm{d}x\mathrm{d}y = -2\pi f(0, 0)$$

解析　由于

$$\frac{\partial}{\partial \rho}f(\rho\cos\theta, \rho\sin\theta) = \left(\cos\theta\frac{\partial f}{\partial x} + \sin\theta\frac{\partial f}{\partial y}\right)\bigg|_{\substack{x = \rho\cos\theta \\ y = \rho\sin\theta}}$$

采用极坐标变换计算二重积分，并应用积分中值定理，必存在 $\alpha \in (0, 2\pi)$ 使得

$$\begin{aligned} &\iint\limits_D \frac{x f_x'(x, y) + y f_y'(x, y)}{x^2 + y^2}\mathrm{d}x\mathrm{d}y \\ &= \iint\limits_D \left(\cos\theta\frac{\partial f}{\partial x} + \sin\theta\frac{\partial f}{\partial y}\right)\bigg|_{\substack{x = \rho\cos\theta \\ y = \rho\sin\theta}}\mathrm{d}\rho\mathrm{d}\theta \\ &= \int_0^{2\pi}\mathrm{d}\theta\int_t^1 \frac{\partial}{\partial\rho}f(\rho\cos\theta, \rho\sin\theta)\mathrm{d}\rho = \int_0^{2\pi} f(\rho\cos\theta, \rho\sin\theta)\bigg|_t^1 \mathrm{d}\theta \end{aligned}$$

$$=-\int_0^{2\pi}f(t\cos\theta,t\sin\theta)\,d\theta=-2\pi f(t\cos\alpha,t\sin\alpha)$$

上式两端令 $t\to 0^+$ 取极限即得

$$\lim_{t\to 0^+}\iint_D\frac{xf_x'(x,y)+yf_y'(x,y)}{x^2+y^2}\,dxdy=-2\pi\lim_{t\to 0^+}f(t\cos\alpha,t\sin\alpha)=-2\pi f(0,0)$$

例 5.12(全国 2009 年初赛题) 计算 $\displaystyle\iint_D\frac{(x+y)\ln\left(1+\dfrac{y}{x}\right)}{\sqrt{1-x-y}}\,dxdy$，其中区域 D 为直线 $x+y=1$ 与两坐标轴所围的三角形区域.

解析 **方法 1** 运用极坐标计算，记 $\varphi(\theta)=\cos\theta+\sin\theta$，则

$$原式=\int_0^{\frac{\pi}{2}}d\theta\int_0^{\frac{1}{\varphi(\theta)}}\frac{\varphi(\theta)\ln(1+\tan\theta)}{\sqrt{1-\rho\varphi(\theta)}}\,\rho^2 d\rho\quad(令\sqrt{1-\rho\varphi(\theta)}=t)$$

$$=2\int_0^{\frac{\pi}{2}}d\theta\int_0^1\frac{\ln(1+\tan\theta)}{\varphi^2(\theta)}(1-t^2)^2 dt$$

$$=\frac{16}{15}\int_0^{\frac{\pi}{2}}\frac{\ln(1+\tan\theta)}{(1+\tan\theta)^2}d(1+\tan\theta)\quad(令1+\tan\theta=u)$$

$$=\frac{16}{15}\int_1^{+\infty}\frac{\ln u}{u^2}du=-\frac{16}{15}\int_1^{+\infty}\ln u\,\frac{1}{u}$$

$$=-\frac{16}{15}\left(\frac{\ln u}{u}\Big|_1^{+\infty}-\int_1^{+\infty}\frac{1}{u^2}du\right)=-\frac{16}{15}\frac{1}{u}\Big|_1^{+\infty}=\frac{16}{15}$$

方法 2 作换元变换，令 $\sqrt{1-x-y}=u,\ 1+\dfrac{y}{x}=\dfrac{1}{v}$，即

$$x=(1-u^2)v,\quad y=(1-u^2)(1-v)$$

则

$$J=\begin{vmatrix}x_u' & x_v'\\ y_u' & y_v'\end{vmatrix}=\begin{vmatrix}-2uv & 1-u^2\\ -2u(1-v) & -(1-u^2)\end{vmatrix}=2u(1-u^2)$$

原积分区域 D 化为 $D'=\{(u,v)\mid 0\leqslant u\leqslant 1,0<v\leqslant 1\}$，可得

$$原式=-\iint_{D'}\frac{(1-u^2)\ln v}{u}|J|\,dudv=-2\int_0^1\ln v dv\cdot\int_0^1(1-u^2)^2 du$$

$$=-2\left(v\ln v\Big|_{0^+}^1-v\Big|_0^1\right)\cdot\left(\left(u-\frac{2}{3}u^3+\frac{1}{5}u^5\right)\Big|_0^1\right)=\frac{16}{15}$$

点评 方法 2 中的换元变换非常妙，它简化了被积函数，使得后续的积分运算变得很容易.

例 5.13(江苏省 2002 年竞赛题) 已知函数 $f(u)$ 在 $u=0$ 处可导，$f(0)=0$，且 $D:x^2+y^2\leqslant 2tx$，$y\geqslant 0$，求 $\displaystyle\lim_{t\to 0^+}\frac{1}{t^4}\iint_D f(\sqrt{x^2+y^2})y dxdy$.

解析 首先将二重积分化为极坐标下先对 θ 后对 ρ 的二次积分，有

$$\iint\limits_{D} f(\sqrt{x^2+y^2})y\mathrm{d}x\mathrm{d}y = \int_0^{2t}\mathrm{d}\rho\int_0^{\arccos\frac{\rho}{2t}} f(\rho)\rho^2\sin\theta\mathrm{d}\theta$$

$$= \int_0^{2t}\rho^2 f(\rho)(-\cos\theta)\Big|_0^{\arccos\frac{\rho}{2t}}\mathrm{d}\rho = \int_0^{2t}\rho^2 f(\rho)\Big(1-\frac{\rho}{2t}\Big)\mathrm{d}\rho$$

再将上式代入原式,并应用洛必达法则,得

$$原式 = \lim_{t\to 0^+}\frac{t\displaystyle\int_0^{2t}\rho^2 f(\rho)\mathrm{d}\rho - \frac{1}{2}\int_0^{2t}\rho^3 f(\rho)\mathrm{d}\rho}{t^5} \overset{\frac{0}{0}}{=\!=\!=} \lim_{t\to 0^+}\frac{\displaystyle\int_0^{2t}\rho^2 f(\rho)\mathrm{d}\rho}{5t^4}$$

$$\overset{\frac{0}{0}}{=\!=\!=} \lim_{t\to 0^+}\frac{2(2t)^2 f(2t)}{20t^3} = \frac{4}{5}\lim_{t\to 0^+}\frac{f(2t)-f(0)}{2t} = \frac{4}{5}f'(0)$$

例 5.14(北京市 1996 年竞赛题)　设 $f(x)$ 为连续偶函数,试证明:

$$\iint\limits_{D} f(x-y)\mathrm{d}x\mathrm{d}y = 2\int_0^{2a}(2a-u)f(u)\mathrm{d}u$$

其中 D 为正方形 $|x|\leqslant a$, $|y|\leqslant a(a>0)$.

解析　运用二重积分的换元积分法,令 $u=x-y,v=x+y$,则

$$x = \frac{1}{2}(u+v), \quad y = \frac{1}{2}(v-u)$$

得雅可比行列式 $J=\dfrac{1}{2}$,从而面积微元为

$$\mathrm{d}x\mathrm{d}y = |J|\,\mathrm{d}u\mathrm{d}v = \frac{1}{2}\mathrm{d}u\mathrm{d}v$$

故

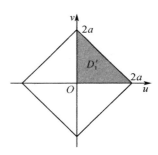

$$\iint\limits_{D} f(x-y)\mathrm{d}x\mathrm{d}y = \frac{1}{2}\iint\limits_{D'} f(u)\mathrm{d}u\mathrm{d}v$$

其中 D': $|u+v|\leqslant 2a$, $|u-v|\leqslant 2a$(见右图). 由于区域 D' 关于 $u=0$ 对称且 $f(u)$ 关于 u 为偶函数,区域 D' 关于 $v=0$ 对称且 $f(u)$ 关于 v 为偶函数,应用二重积分的偶倍奇零性,得

$$\iint\limits_{D'} f(u)\mathrm{d}u\mathrm{d}v = 4\iint\limits_{D'_1} f(u)\mathrm{d}u\mathrm{d}v$$

其中 $D'_1 = \{(u,v)\mid 0\leqslant u\leqslant 2a, 0\leqslant v\leqslant 2a-u\}$,于是

$$\iint\limits_{D} f(x-y)\mathrm{d}x\mathrm{d}y = 2\iint\limits_{D'_1} f(u)\mathrm{d}u\mathrm{d}v = 2\int_0^{2a}\mathrm{d}u\int_0^{2a-u} f(u)\mathrm{d}v$$

$$= 2\int_0^{2a}(2a-u)f(u)\mathrm{d}u$$

5.2.2　交换二次积分的次序(例 5.15—5.19)

例 5.15(北京市 1992 年竞赛题)　求反常积分 $\int_0^1 \dfrac{x^b - x^a}{\ln x}\mathrm{d}x$,其中 $a,b > 0$.

解析　由于 $f(x) = \dfrac{x^b - x^a}{\ln x}$ 在 $(0,1)$ 内连续,在 $(0,1)$ 的两个端点,有

$$\lim_{x \to 0^+} \frac{x^b - x^a}{\ln x} = \lim_{x \to 0^+}(x^b - x^a)\frac{1}{\ln x} = 0 \cdot 0 = 0$$

$$\lim_{x \to 1^-} \frac{x^b - x^a}{\ln x} = \lim_{x \to 1^-} \frac{x^a(\mathrm{e}^{(b-a)\ln x} - 1)}{\ln x} = \lim_{x \to 1^-} \frac{(b-a)\ln x}{\ln x} = b - a$$

所以原式是常义定积分.下面将原式化为二次积分并交换积分次序,得

$$\int_0^1 \frac{x^b - x^a}{\ln x}\mathrm{d}x = \int_0^1 \mathrm{d}x \int_a^b x^y \mathrm{d}y = \int_a^b \mathrm{d}y \int_0^1 x^y \mathrm{d}x$$

$$= \int_a^b \frac{1}{y+1}\mathrm{d}y = \ln\frac{b+1}{a+1}$$

例 5.16(精选题)　设 $x \geqslant 0$, $f_0(x) > 0$,若 $f_n(x) = \int_0^x f_{n-1}(t)\mathrm{d}t$ $(n = 1,2,$ $3,\cdots)$,求证:

$$f_n(x) = \frac{1}{(n-1)!}\int_0^x (x-t)^{n-1} f_0(t)\mathrm{d}t \qquad (\ast)_n$$

解析　由于 $f_1(x) = \int_0^x f_0(t)\mathrm{d}t = \dfrac{1}{(1-1)!}\int_0^x (x-t)^{1-1} f_0(t)\mathrm{d}t$,所以 $(\ast)_1$ 式成立.假设 $(\ast)_n$ 式成立,则交换积分次序,得

$$f_{n+1}(x) = \int_0^x f_n(t)\mathrm{d}t = \int_0^x f_n(u)\mathrm{d}u = \int_0^x \left(\frac{1}{(n-1)!}\int_0^u (u-t)^{n-1} f_0(t)\mathrm{d}t\right)\mathrm{d}u$$

$$= \frac{1}{(n-1)!}\int_0^x \mathrm{d}u \int_0^u (u-t)^{n-1} f_0(t)\mathrm{d}t$$

$$= \frac{1}{(n-1)!}\int_0^x \mathrm{d}t \int_t^x (u-t)^{n-1} f_0(t)\mathrm{d}u$$

$$= \frac{1}{(n-1)!}\int_0^x f_0(t)\frac{1}{n}(u-t)^n \Big|_t^x \mathrm{d}t = \frac{1}{n!}\int_0^x (x-t)^n f_0(t)\mathrm{d}t$$

即 $(\ast)_{n+1}$ 式成立.因此应用数学归纳法可得 $\forall n \in \mathbf{N}^*$,$(\ast)_n$ 式成立.

例 5.17(精选题)　设 $f(x)$ 连续可导,$a > 0$,求 $\int_0^a \mathrm{d}x \int_0^x \dfrac{f'(y)}{\sqrt{(a-x)(x-y)}}\mathrm{d}y$.

解析　交换二次积分的次序,有

$$\text{原式} = \int_0^a \mathrm{d}y \int_y^a \frac{f'(y)}{\sqrt{\left(\dfrac{a-y}{2}\right)^2 - \left(x - \dfrac{a+y}{2}\right)^2}}\mathrm{d}x$$

$$= \int_0^a \mathrm{d}y \int_{-\frac{\pi}{2}}^{\frac{\pi}{2}} f'(y)\mathrm{d}t \quad \left(\text{令 } x - \frac{a+y}{2} = \frac{a-y}{2}\sin t\right)$$

$$= \pi \int_0^a f'(y)\mathrm{d}y = \pi\left[f(a)-f(0)\right]$$

例 5.18(全国 2022 年初赛题)　设 $z = f(x,y)$ 是区域
$$D = \{(x,y) \mid 0 \leqslant x \leqslant 1, 0 \leqslant y \leqslant 1\}$$

上的可微函数, $f(0,0)=0$, $\mathrm{d}z\big|_{(0,0)} = 3\mathrm{d}x + 2\mathrm{d}y$, 求极限 $\displaystyle\lim_{x\to 0^+} \frac{\int_0^{x^2} \mathrm{d}t \int_x^{\sqrt{t}} f(t,u)\mathrm{d}u}{1 - \sqrt[4]{1-x^4}}$.

分析　这是 $\dfrac{0}{0}$ 型的极限, 因此考虑使用洛必达法则求解, 但分子部分 u 积分的下限含有 x, 这是不行的, 必须先交换二次积分的次序, 使得对 t 积分的上、下限都不含 x.

解析　由于分子中对 u 积分的上限 $u = \sqrt{t}$ $(0 \leqslant t \leqslant x^2)$ 小于下限 $u = x$ $(0 \leqslant x < 1)$ (参见右图), 所以先交换积分的上、下限, 再交换二次积分的次序, 得

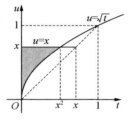

$$\int_0^{x^2} \mathrm{d}t \int_x^{\sqrt{t}} f(t,u)\mathrm{d}u = -\int_0^{x^2}\left(\int_{\sqrt{t}}^x f(t,u)\mathrm{d}u\right)\mathrm{d}t$$

$$= -\int_0^x\left(\int_0^{u^2} f(t,u)\mathrm{d}t\right)\mathrm{d}u$$

对于原式的分母, 应用 $(1+\square)^\lambda - 1 \sim \lambda\square (\square \to 0)$ 得 $1 - \sqrt[4]{1-x^4} \sim \dfrac{x^4}{4} (x \to 0^+)$, 于是

$$\text{原式} = -4\lim_{x\to 0^+} \frac{\int_0^x\left(\int_0^{u^2} f(t,u)\mathrm{d}t\right)\mathrm{d}u}{x^4} \xlongequal{\frac{0}{0}} -\lim_{x\to 0^+} \frac{\int_0^{x^2} f(t,x)\mathrm{d}t}{x^3}$$

又 $f(t,x)$ 在 $(0,0)$ 处可微, $f(0,0)=0$, $0 \leqslant t \leqslant x^2$, 所以 $x \to 0^+$ 时 $t = o(x)$, 且

$$f(t,x) = f(0,0) + \mathrm{d}f(t,x)\big|_{(0,0)} + o(\sqrt{t^2 + x^2})$$
$$= 3t + 2x + o(x) = 2x + o(x)$$

于是

$$\text{原式} = -\lim_{x\to 0^+} \frac{\int_0^{x^2}(2x + o(x))\mathrm{d}t}{x^3} = -\lim_{x\to 0^+} \frac{(2x + o(x))x^2}{x^3} = -2$$

例 5.19(全国 2017 年初赛题)　设函数 $f(x) > 0$ 且在实轴上连续, 若对任意实数 t 有 $\int_{-\infty}^{+\infty} \mathrm{e}^{-|t-x|} f(x)\mathrm{d}x \leqslant 1$, 求证: $\forall a,b(a<b)$, 有 $\int_a^b f(x)\mathrm{d}x \leqslant \dfrac{b-a+2}{2}$.

解析　$\forall a,b,t \in \mathbf{R}$ 且 $a < b$, 由于 $\mathrm{e}^{-|t-x|} f(x) > 0$, 所以

$$\int_a^b e^{-|t-x|} f(x) \mathrm{d}x \leqslant \int_{-\infty}^{+\infty} e^{-|t-x|} f(x) \mathrm{d}x \leqslant 1 \qquad (*)_1$$

上式两端对 t 在区间 $[a,b]$ 上积分,应用二重积分的保号性得

$$\int_a^b \mathrm{d}t \int_a^b e^{-|t-x|} f(x) \mathrm{d}x \leqslant b-a \qquad (*)_2$$

上式左边交换积分次序,并应用积分的可加性,得

$$\int_a^b \mathrm{d}t \int_a^b e^{-|t-x|} f(x) \mathrm{d}x = \int_a^b \mathrm{d}x \int_a^b e^{-|t-x|} f(x) \mathrm{d}t$$

$$= \int_a^b \left(e^{-x} \int_a^x e^t \mathrm{d}t + e^x \int_x^b e^{-t} \mathrm{d}t \right) f(x) \mathrm{d}x = \int_a^b (2 - e^{-x+a} - e^{x-b}) f(x) \mathrm{d}x$$

$$= 2 \int_a^b f(x) \mathrm{d}x - \int_a^b e^{-|a-x|} f(x) \mathrm{d}x - \int_a^b e^{-|b-x|} f(x) \mathrm{d}x$$

将上式代入 $(*)_2$ 式并移项,再由 $(*)_1$ 式即得

$$\int_a^b f(x) \mathrm{d}x \leqslant \frac{b-a}{2} + \frac{1}{2} \int_a^b e^{-|a-x|} f(x) \mathrm{d}x + \frac{1}{2} \int_a^b e^{-|b-x|} f(x) \mathrm{d}x \leqslant \frac{b-a+2}{2}$$

5.2.3　三重积分与三次积分的计算(例 5.20—5.26)

例 5.20(北京市 1997 年竞赛题)　已知 $f(x)$ 在 $[0,1]$ 上连续,且 $\int_0^1 f(x) \mathrm{d}x = m$,试求 $\int_0^1 \int_x^1 \int_x^y f(x) f(y) f(z) \mathrm{d}x \mathrm{d}y \mathrm{d}z$.

解析　令 $F(u) = \int_0^u f(t) \mathrm{d}t$,则 $F(0) = 0, F(1) = m, F'(u) = f(u)$. 由于

$$\int_x^y f(z) \mathrm{d}z = F(u) \Big|_x^y = F(y) - F(x)$$

$$\int_x^1 f(y) [F(y) - F(x)] \mathrm{d}y$$

$$= \int_x^1 [F(y) - F(x)] \mathrm{d}F(y) = \int_x^1 F(y) \mathrm{d}F(y) - \int_x^1 F(x) \mathrm{d}F(y)$$

$$= \frac{1}{2} F^2(y) \Big|_x^1 - F(x) F(y) \Big|_x^1 = \frac{1}{2} m^2 + \frac{1}{2} F^2(x) - m F(x)$$

于是

$$原式 = \int_0^1 f(x) \left[\frac{1}{2} m^2 + \frac{1}{2} F^2(x) - m F(x) \right] \mathrm{d}x$$

$$= \int_0^1 \left[\frac{1}{2} m^2 + \frac{1}{2} F^2(x) - m F(x) \right] \mathrm{d}F(x)$$

$$= \left[\frac{1}{2} m^2 F(x) + \frac{1}{6} F^3(x) - \frac{1}{2} m F^2(x) \right] \Big|_0^1$$

$$= \frac{1}{2} m^3 + \frac{1}{6} m^3 - \frac{1}{2} m^3 = \frac{1}{6} m^3$$

例 5.21（厦门大学 2020 年竞赛题）　求 $I = \lim\limits_{n \to \infty} \dfrac{1}{n^4} \iiint\limits_{\Omega_n} \left[\sqrt{x^2+y^2+z^2} \right] \mathrm{d}V$，其中 Ω_n 为球体 $x^2+y^2+z^2 \leqslant n^2$，$[x]$ 为不超过 x 的最大整数.

解析　记 $V_k : k^2 \leqslant x^2+y^2+z^2 \leqslant (k+1)^2$，其中 $k = 0,1,2,\cdots,n-1$. 应用积分的可加性，先计算三重积分，可得

$$\iiint\limits_{\Omega_n} \left[\sqrt{x^2+y^2+z^2} \right] \mathrm{d}V = \sum_{k=0}^{n-1} \iiint\limits_{V_k} \left[\sqrt{x^2+y^2+z^2} \right] \mathrm{d}V$$

$$= \sum_{k=0}^{n-1} \iiint\limits_{V_k} k \, \mathrm{d}V = \frac{4}{3}\pi \sum_{k=1}^{n-1} k((k+1)^3 - k^3) = \frac{4}{3}\pi \sum_{k=1}^{n-1} (3k^3 + 3k^2 + k)$$

$$= 4\pi \cdot \frac{(n-1)^2 n^2}{4} + 4\pi \cdot \frac{(n-1)n(2n-1)}{6} + \frac{4}{3}\pi \cdot \frac{(n-1)n}{2} = \pi n^4 + P_3(n)$$

其中 $P_3(n)$ 是 n 的 3 次多项式，于是

$$I = \lim_{n\to\infty} \frac{\pi n^4 + P_3(n)}{n^4} = \pi + \lim_{n\to\infty} \frac{P_3(n)}{n^4} = \pi + 0 = \pi$$

例 5.22（厦门大学 2019 年竞赛题）　设 $\Omega: x^2+y^2+z^2 \leqslant 1$，求三重积分

$$\iiint\limits_{\Omega} ((x+y)^2 + (y+z)^2) \mathrm{d}x\mathrm{d}y\mathrm{d}z$$

解析　积分区域 Ω 对 x,y,z 具有轮换性，又关于三个坐标平面对称，应用轮换对称性与偶倍奇零性可得

$$\iiint\limits_{\Omega} x^2 \mathrm{d}V = \iiint\limits_{\Omega} y^2 \mathrm{d}V = \iiint\limits_{\Omega} z^2 \mathrm{d}V, \qquad \iiint\limits_{\Omega} xy \, \mathrm{d}V = \iiint\limits_{\Omega} yz \, \mathrm{d}V = 0$$

则

$$原式 = \iiint\limits_{\Omega} (x^2 + 2y^2 + z^2 + 2xy + 2yz) \mathrm{d}x\mathrm{d}y\mathrm{d}z = \frac{4}{3} \iiint\limits_{\Omega} (x^2+y^2+z^2) \mathrm{d}x\mathrm{d}y\mathrm{d}z$$

采用球坐标计算，得

$$原式 = \frac{4}{3} \int_0^{2\pi} \mathrm{d}\theta \int_0^{\pi} \mathrm{d}\varphi \int_0^1 r^4 \sin\varphi \, \mathrm{d}r = \frac{4}{3} \cdot 2\pi \cdot 2 \cdot \frac{1}{5} = \frac{16}{15}\pi$$

例 5.23（江苏省 2002 年竞赛题）　已知函数 $f(u)$ 在 $u = 0$ 可导，且 $f(0) = 0$，若 $\Omega: x^2+y^2+z^2 \leqslant 2tz$，求 $\lim\limits_{t\to 0^+} \dfrac{1}{t^5} \iiint\limits_{\Omega} f(x^2+y^2+z^2) \mathrm{d}V$.

解析　先用球坐标计算三重积分，有

$$\iiint\limits_{\Omega} f(x^2+y^2+z^2) \mathrm{d}V = \int_0^{2\pi} \mathrm{d}\theta \int_0^{2t} \mathrm{d}r \int_0^{\arccos\frac{r}{2t}} f(r^2) r^2 \sin\varphi \, \mathrm{d}\varphi$$

$$= 2\pi \int_0^{2t} r^2 f(r^2)(-\cos\varphi) \Big|_0^{\arccos\frac{r}{2t}} \mathrm{d}r$$

$$= 2\pi \int_0^{2t} r^2 f(r^2) \cdot \left(1 - \frac{r}{2t}\right) \mathrm{d}r$$

再将上式代入原式,二次应用洛必达法则,并由导数的定义,可得

$$\text{原式} = 2\pi \lim_{t \to 0^+} \frac{t \int_0^{2t} r^2 f(r^2) \mathrm{d}r - \frac{1}{2} \int_0^{2t} r^3 f(r^2) \mathrm{d}r}{t^6}$$

$$\overset{\frac{0}{0}}{=} 2\pi \lim_{t \to 0^+} \frac{\int_0^{2t} r^2 f(r^2) \mathrm{d}r}{6t^5} \overset{\frac{0}{0}}{=} 2\pi \lim_{t \to 0^+} \frac{2(2t)^2 f(4t^2)}{30t^4}$$

$$= \frac{32}{15}\pi \lim_{t \to 0^+} \frac{f(4t^2) - f(0)}{4t^2} = \frac{32}{15}\pi f'(0)$$

例 5.24(全国 2018 年初赛题)   计算三重积分 $\iiint_G (x^2 + y^2) \mathrm{d}V$,其中 G 是由

$$x^2 + y^2 + (z-2)^2 \geqslant 4, \quad x^2 + y^2 + (z-1)^2 \leqslant 9, \quad z \geqslant 0$$

所围成的空心立体.

解析   区域 G 参见右下图.采用柱坐标计算,G 的平行于 xOy 平面的截面为

$$D(z) = \left\{ (\theta, \rho) \mid 0 \leqslant \theta \leqslant 2\pi, \sqrt{4 - (z-2)^2} \leqslant \rho \leqslant \sqrt{9 - (z-1)^2} \right\}$$

其中 $0 \leqslant z \leqslant 4$. 记原式为 I,先在截面 $D(z)$ 上对 ρ, θ 计算积分,
再对 z 积分,得

$$I = \int_0^4 \mathrm{d}z \iint_{D(z)} \rho^3 \mathrm{d}\rho \mathrm{d}\theta = \int_0^4 \mathrm{d}z \int_0^{2\pi} \mathrm{d}\theta \int_{\sqrt{4-(z-2)^2}}^{\sqrt{9-(z-1)^2}} \rho^3 \mathrm{d}\rho$$

$$= \frac{\pi}{2} \int_0^4 \left[(9 - (z-1)^2)^2 - (4 - (z-2)^2)^2 \right] \mathrm{d}z$$

作换元变换,令 $z - 2 = t$,并应用偶倍奇零性,得

$$I = \frac{\pi}{2} \int_{-2}^2 \left[9 - (t+1)^2)^2 - (4 - t^2)^2 \right] \mathrm{d}t$$

$$= \frac{\pi}{2} \int_{-2}^2 \left[(64 - 32t - 12t^2 + 4t^3 + t^4) - (16 - 8t^2 + t^4) \right] \mathrm{d}t$$

$$= \pi \int_0^2 (48 - 4t^2) \mathrm{d}t = \pi \left(48t - \frac{4}{3}t^3 \right) \Big|_0^2 = \frac{256}{3}\pi$$

例 5.25(全国 2019 年决赛题)   计算三重积分 $\iiint_\Omega \dfrac{\mathrm{d}x\mathrm{d}y\mathrm{d}z}{(1 + x^2 + y^2 + z^2)^2}$,其中积分区域 $\Omega: 0 \leqslant x \leqslant 1, 0 \leqslant y \leqslant 1, 0 \leqslant z \leqslant 1$.

解析   采用柱坐标计算,区域 Ω 的平行于 xOy 平面的截面为 $D: 0 \leqslant x \leqslant 1,$
$0 \leqslant y \leqslant 1$. 由于区域 D 关于直线 $y = x$ 对称,函数 $\dfrac{1}{(1 + x^2 + y^2 + z^2)^2}$ 对 x, y 具有
轮换性,记 $D_1: 0 \leqslant x \leqslant 1, 0 \leqslant y \leqslant x$,应用轮换对称性得

$$\text{原式} = 2 \int_0^1 \mathrm{d}z \iint_{D_1} \frac{1}{(1 + x^2 + y^2 + z^2)^2} \mathrm{d}x\mathrm{d}y = 2 \int_0^1 \mathrm{d}z \int_0^{\pi/4} \mathrm{d}\theta \int_0^{\sec\theta} \frac{1}{(1 + \rho^2 + z^2)^2} \rho \mathrm{d}\rho$$

$$= \int_0^1 \mathrm{d}z \int_0^{\pi/4} \frac{-1}{1+\rho^2+z^2} \Big|_0^{\sec\theta} \mathrm{d}\theta = \int_0^1 \mathrm{d}z \int_0^{\pi/4} \frac{1}{1+z^2} \mathrm{d}\theta - \int_0^1 \mathrm{d}z \int_0^{\pi/4} \frac{1}{1+z^2+\sec^2\theta} \mathrm{d}\theta$$

上式右端第一个积分为 $I_1 = \int_0^1 \mathrm{d}z \int_0^{\pi/4} \frac{1}{1+z^2} \mathrm{d}\theta = \frac{\pi}{4} \arctan z \Big|_0^1 = \frac{1}{16}\pi^2$，接下来求第二个积分. 交换积分次序，并令 $z = \tan u$ 作换元变换，得

$$I_2 = \int_0^1 \mathrm{d}z \int_0^{\pi/4} \frac{1}{1+z^2+\sec^2\theta} \mathrm{d}\theta = \int_0^{\pi/4} \mathrm{d}\theta \int_0^1 \frac{1}{1+z^2+\sec^2\theta} \mathrm{d}z$$

$$= \int_0^{\pi/4} \mathrm{d}\theta \int_0^{\pi/4} \frac{\sec^2 u}{\sec^2 u + \sec^2\theta} \mathrm{d}u = \iint \frac{\sec^2 u}{\sec^2 u + \sec^2\theta} \mathrm{d}\theta \mathrm{d}u$$

其中 $\sigma = \{(\theta,u) \mid 0 \leqslant \theta \leqslant \pi/4, 0 \leqslant u \leqslant \pi/4\}$. 记 $F(\theta,u) = \frac{\sec^2 u}{\sec^2 u + \sec^2\theta}$，由于区域 σ 关于直线 $u = \theta$ 对称，应用轮换对称性得

$$I_2 = \frac{1}{2} \iint_\sigma (F(\theta,u)+F(u,\theta)) \mathrm{d}\theta \mathrm{d}u = \frac{1}{2} \iint_\sigma \frac{\sec^2 u + \sec^2\theta}{\sec^2 u + \sec^2\theta} \mathrm{d}\theta \mathrm{d}u$$

$$= \frac{1}{2} \cdot \frac{1}{16}\pi^2 = \frac{1}{32}\pi^2$$

综上可得

$$原式 = I_1 - I_2 = \frac{1}{16}\pi^2 - \frac{1}{32}\pi^2 = \frac{1}{32}\pi^2$$

点评　计算积分 I_2 难度是比较大的. 这里编者巧妙地令 $z = \tan u$，作换元变换，并应用二重积分的轮换对称性，不用积分就得出答案，读者应仔细体会.

例 5.26（全国 2016 年初赛题）　某物体所在的空间区域为

$$\Omega : x^2 + y^2 + 2z^2 \leqslant x + y + 2z$$

密度函数为 $x^2 + y^2 + z^2$，求质量 $M = \iiint_\Omega (x^2+y^2+z^2) \mathrm{d}x \mathrm{d}y \mathrm{d}z$.

解析　作平移变换，令 $x - \frac{1}{2} = u, y - \frac{1}{2} = v, z - \frac{1}{2} = w, \Omega$ 化为 $\Omega_1 : u^2 + v^2 + 2w^2 \leqslant 1$，体积微元 $\mathrm{d}V = \mathrm{d}x\mathrm{d}y\mathrm{d}z = \mathrm{d}u\mathrm{d}v\mathrm{d}w$，并应用三重积分的偶倍奇零性，得

$$M = \iiint_{\Omega_1} \left(\frac{1}{4} + u + u^2 + \frac{1}{4} + v + v^2 + \frac{1}{4} + w + w^2 \right) \mathrm{d}u\mathrm{d}v\mathrm{d}w$$

$$= \frac{3}{4} V(\Omega_1) + 0 + \iiint_{\Omega_1} (u^2+v^2+w^2) \mathrm{d}u\mathrm{d}v\mathrm{d}w$$

$$= \frac{\sqrt{2}}{2}\pi + \iiint_{\Omega_1} (u^2+v^2+w^2) \mathrm{d}u\mathrm{d}v\mathrm{d}w$$

再作广义球坐标变换，令

$$u = r\sin\varphi\cos\theta, \ v = r\sin\varphi\sin\theta, \ w = \frac{1}{\sqrt{2}}r\cos\varphi \Rightarrow |J| = \frac{1}{\sqrt{2}}r^2\sin\varphi$$

则

$$\iiint\limits_{\Omega_1}(u^2 + v^2 + w^2)\mathrm{d}u\mathrm{d}v\mathrm{d}w = \frac{1}{\sqrt{2}}\int_0^{2\pi}\mathrm{d}\theta\int_0^{\pi}\mathrm{d}\varphi\int_0^1\left(r^2\sin^2\varphi + \frac{1}{2}r^2\cos^2\varphi\right)r^2\sin\varphi\mathrm{d}r$$

$$= \frac{\sqrt{2}}{5}\pi\int_0^{\pi}\left(\sin^2\varphi + \frac{1}{2}\cos^2\varphi\right)\sin\varphi\mathrm{d}\varphi$$

$$= \frac{\sqrt{2}}{5}\pi\left(\frac{1}{6}\cos^3\varphi - \cos\varphi\right)\Big|_0^{\pi} = \frac{\sqrt{2}}{3}\pi$$

于是 $M = \dfrac{\sqrt{2}}{2}\pi + \dfrac{\sqrt{2}}{3}\pi = \dfrac{5\sqrt{2}}{6}\pi.$

5.2.4 与重积分有关的不等式的证明(例 5.27—5.33)

例 5.27(广东省 1991 年竞赛题) 设 D 域是 $x^2 + y^2 \leqslant 1$,试证明不等式

$$\frac{61}{165}\pi \leqslant \iint\limits_{D}\sin\sqrt{(x^2 + y^2)^3}\,\mathrm{d}x\mathrm{d}y \leqslant \frac{2}{5}\pi$$

解析 运用极坐标变换,有

$$\iint\limits_{D}\sin\sqrt{(x^2 + y^2)^3}\,\mathrm{d}x\mathrm{d}y = \int_0^{2\pi}\mathrm{d}\theta\int_0^1\rho\sin(\rho^3)\mathrm{d}\rho = 2\pi\int_0^1\rho\sin(\rho^3)\mathrm{d}\rho$$

下面先证明:$x \geqslant 0$ 时,有 $\sin x \leqslant x, \sin x \geqslant x - \dfrac{x^3}{6}$. 令 $f(x) = x - \sin x$,则 $f'(x) = 1 - \cos x \geqslant 0$,于是 $f(x)$ 单调增加,$f(x) \geqslant f(0) = 0$,即 $\sin x \leqslant x$. 再令 $g(x) = \sin x - x + \dfrac{x^3}{6}$,则 $g'(x) = \cos x - 1 + \dfrac{x^2}{2}, g''(x) = -\sin x + x \geqslant 0$,于是 $g'(x)$ 单调增加,$g'(x) \geqslant g'(0) = 0, g(x)$ 单调增加,$g(x) \geqslant g(0) = 0$,即 $\sin x \geqslant x - \dfrac{x^3}{6}$. 取 $x = \rho^3 (\rho \geqslant 0)$,得 $\sin(\rho^3) \leqslant \rho^3, \sin(\rho^3) \geqslant \rho^3 - \dfrac{\rho^9}{6}$.

设原二重积分的值为 I,于是

$$I \leqslant 2\pi\int_0^1\rho \cdot \rho^3\mathrm{d}\rho = \frac{2}{5}\pi, \quad I \geqslant 2\pi\int_0^1\rho\left(\rho^3 - \frac{\rho^9}{6}\right)\mathrm{d}\rho = \frac{61}{165}\pi$$

即 $\dfrac{61}{165}\pi \leqslant \iint\limits_{D}\sin\sqrt{(x^2 + y^2)^3}\,\mathrm{d}x\mathrm{d}y \leqslant \dfrac{2}{5}\pi.$

例 5.28(莫斯科化工机械学院 1977 年竞赛题) 求证不等式

$$\frac{\pi}{2}\left(1 - \mathrm{e}^{-\frac{x^2}{2}}\right) < \left(\int_0^x\mathrm{e}^{-\frac{1}{2}t^2}\mathrm{d}t\right)^2 < \frac{\pi}{2}\left(1 - \mathrm{e}^{-x^2}\right) \quad (x > 0)$$

解析　取 $D=\{(u,v)\mid 0\leqslant u\leqslant x,\ 0\leqslant v\leqslant x\}$,则

$$\iint\limits_{D}\mathrm{e}^{-\frac{1}{2}(u^2+v^2)}\mathrm{d}u\mathrm{d}v=\int_0^x\mathrm{e}^{-\frac{1}{2}u^2}\mathrm{d}u\bullet\int_0^x\mathrm{e}^{-\frac{1}{2}v^2}\mathrm{d}v=\left(\int_0^x\mathrm{e}^{-\frac{1}{2}t^2}\mathrm{d}t\right)^2 \tag{1}$$

取 $D_1=\{(u,v)\mid u^2+v^2\leqslant x^2,u\geqslant0,v\geqslant0\}$,$D_2=\{(u,v)\mid u^2+v^2\leqslant 2x^2,u\geqslant0,$ $v\geqslant0\}$,则 D_1 为 D 的真子集,D 为 D_2 的真子集,而 $\mathrm{e}^{-\frac{1}{2}(u^2+v^2)}>0$,所以

$$\iint\limits_{D}\mathrm{e}^{-\frac{1}{2}(u^2+v^2)}\mathrm{d}u\mathrm{d}v>\iint\limits_{D_1}\mathrm{e}^{-\frac{1}{2}(u^2+v^2)}\mathrm{d}u\mathrm{d}v=\int_0^{\frac{\pi}{2}}\mathrm{d}\theta\int_0^x\mathrm{e}^{-\frac{1}{2}\rho^2}\rho\mathrm{d}\rho$$

$$=\frac{\pi}{2}\bullet(-\mathrm{e}^{-\frac{1}{2}\rho^2})\,\Big|_0^x=\frac{\pi}{2}(1-\mathrm{e}^{-\frac{1}{2}x^2}) \tag{2}$$

$$\iint\limits_{D}\mathrm{e}^{-\frac{1}{2}(u^2+v^2)}\mathrm{d}u\mathrm{d}v<\iint\limits_{D_2}\mathrm{e}^{-\frac{1}{2}(u^2+v^2)}\mathrm{d}u\mathrm{d}v=\int_0^{\frac{\pi}{2}}\mathrm{d}\theta\int_0^{\sqrt{2}x}\mathrm{e}^{-\frac{1}{2}\rho^2}\rho\mathrm{d}\rho$$

$$=\frac{\pi}{2}(-\mathrm{e}^{-\frac{1}{2}\rho^2})\,\Big|_0^{\sqrt{2}x}=\frac{\pi}{2}(1-\mathrm{e}^{-x^2}) \tag{3}$$

综合 (1),(2),(3) 式即得原不等式成立.

例 5.29(清华大学 1985 年竞赛题)　已知函数 $f(x)$ 在 $[0,1]$ 上连续且单调减少,又 $f(x)>0$,证明 $\int_0^1 xf^2(x)\mathrm{d}x\bullet\int_0^1 f(x)\mathrm{d}x\leqslant\int_0^1 xf(x)\mathrm{d}x\bullet\int_0^1 f^2(x)\mathrm{d}x$,并给出物理解释.

解析　$\forall x,y\in[0,1]$,由于 $f(x)>0$,$f(y)>0$,且 $f(x)$ 单调减少,所以

$$f(x)f(y)(x-y)(f(x)-f(y))\leqslant0$$

$$\Leftrightarrow\qquad xf^2(x)f(y)+yf(x)f^2(y)\leqslant xf(x)f^2(y)+yf^2(x)f(y)$$

取区域 $D:0\leqslant x\leqslant 1,0\leqslant y\leqslant1$,上式两边在 D 上积分,应用二重积分的保号性,得

$$\iint\limits_{D}[xf^2(x)f(y)+yf(x)f^2(y)]\mathrm{d}x\mathrm{d}y\leqslant\iint\limits_{D}[xf(x)f^2(y)+yf^2(x)f(y)]\mathrm{d}x\mathrm{d}y$$

记上式左边为 I_1,右边为 I_2,则

$$I_1=\int_0^1 xf^2(x)\mathrm{d}x\bullet\int_0^1 f(y)\mathrm{d}y+\int_0^1 f(x)\mathrm{d}x\bullet\int_0^1 yf^2(y)\mathrm{d}y$$

$$=2\int_0^1 xf^2(x)\mathrm{d}x\bullet\int_0^1 f(x)\mathrm{d}x$$

$$I_2=\int_0^1 xf(x)\mathrm{d}x\bullet\int_0^1 f^2(y)\mathrm{d}y+\int_0^1 f^2(x)\mathrm{d}x\bullet\int_0^1 yf(y)\mathrm{d}y$$

$$=2\int_0^1 xf(x)\mathrm{d}x\bullet\int_0^1 f^2(x)\mathrm{d}x$$

由 $I_1\leqslant I_2$ 即得

$$\int_0^1 xf^2(x)\mathrm{d}x\bullet\int_0^1 f(x)\mathrm{d}x\leqslant\int_0^1 xf(x)\mathrm{d}x\bullet\int_0^1 f^2(x)\mathrm{d}x$$

物理解释:直杆 A 与 B 同在区间 $[0,1]$ 上,其密度函数分别为 $f^2(x)$ 与 $f(x)$,

且 $f(x)$ 单调减少,则直杆 A 的质心坐标小于等于直杆 B 的质心坐标,即

$$\frac{\int_0^1 xf^2(x)\mathrm{d}x}{\int_0^1 f^2(x)\mathrm{d}x} \leqslant \frac{\int_0^1 xf(x)\mathrm{d}x}{\int_0^1 f(x)\mathrm{d}x}$$

例 5.30(东南大学 2021 竞赛题)   设 $f:[0,1] \rightarrow [0,+\infty)$ 上连续可微,证明:

$$\left| \int_0^1 f^3(x)\mathrm{d}x - f^2(0)\int_0^1 f(x)\mathrm{d}x \right| \leqslant \max_{0 \leqslant x \leqslant 1} |f'(x)| \left(\int_0^1 f(x)\mathrm{d}x \right)^2$$

解析   因为 $f'(x)$ 在 $[0,1]$ 上连续,所以 $|f'(x)|$ 在闭区间 $[0,1]$ 上连续,应用最值定理,存在 $M = \max\limits_{0 \leqslant x \leqslant 1} |f'(x)|$. 又因为 $f(x) \geqslant 0$,所以有

$$\left| \int_0^1 f^3(x)\mathrm{d}x - f^2(0)\int_0^1 f(x)\mathrm{d}x \right| = \left| \int_0^1 f(x)(f^2(x) - f^2(0))\mathrm{d}x \right|$$

$$= 2\left| \int_0^1 f(x)\left(\int_0^x f(y)\mathrm{d}f(y) \right)\mathrm{d}x \right| = 2\left| \int_0^1 f(x)\left(\int_0^x f(y)f'(y)\mathrm{d}y \right)\mathrm{d}x \right|$$

$$= 2\left| \int_0^1 \mathrm{d}x \int_0^x f(x)f(y)f'(y)\mathrm{d}y \right| \leqslant 2\int_0^1 \mathrm{d}x \int_0^x f(x)f(y)|f'(y)|\mathrm{d}y$$

$$\leqslant 2M\int_0^1 \mathrm{d}x \int_0^x f(x)f(y)\mathrm{d}y \qquad\qquad (*)$$

记 $D = \{(x,y) \mid 0 \leqslant x \leqslant 1, 0 \leqslant y \leqslant 1\}$, $F(x,y) = f(x)f(y)$,则 $F(x,y) = F(y,x)$, 应用 D 对 x,y 的轮换性,得 $\iint\limits_D f(x)f(y)\mathrm{d}x\mathrm{d}y = 2\iint\limits_{D(y \leqslant x)} f(x)f(y)\mathrm{d}x\mathrm{d}y$,即

$$\int_0^1 f(x)\mathrm{d}x \cdot \int_0^1 f(y)\mathrm{d}y = \left(\int_0^1 f(x)\mathrm{d}x \right)^2 = 2\int_0^1 \mathrm{d}x \int_0^x f(x)f(y)\mathrm{d}y$$

将此结论代入 $(*)$ 式,即得

$$\left| \int_0^1 f^3(x)\mathrm{d}x - f^2(0)\int_0^1 f(x)\mathrm{d}x \right| \leqslant M\left(\int_0^1 f(x)\mathrm{d}x \right)^2 = \max_{0 \leqslant x \leqslant 1} |f'(x)| \left(\int_0^1 f(x)\mathrm{d}x \right)^2$$

例 5.31(全国 2014 年决赛题)   设 $I = \iint\limits_D f(x,y)\mathrm{d}x\mathrm{d}y$,其中

$$D = \{(x,y) \mid 0 \leqslant x \leqslant 1, 0 \leqslant y \leqslant 1\}$$

函数 $f(x,y)$ 在 D 上有连续的二阶偏导数. 若对任何 x,y 有 $f(0,y) = f(x,0) = 0$, 且 $\dfrac{\partial^2 f}{\partial x \partial y} \leqslant A$,证明: $I \leqslant \dfrac{A}{4}$.

解析   记 $g(x) = (1-x)(1-y)$,将二重积分化为二次积分后分部积分,得

$$\iint\limits_D g(x,y) \frac{\partial^2 f}{\partial x \partial y}\mathrm{d}x\mathrm{d}y = \int_0^1 \mathrm{d}x \int_0^1 g(x,y)\mathrm{d}_y \frac{\partial f}{\partial x}$$

$$= \int_0^1 \mathrm{d}x \left(g(x,y) \frac{\partial f}{\partial x} \Big|_{y=0}^{y=1} - \int_0^1 \frac{\partial g}{\partial y} \cdot \frac{\partial f}{\partial x}\mathrm{d}y \right) \quad \left(\text{其中} \frac{\partial f}{\partial x} \Big|_{y=0} = \frac{\partial f(x,0)}{\partial x} = 0 \right)$$

$$= -\int_0^1 \mathrm{d}x \int_0^1 \frac{\partial g}{\partial y} \cdot \frac{\partial f}{\partial x} \mathrm{d}y \quad （交换积分次序，再分部积分）$$

$$= -\int_0^1 \mathrm{d}y \int_0^1 \frac{\partial g}{\partial y} \cdot \frac{\partial f}{\partial x} \mathrm{d}x = -\int_0^1 \mathrm{d}y \int_0^1 \frac{\partial g}{\partial y} \mathrm{d}_x f$$

$$= -\int_0^1 \mathrm{d}y \left(\frac{\partial g}{\partial y} \cdot f(x,y) \Big|_{x=0}^{x=1} - \int_0^1 \frac{\partial^2 g}{\partial y \partial x} \cdot f(x,y) \mathrm{d}x \right) = \iint\limits_D f(x,y) \mathrm{d}x \mathrm{d}y$$

其中 $\frac{\partial g}{\partial y} \Big|_{x=1} = 0, \frac{\partial^2 g}{\partial y \partial x} = 1.$ 所以

$$I = \iint\limits_D g(x,y) \frac{\partial^2 f}{\partial x \partial y} \mathrm{d}x \mathrm{d}y \leqslant A \iint\limits_D g(x,y) \mathrm{d}x \mathrm{d}y$$

$$= A \int_0^1 (1-x) \mathrm{d}x \cdot \int_0^1 (1-y) \mathrm{d}y = \frac{A}{4}$$

例 5.32(广东省 1991 年竞赛题)　设二元函数 $f(x,y)$ 在区域 $D = \{0 \leqslant x \leqslant 1,$ $0 \leqslant y \leqslant 1\}$ 上具有连续的四阶偏导数，并且 $f(x,y)$ 在区域 D 的边界上恒为 0，又已知 $\left| \frac{\partial^4 f}{\partial x^2 \partial y^2} \right| \leqslant 3$，试证明：$\left| \iint\limits_D f(x,y) \mathrm{d}x \mathrm{d}y \right| \leqslant \frac{1}{48}$.

解析　记 $g(x) = xy(1-x)(1-y)$，将二重积分化为二次积分后两次分部积分，得

$$\iint\limits_D g(x,y) \frac{\partial^4 f}{\partial x^2 \partial y^2} \mathrm{d}x \mathrm{d}y = \int_0^1 \mathrm{d}x \int_0^1 g(x,y) \mathrm{d}_y \frac{\partial^3 f}{\partial x^2 \partial y}$$

$$= \int_0^1 \mathrm{d}x \left(g(x,y) \frac{\partial^3 f}{\partial x^2 \partial y} \Big|_{y=0}^{y=1} - \int_0^1 \frac{\partial g}{\partial y} \frac{\partial^3 f}{\partial x^2 \partial y} \mathrm{d}y \right)$$

$$= -\int_0^1 \mathrm{d}x \int_0^1 \frac{\partial g}{\partial y} \frac{\partial^3 f}{\partial x^2 \partial y} \mathrm{d}y = -\int_0^1 \mathrm{d}x \int_0^1 \frac{\partial g}{\partial y} \mathrm{d}_y \frac{\partial^2 f}{\partial x^2}$$

$$= -\int_0^1 \mathrm{d}x \left(\frac{\partial g}{\partial y} \cdot \frac{\partial^2 f}{\partial x^2} \Big|_{y=0}^{y=1} - \int_0^1 \frac{\partial^2 g}{\partial y^2} \frac{\partial^2 f}{\partial x^2} \mathrm{d}y \right) = \iint\limits_D \frac{\partial^2 g}{\partial y^2} \cdot \frac{\partial^2 f}{\partial x^2} \mathrm{d}x \mathrm{d}y$$

其中 $\frac{\partial^2 f}{\partial x^2} \Big|_{y=1} = \frac{\partial^2 f(x,1)}{\partial x^2} = \frac{\partial^2 0}{\partial x^2} = 0, \frac{\partial^2 f}{\partial x^2} \Big|_{y=0} = \frac{\partial^2 f(x,0)}{\partial x^2} = \frac{\partial^2 0}{\partial x^2} = 0$.

同法可证 $\iint\limits_D f(x,y) \frac{\partial^4 g}{\partial x^2 \partial y^2} \mathrm{d}x \mathrm{d}y = \iint\limits_D \frac{\partial^2 f}{\partial x^2} \cdot \frac{\partial^2 g}{\partial y^2} \mathrm{d}x \mathrm{d}y$，则

$$\iint\limits_D g(x,y) \frac{\partial^4 f}{\partial x^2 \partial y^2} \mathrm{d}x \mathrm{d}y = \iint\limits_D f(x,y) \frac{\partial^4 g}{\partial x^2 \partial y^2} \mathrm{d}x \mathrm{d}y = 4 \iint\limits_D f(x,y) \mathrm{d}x \mathrm{d}y$$

可得

$$\left| \iint\limits_D f(x,y) \mathrm{d}x \mathrm{d}y \right| \leqslant \frac{1}{4} \iint\limits_D g(x,y) \left| \frac{\partial^4 f}{\partial x^2 \partial y^2} \right| \mathrm{d}x \mathrm{d}y \leqslant \frac{3}{4} \iint\limits_D g(x,y) \mathrm{d}x \mathrm{d}y$$

$$= \frac{3}{4} \int_0^1 x(1-x) \mathrm{d}x \cdot \int_0^1 y(1-y) \mathrm{d}y = \frac{3}{4} \left(\frac{1}{2} - \frac{1}{3} \right)^2 = \frac{1}{48}$$

例 5.33(全国 2015 年初赛题)　设 $f(x,y)$ 在 $x^2 + y^2 \leqslant 1$ 上有连续的二阶偏

导数, $f(0,0)=0, f'_x(0,0)=f'_y(0,0)=0,(f''_{xx})^2+2(f''_{xy})^2+(f''_{yy})^2\leqslant M$,证明:

$$\left|\iint\limits_{x^2+y^2\leqslant 1} f(x,y)\mathrm{d}x\mathrm{d}y\right|\leqslant\frac{\pi\sqrt{M}}{4}$$

解析 函数 $f(x,y)$ 的一阶麦克劳林展开式为

$$f(x,y)=f(0,0)+xf'_x(0,0)+yf'_y(0,0)+\frac{1}{2}\big[x^2 f''_{xx}(\theta x,\theta y)$$
$$+2xy f''_{xy}(\theta x,\theta y)+y^2 f''_{yy}(\theta x,\theta y)\big]$$
$$=\frac{1}{2}\big[x^2 f''_{xx}(\theta x,\theta y)+2xy f''_{xy}(\theta x,\theta y)+y^2 f''_{yy}(\theta x,\theta y)\big]$$

应用柯西-施瓦茨不等式得

$$\big[x^2 f''_{xx}(\theta x,\theta y)+2xy f''_{xy}(\theta x,\theta y)+y^2 f''_{yy}(\theta x,\theta y)\big]^2$$
$$=\big[x^2\cdot f''_{xx}(\theta x,\theta y)+\sqrt{2}xy\cdot\sqrt{2} f''_{xy}(\theta x,\theta y)+y^2\cdot f''_{yy}(\theta x,\theta y)\big]^2$$
$$\leqslant(x^4+2x^2 y^2+y^4)\cdot\big[(f''_{xx}(\theta x,\theta y))^2+2(f''_{xy}(\theta x,\theta y))^2+(f''_{yy}(\theta x,\theta y))^2\big]$$

于是

$$|f(x,y)|\leqslant\frac{1}{2}(x^2+y^2)\cdot\sqrt{(f''_{xx}(\theta x,\theta y))^2+2(f''_{xy}(\theta x,\theta y))^2+(f''_{yy}(\theta x,\theta y))^2}$$
$$\leqslant\frac{1}{2}\sqrt{M}(x^2+y^2)$$

所以

$$\left|\iint\limits_{x^2+y^2\leqslant 1} f(x,y)\mathrm{d}x\mathrm{d}y\right|\leqslant\iint\limits_{x^2+y^2\leqslant 1}|f(x,y)|\,\mathrm{d}x\mathrm{d}y\leqslant\frac{1}{2}\sqrt{M}\iint\limits_{x^2+y^2\leqslant 1}(x^2+y^2)\mathrm{d}x\mathrm{d}y$$
$$=\frac{1}{2}\sqrt{M}\int_0^{2\pi}\mathrm{d}\theta\int_0^1\rho^3\mathrm{d}\rho=\frac{\pi\sqrt{M}}{4}$$

5.2.5 重积分的应用题(例 5.34—5.40)

例 5.34(江苏省 2000 年竞赛题) 已知两个球的半径分别是 a 和 $b(a>b)$,且小球球心在大球球面上,试求小球在大球内的那一部分的体积.

解析 如图,设大球面的方程为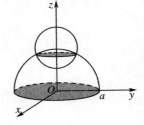

$$x^2+y^2+z^2=a^2$$

小球面的方程为

$$x^2+y^2+(z-a)^2=b^2$$

两球面的交线在 xOy 平面上的投影所围的区域 D 为

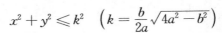

$$x^2+y^2\leqslant k^2\quad\Big(k=\frac{b}{2a}\sqrt{4a^2-b^2}\Big)$$

则所求立体的体积为

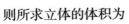

$$V = \iint\limits_{D} \left[\sqrt{a^2 - x^2 - y^2} - (a - \sqrt{b^2 - x^2 - y^2}) \right] \mathrm{d}x\mathrm{d}y$$

$$= \int_0^{2\pi} \mathrm{d}\theta \int_0^k \left(\sqrt{a^2 - \rho^2} + \sqrt{b^2 - \rho^2} \right) \rho \mathrm{d}\rho - \iint\limits_{D} a \, \mathrm{d}x\mathrm{d}y$$

$$= 2\pi \left(-\frac{1}{3}(a^2 - \rho^2)^{\frac{3}{2}} - \frac{1}{3}(b^2 - \rho^2)^{\frac{3}{2}} \right) \Big|_0^k - a\pi k^2$$

$$= \frac{2}{3}\pi \left[a^3 - (a^2 - k^2)^{\frac{3}{2}} + b^3 - (b^2 - k^2)^{\frac{3}{2}} \right] - a\pi k^2$$

$$= \frac{2}{3}\pi \left(\frac{3}{2}ab^2 - \frac{3b^4}{4a} + b^3 \right) - \pi \left(ab^2 - \frac{b^4}{4a} \right) = \pi b^3 \left(\frac{2}{3} - \frac{b}{4a} \right)$$

例 5.35（同济大学 2009 年竞赛题）　设一个土坑的形状为凹下去的椭圆抛物面,其深度为 4 m,在地面处椭圆的长轴为 8 m,短轴为 4 m,问需要多少立方米的泥土才能将土坑填平?

解析　建立坐标系如右图所示,地面为 $z = 4$,地面处椭圆方程为 $\dfrac{x^2}{16} + \dfrac{y^2}{4} = 1$,所以椭圆抛物面方程为 $z = \dfrac{x^2}{4} + y^2$. 又土坑在 xOy 平面上的投影为 $D: \dfrac{x^2}{16} + \dfrac{y^2}{4} \leqslant 1$,于是土坑的体积为

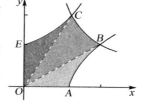

$$V = \iint\limits_{D} \left[4 - \left(\frac{x^2}{4} + y^2 \right) \right] \mathrm{d}x\mathrm{d}y$$

采用广义极坐标变换计算,令 $x = 4\rho\cos\theta, y = 2\rho\sin\theta$,则 $\mathrm{d}x\mathrm{d}y = 8\rho\mathrm{d}\rho\mathrm{d}\theta$,可得

$$V = \int_0^{2\pi} \mathrm{d}\theta \int_0^1 (4 - 4\rho^2)8\rho\mathrm{d}\rho = 32 \int_0^{2\pi} \mathrm{d}\theta \cdot \int_0^1 (1 - \rho^2)\rho\mathrm{d}\rho = 16\pi \, (\mathrm{m}^3)$$

例 5.36（江苏省 1991 年竞赛题）　求由曲面 $x^2 + y^2 = cz, x^2 - y^2 = \pm a^2, xy = \pm b^2$ 和 $z = 0$ 围成区域的体积（其中 a, b, c 为正实数）.

解析　题中 6 个曲面关于 yOz 平面对称,关于 zOx 平面也对称,yOz 平面与 zOx 平面将该区域分为 4 块等体积区域,将第一卦限的一块投影到 xOy 平面上得区域 D. 其中,区域 $OABO$ 记为 D_1,$\angle AOB = \alpha$;区域 $OBCO$ 记为 D_2,$\angle AOC$ 记为 β（如图所示）. $\overset{\frown}{AB}, \overset{\frown}{BC}, \overset{\frown}{CE}$ 的极坐标分别为

$$\rho_1^2 = \frac{a^2}{\cos 2\theta}, \qquad \rho_2^2 = \frac{2b^2}{\sin 2\theta}, \qquad \rho_3^2 = \frac{-a^2}{\cos 2\theta}$$

因此立体区域的体积为

$$V = 4\iint\limits_{D} \frac{1}{c}(x^2 + y^2)\mathrm{d}x\mathrm{d}y = 4\int_0^{\frac{\pi}{2}} \mathrm{d}\theta \int_0^{\rho(\theta)} \frac{1}{c}\rho^3\mathrm{d}\rho$$

$$= \frac{4}{c}\int_0^{\alpha} \mathrm{d}\theta \int_0^{\rho_1(\theta)} \rho^3\mathrm{d}\rho + \frac{4}{c}\int_{\alpha}^{\beta} \mathrm{d}\theta \int_0^{\rho_2(\theta)} \rho^3\mathrm{d}\rho + \frac{4}{c}\int_{\beta}^{\frac{\pi}{2}} \mathrm{d}\theta \int_0^{\rho_3(\theta)} \rho^3\mathrm{d}\rho$$

$$= \frac{1}{c}\int_0^\alpha \frac{a^4}{\cos^2 2\theta}\mathrm{d}\theta + \frac{1}{c}\int_\alpha^\beta \frac{4b^4}{\sin^2 2\theta}\mathrm{d}\theta + \frac{1}{c}\int_\beta^{\frac{\pi}{2}} \frac{a^4}{\cos^2 2\theta}\mathrm{d}\theta$$

$$= \frac{a^4}{2c}\tan 2\alpha - \frac{2b^4}{c}\cot 2\theta\Big|_\alpha^\beta + \frac{a^4}{2c}\tan 2\theta\Big|_\beta^{\frac{\pi}{2}}$$

由于 $\rho_1(\alpha) = \rho_2(\alpha)$，$\rho_2(\beta) = \rho_3(\beta)$，所以 $\tan 2\alpha = \frac{2b^2}{a^2}$，$\tan 2\beta = -\frac{2b^2}{a^2}$，于是

$$V = \frac{a^2 b^2}{c} - \frac{2b^4}{c}\left(-\frac{a^2}{2b^2} - \frac{a^2}{2b^2}\right) + \frac{a^4}{2c}\left(0 + \frac{2b^2}{a^2}\right) = \frac{4}{c}a^2 b^2$$

例 5.37（精选题）　设心形线 $\rho = a(1+\cos\theta)$（$a > 0, 0 \leqslant \theta \leqslant \pi$）与极轴所围的区域为 D，求 D 绕极轴旋转而成的立体的体积.

分析　首先导出极坐标下旋转体体积公式. 在区域 D 内取微区域 $ABCE$（参见右图），它们的极坐标分别为

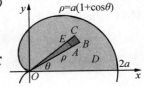

$A(\theta, \rho)$，$B(\theta, \rho + \mathrm{d}\rho)$，$C(\theta + \mathrm{d}\theta, \rho + \mathrm{d}\rho)$，$E(\theta + \mathrm{d}\theta, \rho)$ 则区域 $ABCE$ 的面积即面积微元 $\mathrm{d}S = \rho\mathrm{d}\rho\mathrm{d}\theta$，区域 $ABCE$ 绕 x 轴与 y 轴旋转所得的环形体体积微元分别为

$$\mathrm{d}V = 2\pi\rho\sin\theta\mathrm{d}S = 2\pi\rho^2\sin\theta\mathrm{d}\rho\mathrm{d}\theta \quad \text{与} \quad \mathrm{d}V = 2\pi\rho\cos\theta\mathrm{d}S = 2\pi\rho^2\cos\theta\mathrm{d}\rho\mathrm{d}\theta$$

可得区域 D 绕 x 轴与 y 轴旋转一周生成的立体的体积分别为

$$V = 2\pi\iint\limits_D \rho^2\sin\theta\mathrm{d}\rho\mathrm{d}\theta \quad \text{与} \quad V = 2\pi\iint\limits_D \rho^2\cos\theta\mathrm{d}\rho\mathrm{d}\theta$$

解析　记 $\rho(\theta) = a(1+\cos\theta)$（$0 \leqslant \theta \leqslant \pi$），应用极坐标下旋转体体积公式，得

$$V = 2\pi\iint\limits_D \rho^2\sin\theta\mathrm{d}\rho\mathrm{d}\theta = 2\pi\int_0^\pi \mathrm{d}\theta\int_0^{\rho(\theta)} \rho^2\sin\theta\mathrm{d}\rho$$

$$= \frac{2a^3}{3}\pi\int_0^\pi (1+\cos\theta)^3\sin\theta\mathrm{d}\theta = -\frac{a^3\pi}{6}(1+\cos\theta)^4\Big|_0^\pi = \frac{8\pi}{3}a^3$$

例 5.38（全国 2023 年决赛题）　求由 xOz 平面上的曲线

$$\Gamma: \begin{cases} (x^2 + z^2)^2 = 4(x^2 - z^2), \\ y = 0 \end{cases}$$

绕 Oz 轴旋转而成的曲面所包围区域的体积.

解析　**方法 1**　在 xOz 平面上建立极坐标系：$x = \rho\cos\theta$，$z = \rho\sin\theta$，则曲线 Γ 的方程化为 $\rho(\theta) = 2\sqrt{1 - 2\sin^2\theta}$（$-\pi/4 \leqslant \theta \leqslant \pi/4$）. 设 Γ 所围区域为 D，应用极坐标下旋转体体积公式，得

$$V = 2\pi\iint\limits_D \rho^2\cos\theta\mathrm{d}\rho\mathrm{d}\theta = 2\pi\int_{-\pi/4}^{\pi/4} \mathrm{d}\theta\int_0^{\rho(\theta)} \rho^2\cos\theta\mathrm{d}\rho$$

$$= \frac{16}{3}\pi\int_{-\pi/4}^{\pi/4} (1-2\sin^2\theta)^{\frac{3}{2}}\cos\theta\mathrm{d}\theta \xrightarrow{\text{令}\sqrt{2}\sin\theta = t} \frac{16}{3}\sqrt{2}\pi\int_0^1 (1-t^2)^{\frac{3}{2}}\mathrm{d}t$$

$$\xrightarrow{\text{令}t = \sin u} \frac{16}{3}\sqrt{2}\pi\int_0^{\pi/2} \cos^4 u\mathrm{d}u \xrightarrow{\text{瓦里斯公式}} \frac{16}{3}\sqrt{2}\pi\frac{3\cdot 1}{4\cdot 2}\cdot\frac{\pi}{2} = \sqrt{2}\pi^2$$

方法 2　旋转曲面方程为$(x^2+y^2+z^2)^2=4(x^2+y^2-z^2)$,化为球面坐标方程为$r(\varphi,\theta)=2\sqrt{1-2\cos^2\varphi}\,(\pi/4\leqslant\varphi\leqslant3\pi/4,0\leqslant\theta\leqslant2\pi)$,应用三重积分求体积公式,得

$$V=\int_0^{2\pi}\mathrm{d}\theta\int_{\pi/4}^{3\pi/4}\mathrm{d}\varphi\int_0^{r(\varphi)}r^2\sin\varphi\mathrm{d}r=\frac{8}{3}\int_0^{2\pi}\mathrm{d}\theta\int_{\pi/4}^{3\pi/4}\sin\varphi\cdot(1-2\cos^2\varphi)^{\frac{3}{2}}\mathrm{d}\varphi$$

$$\xrightarrow{\diamondsuit\sqrt{2}\cos\varphi=t}\frac{8}{3}\sqrt{2}\pi\int_{-1}^1(1-t^2)^{3/2}\mathrm{d}t\xrightarrow{\diamondsuit\,t=\sin u}\frac{16}{3}\sqrt{2}\pi\int_0^{\pi/2}\cos^4u\mathrm{d}u$$

$$\xrightarrow{\text{瓦里斯公式}}\frac{16}{3}\sqrt{2}\pi\frac{3\cdot1}{4\cdot2}\cdot\frac{\pi}{2}=\sqrt{2}\pi^2$$

例 5.39(同济大学 2010 年竞赛题)　设 Σ 是球面 $x^2+y^2+z^2=1$ 被平面 $z=0,x=y,z=2x$ 切下的在第一卦限的部分,试求 Σ 的面积.

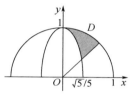

解析　如图,球面 $x^2+y^2+z^2=1$ 与平面 $z=2x$ 的交线在 xOy 平面上的投影为椭圆 $5x^2+y^2=1$,则 Σ 在 xOy 平面上的投影为

$$D:y\geqslant x,x^2+y^2\leqslant1,5x^2+y^2\geqslant1$$

又上半球面的方程为 $z=\sqrt{1-x^2-y^2}$,于是曲面 Σ 的面积为

$$S=\iint\limits_D\sqrt{1+(z_x')^2+(z_y')^2}\mathrm{d}x\mathrm{d}y=\iint\limits_D\frac{1}{\sqrt{1-x^2-y^2}}\mathrm{d}x\mathrm{d}y$$

采用极坐标计算,椭圆 $5x^2+y^2=1$ 的极坐标方程为 $\rho(\theta)=\dfrac{1}{\sqrt{5-4\sin^2\theta}}$,则

$$S=\int_{\frac{\pi}{4}}^{\frac{\pi}{2}}\mathrm{d}\theta\int_{\rho(\theta)}^1\frac{1}{\sqrt{1-\rho^2}}\rho\mathrm{d}\rho=-\int_{\frac{\pi}{4}}^{\frac{\pi}{2}}\sqrt{1-\rho^2}\,\Big|_{\rho(\theta)}^1\mathrm{d}\theta=\int_{\frac{\pi}{4}}^{\frac{\pi}{2}}\frac{2\cos\theta}{\sqrt{5-4\sin^2\theta}}\mathrm{d}\theta$$

$$=\arcsin\frac{2\sin\theta}{\sqrt{5}}\,\Big|_{\frac{\pi}{4}}^{\frac{\pi}{2}}=\arcsin\frac{2}{\sqrt{5}}-\arcsin\frac{\sqrt{2}}{\sqrt{5}}$$

例 5.40(陕西省 1999 年竞赛题)　给定面密度为 1 的平面薄板 $D:x^2\leqslant y\leqslant1$,求该薄板关于过 D 的重心和点 $(1,1)$ 的直线的转动惯量.

解析　设重心的坐标为 $(\bar{x},\bar{y})$,由于 D 关于直线 $x=0$ 对称,可知 $\bar{x}=0$,且

$$\bar{y}=\frac{\iint\limits_D y\mathrm{d}\sigma}{\iint\limits_D\mathrm{d}\sigma}=\frac{\int_{-1}^1\mathrm{d}x\int_{x^2}^1 y\mathrm{d}y}{\int_{-1}^1\mathrm{d}x\int_{x^2}^1\mathrm{d}y}=\frac{\int_0^1(1-x^4)\mathrm{d}x}{2\int_0^1(1-x^2)\mathrm{d}x}=\frac{3}{5}$$

于是 D 的重心为 $\left(0,\dfrac{3}{5}\right)$.

过重心与点 $(1,1)$ 的直线 L 的方程为 $2x-5y+3=0$. 由于 D 上任一点 (x,y)

到直线 L 的距离为 $d = \dfrac{|2x - 5y + 3|}{\sqrt{29}}$，故所求转动惯量为

$$I = \frac{1}{29}\iint\limits_{D}(2x - 5y + 3)^2 \,\mathrm{d}\sigma$$

$$= \frac{1}{29}\iint\limits_{D}(4x^2 + 25y^2 + 9 - 20xy + 12x - 30y)\,\mathrm{d}x\mathrm{d}y$$

因区域 D 关于 $x = 0$ 对称(见右图)，$4x^2 + 9 + 25y^2 - 30y$ 关于 x 为偶函数，$-20xy + 12x$ 关于 x 为奇函数，应用二重积分的偶倍奇零性，得

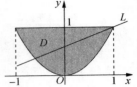

$$I = \frac{2}{29}\int_0^1 \mathrm{d}x\int_{x^2}^1 (4x^2 + 9 + 25y^2 - 30y)\,\mathrm{d}y$$

$$= \frac{2}{29}\int_0^1 \left[(4x^2 + 9)(1 - x^2) + \frac{25}{3}(1 - x^6) - 15(1 - x^4)\right]\mathrm{d}x$$

$$= \frac{2}{29}\int_0^1 \left(\frac{7}{3} - 5x^2 + 11x^4 - \frac{25}{3}x^6\right)\mathrm{d}x$$

$$= \frac{2}{29}\left(\frac{7}{3} - \frac{5}{3} + \frac{11}{5} - \frac{25}{21}\right) = \frac{352}{3045}$$

即所求转动惯量为 $\dfrac{352}{3045}$.

5.2.6 反常重积分的计算(例 5.41—5.42)

例 5.41(全国 2020 年初赛题) 已知 $\displaystyle\int_0^{+\infty}\frac{\sin x}{x}\mathrm{d}x = \frac{\pi}{2}$，求

$$\int_0^{+\infty}\int_0^{+\infty}\frac{\sin x\sin(x + y)}{x(x + y)}\mathrm{d}x\mathrm{d}y$$

解析 记 $f(x) = \dfrac{\sin x}{x}$，将原式化为二次积分后作换元变换，令 $x + y = u$，得

$$原式 = \int_0^{+\infty}\mathrm{d}x\int_0^{+\infty}f(x)f(x + y)\mathrm{d}y = \int_0^{+\infty}\mathrm{d}x\int_x^{+\infty}f(x)f(u)\mathrm{d}u$$

记 $F(u) = \displaystyle\int_0^u f(t)\mathrm{d}t(0 \leqslant u < +\infty)$，则 $F(0) = 0$，$F(+\infty) = \dfrac{\pi}{2}$. 由于 $\lim\limits_{t \to 0}f(t) = 1$，且 $f(t)$ 在 $(0, +\infty)$ 上连续，所以 $F'(u) = f(u)$，因此

$$原式 = \int_0^{+\infty}\mathrm{d}x\int_x^{+\infty}f(x)F'(u)\mathrm{d}u = \int_0^{+\infty}f(x)F(u)\Big|_x^{+\infty}\mathrm{d}x$$

$$= \int_0^{+\infty}f(x)\left(\frac{\pi}{2} - F(x)\right)\mathrm{d}x = \frac{\pi}{2}\int_0^{+\infty}f(x)\mathrm{d}x - \int_0^{+\infty}f(u)F(u)\mathrm{d}u$$

$$= \frac{\pi^2}{4} - \int_0^{+\infty}F'(u)F(u)\mathrm{d}u = \frac{\pi^2}{4} - \frac{1}{2}F^2(u)\Big|_0^{+\infty} = \frac{\pi^2}{4} - \frac{\pi^2}{8} = \frac{\pi^2}{8}$$

例 5.42(莫斯科食品工业学院 1977 年竞赛题)　将地球看作为半径为 R 的球体,假设大气层的质量分布密度服从规律 $p(h) = Re^{-kh}$,这里 h 为质点距离地球表面的高度,k 为正常数,试求地球大气层的质量.

解析　以地球中心为坐标原点建立空间直角坐标系,设 $\Omega(t): R^2 \leqslant x^2 + y^2 + z^2 \leqslant t^2$,采用球坐标计算,大气层的质量为

$$
\begin{aligned}
m &= \lim_{t \to +\infty} \iiint_{\Omega(t)} Re^{-k(\sqrt{x^2+y^2+z^2}-R)} \mathrm{d}x\mathrm{d}y\mathrm{d}z \\
&= \lim_{t \to +\infty} \int_0^{2\pi} \mathrm{d}\theta \int_0^\pi \mathrm{d}\varphi \int_R^t Re^{-k(r-R)} r^2 \sin\varphi \mathrm{d}r = 2\pi \cdot 2R \int_R^{+\infty} e^{-k(r-R)} r^2 \mathrm{d}r \\
&= 4\pi R\left(-\frac{1}{k}\right)\left[r^2 e^{-k(r-R)} \Big|_R^{+\infty} - 2\int_R^{+\infty} re^{-k(r-R)} \mathrm{d}r \right] \\
&= \frac{4}{k}\pi R^3 - \frac{8\pi R}{k^2}\left[re^{-k(r-R)} \Big|_R^{+\infty} - \int_R^{+\infty} e^{-k(r-R)} \mathrm{d}r \right] \\
&= \frac{4}{k}\pi R^3 + \frac{8\pi R^2}{k^2} + \frac{8\pi R}{k^3} = \frac{4}{k}\pi R\left(R^2 + \frac{2R}{k} + \frac{2}{k^2} \right)
\end{aligned}
$$

练 习 题 五

1. 交换下列二次积分的次序:

(1) $\displaystyle\int_1^2 \mathrm{d}x \int_{\frac{1}{x}}^2 f(x,y)\mathrm{d}y$;　　　　　(2) $\displaystyle\int_{-2}^1 \mathrm{d}x \int_{x^2+2x}^{x+2} f(x,y)\mathrm{d}y$;

(3) $\displaystyle\int_{-\sqrt{2}}^{\sqrt{2}} \mathrm{d}x \int_{x^2}^{4-x^2} f(x,y)\mathrm{d}y$;　　　　(4) $\displaystyle\int_{-\frac{\pi}{4}}^{\frac{\pi}{2}} \mathrm{d}x \int_0^{2\cos x} f(x,y)\mathrm{d}y$.

2. 将 $\displaystyle\int_{-\frac{\pi}{4}}^{\frac{\pi}{2}} \mathrm{d}\theta \int_0^{2\cos\theta} f(\rho\cos\theta, \rho\sin\theta)\rho\mathrm{d}\rho$ 化为直角坐标下的两种次序二次积分.

3. 求 $\displaystyle\lim_{t \to 0^+} \frac{1}{t^2} \int_0^t \mathrm{d}x \int_0^{t-x} e^{x^2+y^2} \mathrm{d}y$.

4. 计算下列二重积分:

(1) $\displaystyle\iint_D |y-x^2| \max\{x,y\}\mathrm{d}x\mathrm{d}y, D: 0 \leqslant x \leqslant 1, 0 \leqslant y \leqslant 1$;

(2) $\displaystyle\iint_D |x^2+y^2-2|\mathrm{d}x\mathrm{d}y, D: x^2+y^2 \leqslant 3$;

(3) $\displaystyle\iint_D |x^2+y^2-1|\mathrm{d}x\mathrm{d}y, D: 0 \leqslant y \leqslant 1+x, -1 \leqslant x \leqslant 1$;

(4) $\displaystyle\iint_D |x^2+y^2-x|\mathrm{d}x\mathrm{d}y, D: 0 \leqslant y \leqslant x, 0 \leqslant x \leqslant 1$;

(5) $\displaystyle\iint_D (x+y)^2 \mathrm{d}x\mathrm{d}y, D: x^2+y^2 \leqslant 2ay, x^2+y^2 \geqslant ay(a>0)$;

(6) $\iint\limits_{D} e^{\frac{x}{y}} dx dy, D$ 为 $y^2 = x, x = 0, y = 1$ 所围区域;

(7) $\iint\limits_{D} y dx dy, D: x^2 + y^2 \leqslant 4a^2, \rho \geqslant a(1+\cos\theta), y \geqslant 0 (a > 0)$;

(8) $\iint\limits_{D} (x+y)^3 (x-y)^2 dx dy, D$ 为 $x+y = 1, x+y = 3, x-y = 1, x-y = -1$ 所围区域;

(9) $\iint\limits_{D} (x+y^2) e^{-(x^2+y^2-4)} dx dy, D: 1 \leqslant x^2 + y^2 \leqslant 4$;

(10) $\iint\limits_{D} \sqrt{\sqrt{x} + \sqrt[3]{y}} dx dy, D$ 为 $\sqrt{x} + \sqrt[3]{y} = 1, x = 0, y = 0$ 所围区域;

(11) $\iint\limits_{D} (x+y)^2 dx dy, D: (x^2 + y^2)^2 \leqslant 2(x^2 - y^2)$;

(12) $\iint\limits_{D} |\sin(x-y)| dx dy, D: x \geqslant 0, y \geqslant 0, x+y \leqslant \dfrac{\pi}{2}$.

5. 计算下列二次积分:

(1) $\displaystyle\int_0^1 dx \int_0^{x^2} \dfrac{y e^y}{1 - \sqrt{y}} dy$;

(2) $\displaystyle\int_0^1 dx \int_1^{x^2} x e^{-y^2} dy$.

6. 设 $f(x)$ 是 $[0,1]$ 上的连续函数,证明:$\displaystyle\int_0^1 e^{f(x)} dx \int_0^1 e^{-f(y)} dy \geqslant 1$.

7. 设 $f(x,y)$ 具有二阶连续偏导数,$f(1,y) = 0, f(x,1) = 0$,且

$$\iint\limits_{D} f(x,y) dx dy = a, \quad \text{其中 } D = \{(x,y) \mid 0 \leqslant x \leqslant 1, 0 \leqslant y \leqslant 1\}$$

求二重积分 $I = \iint\limits_{D} xy f''_{xy}(xy) dx dy$.

8. 求 $\displaystyle\int_0^1 dx \int_{-\sqrt{1-x^2}}^{\sqrt{1-x^2}} \left(\dfrac{1 - x^2 - y^2}{1 + x^2 + y^2} \right)^{\frac{1}{2}} dy$.

9. 计算下列三重积分:

(1) $\iiint\limits_{\Omega} (x^2 + y^2 + z^2) dx dy dz, \Omega: x^2 + y^2 + z^2 \leqslant 2z, 1 \leqslant z \leqslant 2$;

(2) $\iiint\limits_{\Omega} \exp(x^2 + y^2) dx dy dz, \Omega: x^2 + y^2 \leqslant z, z \leqslant 1$;

(3) $\iiint\limits_{\Omega} [(1+x)^2 + y^2] dx dy dz, \Omega: x^2 + y^2 + z^2 \leqslant z$;

(4) $\iiint\limits_{\Omega} \dfrac{\ln(1 + \sqrt{x^2 + y^2})}{x^2 + y^2} dx dy dz, \Omega: z^2 \leqslant x^2 + y^2 \leqslant z$;

(5) $\iiint\limits_{\Omega} x \exp\left(\dfrac{x^2 + y^2 + z^2}{a^2} \right) dx dy dz, \Omega: x^2 + y^2 + z^2 \leqslant a^2, x \geqslant 0, y \geqslant 0, z \geqslant 0$;

(6) $\iiint\limits_{\Omega} \dfrac{\cos \sqrt{x^2+y^2+z^2}}{\sqrt{x^2+y^2+z^2}} \mathrm{d}x\mathrm{d}y\mathrm{d}z$，$\Omega : \pi^2 \leqslant x^2+y^2+z^2 \leqslant 4\pi^2$.

10. 设 $f(x)$ 为连续的奇函数，并且是周期为 1 的周期函数，又 $\int_0^1 x f(x)\mathrm{d}x = 1$，如果 $F(x)=\int_0^x \mathrm{d}v \int_0^v \mathrm{d}u \int_0^u f(t)\mathrm{d}t$，试将 $F(x)$ 表示为定积分形式，并求 $F'(1)$.

11. 求 $\iiint\limits_{\Omega}(x+y)^2 \mathrm{d}x\mathrm{d}y\mathrm{d}z$，这里 Ω 是由 $\begin{cases} y^2=2z, \\ x=0 \end{cases}$ 绕 z 轴旋转一周所生成的曲面与平面 $z=2, z=8$ 所围成的区域.

12. 求圆柱面 $x^2+y^2=ay(a>0)$ 介于 $z=\sqrt{x^2+y^2}$ 与 xOy 平面之间部分曲面的面积.

13. 设半径为 R 的球面 Σ 的球心在定球面 $x^2+y^2+z^2=a^2(a>0)$ 上，问当 R 为何值时，球面 Σ 在定球内部的面积最大？

14. 求由曲面 $z=x^2+y^2$ 和 $z=2-\sqrt{x^2+y^2}$ 所围成的区域的体积 V 和表面积 S.

专题 6   曲线积分与曲面积分

6.1   基本概念与内容提要

6.1.1   曲线积分基本概念与计算

1) 空间曲线的弧长

设曲线 Γ 的参数方程为

$$x = \varphi(t), \quad y = \psi(t), \quad z = \omega(t)$$

其中 $t \in [\alpha, \beta]$，曲线 Γ 上的点与 $[\alpha, \beta]$ 上的点一一对应，函数 φ, ψ, ω 连续可导，则曲线 Γ 的弧长为

$$s = \int_\alpha^\beta \sqrt{(\varphi'(t))^2 + (\psi'(t))^2 + (\omega'(t))^2} \, \mathrm{d}t$$

2) 第一型曲线积分的定义与性质

设 $\overset{\frown}{AB}$ 是可求长的连续曲线，函数 $f(x, y, z)$ 在 $\overset{\frown}{AB}$ 上定义，将 $\overset{\frown}{AB}$ 任意分割为 n 个小弧段 $\Gamma_i (i = 1, 2, \cdots, n)$，$\Gamma_i$ 的弧长记为 Δs_i，Γ_i 的直径为 d_i，$\lambda = \max\limits_{1 \leqslant i \leqslant n} \{d_i\}$，在 Γ_i 上任取点 (x_i, y_i, z_i)，则函数 f 沿曲线 $\overset{\frown}{AB}$ 的第一型曲线积分定义为

$$\int_{\overset{\frown}{AB}} f(x, y, z) \, \mathrm{d}s \xlongequal{\text{def}} \lim_{\lambda \to 0} \sum_{i=1}^n f(x_i, y_i, z_i) \Delta s_i$$

这里右端的极限存在，且与分割 $\overset{\frown}{AB}$ 的方式无关，与点 (x_i, y_i, z_i) 的取法无关.

当 f 在 $\overset{\frown}{AB}$ 上连续时，f 在 $\overset{\frown}{AB}$ 上的第一型曲线积分存在，即可积.

定理 1（偶倍奇零性）   设曲线 $\Gamma = \overset{\frown}{AB}$ 的图形关于平面 $x = 0$ 对称，且 $x = 0$ 将 Γ 分为两条对称曲线 Γ_1 与 Γ_2，若函数 $f(x, y, z)$ 在 Γ 上可积，$f(x, y, z)$ 关于 x 为奇函数或偶函数，则

$$\int_\Gamma f(x, y, z) \, \mathrm{d}s = \begin{cases} 2\displaystyle\int_{\Gamma_1} f(x, y, z) \, \mathrm{d}s, & f(-x, y, z) = f(x, y, z); \\ 0, & f(-x, y, z) = -f(x, y, z) \end{cases}$$

注   当曲线 $\Gamma = \overset{\frown}{AB}$ 的图形关于平面 $y = 0$（或 $z = 0$）对称，$f(x, y, z)$ 关于 y（或 z）为奇函数或偶函数时有类似结论，不再赘述.

定理 2（轮换对称性）　若曲线 Γ 的图形对 x,y,z 具有轮换性，$f(x,y,z)$ 在 Γ 上可积，则

$$\int_{\Gamma} f(x,y,z)\mathrm{d}s = \int_{\Gamma} f(y,z,x)\mathrm{d}s = \int_{\Gamma} f(z,x,y)\mathrm{d}s$$

$$= \frac{1}{3}\int_{\Gamma} (f(x,y,z) + f(y,z,x) + f(z,x,y))\mathrm{d}s$$

3）第一型曲线积分的计算

设 $\overset{\frown}{AB}$ 为空间的连续曲线，其参数方程为

$$x = \varphi(t), \quad y = \psi(t), \quad z = \omega(t)$$

其中 $t \in [\alpha, \beta]$，$\overset{\frown}{AB}$ 上的点与 $[\alpha,\beta]$ 上的点一一对应，函数 φ,ψ,ω 连续可导，函数 $f(x,y,z)$ 在 $\overset{\frown}{AB}$ 上连续，则

$$\int_{\overset{\frown}{AB}} f(x,y,z)\mathrm{d}s = \int_{\alpha}^{\beta} f(\varphi(t),\psi(t),\omega(t))\ \sqrt{(\varphi'(t))^2 + (\psi'(t))^2 + (\omega'(t))^2}\ \mathrm{d}t$$

4）第二型曲线积分的定义

设 $\overset{\frown}{AB}$ 为空间的光滑曲线，$\overset{\frown}{AB}$ 的顺向的单位切向量为 $(\cos\alpha,\cos\beta,\cos\gamma)$，函数 $P(x,y,z),Q(x,y,z),R(x,y,z)$ 在 $\overset{\frown}{AB}$ 上定义，将 $\overset{\frown}{AB}$ 任意地分割为 n 个小弧段 $\Gamma_i(i = 1,2,\cdots,n)$，$\Gamma_i$ 的弧长记为 Δs_i，Γ_i 的直径记为 d_i，令 $\lambda = \max\limits_{1 \leqslant i \leqslant n}\{d_i\}$，在 Γ_i 上任取点 $M_i(x_i,y_i,z_i)$，记

$$(\cos\alpha,\cos\beta,\cos\gamma)\Big|_{M_i} = (\cos\alpha_i,\cos\beta_i,\cos\gamma_i)$$

$$\Delta x_i = \Delta s_i \cdot \cos\alpha_i, \quad \Delta y_i = \Delta s_i \cdot \cos\beta_i, \quad \Delta z_i = \Delta s_i \cdot \cos\gamma_i$$

则函数 P,Q,R 沿 $\overset{\frown}{AB}$ 从 A 到 B 的第二型曲线积分定义为

$$\int_{\overset{\frown}{AB}} P(x,y,z)\mathrm{d}x + Q(x,y,z)\mathrm{d}y + R(x,y,z)\mathrm{d}z \xlongequal{\mathrm{def}}$$

$$\lim_{\lambda \to 0}\sum_{i=1}^{n} P(x_i,y_i,z_i)\Delta x_i + \lim_{\lambda \to 0}\sum_{i=1}^{n} Q(x_i,y_i,z_i)\Delta y_i + \lim_{\lambda \to 0}\sum_{i=1}^{n} R(x_i,y_i,z_i)\Delta z_i$$

式中三个极限皆存在，且与分割 $\overset{\frown}{AB}$ 的方式无关，与点 (x_i,y_i,z_i) 的取法无关.

当函数 P,Q,R 皆在 $\overset{\frown}{AB}$ 上连续时，对应的第二型曲线积分存在，即可积.

5）第二型曲线积分的计算

设曲线 $\overset{\frown}{AB}$ 的方程为

$$x = \varphi(t), \quad y = \psi(t), \quad z = \omega(t)$$

其中 $t \in [\alpha,\beta]$，$\overset{\frown}{AB}$ 的点与 $[\alpha,\beta]$ 的点一一对应，函数 φ,ψ,ω 在 $[\alpha,\beta]$ 上连续可导，函

数 P,Q,R 在 $\overset{\frown}{AB}$ 上连续,则

$$\int_{\overset{\frown}{AB}} P(x,y,z)\mathrm{d}x + Q(x,y,z)\mathrm{d}y + R(x,y,z)\mathrm{d}z$$

$$= \begin{cases} \int_\alpha^\beta \big[P(\varphi(t),\psi(t),\omega(t))\varphi'(t) + Q(\varphi(t),\psi(t),\omega(t))\psi'(t) \\ \qquad + R(\varphi(t),\psi(t),\omega(t))\omega'(t) \big]\mathrm{d}t, \\ \int_\beta^\alpha \big[P(\varphi(t),\psi(t),\omega(t))\varphi'(t) + Q(\varphi(t),\psi(t),\omega(t))\psi'(t) \\ \qquad + R(\varphi(t),\psi(t),\omega(t))\omega'(t) \big]\mathrm{d}t \end{cases}$$

其中,第一式为 t 增大时,对应的点在曲线 $\overset{\frown}{AB}$ 上从 A 到 B;第二式为 t 增大时,对应的点在曲线 $\overset{\frown}{AB}$ 上从 B 到 A.

第二型曲线积分在物理上表示一质点在力 $\boldsymbol{F} = (P,Q,R)$ 作用下,沿曲线 $\overset{\frown}{AB}$ 从 A 到 B 所做的功.

6.1.2　格林公式

1) 设 D 为 xOy 平面上的有界闭域,D 的边界曲线 Γ 逐段光滑,取正向 Γ^+,函数 P,Q 在 D 上连续可微,则有格林公式

$$\int_{\Gamma^+} P(x,y)\mathrm{d}x + Q(x,y)\mathrm{d}y = \iint_D \left(\frac{\partial Q}{\partial x} - \frac{\partial P}{\partial y} \right)\mathrm{d}x\mathrm{d}y$$

2) 平面的曲线积分与路线无关的充要条件

定理　设 G 是 xy 平面上的单连通域,函数 P,Q 在 G 上连续可微,则下列四个陈述相互等价:

(1) $\forall (x,y) \in G, \dfrac{\partial Q}{\partial x} = \dfrac{\partial P}{\partial y}$;

(2) $\forall A, B \in G$,曲线积分 $\int_A^B P\mathrm{d}x + Q\mathrm{d}y$ 与路线无关;

(3) $\forall \Gamma \subset G, \Gamma$ 为封闭曲线,$\oint_\Gamma P\mathrm{d}x + Q\mathrm{d}y = 0$;

(4) 存在可微函数 $u(x,y)$,使得 $\mathrm{d}u = P\mathrm{d}x + Q\mathrm{d}y$,且

$$u(x,y) = \int_{x_0}^x P(x,y_0)\mathrm{d}x + \int_{y_0}^y Q(x,y)\mathrm{d}y + C$$

或

$$u(x,y) = \int_{x_0}^x P(x,y)\mathrm{d}x + \int_{y_0}^y Q(x_0,y)\mathrm{d}y + C$$

这里 $(x_0,y_0), (x,y) \in G$.

6.1.3   曲面积分基本概念与计算

1）第一型曲面积分的定义与性质

设 Σ 为空间的有界曲面,函数 $f(x,y,z)$ 在 Σ 上定义,将 Σ 任意地分割为 n 个小曲面 $\Sigma_i(i=1,2,\cdots,n)$,Σ_i 的面积为 ΔS_i,Σ_i 的直径为 d_i,$\lambda = \max\limits_{1\leqslant i\leqslant n}\{d_i\}$,在 Σ_i 上任取点 (x_i,y_i,z_i),则函数 f 沿 Σ 的第一型曲面积分定义为

$$\iint\limits_{\Sigma}f(x,y,z)\mathrm{d}S \xlongequal{\text{def}} \lim_{\lambda\to 0}\sum_{i=1}^{n}f(x_i,y_i,z_i)\Delta S_i$$

这里右端的极限存在,且与分割 Σ 的方式无关,与点 (x_i,y_i,z_i) 的取法无关.

当 $f(x,y,z)$ 在 Σ 上连续时,f 在 Σ 上的第一型曲面积分存在,即可积.

定理 1（偶倍奇零性）   设曲面 Σ 的图形关于平面 $x=0$ 对称,$x=0$ 将曲面 Σ 分为两块对称曲面 Σ_1 与 Σ_2,若函数 $f(x,y,z)$ 在 Σ 上可积,$f(x,y,z)$ 关于 x 为奇函数或偶函数,则

$$\iint\limits_{\Sigma}f(x,y,z)\mathrm{d}S = \begin{cases} 2\iint\limits_{\Sigma_1}f(x,y,z)\mathrm{d}S, & f(-x,y,z)=f(x,y,z); \\ 0, & f(-x,y,z)=-f(x,y,z) \end{cases}$$

注   当曲面 Σ 的图形关于平面 $y=0$(或 $z=0$)对称,$f(x,y,z)$ 关于 y(或 z)为奇函数或偶函数时有类似结论,不再赘述.

定理 2（轮换对称性）   若曲面 Σ 的图形对 x,y,z 具有轮换性,$f(x,y,z)$ 在 Σ 上可积,则

$$\iint\limits_{\Sigma}f(x,y,z)\mathrm{d}S = \iint\limits_{\Sigma}f(y,z,x)\mathrm{d}S = \iint\limits_{\Sigma}f(z,x,y)\mathrm{d}S$$
$$= \frac{1}{3}\iint\limits_{\Sigma}(f(x,y,z)+f(y,z,x)+f(z,x,y))\mathrm{d}S$$

2）第一型曲面积分的计算

假设曲面 $\Sigma \subset \mathbf{R}^3$ 为有界的光滑曲面,其参数方程为

$$\boldsymbol{r} = (x,y,z) = (x(u,v),y(u,v),z(u,v)), \quad (u,v)\in D$$

$D \subset \mathbf{R}^2$ 为有界闭域,Σ 与 D 的点一一对应,其中函数 $x,y,z \in \mathscr{C}^{(1)}(D)$.令

$$E = \boldsymbol{r}'_u \cdot \boldsymbol{r}'_u, \quad F = \boldsymbol{r}'_u \cdot \boldsymbol{r}'_v, \quad G = \boldsymbol{r}'_v \cdot \boldsymbol{r}'_v$$

若函数 $f \in \mathscr{C}(\Sigma)$,则函数 $f(x,y,z)$ 沿曲面 Σ 的第一型曲面积分存在,且有

$$\iint\limits_{\Sigma}f(x,y,z)\mathrm{d}S = \iint\limits_{D}f(x(u,v),y(u,v),z(u,v))\sqrt{EG-F^2}\,\mathrm{d}u\mathrm{d}v$$

特别,取参数 u,v 为 x,y,或 y,z,或 z,x:

(1) 若曲面 Σ 的方程为 $z=z(x,y)$,$(x,y)\in D$,D 为 xOy 平面上的有界闭域,函数 $z(x,y)$ 在 D 上连续可微,函数 $f(x,y,z)$ 在 Σ 上连续,则

$$\iint\limits_{\Sigma}f(x,y,z)\mathrm{d}S = \iint\limits_{D}f(x,y,z(x,y))\sqrt{1+(z'_x)^2+(z'_y)^2}\,\mathrm{d}x\mathrm{d}y$$

(2) 若曲面 Σ 的方程为 $x = x(y,z),(y,z) \in D_1,D_1$ 为 yOz 平面上的有界闭域，函数 $x(y,z)$ 在 D_1 上连续可微，函数 $f(x,y,z)$ 在 Σ 上连续，则

$$\iint\limits_{\Sigma} f(x,y,z)\mathrm{d}S = \iint\limits_{D_1} f(x(y,z),y,z)\sqrt{1+(x_y')^2+(x_z')^2}\,\mathrm{d}y\mathrm{d}z$$

(3) 若曲面 Σ 的方程为 $y = y(z,x),(z,x) \in D_2,D_2$ 为 zOx 平面上的有界闭域，函数 $y(z,x)$ 在 D_2 上连续可微，函数 $f(x,y,z)$ 在 Σ 上连续，则

$$\iint\limits_{\Sigma} f(x,y,z)\mathrm{d}S = \iint\limits_{D_2} f(x,y(z,x),z)\sqrt{1+(y_z')^2+(y_x')^2}\,\mathrm{d}z\mathrm{d}x$$

3）第二型曲面积分的定义

设 Σ 为光滑的双侧曲面，Σ 某侧的单位法向量为 $(\cos\alpha,\cos\beta,\cos\gamma)$，将函数 $P(x,y,z),Q(x,y,z),R(x,y,z)$ 在曲面 Σ 上定义，并将曲面 Σ 任意地分割为 n 个小曲面 $\Sigma_i(i = 1,2,\cdots,n)$，$\Sigma_i$ 的面积为 ΔS_i，Σ_i 的直径为 d_i，$\lambda = \max\limits_{1 \leqslant i \leqslant n}\{d_i\}$，在 Σ_i 上任取点 $M_i(x_i,y_i,z_i)$，记

$$(\cos\alpha,\cos\beta,\cos\gamma)\Big|_{M_i} = (\cos\alpha_i,\cos\beta_i,\cos\gamma_i)$$

$$\Delta y_i\Delta z_i = \Delta S_i\cos\alpha_i,\quad \Delta z_i\Delta x_i = \Delta S_i\cos\beta_i,\quad \Delta x_i\Delta y_i = \Delta S_i\cos\gamma_i$$

则函数 P,Q,R 沿 Σ 的某侧的第二型曲面积分定义为

$$\iint\limits_{\Sigma某侧} P(x,y,z)\mathrm{d}y\mathrm{d}z + Q(x,y,z)\mathrm{d}z\mathrm{d}x + R(x,y,z)\mathrm{d}x\mathrm{d}y$$

$$= \lim\limits_{\lambda \to 0}\sum\limits_{i=1}^{n} P(x_i,y_i,z_i)\Delta y_i\Delta z_i + \lim\limits_{\lambda \to 0}\sum\limits_{i=1}^{n} Q(x_i,y_i,z_i)\Delta z_i\Delta x_i$$

$$+ \lim\limits_{\lambda \to 0}\sum\limits_{i=1}^{n} R(x_i,y_i,z_i)\Delta x_i\Delta y_i$$

式中三个极限皆存在，且与分割 Σ 的方式无关，与点 (x_i,y_i,z_i) 的取法无关.

当函数 P,Q,R 皆在 Σ 上连续时，对应的第二型曲面积分存在，即可积.

4）第二型曲面积分的计算

(1) 若曲面 Σ 的方程为 $z = z(x,y),(x,y) \in D_1,D_1$ 为 xOy 平面上的有界闭域，$z(x,y)$ 在 D 上连续可微，则

$$\iint\limits_{\Sigma某侧} P(x,y,z)\mathrm{d}y\mathrm{d}z + Q(x,y,z)\mathrm{d}z\mathrm{d}x + R(x,y,z)\mathrm{d}x\mathrm{d}y$$

$$= \pm\iint\limits_{D_1}\Big[P(x,y,z(x,y))\Big(-\frac{\partial z}{\partial x}\Big) + Q(x,y,z(x,y))\Big(-\frac{\partial z}{\partial y}\Big) + R(x,y,z(x,y))\Big]\mathrm{d}x\mathrm{d}y$$

这里 $\pm$ 号选取的方法是上侧取正，下侧取负（设 z 轴正向向上）.

（2）若曲面 Σ 的方程为 $x = x(y,z),(y,z) \in D_2,D_2$ 为 yOz 平面上的有界闭域，$x(y,z)$ 在 D_2 上连续可微，则

$$\iint\limits_{\Sigma某侧} P(x,y,z)\mathrm{d}y\mathrm{d}z + Q(x,y,z)\mathrm{d}z\mathrm{d}x + R(x,y,z)\mathrm{d}x\mathrm{d}y$$

$$= \pm \iint\limits_{D_2} \left[P(x(y,z),y,z) + Q(x(y,z),y,z)\left(-\frac{\partial x}{\partial y}\right) + R(x(y,z),y,z)\left(-\frac{\partial x}{\partial z}\right) \right] \mathrm{d}y\mathrm{d}z$$

这里 $\pm$ 号选取的方法是前侧取正，后侧取负（设 x 轴正向向前）.

（3）若曲面 Σ 的方程为 $y = y(z,x),(z,x) \in D_3,D_3$ 为 zOx 平面上的有界闭域，$y(z,x)$ 在 D_3 上连续可微，则

$$\iint\limits_{\Sigma某侧} P(x,y,z)\mathrm{d}y\mathrm{d}z + Q(x,y,z)\mathrm{d}z\mathrm{d}x + R(x,y,z)\mathrm{d}x\mathrm{d}y$$

$$= \pm \iint\limits_{D_3} \left[P(x,y(z,x),z)\left(-\frac{\partial y}{\partial x}\right) + Q(x,y(z,x),z) + R(x,y(z,x),z)\left(-\frac{\partial y}{\partial z}\right) \right] \mathrm{d}z\mathrm{d}x$$

这里 $\pm$ 号选取的方法是右侧取正，左侧取负（设 y 轴正向向右）.

6.1.4　斯托克斯公式

1）设 Σ 是逐段光滑的单闭曲线 Γ 所包围的非封闭光滑双侧曲面，取某定侧 Σ^+，按右手规则确定 Γ 的正向 Γ^+，Ω 是空间的立体区域，使得 $\Sigma \subset \Omega$，函数 $P(x,y,z)$，$Q(x,y,z)$，$R(x,y,z)$ 在 Ω 上连续可微，则有斯托克斯公式

$$\oint_{\Gamma^+} P(x,y,z)\mathrm{d}x + Q(x,y,z)\mathrm{d}y + R(x,y,z)\mathrm{d}z$$

$$= \iint\limits_{\Sigma^+} \left(\frac{\partial R}{\partial y} - \frac{\partial Q}{\partial z}\right)\mathrm{d}y\mathrm{d}z + \left(\frac{\partial P}{\partial z} - \frac{\partial R}{\partial x}\right)\mathrm{d}z\mathrm{d}x + \left(\frac{\partial Q}{\partial x} - \frac{\partial P}{\partial y}\right)\mathrm{d}x\mathrm{d}y$$

2）空间曲线积分与路线无关的充要条件

定理　设 G 是空间的面单连通区域，函数 P,Q,R 在 G 上连续可微，则下列四条陈述相互等价：

（1）$\forall (x,y,z) \in \Omega, \dfrac{\partial R}{\partial y} = \dfrac{\partial Q}{\partial z}, \dfrac{\partial P}{\partial z} = \dfrac{\partial R}{\partial x}, \dfrac{\partial Q}{\partial x} = \dfrac{\partial P}{\partial y}$；

（2）$\forall A,B \in \Omega, \displaystyle\int_A^B P\mathrm{d}x + Q\mathrm{d}y + R\mathrm{d}z$ 与路线无关；

（3）$\forall \Gamma \subset \Omega, \Gamma$ 为封闭曲线，$\displaystyle\oint_\Gamma P\mathrm{d}x + Q\mathrm{d}y + R\mathrm{d}z = 0$；

（4）存在可微函数 $u(x,y,z)$，使得 $\mathrm{d}u = P\mathrm{d}x + Q\mathrm{d}y + R\mathrm{d}z$，且

$$u(x,y,z) = \int_{x_0}^x P(x,y_0,z_0)\mathrm{d}x + \int_{y_0}^y Q(x,y,z_0)\mathrm{d}y + \int_{z_0}^z R(x,y,z)\mathrm{d}z + C$$

或

$$u(x,y,z) = \int_{x_0}^{x} P(x,y,z)\mathrm{d}x + \int_{y_0}^{y} Q(x_0,y,z)\mathrm{d}y + \int_{z_0}^{z} R(x_0,y_0,z)\mathrm{d}z + C$$

这里 $(x_0,y_0,z_0),(x,y,z) \in G$.

6.1.5 高斯公式

1）设 Ω 是空间的有界闭域，其边界是逐片光滑的封闭曲面 Σ，取外侧，函数 $P(x,y,z),Q(x,y,z),R(x,y,z)$ 在 Ω 上连续可微，则有高斯公式

$$\iint_{\Sigma} P(x,y,z)\mathrm{d}y\mathrm{d}z + Q(x,y,z)\mathrm{d}z\mathrm{d}x + R(x,y,z)\mathrm{d}x\mathrm{d}y$$

$$= \iiint_{\Omega} \left(\frac{\partial P}{\partial x} + \frac{\partial Q}{\partial y} + \frac{\partial R}{\partial z} \right) \mathrm{d}x\mathrm{d}y\mathrm{d}z$$

2）曲面积分与曲面无关的充要条件

定理 设 Ω 为空间的体单连通域，函数 $P(x,y,z),Q(x,y,z),R(x,y,z)$ 在 Ω 上连续可微，曲面 $\Sigma \subset \Omega$，则下列三条陈述相互等价：

(1) $\forall (x,y,z) \in \Omega, \dfrac{\partial P}{\partial x} + \dfrac{\partial Q}{\partial y} + \dfrac{\partial R}{\partial z} = 0$;

(2) $\iint_{\Sigma_1} P\mathrm{d}y\mathrm{d}z + Q\mathrm{d}z\mathrm{d}x + R\mathrm{d}x\mathrm{d}y$ 与曲面无关，这里 Σ_1 是与 Σ 具有相同边界曲线 Γ^+ 的任意曲面，且其侧服从右旋法则，$\Sigma_1 \subset \Omega$;

(3) $\forall \Sigma_2 \subset \Omega, \Sigma_2$ 为封闭曲面，取外侧（或内侧），有

$$\iint_{\Sigma_2} P(x,y,z)\mathrm{d}y\mathrm{d}z + Q(x,y,z)\mathrm{d}z\mathrm{d}x + R(x,y,z)\mathrm{d}x\mathrm{d}y = 0$$

6.1.6 梯度、散度与旋度

已知函数 $f(x,y,z),g(x,y,z)$ 可偏导，$\boldsymbol{A} = (P,Q,R)$，且函数 P,Q,R 可偏导，$\lambda,\mu \in \mathbf{R}$.

(1) 梯度：$\mathbf{grad}f = \nabla f \xlongequal{\text{def}} (f'_x, f'_y, f'_z)$. 主要性质有

$$\mathbf{grad}(\lambda f + \mu g) = \lambda \mathbf{grad}f + \mu \mathbf{grad}g$$

$$\mathbf{grad}(fg) = f\mathbf{grad}g + g\mathbf{grad}f$$

$$\mathbf{grad}\left(\frac{f}{g} \right) = \frac{1}{g^2} (g\mathbf{grad}f - f\mathbf{grad}g)$$

(2) 散度：$\mathrm{div}\boldsymbol{A} = \nabla \cdot \boldsymbol{A} \xlongequal{\text{def}} P'_x + Q'_y + R'_z$. 主要性质有

$$\mathrm{div}(\lambda \boldsymbol{A} + \mu \boldsymbol{B}) = \lambda \mathrm{div}\boldsymbol{A} + \mu \mathrm{div}\boldsymbol{B}$$

$$\mathrm{div}(f\boldsymbol{A}) = \mathbf{grad}f \cdot \boldsymbol{A} + f\mathrm{div}\boldsymbol{A}$$

高斯公式：$\iint\limits_{\Sigma} \boldsymbol{A} \cdot \overrightarrow{\mathrm{d}S} = \iiint\limits_{\Omega} \mathrm{div}\boldsymbol{A}\mathrm{d}V$，其中$\overrightarrow{\mathrm{d}S} = (\mathrm{d}y\mathrm{d}z, \mathrm{d}z\mathrm{d}x, \mathrm{d}x\mathrm{d}y)$.

（3）旋度：$\mathbf{rot}\boldsymbol{A} = \nabla \times \boldsymbol{A} \stackrel{\text{def}}{=\!=\!=} \left(\dfrac{\partial R}{\partial y} - \dfrac{\partial Q}{\partial z}, \dfrac{\partial P}{\partial z} - \dfrac{\partial R}{\partial x}, \dfrac{\partial Q}{\partial x} - \dfrac{\partial P}{\partial y}\right)$. 主要性质有

$$\mathbf{rot}(\lambda \boldsymbol{A} + \mu \boldsymbol{B}) = \lambda \mathbf{rot}\boldsymbol{A} + \mu \mathbf{rot}\boldsymbol{B}$$
$$\mathbf{rot}(f\boldsymbol{A}) = \mathbf{grad}f \times \boldsymbol{A} + f\mathbf{rot}\boldsymbol{A}$$
$$\mathbf{rot}(\mathbf{grad}f) \equiv \boldsymbol{0}, \quad \mathrm{div}(\mathbf{rot}\boldsymbol{A}) = 0$$

斯托克斯公式：$\int_{\Gamma} \boldsymbol{A} \cdot \overrightarrow{\mathrm{d}r} = \iint\limits_{\Sigma} \mathbf{rot}\boldsymbol{A} \cdot \overrightarrow{\mathrm{d}S}$，其中$\overrightarrow{\mathrm{d}r} = (\mathrm{d}x, \mathrm{d}y, \mathrm{d}z)$.

6.2　竞赛题与精选题解析

6.2.1　曲线积分的计算(例 6.1—6.3)

例 6.1(湖南大学 2021 年竞赛题)　设L是球面$(x-1)^2 + (y+1)^2 + z^2 = a^2$与平面$x+y+z=0$的交线，计算曲线积分$\oint_L x^2 \mathrm{d}s$.

解析　作坐标平移变换：$x-1=u, y+1=v, z=w$，则曲线L化为$\Gamma: u^2 + v^2 + w^2 = a^2$与$u+v+w=0$的交线. 平移变换不改变弧长微元$\mathrm{d}s$的大小，又由于曲线$\Gamma$是半径为$a$的圆，其方程关于$u,v,w$具有轮换性，所以

$$\oint_L x^2 \mathrm{d}s = \oint_{\Gamma} (1+u)^2 \mathrm{d}s = \oint_{\Gamma} 1\mathrm{d}s + 2\oint_{\Gamma} u\mathrm{d}s + \oint_{\Gamma} u^2 \mathrm{d}s$$
$$= 2\pi a + \frac{2}{3}\oint_{\Gamma} (u+v+w)\mathrm{d}s + \frac{1}{3}\oint_{\Gamma} (u^2+v^2+w^2)\mathrm{d}s$$
$$= 2\pi a + \frac{2}{3}\oint_{\Gamma} 0\mathrm{d}s + \frac{a^2}{3}\oint_{\Gamma} 1\mathrm{d}s = 2\pi a\left(1 + \frac{a^2}{3}\right)$$

例 6.2(精选题)　已知$L = \overset{\frown}{AB}$是xOy平面上的逐段光滑的有向曲线，函数$P(x,y), Q(x,y)$在L上连续；$\Gamma = \overset{\frown}{A'B'}$是$uOv$平面上的逐段光滑的有向曲线，函数$x = \varphi(u,v), y = \psi(u,v)$在$\Gamma$上有连续偏导数，使得$\Gamma$与$L$上的点一一对应(且方向一致). 证明曲线积分的换元积分公式：

$$\int_L P(x,y)\mathrm{d}x + Q(x,y)\mathrm{d}y = \int_{\Gamma} P(x,y)\Big|_{\substack{x=\varphi(u,v)\\y=\psi(u,v)}} (\varphi_u'(u,v)\mathrm{d}u + \varphi_v'(u,v)\mathrm{d}v)$$
$$+ Q(x,y)\Big|_{\substack{x=\varphi(u,v)\\y=\psi(u,v)}} (\psi_u'(u,v)\mathrm{d}u + \psi_v'(u,v)\mathrm{d}v)$$

解析　不妨设曲线L与Γ皆是光滑的. 又设曲线Γ的参数方程为$u = u(t)$，$v = v(t)$，t从α单调变到β时对应的点在Γ上从A'移动到B'，且函数$u(t), v(t)$连

续可导，则原式右端化为

$$右端 = \int_\alpha^\beta P(x,y)\Big|_{\substack{x=\varphi(u(t),v(t))\\y=\psi(u(t),v(t))}} (\varphi_u'(u(t),v(t))u'(t) + \varphi_v'(u(t),v(t))v'(t))\mathrm{d}t$$
$$+ Q(x,y)\Big|_{\substack{x=\varphi(u(t),v(t))\\y=\psi(u(t),v(t))}} (\psi_u'(u(t),v(t))u'(t) + \psi_v'(u(t),v(t))v'(t))\mathrm{d}t$$

由于曲线 L 的参数方程可写为 $x = \varphi(u(t),v(t))$，$y = \psi(u(t),v(t))$，t 从 α 单调变到 β 时对应的点在 L 上从 A 移动到 B，则原式左端化为

$$左端 = \int_\alpha^\beta P(x,y)\Big|_{\substack{x=\varphi(u(t),v(t))\\y=\psi(u(t),v(t))}} \cdot \frac{\mathrm{d}\varphi(u(t),v(t))}{\mathrm{d}t}\mathrm{d}t$$
$$+ Q(x,y)\Big|_{\substack{x=\varphi(u(t),v(t))\\y=\psi(u(t),v(t))}} \cdot \frac{\mathrm{d}\psi(u(t),v(t))}{\mathrm{d}t}\mathrm{d}t$$
$$= \int_\alpha^\beta P(x,y)\Big|_{\substack{x=\varphi(u(t),v(t))\\y=\psi(u(t),v(t))}} (\varphi_u'(u(t),v(t))u'(t) + \varphi_v'(u(t),v(t))v'(t))\mathrm{d}t$$
$$+ Q(x,y)\Big|_{\substack{x=\varphi(u(t),v(t))\\y=\psi(u(t),v(t))}} (\psi_u'(u(t),v(t))u'(t) + \psi_v'(u(t),v(t))v'(t))\mathrm{d}t$$

因此原式的两端相等，即得原式成立.

点评 该换元积分公式为编者首创，对于一些平面曲线积分，应用此公式可大大简化计算(见例 6.3 的方法 2).

例 6.3(精选题) 已知 L 是区域 $D: \dfrac{x}{2} \leqslant y \leqslant 2x, 1 \leqslant xy \leqslant 2$ 的正向边界曲线，求 $\displaystyle\int_L \mathrm{e}^{x^2 y^2} \left(\left(y - \dfrac{1}{x} \right)\mathrm{d}x + \left(x + \dfrac{1}{y} \right)\mathrm{d}y \right)$.

解析 **方法 1** 封闭曲线 L(正向)参见图(a). 将原式化为对参数 x 的定积分，由于 AB, BC, CE, EA 对应的方程分别为 $y = \dfrac{x}{2}, y = \dfrac{2}{x}, y = 2x, y = \dfrac{1}{x}$，应用定积分的可加性，得

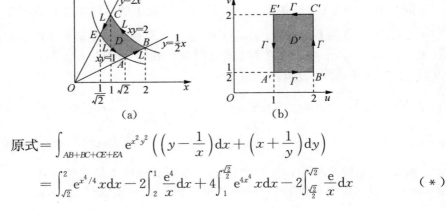

(a)　　　　　(b)

$$原式 = \int_{AB+BC+CE+EA} \mathrm{e}^{x^2 y^2}\left(\left(y - \frac{1}{x} \right)\mathrm{d}x + \left(x + \frac{1}{y} \right)\mathrm{d}y \right)$$
$$= \int_{\sqrt{2}}^2 \mathrm{e}^{x^4/4} x\,\mathrm{d}x - 2\int_2^1 \frac{\mathrm{e}^4}{x}\mathrm{d}x + 4\int_1^{\frac{\sqrt{2}}{2}} \mathrm{e}^{4x^4} x\,\mathrm{d}x - 2\int_{\frac{\sqrt{2}}{2}}^{\sqrt{2}} \frac{\mathrm{e}}{x}\mathrm{d}x \qquad (*)$$

在上式右端第 1 个积分中令 $x = 2t$，则

$$\int_{\sqrt{2}}^{2} e^{x^4/4} x dx = 4 \int_{\frac{\sqrt{2}}{2}}^{1} e^{4t^4} t dt = -4 \int_{1}^{\frac{\sqrt{2}}{2}} e^{4x^4} x dx$$

代入（∗）式得

$$原式 = -4 \int_{1}^{\frac{\sqrt{2}}{2}} e^{4x^4} x dx + 2e^4 \ln 2 + 4 \int_{1}^{\frac{\sqrt{2}}{2}} e^{4x^4} x dx - 2e\ln 2$$
$$= 2e(e^3 - 1)\ln 2$$

方法 2　应用曲线积分的换元积分公式计算，作换元变换，令

$$x = \sqrt{\frac{u}{v}}, \quad y = \sqrt{uv} \quad \Leftrightarrow \quad u = xy, \quad v = \frac{y}{x}$$

则区域 D 化为 $D': 1 \leqslant u \leqslant 2, \frac{1}{2} \leqslant v \leqslant 2$，且 Γ 是 D' 的正向边界曲线（见图（b）），可得

$$原式 = \int_{L} e^{x^2 y^2} \left((y dx + x dy) + \frac{x}{y} \cdot \frac{x dy - y dx}{x^2} \right)$$
$$= \int_{A'B'+B'C'+C'E'+E'A'} e^{u^2} \left(du + \frac{1}{v} dv \right)$$
$$= \int_{1}^{2} e^{u^2} du + e^4 \int_{1/2}^{2} \frac{1}{v} dv + \int_{2}^{1} e^{u^2} du + e \int_{2}^{1/2} \frac{1}{v} dv$$
$$= 2e^4 \ln 2 - 2e\ln 2 = 2e(e^3 - 1)\ln 2$$

6.2.2　应用格林公式解题（例 6.4—6.15）

例 6.4（精选题）　应用格林公式求解例 6.3.

解析　记 $P = e^{x^2 y^2} \left(y - \frac{1}{x} \right), Q = e^{x^2 y^2} \left(x + \frac{1}{y} \right)$，在区域 D（参见上例图（a））上应用格林公式，得

$$原式 = \int_{L} P(x,y) dx + Q(x,y) dy = \iint_{D} (Q'_x - P'_y) dx dy$$
$$= \iint_{D} e^{x^2 y^2} [2x^2 y^2 + 2xy + 1) - (2x^2 y^2 - 2xy + 1)] dx dy$$
$$= 4 \iint_{D} e^{x^2 y^2} xy dx dy$$

作换元变换，令

$$x = \sqrt{\frac{u}{v}}, \quad y = \sqrt{uv} \quad \Leftrightarrow \quad u = xy, \quad v = \frac{y}{x}$$

则区域 D 化为 D'（参见上例图（b）），且

$$J = \begin{vmatrix} x'_u & x'_v \\ y'_u & y'_v \end{vmatrix} = \begin{vmatrix} \dfrac{1}{2\sqrt{uv}} & -\dfrac{\sqrt{u}}{2v\sqrt{v}} \\ \dfrac{\sqrt{v}}{2\sqrt{u}} & \dfrac{\sqrt{u}}{2\sqrt{v}} \end{vmatrix} = \dfrac{1}{4v} + \dfrac{1}{4v} = \dfrac{1}{2v}$$

应用二重积分换元积分公式,得

$$原式 = 4\iint\limits_{D} e^{x^2 y^2} xy \, dx dy = 4\iint\limits_{D'} e^{u^2} u \mid J \mid du dv = 2\int_{1}^{2} e^{u^2} u \, du \int_{1/2}^{2} \dfrac{1}{v} dv$$

$$= 2e(e^3 - 1)\ln 2$$

例 6.5(江苏省 1998 年竞赛题) 若 $\varphi(y)$ 的导数连续,$\varphi(0) = 0$,曲线 $\overset{\frown}{AB}$ 的极坐标方程为 $\rho = a(1 - \cos\theta)$,其中 $a > 0$,$0 \leqslant \theta \leqslant \pi$,$A$ 与 B 分别对应于 $\theta = 0$ 与 $\theta = \pi$,求 $\displaystyle\int_{\overset{\frown}{AB}}[\varphi(y)e^x - \pi y] dx + [\varphi'(y)e^x - \pi] dy$.

解析 设曲线 $\overset{\frown}{AB}$ 与线段 $\overline{BA}$ 所围区域为 D(如右图所示),又设

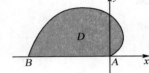

$$P = \varphi(y)e^x - \pi y, \quad Q = \varphi'(y)e^x - \pi$$

应用格林公式,有

$$\oint_{\overset{\frown}{AB}+\overline{BA}} P dx + Q dy = \iint\limits_{D}(Q'_x - P'_y) dx dy = \iint\limits_{D} \pi dx dy$$

$$= \dfrac{\pi}{2}\int_{0}^{\pi} \rho^2 d\theta = \dfrac{a^2\pi}{2}\int_{0}^{\pi}(1 - \cos\theta)^2 d\theta$$

$$= \dfrac{a^2\pi}{2}\int_{0}^{\pi}\left(\dfrac{3}{2} - 2\cos\theta + \dfrac{1}{2}\cos 2\theta\right) d\theta = \dfrac{3}{4}a^2\pi^2$$

由于

$$\int_{\overline{BA}} P dx + Q dy = \int_{-2a}^{0} P(x, 0) dx = \int_{-2a}^{0} \varphi(0) e^x dx = 0$$

于是

$$\int_{\overset{\frown}{AB}} P dx + Q dy = \dfrac{3}{4}a^2\pi^2$$

例 6.6(江苏省 2008 年竞赛题) 设 Γ 为 $x^2 + y^2 = 2x(y \geqslant 0)$ 上从 $O(0,0)$ 到 $A(2,0)$ 的一段弧,连续函数 $f(x)$ 满足

$$f(x) = x^2 + \int_{\Gamma} y[f(x) + e^x] dx + (e^x - xy^2) dy$$

求 $f(x)$.

解析 设 $\displaystyle\int_{\Gamma} y[f(x) + e^x] dx + (e^x - xy^2) dy = a$,则 $f(x) = x^2 + a$,记 Γ 与 $\overline{AO}$ 包围的区域为 D,应用格林公式,有

$$a = \int_{\Gamma + \overline{AO}} y[f(x) + \mathrm{e}^x]\mathrm{d}x + (\mathrm{e}^x - xy^2)\mathrm{d}y - \int_{\overline{AO}} y[f(x) + \mathrm{e}^x]\mathrm{d}x + (\mathrm{e}^x - xy^2)\mathrm{d}y$$

$$= -\iint_D (\mathrm{e}^x - y^2 - x^2 - a - \mathrm{e}^x)\mathrm{d}x\mathrm{d}y - 0 = \iint_D (x^2 + y^2)\mathrm{d}x\mathrm{d}y + a\iint_D \mathrm{d}x\mathrm{d}y$$

$$= \int_0^{\frac{\pi}{2}} \mathrm{d}\theta \int_0^{2\cos\theta} \rho^3\mathrm{d}\rho + \frac{\pi}{2}a = \int_0^{\frac{\pi}{2}} 4\cos^4\theta\mathrm{d}\theta + \frac{\pi}{2}a = \frac{3}{4}\pi + \frac{\pi}{2}a$$

解得 $a = \dfrac{3\pi}{2(2-\pi)}$，于是 $f(x) = x^2 + \dfrac{3\pi}{2(2-\pi)}$.

例 6.7（江苏省 2020 年竞赛题）　计算曲线积分

$$\int_L \frac{y\mathrm{d}x - (x - y^2)\mathrm{d}y}{x^2 + y^2}$$

其中 L 是 $y = -\cos\pi x$ 的图形上从点 $(-1,1)$ 到点 $(1,1)$ 的一段曲线.

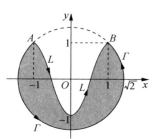

解析　记 $I_1 = \displaystyle\int_L \frac{y\mathrm{d}x - x\mathrm{d}y}{x^2 + y^2}$，$I_2 = \displaystyle\int_L \frac{y^2\mathrm{d}y}{x^2 + y^2}$.

先计算 I_1. 令 $P = \dfrac{y}{x^2 + y^2}$，$Q = \dfrac{-x}{x^2 + y^2}$，记 Γ 为圆 $x^2 + y^2 = 2(y \leqslant 1)$ 上从点 $A(-1,1)$ 到点 $B(1,1)$ 的大圆弧（见上图）. 在 L 与 Γ 所包围的单连通域 D 上

$$P, Q \in \mathscr{C}^{(1)}, \quad \frac{\partial Q}{\partial x} \equiv \frac{\partial P}{\partial y} = \frac{x^2 - y^2}{(x^2 + y^2)^2}$$

故 D 上积分 I_1 与路径无关. 取路径 Γ（从 A 到 B）代替 L，又 Γ 的参数方程为

$$x = \sqrt{2}\cos\theta, \quad y = \sqrt{2}\sin\theta \quad (-5\pi/4 \leqslant \theta \leqslant \pi/4)$$

则

$$I_1 = \int_\Gamma \frac{y\mathrm{d}x - x\mathrm{d}y}{x^2 + y^2} = -\frac{1}{2}\int_{-\frac{5\pi}{4}}^{\frac{\pi}{4}} (2\sin^2\theta + 2\cos^2\theta)\mathrm{d}\theta = -\frac{3}{2}\pi$$

再计算 I_2. 将 L 的参数方程 $x = x, y = -\cos\pi x$（x 从 -1 变到 1）代入化为定积分，并应用偶倍奇零性，得

$$I_2 = \int_L \frac{y^2\mathrm{d}y}{x^2 + y^2} = \pi\int_{-1}^1 \frac{\cos^2\pi x}{x^2 + \cos^2\pi x}\sin\pi x\mathrm{d}x = 0$$

综上，原式 $= I_1 + I_2 = -\dfrac{3}{2}\pi + 0 = -\dfrac{3}{2}\pi$.

例 6.8（东南大学 2015 年竞赛题）　设 $C: x^2 + y^2 = 1$，取逆时针方向，计算曲线积分

$$I = \oint_C \frac{\mathrm{e}^y}{x^2 + y^2}[(x\sin x + y\cos x)\mathrm{d}x + (y\sin x - x\cos x)\mathrm{d}y]$$

解析　记 $P = \dfrac{\mathrm{e}^y}{x^2 + y^2}(x\sin x + y\cos x)$，$Q = \dfrac{\mathrm{e}^y}{x^2 + y^2}(y\sin x - x\cos x)$，则

$$Q'_x = P'_y = \frac{\mathrm{e}^y}{(x^2 + y^2)^2}[(x^2 + y^2)(y\cos x + x\sin x) + (x^2 - y^2)\cos x - 2xy\sin x]$$

记 $C_\varepsilon : x^2 + y^2 = \varepsilon^2 (0 < \varepsilon < 1)$，取顺时针方向，并将 C 与 C_ε 所围的区域记为 D，C_ε 所围的区域记为 D_ε，两次应用格林公式，得

$$I = \oint_{C+C_\varepsilon} P \mathrm{d}x + Q \mathrm{d}y - \oint_{C_\varepsilon} P \mathrm{d}x + Q \mathrm{d}y$$

$$= \iint_D 0 \mathrm{d}x \mathrm{d}y + \frac{1}{\varepsilon^2} \oint_{C_\varepsilon} \mathrm{e}^y \left[(x\sin x + y\cos x) \mathrm{d}x + (y\sin x - x\cos x) \mathrm{d}y \right]$$

$$= \frac{1}{\varepsilon^2} \iint_{D_\varepsilon} \left[(\mathrm{e}^y (y\sin x - x\cos x))'_x - (\mathrm{e}^y (x\sin x + y\cos x))'_y \right] \mathrm{d}x \mathrm{d}y$$

$$= -\frac{2}{\varepsilon^2} \iint_{D_\varepsilon} \mathrm{e}^y \cos x \mathrm{d}x \mathrm{d}y \quad (\text{应用积分中值定理，存在} (\xi, \eta) \in D_\varepsilon)$$

$$= -\frac{2}{\varepsilon^2} \mathrm{e}^\eta \cos \xi \iint_{D_\varepsilon} 1 \mathrm{d}x \mathrm{d}y = -2\pi \mathrm{e}^\eta \cos \xi$$

在上式中令 $\varepsilon \to 0^+$，则 $(\xi, \eta) \to (0, 0)$，可得 $I = \lim\limits_{\varepsilon \to 0^+} (-2\pi \mathrm{e}^\eta \cos \xi) = -2\pi$.

例 6.9（江苏省 2017 年竞赛题）　设 Γ 为圆 $x^2 + y^2 = 4$，将对弧长的曲线积分

$$\int_\Gamma \frac{x^2 + y(y-1)}{x^2 + (y-1)^2} \mathrm{d}s$$

化为对坐标的曲线积分，并求该曲线积分的值.

解析　设圆 Γ 的参数方程为 $x = 2\cos t$，$y = 2\sin t$，则圆 Γ 的切向量为

$$(x'(t), y'(t)) = (-2\sin t, 2\cos t) = (-y, x)$$

于是圆 Γ 正向 Γ^+ 切向量的方向余弦为 $(\cos\alpha, \cos\beta) = \left(-\frac{y}{2}, \frac{x}{2} \right)$，则

$$\text{原式} = 2 \int_{\Gamma^+} \frac{x \cdot \cos\beta - (y-1) \cdot \cos\alpha}{x^2 + (y-1)^2} \mathrm{d}s = 2 \int_{\Gamma^+} \frac{x \mathrm{d}y - (y-1) \mathrm{d}x}{x^2 + (y-1)^2}$$

记 $P = \dfrac{-(y-1)}{x^2 + (y-1)^2}$，$Q = \dfrac{x}{x^2 + (y-1)^2}$，则

$$Q'_x \equiv P'_y = \frac{(y-1)^2 - x^2}{(x^2 + (y-1)^2)^2}$$

又记 $L^+ : x^2 + (y-1)^2 = \varepsilon^2 (0 < \varepsilon < 1)$，取顺时针方向，并设 Γ^+ 与 L^+ 所包围的区域为 D，L^+ 所包围的区域为 D_ε（参见右图），则 $P, Q \in \mathscr{C}^{(1)}(D)$. 分别在 D 与 D_ε 上应用格林公式，得

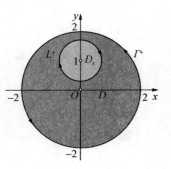

$$\text{原式} = 2 \oint_{\Gamma^+ + L^+} P \mathrm{d}x + Q \mathrm{d}y - 2 \oint_{L^+} P \mathrm{d}x + Q \mathrm{d}y$$

$$= 2\iint\limits_{D}(Q'_x - P'_y)\mathrm{d}x\mathrm{d}y + \frac{2}{\varepsilon^2}\oint_{L^-}x\mathrm{d}y - (y-1)\mathrm{d}x$$

$$= 2\iint\limits_{D}0\mathrm{d}x\mathrm{d}y + \frac{2}{\varepsilon^2}\iint\limits_{D_\varepsilon}2\mathrm{d}x\mathrm{d}y = \frac{4}{\varepsilon^2}\cdot\pi\varepsilon^2 = 4\pi$$

例 6.10(江苏省 2004 年竞赛题)　设 $f(x)$ 连续可导,$f(1) = 1$,G 为不包含原点的单连通域,任取 $M,N \in G$,在 G 内曲线积分 $\displaystyle\int_M^N \frac{1}{2x^2 + f(y)}(y\mathrm{d}x - x\mathrm{d}y)$ 与路径无关.

(1) 求 $f(x)$;

(2) 求 $\displaystyle\int_\Gamma \frac{1}{2x^2 + f(y)}(y\mathrm{d}x - x\mathrm{d}y)$,其中 Γ 为 $x^{\frac{2}{3}} + y^{\frac{2}{3}} = a^{\frac{2}{3}}$,取正向.

解析　(1) 记 $P(x,y) = \dfrac{y}{2x^2 + f(y)}$,$Q(x,y) = \dfrac{-x}{2x^2 + f(y)}$,因为在 G 内曲线积分 $\displaystyle\int_M^N P\mathrm{d}x + Q\mathrm{d}y$ 与路径无关,所以 $\forall (x,y) \in G$,有 $\dfrac{\partial Q}{\partial x} = \dfrac{\partial P}{\partial y}$,即

$$\frac{2x^2 - f(y)}{(2x^2 + f(y))^2} = \frac{2x^2 + f(y) - yf'(y)}{(2x^2 + f(y))^2}$$

由此推得 $yf'(y) = 2f(y) \Leftrightarrow \dfrac{\mathrm{d}f(y)}{f(y)} = \dfrac{2}{y}\mathrm{d}y$,两边积分得

$$\ln f(y) = \ln y^2 + \ln C \Leftrightarrow f(y) = Cy^2$$

又由于 $f(1) = 1$,所以 $C = 1$,则 $f(y) = y^2$,于是 $f(x) = x^2$.

(2) 记 $L^+ : 2x^2 + y^2 = \varepsilon^2$,取顺时针方向,且 $\varepsilon > 0$ 充分小,使得 L^+ 位于 Γ^+ 的内部.设 Γ^+ 与 L^+ 所包围的区域为 D,L^+ 所包围的区域为 D_ε(参见右图).由于 $P,Q \in \mathscr{C}^{(1)}(D)$,分别在 D 与 D_ε 上应用格林公式,得

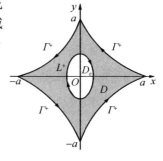

$$\text{原式} = \oint_{\Gamma^+ + L^+}P\mathrm{d}x + Q\mathrm{d}y - \oint_{L^+}P\mathrm{d}x + Q\mathrm{d}y$$

$$= \iint\limits_{D}(Q'_x - P'_y)\mathrm{d}x\mathrm{d}y + \frac{1}{\varepsilon^2}\oint_{L^-}y\mathrm{d}x - x\mathrm{d}y$$

$$= \iint\limits_{D}0\mathrm{d}x\mathrm{d}y + \frac{1}{\varepsilon^2}\iint\limits_{D_\varepsilon}(-2)\mathrm{d}x\mathrm{d}y = \frac{-2}{\varepsilon^2}\cdot\frac{\sqrt{2}}{2}\pi\varepsilon^2$$

$$= -\sqrt{2}\pi$$

例 6.11(精选题)　已知 $P(x,y) = \dfrac{axy^2}{(x^2 + y^2)^2}$,$Q(x,y) = \dfrac{-4yx^\lambda}{(x^2 + y^2)^2}$.

(1) 求常数 a 和 λ,使得 $\displaystyle\int_L P\mathrm{d}x + Q\mathrm{d}y$ 在区域 $D = \{(x,y) \mid x^2 + y^2 > 0\}$ 上与路径无关;

(2) 求 $P\mathrm{d}x + Q\mathrm{d}y$ 在 D 中的原函数.

解析 （1）根据题意,可知 $P,Q \in \mathscr{C}^{(1)}(D)$. 由于曲线积分与路径无关的充要条件是 $P'_y = Q'_x$, 而

$$P'_y = \frac{2axy(x^2 - y^2)}{(x^2 + y^2)^3}, \quad Q'_x = \frac{-4x^{\lambda-1}y[\lambda(x^2 + y^2) - 4x^2]}{(x^2 + y^2)^3}$$

所以 $\lambda - 1 = 1, 4\lambda = 2a$, 即 $\lambda = 2, a = 4$, 此时

$$P = \frac{4xy^2}{(x^2 + y^2)^2}, \quad Q = \frac{-4x^2 y}{(x^2 + y^2)^2}$$

（2）令 $P\mathrm{d}x + Q\mathrm{d}y = \mathrm{d}u$, 则 $u'_x = P, u'_y = Q$, 于是

$$u(x,y) = \int P(x,y)\mathrm{d}x + \varphi(y) = \int \frac{4xy^2}{(x^2 + y^2)^2}\mathrm{d}x + \varphi(y)$$

$$= -\frac{2y^2}{x^2 + y^2} + \varphi(y)$$

代入 $u'_y = Q$ 得

$$-2\frac{2y(x^2 + y^2) - y^2 \cdot 2y}{(x^2 + y^2)} + \varphi'(y) = \frac{-4x^2 y}{(x^2 + y^2)^2}$$

即 $\varphi'(y) = 0$. 取 $\varphi(y) = C$, 得所求的原函数为 $u = -\dfrac{2y^2}{x^2 + y^2} + C$.

例 6.12（江苏省 2019 年竞赛题） 已知函数 $f(x,y)$ 有连续偏导数,且在单位圆周 $L : x^2 + y^2 = 1$ 上的值为 0, L 围成的闭区域记为 D, k 为任意常数.

（1）利用格林公式计算

$$\iint\limits_{D} [(x - ky)f'_x(x,y) + (kx + y)f'_y(x,y) + 2f(x,y)]\mathrm{d}x\mathrm{d}y$$

（2）若 $f(x,y)$ 在 D 上任意点处沿任意方向的方向导数的值都不超过常数 M,

证明: $\left| \iint\limits_{D} f(x,y)\mathrm{d}x\mathrm{d}y \right| \leqslant \dfrac{1}{3}\pi M$.

解析 （1）选取函数 $P(x,y), Q(x,y)$, 使得

$$Q'_x - P'_y = (x - ky)f'_x(x,y) + (kx + y)f'_y(x,y) + 2f(x,y)$$

令 $Q'_x = (x - ky)f'_x(x,y) + f(x,y)$, $P'_y = -(kx + y)f'_y(x,y) - f(x,y)$, 应用分部积分法, 得

$$Q = \int (x - ky)f'_x \mathrm{d}x + \int f\mathrm{d}x = \int (x - ky)\mathrm{d}_x f + \int f\mathrm{d}x = (x - ky)f + C_1$$

$$P = -\int (kx + y)f'_y \mathrm{d}y - \int f\mathrm{d}y = -\int (kx + y)\mathrm{d}_y f - \int f\mathrm{d}y = -(kx + y)f + C_2$$

其中 C_1, C_2 为任意常数. 因 f 在曲线 L 上取值为 0, 所以 $Q\big|_L = C_1, P\big|_L = C_2$, 且 $P, Q \in \mathscr{C}^{(1)}$. 设 L 取逆时针方向, 两次应用格林公式, 得

$$原式=\iint\limits_{D}(Q'_x-P'_y)\mathrm{d}x\mathrm{d}y=\oint_L P\mathrm{d}x+Q\mathrm{d}y$$

$$=\oint_L C_2\mathrm{d}x+C_1\mathrm{d}y=\iint\limits_{D}\Big(\frac{\partial C_1}{\partial x}-\frac{\partial C_2}{\partial y}\Big)\mathrm{d}x\mathrm{d}y=0$$

（2）在（1）中取 $k=0$ 得

$$\iint\limits_{D}f(x,y)\mathrm{d}x\mathrm{d}y=-\frac{1}{2}\iint\limits_{D}(xf'_x+yf'_y)\mathrm{d}x\mathrm{d}y$$

此式两边取绝对值,并应用柯西-施瓦茨不等式,得

$$\Big|\iint\limits_{D}f(x,y)\mathrm{d}x\mathrm{d}y\Big|\leqslant\frac{1}{2}\iint\limits_{D}|xf'_x+yf'_y|\mathrm{d}x\mathrm{d}y$$

$$\leqslant\frac{1}{2}\iint\limits_{D}\sqrt{x^2+y^2}\cdot\sqrt{(f'_x)^2+(f'_y)^2}\mathrm{d}x\mathrm{d}y$$

由于方向导数的最大值为梯度的模,所以

$$|\mathbf{grad}f|=|(f'_x,f'_y)|=\sqrt{(f'_x)^2+(f'_y)^2}\leqslant M$$

于是

$$\Big|\iint\limits_{D}f(x,y)\mathrm{d}x\mathrm{d}y\Big|\leqslant\frac{M}{2}\iint\limits_{D}\sqrt{x^2+y^2}\mathrm{d}x\mathrm{d}y=\frac{M}{2}\int_0^{2\pi}\mathrm{d}\theta\int_0^1\rho^2\mathrm{d}\rho=\frac{1}{3}\pi M$$

例 6.13（全国 2018 年决赛题）　设 $f(x,y)$ 在区域 $D=\{(x,y)\mid x^2+y^2\leqslant a^2\}$ 上具有一阶连续偏导数,且满足

$$f(x,y)\Big|_{x^2+y^2=a^2}=a^2,\qquad \max_{(x,y)\in D}\Big[\Big(\frac{\partial f}{\partial x}\Big)^2+\Big(\frac{\partial f}{\partial y}\Big)^2\Big]=a^2\quad(a>0)$$

证明: $\Big|\iint\limits_{D}f(x,y)\mathrm{d}x\mathrm{d}y\Big|\leqslant\frac{4}{3}\pi a^4$.

解析　区域 D 的边界曲线记为 Γ,取正向. 在格林公式

$$\oint_\Gamma P\mathrm{d}x+Q\mathrm{d}y=\iint\limits_{D}\Big(\frac{\partial Q}{\partial x}-\frac{\partial P}{\partial y}\Big)\mathrm{d}x\mathrm{d}y \tag{1}$$

中取 $P=-yf(x,y),Q=0$,得

$$\iint\limits_{D}f(x,y)\mathrm{d}x\mathrm{d}y=-\oint_\Gamma yf(x,y)\mathrm{d}x-\iint\limits_{D}y\frac{\partial f}{\partial y}\mathrm{d}x\mathrm{d}y=-a^2\oint_\Gamma y\mathrm{d}x-\iint\limits_{D}y\frac{\partial f}{\partial y}\mathrm{d}x\mathrm{d}y \tag{2}$$

再在（1）式中取 $P=0,Q=xf(x,y)$,得

$$\iint\limits_{D}f(x,y)\mathrm{d}x\mathrm{d}y=\oint_\Gamma xf(x,y)\mathrm{d}y-\iint\limits_{D}x\frac{\partial f}{\partial x}\mathrm{d}x\mathrm{d}y=a^2\oint_\Gamma x\mathrm{d}y-\iint\limits_{D}x\frac{\partial f}{\partial x}\mathrm{d}x\mathrm{d}y \tag{3}$$

将（2）式与（3）式相加得

$$\iint\limits_{D}f(x,y)\mathrm{d}x\mathrm{d}y=\frac{a^2}{2}\oint_\Gamma -y\mathrm{d}x+x\mathrm{d}y-\frac{1}{2}\iint\limits_{D}\Big(x\frac{\partial f}{\partial x}+y\frac{\partial f}{\partial y}\Big)\mathrm{d}x\mathrm{d}y$$

对上式取绝对值,并对右端第一项应用格林公式,对第二项的被积函数应用柯西-施瓦茨不等式,得

$$\left| \iint\limits_{D} f(x,y)\mathrm{d}x\mathrm{d}y \right| \leqslant \frac{a^2}{2} \left| \oint_{\Gamma} -y\mathrm{d}x + x\mathrm{d}y \right| + \frac{1}{2} \iint\limits_{D} \left| x\frac{\partial f}{\partial x} + y\frac{\partial f}{\partial y} \right| \mathrm{d}x\mathrm{d}y$$

$$\leqslant \frac{a^2}{2} \iint\limits_{D} 2\mathrm{d}x\mathrm{d}y + \frac{1}{2} \iint\limits_{D} \sqrt{x^2+y^2} \sqrt{\left(\frac{\partial f}{\partial x}\right)^2 + \left(\frac{\partial f}{\partial y}\right)^2} \mathrm{d}x\mathrm{d}y$$

$$\leqslant \pi a^4 + \frac{a}{2} \int_{0}^{2\pi} \mathrm{d}\theta \int_{0}^{a} \rho^2 \mathrm{d}\rho = \frac{4}{3}\pi a^4$$

例 6.14(全国 2021 年初赛补赛题)   设函数 $f(x,y)$ 在闭区域 $D = \{(x,y) \mid x^2 + y^2 \leqslant 1\}$ 上具有二阶连续偏导数,且 $\dfrac{\partial^2 f}{\partial x^2} + \dfrac{\partial^2 f}{\partial y^2} = x^2 + y^2$,求

$$\lim_{r \to 0^+} \frac{\iint\limits_{x^2+y^2 \leqslant r^2} \left(x\dfrac{\partial f}{\partial x} + y\dfrac{\partial f}{\partial y} \right)\mathrm{d}x\mathrm{d}y}{(\tan r - \sin r)^2}$$

解析   记区域 $D_r : x^2 + y^2 \leqslant r^2$ 的边界曲线为 Γ,取逆时针方向. 考察曲线积分恒等式

$$\oint_{\Gamma} (x^2 + y^2)(f_x' \mathrm{d}y - f_y' \mathrm{d}x) = r^2 \oint_{\Gamma} (f_x' \mathrm{d}y - f_y' \mathrm{d}x) \qquad (*)$$

记 $I = \iint\limits_{D_r} (x f_x' + y f_y')\mathrm{d}x\mathrm{d}y$,对 $(*)$ 式两边分别应用格林公式,则

$$左边 = \iint\limits_{D_r} \left[2x f_x' + 2y f_y' + (x^2 + y^2)(f_{xx}'' + f_{yy}'') \right] \mathrm{d}x\mathrm{d}y$$

$$= 2I + \iint\limits_{D_r} (x^2 + y^2)^2 \mathrm{d}x\mathrm{d}y = 2I + \int_{0}^{2\pi} \mathrm{d}\theta \int_{0}^{r} \rho^5 \mathrm{d}\rho = 2I + \frac{1}{3}\pi r^6$$

$$右边 = r^2 \iint\limits_{D_r} \left(\frac{\partial^2 f}{\partial x^2} + \frac{\partial^2 f}{\partial y^2} \right) \mathrm{d}x\mathrm{d}y = r^2 \iint\limits_{D_r} (x^2 + y^2) \mathrm{d}x\mathrm{d}y$$

$$= r^2 \int_{0}^{2\pi} \mathrm{d}\theta \int_{0}^{r} \rho^3 \mathrm{d}\rho = \frac{1}{2}\pi r^6$$

将上述结果代入 $(*)$ 式,解得 $I = \dfrac{\pi r^6}{12}$. 又由于 $r \to 0^+$ 时,有

$$(\tan r - \sin r)^2 \sim \sin^2 r \cdot (1 - \cos r)^2 \sim r^2 \cdot \frac{r^4}{4} = \frac{r^6}{4}$$

应用等价无穷小替换法则,得

$$原式 = \lim_{r \to 0^+} \frac{\pi r^6 / 12}{r^6 / 4} = \frac{1}{3}\pi$$

点评   上面通过对曲线积分恒等式两边应用格林公式解出 I,这一方法很妙,读者应仔细体会.

例 6.15(莫斯科电气学院 1976 年竞赛题)　设 $P(x,y)$，$Q(x,y)$ 在全平面上具有连续的一阶偏导数，沿着平面上的任意半圆周 $L:y=y_0+\sqrt{R^2-(x-x_0)^2}$，曲线积分 $\int_L P(x,y)\mathrm{d}x+Q(x,y)\mathrm{d}y=0$，其中 x_0，y_0 为任意实数，R 为任意正实数，求证：(1) $P(x,y)\equiv 0$；(2) $\dfrac{\partial Q}{\partial x}\equiv 0$.

解析　(1) 如右图所示，$\forall\,(x_0,y_0)\in\mathbf{R}^2$，以及 $\forall R>0$，以 (x_0,y_0) 为圆心，以 R 为半径作上半圆周 L，并取逆时针方向，起点为 $B(x_0+R,y_0)$，终点为 $A(x_0-R,y_0)$，则

$$\int_{L+\overline{AB}}P\mathrm{d}x+Q\mathrm{d}y=\iint_D(Q'_x-P'_y)\mathrm{d}x\mathrm{d}y\qquad(1)$$

对(1)式右端应用积分中值定理，$\exists\,(\xi,\eta)\in D$，有

$$\iint_D(Q'_x-P'_y)\mathrm{d}x\mathrm{d}y=(Q'_x-P'_y)\Big|_{(\xi,\eta)}\cdot\frac{\pi}{2}R^2\qquad(2)$$

对(1)式左端有

$$\int_{L+\overline{AB}}P\mathrm{d}x+Q\mathrm{d}y=\int_L P\mathrm{d}x+Q\mathrm{d}y+\int_{\overline{AB}}P\mathrm{d}x+Q\mathrm{d}y$$
$$=0+\int_{x_0-R}^{x_0+R}P(x,y_0)\mathrm{d}x$$

对此式右端应用定积分中值定理，$\exists\,c\in(x_0-R,x_0+R)$，有

$$\int_{x_0-R}^{x_0+R}P(x,y_0)\mathrm{d}x=P(c,y_0)\cdot 2R\qquad(3)$$

将(2)式与(3)式代入(1)式得

$$2P(c,y_0)=\frac{1}{2}\pi R\cdot(Q'_x-P'_y)\Big|_{(\xi,\eta)}$$

令 $R\to 0$，此时 $c\to x_0$，$(\xi,\eta)\to(x_0,y_0)$，得 $P(x_0,y_0)=0$，由 $(x_0,y_0)\in\mathbf{R}^2$ 的任意性，即得 $P(x,y)\equiv 0$.

(2) 用反证法来证明. 假设 $\exists\,(a,b)\in\mathbf{R}^2$，使得 $Q'_x(a,b)>0$(或 <0). 由于 $Q\in\mathscr{E}^{(1)}(\mathbf{R}^2)$，所以 $\exists\,(a,b)$ 的邻域 U，使得 $Q'_x\Big|_{(x,y)\in U}>0$(或 <0)，在邻域 U 内取上半圆周 $L=\overset{\frown}{BA}$，方向为逆时针，则

$$\int_{L+\overline{AB}}P\mathrm{d}x+Q\mathrm{d}y=\int_{\overline{AB}}Q\mathrm{d}y=0=\iint_D Q'_x\mathrm{d}x\mathrm{d}y>0\quad(\text{或}<0)$$

此为矛盾式，故有 $\dfrac{\partial Q}{\partial x}\equiv 0$.

6.2.3　曲面积分的计算(例 6.16—6.21)

例 6.16(同济大学 2014 年竞赛题)　设 $\Sigma:x^2+y^2+z^2=2y$，计算曲面积分

$$\oiint_{\Sigma} (\sqrt{2}\,x + \sqrt{3}\,y + 2z)^2\,\mathrm{d}S$$

解析 作坐标系平移变换,令 $x = u, y = v + 1, z = w$,则 Σ 化为 $\Sigma_1: u^2 + v^2 + w^2 = 1$,曲面微元记为 $\mathrm{d}S'$,球面 Σ_1 的面积为 4π. 由于曲面 Σ_1 关于 3 个坐标平面皆对称,可应用偶倍奇零性,又曲面关于 u, v, w 具有轮换对称性,所以

$$\oiint_{\Sigma_1} u^2\,\mathrm{d}S' = \oiint_{\Sigma_1} v^2\,\mathrm{d}S' = \oiint_{\Sigma_1} w^2\,\mathrm{d}S'$$

于是

$$
\begin{aligned}
\text{原式} &= \oiint_{\Sigma_1} (\sqrt{2}\,u + \sqrt{3}\,v + 2w + \sqrt{3})^2\,\mathrm{d}S' \\
&= \oiint_{\Sigma_1} \big[2u^2 + 3v^2 + 4w^2 + 3 + 2\sqrt{6}\,uv + 4\sqrt{2}\,uw \\
&\qquad\qquad + 2\sqrt{6}\,u + 4\sqrt{3}\,vw + 6v + 4\sqrt{3}\,w \big]\,\mathrm{d}S' \\
&= \oiint_{\Sigma_1} (2u^2 + 3v^2 + 4w^2 + 3)\,\mathrm{d}S' = 3\oiint_{\Sigma_1} (u^2 + v^2 + w^2 + 1)\,\mathrm{d}S' \\
&= 3\oiint_{\Sigma_1} 2\,\mathrm{d}S' = 24\pi
\end{aligned}
$$

例 6.17(北京市 1992 年竞赛题) 计算曲面积分

$$I = \iint_{S} \frac{2\mathrm{d}y\mathrm{d}z}{x\cos^2 x} + \frac{\mathrm{d}z\mathrm{d}x}{\cos^2 y} - \frac{\mathrm{d}x\mathrm{d}y}{z\cos^2 z}$$

其中 S 是球面 $x^2 + y^2 + z^2 = 1$ 的外侧.

解析 记 $F = x^2 + y^2 + z^2 - 1 = 0$,则 $\sqrt{(F'_x)^2 + (F'_y)^2 + (F'_z)^2} = 2$,且

$$\frac{\mathrm{d}y\mathrm{d}z}{F'_x/2} = \frac{\mathrm{d}z\mathrm{d}x}{F'_y/2} = \frac{\mathrm{d}x\mathrm{d}y}{F'_z/2} = \mathrm{d}S \Rightarrow \frac{\mathrm{d}y\mathrm{d}z}{x} = \frac{\mathrm{d}z\mathrm{d}x}{y} = \frac{\mathrm{d}x\mathrm{d}y}{z} = \mathrm{d}S$$

将原式化为第一型曲面积分, 得

$$I = \iint_{S} \left(\frac{2}{\cos^2 x} + \frac{y}{\cos^2 y} - \frac{1}{\cos^2 z} \right)\mathrm{d}S$$

又曲面 S 对 x, y, z 具有轮换对称性,所以 $\iint_{S} \frac{1}{\cos^2 x}\mathrm{d}S = \iint_{S} \frac{1}{\cos^2 y}\mathrm{d}S = \iint_{S} \frac{1}{\cos^2 z}\mathrm{d}S$,且

曲面 S 关于 $y = 0$ 对称,$\frac{y}{\cos^2 y}$ 为奇函数,曲面 S 关于 $z = 0$ 对称,$\frac{1}{\cos^2 z}$ 为偶函数,

应用偶倍奇零性并采用极坐标计算,记 $D: x^2 + y^2 \leqslant 1$,可得

$$
\begin{aligned}
I &= \iint_{S} \frac{1}{\cos^2 z}\mathrm{d}S = 2\iint_{S(z\geqslant 0)} \frac{1}{z\cos^2 z}\mathrm{d}x\mathrm{d}y = 2\iint_{D} \frac{\sec^2\sqrt{1-x^2-y^2}}{\sqrt{1-x^2-y^2}}\mathrm{d}x\mathrm{d}y \\
&= 2\int_0^{2\pi} \mathrm{d}\theta \int_0^1 \frac{\sec^2\sqrt{1-\rho^2}}{\sqrt{1-\rho^2}}\rho\,\mathrm{d}\rho = -4\pi\int_0^1 \sec^2\sqrt{1-\rho^2}\,\mathrm{d}\sqrt{1-\rho^2}
\end{aligned}
$$

$$=-4\pi\tan\sqrt{1-\rho^2}\,\Big|_0^1=4\pi\tan1$$

例 6.18（南京大学 1996 年竞赛题）   设 S 表示球面 $x^2+y^2+z^2=1$ 的外侧位于 $x^2+y^2-x\leqslant0,z\geqslant0$ 的部分,试计算 $I=\iint\limits_S x^2\mathrm{d}y\mathrm{d}z+y^2\mathrm{d}z\mathrm{d}x+z^2\mathrm{d}x\mathrm{d}y.$

解析   曲面 S 在 xOy 平面上的投影为
$$D=\{(x,y)\mid x^2+y^2\leqslant x\}$$
由于 $F=x^2+y^2+z^2-1,\boldsymbol{n}=(F_x',F_y',F_z')=2(x,y,z),$ 故
$$\frac{\mathrm{d}y\mathrm{d}z}{x}=\frac{\mathrm{d}z\mathrm{d}x}{y}=\frac{\mathrm{d}x\mathrm{d}y}{z}$$
于是

$$原式=\iint\limits_D\left(\frac{x^3}{z}+\frac{y^3}{z}+z^2\right)\Big|_{z=\sqrt{1-x^2-y^2}}\,\mathrm{d}x\mathrm{d}y$$

$$=\iint\limits_D\left(\frac{x^3}{\sqrt{1-x^2-y^2}}+1-x^2-y^2\right)\mathrm{d}x\mathrm{d}y$$

$$\left(因为\frac{y^3}{z}关于\,y\,为奇函数,D\,关于\,y=0\,对称,故\iint\limits_D\frac{y^3}{z}\mathrm{d}x\mathrm{d}y=0\right)$$

$$=2\int_0^1\mathrm{d}\rho\int_0^{\arccos\rho}\frac{\rho^4}{\sqrt{1-\rho^2}}\cos^3\theta\mathrm{d}\theta+\frac{\pi}{4}-2\int_0^{\frac{\pi}{2}}\mathrm{d}\theta\int_0^{\cos\theta}\rho^3\mathrm{d}\rho$$

$$=2\int_0^1\frac{\rho^4}{\sqrt{1-\rho^2}}\left(\sin\theta-\frac{1}{3}\sin^3\theta\right)\Big|_0^{\arccos\rho}\mathrm{d}\rho+\frac{\pi}{4}-\frac{1}{2}\int_0^{\frac{\pi}{2}}\cos^4\theta\mathrm{d}\theta$$

$$=2\int_0^1\frac{\rho^4}{\sqrt{1-\rho^2}}\left(\sqrt{1-\rho^2}-\frac{1}{3}(1-\rho^2)^{\frac{3}{2}}\right)\mathrm{d}\rho+\frac{\pi}{4}-\frac{1}{2}\cdot\frac{3!!}{4!!}\cdot\frac{\pi}{2}$$

$$=2\int_0^1\left(\frac{2}{3}\rho^4+\frac{1}{3}\rho^6\right)\mathrm{d}\rho+\frac{\pi}{4}-\frac{3}{32}\pi=\frac{38}{105}+\frac{5}{32}\pi$$

例 6.19（江苏省 2019 年竞赛题）   设 Σ 是椭球面 $x^2+y^2+z^2-yz=1$ 位于平面 $y-2z=0$ 上方的部分,计算曲面积分
$$\iint\limits_\Sigma\frac{(x+1)^2(y-2z)}{\sqrt{5-x^2-3yz}}\mathrm{d}S$$

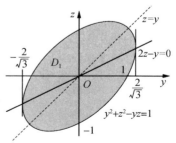

解析   **方法 1**   椭球面 Σ 在 yOz 平面上的投影为椭圆 $D_1:y^2+z^2-yz\leqslant1$,它关于直线 $z=y$ 对称,与直线 $2z-y=0$ 交于区间 $y\in\left[-\dfrac{2}{\sqrt3},\dfrac{2}{\sqrt3}\right]$(参见右图).方程 $y^2+z^2-yz=1$ 两边对 y 求导得
$$2y+2z\cdot z_y'-z-y\cdot z_y'=0$$
令 $z_y'\to\infty$,得 $2z=y$,这表明椭圆 D_1 与直线 $y=\pm\dfrac{2}{\sqrt3}$ 相切,所以在平面 $2z-y=$

0 上方的部分椭球面是单值函数，记为 $\Sigma_1 : z = z(x,y)$. 设 $F = x^2 + y^2 + z^2 - yz - 1 = 0$, 则

$$\mathrm{d}S = \sqrt{1 + \left(-\frac{F'_x}{F'_z}\right)^2 + \left(-\frac{F'_y}{F'_z}\right)^2}\,\mathrm{d}x\mathrm{d}y = \frac{\sqrt{5 - x^2 - 3yz}}{2z - y}\mathrm{d}x\mathrm{d}y$$

曲面 Σ_1 在 xOy 平面上的投影为椭圆 $D : x^2 + \frac{3}{4}y^2 \leqslant 1$, 又 D 的面积为 $\frac{2}{\sqrt{3}}\pi$, 于是

$$原式 = \iint\limits_{D} \frac{(x+1)^2(y-2z)}{\sqrt{5 - x^2 - 3yz}} \cdot \frac{\sqrt{5 - x^2 - 3yz}}{2z - y}\mathrm{d}x\mathrm{d}y$$

$$= -\iint\limits_{D} x^2\,\mathrm{d}x\mathrm{d}y - 2\iint\limits_{D} x\,\mathrm{d}x\mathrm{d}y - \frac{2}{\sqrt{3}}\pi$$

上式右端第 1 项应用广义极坐标计算，令 $x = \rho\cos\theta, y = \frac{2}{\sqrt{3}}\rho\sin\theta$, 第 2 项应用偶倍奇零性，得

$$原式 = -\frac{2}{\sqrt{3}}\int_0^{2\pi}\mathrm{d}\theta\int_0^1 \rho^3\cos^2\theta\mathrm{d}\rho - 0 - \frac{2}{\sqrt{3}}\pi = -\frac{5}{6}\sqrt{3}\pi$$

点评 证明椭球面在平面 $2z - y = 0$ 上方部分的曲面 $\Sigma_1 : z = z(x,y)$ 为单值函数是必须的步骤. 若平面方程改为 $kz - y = 0 (k \neq 2)$, 则曲面方程 $z = z(x,y)$ 就不是单值函数，此时难度将大大提升. 例如下面的方法 2, 将坐标系旋转后就遇到这种情况.

方法 2 作坐标系旋转变换，令

$$x = u, \quad y = \frac{v - w}{\sqrt{2}}, \quad z = \frac{v + w}{\sqrt{2}}$$

则椭球面的方程化为 $\Sigma : u^2 + \frac{1}{2}v^2 + \frac{3}{2}w^2 = 1$. 因为 $y - 2z = -\frac{\sqrt{2}}{2}(v + 3w)$, 所以平面 $y - 2z = 0$ 上方变为平面 $\Pi : v + 3w = 0$ 上方，曲面 Σ 位于平面 Π 上方的部分为 $\Sigma_1 \bigcup \Sigma_2$ (见图(a)). Σ_1 与 Σ_2 在 uOv 平面上的投影分别记为 D_1, D_2 (见图(b)), 其中

$$D_1 : u^2 + \frac{2}{3}v^2 \leqslant 1, \quad D_2 : \sqrt{\frac{3}{2}(1 - u^2)} \leqslant v \leqslant \sqrt{2(1 - u^2)}$$

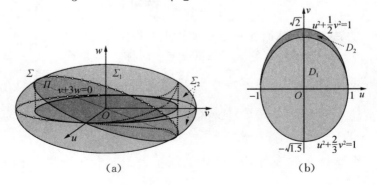

(a)　　　　　　　　　(b)

在曲面 Σ_1 上 $w \geqslant 0$，且 Σ_1 关于 $v = 0$ 对称，又关于 $u = 0$ 对称；曲面 Σ_2 关于 $w = 0$ 对称，又关于 $u = 0$ 对称. 应用偶倍奇零性，得

$$\text{原式} = -\frac{\sqrt{2}}{2} \iint\limits_{\Sigma_1} \frac{(u+1)^2(v+3w)}{\sqrt{6-2u^2-2v^2}} \mathrm{d}S' - \frac{\sqrt{2}}{2} \iint\limits_{\Sigma_2} \frac{(u+1)^2(v+3w)}{\sqrt{6-2u^2-2v^2}} \mathrm{d}S'$$

$$= 0 - \frac{\sqrt{2}}{2} \iint\limits_{\Sigma_1} \frac{(u^2+2u+1)3w}{\sqrt{6-2u^2-2v^2}} \mathrm{d}S' - \sqrt{2} \iint\limits_{\Sigma_2(w \geqslant 0)} \frac{(u^2+2u+1)v}{\sqrt{6-2u^2-2v^2}} \mathrm{d}S' - 0$$

$$= -\frac{3\sqrt{2}}{2} \iint\limits_{\Sigma_1} \frac{(u^2+1)w}{\sqrt{6-2u^2-2v^2}} \mathrm{d}S' - \sqrt{2} \iint\limits_{\Sigma_2(w \geqslant 0)} \frac{(u^2+1)v}{\sqrt{6-2u^2-2v^2}} \mathrm{d}S' \qquad (\ast)_1$$

记 $F = u^2 + \frac{1}{2}v^2 + \frac{3}{2}w^2 - 1$，则

$$\mathrm{d}S' = \sqrt{1 + \left(-\frac{F'_u}{F'_w}\right)^2 + \left(-\frac{F'_v}{F'_w}\right)^2}\, \mathrm{d}u\mathrm{d}v = \frac{\sqrt{6-2u^2-2v^2}}{3\,|w|} \mathrm{d}u\mathrm{d}v$$

将其代入 $(\ast)_1$ 式，可得

$$\text{原式} = -\frac{\sqrt{2}}{2} \iint\limits_{D_1} (u^2+1) \mathrm{d}u\mathrm{d}v - \frac{\sqrt{6}}{3} \iint\limits_{D_2} \frac{(u^2+1)v}{\sqrt{2-2u^2-v^2}} \mathrm{d}u\mathrm{d}v \qquad (\ast)_2$$

在 D_1 上利用广义极坐标计算，令 $u = \rho\cos\theta, v = \frac{\sqrt{6}}{2}\rho\sin\theta$，在 D_2 上利用直角坐标计算，得

$$\iint\limits_{D_1} (u^2+1) \mathrm{d}u\mathrm{d}v = \frac{\sqrt{6}}{2} \int_0^{2\pi} \mathrm{d}\theta \int_0^1 \rho^3 \cos^2\theta \mathrm{d}\rho + \frac{\sqrt{6}}{2}\pi = \frac{5\sqrt{6}}{8}\pi$$

$$\iint\limits_{D_2} \frac{(u^2+1)v}{\sqrt{2-2u^2-v^2}} \mathrm{d}u\mathrm{d}v = 2\int_0^1 \mathrm{d}u \int_{\frac{1}{2}\sqrt{6(1-u^2)}}^{\sqrt{2(1-u^2)}} \frac{(u^2+1)v}{\sqrt{2-2u^2-v^2}} \mathrm{d}v$$

$$= -2\int_0^1 (u^2+1) \sqrt{2-2u^2-v^2}\, \Big|_{\frac{1}{2}\sqrt{6(1-u^2)}}^{\sqrt{2(1-u^2)}} \mathrm{d}u = \sqrt{2}\int_0^1 (u^2+1) \sqrt{1-u^2}\, \mathrm{d}u$$

$$\xlongequal{\diamondsuit u=\sin t} \sqrt{2}\int_0^{\frac{\pi}{2}} (\sin^2 t + 1)\cos^2 t \mathrm{d}t = \frac{5}{16}\sqrt{2}\pi$$

再将上述结论代入 $(\ast)_2$ 式即得

$$\text{原式} = -\frac{\sqrt{2}}{2} \cdot \frac{5\sqrt{6}}{8}\pi - \frac{\sqrt{6}}{3} \cdot \frac{5}{16}\sqrt{2}\pi = -\frac{5}{6}\sqrt{3}\pi$$

例 6.20（全国 2011 年初赛题）　设函数 $f(x)$ 连续，Σ 是球面 $x^2 + y^2 + z^2 = 1$，且 a, b, c 为常数，求证：

$$\iint\limits_{\Sigma} f(ax+by+cz) \mathrm{d}S = 2\pi \int_{-1}^1 f(\sqrt{a^2+b^2+c^2}\, u) \mathrm{d}u$$

解析　当 $a = b = c = 0$ 时，原式两边皆等于 $4\pi f(0)$，所以原式成立. 下面用两种方法证明 a, b, c 不全为 0 时，原式成立.

方法 1 当 a,b,c 不全为 0 时，作坐标系旋转，令 $u = \dfrac{ax+by+cz}{\sqrt{a^2+b^2+c^2}}$，在坐标平面 $u = 0$（即 $ax+by+cz=0$）上任意作互相垂直的 v 轴与 w 轴，这里 $v(x,y,z)$ 与 $w(x,y,z)$ 的表达式省略，只要 $J = \dfrac{\partial(u,v,w)}{\partial(x,y,z)} = 1$，得新坐标系 $O\text{-}uvw$，则球面 Σ 化为球面 $\Sigma' : u^2+v^2+w^2 = 1$，曲面微元记为 $\mathrm{d}S'$，则

$$I = \iint\limits_{\Sigma} f(ax+by+cz)\mathrm{d}S = \iint\limits_{\Sigma'} f\left(\sqrt{a^2+b^2+c^2}\,u\right)\mathrm{d}S'$$

因球面 Σ' 关于 $w = 0$ 对称，$f\left(\sqrt{a^2+b^2+c^2}\,u\right)$ 关于 w 为偶函数，球面 $\Sigma'(w \geqslant 0)$ 的方程为 $w = \sqrt{1-u^2-v^2}$，它在 uOv 平面上的投影为 $D' : u^2+v^2 \leqslant 1$，于是

$$I = 2\iint\limits_{\Sigma'(w \geqslant 0)} f\left(\sqrt{a^2+b^2+c^2}\,u\right)\mathrm{d}S'$$

$$= 2\iint\limits_{D'} f\left(\sqrt{a^2+b^2+c^2}\,u\right)\sqrt{1+\left(\frac{\partial w}{\partial u}\right)^2+\left(\frac{\partial w}{\partial v}\right)^2}\,\mathrm{d}u\mathrm{d}v$$

$$= 2\iint\limits_{D'} f\left(\sqrt{a^2+b^2+c^2}\,u\right)\frac{1}{\sqrt{1-u^2-v^2}}\,\mathrm{d}u\mathrm{d}v$$

$$= 2\int_{-1}^{1}\mathrm{d}u\int_{-\sqrt{1-u^2}}^{\sqrt{1-u^2}} f\left(\sqrt{a^2+b^2+c^2}\,u\right)\frac{1}{\sqrt{1-u^2-v^2}}\,\mathrm{d}v$$

$$= 2\int_{-1}^{1}\left[f\left(\sqrt{a^2+b^2+c^2}\,u\right)\arcsin\frac{v}{\sqrt{1-u^2}}\,\bigg|_{v=-\sqrt{1-u^2}}^{v=\sqrt{1-u^2}}\right]\mathrm{d}u$$

$$= 2\pi\int_{-1}^{1} f\left(\sqrt{a^2+b^2+c^2}\,u\right)\mathrm{d}u$$

方法 2 视原式中的曲面积分为密度为 $f(ax+by+cz)$ 的曲面的质量 Q，下面用微元法解析. 以球心 O 为原点，以 (a,b,c) 为方向作 u 轴，球面 Σ 交 u 轴于 $-1,1$ 两点，$\forall u \in (-1,1)$，过 u 轴上坐标为 u 的点作平面 Π 垂直于 u 轴，平面 Π 的方程为 $\dfrac{ax+by+cz}{\sqrt{a^2+b^2+c^2}} = u$，原点到平面 Π 的距离为 $|u|$，平面 Π 与球面 Σ 的交线为圆 Γ（参见右图），则圆 Γ 的半径为 $|AB| = \sqrt{1-u^2}$. 再

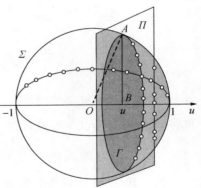

作平面 $\Pi_1 : \dfrac{ax+by+cz}{\sqrt{a^2+b^2+c^2}} = u + \mathrm{d}u$，其中 $u+\mathrm{d}u \in (-1,1)$，$\mathrm{d}u > 0$，则球面 Σ 介于平行平面 Π,Π_1 之间的部分曲面剪开摊平近似为细长条，其面积为

$$2\pi|AB|\mathrm{d}s = 2\pi\sqrt{1-u^2} \cdot \frac{1}{\sqrt{1-u^2}}\mathrm{d}u = 2\pi\mathrm{d}u$$

其上各点处的密度取相同值 $f(ax+by+cz)=f(\sqrt{a^2+b^2+c^2}\,u)$,因此球面 Σ 的总质量 Q 的微元为

$$\mathrm{d}Q=2\pi f(\sqrt{a^2+b^2+c^2}\,u)\mathrm{d}u$$

应用微元法,得球面 Σ 的总质量为

$$Q=\iint\limits_{\Sigma}f(ax+by+cz)\mathrm{d}S=2\pi\int_{-1}^{1}f(\sqrt{a^2+b^2+c^2}\,u)\mathrm{d}u$$

例 6.21(全国 2019 年初赛题)　计算积分

$$I=\int_0^{2\pi}\mathrm{d}\varphi\int_0^{\pi}\mathrm{e}^{\sin\theta(\cos\varphi-\sin\varphi)}\sin\theta\mathrm{d}\theta$$

解析　如图所示,考察球面 $\Sigma:x^2+y^2+z^2=1$,取其参数方程

$$\begin{cases}x=\sin\theta\cos\varphi,\\y=\sin\theta\sin\varphi,\quad(\theta\in[0,\pi],\varphi\in[0,2\pi])\\z=\cos\theta\end{cases}$$

记 $\boldsymbol{r}=\overrightarrow{OP}=(\sin\theta\cos\varphi,\sin\theta\sin\varphi,\cos\theta)$,则

$$\boldsymbol{r}'_\theta=(\cos\theta\cos\varphi,\cos\theta\sin\varphi,-\sin\theta),\quad\boldsymbol{r}'_\varphi=(-\sin\theta\sin\varphi,\sin\theta\cos\varphi,0)$$

$$E=\boldsymbol{r}'_\theta\cdot\boldsymbol{r}'_\theta=1,\quad F=\boldsymbol{r}'_\theta\cdot\boldsymbol{r}'_\varphi=0,\quad G=\boldsymbol{r}'_\varphi\cdot\boldsymbol{r}'_\varphi=\sin^2\theta$$

$$\mathrm{d}S=\sqrt{EG-F^2}\,\mathrm{d}\theta\mathrm{d}\varphi=\sin\theta\mathrm{d}\theta\mathrm{d}\varphi$$

原式可化为第一型曲面积分 $I=\iint\limits_{\Sigma}\mathrm{e}^{x-y}\mathrm{d}S$,应用偶倍奇零性得 $I=2\iint\limits_{\Sigma(z\geqslant0)}\mathrm{e}^{x-y}\mathrm{d}S$. 再改用 x,y 为参数,因 $z=\sqrt{1-x^2-y^2}$,则

$$\mathrm{d}S=\sqrt{1+(z'_x)^2+(z'_y)^2}\,\mathrm{d}x\mathrm{d}y=\frac{1}{\sqrt{1-x^2-y^2}}\mathrm{d}x\mathrm{d}y$$

$$I=2\iint\limits_{D}\mathrm{e}^{x-y}\frac{1}{\sqrt{1-x^2-y^2}}\mathrm{d}x\mathrm{d}y\quad(D:x^2+y^2\leqslant1)$$

将此二重积分作换元变换,令 $x=\dfrac{1}{\sqrt{2}}(u+v),y=\dfrac{1}{\sqrt{2}}(-u+v)$,则 $J=\dfrac{\partial(x,y)}{\partial(u,v)}=1$,

$\mathrm{d}x\mathrm{d}y=|J|\mathrm{d}u\mathrm{d}v=\mathrm{d}u\mathrm{d}v,D$ 化为 $D':u^2+v^2\leqslant1$,于是

$$I=2\iint\limits_{D'}\mathrm{e}^{\sqrt{2}u}\frac{1}{\sqrt{1-u^2-v^2}}\mathrm{d}u\mathrm{d}v$$

应用偶倍奇零性化简再化为二次积分计算,得

$$I=4\int_{-1}^{1}\mathrm{d}u\int_0^{\sqrt{1-u^2}}\mathrm{e}^{\sqrt{2}u}\frac{1}{\sqrt{1-u^2-v^2}}\mathrm{d}v=4\int_{-1}^{1}\mathrm{e}^{\sqrt{2}u}\arcsin\frac{v}{\sqrt{1-u^2}}\Big|_0^{\sqrt{1-u^2}-}\mathrm{d}u$$

$$=2\pi\int_{-1}^{1}\mathrm{e}^{\sqrt{2}u}\mathrm{d}u=\sqrt{2}\,\pi\mathrm{e}^{\sqrt{2}u}\Big|_{-1}^{1}=\sqrt{2}(\mathrm{e}^{\sqrt{2}}-\mathrm{e}^{-\sqrt{2}})\pi$$

6.2.4 应用斯托克斯公式解题(例 6.22—6.24)

例 6.22(江苏省 2012 年竞赛题)　已知 Γ 为 $x^2+y^2+z^2=6y$ 与 $x^2+y^2=4y(z\geqslant 0)$ 的交线,从 z 轴正向看去为逆时针方向,计算曲线积分

$$\int_{\Gamma}(x^2+y^2-z^2)\mathrm{d}x+(y^2+z^2-x^2)\mathrm{d}y+(z^2+x^2-y^2)\mathrm{d}z$$

解析　记 $P=x^2+y^2-z^2,Q=y^2+z^2-x^2,R=z^2+x^2-y^2,\Sigma$ 为球面 $x^2+y^2+z^2=6y$ 位于交线 Γ 上方的部分,取上侧(与 Γ 的走向对应),利用斯托克斯公式,得

$$原式=\iint_{\Sigma}\left(\frac{\partial R}{\partial y}-\frac{\partial Q}{\partial z}\right)\mathrm{d}y\mathrm{d}z+\left(\frac{\partial P}{\partial z}-\frac{\partial R}{\partial x}\right)\mathrm{d}z\mathrm{d}x+\left(\frac{\partial Q}{\partial x}-\frac{\partial P}{\partial y}\right)\mathrm{d}x\mathrm{d}y$$

$$=-2\iint_{\Sigma}(y+z)\mathrm{d}y\mathrm{d}z+(z+x)\mathrm{d}z\mathrm{d}x+(x+y)\mathrm{d}x\mathrm{d}y$$

曲面 Σ 在 xOy 平面上的投影为 $D=\{(x,y)\mid x^2+y^2\leqslant 4y\}$,其极坐标方程为

$$D:0\leqslant\rho\leqslant 4\sin\theta,0\leqslant\theta\leqslant\pi$$

又因为曲面 Σ 的法向量为 $\boldsymbol{n}=(x,y-3,z)$,所以 $\dfrac{\mathrm{d}y\mathrm{d}z}{x}=\dfrac{\mathrm{d}z\mathrm{d}x}{y-3}=\dfrac{\mathrm{d}x\mathrm{d}y}{z}$,则

$$原式=-2\iint_{\Sigma}\left((y+z)\frac{x}{z}+(z+x)\frac{y-3}{z}+(x+y)\right)\mathrm{d}x\mathrm{d}y$$

$$=-2\iint_{D}\frac{x(2y-3)}{\sqrt{6y-x^2-y^2}}\mathrm{d}x\mathrm{d}y-2\iint_{D}(2y+2x-3)\mathrm{d}x\mathrm{d}y$$

$$=0-4\iint_{D(x\geqslant 0)}(2y-3)\mathrm{d}x\mathrm{d}y=-8\int_{0}^{\pi/2}\mathrm{d}\theta\int_{0}^{4\sin\theta}\rho^2\sin\theta\mathrm{d}\rho+6\pi\cdot 2^2$$

$$=-\frac{8}{3}\cdot 64\int_{0}^{\pi/2}\sin^4\theta\mathrm{d}\theta+24\pi=-32\pi+24\pi=-8\pi$$

例 6.23(江苏省 2023 年竞赛题)　求 $\int_{\Gamma}(y^2+z)\mathrm{d}x+(z^2+x)\mathrm{d}y+(x^2+y)\mathrm{d}z$,其中 Γ 为曲面 $z=\sqrt{1-x^2-y^2}$ 与平面 $x+y+z=1$ 相交的曲线从点 $A(0,1,0)$ 到点 $B(1,0,0)$ 的一段.

解析　记曲线 $\Gamma+\overline{BA}$ 所围成的平面区域为 Σ,法向量向上(见图(a).令 $P=y^2+z,Q=z^2+x,R=x^2+y$,显然 $P,Q,R\in\mathscr{E}^{(1)}$,在封闭曲线 $\Gamma+\overline{BA}$ 上应用斯托克斯公式,得

$$I=\int_{\Gamma+\overline{BA}}P\mathrm{d}x+Q\mathrm{d}y+R\mathrm{d}z$$

$$=\iint_{\Sigma}\left(\frac{\partial R}{\partial y}-\frac{\partial Q}{\partial z}\right)\mathrm{d}y\mathrm{d}z+\left(\frac{\partial P}{\partial z}-\frac{\partial R}{\partial x}\right)\mathrm{d}z\mathrm{d}x+\left(\frac{\partial Q}{\partial x}-\frac{\partial P}{\partial y}\right)\mathrm{d}x\mathrm{d}y$$

$$=\iint_{\Sigma}(1-2z)\mathrm{d}y\mathrm{d}z+(1-2x)\mathrm{d}z\mathrm{d}x+(1-2y)\mathrm{d}x\mathrm{d}y$$

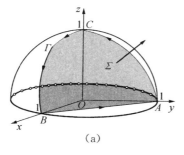
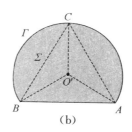

(a)　　　　　　　　　　　　(b)

由于 $\dfrac{\mathrm{d}y\mathrm{d}z}{1}=\dfrac{\mathrm{d}z\mathrm{d}x}{1}=\dfrac{\mathrm{d}x\mathrm{d}y}{1}=\dfrac{\mathrm{d}S}{\sqrt{3}}$，所以

$$I=\frac{1}{\sqrt{3}}\iint\limits_{\Sigma}(3-2(x+y+z))\mathrm{d}S=\frac{1}{\sqrt{3}}\iint\limits_{\Sigma}1\mathrm{d}S=\frac{S(\Sigma)}{\sqrt{3}}$$

区域 Σ 是圆缺(见图(b))，其中 $AC=CB=BA=\sqrt{2}$，则外接圆半径为 $|O'A|=$ $\dfrac{\sqrt{6}}{3}$，$S_{\triangle AO'B}=\dfrac{\sqrt{3}}{6}$，得区域 Σ 的面积为 $S(\Sigma)=\dfrac{2}{3}\pi\left(\dfrac{\sqrt{6}}{3}\right)^2+\dfrac{\sqrt{3}}{6}=\dfrac{4}{9}\pi+\dfrac{\sqrt{3}}{6}$，于是 $I=$ $\dfrac{4}{27}\sqrt{3}\pi+\dfrac{1}{6}$. 又 $\overline{BA}$ 的参数方程为 $x=1-y,y=y,z=0$，参数 y 从 0 到 1，故

$$\int_{\overline{BA}}P\mathrm{d}x+Q\mathrm{d}y+R\mathrm{d}z=\int_0^1(-y^2+1-y)\mathrm{d}y=-\frac{1}{3}+1-\frac{1}{2}=\frac{1}{6}$$

故原式 $=I-\dfrac{1}{6}=\dfrac{4}{27}\sqrt{3}\pi+\dfrac{1}{6}-\dfrac{1}{6}=\dfrac{4}{27}\sqrt{3}\pi.$

例 6.24(浙江省 2009 年竞赛题)　设 $R(x,y,z)=\displaystyle\int_0^{x^2+y^2}f(z-t)\mathrm{d}t$，其中 f 的导函数连续，曲面 S 为 $z=x^2+y^2$ 被平面 $y+z=1$ 所截的下面部分，取内侧，L 为 S 的正向边界，求

$$\oint_L 2xzf(z-x^2-y^2)\mathrm{d}x+[x^3+2yzf(z-x^2-y^2)]\mathrm{d}y+R(x,y,z)\mathrm{d}z$$

解析　曲面 S 与曲线 L 如下图所示. 在 L 上 $z=x^2+y^2$，所以

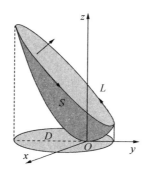

$$R(x,y,z)\Big|_L = \int_0^z f(z-t)\mathrm{d}t \xrightarrow{\text{令} z-t=u} -\int_z^0 f(u)\mathrm{d}u = \int_0^z f(t)\mathrm{d}t$$

记 $H(z) = \int_0^z f(t)\mathrm{d}t$，代入原式化简，有

$$\text{原式} = \oint_L 2xzf(0)\mathrm{d}x + [x^3 + 2yzf(0)]\mathrm{d}y + H(z)\mathrm{d}z$$

$$= \oint_L f(0)(x^2+y^2)(2x\mathrm{d}x+2y\mathrm{d}y) + x^3\mathrm{d}y + H(z)\mathrm{d}z$$

$$= f(0)\oint_L (x^2+y^2)\mathrm{d}(x^2+y^2) + \oint_L x^3\mathrm{d}y + H(z)\mathrm{d}z$$

$$= \frac{1}{2}f(0)(x^2+y^2)^2\Big|_A^A + \oint_L x^3\mathrm{d}y + H(z)\mathrm{d}z = \oint_L x^3\mathrm{d}y + H(z)\mathrm{d}z$$

这里 A 为曲线 L 上任一点. 记 $P=0, Q=x^3, R=H(z)$，应用斯托克斯公式，得

$$\text{原式} = \iint\limits_S \left(\frac{\partial R}{\partial y} - \frac{\partial Q}{\partial z}\right)\mathrm{d}y\mathrm{d}z + \left(\frac{\partial P}{\partial z} - \frac{\partial R}{\partial x}\right)\mathrm{d}z\mathrm{d}x + \left(\frac{\partial Q}{\partial x} - \frac{\partial P}{\partial y}\right)\mathrm{d}x\mathrm{d}y$$

$$= \iint\limits_S 3x^2\mathrm{d}x\mathrm{d}y$$

曲面 S 在 xOy 平面上的投影为 $D: x^2 + \left(y+\dfrac{1}{2}\right)^2 \leqslant \dfrac{5}{4}$. 作平移加极坐标变换：

$$x = \rho\cos\theta, \quad y = -\frac{1}{2} + \rho\sin\theta \quad \left(0 \leqslant \rho \leqslant \frac{\sqrt{5}}{2}, 0 \leqslant \theta \leqslant 2\pi\right)$$

则 $\mathrm{d}x\mathrm{d}y = \rho\mathrm{d}\rho\mathrm{d}\theta$，所以

$$\text{原式} = 3\iint\limits_D x^2\mathrm{d}x\mathrm{d}y = 3\int_0^{2\pi}\mathrm{d}\theta\int_0^{\sqrt{5}/2}\rho^3\cos^2\theta\mathrm{d}\rho = 3\int_0^{2\pi}\frac{1+\cos2\theta}{2}\mathrm{d}\theta \cdot \int_0^{\sqrt{5}/2}\rho^3\mathrm{d}\rho$$

$$= \frac{3}{2}\left(\theta+\frac{1}{2}\sin2\theta\right)\Big|_0^{2\pi} \cdot \frac{1}{4}\rho^4\Big|_0^{\sqrt{5}/2} = \frac{75}{64}\pi$$

6.2.5 应用高斯公式解题(例 6.25—6.36)

例 6.25(江苏省 2016 年竞赛题)　设 Σ 为球面 $x^2+y^2+z^2=2z$，试求曲面积分

$$\iint\limits_\Sigma (x^4+y^4+z^4-x^3-y^3-z^3+x^2+y^2+z^2-x-y-z)\mathrm{d}S$$

解析　曲面 Σ 关于平面 $x=0$ 对称，又关于平面 $y=0$ 对称，应用曲面积分的偶倍奇零性化简原式得

$$\text{原式} = \iint\limits_\Sigma (x^4+y^4+z^4-z^3+x^2+y^2+z^2-z)\mathrm{d}S$$

由于 $\boldsymbol{n}^0 = (x, y, z-1)$(外侧)，$\dfrac{\mathrm{d}y\mathrm{d}z}{x} = \dfrac{\mathrm{d}z\mathrm{d}x}{y} = \dfrac{\mathrm{d}x\mathrm{d}y}{z-1} = \mathrm{d}S$，将原式化为第二型曲面积分，再应用高斯公式计算(其中 $\Omega: x^2 + y^2 + z^2 \leqslant 2z$)，则

$$原式 = \iint\limits_{\Sigma} \big[(x^3+x)x + (y^3+y)y + (z^3+z)(z-1)\big]\mathrm{d}S$$

$$= \iint\limits_{\Sigma} (x^3+x)\mathrm{d}y\mathrm{d}z + (y^3+y)\mathrm{d}z\mathrm{d}x + (z^3+z)\mathrm{d}x\mathrm{d}y$$

$$= 3\iiint\limits_{\Omega} (x^2 + y^2 + z^2 + 1)\mathrm{d}x\mathrm{d}y\mathrm{d}z$$

$$= 3\int_0^{2\pi}\mathrm{d}\theta\int_0^{\pi/2}\mathrm{d}\varphi\int_0^{2\cos\varphi} r^4\sin\varphi\,\mathrm{d}r + 3\times\frac{4}{3}\pi\times 1^3$$

$$= -\pi\frac{32}{5}\cos^6\varphi\Big|_0^{\pi/2} + 4\pi = \frac{32}{5}\pi + 4\pi = \frac{52}{5}\pi$$

例 6.26(全国 2022 年决赛题)　设曲面 Σ 是由锥面 $x = \sqrt{y^2 + z^2}$，平面 $x = 1$ 以及球面 $x^2 + y^2 + z^2 = 4$ 围成的空间区域 Ω 的外侧表面，$f(u)$ 是具有连续导数的奇函数，计算

$$I = \oiint\limits_{\Sigma} (x^2 + f(xy))\mathrm{d}y\mathrm{d}z + (y^2 + f(xz))\mathrm{d}z\mathrm{d}x + (z^2 + f(yz))\mathrm{d}x\mathrm{d}y$$

分析　记平面 $x = 1$ 为 Π. 空间区域 Ω 有三种情况：一是球面内部、锥面内部，Π 上方部分；二是球面内部，锥面外部，Π 上方部分；三是球面内部，锥面外部，Π 下方部分(参见下图). 上述情况在图中依次记为 $\Omega_i(i = 1, 2, 3)$. 为确定起见，下面仅按第一种情况计算.

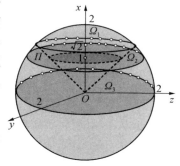

解析　记 $P = x^2 + f(xy)$，$Q = y^2 + f(xz)$，$R = z^2 + f(yz)$，设 $\Omega_1 = \Omega$，其外侧表面为 Σ. 显然 $P, Q, R \in \mathscr{C}^{(1)}(\Omega)$，在 Σ 上应用高斯公式，得

$$I = \oiint\limits_{\Sigma} P\mathrm{d}y\mathrm{d}z + Q\mathrm{d}z\mathrm{d}x + R\mathrm{d}x\mathrm{d}y = \iiint\limits_{\Omega} (P'_x + Q'_y + R'_z)\mathrm{d}V$$

$$= \iiint\limits_{\Omega} (2x + yf'(xy) + 2y + 2z + yf'(yz))\mathrm{d}V$$

由于 $f(u)$ 是奇函数，故 $f'(u)$ 是偶函数，又 Ω 关于平面 $y = 0$ 对称，关于平面 $z = 0$ 对称，所以 $yf'(xy) + 2y + yf'(yz)$ 关于 y 是奇函数，$2z$ 关于 z 是奇函数，应用三重积分的偶倍奇零性，得

$$\iiint\limits_{\Omega} (yf'(xy) + 2y + yf'(yz))\mathrm{d}V = 0, \qquad \iiint\limits_{\Omega} 2z\mathrm{d}V = 0$$

于是 $I = 2\iiint\limits_{\Omega} x\mathrm{d}V$. 下面采用直角坐标下先二后一法计算, 得

$$I = 2\iiint\limits_{\Omega} x\mathrm{d}V = 2\int_1^{\sqrt{2}} \mathrm{d}x \iint\limits_{y^2+z^2\leqslant x^2} x\mathrm{d}y\mathrm{d}z + 2\int_{\sqrt{2}}^2 \mathrm{d}x \iint\limits_{y^2+z^2\leqslant 4-x^2} x\mathrm{d}y\mathrm{d}z$$

$$= 2\pi\int_1^{\sqrt{2}} x^3\mathrm{d}x + 2\pi\int_{\sqrt{2}}^2 x(4-x^2)\mathrm{d}x = \frac{3}{2}\pi + 2\pi = \frac{7}{2}\pi$$

例 6.27(江苏省 2018 年竞赛题) 设 $\Sigma: x^2+y^2+z^2=4(z\geqslant 0)$, 取上侧, 试求曲面积分 $\iint\limits_{\Sigma} \dfrac{x\mathrm{d}y\mathrm{d}z + y\mathrm{d}z\mathrm{d}x + z\mathrm{d}x\mathrm{d}y}{\sqrt{x^2+(y-1)^2+z^2}}$.

解析 在曲面 Σ 上, 有 $\sqrt{x^2+(y-1)^2+z^2}=\sqrt{5-2y}$, 记

$$P = \frac{x}{\sqrt{5-2y}}, \quad Q = \frac{y}{\sqrt{5-2y}}, \quad R = \frac{z}{\sqrt{5-2y}}$$

设 $\Sigma_1: z=0(x^2+y^2\leqslant 4)$, 取下侧, 并记 Σ 与 Σ_1 所围区域为 Ω, 显然 $P,Q,R\in\mathscr{C}^{(1)}(\Omega)$. 在 $\Sigma+\Sigma_1$ 上应用高斯公式, 得

$$原式 = \oiint\limits_{\Sigma+\Sigma_1} P\mathrm{d}y\mathrm{d}z + Q\mathrm{d}z\mathrm{d}x + R\mathrm{d}x\mathrm{d}y - \iint\limits_{\Sigma_1} P\mathrm{d}y\mathrm{d}z + Q\mathrm{d}z\mathrm{d}x + R\mathrm{d}x\mathrm{d}y$$

$$= \iiint\limits_{\Omega}(P'_x+Q'_y+R'_z)\mathrm{d}V - 0 = 5\iiint\limits_{\Omega}\frac{3-y}{(5-2y)^{\frac{3}{2}}}\mathrm{d}V \quad (先用二后一法)$$

$$= 5\int_{-2}^2 \frac{3-y}{(5-2y)^{\frac{3}{2}}} \frac{\pi}{2}(4-y^2)\mathrm{d}y \quad (令 5-2y=t^2, 其中 t>0)$$

$$= \frac{5}{16}\pi\int_1^3\left(-\frac{9}{t^2}+1+9t^2-t^4\right)\mathrm{d}t = \frac{5}{16}\pi\left(\frac{9}{t}+t+3t^3-\frac{1}{5}t^5\right)\Big|_1^3 = 8\pi$$

点评 本题要想应用高斯公式, 需添加底面圆 Σ_1 构成封闭曲面, 但是被积表达式在 Ω 上的点 $(0,1,0)$ 处不连续, 必须另寻他法. 上述解析的重要一步是利用积分曲面 Σ 的方程, 将被积表达式的分母化为 $\sqrt{5-2y}$, 此时被积表达式的一阶偏导数在 Ω 上连续, 可应用高斯公式.

例 6.28(全国 2013 年初赛题) 设 Σ 是光滑的封闭曲面且方向朝外, 给定第二型曲面积分

$$I = \iint\limits_{\Sigma}(x^3-x)\mathrm{d}y\mathrm{d}z + (2y^3-y)\mathrm{d}z\mathrm{d}x + (3z^3-z)\mathrm{d}x\mathrm{d}y$$

试确定曲面 Σ, 使得积分 I 的值最小, 并求该最小值.

解析 设 Σ 包围的区域为 Ω, $P=x^3-x, Q=2y^3-y, R=3z^3-z$, 应用高斯公式, 得

$$I = \iiint\limits_{\Omega} (P'_x + Q'_y + R'_z)\mathrm{d}V = 3\iiint\limits_{\Omega}(x^2 + 2y^2 + 3z^2 - 1)\mathrm{d}V$$

由于被积函数 $x^2 + 2y^2 + 3z^2 - 1$ 取负值的最大区域是 $x^2 + 2y^2 + 3z^2 < 1$,所以当曲面 Σ 为椭球面 $x^2 + 2y^2 + 3z^2 = 1$ 时 I 取最小值.

为求 I 的最小值,应用广义球面坐标变换,令

$$x = r\sin\varphi\cos\theta, \quad y = \frac{1}{\sqrt{2}}r\sin\varphi\sin\theta, \quad z = \frac{1}{\sqrt{3}}r\cos\varphi$$

则 $\mathrm{d}V = \frac{1}{\sqrt{6}}r^2\sin\varphi\,\mathrm{d}r\mathrm{d}\varphi\mathrm{d}\theta$,区域 Ω 化为 $\Omega':0 \leqslant \theta \leqslant 2\pi, 0 \leqslant \varphi \leqslant \pi, 0 \leqslant r \leqslant 1$,于是

$$I_{\min} = \frac{3}{\sqrt{6}}\int_0^{2\pi}\mathrm{d}\theta \cdot \int_0^{\pi}\sin\varphi\mathrm{d}\varphi \cdot \int_0^1 (r^2 - 1)r^2\mathrm{d}r = -\frac{4}{15}\sqrt{6}\pi$$

例 6.29(浙江省 2016 年竞赛题)　设曲面 S 为

$$\frac{(x-1)^2}{9} + \frac{(y-2)^2}{16} + z^2 = 1 \quad (z \geqslant 0)$$

方向取外侧,计算 $\displaystyle\iint\limits_{S} \frac{x\mathrm{d}y\mathrm{d}z + y\mathrm{d}z\mathrm{d}x + z\mathrm{d}x\mathrm{d}y}{\sqrt{(x^2 + y^2 + z^2)^3}}$.

解析　曲面 S 在 xOy 平面上的投影为

$$D: \frac{(x-1)^2}{9} + \frac{(y-2)^2}{16} \leqslant 1$$

则原点是 D 的内点. 记

$$P = \frac{x}{r^3}, \quad Q = \frac{y}{r^3}, \quad R = \frac{z}{r^3} \quad (\text{其中 } r = \sqrt{x^2 + y^2 + z^2})$$

则

$$P'_x + Q'_y + R'_z = \frac{r^2 - 3x^2}{r^5} + \frac{r^2 - 3y^2}{r^5} + \frac{r^2 - 3z^2}{r^5} = 0$$

记 Σ_1 为半球面 $x^2 + y^2 + z^2 = \varepsilon^2 (z \geqslant 0)$,方向取外侧,这里 $\varepsilon > 0$ 充分小,使得曲面 Σ_1 与 S 不相交. 又记 Σ_2 为 xOy 平面上的区域

$$\left\{(x, y) \,\middle|\, \frac{(x-1)^2}{9} + \frac{(y-2)^2}{16} \leqslant 1, x^2 + y^2 \geqslant \varepsilon^2\right\}$$

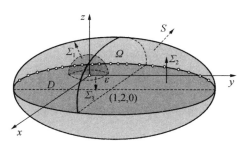

方向向上(参见上图). 由于在曲面 S, Σ_1, Σ_2 所围的体单连通区域 Ω 上 P, Q, $R \in \mathscr{C}^{(1)}$,且 $P'_x + Q'_y + R'_z = 0$, 所以在区域 Ω 内原式的曲面积分与曲面无关. 用 $\Sigma_1 + \Sigma_2$ 替代 S, 则

$$\text{原式} = \iint\limits_{\Sigma_1} \frac{x\mathrm{d}y\mathrm{d}z + y\mathrm{d}z\mathrm{d}x + z\mathrm{d}x\mathrm{d}y}{\sqrt{(x^2 + y^2 + z^2)^3}} + \iint\limits_{\Sigma_2} \frac{x\mathrm{d}y\mathrm{d}z + y\mathrm{d}z\mathrm{d}x + z\mathrm{d}x\mathrm{d}y}{\sqrt{(x^2 + y^2 + z^2)^3}}$$

$$= \frac{1}{\varepsilon^3} \iint\limits_{\Sigma_1} x\mathrm{d}y\mathrm{d}z + y\mathrm{d}z\mathrm{d}x + z\mathrm{d}x\mathrm{d}y + \iint\limits_{\Sigma_2} \frac{x \cdot 0 + y \cdot 0 + 0 \cdot \mathrm{d}x\mathrm{d}y}{\sqrt{(x^2 + y^2)^3}}$$

$$= \frac{1}{\varepsilon^3} \iint\limits_{\Sigma_1} x\mathrm{d}y\mathrm{d}z + y\mathrm{d}z\mathrm{d}x + z\mathrm{d}x\mathrm{d}y$$

令 $\Sigma_3 : z = 0 (x^2 + y^2 \leqslant \varepsilon^2)$, 取下侧, 记 Σ_1 与 Σ_3 包围的区域为 Ω_1, 在 $\Sigma_1 + \Sigma_3$ 上应用高斯公式得

$$\text{原式} = \frac{1}{\varepsilon^3} \iint\limits_{\Sigma_1 + \Sigma_3} x\mathrm{d}y\mathrm{d}z + y\mathrm{d}z\mathrm{d}x + z\mathrm{d}x\mathrm{d}y - \frac{1}{\varepsilon^3} \iint\limits_{\Sigma_3} x\mathrm{d}y\mathrm{d}z + y\mathrm{d}z\mathrm{d}x + z\mathrm{d}x\mathrm{d}y$$

$$= \frac{1}{\varepsilon^3} \iiint\limits_{\Omega_1} 3\mathrm{d}x\mathrm{d}y\mathrm{d}z - \frac{1}{\varepsilon^3} \iint\limits_{\Sigma_3} x \cdot 0 + y \cdot 0 + 0 \mathrm{d}x\mathrm{d}y = \frac{3}{\varepsilon^3} \cdot \frac{2\pi}{3}\varepsilon^3 - 0 = 2\pi$$

例 6.30(江苏省 2008 年竞赛题)   设 Σ 为 $x^2 + y^2 + z^2 = 1 (z \geqslant 0)$ 的外侧, 连续函数 $f(x, y)$ 满足

$$f(x, y) = 2(x - y)^2 + \iint\limits_{\Sigma} x(z^2 + \mathrm{e}^z)\mathrm{d}y\mathrm{d}z + y(z^2 + \mathrm{e}^z)\mathrm{d}z\mathrm{d}x$$

$$+ [zf(x, y) - 2\mathrm{e}^z]\mathrm{d}x\mathrm{d}y$$

求 $f(x, y)$.

解析   设

$$\iint\limits_{\Sigma} x(z^2 + \mathrm{e}^z)\mathrm{d}y\mathrm{d}z + y(z^2 + \mathrm{e}^z)\mathrm{d}z\mathrm{d}x + [zf(x, y) - 2\mathrm{e}^z]\mathrm{d}x\mathrm{d}y = a$$

则 $f(x, y) = 2(x - y)^2 + a$. 设 D 为 xOy 平面上的圆 $x^2 + y^2 \leqslant 1$, Σ_1 为 D 的下侧, Ω 为 Σ 与 Σ_1 包围的区域, 应用高斯公式, 得

$$a = \iint\limits_{\Sigma + \Sigma_1} x(z^2 + \mathrm{e}^z)\mathrm{d}y\mathrm{d}z + y(z^2 + \mathrm{e}^z)\mathrm{d}z\mathrm{d}x + [zf(x, y) - 2\mathrm{e}^z]\mathrm{d}x\mathrm{d}y$$

$$- \iint\limits_{\Sigma_1} x(z^2 + \mathrm{e}^z)\mathrm{d}y\mathrm{d}z + y(z^2 + \mathrm{e}^z)\mathrm{d}z\mathrm{d}x + [zf(x, y) - 2\mathrm{e}^z]\mathrm{d}x\mathrm{d}y$$

$$= \iiint\limits_{\Omega} [2z^2 + 2(x - y)^2 + a]\mathrm{d}V + \iint\limits_{D} (-2)\mathrm{d}x\mathrm{d}y$$

$$= \iiint\limits_{\Omega} [2(x^2 + y^2 + z^2) - 4xy + a]\mathrm{d}V - 2\pi$$

$$= 2 \int_0^{2\pi} \mathrm{d}\theta \int_0^{\frac{\pi}{2}} \sin\varphi \mathrm{d}\varphi \int_0^1 r^4 \mathrm{d}r - 0 + \frac{2}{3}\pi a - 2\pi = \frac{-6}{5}\pi + \frac{2}{3}\pi a$$

故 $a = \dfrac{18\pi}{5(2\pi - 3)}$，于是 $f(x,y) = 2(x-y)^2 + \dfrac{18\pi}{5(2\pi-3)}$.

例 6.31（全国 2014 年决赛题）　设函数 $f(x)$ 连续可导，且

$$P = Q = R = f((x^2 + y^2)z)$$

又已知有向曲面 Σ_t 是圆柱体 $x^2 + y^2 \leqslant t^2, 0 \leqslant z \leqslant 1$ 的表面，方向朝外，记第二型的曲面积分 $I_t = \iint\limits_{\Sigma_t} P\,\mathrm{d}y\mathrm{d}z + Q\,\mathrm{d}z\mathrm{d}x + R\,\mathrm{d}x\mathrm{d}y$，求极限 $\lim\limits_{t \to 0^+} \dfrac{I_t}{t^4}$.

解析　记曲面 Σ_t 所围的立体区域为 Ω，应用高斯公式，得

$$I_t = \iiint\limits_{\Omega}(P_x' + Q_y' + R_z')\,\mathrm{d}V = \iiint\limits_{\Omega}(2xz + 2yz + x^2 + y^2)f'((x^2 + y^2)z)\,\mathrm{d}V$$

因为区域 Ω 分别关于 $x = 0$ 与 $y = 0$ 对称，而 $2xzf'((x^2 + y^2)z)$ 关于 x 为奇函数，$2yzf'((x^2 + y^2)z)$ 关于 y 为奇函数，应用三重积分的偶倍奇零性化简上式，并用柱坐标计算，得

$$I_t = \iiint\limits_{\Omega}(x^2 + y^2)f'((x^2 + y^2)z)\,\mathrm{d}V$$

$$= \int_0^{2\pi}\mathrm{d}\theta\int_0^t\mathrm{d}\rho\int_0^1\rho^3 f'(\rho^2 z)\,\mathrm{d}z \quad (\text{令 } \rho^2 z = u)$$

$$= 2\pi\int_0^t\rho\,\mathrm{d}\rho\int_0^{\rho^2}f'(u)\,\mathrm{d}u = 2\pi\int_0^t\rho f(u)\Big|_0^{\rho^2}\,\mathrm{d}\rho = 2\pi\int_0^t\rho(f(\rho^2) - f(0))\,\mathrm{d}\rho$$

再应用洛必达法则与导数的定义，可得

$$\lim_{t \to 0^+}\frac{I_t}{t^4} = 2\pi\lim_{t \to 0^+}\frac{\displaystyle\int_0^t\rho(f(\rho^2) - f(0))\,\mathrm{d}\rho}{t^4} \overset{\frac{0}{0}}{=\!=\!=} \frac{\pi}{2}\lim_{t^2 \to 0}\frac{f(t^2) - f(0)}{t^2} = \frac{\pi}{2}f'(0)$$

例 6.32（南京大学 1995 年竞赛题）　设 $\varphi(x,y,z)$ 为原点到椭球面

$$\Sigma: \frac{x^2}{a^2} + \frac{y^2}{b^2} + \frac{z^2}{c^2} = 1 \quad (a > 0, b > 0, c > 0)$$

上点 (x,y,z) 处的切平面的距离，求 $\iint\limits_{\Sigma}\varphi(x,y,z)\,\mathrm{d}S$.

解析　椭球面 $\dfrac{x^2}{a^2} + \dfrac{y^2}{b^2} + \dfrac{z^2}{c^2} = 1$ 任一点 $P(x,y,z)$ 处的切平面方程为 $\dfrac{xX}{a^2} + \dfrac{yY}{b^2} + \dfrac{zZ}{c^2} = 1$，坐标原点到该切平面的距离

$$\varphi(x,y,z) = \frac{1}{\sqrt{\dfrac{x^2}{a^4} + \dfrac{y^2}{b^4} + \dfrac{z^2}{c^4}}}$$

记 $u = \dfrac{x^2}{a^4} + \dfrac{y^2}{b^4} + \dfrac{z^2}{c^4}$，则 $\varphi(x,y,z) = \dfrac{1}{\sqrt{u}}$. 于是

$$\iint\limits_{\Sigma} \varphi(x,y,z)\mathrm{d}S = \iint\limits_{\Sigma} \frac{1}{\sqrt{u}}\mathrm{d}S = \iint\limits_{\Sigma} \frac{1}{\sqrt{u}}\left(\frac{x^2}{a^2} + \frac{y^2}{b^2} + \frac{z^2}{c^2}\right)\mathrm{d}S \qquad (*)$$

因椭球面 Σ 上 P 点处的外侧法向量的方向余弦为

$$\cos\alpha = \frac{x}{\sqrt{u}\,a^2}, \quad \cos\beta = \frac{y}{\sqrt{u}\,b^2}, \quad \cos\gamma = \frac{z}{\sqrt{u}\,c^2}$$

由此将曲面积分从第一型化为第二型，并应用高斯公式，得

$$\begin{aligned}
\iint\limits_{\Sigma} \varphi(x,y,z)\mathrm{d}S &= \iint\limits_{\Sigma} (x\cos\alpha + y\cos\beta + z\cos\gamma)\mathrm{d}S \\
&= \iint\limits_{\Sigma} x\,\mathrm{d}y\mathrm{d}z + y\,\mathrm{d}z\mathrm{d}x + z\,\mathrm{d}x\mathrm{d}y \\
&= \iiint\limits_{\Omega} 3\,\mathrm{d}V = 3 \cdot \frac{4}{3}\pi abc = 4\pi abc
\end{aligned}$$

点评　上面将被积表达式 $\dfrac{1}{\sqrt{u}}\mathrm{d}S$ 改写为 $\dfrac{1}{\sqrt{u}}\left(\dfrac{x^2}{a^2} + \dfrac{y^2}{b^2} + \dfrac{z^2}{c^2}\right)\mathrm{d}S$ 这一步很妙，便于下一步将第一型曲面积分化为第二型曲面积分.

例 6.33（全国 2011 年决赛题）　已知曲面 S 是空间曲线 $\begin{cases} x^2 + 3y^2 = 1, \\ z = 0 \end{cases}$ 绕 y 轴旋转生成的椭球面的上半部分（$z \geqslant 0$），取上侧，Π 是 S 在 $P(x,y,z)$ 点处的切平面，$\rho(x,y,z)$ 是原点到切平面 Π 的距离，λ,μ,ν 表示 S 的正法向的方向余弦，计算：

(1) $\displaystyle\iint\limits_{S} \frac{z}{\rho(x,y,z)}\mathrm{d}S$；

(2) $\displaystyle\iint\limits_{S} z(\lambda x + 3\mu y + \nu z)\mathrm{d}S$.

解析　(1) 根据题意，可得旋转曲面 S 的方程为 $x^2 + 3y^2 + z^2 = 1$（$z \geqslant 0$）. 曲面 S 上任一点 $P(x,y,z)$ 处的切平面 Π 的方程为 $xX + 3yY + zZ = 1$，于是

$$\rho(x,y,z) = \frac{1}{\sqrt{x^2 + 9y^2 + z^2}}$$

记 $u = x^2 + 9y^2 + z^2$，则 $\rho(x,y,z) = \dfrac{1}{\sqrt{u}}$，于是

$$\begin{aligned}
I &= \iint\limits_{S} \frac{z}{\rho(x,y,z)}\mathrm{d}S = \iint\limits_{S} z\sqrt{u}\,\mathrm{d}S = \iint\limits_{S} \frac{zu}{\sqrt{u}}\mathrm{d}S \\
&= \iint\limits_{S} \frac{z}{\sqrt{u}}(x^2 + 9y^2 + z^2)\mathrm{d}S \qquad (*)
\end{aligned}$$

因曲面 S 上点 P 处的外侧法向量的方向余弦为

$$\lambda = \cos\alpha = \frac{x}{\sqrt{u}}, \quad \mu = \cos\beta = \frac{3y}{\sqrt{u}}, \quad \nu = \cos\gamma = \frac{z}{\sqrt{u}}$$

由此将曲面积分（＊）式从第一型化为第二型，得

$$I = \iint_S (xz\cos\alpha + 3yz\cos\beta + z^2\cos\gamma)\mathrm{d}S = \iint_S xz\,\mathrm{d}y\mathrm{d}z + 3yz\,\mathrm{d}z\mathrm{d}x + z^2\,\mathrm{d}x\mathrm{d}y$$

令 $\Sigma: z = 0(x^2 + 3y^2 \leqslant 1)$，取下侧，记 S 与 Σ 包围的区域为 Ω，应用高斯公式得

$$I = \iint_{S+\Sigma} xz\,\mathrm{d}y\mathrm{d}z + 3yz\,\mathrm{d}z\mathrm{d}x + z^2\,\mathrm{d}x\mathrm{d}y - \iint_{\Sigma} xz\,\mathrm{d}y\mathrm{d}z + 3yz\,\mathrm{d}z\mathrm{d}x + z^2\,\mathrm{d}x\mathrm{d}y$$

$$= \iiint_{\Omega} 6z\mathrm{d}V - 0 = 6\int_0^1 \mathrm{d}z \iint_{D(z)} z\,\mathrm{d}x\mathrm{d}y = 6\pi\int_0^1 z\,\frac{1-z^2}{\sqrt{3}}\mathrm{d}z = \frac{\sqrt{3}}{2}\pi$$

（2）记号同上，计算过程同上，有

$$\iint_S z(\lambda x + 3\mu y + \nu z)\mathrm{d}S = \oiint_{S+\Sigma} zx\,\mathrm{d}y\mathrm{d}z + 3zy\,\mathrm{d}z\mathrm{d}x + z^2\,\mathrm{d}x\mathrm{d}y = \frac{\sqrt{3}}{2}\pi$$

点评 上面（＊）式中将被积表达式 $z\sqrt{u}\,\mathrm{d}S$ 改写为 $\dfrac{z}{\sqrt{u}}(x^2 + 9y^2 + z^2)\mathrm{d}S$ 很妙，便于下一步将曲面积分从第一型化为第二型.

例 6.34（全国 2017 年决赛题） 设函数 $f(x,y,z)$ 在区域 $\Omega: \{(x,y,z) \mid x^2 + y^2 + z^2 \leqslant 1\}$ 上具有连续的二阶偏导数，且满足

$$\frac{\partial^2 f}{\partial x^2} + \frac{\partial^2 f}{\partial y^2} + \frac{\partial^2 f}{\partial z^2} = \sqrt{x^2 + y^2 + z^2}$$

计算 $I = \iiint_{\Omega} \left(x\dfrac{\partial f}{\partial x} + y\dfrac{\partial f}{\partial y} + z\dfrac{\partial f}{\partial z} \right)\mathrm{d}x\mathrm{d}y\mathrm{d}z$.

解析 记 $\Sigma: x^2 + y^2 + z^2 = 1$（取外侧），考察曲面积分恒等式

$$\iint_{\Sigma} \frac{\partial f}{\partial x}\mathrm{d}y\mathrm{d}z + \frac{\partial f}{\partial y}\mathrm{d}z\mathrm{d}x + \frac{\partial f}{\partial z}\mathrm{d}x\mathrm{d}y$$

$$= \iint_{\Sigma} (x^2 + y^2 + z^2)\left(\frac{\partial f}{\partial x}\mathrm{d}y\mathrm{d}z + \frac{\partial f}{\partial y}\mathrm{d}z\mathrm{d}x + \frac{\partial f}{\partial z}\mathrm{d}x\mathrm{d}y \right)$$

对上式中的两边分别应用高斯公式，得

$$\iiint_{\Omega} \left(\frac{\partial^2 f}{\partial x^2} + \frac{\partial^2 f}{\partial y^2} + \frac{\partial^2 f}{\partial z^2} \right)\mathrm{d}V$$

$$= 2\iiint_{\Omega} \left(x\frac{\partial f}{\partial x} + y\frac{\partial f}{\partial y} + z\frac{\partial f}{\partial z} \right)\mathrm{d}V + \iiint_{\Omega} (x^2 + y^2 + z^2)\left(\frac{\partial^2 f}{\partial x^2} + \frac{\partial^2 f}{\partial y^2} + \frac{\partial^2 f}{\partial z^2} \right)\mathrm{d}V$$

再由上式解出 I 并利用球坐标变换计算，得

$$I = \frac{1}{2}\iiint_{\Omega} \left(\sqrt{x^2 + y^2 + z^2} - (x^2 + y^2 + z^2)\sqrt{x^2 + y^2 + z^2} \right)\mathrm{d}V$$

$$= \frac{1}{2}\int_0^{2\pi}\mathrm{d}\theta \int_0^{\pi}\sin\varphi\mathrm{d}\varphi \int_0^1 (r^3 - r^5)\mathrm{d}r = 2\pi\left(\frac{1}{4} - \frac{1}{6} \right) = \frac{\pi}{6}$$

点评　上面的曲面积分恒等式很妙,读者应仔细体会.

例 6.35(全国 2016 年决赛题)　设 $P(x,y,z),R(x,y,z)$ 在空间上有连续偏导数,记上半球面 $S:z=z_0+\sqrt{r^2-(x-x_0)^2-(y-y_0)^2}$,且方向向上,若对任何点 (x_0,y_0,z_0) 和 $r>0$,第二型曲面积分 $\iint\limits_{S}P\mathrm{d}y\mathrm{d}z+R\mathrm{d}x\mathrm{d}y=0$,证明:$\dfrac{\partial P}{\partial x}\equiv 0$.

解析　记上半球面 S 的底平面为 D,方向向上, D 的下侧记为 D_1. 记 $S+D_1$ 包围的区域为 Ω,应用高斯公式得

$$\iint\limits_{S+D_1}P\mathrm{d}y\mathrm{d}z+R\mathrm{d}x\mathrm{d}y=\iiint\limits_{\Omega}\left(\frac{\partial P}{\partial x}+\frac{\partial R}{\partial z}\right)\mathrm{d}x\mathrm{d}y\mathrm{d}z \tag{1}$$

由于 $\iint\limits_{S}P\mathrm{d}y\mathrm{d}z+R\mathrm{d}x\mathrm{d}y=0,\iint\limits_{D_1}P\mathrm{d}y\mathrm{d}z+R\mathrm{d}x\mathrm{d}y=-\iint\limits_{D}R(x,y,z_0)\mathrm{d}x\mathrm{d}y$,代入(1)式得

$$-\iint\limits_{D}R(x,y,z_0)\mathrm{d}x\mathrm{d}y=\iiint\limits_{\Omega}\left(\frac{\partial P}{\partial x}+\frac{\partial R}{\partial z}\right)\mathrm{d}x\mathrm{d}y\mathrm{d}z \tag{2}$$

此式两边分别应用二重积分中值定理和三重积分中值定理,得

$$-R(\xi,\zeta,z_0)\pi r^2=\left(\frac{\partial P}{\partial x}+\frac{\partial R}{\partial z}\right)\Big|_{(\alpha,\beta,\gamma)}\cdot\frac{2}{3}\pi r^3$$

即

$$R(\xi,\zeta,z_0)=-\left(\frac{\partial P}{\partial x}+\frac{\partial R}{\partial z}\right)\Big|_{(\alpha,\beta,\gamma)}\cdot\frac{2}{3}r$$

则 $\lim\limits_{r\to 0}R(\xi,\zeta,z_0)=R(x_0,y_0,z_0)=0$,由点 (x_0,y_0,z_0) 的任意性,即得 $R(x,y,z)\equiv 0$,代入(2)式得

$$\iiint\limits_{\Omega}\left(\frac{\partial P}{\partial x}\right)\mathrm{d}x\mathrm{d}y\mathrm{d}z\equiv 0$$

下面根据上式证明 $\dfrac{\partial P}{\partial x}\equiv 0$. 用反证法,若 $\dfrac{\partial P}{\partial x}\Big|_{(x_0,y_0,z_0)}\neq 0$(不妨设大于 0),由于 $\dfrac{\partial P}{\partial x}$ 连续,所以当正数 r 充分小时, $\dfrac{\partial P}{\partial x}>0((x,y,z)\in\Omega)$,故 $\iiint\limits_{\Omega}\left(\dfrac{\partial P}{\partial x}\right)\mathrm{d}x\mathrm{d}y\mathrm{d}z>0$. 从而导出矛盾,所以 $\dfrac{\partial P}{\partial x}\equiv 0$.

例 6.36(全国 2020 年决赛题)　设 Ω 是由光滑的简单封闭曲面 Σ 围成的有界闭域,函数 $f(x,y,z)$ 在 Ω 上具有二阶连续偏导数,且 $f(x,y,z)\Big|_{(x,y,z)\in\Sigma}=0$,记 ∇f 为 $f(x,y,z)$ 的梯度,并令 $\Delta f=\dfrac{\partial^2 f}{\partial x^2}+\dfrac{\partial^2 f}{\partial y^2}+\dfrac{\partial^2 f}{\partial z^2}$,证明:对任意常数 $C>0$,恒有

$$C\iiint\limits_{\Omega}f^2\mathrm{d}x\mathrm{d}y\mathrm{d}z+\frac{1}{C}\iiint\limits_{\Omega}(\Delta f)^2\mathrm{d}x\mathrm{d}y\mathrm{d}z\geqslant 2\iiint\limits_{\Omega}|\nabla f|^2\mathrm{d}x\mathrm{d}y\mathrm{d}z$$

解析　首先应用 A - G 不等式,有

$$C\iiint\limits_{\Omega} f^2 \mathrm{d}x\mathrm{d}y\mathrm{d}z + \frac{1}{C}\iiint\limits_{\Omega}(\Delta f)^2\mathrm{d}x\mathrm{d}y\mathrm{d}z \geqslant 2\sqrt{\iiint\limits_{\Omega} f^2\mathrm{d}x\mathrm{d}y\mathrm{d}z} \cdot \sqrt{\iiint\limits_{\Omega}(\Delta f)^2\mathrm{d}x\mathrm{d}y\mathrm{d}z}$$

再应用柯西-施瓦茨不等式,有

$$\left(\iiint\limits_{\Omega} f\Delta f\mathrm{d}x\mathrm{d}y\mathrm{d}z\right)^2 \leqslant \iiint\limits_{\Omega} f^2\mathrm{d}x\mathrm{d}y\mathrm{d}z \cdot \iiint\limits_{\Omega}(\Delta f)^2\mathrm{d}x\mathrm{d}y\mathrm{d}z$$

$$\Rightarrow \qquad C\iiint\limits_{\Omega} f^2\mathrm{d}x\mathrm{d}y\mathrm{d}z + \frac{1}{C}\iiint\limits_{\Omega}(\Delta f)^2\mathrm{d}x\mathrm{d}y\mathrm{d}z \geqslant 2\left|\iiint\limits_{\Omega} f\Delta f\mathrm{d}x\mathrm{d}y\mathrm{d}z\right|$$

考察曲面积分 $I = \oiint\limits_{\Sigma} f\dfrac{\partial f}{\partial x}\mathrm{d}y\mathrm{d}z + f\dfrac{\partial f}{\partial y}\mathrm{d}z\mathrm{d}x + f\dfrac{\partial f}{\partial z}\mathrm{d}x\mathrm{d}y$(曲面 Σ 取外侧),由于

函数 f 在曲面 Σ 上取值为 0,所以 $I = 0$. 再对曲面积分 I 应用高斯公式得

$$I = \iiint\limits_{\Omega}\left[\frac{\partial}{\partial x}\left(f\frac{\partial f}{\partial x}\right) + \frac{\partial}{\partial y}\left(f\frac{\partial f}{\partial y}\right) + \frac{\partial}{\partial z}\left(f\frac{\partial f}{\partial z}\right)\right]\mathrm{d}V$$

$$= \iiint\limits_{\Omega}\left(\left(\frac{\partial f}{\partial x}\right)^2 + \left(\frac{\partial f}{\partial y}\right)^2 + \left(\frac{\partial f}{\partial z}\right)^2\right)\mathrm{d}V + \iiint\limits_{\Omega} f\cdot\left(\frac{\partial^2 f}{\partial x^2} + \frac{\partial^2 f}{\partial y^2} + \frac{\partial^2 f}{\partial z^2}\right)\mathrm{d}V$$

$$= \iiint\limits_{\Omega}|\nabla f|^2\mathrm{d}V + \iiint\limits_{\Omega} f\Delta f\mathrm{d}V$$

利用 $I = 0$ 即得

$$C\iiint\limits_{\Omega} f^2\mathrm{d}x\mathrm{d}y\mathrm{d}z + \frac{1}{C}\iiint\limits_{\Omega}(\Delta f)^2\mathrm{d}x\mathrm{d}y\mathrm{d}z \geqslant 2\left|\iiint\limits_{\Omega} f\Delta f\mathrm{d}x\mathrm{d}y\mathrm{d}z\right| = 2\iiint\limits_{\Omega}|\nabla f|^2\mathrm{d}V$$

6.2.6 曲线积分与曲面积分的应用题(例 6.37—6.41)

例 6.37(浙江省 2021 年竞赛题) 设 Γ 是上半球面 $x^2 + y^2 + z^2 = R^2(z \geqslant 0)$ 上的光滑曲线,起点和终点分别在平面 $z = 0, z = \dfrac{R}{2}$ 上,曲线的切线与 z 轴的夹角为常数 $\alpha \in \left(0, \dfrac{\pi}{6}\right)$,求曲线 Γ 的长度.

解析 设曲线 Γ 的参数方程为

$$x = x(t), y = y(t), z = z(t) \qquad \left(a \leqslant t \leqslant b, z(a) = 0, z(b) = \frac{R}{2}\right)$$

则曲线 Γ 的切向量为 $\boldsymbol{\tau} = (x'(t), y'(t), z'(t))$. 又记 $\boldsymbol{k} = (0, 0, 1)$,由题意得

$$\cos\alpha = \frac{\boldsymbol{\tau}\cdot\boldsymbol{k}}{|\boldsymbol{\tau}||\boldsymbol{k}|} = \frac{z'(t)}{\sqrt{(x'(t))^2 + (y'(t))^2 + (z'(t))^2}} \qquad \left(\frac{\sqrt{3}}{2} < \cos\alpha < 1\right)$$

于是曲线 Γ 的长度为

$$l = \int_a^b\sqrt{(x'(t))^2 + (y'(t))^2 + (z'(t))^2}\,\mathrm{d}t = \frac{1}{\cos\alpha}\int_a^b z'(t)\mathrm{d}t$$

$$= \frac{1}{\cos\alpha}(z(b) - z(a)) = \frac{1}{\cos\alpha}\left(\frac{R}{2} - 0\right) = \frac{R}{2\cos\alpha}$$

例 6.38（浙江省 2018 年竞赛题） 已知曲线型构件

$$L:\begin{cases} x^2+y^2+z^2=1, \\ x+y+z=0 \end{cases}$$

的线密度为 $\rho=(x+y)^2$，求 L 的质量.

解析 设曲线构件 L 的质量为 q，则

$$q=\int_L(x+y)^2\mathrm{d}s=\int_L x^2\mathrm{d}s+\int_L y^2\mathrm{d}s+\int_L 2xy\,\mathrm{d}s$$

由于曲线 L 的图形关于 x,y,z 具有轮换性，所以

$$\int_L x^2\mathrm{d}s=\int_L y^2\mathrm{d}s=\int_L z^2\mathrm{d}s,\quad \int_L 2xy\,\mathrm{d}s=\int_L 2yz\,\mathrm{d}s=\int_L 2zx\,\mathrm{d}s$$

又在 L 上 $x^2+y^2+z^2=1$，且

$$2xy+2yz+2zx=(x+y+z)^2-(x^2+y^2+z^2)=-1$$

于是

$$q=\frac{2}{3}\int_L(x^2+y^2+z^2)\mathrm{d}s+\frac{1}{3}\int_L(2xy+2yz+2zx)\mathrm{d}s$$

$$=\left(\frac{2}{3}-\frac{1}{3}\right)\cdot 2\pi=\frac{2}{3}\pi$$

例 6.39（江苏省 2002 年竞赛题） 已知曲线 $\overset{\frown}{AB}$ 的极坐标方程为

$$\rho=1+\cos\theta\quad\left(-\frac{\pi}{2}\leqslant\theta\leqslant\frac{\pi}{2}\right)$$

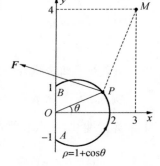

一质点 P 在力 $\boldsymbol{F}$ 的作用下沿曲线 $\overset{\frown}{AB}$ 从点 $A(0,-1)$ 运动到点 $B(0,1)$，力 $\boldsymbol{F}$ 的大小等于点 P 到定点 $M(3,4)$ 的距离，其方向垂直于线段 MP，且与 y 轴正向的夹角为锐角，求力 $\boldsymbol{F}$ 对质点 P 所做的功.

解析 曲线 $\overset{\frown}{AB}$ 如图所示. 设 $P(x,y)$，根据题意，得

$$\overrightarrow{MP}=(x-3,y-4),\quad \boldsymbol{F}=(y-4,3-x)$$

则

$$W=\int_{\overset{\frown}{AB}}(y-4)\mathrm{d}x+(3-x)\mathrm{d}y$$

$$=\oint_{\overset{\frown}{AB}+\overline{BA}}(y-4)\mathrm{d}x+(3-x)\mathrm{d}y-\int_{\overline{BA}}(y-4)\mathrm{d}x+(3-x)\mathrm{d}y$$

$$=-2\iint_D\mathrm{d}x\mathrm{d}y+\int_{-1}^1 3\mathrm{d}y=-2\int_0^{\frac{\pi}{2}}\rho^2\mathrm{d}\theta+6=-2\int_0^{\frac{\pi}{2}}(1+\cos\theta)^2\mathrm{d}\theta+6$$

$$=-2\int_0^{\frac{\pi}{2}}\left(\frac{3}{2}+2\cos\theta+\frac{1}{2}\cos2\theta\right)\mathrm{d}\theta+6=2-\frac{3}{2}\pi$$

其中, D 为 $\overset{\frown}{AB}$ 与 y 轴所围区域.

例 6.40(同济大学 2009 年竞赛题) 设曲面 Σ 的直角坐标系方程为

$$z = f(x, y), \quad (x, y) \in D$$

其面积元素和它在 D 上的投影元素 $\mathrm{d}x\mathrm{d}y$ 有关系式

$$\mathrm{d}S = \sqrt{1 + (z'_x)^2 + (z'_y)^2}\, \mathrm{d}x\mathrm{d}y$$

(1) 若在 D 上采用极坐标系,试给出曲面面积元素 $\mathrm{d}S$ 与 $\mathrm{d}\rho\mathrm{d}\theta$ 的关系式;

(2) 当动点 P 在曲线 $\Gamma: x^2 + y^2 = x, z = 1$ 上移动时,线段 OP 形成一个以原点 O 为顶点的锥面 Σ,试写出 Σ 的方程,并求 Σ 的质量(面密度 $\mu(x, y, z) = |y|$).

解析 (1) 令 $x = \rho\cos\theta, y = \rho\sin\theta$,则 $\rho = \sqrt{x^2 + y^2}, \theta = \arctan\dfrac{y}{x}$. 应用求偏导公式得

$$z'_x = z'_\rho \frac{x}{\rho} - z'_\theta \frac{y}{\rho^2}, \quad z'_y = z'_\rho \frac{y}{\rho} + z'_\theta \frac{x}{\rho^2}$$

从而

$$\begin{aligned}
\mathrm{d}S &= \sqrt{1 + (z'_x)^2 + (z'_y)^2}\, \mathrm{d}x\mathrm{d}y \\
&= \sqrt{1 + \left(z'_\rho \frac{x}{\rho} - z'_\theta \frac{y}{\rho^2}\right)^2 + \left(z'_\rho \frac{y}{\rho} + z'_\theta \frac{x}{\rho^2}\right)^2}\, \rho\mathrm{d}\rho\mathrm{d}\theta \\
&= \sqrt{\rho^2 + \rho^2(z'_\rho)^2 + (z'_\theta)^2}\, \mathrm{d}\rho\mathrm{d}\theta
\end{aligned}$$

(2) 在锥面 Σ 上任意取一个动点 $Q(x, y, z)$,连接 OQ,并延长 OQ 交曲线 Γ 于点 $P(x_0, y_0, z_0)$,则

$$x_0^2 + y_0^2 = x_0, \ z_0 = 1 \quad \text{且} \quad \frac{x_0}{x} = \frac{y_0}{y} = \frac{z_0}{z} = t$$

上式联立消去 t 得 $xz = x^2 + y^2 (0 \leqslant z \leqslant 1)$,此即为所求锥面 Σ 的方程,化为极坐标方程为 $z = \rho\sec\theta$. 采用极坐标计算,Σ 在 xOy 平面上的投影为 $D: x^2 + y^2 \leqslant x$,其极坐标方程为 $D: 0 \leqslant \rho \leqslant \cos\theta, -\dfrac{\pi}{2} \leqslant \theta \leqslant \dfrac{\pi}{2}$,则曲面 Σ 的质量为

$$\begin{aligned}
m &= \iint\limits_{\Sigma} |y|\, \mathrm{d}S == \iint\limits_{D} \rho|\sin\theta| \cdot \sqrt{\rho^2 + \rho^2(z'_\rho)^2 + (z'_\theta)^2}\, \mathrm{d}\rho\mathrm{d}\theta \\
&= \iint\limits_{D} \rho|\sin\theta| \cdot \sqrt{\rho^2 + \rho^2(\sec\theta)^2 + \rho^2(\sec\theta\tan\theta)^2}\, \mathrm{d}\rho\mathrm{d}\theta \\
&= \int_{-\frac{\pi}{2}}^{\frac{\pi}{2}} \mathrm{d}\theta \int_0^{\cos\theta} \rho^2 |\sin\theta| \sqrt{1 + \sec^4\theta}\, \mathrm{d}\rho = \frac{1}{3}\int_{-\frac{\pi}{2}}^{\frac{\pi}{2}} |\sin\theta|\cos\theta \sqrt{1 + \cos^4\theta}\, \mathrm{d}\theta \\
&= -\frac{1}{3}\int_0^{\frac{\pi}{2}} \sqrt{1 + \cos^4\theta}\, \mathrm{d}\cos^2\theta = \frac{1}{3}\int_0^1 \sqrt{1 + t^2}\, \mathrm{d}t \quad (\text{其中 } t = \cos^2\theta) \\
&= \frac{1}{6}\left[t\sqrt{1 + t^2} + \ln(t + \sqrt{1 + t^2})\right]\Big|_0^1 = \frac{1}{6}(\sqrt{2} + \ln(1 + \sqrt{2}))
\end{aligned}$$

例 6.41(莫斯科技术物理学院 1976 年竞赛题)

(1) 在区域 $D_1 : x^2 + y^2 + z^2 < 4$ 上,函数 $f(x, y, z)$ 与 $g(x, y, z)$ 具有二阶连续的偏导数,Σ 为球面 $x^2 + y^2 + z^2 = 1$ 的外侧,求单位时间内向量 $\mathbf{grad} f \times \mathbf{grad} g$ 通过 Σ 的流量;

(2) 将上述区域 D_1 改为 $D_2 : 1/4 < x^2 + y^2 + z^2 < 4$,其他条件不变,求单位时间内向量 $\mathbf{grad} f \times \mathbf{grad} g$ 通过 Σ 的流量.

解析 (1) 因为

$$\begin{aligned}
\mathbf{A} = \mathbf{grad} f \times \mathbf{grad} g &= (f'_x, f'_y, f'_z) \times (g'_x, g'_y, g'_z) \\
&= (f'_y g'_z - f'_z g'_y, f'_z g'_x - f'_x g'_z, f'_x g'_y - f'_y g'_x)
\end{aligned}$$

记

$$P = f'_y g'_z - f'_z g'_y, \quad Q = f'_z g'_x - f'_x g'_z, \quad R = f'_x g'_y - f'_y g'_x$$

又 $\Omega : x^2 + y^2 + z^2 \leqslant 1$,应用高斯公式可得单位时间内向量 $\mathbf{A}$ 通过 Σ 的流量为

$$\begin{aligned}
q = \iint_{\Sigma} \mathbf{A} \cdot \overrightarrow{\mathrm{d}S} &= \iint_{\Sigma} P \mathrm{d}y\mathrm{d}z + Q \mathrm{d}z\mathrm{d}x + R \mathrm{d}x\mathrm{d}y \\
&= \iiint_{\Omega} (P'_x + Q'_y + R'_z) \mathrm{d}V \\
&= \iiint_{\Omega} (f''_{yx} g'_z + f'_y g''_{zx} - f''_{zx} g'_y - f'_z g''_{yx} + f''_{zy} g'_x + f'_z g''_{xy} - f''_{xy} g'_z - f'_x g''_{zy} \\
&\quad + f''_{xz} g'_y + f'_x g''_{yz} - f''_{yz} g'_x - f'_y g''_{xz}) \mathrm{d}V \\
&= \iiint_{\Omega} 0 \mathrm{d}V = 0
\end{aligned}$$

(2) 设 $\mathbf{B} = \mathbf{grad} g = (g'_x, g'_y, g'_z)$,则

$$\begin{aligned}
\mathbf{rot}(f\mathbf{B}) &= \mathbf{grad} f \times \mathbf{B} + f \mathbf{rot} \mathbf{B} = \mathbf{grad} f \times \mathbf{grad} g + f \mathbf{rot}(\mathbf{grad} g) \\
&= \mathbf{grad} f \times \mathbf{grad} g + \mathbf{0} = \mathbf{grad} f \times \mathbf{grad} g = \mathbf{A}
\end{aligned}$$

记 $\Sigma_1 : x^2 + y^2 + z^2 = 1(z \geqslant 0)$,取上侧,$\Sigma_1$ 的边界曲线为 $\Gamma_1 : x^2 + y^2 = 1, z = 0$,取逆时针方向;记 $\Sigma_2 : x^2 + y^2 + z^2 = 1(z \leqslant 0)$,取下侧,$\Sigma_2$ 的边界曲线为 $\Gamma_2 : x^2 + y^2 = 1, z = 0$,取顺时针方向. 分别在上半球面与下半球面上应用斯托克斯公式,可得向量 $\mathbf{grad} f \times \mathbf{grad} g$ 通过 Σ 的流量为

$$\begin{aligned}
q = \iint_{\Sigma} \mathbf{A} \cdot \overrightarrow{\mathrm{d}S} &= \iint_{\Sigma} \mathbf{rot}(f\mathbf{B}) \cdot \overrightarrow{\mathrm{d}S} = \iint_{\Sigma_1} \mathbf{rot}(f\mathbf{B}) \cdot \overrightarrow{\mathrm{d}S} + \iint_{\Sigma_2} \mathbf{rot}(f\mathbf{B}) \cdot \overrightarrow{\mathrm{d}S} \\
&= \int_{\Gamma_1} (f\mathbf{B}) \cdot \overrightarrow{\mathrm{d}r} + \int_{\Gamma_2} (f\mathbf{B}) \cdot \overrightarrow{\mathrm{d}r} \\
&= \int_{\Gamma_1} (f g'_x)_{z=0} \mathrm{d}x + (f g'_y)_{z=0} \mathrm{d}y + \int_{\Gamma_2} (f g'_x)_{z=0} \mathrm{d}x + (f g'_y)_{z=0} \mathrm{d}y \\
&= 0
\end{aligned}$$

其中,$\overrightarrow{\mathrm{d}S} = (\mathrm{d}y\mathrm{d}z, \mathrm{d}z\mathrm{d}x, \mathrm{d}x\mathrm{d}y)$,$\overrightarrow{\mathrm{d}r} = (\mathrm{d}x, \mathrm{d}y, \mathrm{d}z)$.

练 习 题 六

1. 试求曲线 $\begin{cases} z = y\cot x, \\ x = y^2 + z^2 \end{cases}$ 上的点 $\left(\dfrac{\pi}{4}, \dfrac{\sqrt{2\pi}}{4}, \dfrac{\sqrt{2\pi}}{4}\right)$ 到点 $\left(\dfrac{\pi}{2}, \dfrac{\sqrt{2\pi}}{2}, 0\right)$ 间的一段弧长.

2. 计算下列曲线积分：

(1) $\displaystyle\int_\Gamma \mathrm{e}^{xy}(1+xy)\mathrm{d}x + \mathrm{e}^{xy}x^2\mathrm{d}y$，$\Gamma$ 为曲线 $y = 2^x + 1$ 上从点 $A(0,2)$ 到点 $B(1,3)$ 的一段弧；

(2) 已知 Γ 是 $y = a\sin x(a > 0)$ 上从 $(0,0)$ 到 $(\pi,0)$ 的一段曲线,试求当曲线积分 $\displaystyle\int_\Gamma (x^2 + y)\mathrm{d}x + (2xy + \mathrm{e}^{y^2})\mathrm{d}y$ 取最大值时 a 的值；

(3) $\displaystyle\int_{\widehat{AO}} (1 + \mathrm{e}^x)\cos y\mathrm{d}x - [(x + \mathrm{e}^x)\sin y - x]\mathrm{d}y$,其中 $\widehat{AO}$ 为由点 $A(2,0)$ 至点 $O(0,0)$ 的心形线 $\rho = 1 + \cos\theta$ 的上半周；

(4) $\displaystyle\int_\Gamma y\mathrm{d}x - x\mathrm{d}y + (x + y + z)\mathrm{d}z$,$\Gamma$ 由弧 $\widehat{AmB}$ 与直线 BA 组成,其中 $\widehat{AmB}$ 为螺纹线 $x = a\cos t, y = a\sin t, z = \dfrac{c}{2\pi}t(0 \leqslant t \leqslant 2\pi)$ 的一段,直线 BA 平行于 z 轴,但指向相反；

(5) $\displaystyle\int_\Gamma z\mathrm{d}x + x\mathrm{d}y + y\mathrm{d}z$,$\Gamma$ 为 $\begin{cases} 2x + z = 0, \\ x = \sqrt{1 - y^2} \end{cases}$ 上从点 $(0,1,0)$ 到点 $(0,-1,0)$ 的一段弧.

3. 求 $\displaystyle\int_{\widehat{AB}} [\varphi(y)\cos x - \pi y]\mathrm{d}x + [\varphi'(y)\sin x - \pi]\mathrm{d}y$,$\widehat{AB}$ 为连接点 $A(\pi,2)$,$B(3\pi,4)$ 的曲线,且 $\widehat{AB}$ 与 $\overline{BA}$ 构成封闭曲线的正向,它所围的图形的面积为 2.

4. 求 $\displaystyle\int_\Gamma (y\sin x + \cos y)\mathrm{d}x + (xy^3 - x\sin y + 8y^5)\mathrm{d}y$,$\Gamma$ 为曲线 $y = \cos x$ 与 $y = -\cos x\left(-\dfrac{\pi}{2} \leqslant x \leqslant \dfrac{\pi}{2}\right)$ 所围区域的正向边界曲线.

5. 确定 n 的值,使得曲线积分 $\displaystyle\int_A^B (x^4 + 4xy^n)\mathrm{d}x + (6x^{n-1}y^2 - 5y^4)\mathrm{d}y$ 与路线无关,并求出当点 A,B 的坐标为 $A(0,0),B(1,2)$ 时该曲线积分的值.

6. 设函数 $f(x,y)$ 在区域 $D: x^2 + y^2 \leqslant 1$ 上有二阶连续偏导数,且

$$\frac{\partial^2 f}{\partial x^2} + \frac{\partial^2 f}{\partial y^2} = \mathrm{e}^{-(x^2+y^2)}$$

证明: $\displaystyle\iint_D \left(x\frac{\partial f}{\partial x} + y\frac{\partial f}{\partial y}\right)\mathrm{d}x\mathrm{d}y = \frac{\pi}{2\mathrm{e}}$.

7. 设 $I = \int_A^B P\mathrm{d}x + Q\mathrm{d}y + R\mathrm{d}z$，其中 $P = xz + ay^2 + bz^2$，$Q = xy + az^2 + bx^2$，$R = yz + ax^2 + by^2$，试求 a,b 使曲线积分与路线无关，并求出当 A,B 的坐标为 $A(0,0,z_0)$，$B(x_1,y_1,0)$ 时 I 的值.

8. 求 $\iint_{\Sigma} \dfrac{1}{\sqrt{x^2 + y^2 + (z-a)^2}}\mathrm{d}S$，$\Sigma : x^2 + y^2 + z^2 = 1(0 < a < 1)$.

9. 求 $\iint_{\Sigma} y(x-z)\mathrm{d}y\mathrm{d}z + x(z-y)\mathrm{d}x\mathrm{d}y$，$\Sigma$ 为 $z = \sqrt{x^2 + y^2}$ 被平面 $z=1,z=2$ 所截的一块曲面的外侧.

10. 设 Σ 为球面 $x^2 + y^2 + z^2 = 2z$，试求曲面积分

$$\iint_{\Sigma}(x^4 + y^4 + z^4 - x^3 - y^3 - z^3)\mathrm{d}S$$

11. 计算 $\iint_{\Sigma} x^2\mathrm{d}y\mathrm{d}z + y^2\mathrm{d}z\mathrm{d}x + z^2\mathrm{d}x\mathrm{d}y$，其中 Σ 为柱面 $x^2 + y^2 = 1$ 界于 $z = 0$ 与 $x + y + z = 2$ 之间部分的外侧.

专题 7　空间解析几何

7.1　基本概念与内容提要

7.1.1　向量的基本概念与向量的运算

1）向量在几何上为有向线段. 若 $\boldsymbol{a} = \overrightarrow{PQ}$，将 $\overrightarrow{PQ}$ 平行移动使其起点 P 与原点 O 重合，若终点 Q 移至点 M 处，则 $\overrightarrow{PQ} = \overrightarrow{OM}$，若点 M 的坐标为 $M(a_1, a_2, a_3)$，则 $\boldsymbol{a} = \overrightarrow{OM} = (a_1, a_2, a_3)$（或 $\{a_1, a_2, a_3\}$），此式称为向量的坐标表示式. 称

$$\boldsymbol{i} = (1,0,0), \quad \boldsymbol{j} = (0,1,0), \quad \boldsymbol{k} = (0,0,1)$$

为基向量，向量 $\boldsymbol{a}$ 的模为 $|\boldsymbol{a}| = \sqrt{a_1^2 + a_2^2 + a_3^2}$，向量 $\boldsymbol{a}$ 的方向余弦为

$$\cos\alpha = \frac{a_1}{|\boldsymbol{a}|}, \quad \cos\beta = \frac{a_2}{|\boldsymbol{a}|}, \quad \cos\gamma = \frac{a_3}{|\boldsymbol{a}|}$$

向量 $\boldsymbol{a}^0 = (\cos\alpha, \cos\beta, \cos\gamma)$ 是与向量 $\boldsymbol{a}$ 方向相同的单位向量.

2）向量的运算

（1）向量的加法与减法满足平行四边形法则. 在下图中，有

$$\overrightarrow{AB} + \overrightarrow{AD} = \overrightarrow{AC}, \quad \overrightarrow{AD} - \overrightarrow{AB} = \overrightarrow{BD}$$

（2）向量 $\boldsymbol{a}$ 与 $\boldsymbol{b}$ 的内积定义为

$$\boldsymbol{a} \cdot \boldsymbol{b} = |\boldsymbol{a}| \, |\boldsymbol{b}| \cos\langle \boldsymbol{a}, \boldsymbol{b} \rangle$$

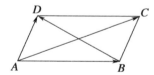

它的射影表示式为

$$\boldsymbol{a} \cdot \boldsymbol{b} = |\boldsymbol{a}| \operatorname{Prj}_{\boldsymbol{a}} \boldsymbol{b}, \quad \boldsymbol{a} \cdot \boldsymbol{b} = |\boldsymbol{b}| \operatorname{Prj}_{\boldsymbol{b}} \boldsymbol{a}$$

设向量 $\boldsymbol{a} = (a_1, a_2, a_3)$，$\boldsymbol{b} = (b_1, b_2, b_3)$，则 $\boldsymbol{a} \cdot \boldsymbol{b}$ 的坐标计算公式为

$$\boldsymbol{a} \cdot \boldsymbol{b} = a_1 b_1 + a_2 b_2 + a_3 b_3$$

两向量 $\boldsymbol{a}$ 与 $\boldsymbol{b}$ 垂直的充要条件是 $\boldsymbol{a} \cdot \boldsymbol{b} = 0$，两向量 $\boldsymbol{a}$ 与 $\boldsymbol{b}$ 平行的充要条件是

$$\frac{a_1}{b_1} = \frac{a_2}{b_2} = \frac{a_3}{b_3}$$

（3）向量 $\boldsymbol{a}$ 与 $\boldsymbol{b}$ 的向量积定义为

$$\boldsymbol{a} \times \boldsymbol{b} = |\boldsymbol{a}| \, |\boldsymbol{b}| \sin\langle \boldsymbol{a}, \boldsymbol{b} \rangle \boldsymbol{c}^0$$

这里 c^0 是同时垂直于 a 与 b 的单位向量,且 a,b,c^0 组成右手系.

向量 a 与 b 的向量积的模等于以 a,b 为邻边的平行四边形的面积.

设向量 $a = (a_1,a_2,a_3)$,$b = (b_1,b_2,b_3)$,则向量 $a \times b$ 的坐标计算公式为

$$a \times b = \left(\begin{vmatrix} a_2 & a_3 \\ b_2 & b_3 \end{vmatrix}, \begin{vmatrix} a_3 & a_1 \\ b_3 & b_1 \end{vmatrix}, \begin{vmatrix} a_1 & a_2 \\ b_1 & b_2 \end{vmatrix} \right)$$

7.1.2　空间的平面

1) 平面的点法式方程:通过点 (x_0,y_0,z_0),法向量为 $n = (A,B,C)$(其中 A,B,C 不全为 0) 的平面方程为

$$A(x - x_0) + B(y - y_0) + C(z - z_0) = 0$$

2) 平面的一般式方程:平面的一般式方程为

$$Ax + By + Cz + D = 0$$

这里 A,B,C 不全为 0. 当 $D = 0$ 时,该平面过原点;当 A,B,C 中有一个为 0 时,该平面垂直于某坐标平面;当 A,B,C 中有两个为 0 时,该平面垂直于某坐标轴;xOy 平面,yOz 平面,zOx 平面的方程分别为 $z = 0$,$x = 0$,$y = 0$.

3) 平面的截距式方程:在 x 轴,y 轴,z 轴上的截距分别为 a,b,$c(abc \neq 0)$ 的平面方程为

$$\frac{x}{a} + \frac{y}{b} + \frac{z}{c} = 1$$

4) 点到平面的距离公式:点 (x_0,y_0,z_0) 到平面 $Ax + By + Cz + D = 0$ 的距离为

$$d = \frac{|Ax_0 + By_0 + Cz_0 + D|}{\sqrt{A^2 + B^2 + C^2}}$$

7.1.3　空间的直线

1) 直线的点向式方程:通过点 (x_0,y_0,z_0),方向向量为 $l = (m,n,p)$(其中 m,n,p 不全为 0) 的直线方程为

$$\frac{x - x_0}{m} = \frac{y - y_0}{n} = \frac{z - z_0}{p}$$

2) 直线的一般式方程:直线的一般式方程为

$$\begin{cases} A_1 x + B_1 y + C_1 z + D_1 = 0, \\ A_2 x + B_2 y + C_2 z + D_2 = 0 \end{cases}$$

这里的直线表示为两个平面的交线.

3) 直线的参数式方程:通过点 (x_0, y_0, z_0),方向向量为 $\boldsymbol{l} = (m, n, p)$ 的直线的参数方程为

$$x = x_0 + mt, \quad y = y_0 + nt, \quad z = z_0 + pt$$

这里 t 为参数.

4) 点到直线的距离:设直线 L 通过点 P,方向向量为 $\boldsymbol{l}$,则点 M 到 L 的距离为

$$d = \frac{|\overrightarrow{PM} \times \boldsymbol{l}|}{|\boldsymbol{l}|}$$

5) 公垂线的长:设直线 L_1 过点 P_1,方向向量为 $\boldsymbol{l}_1$,直线 L_2 过 P_2,方向向量为 $\boldsymbol{l}_2$,则直线 L_1 与 L_2 的公垂线的长为

$$d = \frac{|\overrightarrow{P_1 P_2} \cdot (\boldsymbol{l}_1 \times \boldsymbol{l}_2)|}{|\boldsymbol{l}_1 \times \boldsymbol{l}_2|}$$

7.1.4 空间的曲面

1) 空间曲面的一般方程为 $F(x, y, z) = 0$,或写为 $z = f(x, y)$.

2) 球面:球面方程的一般形式为

$$x^2 + y^2 + z^2 + 2ax + 2by + 2cz + d = 0$$

球面的标准方程是

$$(x - a)^2 + (y - b)^2 + (z - c)^2 = R^2$$

这里 (a, b, c) 为球心,R 为半径.

3) 柱面

(1) 方程 $F(x, y) = 0$ 表示母线平行于 z 轴的柱面,准线为 $\begin{cases} F(x, y) = 0, \\ z = 0; \end{cases}$

(2) 方程 $F(y, z) = 0$ 表示母线平行于 x 轴的柱面,准线为 $\begin{cases} F(y, z) = 0, \\ x = 0; \end{cases}$

(3) 方程 $F(z, x) = 0$ 表示母线平行于 y 轴的柱面,准线为 $\begin{cases} F(z, x) = 0, \\ y = 0. \end{cases}$

4) 旋转曲面:xOy 平面上的曲线 $y = f(x^2)$ 绕 y 轴旋转一周的旋转曲面方程为 $y = f(x^2 + z^2)$;xOy 平面上的曲线 $x = g(y^2)$ 绕 x 轴旋转一周的旋转曲面方程为 $x = g(y^2 + z^2)$.其他坐标平面内的曲线绕某坐标轴旋转所得旋转曲面的方程类似可得.

5) 二次曲面的标准方程

(1) 椭球面:$\dfrac{x^2}{a^2} + \dfrac{y^2}{b^2} + \dfrac{z^2}{c^2} = 1$;   (2) 单叶双曲面:$\dfrac{x^2}{a^2} + \dfrac{y^2}{b^2} - \dfrac{z^2}{c^2} = 1$;

(3) 双叶双曲面:$\dfrac{x^2}{a^2} - \dfrac{y^2}{b^2} - \dfrac{z^2}{c^2} = 1$; (4) 二次锥面:$\dfrac{x^2}{a^2} + \dfrac{y^2}{b^2} - \dfrac{z^2}{c^2} = 0$;

(5) 椭圆抛物面：$z = \dfrac{x^2}{a^2} + \dfrac{y^2}{b^2}$；　　　　(6) 双曲抛物面：$z = \dfrac{x^2}{a^2} - \dfrac{y^2}{b^2}$.

6）空间曲面的切平面与法线

已知空间曲面 $\Sigma: F(x,y,z) = 0$，若函数 F 可微，点 $P(x_0, y_0, z_0) \in \Sigma$，则

$$\boldsymbol{n} = (F_x', F_y', F_z')\Big|_P$$

为曲面 Σ 在点 P 的法向量；曲面 Σ 在点 P 的切平面方程为

$$F_x'(P)(x - x_0) + F_y'(P)(y - y_0) + F_z'(P)(z - z_0) = 0$$

曲面 Σ 在点 P 的法线方程为

$$\frac{x - x_0}{F_x'(P)} = \frac{y - y_0}{F_y'(P)} = \frac{z - z_0}{F_z'(P)}$$

7.1.5　空间的曲线

1）空间曲线的一般式方程为

$$\Gamma: \begin{cases} F(x,y,z) = 0, \\ H(x,y,z) = 0 \end{cases}$$

这里曲线表示为两个曲面的交线.

2）空间曲线的参数式方程为

$$x = \varphi(t), \quad y = \psi(t), \quad z = \omega(t)$$

这里 t 为参数.

3）空间曲线在坐标平面上的投影

4）空间曲线的切线与法平面

设有空间曲线 Γ（一般式方程如上），这里 F, H 可微，点 $M(x_0, y_0, z_0) \in \Gamma$，则

$$\boldsymbol{l} = (F_x', F_y', F_z') \times (H_x', H_y', H_z')\Big|_M$$

为曲线 Γ 在点 M 的切向量. 记 $\boldsymbol{l} = (m, n, p)$，则曲线 Γ 在点 M 的切线方程为

$$\frac{x - x_0}{m} = \frac{y - y_0}{n} = \frac{z - z_0}{p}$$

曲线 Γ 在点 M 的法平面方程为

$$m(x - x_0) + n(y - y_0) + p(z - z_0) = 0$$

设空间曲线 Γ 的参数方程为 $x = \varphi(t), y = \psi(t), z = \omega(t)$，则 $t = t_0$ 时曲线 Γ 的切线方程为

$$\frac{x - \varphi(t_0)}{\varphi'(t_0)} = \frac{y - \psi(t_0)}{\psi'(t_0)} = \frac{z - \omega(t_0)}{\omega'(t_0)}$$

曲线 Γ 在 $t = t_0$ 时的法平面方程为

$$\varphi'(t_0)(x - \varphi(t_0)) + \psi'(t_0)(y - \psi(t_0)) + \omega'(t_0)(z - \omega(t_0)) = 0$$

7.2 竞赛题与精选题解析

7.2.1 向量的运算(例 7.1—7.3)

例 7.1(北京市 2006 年竞赛题) 设单位向量 $\boldsymbol{\alpha}, \boldsymbol{\beta}$ 的夹角为 $\theta(0 < \theta < \pi)$,如果 a, b 为正常数,求 $\lim\limits_{\theta \to 0} \dfrac{|a\boldsymbol{\alpha}| + |b\boldsymbol{\beta}| - |a\boldsymbol{\alpha} + b\boldsymbol{\beta}|}{\theta^2}$.

解析 应用向量的模、内积的定义与无穷小替换法则,得

$$\begin{aligned}
\text{原式} &= \lim_{\theta \to 0} \frac{a + b - \sqrt{(a\boldsymbol{\alpha} + b\boldsymbol{\beta}) \cdot (a\boldsymbol{\alpha} + b\boldsymbol{\beta})}}{\theta^2} \\
&= \lim_{\theta \to 0} \frac{a + b - \sqrt{a^2 + b^2 + 2ab\cos\theta}}{\theta^2} \\
&= \lim_{\theta \to 0} \frac{(a+b)^2 - (a^2 + b^2 + 2ab\cos\theta)}{\theta^2(a + b + \sqrt{a^2 + b^2 + 2ab\cos\theta})} = \lim_{\theta \to 0} \frac{2ab(1 - \cos\theta)}{2(a+b)\theta^2} \\
&= \frac{ab}{2(a+b)}
\end{aligned}$$

例 7.2(江苏省 1991 年竞赛题) 已知 $\boldsymbol{a}$ 为单位向量,$\boldsymbol{a} + 3\boldsymbol{b}$ 垂直于 $7\boldsymbol{a} - 5\boldsymbol{b}$,$\boldsymbol{a} - 4\boldsymbol{b}$ 垂直于 $7\boldsymbol{a} - 2\boldsymbol{b}$,则向量 $\boldsymbol{a}$ 与 $\boldsymbol{b}$ 的夹角为_____.

解析 $\boldsymbol{a}$ 为单位向量,故 $|\boldsymbol{a}| = 1$.因两向量垂直的充要条件是它们的数量积为 0,所以

$$\begin{cases}
(\boldsymbol{a} + 3\boldsymbol{b}) \cdot (7\boldsymbol{a} - 5\boldsymbol{b}) = 7|\boldsymbol{a}|^2 + 16\boldsymbol{a} \cdot \boldsymbol{b} - 15|\boldsymbol{b}|^2 = 0, \\
(\boldsymbol{a} - 4\boldsymbol{b}) \cdot (7\boldsymbol{a} - 2\boldsymbol{b}) = 7|\boldsymbol{a}|^2 - 30\boldsymbol{a} \cdot \boldsymbol{b} + 8|\boldsymbol{b}|^2 = 0
\end{cases}$$

即

$$\begin{cases}
16\boldsymbol{a} \cdot \boldsymbol{b} - 15|\boldsymbol{b}|^2 = -7, \\
30\boldsymbol{a} \cdot \boldsymbol{b} - 8|\boldsymbol{b}|^2 = 7
\end{cases}$$

由此可解得 $\boldsymbol{a} \cdot \boldsymbol{b} = \dfrac{1}{2}$,$|\boldsymbol{b}|^2 = 1$,于是

$$\langle \boldsymbol{a}, \boldsymbol{b} \rangle = \arccos \frac{\boldsymbol{a} \cdot \boldsymbol{b}}{|\boldsymbol{a}||\boldsymbol{b}|} = \arccos \frac{1}{2} = \frac{\pi}{3}$$

例 7.3(江苏省 2006 年竞赛题) 已知 A, B, C, D 为空间的 4 个定点,AB 与 CD 的中点分别为 E, F,$|EF| = a$(a 为正常数),P 为空间的任一点,则 $(\overrightarrow{PA} + \overrightarrow{PB}) \cdot (\overrightarrow{PC} + \overrightarrow{PD})$ 的最小值为_____.

解析 如图,在点 E, F, P 所在平面上建立直角坐标

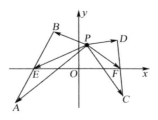

系,并令 EF 的中点为坐标原点,$\overrightarrow{EF}$ 方向为 x 轴,则 E,F 的坐标分别为 $E\left(-\dfrac{a}{2},0\right)$,$F\left(\dfrac{a}{2},0\right)$. 设 P 的坐标为 (x,y),因为 $\overrightarrow{PA}+\overrightarrow{PB}=2\overrightarrow{PE}$,$\overrightarrow{PC}+\overrightarrow{PD}=2\overrightarrow{PF}$,又

$$\overrightarrow{PE}=\left(-\frac{a}{2}-x,-y\right),\quad \overrightarrow{PF}=\left(\frac{a}{2}-x,-y\right)$$

所以

$$(\overrightarrow{PA}+\overrightarrow{PB})\cdot(\overrightarrow{PC}+\overrightarrow{PD})=4\,\overrightarrow{PE}\cdot\overrightarrow{PF}=4\left[\left(-\frac{a}{2}-x\right)\left(\frac{a}{2}-x\right)+y^2\right]$$
$$=4(x^2+y^2)-a^2$$

由此可得:当 $x=y=0$ 时,原式取最小值 $-a^2$.

7.2.2　空间平面与直线的方程(例 7.4—7.6)

例 7.4(江苏省 2021 年竞赛题)　函数

$$z=\sqrt{x^2+y^2-2y+10}+\sqrt{x^2+y^2+2x+2}$$

的最小值为 _____.

　　解析　由于

$$z=\sqrt{(x-0)^2+(y-1)^2+(0-3)^2}+\sqrt{(x+1)^2+(y-0)^2+(0-1)^2}$$

所以问题化为求空间直角坐标系下 xOy 平面上的点 $(x,y,0)$ 到空间两点 $A(0,1,3),B(-1,0,1)$ 的距离之和的最小值. 如图,因为点 A,B 在 xOy 平面的同侧,点 A 关于 xOy 平面的对称点为 $C(0,1,-3)$,设直线 BC 与 xOy 平面的交点为 P,于是所求函数 z 的最小值为

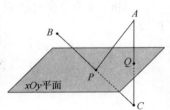

$$\min\{z\}=|BP|+|PA|=|BC|=\sqrt{1^2+1^2+(-4)^2}=3\sqrt{2}$$

例 7.5(江苏省 2020 年竞赛题)　设点 $A(2,-1,1)$,两条直线

$$L_1:\begin{cases}x+2z+7=0,\\ y-1=0,\end{cases}\qquad L_2:\frac{x-1}{2}=\frac{y+2}{k}=\frac{z}{-1}$$

问是否存在过点 A 的直线 L 与两条已知直线 L_1,L_2 都相交?如果存在,请求出此直线的方程;如果不存在,请说明理由.

　　解析　**方法 1**　先求过点 A 与直线 L_1 的平面.将点 A 的坐标代入过直线 L_1 的平面束方程 $x+2z+7+\lambda(y-1)=0$,解得 $\lambda=\dfrac{11}{2}$,得此平面为

$$\Pi:2x+11y+4z+3=0$$

再将直线 L_2 的参数方程 $x=2s+1, y=ks-2, z=-s$ 代入平面 Π 的方程,得
$$2(2s+1)+11(ks-2)-4s+3=0 \quad\Longleftrightarrow\quad 11ks-17=0 \qquad (*)$$

(1) 当 $k=0$ 时 $(*)$ 式无解,表明直线 L_2 与平面 Π 平行,故过点 A 不存在直线 L 与两条直线 L_1, L_2 都相交.

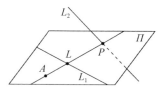

(2) $k\neq 0$ 时 $(*)$ 式有解 $s=\dfrac{17}{11k}$,此时 L_2 与平面 Π 相交于点 $P\left(\dfrac{11k+34}{11k}, -\dfrac{5}{11}, -\dfrac{17}{11k}\right)$(见右图),则
$$\overrightarrow{AP}=\frac{1}{11k}(34-11k, 6k, -11k-17)$$

由于 L_1 的方向向量为 $\boldsymbol{l}_1=(1,0,2)\times(0,1,0)=(-2,0,1)$,显然 $\overrightarrow{AP}$ 与 $\boldsymbol{l}_1$ 不平行,所以直线 AP 与直线 L_1 也相交,直线 AP 即为过点 A 与直线 L_1, L_2 都相交的直线 L,其方程为 $\dfrac{x-2}{34-11k}=\dfrac{y+1}{6k}=\dfrac{z-1}{-11k-17}$.

方法 2　设过点 A 与直线 L_1 的平面为 Π_1,过点 A 与直线 L_2 的平面为 Π_2,Π_1 与 Π_2 的交线记为 L. 过点 A 与直线 L_1, L_2 都相交的直线若存在的话,必定是 L.

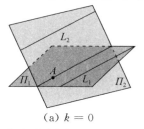
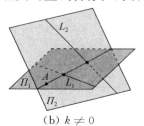

(a) $k=0$　　　　　　　(b) $k\neq 0$

由于 L_1 的方向向量为 $\boldsymbol{l}_1=(1,0,2)\times(0,1,0)=(-2,0,1)$,在直线 L_1 上取点 $B(-7,1,0)$,所以平面 Π_1 的法向量为
$$\boldsymbol{n}_1=\boldsymbol{l}_1\times\overrightarrow{BA}=(-2,0,1)\times(9,-2,1)=(2,11,4)$$
由于 L_2 过点 $C(1,-2,0)$,方向向量为 $\boldsymbol{l}_2=(2,k,-1)$,所以平面 Π_2 的法向量为
$$\boldsymbol{n}_2=\boldsymbol{l}_2\times\overrightarrow{CA}=(2,k,-1)\times(1,1,1)=(k+1,-3,2-k)$$
于是直线 L 的方向向量为 $\boldsymbol{l}=\boldsymbol{n}_1\times\boldsymbol{n}_2=(34-11k, 6k, -11k-17)$.

(1) 当 $k=0$ 时,显然 $\boldsymbol{l}_1 /\!/ \boldsymbol{l}_2 /\!/ \boldsymbol{l}$,所以过点 A 不存在直线 L 与两条直线 L_1, L_2 都相交(见图(a));

(2) 当 $k\neq 0$ 时,显然 $\boldsymbol{l}_1$ 与 $\boldsymbol{l}$ 不平行,$\boldsymbol{l}_2$ 与 $\boldsymbol{l}$ 不平行,所以直线 L 过点 A 并与两条直线 L_1, L_2 都相交,L 的方程为 $\dfrac{x-2}{34-11k}=\dfrac{y+1}{6k}=\dfrac{z-1}{-11k-17}$(见图(b)).

例 7.6(江苏省 2017 年竞赛题)　已知直线
$$L_1: \frac{x-5}{1}=\frac{y+1}{0}=\frac{z-3}{2} \qquad 与 \qquad L_2: \frac{x-8}{2}=\frac{y-1}{-1}=\frac{z-1}{1}$$

(1) 证明 L_1 与 L_2 是异面直线；

(2) 若直线 L 与 L_1，L_2 皆垂直且相交，交点分别为 P，Q，试求点 P 与 Q 的坐标；

(3) 求异面直线 L_1 与 L_2 的距离.

解析 （1）直线 L_1 通过点 $A(5,-1,3)$，方向向量为 $l_1=(1,0,2)$，直线 L_2 通过点 $B(8,1,1)$，方向向量为 $l_2=(2,-1,1)$，$\overrightarrow{AB}=(3,2,-2)$，由于

$$\left[\overrightarrow{AB},l_1,l_2\right]=\begin{vmatrix} 3 & 2 & -2 \\ 1 & 0 & 2 \\ 2 & -1 & 1 \end{vmatrix}=14\neq 0$$

所以 L_1 与 L_2 是异面直线.

（2）直线 L 的方向向量为

$$l=l_1\times l_2=(1,0,2)\times(2,-1,1)=(2,3,-1)$$

设交点坐标为 $P(x_1,y_1,z_1)$，$Q(x_2,y_2,z_2)$，令

$$\begin{cases} x_1=5+t, \\ y_1=-1, \\ z_1=3+2t, \end{cases} \quad \begin{cases} x_2=8+2s, \\ y_2=1-s, \\ z_2=1+s \end{cases}$$

因线段 PQ 与 l 平行，所以

$$\frac{x_2-x_1}{2}=\frac{y_2-y_1}{3}=\frac{z_2-z_1}{-1}\Leftrightarrow\frac{3+2s-t}{2}=\frac{2-s}{3}=\frac{-2+s-2t}{-1}\Leftrightarrow\begin{cases} 8s-3t=-5, \\ s-3t=2 \end{cases}$$

由此解得 $s=-1$，$t=-1$. 于是点 P 与 Q 的坐标分别为 $P(4,-1,1)$，$Q(6,2,0)$.

（3）由第（2）问可知异面直线 L_1 与 L_2 的距离为

$$d=|PQ|=\sqrt{(6-4)^2+(2+1)^2+(0-1)^2}=\sqrt{14}$$

7.2.3 空间曲面的方程与空间曲面的切平面(例 7.7—7.18)

例 7.7(江苏省 2018 年竞赛题) 已知二次锥面 $4x^2+\lambda y^2-3z^2=0$ 与平面 $x-y+z=0$ 的交线 L 是一条直线.

(1) 试求常数 λ 的值，并求直线 L 的标准方程；

(2) 平面 Π 通过直线 L，且与球面 $x^2+y^2+z^2+6x-2y-2z+10=0$ 相切，试求平面 Π 的方程.

解析 （1）锥面 $4x^2+\lambda y^2-3z^2=0$ 与平面 $x-y+z=0$ 都通过坐标原点，因此它们的交线 L 也应通过坐标原点. 当 L 是一条直线时，它与平面 $y=1$ 交于一点 P，由 $4x^2+\lambda-3z^2=0$，$x+z=1\Rightarrow x^2+6x+(\lambda-3)=0$，此式有惟一解的充要条件是

$$\Delta = 36 - 4(\lambda - 3) = 0 \implies \lambda = 12$$

此时 $x = -3, z = 4$,所以点 P 的坐标为 $(-3,1,4)$,L 的方向为 $\overrightarrow{OP} = (-3,1,4)$. 又 L 过原点,所以直线 L 的标准方程为 $\dfrac{x}{-3} = \dfrac{y}{1} = \dfrac{z}{4}$.

(2) 因平面 Π 通过原点,所以设平面 Π 的方程为 $ax + by + cz = 0$,其法向量为 $\boldsymbol{n} = (a,b,c)$,因为 $\boldsymbol{n} \perp \boldsymbol{l}$,所以 $3a - b - 4c = 0$. 又球面的球心为 $(-3,1,1)$,半径为 1,平面 Π 与球面相切时球心到平面 Π 的距离为 1,所以有

$$|-3a + b + c| = \sqrt{a^2 + b^2 + c^2} \Leftrightarrow 4a^2 - 3ab - 3ac + bc = 0$$

取 $c = 1$,由 $\begin{cases} b = 3a - 4, \\ 4a^2 - 3ab - 3a + b = 0 \end{cases}$ 解得 $(a,b,c) = (2,2,1), \left(\dfrac{2}{5}, -\dfrac{14}{5}, 1\right)$,因此所求平面 Π 的方程为

$$2x + 2y + z = 0 \quad \text{或} \quad 2x - 14y + 5z = 0$$

点评　本题考察的是直线 L 与平面 $y = 1$ 的交点,若无解,则改为考察直线 L 与平面 $x = 1$(或 $z = 1$)的交点. 一般选择系数较复杂的项进行考察(如本题选择的是 λy^2),这样可简化后继的运算.

例 7.8(北京市 1997 年竞赛题)　证明曲面

$$z + \sqrt{x^2 + y^2 + z^2} = x^3 f\left(\frac{y}{x}\right)$$

上任意点处的切平面在 z 轴上的截距与切点到坐标原点的距离之比为常数,并求出此常数.

解析　记 $r = \sqrt{x^2 + y^2 + z^2}$,$F = z + r - x^3 f\left(\dfrac{y}{x}\right)$,则已知曲面的法向量为

$$\boldsymbol{n} = (F'_x, F'_y, F'_z) = \left(\frac{x}{r} - 3x^2 f\left(\frac{y}{x}\right) + xy f'\left(\frac{y}{x}\right), \frac{y}{r} - x^2 f'\left(\frac{y}{x}\right), 1 + \frac{z}{r}\right)$$

因此曲面上任一点 (x,y,z) 处的切平面方程为

$$\left(\frac{x}{r} - 3x^2 f\left(\frac{y}{x}\right) + xy f'\left(\frac{y}{x}\right)\right)(X - x) + \left(\frac{y}{r} - x^2 f'\left(\frac{y}{x}\right)\right)(Y - y)$$
$$+ \left(1 + \frac{z}{r}\right)(Z - z) = 0$$

其中 (X,Y,Z) 是切平面上动点的坐标. 令 $X = Y = 0$,代入上式,得切平面在 z 轴上的截距为

$$Z = z + \frac{x^2 + y^2 - 3rx^3 f(y/x)}{z + r} = \frac{r^2 + zr - 3r(z+r)}{z + r}$$
$$= -2r = -2\sqrt{x^2 + y^2 + z^2}$$

由于 $\dfrac{-2\sqrt{x^2 + y^2 + z^2}}{\sqrt{x^2 + y^2 + z^2}} = -2$,于是截距与切点到原点的距离之比为常数 -2.

例7.9（南京大学 1995 年竞赛题） 从椭球面外的一点作椭球面的一切可能的切平面,证明全部切点在同一平面上.

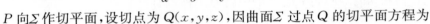

解析 设椭球面 Σ 的方程为 $\dfrac{x^2}{a^2}+\dfrac{y^2}{b^2}+\dfrac{z^2}{c^2}=1$,椭球面

外一点设为 $P(x_0,y_0,z_0)$, $\dfrac{x_0^2}{a^2}+\dfrac{y_0^2}{b^2}+\dfrac{z_0^2}{c^2}>1$(如图所示). 由

P 向 Σ 作切平面,设切点为 $Q(x,y,z)$,因曲面 Σ 过点 Q 的切平面方程为

$$\frac{xX}{a^2}+\frac{yY}{b^2}+\frac{zZ}{c^2}=1$$

令 $(X,Y,Z)=(x_0,y_0,z_0)$,代入上式得

$$\frac{x_0}{a^2}x+\frac{y_0}{b^2}y+\frac{z_0}{c^2}z=1 \tag{$*$}$$

这表明切点 Q 位于同一平面($*$)上.

例7.10（江苏省 2016 年竞赛题） 设函数 $f(x,y)$ 在点 $(2,-2)$ 处可微,满足

$$f(\sin(xy)+2\cos x,xy-2\cos y)=1+x^2+y^2+o(x^2+y^2)$$

这里 $o(x^2+y^2)$ 表示比 x^2+y^2 高阶的无穷小（当 $(x,y)\to(0,0)$ 时）,试求出曲面 $z=f(x,y)$ 在点 $(2,-2,f(2,-2))$ 处的切平面方程.

解析 因 $f(x,y)$ 在点 $(2,-2)$ 处可微,故 $f(x,y)$ 在点 $(2,-2)$ 处连续,又因

$$\varphi(x,y)=\sin(xy)+2\cos x, \quad \psi(x,y)=xy-2\cos y$$

在点 $(0,0)$ 处连续,在原式中令 $(x,y)\to(0,0)$ 得 $f(2,-2)=1$. 因为 $f(x,y)$ 在点 $(2,-2)$ 处可微,所以 $f(x,y)$ 在点 $(2,-2)$ 处可偏导. 因此,在原式中令 $y=0$ 得 $f(2\cos x,-2)=1+x^2+o(x^2)$,应用偏导数的定义得

$$
\begin{aligned}
f_x'(2,-2)&=\lim_{x\to0}\frac{f(2+(2\cos x-2),-2)-f(2,-2)}{2\cos x-2}\\
&=\lim_{x\to0}\frac{f(2\cos x,-2)-1}{-x^2}=\lim_{x\to0}\frac{x^2+o(x^2)}{-x^2}=-1
\end{aligned}
$$

在原式中令 $x=0$ 得 $f(2,-2\cos y)=1+y^2+o(y^2)$,应用偏导数的定义得

$$
\begin{aligned}
f_y'(2,-2)&=\lim_{y\to0}\frac{f(2,-2+(-2\cos y+2))-f(2,-2)}{-2\cos y+2}\\
&=\lim_{y\to0}\frac{f(2,-2\cos y)-1}{y^2}=\lim_{y\to0}\frac{y^2+o(y^2)}{y^2}=1
\end{aligned}
$$

因此曲面 $z=f(x,y)$ 在点 $(2,-2,1)$ 处的切平面方程为

$$-f_x'(2,-2)\cdot(x-2)-f_y'(2,-2)\cdot(y+2)+1\cdot(z-1)=0$$

化简得 $x-y+z=5$.

例 7.11（全国 2015 年初赛题）　求曲面 $z=x^2+y^2$ $+1$ 在点 $M(1,-1,3)$ 的切平面与曲面 $z=x^2+y^2$ 所围区域的体积.

解析　切平面的法向量为

$$(z'_x,z'_y,-1)\Big|_M=(2x,2y,-1)\Big|_M=(2,-2,-1)$$

因此切平面方程为 $2x-2y-z=1$. 记切平面与曲面 $z=$ x^2+y^2 所围区域为 Ω（如图），由 $\begin{cases}2x-2y-z=1,\\z=x^2+y^2\end{cases}$ 消去 z,

得区域 Ω 在 xOy 平面上的投影为圆域

$$D:(x-1)^2+(y+1)^2\leqslant 1$$

则区域 Ω 的体积为

$$V=\iint\limits_{D}(2x-2y-1-(x^2+y^2))\mathrm{d}x\mathrm{d}y=\iint\limits_{D}(1-(x-1)^2-(y+1)^2)\mathrm{d}x\mathrm{d}y$$

作平移加极坐标变换，令 $x=1+\rho\cos\theta,y=-1+\rho\sin\theta$，则 $\mathrm{d}x\mathrm{d}y=\rho\mathrm{d}\rho\mathrm{d}\theta$，可得

$$V=\int_0^{2\pi}\mathrm{d}\theta\int_0^1(1-\rho^2)\rho\mathrm{d}\rho=2\pi\left(\frac{1}{2}-\frac{1}{4}\right)=\frac{\pi}{2}$$

例 7.12（江苏省 2008 年竞赛题）　（1）证明：曲面

$$\Sigma:\begin{cases}x=(b+a\cos\theta)\cos\varphi,\\y=a\sin\theta,\qquad\qquad(0\leqslant\theta,\varphi\leqslant 2\pi,0<a<b)\\z=(b+a\cos\theta)\sin\varphi\end{cases}$$

为旋转曲面；

（2）求旋转曲面 Σ 所围立体的体积.

解析　（1）消去 θ,φ，得

$$(\sqrt{x^2+z^2}-b)^2+y^2=a^2$$

它是曲线 $\Gamma:\begin{cases}(x-b)^2+y^2=a^2\\z=0\end{cases}$ 绕 y 轴旋转一周生成的旋转曲面.

（2）根据题意，可得

$$V=2\pi\int_0^a\left[(b+\sqrt{a^2-y^2})^2-(b-\sqrt{a^2-y^2})^2\right]\mathrm{d}y$$

$$=8\pi b\int_0^a\sqrt{a^2-y^2}\mathrm{d}y=2\pi^2a^2b$$

例 7.13（厦门大学 2022 年竞赛题）　在直角坐标系中，球面 S 与直线

$$L_1: \frac{x-1}{3} = \frac{y+4}{6} = \frac{z-6}{4}, \quad L_2: \frac{x-4}{2} = \frac{y+3}{1} = \frac{z-2}{-6}$$

分别相切于点 $A(1,-4,6)$ 和点 $B(4,-3,2)$.

(1) 求球面 S 的方程;

(2) 设点 P 为球面 S 上的动点,过点 P 任作三条两两垂直的弦,记它们的长度分别为 a,b,c,求证:$a^2+b^2+c^2$ 为定值.

解析 (1) 直线 L_1,L_2 的方向向量分别为 $\boldsymbol{l}_1=(3,6,4)_1, \boldsymbol{l}_2=(2,1,-6)$. 设球面 S 的球心为 $Q(x,y,z)$,则 $\overrightarrow{AQ} \perp \boldsymbol{l}_1, \overrightarrow{BQ} \perp \boldsymbol{l}_2$,所以

$$\overrightarrow{AQ} \cdot \boldsymbol{l}_1 = 0, \quad \overrightarrow{BQ} \cdot \boldsymbol{l}_2 = 0$$

又 $|AQ|=|BQ|$,于是有

$$\begin{cases} 3(x-1)+6(y+4)+4(z-6)=0, \\ 2(x-4)+(y+3)-6(z-2)=0, \\ (x-1)^2+(y+4)^2+(z-6)^2=(x-4)^2+(y+3)^2+(z-2)^2 \end{cases}$$

$$\Leftrightarrow \begin{cases} 3x+6y+4z=3, \\ 2x+y-6z=-7, \\ 3x+y-4z=-12 \end{cases}$$

解此方程组得 $(x,y,z)=(-5,3,0)$,所以球心为 $Q(-5,3,0)$,球半径 $d=11$. 于是球面 S 的方程为

$$(x+5)^2+(y-3)^2+z^2=121$$

(2) 作坐标系平移,使得坐标原点位于球心,再作坐标系旋转,使得点 P 位于第一卦限,且三条坐标轴分别与题中的三条两两垂直的弦平行. 设点 P 的坐标为 (α,β,γ),三条弦的另一端点分别为 Q_1,Q_2,Q_3,则它们的坐标分别为

$$Q_1(-\alpha,\beta,\gamma), \quad Q_2(\alpha,-\beta,\gamma), \quad Q_3(\alpha,\beta,-\gamma)$$

于是

$$a^2+b^2+c^2 = |PQ_1|^2+|PQ_2|^2+|PQ_3|^2=(2\alpha)^2+(2\beta)^2+(2\gamma)^2$$
$$=4(\alpha^2+\beta^2+\gamma^2)=484$$

即得 $a^2+b^2+c^2$ 为定值 484.

例 7.14(全国 2021 年初赛题) 过三条直线

$$L_1: \begin{cases} x=0, \\ y-z=2, \end{cases} \quad L_2: \begin{cases} x=0, \\ x+y-z+2=0 \end{cases} \quad 与 \quad L_3: \begin{cases} x=\sqrt{2}, \\ y-z=0 \end{cases}$$

的圆柱面方程为 _____.

解析 三条直线的方向向量皆为 $\boldsymbol{l}=(1,0,0)\times(0,1,-1)=(0,1,1)$,则平面 $\Pi: y+z=0$ 与此三条直线皆垂直,且直线 L_1,L_2,L_3 与平面 Π 的交点分别为

$$P_1(0,1,-1), \quad P_2(0,-1,1), \quad P_3(\sqrt{2},0,0)$$

设平面 Π 上通过以上 P_1,P_2,P_3 三点的圆 Γ 的圆心坐标为 $Q(a,b,c)$,半径为 r,则 $|P_1Q|=|P_2Q|=|P_3Q|=r$,这等价于

$$a^2+(b-1)^2+(c+1)^2 = a^2+(b+1)^2+(c-1)^2$$
$$= (a-\sqrt{2})^2+b^2+c^2 = r^2$$

又 $b+c=0$,解得 $a=b=c=0$,$r=\sqrt{2}$,即 Γ 的圆心坐标为 $Q(0,0,0)$,半径为 $\sqrt{2}$. 于是所求圆柱面的旋转轴通过点 $Q(0,0,0)$,其方向向量为 $\boldsymbol{l}=(0,1,1)$. 再在圆柱面上任取一点 $P(x,y,z)$,由于点 P 到旋转轴的距离为 $\sqrt{2}$,则有

$$|\overrightarrow{QP}\times\boldsymbol{l}| = \sqrt{2}|\boldsymbol{l}| \Leftrightarrow |(x,y,z)\times(0,1,1)| = \sqrt{2}|(0,1,1)|$$
$$\Leftrightarrow |(y-z,-x,x)| = 2$$

化简即得所求圆柱面的方程为 $2x^2+(y-z)^2=4$.

例 7.15(全国 2015 年初赛题)　设 M 是以三个正半轴为母线的半圆锥面,求其方程.

解析　圆锥面 M 的顶点为 $O(0,0,0)$,其准线选作过三点 $(1,0,0)$,$(0,1,0)$,$(0,0,1)$ 的圆

$$\Gamma: \begin{cases} x+y+z=1, \\ x^2+y^2+z^2=1 \end{cases}$$

设 $P(x,y,z)$ 是圆锥面 M 上任一点,射线 OP 与准线 Γ 的交点记为 $Q(x_1,y_1,z_1)$,则

$$\begin{cases} x_1+y_1+z_1=1, \\ x_1^2+y_1^2+z_1^2=1 \end{cases} \tag{$*$}$$

由于 $\dfrac{x_1-0}{x-0}=\dfrac{y_1-0}{y-0}=\dfrac{z_1-0}{z-0}=t$,代入($*$)式可得

$$\begin{cases} xt+yt+zt=1, \\ (xt)^2+(yt)^2+(zt)^2=1 \end{cases}$$

再消去 t 即得所求圆锥面 M 的方程为 $xy+yz+zx=0$.

例 7.16(江苏省 2021 年竞赛题)　已知直线 $L:\dfrac{x-1}{1}=\dfrac{y}{1}=\dfrac{z-1}{-1}$ 在平面 Π:$x+y+z-2=0$ 上的投影为直线 L_1.(1)求直线 L_1 的方程;(2)求直线 L_1 绕直线 L 旋转所得的圆锥面的方程.

解析　(1) 令 L 的方程 $\dfrac{x-1}{1}=\dfrac{y}{1}=\dfrac{z-1}{-1}=t$,分别取 $t=0,3$,得点 $A(1,0,1)$,$B(4,3,-2)$,其中点 A 显然位于平面 Π 上.如图,通过点 $B(4,3,-2)$ 作直线 L_2 垂直于平面 Π,则直线 L_2 的方程为

$$x=4+s, \quad y=3+s, \quad z=-2+s$$

代入平面 Π 的方程解得 $s=-1$,所以直线 L_2 与平面 Π 的交点为 $Q(3,2,-3)$,从而 $\overrightarrow{AQ}=2(1,1,-2)$,则通过点 A 且以 $\boldsymbol{l}_1=(1,1,-2)$ 为方向的直线即为所求的直线 L_1,其方程为

$$L_1: \frac{x-1}{1} = \frac{y}{1} = \frac{z-1}{-2}$$

（2）因为直线 L 的方向为 $\boldsymbol{l}=(1,1,-1)$，圆锥面的顶点为 A，在所求圆锥面上取动点 $P(x,y,z)$，则

$$\langle \overrightarrow{AP}, \boldsymbol{l} \rangle = \langle \boldsymbol{l}_1, \boldsymbol{l} \rangle \Leftrightarrow \cos\langle \overrightarrow{AP}, \boldsymbol{l} \rangle = \cos\langle \boldsymbol{l}_1, \boldsymbol{l} \rangle \Leftrightarrow \frac{\overrightarrow{AP} \cdot \boldsymbol{l}}{|\overrightarrow{AP}||\boldsymbol{l}|} = \frac{\boldsymbol{l}_1 \cdot \boldsymbol{l}}{|\boldsymbol{l}_1||\boldsymbol{l}|}$$

$$\Leftrightarrow \frac{(x-1)\times 1 + y\times 1 + (z-1)\times(-1)}{\sqrt{(x-1)^2+y^2+(z-1)^2} \cdot \sqrt{1^2+1^2+(-1)^2}}$$

$$= \frac{1\times 1 + 1\times 1 + (-2)\times(-1)}{\sqrt{1^2+1^2+(-2)^2} \cdot \sqrt{1^2+1^2+(-1)^2}}$$

化简上式即得所求圆锥面的方程为

$$8[(x-1)^2+y^2+(z-1)^2] = 3(x+y-z)^2$$

例 7.17（浙江省 2007 年竞赛题）　有一张边长为 4π 的正方形纸（如图（a）所示），C,D 分别为 AA',BB' 的中点，E 为 DB' 的中点. 现将纸卷成圆柱形，使 A 与 A' 重合，B 与 B' 重合，并将圆柱面垂直放在 xOy 平面上，且 B 与原点 O 重合，D 落在 y 轴正向上，此时求：

（1）通过 C,E 两点的直线绕 z 轴所得的旋转曲面方程；

（2）此旋转曲面与 xOy 平面和过 A 点垂直于 z 轴的平面所围成的立体体积.

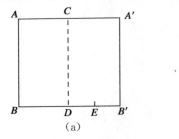
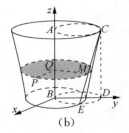

（a）　　　　　　　　　　（b）

解析　（1）依题意可知圆柱底面的半径 $R=2$，故 C 点坐标取为 $(0,4,4\pi)$，E 点坐标为 $(2,2,0)$，$\overrightarrow{EC}=(-2,2,4\pi)$，则过 C,E 两点的直线方程为

$$\frac{x-2}{-2} = \frac{y-2}{2} = \frac{z}{4\pi}$$

如图（b）所示，在所求的旋转曲面上任取点 $P(x,y,z)$，过点 P 作平面垂直于 z 轴，交 z 轴于点 $Q(0,0,z)$，交直线 CE 于点 $M(x_0,y_0,z)$. 由于点 M 在 CE 上，则

$$\frac{x_0-2}{-2} = \frac{y_0-2}{2} = \frac{z}{4\pi} \Rightarrow x_0 = 2 - \frac{z}{2\pi}, \quad y_0 = 2 + \frac{z}{2\pi}$$

又因为 $|PQ|^2 = |MQ|^2$，所以

$$x^2+y^2=x_0^2+y_0^2=\left(2-\frac{z}{2\pi}\right)^2+\left(2+\frac{z}{2\pi}\right)^2$$

即所求旋转曲面的方程为 $x^2+y^2=8+\dfrac{z^2}{2\pi^2}$.

（2）由上问可知旋转曲面在垂直于 z 轴方向的截面是一个半径为 $\sqrt{8+\dfrac{z^2}{2\pi^2}}$ 的圆,故所求体积 V 为

$$V=\int_0^{4\pi}\pi\left(8+\frac{z^2}{2\pi^2}\right)\mathrm{d}z=32\pi^2+\frac{32}{3}\pi^2=\frac{128}{3}\pi^2.$$

例 7.18（同济大学 2012 年竞赛题）　设半径为 a 的球面 S 含在平面 $\varPi:z=0$ 和椭圆抛物面 $\varSigma:z=1-(x^2+2y^2)$ 所围成的区域内,且 S 与 $\varSigma,\varPi$ 都相切,求 a 的最大值,并写出球面 S 的方程.

解析　如图,设 $\varSigma$ 与 $\varPi$ 所围区域为 $\varOmega$. 由于 $\varOmega$ 关于 yOz 平面对称,又关于 zOx 平面对称,所以 a 取最大值时 S 与平面 $\varPi$ 相切于坐标原点. 又 a 取最大值时 S 与曲面 $\varSigma$ 相切,设切点为 $P(x_0,y_0,z_0)$,由于 $\varOmega$ 的平行于 $z=z_0(0<z_0<1)$ 的截面为椭圆 $D:x^2+2y^2\leqslant1-z_0$,D 的短半轴在 y 轴方向,所以 $x_0=0,0<y_0$ $<\sqrt{2}/2$. 设 S 的方程为 $x^2+y^2+(z-a)^2=a^2$,记

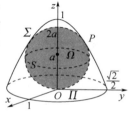

$$F=z-1+x^2+2y^2=0,\quad G=x^2+y^2+(z-a)^2-a^2=0$$

则曲面 $\varSigma$ 与 S 在点 P 处的法向量分别为

$$\boldsymbol{n}_1=(F_x',F_y',F_z')\Big|_P=(0,4y_0,1)$$

$$\boldsymbol{n}_2=(G_x',G_y',G_z')\Big|_P=2(0,y_0,z_0-a)$$

令 $\boldsymbol{n}_1/\!/\boldsymbol{n}_2$,得 $\dfrac{4y_0}{y_0}=\dfrac{1}{z_0-a}$（$y_0>0$）,即 $z_0=a+\dfrac{1}{4}$,再代入 S 与 $\varSigma$ 的方程解得 $a=\dfrac{2\sqrt{2}-1}{4}$. 此时 S 与 $\varSigma$ 相切,因此 a 的最大值为 $\dfrac{2\sqrt{2}-1}{4}$,所求球面 S 的方程为

$$x^2+y^2+\left(z-\frac{2\sqrt{2}-1}{4}\right)^2=\frac{9-4\sqrt{2}}{16}.$$

7.2.4　空间曲线的方程与空间曲线的切线（例 7.19—7.24）

例 7.19（南京大学 1996 年竞赛题）　记曲面 $z=x^2+y^2-2x-y$ 在区域

$$D:x\geqslant0,y\geqslant0,2x+y\leqslant4$$

上的最低点 P 处的切平面为 $\varPi$,曲线 $\begin{cases}x^2+y^2+z^2=6,\\x+y+z=0,\end{cases}$ 在点 $(1,1,-2)$ 处的切线为 l,

求点 P 到 l 在 Π 上的投影 l' 的距离 d.

解析 曲面 $z=x^2+y^2-2x-y$ 化为标准形为 $z+\dfrac{5}{4}=(x-1)^2+\left(y-\dfrac{1}{2}\right)^2$,这

是顶点为 $P\left(1,\dfrac{1}{2},-\dfrac{5}{4}\right)$ 且开口向上的旋转抛物面. 由于 $\left(1,\dfrac{1}{2}\right)\in D$,所以抛物面在

区域 D 上的最低点是 P,抛物面在点 P 的切平面 Π 的方程为 $z=-\dfrac{5}{4}$.

记点 P_0 为 $(1,1,-2)$,曲面 $x^2+y^2+z^2=6$ 在点 P_0 的法向量 $\boldsymbol{n}_1$ 与平面 $x+y+z=0$ 在 P_0 的法向量 $\boldsymbol{n}_2$ 分别为

$$\boldsymbol{n}_1=(2,2,-4),\quad \boldsymbol{n}_2=(1,1,1)$$

故其交线在点 P_0 的切向量为

$$l=\boldsymbol{n}_1\times\boldsymbol{n}_2=(2,2,-4)\times(1,1,1)=6(1,-1,0)$$

于是切线 l 的方程为

$$\frac{x-1}{1}=\frac{y-1}{-1}=\frac{z+2}{0},\quad \text{即}\quad \begin{cases} x+y-2=0,\\ z+2=0 \end{cases}$$

此直线在平面 $x+y-2=0$ 上,而平面 $x+y-2=0$ 垂直于平面 $\Pi:z=-\dfrac{5}{4}$,所以 l 在

Π 内的投影 l' 的方程为 $\begin{cases} x+y-2=0,\\ z=-\dfrac{5}{4}, \end{cases}$ 故点 $\left(1,\dfrac{1}{2},-\dfrac{5}{4}\right)$ 到 l' 的距离为

$$d=\frac{\left|1+\dfrac{1}{2}-2\right|}{\sqrt{1+1}}=\frac{1}{2\sqrt{2}}=\frac{\sqrt{2}}{4}$$

例 7.20(同济大学 2011 年竞赛题) 已知抛物线 $\Gamma:z=y^2+1,x=0$ 沿着直线段 AB 平行移动形成一柱面 Σ,其中点 A,B 的坐标分别为 $A(0,0,1),B(1,1,0)$.

(1) 试写出 Σ 的方程.

(2) 在重力作用下,有一质点在 Σ 上从点 A 开始下滑(质点始终沿着曲面最"陡峭"的方向滑动),试问该质点滑行轨迹的方程是什么?它能否到达点 B?

解析 (1) 如右图所示,在柱面 Σ 上任取动点 $P(x,y,z)$,作 $\overrightarrow{PQ}/\!/\overrightarrow{AB}$,交曲线 Γ 于点 $Q(x_0,y_0,z_0)$. 又 $\overrightarrow{AB}=(1,1,-1)$,则

$$z_0=y_0^2+1,\ x_0=0\ \text{且}\ \frac{x_0-x}{1}=\frac{y_0-y}{1}=\frac{z_0-z}{-1}=t$$

上式联立消去 x_0,y_0,z_0,t 得 $z=(x-y)^2-x+1$,此即为所求柱面 Σ 的方程.

(2) 质点滑动路径的切线方向 $(\mathrm{d}x,\mathrm{d}y)$ 取最"陡峭"的方向是沿曲面方程的梯度

$$\mathbf{grad}\,z=(z'_x,z'_y)=(2x-2y-1,2y-2x)$$

的方向,即 $(\mathrm{d}x,\mathrm{d}y)\,/\!/\,(2x-2y-1,2y-2x)$,故有

$$\frac{\mathrm{d}x}{2x-2y-1}=\frac{\mathrm{d}y}{2y-2x}\Rightarrow\frac{\mathrm{d}(x+y)}{-1}=\frac{\mathrm{d}(y-x)}{4(y-x)+1}$$

上面右式两边积分得 $-4(x+y)=\ln|4(y-x)+1|+C$. 由于经过点 $A(0,0,1)$,代入得 $C=0$,所以有 $\ln|4y-4x+1|+4(x+y)=0$,因此质点下滑轨迹的方程为

$$\begin{cases}z=(x-y)^2-x+1,\\ \ln|4y-4x+1|+4(x+y)=0\end{cases}$$

因为点 B 的坐标 $(1,1,0)$ 不满足此方程,所以质点下滑时不经过点 B.

例 7.21(江苏省 1998 年竞赛题) 当 $k(>0)$ 取何值时,曲线 $\begin{cases}z=ky,\\ \dfrac{x^2}{2}+z^2=2y\end{cases}$ 是圆?

并求此圆的圆心坐标以及该圆在 zOx 平面、yOz 平面上的投影.

解析 题给曲线在 xOy 平面上的投影为

$$\begin{cases}x^2+2k^2\left(y-\dfrac{1}{k^2}\right)^2=\dfrac{2}{k^2},\\ z=0\end{cases}$$

它是 xOy 平面上中心为 $\left(0,\dfrac{1}{k^2}\right)$,半轴长分别为 $\dfrac{\sqrt{2}}{k}$,$\dfrac{1}{k^2}$ 的椭圆. 设所求圆的圆心 A 的坐标为 (a,b,c),因点 A 在椭圆柱面 $x^2+2k^2\left(y-\dfrac{1}{k^2}\right)^2=\dfrac{2}{k^2}$ 的中心轴上,故 $a=0$,$b=\dfrac{1}{k^2}$,$c=kb=\dfrac{1}{k}$. 欲使题给曲线为圆,等价于 $|OA|=\dfrac{\sqrt{2}}{k}$,即 $\sqrt{0^2+\dfrac{1}{k^4}+\dfrac{1}{k^2}}=\dfrac{\sqrt{2}}{k}$,由此可解得 $k=1$. 于是 $k=1$ 时,题给曲线为圆,圆心坐标为 $(0,1,1)$.

将原方程组 $\begin{cases}z=y,\\ x^2-4y+2z^2=0\end{cases}$ 消去 y,得圆在 zOx 平面上的投影为

$$\begin{cases}x^2+2z^2-4z=0,\\ y=0\end{cases}$$

由于题给曲线圆在平面 $z=y$ 上,此平面垂直 yOz 平面,所以圆在 yOz 平面上的投影为一线段,即

$$\begin{cases}y=z,\\ x=0\end{cases}\quad(0\leqslant z\leqslant 2)$$

例 7.22(江苏省 2012 年竞赛题) 已知点 $A(1,2,-1)$ 和 $B(5,-2,3)$ 在平面 $\Pi:2x-y-2z=3$ 的两侧,过点 A,B 作球面 Σ 使其在平面 Π 上截得的圆 Γ 最小.

(1)求球面 Σ 的球心坐标与该球面的方程;

(2)证明:直线 AB 与平面 Π 的交点是圆 Γ 的圆心.

解析 (1) $\overrightarrow{AB}=4(1,-1,1)$,线段 AB 的中点是 $(3,0,1)$,于是线段 AB 的垂直平分面 Π_1 的方程为 $x-y+z=4$.

因球心在 Π_1 上,设球心为 $O(a,b,4-a+b)$,则 $OA^2=(a-1)^2+(b-2)^2+(5-a+b)^2$. 设球心 O 到平面 Π 的距离为 d,则

$$d^2=\left(\frac{2a-b-2(4-a+b)-3}{3}\right)^2=\frac{1}{9}(4a-3b-11)^2$$

设圆 Γ 的半径为 r,则

$$u=r^2=OA^2-d^2$$
$$=(a-1)^2+(b-2)^2+(5-a+b)^2-\frac{1}{9}(4a-3b-11)^2$$

由

$$\begin{cases}\dfrac{\partial u}{\partial a}=2(a-1)-2(5-a+b)-\dfrac{8}{9}(4a-3b-11)=0,\\[3mm]\dfrac{\partial u}{\partial b}=2(b-2)+2(5-a+b)+\dfrac{6}{9}(4a-3b-11)=0\end{cases}$$

化简得 $\begin{cases}2a+3b=10,\\ a+3b=2,\end{cases}$ 解得 $a=8,b=-2$.因驻点是惟一的,圆 Γ 的半径 r 的最小值存在,故 $a=8,b=-2$ 为所求的球心坐标分量,于是球心坐标为 $O(8,-2,-6)$. 又因为 $|OA|=\sqrt{90}$,所以球面方程为

$$(x-8)^2+(y+2)^2+(z+6)^2=90$$

(2) 设直线 AB 的参数方程为 $x=1+t,y=2-t,z=-1+t$,将它们代入平面 Π 的方程,解得 $t=1$,所以直线 AB 与平面 Π 的交点 M 的坐标为 $M(2,1,0)$. 又因为平面 Π 的法向量为 $\boldsymbol{n}=(2,-1,-2)$,而 $\overrightarrow{OM}=(-6,3,6)=-3(2,-1,-2)$,显然 $\overrightarrow{OM}/\!/\boldsymbol{n}\Leftrightarrow$直线 $OM\perp$平面 Π,于是点 M 是圆 Γ 的圆心.

例 7.23(江苏省 2006 年竞赛题) 设圆柱面 $x^2+y^2=1(z\geqslant0)$ 被柱面 $z=x^2+2x+2$ 截下的(有限)部分为 Σ,为计算曲面 Σ 的面积,我们用薄铁片制作 Σ 的模型,已知 $A(1,0,5),B(-1,0,1),C(-1,0,0)$ 为 Σ 上三点. 将 Σ 沿线段 BC 剪开并展成平面图形 D,建立平面直角坐标系,使区域 D 位于 x 轴的正上方,点 A 的坐标为 $(0,5)$,试写出 D 的边界的方程,并求 D 的面积.

解析 令 $x=\rho\cos\theta,y=\rho\sin\theta,z=z$,则交线 Γ 的方程化为柱坐标方程为
$$z=\cos^2\theta+2\cos\theta+2,\quad\rho=1\quad(|\theta|\leqslant\pi)$$
在 Γ 上任取点 P,设其柱坐标为 (ρ_0,θ_0,z_0),则
$$z_0=\cos^2\theta_0+2\cos\theta_0+2\quad(|\theta_0|\leqslant\pi),\quad\rho_0=1$$
设 Γ 在 xOy 平面上的投影为 Γ_1(如图(a)所示),在 Γ_1 上取点 M,其柱坐标为 $(1,0,0)$. 又设点 P 在 Γ_1 上的投影为 Q,其柱坐标为 $(1,\theta_0,0)$,则 $\overset{\frown}{MQ}$ 的弧长为 $s=\theta_0$.

在平面图形 D 上(如图(b)所示),设点 P 的坐标为 (x,y),则 D 上点 M,Q 的坐

标分别为 $(0,0),(x,0)$，由图形 D 的定义得 $y=z_0,x=s=\theta_0$，由此可得 D 的边界曲线由 $x=\pi,x=-\pi,y=0$ 与 $y=\cos^2 x+2\cos x+2$ 组成．区域 D 的面积为

$$S=\int_{-\pi}^{\pi}(\cos^2 x+2\cos x+2)\mathrm{d}x=\pi+0+4\pi=5\pi$$

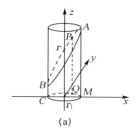

(a)

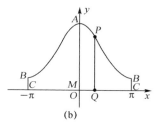

(b)

例 7.24（江苏省 2006 年竞赛题） 设锥面 $z^2=3x^2+3y^2(z\geqslant 0)$ 被平面 $x-\sqrt{3}z+4=0$ 截下的（有限）部分为 Σ．

（1）求曲面 Σ 的面积；

（2）用薄铁片制作 Σ 的模型，$A(2,0,2\sqrt{3}),B(-1,0,\sqrt{3})$ 为 Σ 上的两点，O 为原点，将 Σ 沿线段 OB 剪开并展成平面图形 D，以 OA 方向为极轴建立平面极坐标系，试写出 D 的边界的极坐标方程．

解析 （1）锥面与平面的交线 Γ：$\begin{cases}z^2=3x^2+3y^2,\\x-\sqrt{3}z+4=0\end{cases}$ 在 xOy 平面上的投影

为 $\dfrac{4}{9}\left(x-\dfrac{1}{2}\right)^2+\dfrac{1}{2}y^2=1$，此为一椭圆，它所围图形 D_1 的面积为 $\dfrac{3\sqrt{2}}{2}\pi$，从而 Σ 的面积为

$$S=\iint\limits_{D_1}\sqrt{1+(z_x')^2+(z_y')^2}\,\mathrm{d}x\mathrm{d}y=2\iint\limits_{D_1}\mathrm{d}x\mathrm{d}y=3\sqrt{2}\pi$$

（2）**方法 1** 令 $x=r\sin\varphi\cos\theta,y=r\sin\varphi\sin\theta,z=r\cos\varphi$，则交线 Γ 的方程化为球面坐标方程为

$$r=\frac{8}{3-\cos\theta},\quad\varphi=\frac{\pi}{6}\quad(|\theta|\leqslant\pi)$$

在 Γ 上任取点 P，设其球坐标为 (r_0,φ_0,θ_0)，则 $r_0=\dfrac{8}{3-\cos\theta_0}(|\theta_0|\leqslant\pi)$，$\varphi_0=\dfrac{\pi}{6}$．作平面 $z=\sqrt{3}$ 交 Σ 于 Γ_1，则 Γ_1 是半径为 1 的圆（如图（a）所示），其上任一点到原点 $(0,0,0)$ 的距离为 2．连接 OA 交 Γ_1 于点 A_1，连接 OP 交 Γ_1 于点 Q，则 $\overparen{A_1Q}$ 的弧长为 θ_0．

在平面图形 D 上（如图（b）所示），设对应点 P 的极坐标为 (ρ,θ)，则由图形 D 的定义可知 $\rho=r_0$．图形 D 上与圆 Γ_1 对应的是半径为 2 的半圆，对应点 A_1,Q 的极坐标分别为 $(2,0)$ 与 $(2,\theta)$，于是 $\overparen{A_1Q}$ 的弧长为 2θ，因此 $2\theta=\theta_0$．由此可得 D 的边界曲

线由 $\rho = \dfrac{8}{3 - \cos 2\theta}$ 与 $\theta = \dfrac{\pi}{2}$，$\theta = -\dfrac{\pi}{2}$ 组成.

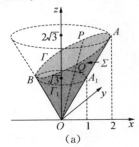

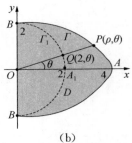

(a)　　　　　　　　(b)

方法 2　令 $x = r\cos\theta, y = r\sin\theta, z = z$，则交线 Γ 的方程化为柱坐标为

$$r = \frac{4}{3 - \cos\theta} \quad (\,|\theta| \leqslant \pi\,), \quad z = \sqrt{3}\, r$$

在 Γ 上任取点 P，设其柱坐标为 (r_1, θ_1, z_1)，则

$$r_1 = \frac{4}{3 - \cos\theta_1} \quad (\,|\theta_1| \leqslant \pi\,), \quad z_1 = \sqrt{3}\, r_1$$

这里 r_1 是点 P 到 z 坐标轴的距离(如图(a) 所示).

在平面图形 D 上(如图(b)所示)，设对应点 P 的极坐标为 (ρ, θ)，由于点 P 的柱坐标 (r_1, θ_1, z_1) 与球坐标 $(r_0, \varphi_0, \theta_0)$ 之间有关系 $r_0 = \sqrt{r_1^2 + z_1^2} = 2r_1$，$\theta_0 = \theta_1$，故 $\rho = 2r_1$，$2\theta = \theta_1$. 由此可得 D 的边界曲线由 $\rho = \dfrac{8}{3 - \cos 2\theta}$ 与 $\theta = \dfrac{\pi}{2}$，$\theta = -\dfrac{\pi}{2}$ 组成.

点评　本题有一定难度，要会画出简图. 在方法 1 中，重点是找出极坐标 (ρ, θ) 与球坐标 $(r_0, \varphi_0, \theta_0)$ 的关系：$\rho = r_0$，$2\theta = \theta_0$；在方法 2 中，重点是找出极坐标 (ρ, θ) 与柱坐标 (r_1, θ_1, z_1) 的关系：$\rho = \sqrt{r_1^2 + z_1^2} = 2r_1$，$2\theta = \theta_1$.

练 习 题 七

1. 设 xOy 平面上三点的坐标为 $(a_1, a_2), (b_1, b_2), (c_1, c_2)$，求证：以这三点为顶点的三角形的面积为 $\begin{vmatrix} a_1 & a_2 & 1 \\ b_1 & b_2 & 1 \\ c_1 & c_2 & 1 \end{vmatrix}$ 的绝对值.

2. 求通过直线 $\begin{cases} 4x - y + 3z - 1 = 0, \\ x + 5y - z + 2 = 0 \end{cases}$ 且与平面 $2x - y + 5z + 2 = 0$ 垂直的平面方程.

3. 求通过直线 $\begin{cases} x + 5y + z = 0, \\ x - z + 4 = 0 \end{cases}$ 且与平面 $x - 4y - 8z + 12 = 0$ 的夹角为 $\dfrac{\pi}{4}$ 的平面方程.

4. 求通过点 $(-1, 0, 1)$，垂直于直线 $\dfrac{x-2}{3} = \dfrac{y}{-4} = \dfrac{z}{1}$ 且与直线 $\dfrac{x+1}{1} = \dfrac{y-3}{1}$

$=\dfrac{z}{2}$ 相交的直线方程.

5. 求通过点 $(1,2,1)$,且与两直线

$$L_1:\begin{cases} x-2y-z+1=0, \\ x-y+z-1=0 \end{cases} \quad \text{和} \quad L_2:\begin{cases} 2x-y+z=0, \\ x-y-z=0 \end{cases}$$

都相交的直线方程.

6. 求点 $(2,6,5)$ 关于直线 $\dfrac{x-2}{3}=\dfrac{y-1}{4}=\dfrac{z+1}{1}$ 的对称点.

7. 求点 $(0,0,3)$ 到直线 $x-1=\dfrac{y+1}{-1}=z$ 的距离.

8. 求以直线 $\dfrac{x-1}{2}=y=\dfrac{z+1}{-2}$ 为对称轴且半径等于 2 的圆柱面的方程.

9. 求两条直线 $\dfrac{x-3}{2}=\dfrac{y}{4}=\dfrac{z+1}{3}$ 与 $\dfrac{x+1}{2}=\dfrac{y-3}{0}=\dfrac{z-2}{1}$ 间的距离.

10. 设 $\Gamma:\begin{cases} x^2+y^2+z^2+4x-4y+2z=0, \\ 2x+y-2z=k. \end{cases}$

(1) 当 k 为何值时 Γ 为一圆?

(2) 当 $k=6$ 时,求 Γ 的圆心和半径.

11. 求曲面 $x^2+2y^2+3z^2=12$ 的垂直于平面 $x+4y+3z=0$ 的法线方程.

12. 求由 $y=x\varphi\left(\dfrac{z}{x}\right)+\psi(yz)$ 确定的曲面 $z=z(x,y)$ 在点 $(1,-1,1)$ 处的切平面方程和法线方程.

13. 求通过直线 $\begin{cases} 10x+2y-2z-27=0, \\ x+y-z=0 \end{cases}$ 且与曲面 $3x^2+y^2-z^2=27$ 相切的平面方程.

14. 求直线 $\begin{cases} x=3-t, \\ y=-1+2t, \\ z=5+8t \end{cases}$ 在平面 $x-y+3z+8=0$ 上的投影的方程.

15. 求直线 $\dfrac{x-1}{2}=\dfrac{y}{1}=\dfrac{z}{-1}$ 绕 y 轴旋转一周所得旋转曲面的方程,并求该曲面与平面 $y=0,y=2$ 所包围的立体的体积.

16. 求立体

$$\Omega=\{(x,y,z)\mid 2x+2y-z\leqslant 4,(x-2)^2+(y+1)^2+(z-1)^2\leqslant 4\}$$

的体积.

17. 已知空间三点 $A(-4,0,0),B(0,-2,0),C(0,0,2),O$ 为原点,试求四面体 $OABC$ 的外接球面的方程.

专题 8　　级数

8.1　　基本概念与内容提要

8.1.1　　数项级数的主要性质

设 $S_n = \sum\limits_{i=1}^{n} a_i$，$\lim\limits_{n\to\infty} S_n = A$，则级数 $\sum\limits_{n=1}^{\infty} a_n$ 收敛于 A，否则称级数 $\sum\limits_{n=1}^{\infty} a_n$ 发散. 且当级数 $\sum\limits_{n=1}^{\infty} a_n$ 收敛时，该级数的余项 $r_n = \sum\limits_{k=n+1}^{\infty} a_k$ 收敛于 0.

1）级数 $\sum\limits_{n=1}^{\infty} a_n$ 收敛的必要条件是 $\lim\limits_{n\to\infty} a_n = 0$.

2）若 $\sum\limits_{n=1}^{\infty} a_n$ 与 $\sum\limits_{n=1}^{\infty} b_n$ 皆收敛，则 $\sum\limits_{n=1}^{\infty} (a_n \pm b_n)$ 也收敛.

3）若 $\sum\limits_{n=1}^{\infty} a_n$ 收敛，$\sum\limits_{n=1}^{\infty} b_n$ 发散，则 $\sum\limits_{n=1}^{\infty} (a_n \pm b_n)$ 发散.

4）对收敛级数任意加括号得到的新级数仍收敛，且其和不变.

5）正项级数收敛的充要条件是其部分和数列有界.

8.1.2　　正项级数敛散性判别法

1）比较判别法 I：设 $0 \leqslant a_n \leqslant b_n$，则当 $\sum\limits_{n=1}^{\infty} b_n$ 收敛时，$\sum\limits_{n=1}^{\infty} a_n$ 收敛；当 $\sum\limits_{n=1}^{\infty} a_n$ 发散时，$\sum\limits_{n=1}^{\infty} b_n$ 发散.

2）比较判别法 II：设 $a_n \geqslant 0$，$b_n > 0$，且 $\lim\limits_{n\to\infty} \dfrac{a_n}{b_n} = \lambda$，则当 $0 \leqslant \lambda < +\infty$，$\sum\limits_{n=1}^{\infty} b_n$ 收敛时，$\sum\limits_{n=1}^{\infty} a_n$ 收敛；当 $0 < \lambda \leqslant +\infty$，$\sum\limits_{n=1}^{\infty} b_n$ 发散时，$\sum\limits_{n=1}^{\infty} a_n$ 发散.

3）比值判别法：设 $a_n > 0$，若 $\lim\limits_{n\to\infty} \dfrac{a_{n+1}}{a_n} = \lambda$，则当 $0 \leqslant \lambda < 1$ 时，$\sum\limits_{n=1}^{\infty} a_n$ 收敛；当 $\lambda > 1$ 时，$\sum\limits_{n=1}^{\infty} a_n$ 发散.

4）根值判别法：设 $a_n > 0$，若 $\lim\limits_{n\to\infty} \sqrt[n]{a_n} = \lambda$，则当 $0 \leqslant \lambda < 1$ 时，$\sum\limits_{n=1}^{\infty} a_n$ 收敛；当

$\lambda > 1$ 时，$\displaystyle\sum_{n=1}^{\infty} a_n$ 发散.

5）积分判别法：记 $f(n) = a_n$，且 $f(x)$ 在区间 $[1, +\infty)$ 上为正值连续的单调减少函数，则当反常积分 $\displaystyle\int_1^{+\infty} f(x)\mathrm{d}x$ 收敛时，$\displaystyle\sum_{n=1}^{\infty} a_n$ 收敛；当反常积分 $\displaystyle\int_1^{+\infty} f(x)\mathrm{d}x$ 发散时，$\displaystyle\sum_{n=1}^{\infty} a_n$ 发散.

6）两个重要级数

（1）几何级数 $\displaystyle\sum_{n=0}^{\infty} aq^n$：当 $|q| < 1$ 时收敛，当 $|q| \geqslant 1$ 时发散. 且当 $|q| < 1$ 时，有

$$\sum_{n=0}^{\infty} aq^n = \frac{a}{1-q}.$$

（2）p 级数 $\displaystyle\sum_{n=1}^{\infty} \frac{1}{n^p}$：当 $p > 1$ 时收敛，当 $p \leqslant 1$ 时发散.

8.1.3　任意项级数敛散性判别法

1）当 $\displaystyle\sum_{n=1}^{\infty} |a_n|$ 收敛时，$\displaystyle\sum_{n=1}^{\infty} a_n$ 必收敛，此时称 $\displaystyle\sum_{n=1}^{\infty} a_n$ 绝对收敛.

2）当 $\displaystyle\sum_{n=1}^{\infty} |a_n|$ 发散，但 $\displaystyle\sum_{n=1}^{\infty} a_n$ 收敛，此时称 $\displaystyle\sum_{n=1}^{\infty} a_n$ 条件收敛.

3）莱布尼茨判别法：设交错级数 $\displaystyle\sum_{n=0}^{\infty} (-1)^n a_n$，其中 $a_n > 0$，若数列 $\{a_n\}$ 单调递减，且 $\lim_{n \to \infty} a_n = 0$，则该级数收敛（可能是绝对收敛或条件收敛）.

4）对于任意项级数 $\displaystyle\sum_{n=1}^{\infty} a_n$，若 $\lim_{n \to \infty} \left| \dfrac{a_{n+1}}{a_n} \right| = \lambda$，则当 $0 \leqslant \lambda < 1$ 时，$\displaystyle\sum_{n=1}^{\infty} a_n$ 绝对收敛；当 $\lambda > 1$ 时，$\displaystyle\sum_{n=1}^{\infty} a_n$ 发散.

8.1.4　幂级数的收敛半径、收敛域与和函数

对于幂级数 $\displaystyle\sum_{n=0}^{\infty} a_n x^n$，若 $\lim_{n \to \infty} \left| \dfrac{a_n}{a_{n+1}} \right| = R$，这里 $0 \leqslant R \leqslant +\infty$.

（1）当 $R = 0$ 时，幂级数仅当 $x = 0$ 时收敛（收敛于 a_0）；

（2）当 $R = +\infty$ 时，幂级数对任意 $x \in \mathbf{R}$ 收敛，即收敛域为 $(-\infty, +\infty)$；

（3）当 $0 < R < +\infty$ 时，称 R 为幂级数的收敛半径，$(-R, R)$ 为收敛区间.

求 $\displaystyle\sum_{n=0}^{\infty} a_n x^n$ 收敛半径 R 的另一公式是 $R = \lim_{n \to \infty} \dfrac{1}{\sqrt[n]{|a_n|}}$，这里 $0 \leqslant R \leqslant +\infty$.

幂级数的收敛区间与使幂级数收敛的端点 $x = R$ 或 $x = -R$ 的并集，称为幂级数的收敛域.

幂级数的和函数在其收敛域上为连续函数;幂级数在其收敛区间内可逐项求导数、逐项求积分,且其收敛半径不变,但在两个端点的敛散性可能改变. 此性质常用于求幂级数的和函数.

8.1.5 初等函数关于 x 的幂级数展开式

求初等函数关于 x 的幂级数展开式也称为求初等函数的麦克劳林级数,常用的方法如下:

1) 公式法:常用的公式有

$$\mathrm{e}^x = \sum_{n=0}^{\infty} \frac{1}{n!} x^n = 1 + x + \frac{1}{2!} x^2 + \frac{1}{3!} x^3 + \cdots \quad (|x| < +\infty)$$

$$\sin x = \sum_{n=0}^{\infty} (-1)^n \frac{1}{(2n+1)!} x^{2n+1} = x - \frac{1}{3!} x^3 + \frac{1}{5!} x^5 - \cdots \quad (|x| < +\infty)$$

$$\cos x = \sum_{n=0}^{\infty} (-1)^n \frac{1}{(2n)!} x^{2n} = 1 - \frac{1}{2!} x^2 + \frac{1}{4!} x^4 - \cdots \quad (|x| < +\infty)$$

$$\ln(1-x) = -\sum_{n=1}^{\infty} \frac{1}{n} x^n = -x - \frac{1}{2} x^2 - \frac{1}{3} x^3 - \cdots \quad (-1 \leqslant x < 1)$$

$$\frac{1}{1+x} = \sum_{n=0}^{\infty} (-x)^n = 1 - x + x^2 - x^3 + \cdots \quad (|x| < 1)$$

2) 先求 $f'(x)$,并用公式法求出 $f'(x)$ 的关于 x 的幂级数展开式,再逐项积分求 $f(x)$ 的幂级数展开式.

3) 先求 $\int_0^x f(x)\mathrm{d}x$,并用公式法求出 $\int_0^x f(x)\mathrm{d}x$ 的关于 x 的幂级数展开式,再逐项求导数求 $f(x)$ 的幂级数展开式.

8.1.6 傅氏级数

1) 设 $f(x)$ 是周期为 2π 的可积函数,则有傅氏系数公式:

$$a_n = \frac{1}{\pi} \int_{-\pi}^{\pi} f(x) \cos nx \, \mathrm{d}x, \quad n = 0,1,2,\cdots$$

$$b_n = \frac{1}{\pi} \int_{-\pi}^{\pi} f(x) \sin nx \, \mathrm{d}x, \quad n = 1,2,3,\cdots$$

函数 $f(x)$ 的傅氏级数展开式为

$$f(x) \sim \frac{a_0}{2} + \sum_{n=1}^{\infty} (a_n \cos nx + b_n \sin nx)$$

2) 收敛定理:若 $f(x)$ 是以 2π 为周期的函数,在 $[-\pi, \pi]$ 上除有限个第一类间断点外均连续,且在 $[-\pi, \pi]$ 上只有有限个极值点,则函数 $f(x)$ 的傅氏级数展开式在 $x \in (-\infty, +\infty)$ 处收敛于 $\frac{1}{2}[f(x^-) + f(x^+)]$.

3) 正弦级数与余弦级数

若 $f(x)$ 是周期为 2π 的偶函数,则 $f(x)$ 的傅氏级数展开式为余弦级数,即

$$f(x) \sim \frac{a_0}{2} + \sum_{n=1}^{\infty} a_n \cos nx$$

其中 $a_0 = \dfrac{2}{\pi}\displaystyle\int_0^\pi f(x)\mathrm{d}x$, $a_n = \dfrac{2}{\pi}\displaystyle\int_0^\pi f(x)\cos nx\,\mathrm{d}x$.

若 $f(x)$ 是周期为 2π 的奇函数,则 $f(x)$ 的傅氏级数展开式为正弦级数,即

$$f(x) \sim \sum_{n=1}^{\infty} b_n \sin nx$$

其中 $b_n = \dfrac{2}{\pi}\displaystyle\int_0^\pi f(x)\sin nx\,\mathrm{d}x$.

若函数 $f(x)$ 只给出在 $[0,\pi]$ 上的定义,则既可将 $f(x)$ 作偶延拓,使 $f(x)$ 成为周期为 2π 的偶函数,求其余弦级数;也可将 $f(x)$ 作奇延拓,使 $f(x)$ 成为周期为 2π 的奇函数,求其正弦级数.

8.2　竞赛题与精选题解析

8.2.1　正项级数的敛散性及其应用(例 8.1—8.19)

例 8.1(全国 2018 年决赛题、莫斯科动力学院 1975 年竞赛题)

已知 $0 < a_n < 1, n = 1, 2, \cdots$,且

$$\lim_{n\to\infty} \frac{\ln(1/a_n)}{\ln n} = q \quad (\text{有限或} +\infty)$$

(1) 证明:当 $q > 1$ 时,级数 $\displaystyle\sum_{n=1}^{\infty} a_n$ 收敛;

(2) 证明:当 $q < 1$ 时,级数 $\displaystyle\sum_{n=1}^{\infty} a_n$ 发散;

(3) 讨论 $q = 1$ 时级数 $\displaystyle\sum_{n=1}^{\infty} a_n$ 的收敛性,并阐述理由.

解析　(1) 当 $q > 1$ 时,取 $p \in (1, q)$,应用极限的性质,当 n 充分大时有

$$\frac{\ln(1/a_n)}{\ln n} > p \Rightarrow 0 < a_n < \frac{1}{n^p}$$

而级数 $\displaystyle\sum_{n=1}^{\infty} \frac{1}{n^p}\,(p > 1)$ 收敛,应用比较判别法得级数 $\displaystyle\sum_{n=1}^{\infty} a_n$ 收敛.

(2) 当 $q < 1$ 时,取 $p \in (q, 1)$,应用极限的性质,当 n 充分大时有

$$\frac{\ln(1/a_n)}{\ln n} < p \Rightarrow a_n > \frac{1}{n^p}$$

而级数 $\sum\limits_{n=1}^{\infty} \dfrac{1}{n^p}(p < 1)$ 发散, 应用比较判别法得级数 $\sum\limits_{n=1}^{\infty} a_n$ 发散.

(3) 当 $q = 1$ 时, 级数 $\sum\limits_{n=1}^{\infty} a_n$ 的收敛性不能确定. 例如:

① $a_n = \dfrac{1}{n}$ 时, $q = \lim\limits_{n \to \infty} \dfrac{\ln(1/a_n)}{\ln n} = \lim\limits_{n \to \infty} \dfrac{\ln n}{\ln n} = 1$, 级数 $\sum\limits_{n=1}^{\infty} \dfrac{1}{n}$ 显然发散;

② $a_n = \dfrac{1}{n(\ln n)^2}$ 时, 有

$$q = \lim\limits_{n \to \infty} \dfrac{\ln(1/a_n)}{\ln n} = \lim\limits_{n \to \infty} \dfrac{\ln n + 2\ln\ln n}{\ln n} = 1 + 2\lim\limits_{u \to +\infty} \dfrac{\ln u}{u} = 1 + 0 = 1$$

因反常积分 $\displaystyle\int_2^{+\infty} \dfrac{1}{x(\ln x)^2} \mathrm{d}x = -\dfrac{1}{\ln x}\Big|_2^{+\infty} = \dfrac{1}{\ln 2}$ (收敛), 故级数 $\sum\limits_{n=2}^{\infty} \dfrac{1}{n(\ln n)^2}$ 收敛.

例 8.2(全国 2012 年初赛题) 设 $\sum\limits_{n=1}^{\infty} a_n$ 和 $\sum\limits_{n=1}^{\infty} b_n$ 为正项级数.

(1) 若 $\lim\limits_{n \to \infty}\left(\dfrac{a_n}{a_{n+1}b_n} - \dfrac{1}{b_{n+1}}\right) > 0$, 证明: $\sum\limits_{n=1}^{\infty} a_n$ 收敛;

(2) 若 $\lim\limits_{n \to \infty}\left(\dfrac{a_n}{a_{n+1}b_n} - \dfrac{1}{b_{n+1}}\right) < 0$, 且 $\sum\limits_{n=1}^{\infty} b_n$ 发散, 证明: $\sum\limits_{n=1}^{\infty} a_n$ 发散.

解析 (1) 设 $\lim\limits_{n \to \infty}\left(\dfrac{a_n}{a_{n+1}b_n} - \dfrac{1}{b_{n+1}}\right) = c\,(c > 0 \text{ 或 } +\infty)$, 取实数 $d\,(0 < d < c)$, 则 $\exists N \in \mathbf{N}^*$, 当 $n \geqslant N$ 时有

$$\frac{a_n}{a_{n+1}b_n} - \frac{1}{b_{n+1}} > d \Rightarrow a_{n+1} < \frac{1}{d}\left(\frac{a_n}{b_n} - \frac{a_{n+1}}{b_{n+1}}\right) \tag{1}$$

于是 $\forall m > N$ 有

$$\sum_{n=N}^{m} a_{n+1} < \frac{1}{d}\left[\left(\frac{a_N}{b_N} - \frac{a_{N+1}}{b_{N+1}}\right) + \left(\frac{a_{N+1}}{b_{N+1}} - \frac{a_{N+2}}{b_{N+2}}\right) + \cdots + \left(\frac{a_m}{b_m} - \frac{a_{m+1}}{b_{m+1}}\right)\right]$$

$$= \frac{1}{d}\left(\frac{a_N}{b_N} - \frac{a_{m+1}}{b_{m+1}}\right) < \frac{1}{d}\frac{a_N}{b_N}$$

即 $\sum\limits_{n=N+1}^{\infty} a_n$ 的部分和上有界, 应用单调有界准则得 $\sum\limits_{n=N+1}^{\infty} a_n$ 收敛, 故原级数 $\sum\limits_{n=1}^{\infty} a_n$ 收敛.

(2) 设 $\lim\limits_{n \to \infty}\left(\dfrac{a_n}{a_{n+1}b_n} - \dfrac{1}{b_{n+1}}\right) = c\,(c < 0 \text{ 或 } -\infty)$, 取实数 $d\,(c < d < 0)$, 则 $\exists N \in \mathbf{N}^*$, 当 $n \geqslant N$ 时有

$$\frac{a_n}{a_{n+1}b_n} - \frac{1}{b_{n+1}} < d < 0 \Rightarrow \frac{a_{n+1}}{a_n} > \frac{b_{n+1}}{b_n}$$

由此可得 $n \geqslant N$ 时有

$$a_n = \frac{a_n}{a_{n-1}} \cdot \frac{a_{n-1}}{a_{n-2}} \cdot \cdots \cdot \frac{a_{N+1}}{a_N} \cdot a_N > \frac{b_n}{b_{n-1}} \cdot \frac{b_{n-1}}{b_{n-2}} \cdot \cdots \cdot \frac{b_{N+1}}{b_N} \cdot a_N = \frac{a_N}{b_N}b_n \quad (2)$$

由于级数 $\sum\limits_{n=1}^{\infty} b_n$ 发散,所以级数 $\sum\limits_{n=N}^{\infty} \frac{a_N}{b_N}b_n$ 发散,再由(2)式,应用比较判别法可得级数 $\sum\limits_{n=N}^{\infty} a_n$ 发散,因此原级数 $\sum\limits_{n=1}^{\infty} a_n$ 发散.

例 8.3(全国 2022 年初赛题) 设正项级数 $\sum\limits_{n=1}^{\infty} a_n$ 收敛,证明:存在收敛的正项级数 $\sum\limits_{n=1}^{\infty} b_n$,使得 $\lim\limits_{n \to \infty} \frac{a_n}{b_n} = 0$.

解析 记 $S_n = \sum\limits_{k=1}^{n} a_k$,因为级数 $\sum\limits_{n=1}^{\infty} a_n$ 收敛,且 $a_n \geqslant 0$,所以存在 $A \in \mathbf{R}$,使得数列 $\{S_n\}$ 单调增加且收敛于 A. 由于

$$a_n = S_n - S_{n-1} = (A - S_{n-1}) - (A - S_n) \quad (n \geqslant 1, S_0 = 0)$$

取

$$b_n = \sqrt{A - S_{n-1}} - \sqrt{A - S_n} \quad (n \geqslant 1, S_0 = 0)$$

显然 $b_n \geqslant 0$. 记 $S'_n = \sum\limits_{k=1}^{n} b_k$,则数列 $\{S'_n\}$ 单调增加,且

$$S'_n = \sum\limits_{k=1}^{n} b_k = \sum\limits_{k=1}^{n} \left(\sqrt{A - S_{k-1}} - \sqrt{A - S_k}\right) = \sqrt{A - S_0} - \sqrt{A - S_n} \leqslant \sqrt{A}$$

故数列 $\{S'_n\}$ 上有界,应用单调有界准则得数列 $\{S'_n\}$ 收敛,因此级数 $\sum\limits_{n=1}^{\infty} b_n$ 收敛,且

$$\lim\limits_{n \to \infty} \frac{a_n}{b_n} = \lim\limits_{n \to \infty} \frac{(A - S_{n-1}) - (A - S_n)}{\sqrt{A - S_{n-1}} - \sqrt{A - S_n}} = \lim\limits_{n \to \infty} (\sqrt{A - S_{n-1}} + \sqrt{A - S_n})$$

$$= 0 + 0 = 0$$

例 8.4(浙江省 2002 年竞赛题) 设 $\{a_n\}, \{b_n\}$ 为满足 $e^{a_n} = a_n + e^{b_n}(n \geqslant 1)$ 的两个实数列,已知 $a_n > 0(n \geqslant 1)$,且 $\sum\limits_{n=1}^{\infty} a_n$ 收敛,证明: $\sum\limits_{n=1}^{\infty} \frac{b_n}{a_n}$ 也收敛.

解析 由于 $\sum\limits_{n=1}^{\infty} a_n$ 收敛,所以 $\lim\limits_{n \to \infty} a_n = 0$. 因 $a_n > 0$,且

$$b_n = \ln(e^{a_n} - a_n) = \ln\left(1 + a_n + \frac{a_n^2}{2} + o(a_n^2) - a_n\right)$$

$$= \ln\left(1 + \frac{a_n^2}{2} + o(a_n^2)\right) \sim \frac{a_n^2}{2} + o(a_n^2) \sim \frac{a_n^2}{2} \quad (n \to \infty)$$

故 $b_n > 0$，且 $\dfrac{b_n}{a_n} \sim \dfrac{a_n}{2}(n \to \infty)$，于是级数 $\displaystyle\sum_{n=1}^{\infty} \dfrac{b_n}{a_n}$ 收敛.

例 8.5（江苏省 2010 年竞赛题）　已知数列 $\{a_n\}$：$a_1 = 1, a_2 = 2, a_3 = 5, \cdots$，

$a_{n+1} = 3a_n - a_{n-1}(n = 2, 3, \cdots)$，记 $x_n = \dfrac{1}{a_n}$，判别级数 $\displaystyle\sum_{n=1}^{\infty} x_n$ 的敛散性.

解析　已知 $a_1 = 1 > 0, a_2 = 2 > 0, a_2 - a_1 = 1 > 0$，归纳假设 $a_n > 0, a_n - a_{n-1} > 0$，则

$$a_{n+1} - a_n = 2a_n - a_{n-1} = (a_n - a_{n-1}) + a_n > 0$$

即 $a_{n+1} > a_n > 0$，所以数列 $\{a_n\}$ 单调递增. 且 $\forall n \in \mathbf{N}^*, a_n > 0$，由

$$3a_n = a_{n-1} + a_{n+1} < 2a_{n+1}$$

$\Rightarrow$
$$a_{n+1} > \frac{3}{2}a_n > 0 \Rightarrow 0 < x_{n+1} < \frac{2}{3}x_n$$

$\Rightarrow$
$$0 < x_n < \frac{2}{3}x_{n-1} < \left(\frac{2}{3}\right)^2 x_{n-2} < \cdots < \left(\frac{2}{3}\right)^{n-1} x_1 = \left(\frac{2}{3}\right)^{n-1}$$

由于级数 $\displaystyle\sum_{n=1}^{\infty} \left(\dfrac{2}{3}\right)^{n-1}$ 收敛，应用比较判别法得 $\displaystyle\sum_{n=1}^{\infty} x_n$ 收敛.

例 8.6（卓越联盟 2019 年竞赛题）　已知无穷级数 $\displaystyle\sum_{n=1}^{\infty} \dfrac{c_n}{n}$ 收敛 $(c_n > 0)$，证明：

无穷级数 $\displaystyle\sum_{k=1}^{\infty} \sum_{n=1}^{\infty} \dfrac{c_n}{k^2 + n^2}$ 也收敛.

解析　原级数改写为 $\displaystyle\sum_{k=1}^{\infty} \sum_{n=1}^{\infty} \dfrac{c_n}{k^2 + n^2} = \sum_{n=1}^{\infty} c_n\left(\sum_{k=1}^{\infty} \dfrac{1}{k^2 + n^2}\right)$. 考察反常积分

$$\int_0^{+\infty} \frac{1}{n^2 + x^2}\,\mathrm{d}x = \frac{1}{n}\arctan\frac{x}{n}\bigg|_0^{+\infty} = \frac{\pi}{2n}$$

由于

$$\int_0^{+\infty} \frac{1}{x^2 + n^2}\,\mathrm{d}x = \lim_{m \to \infty} \sum_{k=1}^{m} \int_{k-1}^{k} \frac{1}{x^2 + n^2}\,\mathrm{d}x > \lim_{m \to \infty} \sum_{k=1}^{m} \int_{k-1}^{k} \frac{1}{k^2 + n^2}\,\mathrm{d}x$$

$$= \lim_{m \to \infty} \sum_{k=1}^{m} \frac{1}{k^2 + n^2} = \sum_{k=1}^{\infty} \frac{1}{k^2 + n^2}$$

所以 $0 < c_n\left(\displaystyle\sum_{k=1}^{\infty} \dfrac{1}{k^2 + n^2}\right) < \dfrac{\pi}{2} \cdot \dfrac{c_n}{n}$. 又因为 $\displaystyle\sum_{n=1}^{\infty} \dfrac{\pi}{2} \cdot \dfrac{c_n}{n} = \dfrac{\pi}{2}\sum_{n=1}^{\infty} \dfrac{c_n}{n}$ 收敛，应用比较

判别法即得原级数 $\sum\limits_{k=1}^{\infty}\sum\limits_{n=1}^{\infty}\dfrac{c_n}{k^2+n^2}$ 收敛.

例 8.7（全国 2012 年决赛题）　讨论反常积分 $\int_0^{+\infty}\dfrac{x}{\cos^2 x+x^\alpha\sin^2 x}\mathrm{d}x$ 的敛散性，其中 α 是实常数.

解析　记 $f(x)=\dfrac{x}{\cos^2 x+x^\alpha\sin^2 x}$，由于 $f(x)\in\mathscr{C}(0,+\infty)$，且 $x=+\infty$ 是反常积分的惟一奇点，因此可就 $x\geqslant\pi$ 进行讨论.

当 $\alpha\leqslant 0$ 时，显然 $f(x)\geqslant\dfrac{x}{1+1\cdot 1}=\dfrac{x}{2}$，因为 $\int_\pi^{+\infty}\dfrac{x}{2}\mathrm{d}x$ 发散，所以 $\alpha\leqslant 0$ 时原反常积分发散.

当 $\alpha>0$ 时，下面化为正项级数处理，即

$$\int_\pi^{+\infty}f(x)\mathrm{d}x=\sum_{n=1}^{\infty}\int_{n\pi}^{(n+1)\pi}f(x)\mathrm{d}x=\sum_{n=1}^{\infty}a_n$$

其中 $a_n=\displaystyle\int_{n\pi}^{(n+1)\pi}f(x)\mathrm{d}x$. 当 $n\pi\leqslant x\leqslant(n+1)\pi$ 时，有

$$0\leqslant\int_{n\pi}^{(n+1)\pi}\frac{n\pi}{\cos^2 x+(n+1)^\alpha\pi^\alpha\sin^2 x}\mathrm{d}x\leqslant a_n\leqslant\int_{n\pi}^{(n+1)\pi}\frac{(n+1)\pi}{\cos^2 x+n^\alpha\pi^\alpha\sin^2 x}\mathrm{d}x$$

因为 $\dfrac{1}{\cos^2 x+C\sin^2 x}$（$C$ 为正常数）是周期为 π 的偶函数，所以有

$$\int_{n\pi}^{(n+1)\pi}\frac{1}{\cos^2 x+C\sin^2 x}\mathrm{d}x=2\int_0^{\pi/2}\frac{1}{\cos^2 x+C\sin^2 x}\mathrm{d}x=2\int_0^{\pi/2}\frac{1}{1+C\tan^2 x}\mathrm{d}\tan x$$

$$=\frac{2}{\sqrt{C}}\arctan(\sqrt{C}\tan x)\Big|_0^{(\frac{\pi}{2})^-}=\frac{\pi}{\sqrt{C}}$$

分别取 C 等于 $(n+1)^\alpha\pi^\alpha$ 与 $n^\alpha\pi^\alpha(n\geqslant 1)$，可得

$$\frac{n\pi^2}{\sqrt{(n+1)^\alpha\pi^\alpha}}\leqslant a_n\leqslant\frac{(n+1)\pi^2}{\sqrt{n^\alpha\pi^\alpha}}$$

当 $\alpha>4$ 时，因为

$$a_n\leqslant\frac{(n+1)\pi^2}{\sqrt{n^\alpha\pi^\alpha}}\sim\frac{A}{n^{\frac{\alpha}{2}-1}}\ (n\to\infty,A>0),\quad\sum_{n=1}^{\infty}\frac{A}{n^{\frac{\alpha}{2}-1}}\ \text{收敛}\ \left(\frac{\alpha}{2}-1>1\right)$$

应用比较判别法，可得 $\alpha>4$ 时级数 $\sum\limits_{n=1}^{\infty}a_n$ 收敛；当 $0<\alpha\leqslant 4$ 时，因为

$$a_n\geqslant\frac{n\pi^2}{\sqrt{(n+1)^\alpha\pi^\alpha}}\sim\frac{B}{n^{\frac{\alpha}{2}-1}}\ (n\to\infty,B>0),\quad\sum_{n=1}^{\infty}\frac{B}{n^{\frac{\alpha}{2}-1}}\ \text{发散}\ \left(\frac{\alpha}{2}-1\leqslant 1\right)$$

应用比较判别法,可得 $0 < \alpha \leqslant 4$ 时级数 $\sum\limits_{n=1}^{\infty} a_n$ 发散.

综上,即得 $\alpha > 4$ 时原反常积分收敛,$\alpha \leqslant 4$ 时原反常积分发散.

例 8.8(全国 2021 年初赛补赛题) 求级数 $\sum\limits_{n=1}^{\infty} \arctan \dfrac{2}{4n^2 + 4n + 1}$ 的和.

解析 设 $0 < \beta < \alpha < \dfrac{\pi}{2}$. 因为

$$\tan(\alpha - \beta) = \frac{\tan\alpha - \tan\beta}{1 + \tan\alpha \cdot \tan\beta} \quad \Leftrightarrow \quad \arctan \frac{\tan\alpha - \tan\beta}{1 + \tan\alpha\tan\beta} = \alpha - \beta \qquad (*)$$

令 $\tan\alpha = 2k + 2, \tan\beta = 2k$,则 $\alpha = \arctan(2k + 2), \beta = \arctan(2k)$,将其代入($*$)式可得

$$\arctan \frac{2}{4k^2 + 4k + 1} = \arctan(2k + 2) - \arctan(2k)$$

利用此式化简原级数的部分和,得

$$S_n = \sum_{k=1}^{n} \arctan \frac{2}{4k^2 + 4k + 1} = \sum_{k=1}^{n} (\arctan(2k + 2) - \arctan(2k))$$
$$= \arctan(2n + 2) - \arctan 2$$

由于 $\lim\limits_{n \to \infty} S_n = \dfrac{\pi}{2} - \arctan 2 = \arctan \dfrac{1}{2}$,所以原级数的和为 $\arctan \dfrac{1}{2}$.

例 8.9(全国 2021 年初赛题) 设 $\{a_n\}$ 与 $\{b_n\}$ 均为正实数列,满足 $a_1 = b_1 = 1$,且 $b_n = a_n b_{n-1} - 2 (n = 2, 3, \cdots)$,又设 $\{b_n\}$ 为有界数列,证明级数 $\sum\limits_{n=1}^{\infty} \dfrac{1}{a_1 a_2 \cdots a_n}$ 收敛,并求该级数的和.

解析 考察级数的部分和

$$S_n = \sum_{k=1}^{n} \frac{1}{a_1 a_2 a_3 \cdots a_k} = 1 + \sum_{k=2}^{n} \frac{1}{a_1 a_2 a_3 \cdots a_k} = 1 + \sum_{k=2}^{n} \frac{1}{a_1 a_2 a_3 \cdots a_k} \cdot \frac{a_k b_{k-1} - b_k}{2}$$
$$= 1 + \frac{1}{2} \sum_{k=2}^{n} \left(\frac{b_{k-1}}{a_1 a_2 a_2 \cdots a_{k-1}} - \frac{b_k}{a_1 a_2 a_2 \cdots a_k} \right) = 1 + \frac{1}{2} \left(1 - \frac{b_n}{a_1 a_2 a_2 \cdots a_n} \right)$$

由于 $a_n = \dfrac{b_n + 2}{b_{n-1}} = \dfrac{b_n}{b_{n-1}} \left(1 + \dfrac{2}{b_n} \right), a_1 = b_1 = 1$,所以

$$a_1 a_2 a_3 \cdots a_n = \frac{b_2}{b_1} \frac{b_3}{b_2} \cdots \frac{b_n}{b_{n-1}} \left(1 + \frac{2}{b_2} \right) \left(1 + \frac{2}{b_3} \right) \cdots \left(1 + \frac{2}{b_n} \right)$$
$$= b_n \left(1 + \frac{2}{b_2} \right) \left(1 + \frac{2}{b_3} \right) \cdots \left(1 + \frac{2}{b_n} \right)$$

又因为数列 $\{b_n\}$ 有界,所以存在常数 $K > 0$,使得 $0 < b_n \leqslant K, n = 1, 2, 3, \cdots$,故

$$0 < \frac{b_n}{a_1 a_2 a_3 \cdots a_n} = \left[\left(1 + \frac{2}{b_2} \right) \left(1 + \frac{2}{b_3} \right) \cdots \left(1 + \frac{2}{b_n} \right) \right]^{-1} \leqslant \left(1 + \frac{2}{K} \right)^{1-n}$$
$$= \left(\frac{K}{2 + K} \right)^{n-1} \to 0 \quad (n \to \infty)$$

应用夹逼准则即得 $\lim\limits_{n\to\infty}\dfrac{b_n}{a_1a_2a_3\cdots a_n}=0$，于是 $\lim\limits_{n\to\infty}S_n=1+\dfrac{1}{2}(1-0)=\dfrac{3}{2}$．这表明原

级数收敛，且其和为 $\dfrac{3}{2}$．

例 8.10（北京市 2007 年竞赛题）　设正项级数 $\sum\limits_{n=1}^{\infty}a_n$ 收敛，且和为 S，试求：

(1) $\lim\limits_{n\to\infty}\dfrac{a_1+2a_2+\cdots+na_n}{n}$；　　　(2) $\sum\limits_{n=1}^{\infty}\dfrac{a_1+2a_2+\cdots+na_n}{n(n+1)}$．

解析　(1) 记原级数的部分和为 $S_n=\sum\limits_{k=1}^{n}a_k$，则 $\lim\limits_{n\to\infty}S_n=S$，且

$$\frac{a_1+2a_2+\cdots+na_n}{n}=\frac{a_1+a_2+\cdots+a_n}{n}+\frac{a_2+\cdots+a_n}{n}+\cdots+\frac{a_n}{n}$$

$$=\frac{S_n}{n}+\frac{S_n-S_1}{n}+\frac{S_n-S_2}{n}+\cdots+\frac{S_n-S_{n-1}}{n}$$

$$=S_n-\frac{S_1+S_2+\cdots+S_{n-1}}{n-1}\cdot\frac{n-1}{n}$$

由于 $\lim\limits_{n\to\infty}S_n=S$，所以 $\lim\limits_{n\to\infty}\dfrac{S_1+S_2+\cdots+S_{n-1}}{n-1}=S$（参见例 1.11），于是

$$\lim_{n\to\infty}\frac{a_1+2a_2+\cdots+na_n}{n}=S-S\cdot1=0$$

(2) 记 $S_n=\sum\limits_{k=1}^{n}a_k$，$S_n'=\sum\limits_{k=1}^{n}\dfrac{a_1+2a_2+\cdots+ka_k}{k(k+1)}$．又令 $\sigma_k=\sum\limits_{i=1}^{k}ia_i$，则 $\sigma_k-\sigma_{k-1}$ $=ka_k$，利用此式化简原级数的部分和，得

$$S_n'=\sum_{k=1}^{n}\frac{\sigma_k}{k(k+1)}=\sum_{k=1}^{n}\left(\frac{\sigma_k}{k}-\frac{\sigma_k}{k+1}\right)=\sum_{k=1}^{n}\frac{\sigma_k}{k}-\sum_{k=2}^{n+1}\frac{\sigma_{k-1}}{k}$$

$$=\left(a_1+\sum_{k=2}^{n}\frac{\sigma_k}{k}\right)-\sum_{k=2}^{n}\frac{\sigma_{k-1}}{k}-\frac{\sigma_n}{n+1}=\left(a_1+\sum_{k=2}^{n}\frac{\sigma_k-\sigma_{k-1}}{k}\right)-\frac{\sigma_n}{n+1}$$

$$=a_1+\sum_{k=2}^{n}a_k-\frac{\sigma_n}{n}\cdot\frac{n}{n+1}=S_n-\frac{\sigma_n}{n}\cdot\frac{n}{n+1}$$

由于 $\lim\limits_{n\to\infty}S_n=S$，并应用(1)的结论 $\lim\limits_{n\to\infty}\dfrac{\sigma_n}{n}=0$，得

$$\lim_{n\to\infty}S_n'=\lim_{n\to\infty}S_n-\lim_{n\to\infty}\frac{\sigma_n}{n}\cdot\frac{n}{n+1}=S-0\cdot1=S$$

即所求级数的和为 S．

例 8.11（全国 2015 年决赛题）　设 $p>0$，$x_1=\dfrac{1}{4}$，$x_{n+1}^p=x_n^p+x_n^{2p}$（$n=1,2$，

$\cdots$），证明级数 $\sum\limits_{n=1}^{\infty}\dfrac{1}{1+x_n^p}$ 收敛，并求其和．

解析 由 $x_{n+1}^p - x_n^p = (x_n^p)^2 \geqslant 0$，得数列 $\{x_n^p\}$ 单调递增. 假设 $\{x_n^p\}$ 上有界, 由单调有界准则得 $\{x_n^p\}$ 收敛. 令 $\lim\limits_{n\to\infty} x_n^p = A$, 再在等式 $x_{n+1}^p = x_n^p + x_n^{2p}$ 两边令 $n \to \infty$, 得 $A = A + A^2$, 解得 $A = 0$. 这是不可能的, 因为 $x_n^p \geqslant x_1^p = \left(\dfrac{1}{4}\right)^p$, 所以数列 $\{x_n^p\}$ 上无界, 即 $\lim\limits_{n\to\infty} x_n^p = +\infty$. 由条件有

$$\frac{1}{x_{n+1}^p} = \frac{1}{x_n^p(1+x_n^p)} = \frac{1}{x_n^p} - \frac{1}{1+x_n^p} \Rightarrow \frac{1}{1+x_n^p} = \frac{1}{x_n^p} - \frac{1}{x_{n+1}^p}$$

利用此式化简原级数的部分和, 得

$$S_n = \sum_{k=1}^n \frac{1}{1+x_k^p} = \sum_{k=1}^n \left(\frac{1}{x_k^p} - \frac{1}{x_{k+1}^p}\right)$$

$$= \left[\left(\frac{1}{x_1^p} - \frac{1}{x_2^p}\right) + \left(\frac{1}{x_2^p} - \frac{1}{x_3^p}\right) + \cdots + \left(\frac{1}{x_n^p} - \frac{1}{x_{n+1}^p}\right)\right] = 4^p - \frac{1}{x_{n+1}^p}$$

由于 $\lim\limits_{n\to\infty} S_n = 4^p - 0 = 4^p$, 所以原级数收敛, 且其和为 4^p.

例 8.12(北京市 1992 年竞赛题) 设 $f(x) = \dfrac{1}{1-x-x^2}$, $a_n = \dfrac{1}{n!} f^{(n)}(0)$, 求证级数 $\displaystyle\sum_{n=0}^{\infty} \frac{a_{n+1}}{a_n a_{n+2}}$ 收敛, 并求其和.

解析 等式 $(1-x-x^2) f(x) = 1$ 两边求 $n+2$ 阶导数, 由莱布尼茨公式可得

$$(1-x-x^2) f^{(n+2)}(x) + (n+2)(-1-2x) f^{(n+1)}(x) + \frac{(n+2)(n+1)}{2}(-2) f^{(n)}(x) = 0$$

在上式中取 $x = 0$, 并由 $f^{(n)}(0) = n! a_n$, 得 $a_{n+2} = a_{n+1} + a_n$ $(n = 0, 1, 2, \cdots)$. 由于

$$a_0 = f(0) = 1, \quad a_1 = f'(0) = \frac{1+2x}{(1-x-x^2)^2}\bigg|_{x=0} = 1,$$

$$a_2 = a_1 + a_0 = 2, \quad \cdots$$

所以 $\forall n \in \mathbf{N}$ 有 $a_n \geqslant 1$, 且数列 $\{a_n\}$ 单调递增. 假设 $\{a_n\}$ 上有界, 由单调有界准则得 $\{a_n\}$ 收敛. 令 $\lim\limits_{n\to\infty} a_n = A$, 再在等式 $a_{n+2} = a_{n+1} + a_n$ 两边令 $n \to \infty$, 得 $A = 0$. 这是不可能的, 因为 $a_n \geqslant 1$, 所以数列 $\{a_n\}$ 上无界, 即 $\lim\limits_{n\to\infty} a_n = +\infty$. 化简原级数的部分和, 得

$$S_n = \sum_{k=0}^n \frac{a_{k+1}}{a_k a_{k+2}} = \sum_{k=0}^n \frac{a_{k+2} - a_k}{a_k a_{k+2}} = \sum_{k=0}^n \left(\frac{1}{a_k} - \frac{1}{a_{k+2}}\right)$$

$$= \left(\frac{1}{a_0} - \frac{1}{a_2}\right) + \left(\frac{1}{a_1} - \frac{1}{a_3}\right) + \cdots + \left(\frac{1}{a_{n-1}} - \frac{1}{a_{n+1}}\right) + \left(\frac{1}{a_n} - \frac{1}{a_{n+2}}\right)$$

$$= \frac{1}{a_0} + \frac{1}{a_1} - \frac{1}{a_{n+1}} - \frac{1}{a_{n+2}} = 2 - \frac{1}{a_{n+1}} - \frac{1}{a_{n+2}}$$

由于 $\lim\limits_{n\to\infty} S_n = 2 - 0 - 0 = 2$, 所以原级数收敛, 且其和为 2.

例 8.13（全国 2013 年初赛题）　判别级数 $\sum\limits_{n=1}^{\infty}\dfrac{1+\dfrac{1}{2}+\cdots+\dfrac{1}{n}}{(n+1)(n+2)}$ 的敛散性；若收敛，求其和.

解析　记 $a_k=\sum\limits_{i=1}^{k}\dfrac{1}{i}(k\in\mathbf{N}^{*})$，则 $a_k-a_{k-1}=\dfrac{1}{k}$，利用此式化简原级数的部分和，得

$$
\begin{aligned}
S_n&=\sum_{k=1}^{n}\frac{a_k}{(k+1)(k+2)}=\sum_{k=1}^{n}\left(\frac{a_k}{k+1}-\frac{a_k}{k+2}\right)=\sum_{k=1}^{n}\frac{a_k}{k+1}-\sum_{k=2}^{n+1}\frac{a_{k-1}}{k+1}\\
&=\left(\frac{1}{2}+\sum_{k=2}^{n}\frac{a_k}{k+1}\right)-\left(\sum_{k=2}^{n}\frac{a_{k-1}}{k+1}+\frac{a_n}{n+2}\right)=\frac{1}{2}+\sum_{k=2}^{n}\frac{a_k-a_{k-1}}{k+1}-\frac{a_n}{n+2}\\
&=\frac{1}{2}+\sum_{k=2}^{n}\frac{1}{k(k+1)}-\frac{a_n}{n+2}=\frac{1}{2}+\sum_{k=2}^{n}\left(\frac{1}{k}-\frac{1}{k+1}\right)-\frac{a_n}{n+2}\\
&=\frac{1}{2}+\left(\frac{1}{2}-\frac{1}{3}+\frac{1}{3}-\cdots+\frac{1}{n}-\frac{1}{n+1}\right)-\frac{a_n}{n+2}=1-\frac{1}{n+1}-\frac{a_n}{n+2}
\end{aligned}
$$

因 $0<a_n=1+\dfrac{1}{2}+\cdots+\dfrac{1}{n}<1+\displaystyle\int_1^n\frac{1}{x}\mathrm{d}x=1+\ln n$，得 $0<\dfrac{a_n}{n+2}<\dfrac{1+\ln n}{n+2}$.
又

$$
\lim_{x\to+\infty}\frac{1+\ln x}{x+2}\xlongequal{\frac{\infty}{\infty}}\lim_{x\to+\infty}\frac{1/x}{1}=0\ \Rightarrow\ \lim_{n\to\infty}\frac{1+\ln n}{n+2}=0
$$

应用夹逼准则即得 $\lim\limits_{n\to\infty}\dfrac{a_n}{n+2}=0$. 求原级数的部分和的极限，得

$$
\lim_{n\to\infty}S_n=1-\lim_{n\to\infty}\frac{1}{n+1}-\lim_{n\to\infty}\frac{a_n}{n+2}=1-0-0=1
$$

因此原级数收敛，且其和为 1.

例 8.14（全国 2023 年决赛题）　证明级数 $\sum\limits_{n=1}^{\infty}\ln\left(1+\dfrac{1}{2n}\right)\ln\left(1+\dfrac{1}{2n+1}\right)$ 收敛，并求和.

解析　记 $a_n=\ln\left(1+\dfrac{1}{n}\right)$，则原式 $=\sum\limits_{n=1}^{\infty}a_{2n}a_{2n+1}$. 由于

$$
\begin{aligned}
a_{2k}+a_{2k+1}&=\ln\left(1+\frac{1}{2k}\right)+\ln\left(1+\frac{1}{2k+1}\right)=\ln\left(\frac{2k+1}{2k}\cdot\frac{2k+2}{2k+1}\right)\\
&=\ln\left(1+\frac{1}{k}\right)=a_k
\end{aligned}
$$

$\Rightarrow\qquad (a_{2k}+a_{2k+1})^2=a_{2k}^2+a_{2k+1}^2+2a_{2k}a_{2k+1}=a_k^2$　　（＊）

利用此式化简原级数的部分和，得

$$
S_n=\sum_{k=1}^{n}a_{2k}a_{2k+1}=\frac{1}{2}\left(\sum_{k=1}^{n}a_k^2-\sum_{k=1}^{n}a_{2k}^2-\sum_{k=1}^{n}a_{2k+1}^2\right)=\frac{1}{2}\left(\sum_{k=1}^{n}a_k^2-\sum_{k=2}^{2n+1}a_k^2\right)
$$

$$= \frac{1}{2}\left(a_1^2 - \sum_{k=n+1}^{2n+1} a_k^2\right) = \frac{1}{2}\left(\ln^2 2 - \sum_{k=n+1}^{2n+1} a_k^2\right)$$

考虑级数 $\sum_{n=1}^{\infty} a_n^2$，由于 $a_n^2 = \ln^2\left(1+\frac{1}{n}\right) \sim \frac{1}{n^2}(n \to \infty)$，而 $\sum_{n=1}^{\infty} \frac{1}{n^2}$ 显然收敛，应用比较

判别法得 $\sum_{n=1}^{\infty} a_n^2$ 收敛，因而其余项 $\sum_{k=n+1}^{\infty} a_k^2$ 收敛于 0，由此推得 $\lim_{n \to \infty} \sum_{k=n+1}^{2n+1} a_k^2 = 0$. 于是

$$\lim_{n \to \infty} S_n = \frac{1}{2}\ln^2 2 - 0 = \frac{1}{2}\ln^2 2$$

因此原级数收敛，且其和为 $\frac{1}{2}\ln^2 2$.

点评 上面的 ($*$) 式很关键，读者须仔细体会.

例 8.15（全国 2018 年初赛题） 设 $\{a_k\}, \{b_k\}$ 是正项数列，δ 为一常数，且

$$b_{k+1} - b_k \geqslant \delta > 0 \quad (k = 1, 2, \cdots)$$

若 $\sum_{k=1}^{\infty} a_k$ 收敛，证明：$\sum_{k=1}^{\infty} \dfrac{k \sqrt[k]{(a_1 a_2 \cdots a_k)(b_1 b_2 \cdots b_k)}}{b_{k+1} b_k}$ 收敛.

解析 记 $S_0 = 0, S_k = \sum_{i=1}^{k} a_i b_i, c_k = \dfrac{k \sqrt[k]{(a_1 a_2 \cdots a_k)(b_1 b_2 \cdots b_k)}}{b_{k+1} b_k}$，应用 A–G 不

等式得

$$0 < c_k = \frac{k}{b_{k+1} b_k} \sqrt[k]{(a_1 b_1)(a_2 b_2) \cdots (a_k b_k)} \leqslant \frac{1}{b_{k+1} b_k} \sum_{i=1}^{k} a_i b_i = \frac{S_k}{b_{k+1} b_k}$$

下面先证明级数 $\sum_{k=1}^{\infty} \dfrac{S_k}{b_k b_{k+1}}$ 收敛. 由于

$$\sum_{k=1}^{n} \frac{S_k}{b_k b_{k+1}} \leqslant \frac{1}{\delta} \sum_{k=1}^{n} S_k\left(\frac{1}{b_k} - \frac{1}{b_{k+1}}\right) = \frac{1}{\delta}\left(\sum_{k=1}^{n} \frac{S_k}{b_k} - \sum_{k=1}^{n} \frac{S_k}{b_{k+1}}\right)$$

$$= \frac{1}{\delta}\left(a_1 + \sum_{k=2}^{n} \frac{S_k}{b_k} - \sum_{k=2}^{n+1} \frac{S_{k-1}}{b_k}\right) < \frac{1}{\delta}\left(a_1 + \sum_{k=2}^{n+1} \frac{S_k}{b_k} - \sum_{k=2}^{n+1} \frac{S_{k-1}}{b_k}\right)$$

$$= \frac{1}{\delta}\left(a_1 + \sum_{k=2}^{n+1} \frac{S_k - S_{k-1}}{b_k}\right) = \frac{1}{\delta}\left(a_1 + \sum_{k=2}^{n+1} a_k\right) = \frac{1}{\delta} \sum_{k=1}^{n+1} a_k$$

因级数 $\sum_{k=1}^{\infty} a_k$ 收敛，故 $\dfrac{1}{\delta} \sum_{k=1}^{n+1} a_k$ 有上界，因此 $\sum_{k=1}^{n} \dfrac{S_k}{b_k b_{k+1}}$ 有上界，所以级数 $\sum_{k=1}^{\infty} \dfrac{S_k}{b_k b_{k+1}}$ 收

敛. 再应用比较判别法得级数 $\sum_{k=1}^{\infty} c_k$ 收敛，即原级数收敛.

例 8.16（浙江省 2011 年竞赛题） 已知 $a_n > 0 (n = 1, 2, \cdots)$，且级数 $\sum_{n=1}^{\infty} a_n$ 收

敛,试证明:级数 $\sum_{n=1}^{\infty} \sqrt[n]{a_1 a_2 \cdots a_n}$ 收敛.

解析　记 $\sigma_k = \sum_{i=1}^{k} i a_i$,考察原正项级数的部分和 S_n,应用 A-G 不等式得

$$S_n = \sum_{k=1}^{n} \sqrt[k]{a_1 a_2 \cdots a_k} = \sum_{k=1}^{n} \frac{1}{\sqrt[k]{k!}} \sqrt[k]{(1 a_1)(2 a_2) \cdots (k a_k)} \leqslant \sum_{k=1}^{n} \frac{\sigma_k}{k \sqrt[k]{k!}}$$

下面证明不等式: $k! > (k/3)^k$ (记此式为 $(*)_k$). $(*)_1$ 式显然成立,假设 $(*)_k$ 式成立,则

$$(k+1)! > (k+1) \cdot \left(\frac{k}{3}\right)^k > \left(\frac{k+1}{3}\right)^{k+1} \Leftrightarrow \left(1 + \frac{1}{k}\right)^k < 3$$

众所周知,数列 $\left\{\left(1 + \frac{1}{k}\right)^k\right\}$ 单调增加趋向于数 e,所以 $\left(1 + \frac{1}{k}\right)^k < 3$ 成立,因此 $(*)_{k+1}$ 式成立,据数学归纳法得: $\forall k \in \mathbf{N}^*$, $(*)_k$ 式成立.利用此式化简原级数的部分和,得

$$S_n < 3 \sum_{k=1}^{n} \frac{\sigma_k}{k^2} < 3 \left(a_1 + \sum_{k=2}^{n} \frac{\sigma_k}{(k-1)k}\right) = 3 a_1 + 3 \sum_{k=2}^{n} \left(\frac{\sigma_k}{k-1} - \frac{\sigma_k}{k}\right)$$

$$= 3 a_1 + 3 \sum_{k=2}^{n} \frac{\sigma_k}{k-1} - \sum_{k=3}^{n+1} \frac{\sigma_{k-1}}{k-1} = 3 a_1 + 3 \sigma_2 + 3 \sum_{k=3}^{n} \frac{\sigma_k - \sigma_{k-1}}{k-1} - \frac{\sigma_n}{n}$$

$$< 3 a_1 + 3 \sigma_2 + 3 \sum_{k=3}^{n} \frac{k a_k}{k-1} < 3 a_1 + 3(a_1 + 2 a_2) + 6 \sum_{k=3}^{n} a_k = 6 \sum_{k=1}^{n} a_k$$

因为级数 $\sum_{n=1}^{\infty} a_n$ 收敛,故其部分和 $\sum_{k=1}^{n} a_k$ 上有界,因而原级数的部分和 S_n 上有界,于是原级数收敛.

点评　本题难度较大,其一是将通项变形后应用 A-G 不等式,使得分母中出现 $k!$;其二是应用不等式 $k! > (k/3)^k$ 化简通项,而此不等式非常用公式,很难想到;其三是证明级数的部分和上有界具有一定的运算技巧.读者应仔细体会上述解析方法.

例 8.17(浙江省 2009 年竞赛题)　已知 $f_n(x) = x^{\frac{1}{n}} + x - r$,其中 $r > 0$.

(1) 证明: $f_n(x)$ 在 $(0, +\infty)$ 内有惟一的零点 x_n;

(2) 求 r 为何值时级数 $\sum_{n=1}^{\infty} x_n$ 收敛,为何值时级数 $\sum_{n=1}^{\infty} x_n$ 发散.

解析　任取 $n \in \mathbf{N}^*$,由于 $f_n(x) \in \mathscr{C}(0, +\infty)$,且 $x > 0$ 时 $f_n'(x) = \frac{1}{n} x^{\frac{1}{n}-1}$ $+ 1 > 0$,所以 $\forall n \in \mathbf{N}^*$,函数 $f_n(x)$ 在 $(0, +\infty)$ 上严格单调增加.

(1) 任取 $n \in \mathbf{N}^*$,由于 $f_n(0) = -r < 0$, $f_n(r) = \sqrt[n]{r} > 0$,应用零点定理与函数 $f_n(x)$ 的严格单调性得:存在惟一的 $x_n \in (0, r) \subset (0, +\infty)$,使得

$$f_n(x_n) = 0 \quad (n = 1, 2, \cdots)$$

(2) 当 $0 < r < 1$ 时, 任取 $n \in \mathbf{N}^*$, 由于 $f_n(r^n) = r + r^n - r = r^n > 0$, 且 $f_n(x)$ 严格单调增加, 所以 $0 < x_n < r^n$, 又因为 $\sum\limits_{n=1}^{\infty} r^n$ 收敛, 应用比较判别法得: $0 < r < 1$ 时原级数 $\sum\limits_{n=1}^{\infty} x_n$ 收敛.

当 $r \geqslant 1$ 时, 令 $g(x) = x^{-\frac{1}{x}} + \dfrac{1}{x} - r (x > 0)$, 应用取对数求导法则, 得

$$g'(x) = x^{-\frac{1}{x}} \left(-\frac{\ln x}{x} \right)' - \frac{1}{x^2} = \frac{x^{-\frac{1}{x}}(\ln x - 1) - 1}{x^2}$$

由于 $x^2 > 0$, 且

$$\lim_{x \to +\infty} x^{-\frac{1}{x}} = \exp\left(\lim_{x \to +\infty} \frac{-\ln x}{x} \right) = \mathrm{e}^0 = 1 \Rightarrow \lim_{x \to +\infty} (x^{-\frac{1}{x}}(\ln x - 1) - 1) = +\infty$$

所以存在 $N \in \mathbf{N}^*$, 使得 $x \geqslant N$ 时 $g'(x) > 0$, 从而 $g(x)$ 在 $[N, +\infty)$ 上严格单调增加. 特别地, $n \geqslant N$ 时 $\{g(n)\}$ 严格单调增加, 因为 $\lim\limits_{n \to \infty} \sqrt[n]{n} = 1$, 所以

$$\lim_{n \to \infty} g(n) = \lim_{n \to \infty} f_n\left(\frac{1}{n}\right) = \lim_{n \to \infty} \left(\frac{1}{\sqrt[n]{n}} + \frac{1}{n} - r \right) = 1 - r \leqslant 0$$

于是 $n \geqslant N$ 时 $g(n) = f_n\left(\dfrac{1}{n}\right) < 0$. 又因为 $\forall n \in \mathbf{N}^*$, $f_n(x)$ 严格单调增加, 推得: $n \geqslant N$ 时零点 $x_n > \dfrac{1}{n}$. 而 $\sum\limits_{n=N}^{\infty} \dfrac{1}{n}$ 显然发散, 应用比较判别法得级数 $\sum\limits_{n=N}^{\infty} x_n$ 发散, 因而 $r \geqslant 1$ 时原级数 $\sum\limits_{n=1}^{\infty} x_n$ 发散.

点评 本题的难点是判定 $r = 1$ 时的情况, 上面的解法则是将 $r > 1$ 与 $r = 1$ 两种情况一并考虑, 利用导数证明函数的严格单调性. 这里"严格"两字很重要, 读者须仔细体会.

例 8.18(全国 2010 年初赛题) 设 $a_n > 0 (n = 1, 2, \cdots)$, $S_n = \sum\limits_{i=1}^{n} a_i$, 证明:

(1) 当 $\alpha > 1$ 时, 级数 $\sum\limits_{n=1}^{\infty} \dfrac{a_n}{S_n^{\alpha}}$ 收敛;

(2) 当 $\alpha \leqslant 1$ 且 $S_n \to +\infty (n \to \infty)$ 时, 级数 $\sum\limits_{n=1}^{\infty} \dfrac{a_n}{S_n^{\alpha}}$ 发散.

解析 (1) 当 $\alpha > 1$ 时, 设 $f(x) = x^{1-\alpha}$, 在区间 $[S_{n-1}, S_n]$ 上应用拉格朗日中值定理, 必 $\exists \xi \in (S_{n-1}, S_n)$, 使得

$$f(S_n) - f(S_{n-1}) = f'(\xi)(S_n - S_{n-1}) \Leftrightarrow \frac{1}{S_n^{\alpha-1}} - \frac{1}{S_{n-1}^{\alpha-1}} = (1 - \alpha) \frac{a_n}{\xi^{\alpha}}$$

由此式可得

$$0 < \frac{a_n}{S_n^\alpha} \leqslant \frac{a_n}{\xi^\alpha} = \frac{1}{\alpha - 1}\left(\frac{1}{S_{n-1}^{\alpha-1}} - \frac{1}{S_n^{\alpha-1}}\right)$$

设正项级数 $\sum\limits_{n=2}^{\infty} \frac{1}{\alpha-1}\left(\frac{1}{S_{n-1}^{\alpha-1}} - \frac{1}{S_n^{\alpha-1}}\right)$ 的部分和为 σ_n,由于

$$\sigma_n = \frac{1}{\alpha-1}\left(\frac{1}{S_1^{\alpha-1}} - \frac{1}{S_2^{\alpha-1}} + \frac{1}{S_2^{\alpha-1}} - \frac{1}{S_3^{\alpha-1}} + \cdots + \frac{1}{S_n^{\alpha-1}} - \frac{1}{S_{n+1}^{\alpha-1}}\right)$$

$$= \frac{1}{\alpha-1}\left(\frac{1}{a_1^{\alpha-1}} - \frac{1}{S_{n+1}^{\alpha-1}}\right) < \frac{1}{\alpha-1}\frac{1}{a_1^{\alpha-1}}$$

所以级数 $\sum\limits_{n=2}^{\infty} \frac{1}{\alpha-1}\left(\frac{1}{S_{n-1}^{\alpha-1}} - \frac{1}{S_n^{\alpha-1}}\right)$ 收敛,应用比较判别法即得级数 $\sum\limits_{n=1}^{\infty} \frac{a_n}{S_n^\alpha}$ 收敛.

（2）当 $\alpha = 1$ 时,设 $g(x) = \ln x$,在区间 $[S_{n-1}, S_n]$ 上应用拉格朗日中值定理,必 $\exists \eta \in (S_{n-1}, S_n)$,使得

$$g(S_n) - g(S_{n-1}) = g'(\eta)(S_n - S_{n-1}) \Leftrightarrow \ln\frac{S_n}{S_{n-1}} = \frac{a_n}{\eta}$$

由此式可得

$$\frac{a_n}{S_{n-1}} > \frac{a_n}{\eta} = \ln\frac{S_n}{S_{n-1}} \Leftrightarrow \frac{a_n}{S_n} = \frac{a_n}{S_{n-1}}\frac{S_{n-1}}{S_n} > \frac{a_n}{\eta}\frac{S_{n-1}}{S_n} = \frac{S_{n-1}}{S_n}\ln\frac{S_n}{S_{n-1}}$$

设正项级数 $\sum\limits_{n=2}^{\infty} \ln\frac{S_n}{S_{n-1}}$ 的部分和为 σ_n,由于

$$\lim_{n\to\infty}\sigma_n = \lim_{n\to\infty}(\ln S_2 - \ln S_1 + \ln S_3 - \ln S_2 + \cdots + \ln S_n - \ln S_{n-1})$$

$$= \lim_{n\to\infty}(\ln S_n - \ln a_1) = +\infty$$

所以级数 $\sum\limits_{n=2}^{\infty} \ln\frac{S_n}{S_{n-1}}$ 发散. 又由于

$$\lim_{n\to\infty}\frac{S_{n-1}}{S_n} = \lim_{n\to\infty}\frac{S_n - a_n}{S_n} = \lim_{n\to\infty}\left(1 - \frac{a_n}{S_n}\right) = 1 \quad （这里设数列 \{a_n\} 有界）$$

所以级数 $\sum\limits_{n=2}^{\infty} \frac{S_{n-1}}{S_n}\ln\frac{S_n}{S_{n-1}}$ 发散,应用比较判别法即得级数 $\sum\limits_{n=1}^{\infty} \frac{a_n}{S_n}$ 发散.

当 $\alpha < 1$ 时,不妨设 $S_n > 1$,因 $\frac{a_n}{S_n^\alpha} \geqslant \frac{a_n}{S_n}$,应用比较判别法即得级数 $\sum\limits_{n=1}^{\infty} \frac{a_n}{S_n^\alpha}$ 发散.

例 8.19（莫斯科工程物理学院 1975 年竞赛题）　试举出一个收敛的正项级数 $\sum\limits_{n=1}^{\infty} a_n$,其中 $a_n \neq o\left(\frac{1}{n}\right)$.

解析　当 n 为某正整数的平方时,取 $a_n = \frac{1}{n}$,当 n 不是某正整数的平方时,取

$a_n = \dfrac{1}{n^2}$，即 $\displaystyle\sum_{n=1}^{\infty} a_n$ 为

$$1 + \frac{1}{2^2} + \frac{1}{3^2} + \frac{1}{4} + \frac{1}{5^2} + \frac{1}{6^2} + \frac{1}{7^2} + \frac{1}{8^2} + \frac{1}{9} + \cdots \tag{1}$$

这里 $a_n \neq o\left(\dfrac{1}{n}\right)$. 下面证明该级数是收敛的. 由于

$$\sum_{n=1}^{\infty} \frac{1}{n^2} = 1 + \frac{1}{2^2} + \frac{1}{3^2} + \frac{1}{4^2} + \frac{1}{5^2} + \frac{1}{6^2} + \frac{1}{7^2} + \frac{1}{8^2} + \frac{1}{9^2} + \cdots \tag{2}$$

收敛，所以加括号后级数

$$1 + \left(\frac{1}{2^2} + \frac{1}{3^2} + \frac{1}{4^2}\right) + \left(\frac{1}{5^2} + \frac{1}{6^2} + \frac{1}{7^2} + \frac{1}{8^2} + \frac{1}{9^2}\right) + \left(\frac{1}{10^2} + \cdots + \frac{1}{16^2}\right) + \cdots \tag{3}$$

也收敛. 又由于级数

$$\sum_{n=1}^{\infty} \frac{1}{n^4} = 1 + \frac{1}{2^4} + \frac{1}{3^4} + \frac{1}{4^4} + \cdots = 1 + \frac{1}{4^2} + \frac{1}{9^2} + \frac{1}{16^2} + \cdots \tag{4}$$

收敛，所以(3)与(4)式逐项相减后所得级数

$$\left(\frac{1}{2^2} + \frac{1}{3^2}\right) + \left(\frac{1}{5^2} + \frac{1}{6^2} + \frac{1}{7^2} + \frac{1}{8^2}\right) + \left(\frac{1}{10^2} + \cdots + \frac{1}{15^2}\right) + \cdots \tag{5}$$

也收敛. 再将收敛级数(5)与(2)逐项相加即得级数(1)收敛.

8.2.2　任意项级数的敛散性及其应用(例 8.20—8.30)

例 8.20(江苏省 1996 年竞赛题)　讨论级数 $1 - \dfrac{1}{2^p} + \dfrac{1}{\sqrt{3}} - \dfrac{1}{4^p} + \dfrac{1}{\sqrt{5}} - \dfrac{1}{6^p} + \cdots$

的敛散性(p 为常数).

解析　当 $p = \dfrac{1}{2}$ 时，原式 $= \displaystyle\sum_{n=1}^{\infty} (-1)^{n+1} \dfrac{1}{\sqrt{n}}$，显然非绝对收敛. 又由于此为交错

级数，$\left\{\dfrac{1}{\sqrt{n}}\right\}$ 单调递减且收敛于 0，由莱布尼茨判别法得 $p = \dfrac{1}{2}$ 时原级数条件收敛.

当 $p \leqslant 0$ 时，原级数的通项 a_n 不趋于 $0(n \to \infty)$，所以原级数发散.

当 $p > \dfrac{1}{2}$ 时，考虑加括号(两项一括)的级数

$$\sum_{n=1}^{\infty} \left(\frac{1}{\sqrt{2n-1}} - \frac{1}{(2n)^p}\right) \tag{1}$$

由于 $n \to \infty$ 时 $\dfrac{1}{\sqrt{2n-1}} - \dfrac{1}{(2n)^p}$（在 $p > \dfrac{1}{2}$ 时）与 $\dfrac{1}{\sqrt{2n-1}}$ 同阶，而 $\dfrac{1}{\sqrt{2n-1}}$ 与 $\dfrac{1}{\sqrt{n}}$

同阶，$\displaystyle\sum_{n=1}^{\infty} \dfrac{1}{\sqrt{n}}$ 发散，所以 $p > \dfrac{1}{2}$ 时，加括号的级数(1)发散，因而原级数也发散.

当 $0 < p < \dfrac{1}{2}$ 时，考虑如下加括号的级数

$$1 - \sum_{n=1}^{\infty} \left(\frac{1}{(2n)^p} - \frac{1}{\sqrt{2n+1}} \right) \tag{2}$$

由于 $n \to \infty$ 时, $\dfrac{1}{(2n)^p} - \dfrac{1}{\sqrt{2n+1}}$（在 $p < \dfrac{1}{2}$ 时）与 $\dfrac{1}{(2n)^p}$ 同阶, 而 $\dfrac{1}{(2n)^p}$ 与 $\dfrac{1}{n^p}$ 同阶, $\displaystyle\sum_{n=1}^{\infty} \dfrac{1}{n^p}$ 发散, 所以 $0 < p < \dfrac{1}{2}$ 时, 加括号的级数 (2) 发散, 因而原级数也发散.

综上, 原级数在 $p = \dfrac{1}{2}$ 时条件收敛, 其他情况皆发散.

例 8.21（浙江省 2019 年竞赛题）　讨论 $\displaystyle\sum_{n=2}^{\infty} \dfrac{(-1)^n}{n^p + (-1)^n}$ 的敛散性, 其中 $p > 0$.

解析　记 $a_n = \dfrac{(-1)^n}{n^p + (-1)^n}$, 由于 $|a_n| = \dfrac{1}{n^p + (-1)^n} \sim \dfrac{1}{n^p} (n \to \infty)$, 所以原级数在 $p > 1$ 时绝对收敛, 在 $0 < p \leqslant 1$ 时非绝对收敛.

当 $0 < p \leqslant 1$ 时, 将原级数拆分为两个级数, 得

$$\sum_{n=2}^{\infty} \frac{(-1)^n}{n^p + (-1)^n} = \sum_{n=2}^{\infty} \frac{(-1)^n (n^p - (-1)^n)}{n^{2p} - 1} = \sum_{n=2}^{\infty} \frac{(-1)^n n^p}{n^{2p} - 1} - \sum_{n=2}^{\infty} \frac{1}{n^{2p} - 1}$$

记 $b_n = \dfrac{(-1)^n n^p}{n^{2p} - 1}$, 由于数列 $\{|b_n|\} = \left\{ \dfrac{1}{n^p - n^{-p}} \right\}$ 单调递减, 且

$$\lim_{n \to \infty} |b_n| = \lim_{n \to \infty} \frac{1}{n^p - n^{-p}} = 0,$$

应用莱布尼茨判别法得 $\displaystyle\sum_{n=2}^{\infty} b_n$ 收敛; 记 $c_n = \dfrac{1}{n^{2p} - 1}$, 由于 $0 < c_n \sim \dfrac{1}{n^{2p}} (n \to \infty)$, 所以 $p > \dfrac{1}{2}$ 时 $\displaystyle\sum_{n=2}^{\infty} c_n$ 收敛, $0 < p \leqslant \dfrac{1}{2}$ 时 $\displaystyle\sum_{n=2}^{\infty} c_n$ 发散.

综上, 原级数在 $p > 1$ 时绝对收敛, 在 $\dfrac{1}{2} < p \leqslant 1$ 时条件收敛, 在 $0 < p \leqslant \dfrac{1}{2}$ 时发散.

例 8.22（全国 2016 年考研题）　已知 $f(x)$ 可导, 且 $f(0) = 1, 0 < f'(x) < 1/2$, 设数列 $\{x_n\}$ 满足 $x_{n+1} = f(x_n)(n = 1, 2, \cdots)$, 试证明:

（1）级数 $\displaystyle\sum_{n=1}^{\infty} (x_{n+1} - x_n)$ 绝对收敛;

（2）极限 $\displaystyle\lim_{n \to \infty} x_n$ 存在, 且 $1 < \displaystyle\lim_{n \to \infty} x_n < 2$[①].

解析　（1）令 $a_n = x_{n+1} - x_n$, 应用拉格朗日中值定理, 在 ξ_{n-1} 与 x_n 之间必存在 ξ_n, 使得

---

① 原题是 $0 < \displaystyle\lim_{n \to \infty} x_n < 2$, 本书做了改进.

$$|a_n| = |x_{n+1} - x_n| = |f(x_n) - f(x_{n-1})| = |f'(\xi_n)(x_n - x_{n-1})|$$
$$< \frac{1}{2}|a_{n-1}| < \frac{1}{2^2}|a_{n-2}| < \cdots < \frac{1}{2^{n-1}}|a_1|$$

因级数 $\sum\limits_{n=1}^{\infty} \dfrac{1}{2^{n-1}}|a_1|$ 收敛,应用比较判别法得级数 $\sum\limits_{n=1}^{\infty}|a_n|$ 收敛,即 $\sum\limits_{n=1}^{\infty}(x_{n+1} - x_n)$ 绝对收敛.

(2) 由(1)推得级数 $\sum\limits_{n=1}^{\infty}(x_{n+1} - x_n)$ 收敛,设 $\sum\limits_{n=1}^{\infty}(x_{n+1} - x_n) = A(A \in \mathbf{R})$,则

$$\lim_{n \to \infty}\sum_{i=1}^{n-1}(x_{i+1} - x_i) = \lim_{n \to \infty}(x_n - x_1) = A \Rightarrow \lim_{n \to \infty}x_n = A + x_1$$

因此极限 $\lim\limits_{n \to \infty}x_n$ 存在. 令 $\lim\limits_{n \to \infty}x_n = B$. 下面证明 $1 < B < 2$.

因 $f(x)$ 连续,在 $x_{n+1} = f(x_n)$ 中令 $n \to \infty$ 得
$$B = \lim_{n \to \infty}x_{n+1} = \lim_{n \to \infty}f(x_n) = f(\lim_{n \to \infty}x_n) = f(B)$$
又因为 $f(0) = 1$,所以 $B \neq 0$. 由拉格朗日中值定理,在 B 与 0 之间必存在 ξ 使得

$$B - 1 = f(B) - 1 = f(B) - f(0) = f'(\xi)B, \quad 0 < f'(\xi) < \frac{1}{2}$$

若 $B > 0 \Rightarrow 0 < f'(\xi)B = B - 1 < \dfrac{1}{2}B \Rightarrow 1 < B < 2$, 即 $1 < \lim\limits_{n \to \infty}x_n < 2$;

若 $B < 0 \Rightarrow \dfrac{1}{2}B < f'(\xi)B = B - 1 < 0 \Rightarrow 2 < B < 1$,此为矛盾式,故 $B < 0$ 不成立.

综上,即得 $1 < \lim\limits_{n \to \infty}x_n < 2$.

例 8.23(集美大学 2019 年竞赛题)　求极限 $\lim\limits_{x \to 0}\dfrac{x - \ln(1+x)}{x^2}$,并讨论级数

$\sum\limits_{n=1}^{\infty}\ln\left(1 + (-1)^{n-1}\dfrac{1}{n^p}\right)$(其中 $p > 0$)的敛散性.

解析　由于 $\ln(1+x) = x - \dfrac{1}{2}x^2 + o(x^2)(x \to 0)$,所以

$$\lim_{x \to 0}\frac{x - \ln(1+x)}{x^2} = \lim_{x \to 0}\frac{\dfrac{1}{2}x^2 + o(x^2)}{x^2} = \frac{1}{2} + 0 = \frac{1}{2}$$

记 $a_n = \ln\left(1 + (-1)^{n-1}\dfrac{1}{n^p}\right)$,由于 $\lim\limits_{n \to \infty}(-1)^{n-1}\dfrac{1}{n^p} = 0(p > 0)$,所以

$$a_n \sim (-1)^{n-1}\frac{1}{n^p} \Rightarrow |a_n| \sim \frac{1}{n^p} \quad (n \to \infty)$$

(1) 当 $p > 1$ 时,因 $\sum\limits_{n=1}^{\infty}\dfrac{1}{n^p}$ 收敛,应用比较判别法得 $\sum\limits_{n=1}^{\infty}|a_n|$ 收敛,故 $p > 1$ 时原级数绝对收敛.

(2) 当 $0 < p \leqslant 1$ 时,因 $\displaystyle\sum_{n=1}^{\infty}\frac{1}{n^p}$ 发散,应用比较判别法得 $\displaystyle\sum_{n=1}^{\infty}|a_n|$ 发散,故 $0 < p \leqslant 1$ 时原级数非绝对收敛.

令 $b_n = (-1)^{n-1}\dfrac{1}{n^p} - \ln\left(1 + (-1)^{n-1}\dfrac{1}{n^p}\right)$,先讨论级数 $\displaystyle\sum_{n=1}^{\infty}b_n$ 的敛散性. 由于

$$x - \ln(1+x) \geqslant 0, \quad x - \ln(1+x) \sim \frac{1}{2}x^2 \quad (x \to 0)$$

所以 $b_n \geqslant 0$ 且 $b_n \sim \dfrac{1}{2}\left((-1)^{n-1}\dfrac{1}{n^p}\right)^2 = \dfrac{1}{2}\dfrac{1}{n^{2p}}$. 又级数 $\displaystyle\sum_{n=1}^{\infty}\dfrac{1}{2n^{2p}}$ 在 $\dfrac{1}{2} < p \leqslant 1$ 时收敛,在 $0 < p \leqslant \dfrac{1}{2}$ 时发散,应用比较判别法可知级数 $\displaystyle\sum_{n=1}^{\infty}b_n$ 在 $\dfrac{1}{2} < p \leqslant 1$ 时收敛,在 $0 < p \leqslant \dfrac{1}{2}$ 时发散. 令 $c_n = (-1)^{n-1}\dfrac{1}{n^p}$,在 $0 < p \leqslant 1$ 时,交错级数 $\displaystyle\sum_{n=0}^{\infty}c_n$ 显然是收敛的莱布尼茨型级数,应用级数的运算性质,得原级数 $\displaystyle\sum_{n=0}^{\infty}a_n = \sum_{n=1}^{\infty}(c_n - b_n)$ 在 $\dfrac{1}{2} < p \leqslant 1$ 时条件收敛,在 $0 < p \leqslant \dfrac{1}{2}$ 时发散.

例 8.24(全国 2020 年决赛题)　设 $\{u_n\}$ 是正数列,满足 $\dfrac{u_{n+1}}{u_n} = 1 - \dfrac{\alpha}{n} + O\left(\dfrac{1}{n^\beta}\right)$,其中常数 $\alpha > 0, \beta > 1$.

(1) 对于 $v_n = n^\alpha u_n$,判断级数 $\displaystyle\sum_{n=1}^{\infty}\ln\frac{v_{n+1}}{v_n}$ 的敛散性;

(2) 讨论级数 $\displaystyle\sum_{n=1}^{\infty}u_n$ 的敛散性.

(注:设数列 $\{a_n\}$ 和 $\{b_n\}$ 满足 $\lim\limits_{n\to\infty}a_n = 0, \lim\limits_{n\to\infty}b_n = 0$,则 $a_n = O(b_n) \Leftrightarrow$ 存在常数 $M > 0$ 及正整数 N,使得 $|a_n| \leqslant M|b_n|$ 对任意 $n > N$ 成立)

解析　(1) 应用 $\ln(1+x)$ 的麦克劳林展式,得

$$\ln\frac{v_{n+1}}{v_n} = \ln\frac{(n+1)^\alpha u_{n+1}}{n^\alpha u_n} = \alpha\ln\left(1 + \frac{1}{n}\right) + \ln\left(1 - \frac{\alpha}{n} + O\left(\frac{1}{n^\beta}\right)\right)$$

$$= \alpha\left(\frac{1}{n} - \frac{1}{2n^2} + o\left(\frac{1}{n^2}\right)\right) + \left(-\frac{\alpha}{n} + O\left(\frac{1}{n^\beta}\right) + O\left(\frac{1}{n^2}\right)\right) = O\left(\frac{1}{n^\gamma}\right)$$

其中 $\gamma = \min\{2, \beta\} > 1$,所以存在常数 $M > 0$ 以及正整数 N,使得 $n > N$ 时有 $\left|\ln\dfrac{v_{n+1}}{v_n}\right| \leqslant \dfrac{M}{n^\gamma}$,应用比较判别法,可得级数 $\displaystyle\sum_{n=1}^{\infty}\ln\frac{v_{n+1}}{v_n}$ 绝对收敛.

(2) 由(1)得级数 $\displaystyle\sum_{n=1}^{\infty}\ln\frac{v_{n+1}}{v_n}$ 收敛,即其部分和 $\displaystyle\sum_{k=1}^{n-1}\ln\frac{v_{k+1}}{v_k} = \ln v_n - \ln v_1$ 收敛,故存在常数 a 使得 $\lim\limits_{n\to\infty}\ln v_n = a$,于是

$$\lim_{n\to\infty}v_n = \lim_{n\to\infty}n^a u_n = \lim_{n\to\infty}\frac{u_n}{1/n^a} = e^a \neq 0$$

应用比较判别法,得 $\alpha>1$ 时正项级数 $\sum\limits_{n=1}^{\infty}u_n$ 收敛,$0<\alpha\leqslant1$ 时正项级数 $\sum\limits_{n=1}^{\infty}u_n$ 发散.

例 8.25(江苏省 2021 年竞赛题) 设 $a_n = \int_{(n-1)\pi}^{(n+1)\pi}\frac{\sin x}{x}dx$ $(n=1,2,\cdots)$.

(1) 判断 $|a_n|$,$|a_{n+1}|$ 的大小,证明你的结论;

(2) 判断级数 $\sum\limits_{n=1}^{\infty}a_n$ 的敛散性.

解析 (1) $n=1$ 时,由于 $\lim\limits_{x\to0}\frac{\sin x}{x}=1$,所以 a_1 是常义积分. 令 $x=n\pi+t$,则

$$a_n = (-1)^n\int_{-\pi}^{\pi}\frac{\sin t}{n\pi+t}dt = (-1)^n\int_{-\pi}^{0}\frac{\sin t}{n\pi+t}dt + (-1)^n\int_{0}^{\pi}\frac{\sin t}{n\pi+t}dt$$

(在上式右端的第一个积分中令 $t=-u$)

$$= -(-1)^n\int_{0}^{\pi}\frac{\sin u}{n\pi-u}du + (-1)^n\int_{0}^{\pi}\frac{\sin t}{n\pi+t}dt$$

$$= (-1)^n\int_{0}^{\pi}\left(\frac{\sin x}{n\pi+x}-\frac{\sin x}{n\pi-x}\right)dx = 2(-1)^{n+1}\int_{0}^{\pi}\frac{x\sin x}{n^2\pi^2-x^2}dx$$

$\Rightarrow$ $$|a_n| = 2\int_{0}^{\pi}\frac{x\sin x}{n^2\pi^2-x^2}dx, \quad |a_{n+1}| = 2\int_{0}^{\pi}\frac{x\sin x}{(n+1)^2\pi^2-x^2}dx$$

由于 $\frac{x\sin x}{n^2\pi^2-x^2} > \frac{x\sin x}{(n+1)^2\pi^2-x^2}$ $(0<x<\pi)$,应用定积分的严格保号性即得

$$|a_n| > |a_{n+1}|$$

(2) 由(1)知:$n\geqslant2$ 时

$$|a_n| = 2\int_{0}^{\pi}\frac{x\sin x}{n^2\pi^2-x^2}dx \leqslant 2\int_{0}^{\pi}\frac{\pi}{n^2\pi^2-\pi^2}dx = \frac{2}{n^2-1} \sim \frac{2}{n^2} \quad (n\to\infty)$$

级数 $\sum\limits_{n=1}^{\infty}\frac{2}{n^2}$ 显然收敛,应用比较判别法得 $\sum\limits_{n=1}^{\infty}|a_n|$ 收敛,即原级数绝对收敛.

例 8.26(全国 2016 年决赛题) 设 $I_n = \int_{0}^{\pi/4}\tan^n x\,dx$,其中 n 为正整数.

(1) 若 $n\geqslant2$,计算 I_n+I_{n-2};

(2) 设 p 为实数,讨论级数 $\sum\limits_{n=1}^{\infty}(-1)^n I_n^p$ 的绝对收敛性与条件收敛性.

解析 (1) 应用定积分的换元积分法,可得

$$I_n+I_{n-2} = \int_{0}^{\pi/4}(\tan^n x+\tan^{n-2}x)dx = \int_{0}^{\pi/4}\tan^{n-2}x\,d\tan x$$

$$= \frac{1}{n-1}\tan^{n-1}x\Big|_{0}^{\pi/4} = \frac{1}{n-1}$$

（2）当 $0 \leqslant x \leqslant \dfrac{\pi}{4}$ 时，$0 \leqslant \tan x \leqslant 1$，所以 $\tan^{n+2} x \leqslant \tan^{n} x \leqslant \tan^{n-2} x$，应用定积分的保号性得

$$I_{n+2} \leqslant I_n \leqslant I_{n-2} \Rightarrow I_{n+2} + I_n \leqslant 2I_n \leqslant I_n + I_{n-2}$$

又由第（1）问可得 $I_{n+2} + I_n = \dfrac{1}{n+1}$，于是

$$\frac{1}{2(n+1)} \leqslant I_n \leqslant \frac{1}{2(n-1)} \Rightarrow \frac{1}{2^p(n+1)^p} \leqslant I_n^p \leqslant \frac{1}{2^p(n-1)^p} \quad (p > 0)$$

① 当 $p > 1$ 时，因为 $|(-1)^n I_n^p| = I_n^p \leqslant \dfrac{1}{2^p(n-1)^p}(n \geqslant 2)$，而级数

$$\sum_{n=2}^{\infty} \frac{1}{2^p(n-1)^p} = \frac{1}{2^p} \sum_{n=2}^{\infty} \frac{1}{(n-1)^p}$$

显然收敛，应用比较判别法得原级数绝对收敛.

② 当 $0 < p \leqslant 1$ 时，因为 $|(-1)^n I_n^p| = I_n^p \geqslant \dfrac{1}{2^p(n+1)^p}$，而级数

$$\sum_{n=1}^{\infty} \frac{1}{2^p(n+1)^p} = \frac{1}{2^p} \sum_{n=1}^{\infty} \frac{1}{(n+1)^p}$$

显然发散，应用比较判别法得原级数非绝对收敛. 由于

$$\frac{1}{2^p(n+1)^p} \leqslant I_n^p \leqslant \frac{1}{2^p(n-1)^p}, \quad \lim_{n \to \infty} \frac{1}{2^p(n+1)^p} = 0, \quad \lim_{n \to \infty} \frac{1}{2^p(n-1)^p} = 0$$

应用夹逼准则得 $\lim\limits_{n \to \infty} I_n^p = 0$，又数列 $\{I_n^p\}$ 显然单调递减，据莱布尼茨判别法得原级数为条件收敛.

③ 当 $p \leqslant 0$ 时，因 $|(-1)^n I_n^p| = I_n^p \geqslant 2^{-p}(n-1)^{-p} \geqslant 1$，所以 $\lim\limits_{n \to \infty}(-1)^n I_n^p \neq 0$，因此原级数发散.

综上，$p > 1$ 时原级数绝对收敛，$0 < p \leqslant 1$ 时条件收敛，$p \leqslant 0$ 时发散.

例 8.27（江苏省 2016 年竞赛题）　已知级数 $\sum\limits_{n=2}^{\infty}(-1)^n(\sqrt{n^2+1} - \sqrt{n^2-1})n^\lambda \ln n$，其中实数 $\lambda \in [0,1]$，试对 λ 讨论该级数的绝对收敛、条件收敛与发散性.

解析　设 $a_n = (\sqrt{n^2+1} - \sqrt{n^2-1})n^\lambda \ln n$，则 $a_n > 0$，且 $n \to \infty$ 时，有

$$a_n = n(\sqrt{n^2+1} - \sqrt{n^2-1})\frac{\ln n}{n^{1-\lambda}}$$

$$= \frac{2\ln n}{(\sqrt{1+1/n^2} + \sqrt{1-1/n^2})n^{1-\lambda}} \sim \frac{\ln n}{n^{1-\lambda}}$$

因为 $\lambda \in [0,1], 1-\lambda \leqslant 1 \Rightarrow \dfrac{\ln n}{n^{1-\lambda}} > \dfrac{1}{n} (n \geqslant 3)$，而 $\sum\limits_{n=2}^{\infty} \dfrac{1}{n}$ 发散，应用比较判别法得级数 $\sum\limits_{n=2}^{\infty} \dfrac{\ln n}{n^{1-\lambda}}$ 发散，再应用比较判别法得 $\sum\limits_{n=1}^{\infty} a_n$ 发散，即原级数非绝对收敛. 下面进一步讨论原级数的敛散性.

(1) 当 $0 \leqslant \lambda < 1$ 时，令
$$f(x) = x(\sqrt{x^2+1} - \sqrt{x^2-1}), \quad g(x) = \frac{\ln x}{x^{1-\lambda}} \quad (x \geqslant 2)$$
由于
$$
\begin{aligned}
f'(x) &= \sqrt{x^2+1} - \sqrt{x^2-1} + x\left(\frac{x}{\sqrt{x^2+1}} - \frac{x}{\sqrt{x^2-1}}\right) \\
&= \frac{2}{\sqrt{x^2+1} + \sqrt{x^2-1}} - \frac{2x^2}{\sqrt{x^4-1}(\sqrt{x^2+1} + \sqrt{x^2-1})} \\
&= \frac{2(\sqrt{x^4-1} - x^2)}{(\sqrt{x^2+1} + \sqrt{x^2-1})\sqrt{x^4-1}} < 0 \\
g'(x) &= \frac{1 - (1-\lambda)\ln x}{x^{2-\lambda}} < 0 \quad (x > e^{1/1-\lambda})
\end{aligned}
$$
且 $x \geqslant 2$ 时 $f(x) > 0, g(x) > 0$，所以 x 充分大时
$$(f(x)g(x))' = f'(x)g(x) + f(x)g'(x) < 0$$
因此 $f(x)g(x)$ 单调减少，故 n 充分大时数列 $\{a_n\} = \{f(n)g(n)\}$ 也单调递减. 又应用洛必达法则有
$$\lim_{x \to +\infty} g(x) = \lim_{x \to +\infty} \frac{\ln x}{x^{1-\lambda}} = \lim_{x \to +\infty} \frac{1/x}{(1-\lambda)x^{-\lambda}} = \lim_{x \to +\infty} \frac{1}{(1-\lambda)x^{1-\lambda}} = 0$$
于是 $\lim\limits_{n \to \infty} g(n) = \lim\limits_{n \to \infty} \dfrac{\ln n}{n^{1-\lambda}} = 0$，可得
$$\lim_{n \to \infty} a_n = \lim_{n \to \infty} \frac{2}{\sqrt{1+1/n^2} + \sqrt{1-1/n^2}} \cdot \lim_{n \to \infty} \frac{\ln n}{n^{1-\lambda}} = 1 \cdot 0 = 0$$
应用莱布尼茨判别法得交错级数 $\sum\limits_{n=2}^{\infty} (-1)^n a_n$ 收敛. 因此，当 $\lambda \in [0,1)$ 时原级数为条件收敛.

(2) 当 $\lambda = 1$ 时，因为
$$\lim_{n \to \infty} a_n = \lim_{n \to \infty} \frac{2\ln n}{\sqrt{1+1/n^2} + \sqrt{1-1/n^2}} = +\infty \Rightarrow \lim_{n \to \infty} (-1)^n a_n \neq 0$$
所以当 $\lambda = 1$ 时原级数发散.

例 8.28(河南省 2020 年竞赛题)　研究级数 $\sum\limits_{n=1}^{\infty} \cos 1 \cos 2 \cdots \cos n$ 的收敛性.

解析　记 $a_n = \cos 1 \cos 2 \cdots \cos n$，应用 A - G 不等式得

$$(a_n)^2 = \cos^2 1 \cos^2 2 \cdots \cos^2 n \leqslant \frac{1}{n^n} \left(\sum_{k=1}^{n} \cos^2 k \right)^n = \frac{1}{2^n n^n} \left(n + \sum_{k=1}^{n} \cos 2k \right)^n$$

利用三角函数的积化和差与和差化积公式,有

$$\sum_{k=1}^{n} \cos 2k = \frac{1}{\sin 1} \sum_{k=1}^{n} \cos 2k \cdot \sin 1 = \frac{1}{2\sin 1} \sum_{k=1}^{n} (\sin(2k+1) - \sin(2k-1))$$

$$= \frac{1}{2\sin 1} (\sin(2n+1) - \sin 1) = \frac{\cos(n+1)\sin n}{\sin 1}$$

则

$$|a_n| \leqslant \sqrt{\frac{1}{2^n n^n} \left(n + \frac{\cos(n+1)\sin n}{\sin 1} \right)^n} = \left(\frac{1}{\sqrt{2\sin 1}} \right)^n \left(\sin 1 + \frac{\cos(n+1)\sin n}{n} \right)^{\frac{n}{2}}$$

记 $b_n = \left(\dfrac{1}{\sqrt{2\sin 1}} \right)^n$,因为 $0 < \dfrac{1}{\sqrt{2\sin 1}} < \dfrac{1}{\sqrt[4]{2}} < 1$,所以几何级数 $\sum\limits_{n=1}^{\infty} b_n$ 收敛. 又由于 $0 < \sin 1 < 1$,可得

$$0 \leqslant \frac{|a_n|}{b_n} \leqslant \left(\sin 1 + \frac{\cos(n+1)\sin n}{n} \right)^{\frac{n}{2}}, \quad \lim_{n \to \infty} \left(\sin 1 + \frac{\cos(n+1)\sin n}{n} \right)^{\frac{n}{2}} = 0$$

由夹逼准则得 $\lim\limits_{n \to \infty} \dfrac{|a_n|}{b_n} = 0$,再应用比较判别法得级数 $\sum\limits_{n=1}^{\infty} |a_n|$ 收敛,因此原级数绝对收敛.

例 8.29(全国 2013 年决赛题)　若对任意趋向于 0 的序列 $\{x_n\}$,级数 $\sum\limits_{n=1}^{\infty} a_n x_n$ 都是收敛的,试证:级数 $\sum\limits_{n=1}^{\infty} |a_n|$ 收敛.

解析　(用反证法)设级数 $\sum\limits_{n=1}^{\infty} |a_n|$ 发散,记 $S_n = \sum\limits_{i=1}^{n} |a_i|$,则 $\lim\limits_{n \to \infty} S_n = +\infty$. 于是存在单调递增的正整数数列 $\{n_k\}$ $(k = 1, 2, \cdots)$,使得

$$S_{n_1} \geqslant 1, \quad S_{n_k} - S_{n_{k-1}} \geqslant k \quad (k = 2, 3, \cdots)$$

取

$$x_n = \frac{1}{k} \operatorname{sgn} a_n \quad (n_{k-1} + 1 \leqslant n \leqslant n_k)$$

则 $\lim\limits_{n \to \infty} x_n = 0$. 由于

$$\sum_{n=1}^{\infty} a_n x_n = (|a_1| + |a_2| + \cdots + |a_{n_1}|) + \frac{1}{2} (|a_{n_1+1}| + |a_{n_1+2}| + \cdots + |a_{n_2}|)$$

$$+ \cdots + \frac{1}{k} (|a_{n_{k-1}+1}| + |a_{n_{k-1}+2}| + \cdots + |a_{n_k}|) + \cdots$$

$$\geqslant 1 + \frac{1}{2} \cdot 2 + \cdots + \frac{1}{k} \cdot k + \cdots = 1 + 1 + \cdots + 1 + \cdots$$

所以级数 $\sum_{n=1}^{\infty} a_n x_n$ 发散,此与题设条件矛盾. 所以级数 $\sum_{n=1}^{\infty} |a_n|$ 收敛.

例 8.30(全国 2019 年决赛题) 设 $\{u_n\}_{n=1}^{\infty}$ 为单调递减的正实数列,$\lim\limits_{n\to\infty} u_n = 0$,$\{a_n\}_{n=1}^{\infty}$ 为一实数列,级数 $\sum_{n=1}^{\infty} a_n u_n$ 收敛,证明:$\lim\limits_{n\to\infty}(a_1 + a_2 + \cdots + a_n)u_n = 0$.

解析 令 $S_n = \sum_{k=1}^{n} a_k u_k$,因为级数 $\sum_{n=1}^{\infty} a_n u_n$ 收敛,所以部分和数列 $\{S_n\}$ 收敛,应用数列收敛的柯西准则得:$\forall \varepsilon > 0$,$\exists N \in \mathbf{N}^*$,当 $n > m \geqslant N(n, m \in \mathbf{N}^*)$ 时,有 $|S_n - S_m| < \dfrac{\varepsilon}{2}$,于是

$$a_{N+1} + a_{N+2} + \cdots + a_n = \sum_{k=N+1}^{n} a_k = \sum_{k=N+1}^{n} a_k u_k \cdot \frac{1}{u_k} = \sum_{k=N+1}^{n} (S_k - S_{k-1}) \cdot \frac{1}{u_k}$$

$$= \sum_{k=N+1}^{n} (S_n - S_{k-1}) \cdot \frac{1}{u_k} - \sum_{k=N+1}^{n} (S_n - S_k) \cdot \frac{1}{u_k} \qquad (*)$$

$$= \sum_{k=N+1}^{n} (S_n - S_{k-1}) \cdot \frac{1}{u_k} - \sum_{k=N+2}^{n} (S_n - S_{k-1}) \cdot \frac{1}{u_{k-1}} - 0 \cdot \frac{1}{u_n}$$

$$= (S_n - S_N) \cdot \frac{1}{u_{N+1}} + \sum_{k=N+2}^{n} (S_n - S_{k-1}) \cdot \left(\frac{1}{u_k} - \frac{1}{u_{k-1}}\right)$$

由于数列 $\left\{\dfrac{1}{u_n}\right\}$ 是单调增加的正数列,上式两端取绝对值,应用绝对值的性质,得

$$|a_{N+1} + a_{N+2} + \cdots + a_n| \leqslant |S_n - S_N| \cdot \frac{1}{u_{N+1}} + \sum_{k=N+2}^{n} |S_n - S_{k-1}| \cdot \left(\frac{1}{u_k} - \frac{1}{u_{k-1}}\right)$$

$$\leqslant \frac{\varepsilon}{2} \cdot \frac{1}{u_{N+1}} + \frac{\varepsilon}{2} \sum_{k=N+2}^{n} \left(\frac{1}{u_k} - \frac{1}{u_{k-1}}\right)$$

$$= \frac{\varepsilon}{2} \cdot \frac{1}{u_{N+1}} + \frac{\varepsilon}{2}\left(\frac{1}{u_n} - \frac{1}{u_{N+1}}\right) = \frac{\varepsilon}{2u_n}$$

因此 $|(a_{N+1} + a_{N+2} + \cdots + a_n)u_n| \leqslant \dfrac{\varepsilon}{2}$.

另一方面,对上述 $\varepsilon > 0$ 与正整数 N 有 $\lim\limits_{n\to\infty}(a_1 + a_2 + \cdots + a_N)u_n = 0$,所以存在 $N_1 \in \mathbf{N}^*$,当 $n > N_1$ 时,有 $|(a_1 + a_2 + \cdots + a_N)u_n| < \dfrac{\varepsilon}{2}$.

取 $K = \max\{N, N_1\}$,则当 $n > K$ 时,有

$$|(a_1 + a_2 + \cdots + a_n)u_n|$$
$$\leqslant |(a_1 + a_2 + \cdots + a_N)u_n| + |(a_{N+1} + a_{N+2} + \cdots + a_n)u_n|$$
$$< \varepsilon/2 + \varepsilon/2 = \varepsilon$$

根据数列极限的定义,即得 $\lim\limits_{n\to\infty}(a_1 + a_2 + \cdots + a_n)u_n = 0$.

点评 本题解析过程中用到数列收敛的柯西准则,具有一定难定,仅供教学

要求较高的学生参考. 其中,(∗)式这一步的变换很妙,读者应仔细体会.

8.2.3　求幂级数的收敛域与和函数(例 8.31—8.39)

例 8.31(北京市 1996 年竞赛题)　求级数 $\displaystyle\sum_{n=1}^{\infty}\frac{(-1)^n 8^n}{n\ln(n^3+n)}x^{3n-2}$ 的收敛域.

解析　令 $t=-8x^3$,则原式 $=\dfrac{1}{x^2}\displaystyle\sum_{n=1}^{\infty}\frac{1}{n\ln(n^3+n)}t^n$. 记 $a_n=\dfrac{1}{n\ln(n^3+n)}$,因

$$\lim_{n\to\infty}\left|\frac{a_n}{a_{n+1}}\right|=\lim_{n\to\infty}\frac{(n+1)\ln((n+1)^3+(n+1))}{n\ln(n^3+n)}$$

$$=\lim_{n\to\infty}\frac{n+1}{n}\cdot\frac{\ln(n^3+3n^2+4n+2)}{\ln(n^3+n)}=1$$

所以幂级数 $\displaystyle\sum_{n=1}^{\infty}\frac{1}{n\ln(n^3+n)}t^n$ 的收敛半径为 1. 当 $t=1$ 时,由于

$$\frac{1}{n\ln(n^3+n)}\geqslant\frac{1}{n\ln n^4}=\frac{1}{4n\ln n}\quad(n\geqslant 2),\qquad\int_2^{+\infty}\frac{1}{4x\ln x}\mathrm{d}x=\frac{1}{4}\ln\ln x\Big|_2^{+\infty}=+\infty$$

由积分判别法与比较判别法,在 $t=1$ 处幂级数 $\displaystyle\sum_{n=1}^{\infty}\frac{1}{n\ln(n^3+n)}t^n$ 发散;当 $t=-1$ 时,$\displaystyle\sum_{n=1}^{\infty}\frac{(-1)^n}{n\ln(n^3+n)}$ 为莱布尼茨型级数,故收敛. 于是幂级数 $\displaystyle\sum_{n=1}^{\infty}\frac{1}{n\ln(n^3+n)}t^n$ 的收敛域为 $[-1,1)$. 又因为 $-1\leqslant t<1\Leftrightarrow-1\leqslant-8x^3<1\Leftrightarrow-\dfrac{1}{2}<x\leqslant\dfrac{1}{2}$,所以原幂级数的收敛域为 $\left(-\dfrac{1}{2},\dfrac{1}{2}\right]$.

例 8.32(江苏省 2004 年竞赛题)　求幂级数 $\displaystyle\sum_{n=1}^{\infty}\frac{1}{n(3^n+(-2)^n)}x^n$ 的收敛域.

解析　令 $a_n=\dfrac{1}{n(3^n+(-2)^n)}$,则

$$\lim_{n\to\infty}\frac{1}{\sqrt[n]{|a_n|}}=\lim_{n\to\infty}\sqrt[n]{n(3^n+(-2)^n)}=\lim_{n\to\infty}\sqrt[n]{n}\cdot\lim_{n\to\infty}3\cdot\sqrt[n]{1+(-2/3)^n}=3$$

所以幂级数的收敛半径 $R=3$. 当 $x=3$ 时,原幂级数化为 $\displaystyle\sum_{n=1}^{\infty}\frac{3^n}{n(3^n+(-2)^n)}$,因为

$$\frac{3^n}{n(3^n+(-2)^n)}>\frac{1}{2n},而级数\ \sum_{n=1}^{\infty}\frac{1}{2n}\ 发散,由比较判别法知\ x=3\ 时原幂级数发散.$$

当 $x=-3$ 时,原级数化为

$$\sum_{n=1}^{\infty}(-1)^n\frac{3^n}{n(3^n+(-2)^n)}=\sum_{n=1}^{\infty}(-1)^n\frac{1}{n}-\sum_{n=1}^{\infty}\frac{2^n}{n(3^n+(-2)^n)}$$

因为 $\sum\limits_{n=1}^{\infty}(-1)^n\dfrac{1}{n}$ 为莱布尼茨型级数,收敛;令 $b_n=\dfrac{2^n}{n(3^n+(-2)^n)}$,由于

$$0<b_n\leqslant\frac{2^n}{3^n-2^n}=\frac{2^n}{(3-2)(3^{n-1}+3^{n-2}2+\cdots+2^{n-1})}<\frac{2^n}{3^{n-1}}=3\cdot\left(\frac{2}{3}\right)^n$$

而级数 $\sum\limits_{n=1}^{\infty}3\cdot\left(\dfrac{2}{3}\right)^n$ 显然收敛,应用比较判别法得 $\sum\limits_{n=1}^{\infty}b_n$ 收敛.因此 $x=-3$ 时原幂级数收敛.于是原幂级数的收敛域为 $[-3,3)$.

例 8.33(北京市 2001 年竞赛题)　求 $\sum\limits_{n=0}^{\infty}\dfrac{(-1)^nn^3}{(n+1)!}x^n$ 的收敛区间与和函数.

解析　令 $a_n=\dfrac{(-1)^nn^3}{(n+1)!}$,则

$$\lim_{n\to\infty}\left|\frac{a_n}{a_{n+1}}\right|=\lim_{n\to\infty}\frac{n^3}{(n+1)!}\cdot\frac{(n+2)!}{(n+1)^3}=+\infty$$

于是,原级数的收敛区间为 $(-\infty,+\infty)$.

因为

$$\frac{n^3}{(n+1)!}=\frac{n^3+1-1}{(n+1)!}=\frac{(n+1)(n^2-n+1)}{(n+1)!}-\frac{1}{(n+1)!}$$

$$=\frac{n(n-1)+1}{n!}-\frac{1}{(n+1)!}=\frac{1}{(n-2)!}+\frac{1}{n!}-\frac{1}{(n+1)!}$$

所以

$$\sum_{n=0}^{\infty}\frac{(-1)^nn^3}{(n+1)!}x^n=\sum_{n=1}^{\infty}\frac{n^3}{(n+1)!}(-x)^n$$

$$=-\frac{x}{2}+\sum_{n=2}^{\infty}\frac{(-x)^n}{(n-2)!}+\sum_{n=2}^{\infty}\frac{(-x)^n}{n!}-\sum_{n=2}^{\infty}\frac{(-x)^n}{(n+1)!}$$

$$=-\frac{x}{2}+(-x)^2\sum_{n=0}^{\infty}\frac{(-x)^n}{n!}+\sum_{n=2}^{\infty}\frac{(-x)^n}{n!}+\frac{1}{x}\sum_{n=3}^{\infty}\frac{(-x)^n}{n!}$$

$$=-\frac{x}{2}+x^2\mathrm{e}^{-x}+(\mathrm{e}^{-x}-1+x)+\frac{1}{x}\left(\mathrm{e}^{-x}-1+x-\frac{1}{2}x^2\right)$$

$$=\mathrm{e}^{-x}\left(x^2+1+\frac{1}{x}\right)-\frac{1}{x}\quad(x\neq0)$$

综上所述,和函数 $S(x)=\begin{cases}\mathrm{e}^{-x}\left(x^2+1+\dfrac{1}{x}\right)-\dfrac{1}{x}, & x\neq0;\\ 0, & x=0.\end{cases}$

例 8.34(江苏省 2019 年竞赛题)　求幂级数 $\sum\limits_{n=1}^{\infty}\dfrac{n}{8^n(2n-1)}x^{3n-1}$ 的收敛域与和函数.

解析　记原幂级数的和函数为 $S(x)$，令 $\dfrac{x^3}{8}=t$，则 $xS(x)=\displaystyle\sum_{n=1}^{\infty}\dfrac{n}{2n-1}t^n$. 又记 $a_n=\dfrac{n}{2n-1}$，由

$$\lim_{n\to\infty}\left|\frac{a_n}{a_{n+1}}\right|=\lim_{n\to\infty}\frac{n(2n+1)}{(2n-1)(n+1)}=1$$

得幂级数 $\displaystyle\sum_{n=1}^{\infty}\dfrac{n}{2n-1}t^n$（记为级数（＊））的收敛半径为 $R=1$. 当 $t=\pm1$ 时，由于

$$\lim_{n\to\infty}\left|(\pm1)^na_n\right|=\lim_{n\to\infty}\frac{n}{2n-1}=\frac{1}{2}\neq0$$

所以 $t=\pm1$ 时级数（＊）发散，于是级数（＊）的收敛域为 $-1<t<1$，得原幂级数的收敛域为 $-2<x<2$（由 $-8<x^3<8$ 推出）.

下面求级数（＊）的和函数 $\sigma(t)$，有

$$\sigma(t)=\sum_{n=1}^{\infty}\frac{n}{2n-1}t^n=\frac{1}{2}\sum_{n=1}^{\infty}t^n+\frac{1}{2}\sum_{n=1}^{\infty}\frac{1}{2n-1}t^n$$
$$=\frac{t}{2(1-t)}+\frac{1}{2}\sum_{n=1}^{\infty}\frac{1}{2n-1}t^n$$

① 当 $t\in[0,1)$ 时，令 $u=\sqrt{t}$，并应用逐项求导后积分，得

$$\sum_{n=1}^{\infty}\frac{1}{2n-1}t^n=u\sum_{n=1}^{\infty}\frac{1}{2n-1}u^{2n-1}=u\left[0+\int_0^u\left(\sum_{n=1}^{\infty}\frac{1}{2n-1}(u^{2n-1})'\right)\mathrm{d}u\right]$$
$$=u\int_0^u\left(\sum_{n=1}^{\infty}u^{2(n-1)}\right)\mathrm{d}u=u\int_0^u\frac{1}{1-u^2}\mathrm{d}u=\frac{u}{2}\ln\frac{1+u}{1-u}$$
$$=\frac{\sqrt{t}}{2}\ln\frac{1+\sqrt{t}}{1-\sqrt{t}}$$

② 当 $t\in(-1,0]$ 时，令 $u=\sqrt{-t}$，并应用逐项求导后积分，得

$$\sum_{n=1}^{\infty}\frac{1}{2n-1}t^n=u\sum_{n=1}^{\infty}\frac{(-1)^n}{2n-1}u^{2n-1}=u\left[0+\int_0^u\left(\sum_{n=1}^{\infty}\frac{(-1)^n}{2n-1}(u^{2n-1})'\right)\mathrm{d}u\right]$$
$$=u\int_0^u\left(\sum_{n=1}^{\infty}(-1)^nu^{2(n-1)}\right)\mathrm{d}u=u\int_0^u\frac{-1}{1+u^2}\mathrm{d}u=-u\arctan u$$
$$=-\sqrt{-t}\arctan\sqrt{-t}$$

综合①，②得级数（＊）的和函数为

$$\sigma(t)=\begin{cases}\dfrac{t}{2(1-t)}+\dfrac{\sqrt{t}}{4}\ln\dfrac{1+\sqrt{t}}{1-\sqrt{t}}&(0\leqslant t<1),\\[4mm]\dfrac{t}{2(1-t)}-\dfrac{\sqrt{-t}}{2}\arctan\sqrt{-t}&(-1<t<0)\end{cases}$$

于是原幂级数的和函数为

$$S(x) = \begin{cases} \dfrac{x^2}{2(8-x^3)} + \dfrac{\sqrt{2x}}{16}\ln\dfrac{2\sqrt{2}+x\sqrt{x}}{2\sqrt{2}-x\sqrt{x}} & (0 \leqslant x < 2), \\[3mm] \dfrac{x^2}{2(8-x^3)} - \dfrac{\sqrt{-2x}}{8}\arctan\dfrac{x\sqrt{-2x}}{4} & (-2 < x < 0) \end{cases}$$

例 8.35(全国 2017 年考研题) 已知 $a_0 = 1, a_1 = 0$,且 $a_{n+1} = \dfrac{1}{n+1}(na_n + a_{n-1})(n = 1,2,3,\cdots)$,$S(x)$ 为幂级数 $\displaystyle\sum_{n=0}^{\infty} a_n x^n$ 的和函数.

(1) 证明:幂级数 $\displaystyle\sum_{n=0}^{\infty} a_n x^n$ 的收敛半径不小于 1;

(2) 证明$(1-x)S'(x) - xS(x) = 0(x \in (-1,1))$,并求 $S(x)$.

解析 (1) $a_0 = 1, a_1 = 0, a_2 = \dfrac{1}{2}, a_3 = \dfrac{1}{3}$,归纳设 $a_2, a_3, \cdots, a_n \in (0,1]$,则

$$0 < a_{n+1} = \frac{1}{n+1}(na_n + a_{n-1}) \leqslant \frac{1}{n+1}(n \cdot 1 + 1) = 1 \implies a_{n+1} \in (0,1]$$

应用数学归纳法即得 $a_n \in (0,1](n = 2,3,4,\cdots)$.令 $x_n = na_n(n \geqslant 2)$,则 $x_2 = 1$,$x_3 = 1$,又由于

$$x_{n+1} = (n+1)a_{n+1} = na_n + a_{n-1} = x_n + a_{n-1} \geqslant x_n \quad (n \geqslant 2)$$

所以数列 $\{x_n\}$ 单调递增,且当 $n \geqslant 2$ 时 $x_n \geqslant 1$.

① 若 $\{x_n\}$ 上有界,应用单调有界准则得 $\{x_n\}$ 收敛.记 $\lim\limits_{n\to\infty} x_n = A$,则 $A \geqslant 1$,且有

$$\lim_{n\to\infty}\left|\frac{a_n}{a_{n+1}}\right| = \lim_{n\to\infty}\frac{x_n}{x_{n+1}} \cdot \frac{n+1}{n} = \frac{A}{A} \cdot 1 = 1$$

② 若 $\{x_n\}$ 上无界,则 $\lim\limits_{n\to\infty} x_n = +\infty$,且有

$$\lim_{n\to\infty}\left|\frac{a_n}{a_{n+1}}\right| = \lim_{n\to\infty}\frac{x_n}{x_{n+1}} \cdot \frac{n+1}{n} = \lim_{n\to\infty}\frac{x_n}{x_n + a_{n-1}}$$
$$= \lim_{n\to\infty}\frac{1}{1 + a_{n-1}/x_n} = \frac{1}{1+0} = 1$$

综合 ①,② 可得幂级数 $\displaystyle\sum_{n=0}^{\infty} a_n x^n$ 的收敛半径等于 1(显然不小于 1).

(2) 由于 $S(x) = \displaystyle\sum_{n=0}^{\infty} a_n x^n$,且 $S(0) = a_0 = 1, a_1 = 0$,又

$$S'(x) = \sum_{n=1}^{\infty} na_n x^{n-1} = \sum_{n=0}^{\infty} (n+1)a_{n+1}x^n$$

所以

$$(1-x)S'(x) - xS(x) = \sum_{n=0}^{\infty}(n+1)a_{n+1}x^n - \sum_{n=0}^{\infty}(n+1)a_{n+1}x^{n+1} - \sum_{n=0}^{\infty}a_n x^{n+1}$$
$$= \sum_{n=1}^{\infty}(n+1)a_{n+1}x^n - \sum_{n=1}^{\infty}na_n x^n - \sum_{n=1}^{\infty}a_{n-1}x^n$$

$$= \sum_{n=1}^{\infty} ((n+1)a_{n+1} - na_n - a_{n-1})x^n \equiv 0$$

上式等价于

$$\frac{1}{S}\mathrm{d}S = \frac{x}{1-x}\mathrm{d}x \Leftrightarrow \frac{1}{S}\mathrm{d}S = \left(-1 + \frac{1}{1-x}\right)\mathrm{d}x$$

两边积分得 $\ln S = -x - \ln(1-x) + C$. 再令 $x = 0$, 因 $S(0) = 1$, 可得 $C = 0$, 故

$$S(x) = \frac{1}{1-x}\mathrm{e}^{-x} \quad (-1 < x < 1)$$

例 8.36(北京市 1995 年竞赛题)   已知 $a_1 = 1, a_2 = 1, a_{n+1} = a_n + a_{n-1}(n = 2, 3, \cdots)$, 试求级数 $\displaystyle\sum_{n=1}^{\infty} a_n x^n$ 的收敛半径与和函数.

解析   令 $b_n = \dfrac{a_n}{a_{n+1}}$, 则 $b_1 = 1, b_2 = \dfrac{1}{2}, b_{n+1} = \dfrac{1}{1+b_n}$. 假设 $\{b_n\}$ 收敛, 令 $b_n \to A(n \to \infty)$, 则 $A = \dfrac{1}{1+A} \Rightarrow A^2 + A - 1 = 0 \Rightarrow A = \dfrac{-1 \pm \sqrt{5}}{2}$, 由于 $b_n > 0$, 故

$$A = \frac{-1+\sqrt{5}}{2}$$

下面来证明 $\lim\limits_{n \to \infty} b_n = A$. 由于 $1 - A = A^2, 0 < A < 1$, 故有

$$|b_{n+1} - A| = \left|\frac{1}{1+b_n} - A\right| = \frac{|1 - A - Ab_n|}{1+b_n} \leqslant A|b_n - A|$$

$$\leqslant A^2|b_{n-1} - A| \leqslant \cdots \leqslant A^n|b_1 - A| = A^n\left(\frac{3-\sqrt{5}}{2}\right)$$

且 $\lim\limits_{n \to \infty} A^n = 0$, 所以 $\lim\limits_{n \to \infty} b_n = A$. 级数 $\displaystyle\sum_{n=1}^{\infty} a_n x^n$ 的收敛半径为

$$R = \lim_{n \to \infty}\left|\frac{a_n}{a_{n+1}}\right| = \lim_{n \to \infty}|b_n| = \frac{-1+\sqrt{5}}{2}$$

令原级数的和函数为 $S(x)$, 由 $a_{n+1} = a_n + a_{n-1}$ 可知 $a_{n+2} = a_{n+1} + a_n$, 则 $a_n = a_{n+2} - a_{n+1}$, 于是 $a_n x^n = a_{n+2}x^n - a_{n+1}x^n$, 可得

$$\sum_{n=1}^{\infty} a_n x^n = \sum_{n=1}^{\infty} a_{n+2}x^n - \sum_{n=1}^{\infty} a_{n+1}x^n$$

$$S(x) = \frac{S(x) - a_1 x - a_2 x^2}{x^2} - \frac{S(x) - a_1 x}{x}$$

从而原级数的和函数为

$$S(x) = \frac{x}{1-x-x^2} \quad \left(|x| < \frac{-1+\sqrt{5}}{2}\right)$$

例 8.37(浙江省 2002 年竞赛题)　设 $a_1 = 1, a_2 = 1, a_{n+2} = 2a_{n+1} + 3a_n, n \geqslant 1$,

求 $\sum\limits_{n=1}^{\infty} a_n x^n$ 的收敛半径、收敛域及和函数.

解析　由题给条件 $a_{n+2} = 2a_{n+1} + 3a_n$ 递推得

$$a_{n+2} + a_{n+1} = 3(a_{n+1} + a_n) = 3^2(a_n + a_{n-1}) = \cdots = 3^n(a_2 + a_1)$$
$$= 2 \cdot 3^n$$

上式两边乘以 x^{n+2} 并对 $n = 1, 2, \cdots$ 无穷求和,得

$$\sum_{n=1}^{\infty} a_{n+2} x^{n+2} + x \sum_{n=1}^{\infty} a_{n+1} x^{n+1} = 2x^2 \cdot \sum_{n=1}^{\infty} (3x)^n$$

由于 $a_1 = 1, a_2 = 1$,化简上式得

$$\sum_{n=1}^{\infty} a_n x^n - x - x^2 + x\left(\sum_{n=1}^{\infty} a_n x^n - x\right) = 2x^2 \cdot \sum_{n=1}^{\infty} (3x)^n$$

$$\Leftrightarrow \qquad \sum_{n=1}^{\infty} a_n x^n = \frac{1}{1+x}\left(2x^2 \cdot \sum_{n=1}^{\infty} (3x)^n + x + 2x^2\right)$$

从而幂级数 $\sum\limits_{n=1}^{\infty} a_n x^n$ 与 $\sum\limits_{n=1}^{\infty} (3x)^n$ 有相同的收敛半径与收敛域,而 $\sum\limits_{n=1}^{\infty} (3x)^n$ 是公比

为 $3x$ 的几何级数,因此原幂级数的收敛半径为 $R = \dfrac{1}{3}$,收敛域为 $\left(-\dfrac{1}{3}, \dfrac{1}{3}\right)$,其和

函数为

$$S(x) = \sum_{n=1}^{\infty} a_n x^n = \frac{1}{1+x}\left(2x^2 \cdot \frac{3x}{1-3x} + x + 2x^2\right)$$

$$= \frac{6x^3 + x + 2x^2 - 3x^2 - 6x^3}{(1+x)(1-3x)} = \frac{x(1-x)}{(1+x)(1-3x)}$$

例 8.38(北京市 1994 年竞赛题)　求级数 $\sum\limits_{n=1}^{\infty}\left(1 + \dfrac{1}{2} + \dfrac{1}{3} + \cdots + \dfrac{1}{n}\right)x^n$ 的收

敛半径及和函数.

解析　令 $a_n = 1 + \dfrac{1}{2} + \dfrac{1}{3} + \cdots + \dfrac{1}{n}$,则 $n \geqslant 1$ 时有 $1 \leqslant a_n \leqslant n$,又 $\lim\limits_{n \to \infty} \sqrt[n]{n} = 1$,

由夹逼准则可知 $\lim\limits_{n \to \infty} \dfrac{1}{\sqrt[n]{|a_n|}} = 1$,所以幂级数的收敛半径 $R = 1$.

令

$$u_n(x) = x^n, \quad n = 0, 1, 2, \cdots$$

$$v_0(x) = 0, \quad v_n(x) = \frac{1}{n} x^n, \quad n = 1, 2, 3, \cdots$$

由于级数 $\sum\limits_{n=0}^{\infty} u_n(x), \sum\limits_{n=0}^{\infty} v_n(x)$ 在 $(-1, 1)$ 上绝对收敛,应用绝对收敛级数的乘法规

则,有

$$\sum_{n=1}^{\infty} a_n x^n = \sum_{n=0}^{\infty} \left(x^n \cdot 0 + x^{n-1} \cdot x + x^{n-2} \cdot \frac{1}{2} x^2 + \cdots + 1 \cdot \frac{1}{n} x^n \right)$$

$$= \sum_{n=0}^{\infty} [u_n(x)v_0(x) + u_{n-1}(x)v_1(x) + \cdots + u_0(x)v_n(x)]$$

$$= \left(\sum_{n=0}^{\infty} u_n(x) \right) \cdot \left(\sum_{n=0}^{\infty} v_n(x) \right)$$

$$= \frac{1}{1-x}(-\ln(1-x)) \quad (|x|<1)$$

故幂级数的和函数为 $S(x) = \dfrac{\ln(1-x)}{x-1}$，其中 $|x|<1$.

例 8.39（江苏省 2006 年竞赛题）　（1）设幂级数 $\sum\limits_{n=1}^{\infty} a_n^2 x^n$ 的收敛域为 $[-1,1]$，求证：幂级数 $\sum\limits_{n=1}^{\infty} \dfrac{a_n}{n} x^n$ 的收敛域也为 $[-1,1]$.

（2）试问命题（1）的逆命题是否正确？若正确，给出证明；若不正确，举一反例说明.

解析　（1）因 $\sum\limits_{n=1}^{\infty} a_n^2$ 收敛，$\sum\limits_{n=1}^{\infty} \dfrac{1}{n^2}$ 收敛，而 $\left| \dfrac{a_n}{n} \right| \leqslant \dfrac{1}{2} \left(a_n^2 + \dfrac{1}{n^2} \right)$，由比较判别法得 $\sum\limits_{n=1}^{\infty} \left| \dfrac{a_n}{n} \right|$ 收敛，故 $\sum\limits_{n=1}^{\infty} \dfrac{a_n}{n} x^n$ 在 $x=\pm 1$ 时（绝对）收敛. 下面证明：$\forall\, x_0$, $|x_0|>1$，级数 $\sum\limits_{n=1}^{\infty} \dfrac{a_n}{n} x_0^n$ 发散.

（反证法）设级数 $\sum\limits_{n=1}^{\infty} \dfrac{a_n}{n} x_0^n$ 收敛，因此对 $\forall\, r$，只要 $|r|<|x_0|$，则 $\sum\limits_{n=1}^{\infty} \left| \dfrac{a_n}{n} r^n \right|$ 收敛，取 r_1 使得 $1<|r_1|<|r|<|x_0|$. 因为 $\lim\limits_{n\to\infty} a_n^2 = 0$, $\lim\limits_{n\to\infty} n \left| \dfrac{r_1}{r} \right|^n = 0$，所以 n 充分大时，$|a_n|<1$, $n \left| \dfrac{r_1}{r} \right|^n < 1$. 于是

$$|a_n^2 r_1^n| = \left| \frac{a_n}{n} r^n \right| |a_n| \, n \left| \frac{r_1}{r} \right|^n \leqslant \left| \frac{a_n}{n} r^n \right|$$

故 $\sum\limits_{n=1}^{\infty} a_n^2 r_1^n$ 收敛，此与 $\sum\limits_{n=1}^{\infty} a_n^2 x^n$ 在 $|x|>1$ 时发散矛盾. 所以幂级数 $\sum\limits_{n=1}^{\infty} \dfrac{a_n}{n} x^n$ 的收敛域为 $[-1,1]$.

（2）命题（1）的逆命题不成立. 反例：设 $a_n = \dfrac{1}{\sqrt{n}}$，则 $\sum\limits_{n=1}^{\infty} \dfrac{a_n}{n} x^n = \sum\limits_{n=1}^{\infty} \dfrac{1}{n^{3/2}} x^n$，其收敛域为 $[-1,1]$，但 $\sum\limits_{n=1}^{\infty} a_n^2 x^n = \sum\limits_{n=1}^{\infty} \dfrac{1}{n} x^n$ 的收敛域为 $[-1,1)$.

8.2.4 求数项级数的和与幂级数的应用(例 8.40—8.46)

例 8.40(北京化工大学 1991 年竞赛题)　计算

$$\lim_{n\to\infty}\sum_{k=1}^{n}\frac{k+2}{k!+(k+1)!+(k+2)!}$$

解析　由于

$$k!+(k+1)!+(k+2)!=k![1+(k+1)+(k+1)(k+2)]$$
$$=k!(k+2)^2$$

所以 $\dfrac{k+2}{k!+(k+1)!+(k+2)!}=\dfrac{1}{k!(k+2)}$. 考虑幂级数

$$f(x)=\sum_{k=0}^{\infty}\frac{1}{k!(k+2)}x^{k+2}$$

则 $f'(x)=\sum_{k=0}^{\infty}\dfrac{1}{k!}x^{k+1}=x\sum_{k=0}^{\infty}\dfrac{1}{k!}x^{k}=x\mathrm{e}^{x}$，于是

$$f(x)=f(0)+\int_{0}^{x}x\mathrm{e}^{x}\mathrm{d}x=\mathrm{e}^{x}(x-1)+1,\quad |x|<+\infty$$

令 $x=1$，得

$$\lim_{n\to\infty}\sum_{k=1}^{n}\frac{k+2}{k!+(k+1)!+(k+2)!}=\sum_{k=0}^{\infty}\frac{1}{k!(k+2)}-\frac{1}{2}$$
$$=f(1)-\frac{1}{2}=\frac{1}{2}$$

例 8.41(精选题)　设 a_n 是曲线 $y=x^n$ 与 $y=x^{n+1}(n=1,2,\cdots)$ 所围区域的面积，记 $S_1=\sum\limits_{n=1}^{\infty}a_n,S_2=\sum\limits_{n=1}^{\infty}a_{2n-1}$，求 S_1 与 S_2 的值.

解析　据题意有

$$a_n=\int_{0}^{1}(x^n-x^{n+1})\mathrm{d}x=\frac{1}{n+1}-\frac{1}{n+2}=\frac{1}{(n+1)(n+2)}\Rightarrow a_{2n-1}=\frac{1}{2n(2n+1)}$$

由于 $a_n\sim\dfrac{1}{n^2},a_{2n-1}\sim\dfrac{1}{4n^2}(n\to\infty)$，所以级数 S_1 与 S_2 皆收敛. 考虑幂级数

$$f(x)=\sum_{n=1}^{\infty}\frac{1}{(n+1)(n+2)}x^{n+2}\quad\text{与}\quad g(x)=\sum_{n=1}^{\infty}\frac{1}{2n(2n+1)}x^{2n+1}$$

这两个幂级数的收敛域皆为 $[-1,1]$，对它们分别求导，并应用 $\ln(1-x)$ 的幂级数展开公式，得

$$f'(x)=\sum_{n=1}^{\infty}\frac{1}{n+1}x^{n+1}=\sum_{n=1}^{\infty}\frac{1}{n}x^n-x=-\ln(1-x)-x\quad(-1\leqslant x<1)$$

$$g'(x)=\sum_{n=1}^{\infty}\frac{1}{2n}x^{2n}=\frac{1}{2}\sum_{n=1}^{\infty}\frac{1}{n}(x^2)^n=-\frac{1}{2}\ln(1-x^2)\quad(-1<x<1)$$

上面两式分别积分，应用分部积分法，得

$$f(x) = f(0) - \int_0^x \ln(1-x)\mathrm{d}x - \int_0^x x\mathrm{d}x$$

$$= -x\ln(1-x) - \int_0^x \frac{x-1+1}{1-x}\mathrm{d}x - \frac{1}{2}x^2$$

$$= (1-x)\ln(1-x) + x - \frac{1}{2}x^2$$

$$g(x) = g(0) - \frac{1}{2}\int_0^x \ln(1-x^2)\mathrm{d}x = -\frac{1}{2}x\ln(1-x^2) - \int_0^x \frac{x^2-1+1}{1-x^2}\mathrm{d}x$$

$$= -\frac{1}{2}x\ln(1-x^2) + x - \frac{1}{2}\ln\frac{1+x}{1-x}$$

$$= -\frac{1}{2}(1+x)\ln(1+x) + \frac{1}{2}(1-x)\ln(1-x) + x$$

由于 $\lim\limits_{u \to 0} u\ln u = 0$，于是级数 S_1,S_2 的和分别为

$$S_1 = \lim_{x \to 1^-} f(x) = \lim_{x \to 1^-}\left((1-x)\ln(1-x) + x - \frac{1}{2}x^2\right) = 0 + 1 - \frac{1}{2} = \frac{1}{2}$$

$$S_2 = \lim_{x \to 1^-} g(x) = \lim_{x \to 1^-}\frac{1}{2}\left[(1-x)\ln(1-x) - (1+x)\ln(1+x)\right] + \lim_{x \to 1^-} x$$

$$= \frac{1}{2}(0 - 2\ln 2) + 1 = 1 - \ln 2$$

例 8.42（浙江省 2018 年竞赛题）　求幂级数 $\sum\limits_{n=1}^{\infty} \frac{(2+(-1)^n)^n}{n}x^n$ 的收敛域与

级数 $\sum\limits_{n=1}^{\infty} \frac{(2+(-1)^n)^n}{n6^n}$ 的和.

解析　将原幂级数按奇数项与偶数项拆分为两个幂级数，得

$$f(x) = \sum_{n=1}^{\infty}\left(\frac{1}{2n-1}x^{2n-1} + \frac{9^n}{2n}x^{2n}\right) = \sum_{n=1}^{\infty}\frac{1}{2n-1}x^{2n-1} + \sum_{n=1}^{\infty}\frac{1}{2n}(3x)^{2n}$$

记这两个幂级数依次为 I_1 与 I_2. I_1 的收敛域显然为 $-1 < x < 1$，I_2 的收敛域显然

为 $-1 < 3x < 1$，于是原幂级数的收敛域为 $(-1,1) \bigcap \left(-\frac{1}{3}, \frac{1}{3}\right) = \left(-\frac{1}{3}, \frac{1}{3}\right)$.

将幂级数逐项求导得

$$f'(x) = \sum_{n=1}^{\infty}x^{2n-2} + 3\sum_{n=1}^{\infty}(3x)^{2n-1} = \frac{1}{1-x^2} + \frac{9x}{1-9x^2}$$

由于 $f(0) = 0$，上式两边积分得

$$f(x) = \int_0^x \frac{1}{1-x^2}\mathrm{d}x + \int_0^x \frac{9x}{1-9x^2}\mathrm{d}x = \frac{1}{2}\ln\frac{1+x}{1-x} - \frac{1}{2}\ln(1-9x^2)$$

再取 $x = \frac{1}{6}$，即得所求级数的和为

$$\sum_{n=1}^{\infty}\frac{(2+(-1)^n)^n}{n6^n} = f\left(\frac{1}{6}\right) = \frac{1}{2}\ln\frac{7}{5} - \frac{1}{2}\ln\frac{3}{4} = \frac{1}{2}\ln\frac{28}{15}$$

例 8.43(江苏省 2012 年竞赛题) 求级数 $\sum\limits_{n=1}^{\infty} \dfrac{n^2(n+1)+(-1)^n}{2^n n}$ 的和.

解析 记 $f(x) = \sum\limits_{n=1}^{\infty} n(n+1)x^{n-1}$, 此幂级数的收敛域显然为 $(-1,1)$. 两次逐项积分得

$$f(x) = \left(\sum_{n=1}^{\infty}\int_0^x n(n+1)x^{n-1}\mathrm{d}x\right)' = \left(\sum_{n=1}^{\infty}(n+1)x^n\right)'$$

$$= \left(\sum_{n=1}^{\infty}\int_0^x (n+1)x^n\mathrm{d}x\right)'' = \left(\sum_{n=1}^{\infty}x^{n+1}\right)'' = \left(\frac{x^2}{1-x}\right)''$$

$$= \left(\frac{2x-x^2}{(1-x)^2}\right)' = \frac{2}{(1-x)^3}$$

取 $x=\dfrac{1}{2}$, 得

$$f\left(\frac{1}{2}\right) = 2\cdot\sum_{n=1}^{\infty}\frac{n^2(n+1)}{2^n n} = \frac{2}{(1-1/2)^3} = 16 \Rightarrow \sum_{n=1}^{\infty}\frac{n^2(n+1)}{2^n n} = 8$$

应用公式 $\sum\limits_{n=1}^{\infty}\dfrac{(-1)^{n+1}}{n}x^n = \ln(1+x)(-1<x\leqslant 1)$, 取 $x=\dfrac{1}{2}$, 得

$$\sum_{n=1}^{\infty}\frac{(-1)^{n+1}}{2^n n} = \ln\frac{3}{2} \Rightarrow \sum_{n=1}^{\infty}\frac{(-1)^n}{2^n n} = \ln\frac{2}{3}$$

于是原级数的和为 $S = 8 + \ln\dfrac{2}{3}$.

例 8.44(全国 2020 年初赛题) 设 $u_n = \displaystyle\int_0^1 \frac{1}{(1+t^4)^n}\mathrm{d}t(n\geqslant 1)$.

(1) 证明数列 $\{u_n\}$ 收敛, 并求极限 $\lim\limits_{n\to\infty}u_n$;

(2) 证明级数 $\sum\limits_{n=1}^{\infty}(-1)^n u_n$ 条件收敛;

(3) 证明当 $p\geqslant 1$ 时级数 $\sum\limits_{n=1}^{\infty}\dfrac{u_n}{n^p}$ 收敛, 并求级数 $\sum\limits_{n=1}^{\infty}\dfrac{u_n}{n}$ 的和.

解析 (1) 显然 $u_n>0(n\geqslant 1)$. 任给 $\varepsilon>0$(不妨设 $\varepsilon<2$), 取 α 使得 $0<\alpha<\dfrac{\varepsilon}{2}$, 应用积分的可加性和保号性, 有

$$u_n = \int_0^\alpha \frac{1}{(1+t^4)^n}\mathrm{d}t + \int_\alpha^1 \frac{1}{(1+t^4)^n}\mathrm{d}t$$

$$\leqslant \int_0^\alpha 1\mathrm{d}t + \int_\alpha^1 \frac{1}{(1+\alpha^4)^n}\mathrm{d}t \leqslant \alpha + \frac{1}{(1+\alpha^4)^n}$$

因 $\lim\limits_{n\to\infty}\dfrac{1}{(1+\alpha^4)^n} = 0$, 故存在 $N\in\mathbf{N}^*$, 当 $n>N$ 时, $\dfrac{1}{(1+\alpha^4)^n}<\dfrac{\varepsilon}{2}$. 从而 $|u_n-0|=$ $u_n<\varepsilon$, 应用极限的定义得数列 $\{u_n\}$ 收敛, 且 $\lim\limits_{n\to\infty}u_n = 0$.

（2）当 $0 \leqslant t \leqslant 1$ 时，显然有 $\dfrac{1}{(1+t^4)^n} \geqslant \dfrac{1}{(1+t)^n}$，应用积分的保号性，得

$$u_{n+1} = \int_0^1 \frac{1}{(1+t^4)^{n+1}} \mathrm{d}t \geqslant \int_0^1 \frac{1}{(1+t)^{n+1}} \mathrm{d}t = -\frac{1}{n(1+t)^n} \Big|_0^1 = \frac{1}{n} - \frac{1}{n \cdot 2^n}$$

级数 $\displaystyle\sum_{n=1}^{\infty} \frac{1}{n}$ 发散，$\displaystyle\sum_{n=1}^{\infty} \frac{1}{n \cdot 2^n}$ 显然收敛，应用级数的运算性质，得 $\displaystyle\sum_{n=1}^{\infty} \left(\frac{1}{n} - \frac{1}{n \cdot 2^n} \right)$ 发

散，再由比较判别法得级数 $\displaystyle\sum_{n=1}^{\infty} u_{n+1}$ 发散；又由于

$$u_{n+1} = \int_0^1 \frac{1}{(1+t^4)^{n+1}} \mathrm{d}t \leqslant \int_0^1 \frac{1}{(1+t^4)^n} \mathrm{d}t = u_n$$

即 $\{u_n\}$ 单调减少，且 $\lim\limits_{n \to \infty} u_n = 0$，应用莱布尼茨判别法得 $\displaystyle\sum_{n=1}^{\infty} (-1)^n u_n$ 条件收敛.

（3）先求级数 $\displaystyle\sum_{n=1}^{\infty} \frac{u_n}{n}$ 的和. 应用分部积分法，有

$$u_n = \int_0^1 \frac{1}{(1+t^4)^n} \mathrm{d}t = \frac{t}{(1+t^4)^n} \Big|_0^1 + 4n \int_0^1 \frac{t^4+1-1}{(1+t^4)^{n+1}} \mathrm{d}t = \frac{1}{2^n} + 4n(u_n - u_{n+1})$$

$$\Rightarrow \quad \sum_{n=1}^{\infty} \frac{u_n}{n} = \sum_{n=1}^{\infty} \frac{1}{n \cdot 2^n} + 4 \sum_{n=1}^{\infty} (u_n - u_{n+1})$$

$$= \sum_{n=1}^{\infty} \frac{1}{n \cdot 2^n} + 4u_1 - 4 \lim_{n \to \infty} u_{n+1} = \sum_{n=1}^{\infty} \frac{1}{n \cdot 2^n} + 4u_1$$

应用公式 $\ln(1-x) = -\displaystyle\sum_{n=1}^{\infty} \frac{1}{n} x^n (-1 \leqslant x < 1)$，取 $x = \dfrac{1}{2}$ 得 $\displaystyle\sum_{n=1}^{\infty} \frac{1}{n \cdot 2^n} = \ln 2$. 下

面求 u_1，令 $t = \dfrac{1}{x}$，则

$$u_1 = \int_0^1 \frac{1}{1+t^4} \mathrm{d}t = \int_1^{+\infty} \frac{x^2}{1+x^4} \mathrm{d}x$$

$$= \frac{1}{2} \left(\int_1^{+\infty} \frac{x^2+1}{1+x^4} \mathrm{d}x + \int_1^{+\infty} \frac{x^2-1}{1+x^4} \mathrm{d}x \right) \quad \left(\text{令 } u = x - \frac{1}{x}, v = x + \frac{1}{x} \right)$$

$$= \frac{1}{2} \left(\int_0^{+\infty} \frac{1}{u^2+2} \mathrm{d}u + \int_2^{+\infty} \frac{1}{v^2-2} \mathrm{d}v \right)$$

$$= \frac{1}{2\sqrt{2}} \arctan \frac{u}{\sqrt{2}} \Big|_0^{+\infty} + \frac{1}{4\sqrt{2}} \ln \frac{v-\sqrt{2}}{v+\sqrt{2}} \Big|_2^{+\infty}$$

$$= \frac{\sqrt{2}}{8} \pi - \frac{1}{4\sqrt{2}} \ln \frac{2-\sqrt{2}}{2+\sqrt{2}} = \frac{\sqrt{2}}{8} (\pi + 2\ln(1+\sqrt{2}))$$

$$\Rightarrow \quad \sum_{n=1}^{\infty} \frac{u_n}{n} = \ln 2 + \frac{\sqrt{2}}{2} (\pi + 2\ln(1+\sqrt{2}))$$

当 $p \geqslant 1$ 时，由于 $0 < \dfrac{u_n}{n^p} \leqslant \dfrac{u_n}{n}$，且 $\displaystyle\sum_{n=1}^{\infty} \frac{u_n}{n}$ 收敛，应用比较判别法得 $\displaystyle\sum_{n=1}^{\infty} \frac{u_n}{n^p}$ 收敛.

例 8.45(全国 2021 年初赛补赛题)　设正数列 $\{a_n\}(n=0,1,\cdots)$ 单调递减趋于零，$f(x)=\sum\limits_{n=0}^{\infty}a_n^nx^{n}$①．证明：若级数 $\sum\limits_{n=0}^{\infty}a_n$ 发散，则积分 $\int_1^{+\infty}\dfrac{\ln f(x)}{x^2}\mathrm{d}x$ 发散．

解析　由于数列 $\{a_n\}$ 单调递减且 $\lim\limits_{n\to\infty}a_n=0$，所以 $\exists N\in\mathbf{N}^*$，使得 $a_N<\mathrm{e}$．又

因为幂级数 $\sum\limits_{n=0}^{\infty}a_n^nx^n$ 的收敛半径为 $R=\lim\limits_{n\to\infty}(\sqrt[n]{a_n^n})^{-1}=+\infty$，所以 $f(x)$ 的定义域

为 $(-\infty,+\infty)$．当 $x\geqslant 1$ 时，$f(x)=\sum\limits_{n=0}^{\infty}a_n^nx^n\geqslant\sum\limits_{n=0}^{\infty}a_n^n>a_0^0=1$，所以

$$\frac{\ln f(x)}{x^2}>0\ \Rightarrow\ \int_1^{\frac{\mathrm{e}}{a_N}}\frac{\ln f(x)}{x^2}\mathrm{d}x>0$$

设 $n>N$，取实数 $X>\max\{n,\mathrm{e}/a_n\}$，应用积分的可加性与保号性，得

$$\int_1^{X}\frac{\ln f(x)}{x^2}\mathrm{d}x=\int_1^{\frac{\mathrm{e}}{a_N}}\frac{\ln f(x)}{x^2}\mathrm{d}x+\sum_{k=N}^{n-1}\int_{\frac{\mathrm{e}}{a_k}}^{\frac{\mathrm{e}}{a_{k+1}}}\frac{\ln f(x)}{x^2}\mathrm{d}x+\int_{\frac{\mathrm{e}}{a_n}}^{X}\frac{\ln f(x)}{x^2}\mathrm{d}x\quad(*)$$

①　当 $\dfrac{\mathrm{e}}{a_k}\leqslant x\leqslant\dfrac{\mathrm{e}}{a_{k+1}}(k=N,N+1,\cdots,n-1)$ 时，$f(x)=\sum\limits_{n=0}^{\infty}(a_nx)^n\geqslant(a_kx)^k$

$\geqslant\mathrm{e}^k$，则

$$\sum_{k=N}^{n-1}\int_{\frac{\mathrm{e}}{a_k}}^{\frac{\mathrm{e}}{a_{k+1}}}\frac{\ln f(x)}{x^2}\mathrm{d}x\geqslant\sum_{k=N}^{n-1}k\int_{\frac{\mathrm{e}}{a_k}}^{\frac{\mathrm{e}}{a_{k+1}}}\frac{1}{x^2}\mathrm{d}x=\frac{1}{\mathrm{e}}\cdot\sum_{k=N}^{n-1}k(a_k-a_{k+1})$$

$$=\frac{1}{\mathrm{e}}\cdot\Big(Na_N+\sum_{k=N+1}^{n-1}a_k-(n-1)a_n\Big)$$

②　当 $x\geqslant\dfrac{\mathrm{e}}{a_n}$ 时，$f(x)=\sum\limits_{n=0}^{\infty}(a_nx)^n\geqslant(a_nx)^n\geqslant\mathrm{e}^n$，则

$$\int_{\frac{\mathrm{e}}{a_n}}^{X}\frac{\ln f(x)}{x^2}\mathrm{d}x\geqslant n\int_{\frac{\mathrm{e}}{a_n}}^{X}\frac{1}{x^2}\mathrm{d}x=\frac{1}{\mathrm{e}}\cdot na_n-\frac{n}{X}$$

将上述 ①，② 的结果代入 $(*)$ 式，得

$$\int_1^{X}\frac{\ln f(x)}{x^2}\mathrm{d}x>0+\frac{1}{\mathrm{e}}\cdot\Big(Na_N+\sum_{k=N+1}^{n-1}a_k-(n-1)a_n+na_n\Big)-\frac{n}{X}$$

$$=\frac{1}{\mathrm{e}}\cdot\Big(Na_N+\sum_{k=N+1}^{n}a_k\Big)-\frac{n}{X}>\frac{1}{\mathrm{e}}\cdot\sum_{k=N+1}^{n}a_k-1$$

由于 $a_n>0$，级数 $\sum\limits_{n=0}^{\infty}a_n$ 发散，所以 $\lim\limits_{n\to\infty}\sum\limits_{k=N+1}^{n}a_k=+\infty$．令 $n\to\infty$，此时 $X\to+\infty$，则

$$\int_1^{+\infty}\frac{\ln f(x)}{x^2}\mathrm{d}x=\lim_{X\to+\infty}\int_1^{X}\frac{\ln f(x)}{x^2}\mathrm{d}x\geqslant\frac{1}{\mathrm{e}}\cdot\lim_{n\to\infty}\Big(\sum_{k=N+1}^{n}a_k\Big)-1=+\infty$$

因此原反常积分发散．

---

①　原题中幂级数为 $f(x)=\sum\limits_{n=1}^{\infty}a_n^nx^n$．

例8.46(全国 2021 年决赛题)　设 $A_n(x,y) = \sum\limits_{k=0}^{n} x^{n-k}y^k$，其中 $0<x,y<1$，证明：

$$\frac{2}{2-x-y} \leqslant \sum_{n=0}^{\infty} \frac{A_n(x,y)}{n+1} \leqslant \frac{1}{2}\left(\frac{1}{1-x} + \frac{1}{1-y}\right) \qquad (*)_1$$

解析　当 $0<x=y<1$ 时，因为 $\sum\limits_{n=0}^{\infty} \frac{A_n(x,y)}{n+1} = \sum\limits_{n=0}^{\infty} x^n = \frac{1}{1-x}$，上式左、右端也等于 $\frac{1}{1-x}$，所以 $(*)_1$ 式成立.

由于 $A_n(x,y) = A_n(y,x)$，下面不妨设 $0<x<y<1$，又因为

$$A_n(x,y) = \sum_{k=0}^{n} x^{n-k}y^k = \frac{y^{n+1} - x^{n+1}}{y-x}$$

$$\sum_{n=0}^{\infty} \frac{y^{n+1}}{n+1} = -\ln(1-y), \quad \sum_{n=0}^{\infty} \frac{x^{n+1}}{n+1} = -\ln(1-x)$$

所以 $(*)_1$ 式等价于

$$\frac{2}{2-x-y} \leqslant \frac{1}{y-x}\ln\frac{1-x}{1-y} \leqslant \frac{2-x-y}{2(1-x)(1-y)} \qquad (*)_2$$

显然 $(*)_2$ 式等价于

$$\frac{y-x}{2-x-y} \leqslant \frac{1}{2}\ln\frac{1-x}{1-y} \leqslant \frac{y-x}{2-x-y} \cdot \frac{(2-x-y)^2}{4(1-x)(1-y)} \qquad (*)_3$$

记

$$\frac{1-x}{1-y} = \frac{1+t}{1-t} \iff t = \frac{y-x}{2-x-y} = 1 - \frac{2(1-y)}{2-x-y}$$

显然 $0<t<1$，且

$$1-t^2 = 1 - \left(\frac{y-x}{2-x-y}\right)^2 = \frac{4(1-x)(1-y)}{(2-x-y)^2}$$

所以 $(*)_3$ 式等价于

$$t \leqslant \frac{1}{2}\ln\frac{1+t}{1-t} \leqslant \frac{t}{1-t^2} \quad (0<t<1) \qquad (*)_4$$

再应用幂级数展开公式，即

$$\ln(1+t) = \sum_{n=1}^{\infty} \frac{(-1)^{n+1}}{n}t^n \quad (-1<t\leqslant 1)$$

$$\ln(1-t) = -\sum_{n=1}^{\infty} \frac{1}{n}t^n \quad (-1\leqslant t<1)$$

$$\Rightarrow \quad \frac{1}{2}\ln\frac{1+t}{1-t} = \frac{1}{2}\big[\ln(1+t) - \ln(1-t)\big] = \frac{1}{2}\sum_{n=1}^{\infty} \frac{(-1)^{n+1}+1}{n}t^n$$

$$= \sum_{n=0}^{\infty} \frac{1}{2n+1}t^{2n+1}$$

显然有

$$t \leqslant \sum_{n=0}^{\infty} \frac{1}{2n+1} t^{2n+1} \leqslant \sum_{n=0}^{\infty} t^{2n+1} = \frac{t}{1-t^2} \quad (0 < t < 1)$$

由此可得$(*)_4$式成立,因此原不等式成立.

点评 上面解析中重要的一步是作变换$\frac{1-x}{1-y} = \frac{1+t}{1-t}$,将二元不等式化为一元不等式,进而可用幂级数展开式来证明.

8.2.5 求初等函数的幂级数展开式(例 8.47—8.50)

例 8.47(江苏省 2018 年竞赛题) 设函数 $f(x) = \dfrac{7+2x}{2-x-x^2}$ 在区间$(-1,1)$上关于 x 的幂级数展式为 $f(x) = \sum\limits_{n=0}^{\infty} a_n x^n$.

(1) 试求 $a_n (n = 0, 1, 2, \cdots)$;

(2) 证明级数 $\sum\limits_{n=0}^{\infty} \dfrac{a_{n+1} - a_n}{(a_n - 2) \cdot (a_{n+1} - 2)}$ 收敛,并求该级数的和.

解析 先将 $f(x)$ 分解为部分分式的和,即令

$$f(x) = \frac{7+2x}{2-x-x^2} = \frac{2x+7}{(1-x)(2+x)} = \frac{A}{1-x} + \frac{B}{2+x}$$

其中 $A = f(x)(1-x)\Big|_{x=1} = 3, B = f(x)(2+x)\Big|_{x=-2} = 1$,故

$$f(x) = \frac{3}{1-x} + \frac{1}{2+x}$$

(1) 应用初等函数的幂级数展开式得

$$f(x) = 3 \sum_{n=0}^{\infty} x^n + \frac{1}{2} \sum_{n=0}^{\infty} \frac{(-1)^n}{2^n} x^n = \sum_{n=0}^{\infty} \left(3 + \frac{(-1)^n}{2^{n+1}} \right) x^n, \quad |x| < 1$$

由初等函数的幂级数展开式的惟一性即得

$$a_n = 3 + \frac{(-1)^n}{2^{n+1}} \quad (n = 0, 1, 2, \cdots)$$

(2) 因为

$$\sum_{n=0}^{\infty} \frac{a_{n+1} - a_n}{(a_n - 2) \cdot (a_{n+1} - 2)}$$

$$= \sum_{n=0}^{\infty} \frac{(a_{n+1} - 2) - (a_n - 2)}{(a_n - 2) \cdot (a_{n+1} - 2)} = \sum_{n=0}^{\infty} \left(\frac{1}{a_n - 2} - \frac{1}{a_{n+1} - 2} \right)$$

$$= \lim_{n \to \infty} \left\{ \left(\frac{1}{a_0 - 2} - \frac{1}{a_1 - 2} \right) + \left(\frac{1}{a_1 - 2} - \frac{1}{a_2 - 2} \right) + \cdots + \left(\frac{1}{a_n - 2} - \frac{1}{a_{n+1} - 2} \right) \right\}$$

$$= \lim_{n \to \infty} \left(\frac{1}{a_0 - 2} - \frac{1}{a_{n+1} - 2} \right) = \frac{2}{3} - \lim_{n \to \infty} \frac{1}{1 + \frac{(-1)^{n+1}}{2^{n+2}}} = -\frac{1}{3}$$

所以原级数收敛,其和为 $-\dfrac{1}{3}$.

例 8.48(全国 2019 年初赛题) 设 $f(x)$ 是仅有正实根的多项式函数,满足

$$\frac{f'(x)}{f(x)} = -\sum_{n=0}^{\infty} c_n x^n$$

试证:$c_n > 0 (n \geqslant 0)$,极限 $\lim\limits_{n \to \infty} \dfrac{1}{\sqrt[n]{c_n}}$ 存在,且等于 $f(x)$ 的最小实根.

解析 设 $f(x)$ 的实根为 $a_1, a_2, \cdots, a_k (0 < a_i < a_{i+1}, i = 1, 2, \cdots, k-1)$,其重数分别为 $r_1, r_2, \cdots, r_k$,则

$$f(x) = A(x-a_1)^{r_1}(x-a_2)^{r_2}\cdots(x-a_k)^{r_k} \quad (A \neq 0)$$

$$\frac{f'(x)}{f(x)} = \frac{Ar_1(x-a_1)^{r_1-1}\cdots(x-a_k)^{r_k} + \cdots + Ar_k(x-a_1)^{r_1}\cdots(x-a_k)^{r_k-1}}{A(x-a_1)^{r_1}(x-a_2)^{r_2}\cdots(x-a_k)^{r_k}}$$

$$= \frac{r_1}{x-a_1} + \frac{r_2}{x-a_2} + \cdots + \frac{r_k}{x-a_k}$$

$$= -\left(\frac{r_1}{a_1-x} + \frac{r_2}{a_2-x} + \cdots + \frac{r_k}{a_k-x}\right)$$

当 $|x| < a_1$ 时,将上式右边的 k 项分别展开为关于 x 的幂级数,得

$$\frac{f'(x)}{f(x)} = -\left(\sum_{n=0}^{\infty}\frac{r_1}{a_1}\left(\frac{x}{a_1}\right)^n + \sum_{n=0}^{\infty}\frac{r_2}{a_2}\left(\frac{x}{a_2}\right)^n + \cdots + \sum_{n=0}^{\infty}\frac{r_k}{a_k}\left(\frac{x}{a_k}\right)^n\right)$$

$$= -\sum_{n=0}^{\infty}\left(\frac{r_1}{a_1^{n+1}} + \frac{r_2}{a_2^{n+1}} + \cdots + \frac{r_k}{a_k^{n+1}}\right)x^n = -\sum_{n=0}^{\infty}c_n x^n$$

由初等函数的幂级数展开式的惟一性得

$$c_n = \frac{r_1}{a_1^{n+1}} + \frac{r_2}{a_2^{n+1}} + \cdots + \frac{r_k}{a_k^{n+1}}$$

显然 $c_n > 0$. 由于 $0 < \dfrac{a_1}{a_i} < 1 (i = 2, 3, \cdots, k)$,应用幂指函数的极限性质,得

$$\lim_{n\to\infty}\sqrt[n]{c_n} = \lim_{n\to\infty}\frac{1}{a_1}\left(\frac{r_1}{a_1} + \frac{r_2}{a_2}\left(\frac{a_1}{a_2}\right)^n + \cdots + \frac{r_k}{a_k}\left(\frac{a_1}{a_k}\right)^n\right)^{\frac{1}{n}}$$

$$= \frac{1}{a_1}\left(\frac{r_1}{a_1} + 0 + \cdots + 0\right)^0 = \frac{1}{a_1}$$

于是 $\lim\limits_{n\to\infty}\dfrac{1}{\sqrt[n]{c_n}} = a_1$,即极限 $\lim\limits_{n\to\infty}\dfrac{1}{\sqrt[n]{c_n}}$ 存在,且等于 $f(x)$ 的最小正实根.

例 8.49(江苏省 2017 年竞赛题) 求函数 $f(x) = \dfrac{x}{(1+x^2)^2} + \arctan\dfrac{1+x}{1-x}$ 关于 x 的幂级数展开式.

解析 令 $F(x) = \dfrac{x}{(1+x^2)^2}$,$G(x) = \arctan\dfrac{1+x}{1-x}$,则

$$\int_0^x F(x)\,\mathrm{d}x = \int_0^x \frac{x}{(1+x^2)^2}\,\mathrm{d}x = -\frac{1}{2(1+x^2)}\bigg|_0^x = \frac{1}{2} - \frac{1}{2(1+x^2)}$$

$$= \frac{1}{2} + \sum_{n=0}^{\infty} \frac{(-1)^{n+1}}{2} x^{2n} \quad (|x|<1)$$

两边求导数得

$$F(x) = \sum_{n=1}^{\infty} (-1)^{n+1} n x^{2n-1} = \sum_{n=0}^{\infty} (-1)^n (n+1) x^{2n+1} \quad (|x|<1)$$

又由于

$$G'(x) = \frac{(1-x)^2}{(1-x)^2 + (1+x)^2} \cdot \frac{2}{(1-x)^2} = \frac{1}{1+x^2}$$

$$= \sum_{n=0}^{\infty} (-1)^n x^{2n} \quad (|x|<1)$$

两边求积分得

$$G(x) = G(0) + \sum_{n=0}^{\infty} \frac{(-1)^n}{2n+1} x^{2n+1} = \frac{\pi}{4} + \sum_{n=0}^{\infty} \frac{(-1)^n}{2n+1} x^{2n+1} \quad (|x|<1)$$

综上,函数 $f(x)$ 关于 x 的幂级数展开式为

$$f(x) = \frac{\pi}{4} + \sum_{n=0}^{\infty} (-1)^n \left[(n+1) + \frac{1}{2n+1} \right] x^{2n+1} \quad (|x|<1)$$

例 8.50（精选题） 将幂级数

$$\sum_{n=0}^{\infty} \frac{(-1)^n}{(2n+1)!\, 2^{2n}} x^{2n+1}$$

的和函数展为 $x-1$ 的幂级数.

解析 应用函数 $\sin x$ 的麦克劳林展式得原级数的和函数为

$$\sum_{n=0}^{\infty} \frac{(-1)^n}{(2n+1)!\, 2^{2n}} x^{2n+1} = 2 \sum_{n=0}^{\infty} \frac{(-1)^n}{(2n+1)!} \left(\frac{x}{2}\right)^{2n+1} = 2\sin\frac{x}{2}$$

令 $x-1=t$,应用 $\sin x$ 与 $\cos x$ 的麦克劳林展式,则

$$2\sin\frac{x}{2} = 2\sin\frac{1+t}{2} = 2\sin\frac{1}{2} \cdot \cos\frac{t}{2} + 2\cos\frac{1}{2} \cdot \sin\frac{t}{2}$$

$$= 2\sin\frac{1}{2} \cdot \sum_{n=0}^{\infty} \frac{(-1)^n}{(2n)!} \left(\frac{t}{2}\right)^{2n} + 2\cos\frac{1}{2} \cdot \sum_{n=0}^{\infty} \frac{(-1)^n}{(2n+1)!} \left(\frac{t}{2}\right)^{2n+1}$$

$$= \sum_{n=0}^{\infty} 2(-1)^n \left[\frac{\sin\frac{1}{2}}{2^{2n}(2n)!} (x-1)^{2n} + \frac{\cos\frac{1}{2}}{2^{2n+1}(2n+1)!} (x-1)^{2n+1} \right]$$

其中,$|x|<+\infty$.

8.2.6 求函数的傅氏级数展开式(例 8.51—8.52)

例 8.51(江苏省 1994 年竞赛题) 将函数 $f(x) = \dfrac{x}{4}$ 在 $[0,\pi]$ 上展成正弦级数,并求 $1 + \dfrac{1}{5} - \dfrac{1}{7} - \dfrac{1}{11} + \dfrac{1}{13} + \dfrac{1}{17} - \cdots$ 的和.

解析 将 $f(x)$ 作奇延拓,则 $f(x)$ 为奇函数,$f(x)\cos nx$ 为奇函数,$f(x)\sin x$ 为偶函数,应用定积分的偶倍奇零性,可得傅氏系数中

$$a_n = 0 \quad (n = 0,1,2,\cdots)$$

而

$$b_n = \frac{2}{\pi}\int_0^\pi f(x)\sin nx\,\mathrm{d}x = \frac{1}{2\pi}\int_0^\pi x\sin nx\,\mathrm{d}x = \frac{-1}{2n\pi}\int_0^\pi x\,\mathrm{d}\cos nx$$

$$= \frac{-1}{2n\pi}\left(x\cos nx\Big|_0^\pi - \int_0^\pi \cos nx\,\mathrm{d}x\right) = \frac{1}{2n}(-1)^{n+1}$$

于是 $f(x)$ 的正弦级数为

$$f(x) \sim \frac{1}{2}\sum_{n=1}^\infty \frac{(-1)^{n+1}}{n}\sin nx$$

取 $x = \dfrac{\pi}{2}$ 得 $I = 1 - \dfrac{1}{3} + \dfrac{1}{5} - \dfrac{1}{7} + \dfrac{1}{9} - \cdots = \dfrac{\pi}{4}$,于是

$$\text{原式} = 1 + \frac{1}{5} - \frac{1}{7} - \frac{1}{11} + \frac{1}{13} + \frac{1}{17} - \cdots$$

$$= I + \frac{1}{3} - \frac{1}{9} + \frac{1}{15} - \frac{1}{21} + \cdots = I + \frac{1}{3}\left(1 - \frac{1}{3} + \frac{1}{5} - \frac{1}{7} + \cdots\right)$$

$$= I + \frac{1}{3}I = \frac{4}{3}I = \frac{\pi}{3}$$

例 8.52(全国 2016 年初赛题) 设函数 $f(x)$ 在区间 $(-\infty, +\infty)$ 上可导,且

$$f(x) = f(x+2) = f(x+\sqrt{3})$$

用 Fourier 级数理论证明 $f(x)$ 为常数.

解析 因为 $f(x)$ 连续【注:这里可导的条件给强了】,有周期 2,所以 $f(x)$ 的傅氏级数为

$$f(x) = \frac{a_0}{2} + \sum_{n=1}^\infty (a_n\cos n\pi x + b_n\sin n\pi x) \quad \text{【注:这里是等于】}$$

其中

$$a_n = \int_{-1}^1 f(x)\cos n\pi x\,\mathrm{d}x = \int_{-1}^1 f(x+\sqrt{3})\cos n\pi x\,\mathrm{d}x \quad (\diamondsuit\ x+\sqrt{3} = t)$$

$$= \int_{\sqrt{3}-1}^{\sqrt{3}+1} f(t)\cos n\pi(t-\sqrt{3}\,)\mathrm{d}t$$

$$= \int_{\sqrt{3}-1}^{\sqrt{3}+1} f(t)(\cos n\pi t \cdot \cos\sqrt{3}\,n\pi + \sin n\pi t \cdot \sin\sqrt{3}\,n\pi)\mathrm{d}t$$

$$= (\cos\sqrt{3}\,n\pi)\int_{\sqrt{3}-1}^{\sqrt{3}+1} f(t)\cos n\pi t\mathrm{d}t + (\sin\sqrt{3}\,n\pi)\int_{\sqrt{3}-1}^{\sqrt{3}+1} f(t)\sin n\pi t\mathrm{d}t$$

$$= (\cos\sqrt{3}\,n\pi)\int_{-1}^{1} f(t)\cos n\pi t\mathrm{d}t + (\sin\sqrt{3}\,n\pi)\int_{-1}^{1} f(t)\sin n\pi t\mathrm{d}t$$

$$= (\cos\sqrt{3}\,n\pi)a_n + (\sin\sqrt{3}\,n\pi)b_n$$

$$b_n = \int_{-1}^{1} f(x)\sin n\pi x\mathrm{d}x = \int_{-1}^{1} f(x+\sqrt{3}\,)\sin n\pi x\mathrm{d}x \quad (\diamondsuit\ x+\sqrt{3} = t)$$

$$= \int_{\sqrt{3}-1}^{\sqrt{3}+1} f(t)\sin n\pi(t-\sqrt{3}\,)\mathrm{d}t$$

$$= \int_{\sqrt{3}-1}^{\sqrt{3}+1} f(t)(\sin n\pi t \cdot \cos\sqrt{3}\,n\pi - \cos n\pi t \cdot \sin\sqrt{3}\,n\pi)\mathrm{d}t$$

$$= (\cos\sqrt{3}\,n\pi)\int_{\sqrt{3}-1}^{\sqrt{3}+1} f(t)\sin n\pi t\mathrm{d}t - (\sin\sqrt{3}\,n\pi)\int_{\sqrt{3}-1}^{\sqrt{3}+1} f(t)\cos n\pi t\mathrm{d}t$$

$$= (\cos\sqrt{3}\,n\pi)\int_{-1}^{1} f(t)\sin n\pi t\mathrm{d}t - (\sin\sqrt{3}\,n\pi)\int_{-1}^{1} f(t)\cos n\pi t\mathrm{d}t$$

$$= (\cos\sqrt{3}\,n\pi)b_n - (\sin\sqrt{3}\,n\pi)a_n$$

即有方程组

$$\begin{cases} (1-\cos\sqrt{3}\,n\pi)a_n - (\sin\sqrt{3}\,n\pi)b_n = 0, \\ (\sin\sqrt{3}\,n\pi)a_n + (1-\cos\sqrt{3}\,n\pi)b_n = 0 \end{cases}$$

其系数行列式

$$\begin{vmatrix} 1-\cos\sqrt{3}\,n\pi & -\sin\sqrt{3}\,n\pi \\ \sin\sqrt{3}\,n\pi & 1-\cos\sqrt{3}\,n\pi \end{vmatrix} = 2(1-\cos\sqrt{3}\,n\pi) > 0 \quad (n=1,2,\cdots)$$

所以 $\forall n = 1,2,\cdots$，有 $a_n = 0, b_n = 0$，于是

$$f(x) = \frac{a_0}{2} = \frac{1}{2}\int_{-1}^{1} f(x)\mathrm{d}x = 常数$$

练 习 题 八

1. 设级数 $\sum\limits_{n=1}^{\infty} u_n$ 的通项 u_n 与其部分和 S_n 满足方程

$$2S_n^2 = 2u_n S_n - u_n \quad (n \geqslant 2)$$

证明级数收敛并求其和.

2. 判别下列级数的敛散性:

(1) $\sum\limits_{n=1}^{\infty} (\sqrt[n]{n} - 1)$;

(2) $\sum\limits_{n=2}^{\infty} \left(\dfrac{1}{\sqrt{n-1}} - \dfrac{1}{\sqrt{n}} - \dfrac{1}{n} \right)$;

(3) $\sum\limits_{n=1}^{\infty} \dfrac{1! + 2! + \cdots + n!}{(2n)!}$;

(4) $\sum\limits_{n=1}^{\infty} \dfrac{n^2}{\left(2 + \dfrac{1}{n}\right)^n}$.

3. 判别级数

$$\sqrt{2} + \sqrt{2 - \sqrt{2}} + \sqrt{2 - \sqrt{2 + \sqrt{2}}} + \sqrt{2 - \sqrt{2 + \sqrt{2 + \sqrt{2}}}} + \cdots$$

的敛散性.

4. 判别下列级数是绝对收敛还是条件收敛:

(1) $\sum\limits_{n=1}^{\infty} \dfrac{(-1)^{n+1}}{n - \ln n}$;

(2) $\sum\limits_{n=1}^{\infty} (-1)^{n+1} (\sqrt{n+1} - \sqrt{n})$;

(3) $\sum\limits_{n=2}^{\infty} \dfrac{(-1)^n}{n \ln n}$;

(4) $\sum\limits_{n=1}^{\infty} (-1)^n \tan(\sqrt{n^2 + 2}\, \pi)$.

5. 若级数 $\sum\limits_{n=1}^{\infty} b_n (b_n \geqslant 0)$ 收敛,级数 $\sum\limits_{n=1}^{\infty} (a_n - a_{n-1})$ 也收敛,判别级数 $\sum\limits_{n=1}^{\infty} a_n b_n$ 的敛散性.

6. 已知级数 $\sum\limits_{n=2}^{\infty} (-1)^n \dfrac{n^k}{n-1}$ 为条件收敛,求常数 k 的取值范围.

7. 就常数 p 讨论级数 $\sum\limits_{n=2}^{\infty} (-1)^n \dfrac{\ln n}{n^p}$ 何时绝对收敛、何时条件收敛、何时发散.

8. 就常数 p 讨论级数 $\sum\limits_{n=1}^{\infty} \ln\left(1 + \dfrac{(-1)^n}{n^p}\right)$ 何时绝对收敛、何时条件收敛、何时发散.

9. 设 $\alpha > 1$,求证:级数 $\sum\limits_{n=1}^{\infty} \dfrac{n}{1^\alpha + 2^\alpha + \cdots + n^\alpha}$ 收敛.

10. 设 α 为正实数,讨论级数 $1 - \dfrac{1}{2^\alpha} + \dfrac{1}{3} - \dfrac{1}{4^\alpha} + \dfrac{1}{5} - \dfrac{1}{6^\alpha} + \cdots$ 的敛散性.

11. 求下列级数的收敛域：

(1) $\displaystyle\sum_{n=1}^{\infty} \frac{1}{1+\frac{1}{2}+\cdots+\frac{1}{n}} x^n$；

(2) $\displaystyle\sum_{n=1}^{\infty} \frac{1}{a^n+b^n} x^n \ (a>0, b>0)$；

(3) $\displaystyle\sum_{n=1}^{\infty} \frac{1}{n-(-1)^n} x^n$；

(4) $\displaystyle\sum_{n=1}^{\infty} (\ln x)^n$．

12. 求下列幂级数的和函数：

(1) $\displaystyle\sum_{n=1}^{\infty} \frac{2n-1}{3^n} x^{2n}$；

(2) $\displaystyle\sum_{n=1}^{\infty} n(n+1) x^n$；

(3) $\displaystyle\sum_{n=1}^{\infty} \frac{1}{n(n+1)} x^{n+1}$；

(4) $\displaystyle\sum_{n=1}^{\infty} \frac{n}{n+1} x^n$．

13. 求下列级数的和：

(1) $\displaystyle\sum_{n=1}^{\infty} \frac{1+n!}{2^n(n-1)!}$；

(2) $\displaystyle\sum_{n=1}^{\infty} \frac{n}{(n+1)!}$；

(3) $\displaystyle\sum_{n=1}^{\infty} \frac{n^2}{2^n}$．

14. 试求 $\dfrac{1+\dfrac{\pi^4}{5!}+\dfrac{\pi^8}{9!}+\dfrac{\pi^{12}}{13!}+\cdots}{\dfrac{1}{3!}+\dfrac{\pi^4}{7!}+\dfrac{\pi^8}{11!}+\dfrac{\pi^{12}}{15!}+\cdots}$ 的值.

15. 求下列函数关于 x 的幂级数展开式，并指出收敛域：

(1) $\ln\dfrac{1+x}{2-x}$；

(2) $x\arctan x-\ln\sqrt{1+x^2}$．

16. 求 $f(x)=\dfrac{x^2(x-3)}{(x-1)^3(1-3x)}$ 关于 x 的幂级数展开式，指出其收敛域.

专题 9　微分方程

9.1　基本概念与内容提要

9.1.1　微分方程的基本概念

1) 微分方程的阶、微分方程的初值问题、微分方程的通解与特解

2) 线性与非线性微分方程

一阶线性方程的标准形式是

$$y' + P(x)y = Q(x)$$

二阶线性方程的标准形式是

$$y'' + P(x)y' + G(x)y = f(x)$$

线性方程的特征是关于未知函数以及它的各阶导数是一次方程,其系数与非齐次项(即上述方程的右端项)是自变量的已知函数. 上述两个方程是关于 y 的一阶与二阶线性方程. 当两个方程右端的非齐次项 $Q(x)$ 与 $f(x)$ 恒等于零时,称为线性齐次方程,否则称为线性非齐次方程.

9.1.2　一阶微分方程

1) 变量可分离的方程总可化为

$$P(x)\mathrm{d}x + Q(y)\mathrm{d}y = 0$$

的形式,两边积分即得隐函数形式的通解

$$\int P(x)\mathrm{d}x + \int Q(y)\mathrm{d}y = C$$

这里左端的两个不定积分只求一个原函数.

2) 齐次方程:齐次方程总可化为

$$\frac{\mathrm{d}y}{\mathrm{d}x} = f\left(\frac{y}{x}\right)$$

的形式. 作未知函数的变换 $y = xu$,这里 u 为新的未知函数,则原方程化为变量可分离的方程

$$\frac{\mathrm{d}u}{f(u) - u} = \frac{\mathrm{d}x}{x}$$

设该方程的通解为 $u = \varphi(x,c)$,则原方程的通解为 $y = x\varphi(x,c)$.

3) 一阶线性方程:一阶线性方程

$$y' + P(x)y = Q(x)$$

的通解可用公式

$$y = e^{-\int P(x)\mathrm{d}x}\left(c + \int Q(x)e^{\int P(x)\mathrm{d}x}\mathrm{d}x\right)$$

直接写出. 这里的三个积分皆取一个原函数. 这个通解公式中, $ce^{-\int P(x)\mathrm{d}x}$ 是原微分方程所对应的齐次方程 $y' + P(x)y = 0$ 的通解,而另一项

$$e^{-\int P(x)\mathrm{d}x}\int Q(x)e^{\int P(x)\mathrm{d}x}\mathrm{d}x$$

是原方程的一个特解.

4) 伯努利方程:方程的形式为

$$y' + P(x)y = Q(x)y^{\lambda}$$

这里 $\lambda \neq 0,1.$ 作未知函数的变换,令 $y^{1-\lambda} = u$,且原方程可化为一阶线性非齐次方程

$$\frac{\mathrm{d}u}{\mathrm{d}x} + (1-\lambda)P(x)u = (1-\lambda)Q(x)$$

9.1.3 二阶微分方程

1) 用降阶法解特殊的二阶微分方程

(1) $y'' = f(x)$:积分两次即得通解

$$y = \int\left(\int f(x)\mathrm{d}x\right)\mathrm{d}x + c_1 x + c_2$$

(2) $y'' = f(x,y')$:令 $y' = u$, 则原方程化为一阶方程 $u' = f(x,u)$.

(3) $y'' = f(y,y')$:令 $y' = u$, $y'' = u\dfrac{\mathrm{d}u}{\mathrm{d}y}$,则原方程化为一阶方程

$$u\frac{\mathrm{d}u}{\mathrm{d}y} = f(y,u)$$

2) 二阶线性微分方程通解的结构

二阶线性微分方程的标准形式为

$$y'' + p(x)y' + q(x)y = f(x) \tag{1}$$

$$y'' + p(x)y' + q(x)y = 0 \tag{2}$$

称方程(2)为方程(1)所对应的齐次方程,称方程(2)的通解为方程(1)的余函数.

定理 1 设 $y_1(x)$ 与 $y_2(x)$ 是方程(2)的两个线性无关解,则方程(2)的通解为

$$y = c_1 y_1(x) + c_2 y_2(x)$$

这里 c_1 与 c_2 为两个任意常数.

定理 2　设 $y_1(x)$ 与 $y_2(x)$ 是方程(2)的两个线线无关解,$\tilde{y}(x)$ 是方程(1)的任一特解,则方程(1)的通解为

$$y = c_1 y_1(x) + c_2 y_2(x) + \tilde{y}(x)$$

定理 3　设方程(1)中 $f(x) = f_1(x) + f_2(x)$. 若方程

$$y'' + p(x)y' + q(x)y = f_1(x)$$

$$y'' + p(x)y' + q(x)y = f_2(x)$$

分别有特解 $\tilde{y}_1(x)$ 与 $\tilde{y}_2(x)$,则方程(1)有特解 $\tilde{y}_1(x) + \tilde{y}_2(x)$.

定理 4　方程(1)的任意两个特解的差是方程(2)的一个特解;方程(1)的任意两个特解的平均值仍是方程(1)的一个特解.

3) 二阶常系数线性齐次方程的通解公式:二阶常系数线性齐次方程

$$y'' + py' + qy = 0 \tag{3}$$

的特征方程为

$$\lambda^2 + p\lambda + q = 0 \tag{4}$$

当 $p^2 - 4q > 0$ 时,方程(4)有两个相异实根 $\lambda_1,\lambda_2(\lambda_1 \neq \lambda_2)$,此时方程(3)的通解为

$$y = c_1 e^{\lambda_1 x} + c_2 e^{\lambda_2 x}$$

当 $p^2 - 4q = 0$ 时,方程(4)有两个相等的实根 $\lambda_1,\lambda_2(\lambda_1 = \lambda_2)$,此时方程(3)的通解为

$$y = e^{\lambda_1 x}(c_1 x + c_2)$$

当 $p^2 - 4q < 0$ 时,方程(4)有两个共轭复根 $\lambda_1 = \alpha + \beta i,\lambda_2 = \alpha - \beta i$,其中 $\alpha = -\dfrac{p}{2},\beta = \dfrac{1}{2}\sqrt{4q - p^2}$,此时方程(3)的通解为

$$y = e^{\alpha x}(c_1 \cos\beta x + c_2 \sin\beta x)$$

4) 二阶常系数线性非齐次方程的特解

设方程

$$y'' + py + qy = f(x) \tag{5}$$

当右端的函数 $f(x)$ 为指数函数 $e^{\alpha x}$、多项式 $P_n(x)$、三角函数 $a\cos\beta x + b\sin\beta x$ 或者它们的乘积时,可用待定系数法求方程(5)的一个特解 $\tilde{y}(x)$. 这里 $\tilde{y}(x)$ 与 $f(x)$ 有相同的形式,或在此相同形式前乘以 $x^k(k = 0,1,2)$. 具体地说,当 α 或 $\alpha + \beta i$ 不是特征根时,$k = 0$;当 $\lambda = 0$ 不是特征根时,$k = 0$;当 α 或 $\alpha + \beta i$ 是单特征根时,$k = 1$;当 $\lambda = 0$ 是单特征根时,$k = 1$;当 α 是二重特征根时,$k = 2$.

5）欧拉方程：二阶欧拉方程的标准形式是

$$x^2 y'' + pxy' + qy = f(x) \qquad (6)$$

作自变量的变换，令 $x = e^t$，则

$$xy' = \frac{dy}{dt}, \quad x^2 y'' = \frac{d^2 y}{dt^2} - \frac{dy}{dt}$$

代入方程(6)化为常系数线性方程

$$\frac{d^2 y}{dt^2} + (p-1)\frac{dy}{dt} + qy = f(e^t)$$

9.1.4　微分方程的应用

1）求函数表达式：根据已知条件，运用微分知识，导出未知函数所满足的微分方程和初值条件，求解此初值问题即得所求的函数表达式.

2）在几何上常常需要求满足一定条件的曲线，这些条件通常与曲线的切线性质或曲线所围的面积有关. 我们用 $y = f(x)$ 表示所求曲线的方程，根据已知条件找出 x, y, y' 之间的关系式，这就是微分方程，然后求解此微分方程.

3）在物理上，常用 t 表示时间，用 x 表示某物理量，应用导数的物理意义（如速度、加速度等）以及有关的物理定律建立微分方程，然后再求解.

9.2　竞赛题与精选题解析

9.2.1　求解一阶微分方程（例 9.1—9.5）

例 9.1（莫斯科动力学院 1975 年竞赛题）　求满足函数方程

$$f(x+y) = \frac{f(x) + f(y)}{1 - f(x)f(y)}$$

的可微函数 $f(x)$.

解析　由于 $y = 0$ 时

$$f(x) = \frac{f(x) + f(0)}{1 - f(x)f(0)} \Rightarrow f(0)[1 + f^2(x)] = 0$$

所以 $f(0) = 0$. 又因为

$$\frac{f(x+y) - f(x)}{y} = \frac{f(y) - f(0)}{y} \cdot \frac{1 + f^2(x)}{1 - f(x)f(y)}$$

两边令 $y \to 0$ 得

$$f'(x) = f'(0)[1 + f^2(x)]$$

分离变量得

$$\frac{\mathrm{d}f(x)}{1+f^2(x)} = f'(0)\mathrm{d}x$$

积分得

$$\arctan f(x) = f'(0)x + C_1$$

令 $x=0$ 代入得 $C_1 = 0$,于是所求函数为 $f(x) = \tan(Cx)$.

例 9.2(东南大学 2018 年竞赛题)　试求出所有的可微函数 $f:(0,+\infty) \to (0,+\infty)$,满足

$$f'\left(\frac{1}{x}\right) = \frac{x}{f(x)} \quad (x > 0)$$

解析　由原式得

$$f(x)f'\left(\frac{1}{x}\right) = x, \quad f\left(\frac{1}{x}\right)f'(x) = \frac{1}{x}$$

令 $F(x) = f(x)f\left(\frac{1}{x}\right)$,则

$$F'(x) = f'(x)f\left(\frac{1}{x}\right) + f(x)f'\left(\frac{1}{x}\right)\left(-\frac{1}{x^2}\right) = \frac{1}{x} - \frac{1}{x} = 0$$

所以 $F(x) = C(C$ 为任意正常数),因此 $f'(x) = \frac{1}{Cx}f(x)$. 这是变量可分离的方程,容易求得通解为

$$f(x) = C_1 x^{\frac{1}{C}} \quad (C_1 > 0)$$

代入 $f(x)f\left(\frac{1}{x}\right) = C$ 得 $C_1 = \sqrt{C}$,于是所求函数为

$$f(x) = \sqrt{C} x^{\frac{1}{C}} \quad (C \text{ 为任意正常数})$$

例 9.3(江苏省 2000 年竞赛题)　设函数 $f(x)$ 在 $(-\infty, +\infty)$ 上连续,且满足

$$f(t) = 2\iint\limits_{x^2+y^2 \leqslant t^2} (x^2 + y^2)f(\sqrt{x^2+y^2})\mathrm{d}x\mathrm{d}y + t^4$$

求 $f(x)$.

解析　采用极坐标将二重积分化为定积分,有

$$\iint\limits_{D} (x^2+y^2)f(\sqrt{x^2+y^2})\mathrm{d}x\mathrm{d}y = \int_0^{2\pi}\mathrm{d}\theta\int_0^t \rho^3 f(\rho)\mathrm{d}\rho = 2\pi\int_0^t \rho^3 f(\rho)\mathrm{d}\rho$$

代入原式得

$$f(t) = 4\pi\int_0^t \rho^3 f(\rho)\mathrm{d}\rho + t^4$$

两边求导数得

$$f'(t) = 4\pi t^3 f(t) + 4t^3, \quad f(0) = 0$$

此为一阶线性微分方程,其通解为

$$f(t) = e^{4\pi\int t^3 dt}\left(C + \int 4t^3 \cdot e^{-4\pi\int t^3 dt} dt\right) = e^{\pi t^4}\left(C + \int 4t^3 \cdot e^{-\pi t^4} dt\right)$$

$$= Ce^{\pi t^4} - \frac{1}{\pi}$$

由 $f(0) = 0$ 得 $C = \frac{1}{\pi}$,于是 $f(x) = \frac{1}{\pi}(e^{\pi x^4} - 1)$.

例 9.4(江苏省 1994 年竞赛题) 设 $f(x)$ 为定义在 $[0, +\infty)$ 上的连续函数,且满足

$$f(t) = \iiint\limits_{x^2+y^2+z^2 \leqslant t^2} f(\sqrt{x^2+y^2+z^2})dV + t^3$$

求 $f(1)$.

解析 首先应用球坐标计算三重积分,记 $\Omega: x^2 + y^2 + z^2 \leqslant t^2$,则

$$\iiint\limits_{\Omega} f(\sqrt{x^2+y^2+z^2})dV = \int_0^{2\pi} d\theta \int_0^{\pi} d\varphi \int_0^t f(r)r^2 \sin\varphi dr = 4\pi \int_0^t r^2 f(r) dr$$

代入原式得

$$f(t) = 4\pi \int_0^t r^2 f(r) dr + t^3$$

则 $f(0) = 0$. 上式两边求导得 $f'(t) = 4\pi t^2 f(t) + 3t^2$,此为一阶线性方程,通解为

$$f(t) = e^{\int 4\pi t^2 dt}\left(C + \int 3t^2 e^{-\int 4\pi t^2 dt} dt\right) = e^{\frac{4}{3}\pi t^3}\left(C + \int 3t^2 e^{-\frac{4}{3}\pi t^3} dt\right)$$

$$= Ce^{\frac{4}{3}\pi t^3} - \frac{3}{4\pi}$$

由 $f(0) = 0$ 得 $C = \frac{3}{4\pi}$,于是 $f(t) = \frac{3}{4\pi}(e^{\frac{4}{3}\pi t^3} - 1)$,故 $f(1) = \frac{3}{4\pi}(e^{\frac{4}{3}\pi} - 1)$.

例 9.5(全国 2019 年初赛题) 设 $f(x)$ 在 $[0, +\infty)$ 上具有连续导数,满足

$$3[3 + f^2(x)]f'(x) = 2[1 + f^2(x)]^2 e^{-x^2}$$

且 $f(0) \leqslant 1$,证明:存在常数 $M > 0$,使得 $x \in [0, +\infty)$ 时,恒有 $|f(x)| \leqslant M$.

解析 记 $f(x) = y$,将原式变量分离得 $\frac{2}{3}e^{-x^2} dx = \frac{3+y^2}{(1+y^2)^2} dy$,则

$$\frac{2}{3}\int_0^x e^{-x^2} dx = \int_{f(0)}^{f(x)} \frac{3+y^2}{(1+y^2)^2} dy = \int_{f(0)}^{f(x)} \frac{3}{1+y^2} dy - 2\int_{f(0)}^{f(x)} \frac{y^2}{(1+y^2)^2} dy$$

$$= 3\arctan f(x) - 3\arctan f(0) + \int_{f(0)}^{f(x)} y d\frac{1}{1+y^2}$$

$$= 2\arctan f(x) + \frac{f(x)}{1+f^2(x)} - 2\arctan f(0) - \frac{f(0)}{1+f^2(0)}$$

由条件得 $f'(x) > 0$,所以 $f(x)$ 单调增加,故 $\lim\limits_{x \to +\infty} f(x) = L$ (L 为有限数或 $+\infty$).

下面用反证法证明 L 为有限数. 若 $L=+\infty$，在上式两端令 $x\to+\infty$，得

$$\frac{2}{3}\cdot\frac{\sqrt{\pi}}{2}=2\cdot\frac{\pi}{2}-2\arctan f(0)-\frac{f(0)}{1+f^2(0)}$$

即

$$\pi-\frac{1}{3}\sqrt{\pi}=2\arctan f(0)+\frac{f(0)}{1+f^2(0)}$$

由于 $\dfrac{\mathrm{d}}{\mathrm{d}y}\left(2\arctan y+\dfrac{y}{1+y^2}\right)=\dfrac{3+y^2}{(1+y^2)^2}>0$，所以 $2\arctan y+\dfrac{y}{1+y^2}$ 单调增加，则由 $f(0)\leqslant 1$，得

$$\pi-\frac{1}{3}\sqrt{\pi}=2\arctan f(0)+\frac{f(0)}{1+f^2(0)}\leqslant 2\arctan 1+\frac{1}{1+1^2}=\frac{\pi}{2}+\frac{1}{2}$$

由此可得 $3(\pi-1)\leqslant 2\sqrt{\pi}$，由于 $3(\pi-1)>6,2\sqrt{\pi}<4$，故 $3(\pi-1)\leqslant 2\sqrt{\pi}$ 为矛盾式，所以 L 为有限数.

取 $M=\max\{|f(0)|,|L|\}$，则 $x\in[0,+\infty)$ 时，恒有 $|f(x)|\leqslant M$.

9.2.2　求解二阶微分方程(例 9.6—9.16)

例 9.6(江苏省 1994 年竞赛题)　设四阶常系数线性齐次微分方程有一个解为 $y_1=x\mathrm{e}^x\cos 2x$，则通解为_____.

解析　由特解 $y_1=x\mathrm{e}^x\cos 2x$，表明特征方程有二重特征根 $\lambda=1\pm 2\mathrm{i}$，故特征方程为

$$(\lambda-1-2\mathrm{i})^2(\lambda-1+2\mathrm{i})^2=0$$

化简得 $(\lambda^2-2\lambda+5)^2=\lambda^4-4\lambda^3+14\lambda^2-20\lambda+25=0$，于是得所求的微分方程为 $y^{(4)}-4y^{(3)}+14y''-20y'+25y=0$，此方程的通解为

$$y=\mathrm{e}^x[(C_1+C_2x)\cos 2x+(C_3+C_4x)\sin 2x]$$

例 9.7(全国 2009 年初赛题)　已知 $y_1=x\mathrm{e}^x+\mathrm{e}^{2x}$，$y_2=x\mathrm{e}^x+\mathrm{e}^{-x}$，$y_3=x\mathrm{e}^x+\mathrm{e}^{2x}-\mathrm{e}^{-x}$ 是某二阶常系数线性非齐次方程的三个解，试求此微分方程.

解析　记所求微分方程为(Ⅰ)，与其对应的齐次微分方程为(Ⅱ).应用线性方程的解的性质，可得

$$Y_1=y_1-y_3=\mathrm{e}^{-x}\quad\text{和}\quad Y_2=y_1-y_2=\mathrm{e}^{2x}-\mathrm{e}^{-x}$$

是方程(Ⅱ)的特解，从而

$$Y_3=Y_1+Y_2=\mathrm{e}^{2x}\quad\text{和}\quad Y_4=Y_3-Y_2=\mathrm{e}^{-x}$$

也是方程(Ⅱ)的特解. 显然 $Y_3=\mathrm{e}^{2x}$，$Y_4=\mathrm{e}^{-x}$ 是线性无关的，所以方程(Ⅱ)的特征方程为

$$(\lambda-2)(\lambda+1)=\lambda^2-\lambda-2=0$$

即得方程(Ⅱ)为 $y''-y'-2y=0$.

再设方程（Ⅰ）为 $y'' - y' - 2y = f(x)$，因为 $y = y_3 - Y_2 = x\mathrm{e}^x$ 为它的特解，将 $y = x\mathrm{e}^x$ 代入可得 $f(x) = \mathrm{e}^x(1 - 2x)$，于是所求微分方程为

$$y'' - y' - 2y = \mathrm{e}^x(1 - 2x)$$

例 9.8（精选题）　设二阶常系数线性非齐次方程

$$y'' + ay' + by = (cx + d)\mathrm{e}^{2x}$$

有特解 $y = 2\mathrm{e}^x + (x^2 - 1)\mathrm{e}^{2x}$，不解方程写出通解（说明理由），并求出常数 a, b, c, d 的值.

解析　微分方程的通解具有形式

$$y = C_1 y_1(x) + C_2 y_2(x) + \tilde{y}(x) \qquad (*)$$

这里 C_1, C_2 为任意常数，$y_1(x), y_2(x)$ 为对应的齐次微分方程的基本解组. $\tilde{y}(x) = (\alpha x + \beta)\mathrm{e}^{2x}$，此时 $\lambda = 2$ 不是特征根；或 $\tilde{y}(x) = x(\alpha x + \beta)\mathrm{e}^{2x}$，此时 $\lambda = 2$ 为单特征根. 由于

$$y = 2\mathrm{e}^x + (x^2 - 1)\mathrm{e}^{2x} = 2\mathrm{e}^x - \mathrm{e}^{2x} + x^2\mathrm{e}^{2x}$$

此特解应为（*）式中取定常数 C_1, C_2 而得. 分析可得 $y_1(x) = \mathrm{e}^x$，$y_2(x) = \mathrm{e}^{2x}$，$\tilde{y}(x) = x^2\mathrm{e}^{2x}$. 因而 $\lambda = 1, 2$ 为特征根，故 $a = -(1 + 2) = -3$，$b = 1 \cdot 2 = 2$. 原方程的通解为

$$y = C_1\mathrm{e}^x + C_2\mathrm{e}^{2x} + x^2\mathrm{e}^{2x}$$

将 $\tilde{y}(x) = x^2\mathrm{e}^{2x}$ 代入 $y'' - 3y' + 2y = (cx + d)\mathrm{e}^{2x}$ 可得

$$\mathrm{e}^{2x}(4x^2 + 8x + 2) - 3\mathrm{e}^{2x}(2x^2 + 2x) + 2x^2\mathrm{e}^{2x} = (cx + d)\mathrm{e}^{2x}$$

化简得 $2x + 2 = cx + d$，所以 $c = 2, d = 2$. 即有

$$a = -3, \quad b = 2, \quad c = 2, \quad d = 2$$

例 9.9（北京邮电大学 1996 年竞赛题）　设 $u_0 = 0, u_1 = 1, u_{n+1} = au_n + bu_{n-1}$，$n = 1, 2, \cdots$，若 $f(x) = \displaystyle\sum_{n=1}^{\infty} \frac{u_n}{n!} x^n$，试导出 $f(x)$ 满足的微分方程.

解析　由于 $u_0 = 0, u_1 = 1$，将原式 $f(x)$ 求导得

$$f'(x) = \sum_{n=1}^{\infty} \frac{u_n}{(n-1)!} x^{n-1} = 1 + \sum_{n=1}^{\infty} \frac{u_{n+1}}{n!} x^n$$

$$= 1 + a \cdot \sum_{n=1}^{\infty} \frac{u_n}{n!} x^n + b \cdot \sum_{n=1}^{\infty} \frac{u_{n-1}}{n!} x^n$$

$$= 1 + af(x) + b \cdot \sum_{n=1}^{\infty} \frac{u_{n-1}}{n!} x^n = 1 + af(x) + b \cdot \sum_{n=2}^{\infty} \frac{u_{n-1}}{n!} x^n$$

上式两端再求导得

$$f''(x) = af'(x) + b \cdot \sum_{n=2}^{\infty} \frac{u_{n-1}}{(n-1)!} x^{n-1}$$

$$= af'(x) + b \cdot \sum_{n=1}^{\infty} \frac{u_n}{n!} x^n = af'(x) + bf(x)$$

故 $f(x)$ 满足微分方程

$$\begin{cases} f''(x) - af'(x) - bf(x) = 0, \\ f(0) = 0, \quad f'(0) = 1 \end{cases}$$

例 9.10(全国 2010 年初赛题) 设函数 $y = f(x)$ 由参数方程

$$\begin{cases} x = 2t + t^2, \\ y = \psi(t) \end{cases} \quad (t > -1)$$

所确定,且 $\dfrac{\mathrm{d}^2 y}{\mathrm{d}x^2} = \dfrac{3}{4(1+t)}$,其中 $\psi(t)$ 具有二阶导数,并与曲线 $y = \displaystyle\int_1^{t^2} \mathrm{e}^{-u^2} \mathrm{d}u + \dfrac{3}{2\mathrm{e}}$ 在 $t = 1$ 处相切,求函数 $\psi(t)$.

解析   记 $x = 2t + t^2 = \varphi(t)$,则 $\varphi'(t) = 2(1+t)$,$\varphi''(t) = 2$.应用参数式函数的二阶导数公式得

$$\frac{\mathrm{d}^2 y}{\mathrm{d}x^2} = \frac{\psi''\varphi' - \psi'\varphi''}{(\varphi')^3} = \frac{2(1+t)\psi'' - 2\psi'}{8(1+t)^3} = \frac{3}{4(1+t)}$$

化简上式得

$$\psi''(t) - \frac{1}{1+t}\psi'(t) = 3(1+t)$$

此为关于 $\psi'(t)$ 的一阶线性方程,其通解为

$$\psi'(t) = \mathrm{e}^{\int \frac{1}{1+t}\mathrm{d}t}\left(C_1 + \int 3(1+t)\mathrm{e}^{-\int \frac{1}{1+t}\mathrm{d}t}\mathrm{d}t\right) = (1+t)(C_1 + 3t)$$

又由题意可知 $\psi'(1) = 2t\mathrm{e}^{-t^4}\Big|_{t=1} = \dfrac{2}{\mathrm{e}}$,故 $2(3 + C_1) = \dfrac{2}{\mathrm{e}}$,得 $C_1 = \dfrac{1}{\mathrm{e}} - 3$. 于是

$$\psi'(t) = 3t^2 + \frac{1}{\mathrm{e}}t + \frac{1}{\mathrm{e}} - 3$$

积分得

$$\psi(t) = t^3 + \frac{1}{2\mathrm{e}}t^2 + \left(\frac{1}{\mathrm{e}} - 3\right)t + C_2$$

又因 $\psi(1) = \dfrac{3}{2\mathrm{e}}$,代入上式可得 $C_2 = 2$,故有

$$\psi(t) = t^3 + \frac{1}{2\mathrm{e}}t^2 + \left(\frac{1}{\mathrm{e}} - 3\right)t + 2$$

例 9.11(江苏省 1994 年竞赛题)　给定方程 $y'' + (\sin y - x)(y')^3 = 0$.

(1) 证明 $\dfrac{d^2 y}{dx^2} = -\dfrac{d^2 x}{dy^2} \Big/ \left(\dfrac{dx}{dy}\right)^3$,并将方程化为以 x 为因变量,以 y 为自变量的形式;

(2) 求方程的通解.

解析　(1) 应用反函数求导法则 $\dfrac{dy}{dx} = \left(\dfrac{dx}{dy}\right)^{-1}$,此式两边对 x 求导得

$$\frac{d^2 y}{dx^2} = \frac{d}{dy}\left(\frac{dx}{dy}\right)^{-1} \cdot \frac{dy}{dx} = -\left(\frac{dx}{dy}\right)^{-2} \cdot \frac{d^2 x}{dy^2} \cdot \left(\frac{dx}{dy}\right)^{-1} = -\frac{d^2 x}{dy^2} \Big/ \left(\frac{dx}{dy}\right)^3$$

代入原微分方程得

$$-\frac{d^2 x}{dy^2} \Big/ \left(\frac{dx}{dy}\right)^3 + (\sin y - x)\Big/ \left(\frac{dx}{dy}\right)^3 = 0$$

即得 $\dfrac{d^2 x}{dy^2} + x = \sin y$.

(2) 上问中所求得的方程是关于 x 的二阶线性方程,特征方程为 $\lambda^2 + 1 = 0$,解得 $\lambda = \pm i$,则对应的齐次方程的通解为

$$x = C_1 \cos y + C_2 \sin y$$

令原方程的特解为 $\widetilde{x} = y(A\cos y + B\sin y)$,则

$$\widetilde{x}' = (A + By)\cos y + (B - Ay)\sin y$$

$$\widetilde{x}'' = (B + B - Ay)\cos y + (-A - A - By)\sin y$$

一起代入原微分方程得

$$(2B - Ay + Ay)\cos y + (-2A - By + By)\sin y = \sin y$$

比较系数得 $B = 0$, $A = -\dfrac{1}{2}$,故 $\widetilde{x} = -\dfrac{1}{2} y\cos y$,于是所求通解为

$$x = C_1 \cos y + C_2 \sin y - \frac{1}{2} y\cos y$$

例 9.12(北京市 1993 年竞赛题)　设 $u = u(\sqrt{x^2 + y^2})$ 具有连续二阶偏导数,且满足

$$\frac{\partial^2 u}{\partial x^2} + \frac{\partial^2 u}{\partial y^2} - \frac{1}{x}\frac{\partial u}{\partial x} + u = x^2 + y^2$$

试求函数 u 的表达式.

解析　令 $t = \sqrt{x^2 + y^2}$,则

$$\frac{\partial u}{\partial x} = \frac{du}{dt} \cdot \frac{\partial t}{\partial x} = \frac{x}{t}\frac{du}{dt}$$

$$\frac{\partial^2 u}{\partial x^2} = \left(\frac{1}{t} - \frac{x^2}{t^3}\right)\frac{\mathrm{d}u}{\mathrm{d}t} + \frac{x^2}{t^2}\frac{\mathrm{d}^2 u}{\mathrm{d}t^2}$$

同理

$$\frac{\partial^2 u}{\partial y^2} = \left(\frac{1}{t} - \frac{y^2}{t^3}\right)\frac{\mathrm{d}u}{\mathrm{d}t} + \frac{y^2}{t^2}\frac{\mathrm{d}^2 u}{\mathrm{d}t^2}$$

代入原方程得 $\dfrac{\mathrm{d}^2 u}{\mathrm{d}t^2} + u = t^2$. 此为二阶线性常系数方程,解得其通解为

$$u = C_1\cos t + C_2\sin t + t^2 - 2$$

故所求函数 u 的表达式为

$$u(x,y) = C_1\cos\sqrt{x^2+y^2} + C_2\sin\sqrt{x^2+y^2} + x^2 + y^2 - 2$$

其中 C_1, C_2 为任意常数.

例 9.13(全国 2021 年初赛题)　设 $f(x)$ 在 $[0, +\infty)$ 上是有界的连续函数,证明:方程 $y'' + 14y' + 13y = f(x)$ 的每一个解在 $[0, +\infty)$ 上都是有界函数.

解析　先解对应的齐次方程 $y'' + 14y' + 13y = 0$,其特征方程为 $\lambda^2 + 14\lambda + 13 = 0$,特征值为 $\lambda_1 = -1, \lambda_2 = -13$,所以该齐次方程的通解为
$$y = C_1\mathrm{e}^{-x} + C_2\mathrm{e}^{-13x}\quad (C_1, C_2\ \text{为任意常数})$$

令 $y' + y = u$,则原方程可写为 $u' + 13u = f(x)$,此方程有特解
$$\tilde{u} = y' + y = \mathrm{e}^{-13x}\left(\int_0^x \mathrm{e}^{13x}f(x)\,\mathrm{d}x\right)$$

因此原方程有特解

$$\tilde{y} = \mathrm{e}^{-x}\int_0^x \mathrm{e}^x \tilde{u}\,\mathrm{d}x = \mathrm{e}^{-x}\int_0^x \mathrm{e}^{-12x}\left(\int_0^x \mathrm{e}^{13x}f(x)\,\mathrm{d}x\right)\mathrm{d}x$$

得原方程的通解为

$$y(x) = C_1\mathrm{e}^{-x} + C_2\mathrm{e}^{-13x} + \mathrm{e}^{-x}\int_0^x \mathrm{e}^{-12x}\left(\int_0^x \mathrm{e}^{13x}f(x)\,\mathrm{d}x\right)\mathrm{d}x$$

其中 C_1, C_2 为任意常数.

由于 $f(x)$ 在 $[0, +\infty)$ 上有界,所以存在 $K > 0$,使得 $|f(x)| < K$,于是

$$|y(x)| \leqslant |C_1|\mathrm{e}^{-x} + |C_2|\mathrm{e}^{-13x} + \mathrm{e}^{-x}\int_0^x \mathrm{e}^{-12x}\left(\int_0^x \mathrm{e}^{13x}|f(x)|\,\mathrm{d}x\right)\mathrm{d}x$$

$$\leqslant |C_1| + |C_2| + \frac{1}{13}K\mathrm{e}^{-x}\int_0^x (\mathrm{e}^x - \mathrm{e}^{-12x})\,\mathrm{d}x$$

$$\leqslant |C_1| + |C_2| + \frac{1}{13}K\mathrm{e}^{-x}\int_0^x \mathrm{e}^x\,\mathrm{d}x = |C_1| + |C_2| + \frac{1}{13}K\mathrm{e}^{-x}(\mathrm{e}^x - 1)$$

$$= |C_1| + |C_2| + \frac{1}{13}K(1 - \mathrm{e}^{-x}) \leqslant |C_1| + |C_2| + \frac{1}{13}K$$

因此原方程的任一解在 $[0, +\infty)$ 上为有界函数.

点评　本题求特解的另一方法是令 $y' + 13y = u$,则原方程可写为 $u' + u = f(x)$,因此原方程有特解

$$\tilde{y} = e^{-13x} \int_0^x e^{12x} \left(\int_0^x e^x f(x) dx \right) dx$$

例 9.14(全国 2016 年考研题) 已知 $y_1(x) = e^x$，$y_2(x) = u(x)e^x$ 是二阶微分方程

$$(2x-1)y'' - (2x+1)y' + 2y = 0$$

的解，若 $u(-1) = e$，$u(0) = -1$，求 $u(x)$，并写出该微分方程的通解.

解析 因 $y_2 = e^x u$，$y_2' = e^x(u'+u)$，$y_2'' = e^x(u''+2u'+u)$，代入原微分方程得

$$(2x-1)u'' + (2x-3)u' = 0$$

这是关于 u' 的一阶线性齐次方程，应用其通解公式得

$$u' = C_1' \exp\left(-\int \frac{2x-3}{2x-1} dx \right) = C_1' \exp(-x + \ln(2x-1)) = C_1'(2x-1)e^{-x}$$

$$\Rightarrow \qquad u = C_1' \int (2x-1)e^{-x} dx = -C_1'(2x+1)e^{-x} + C_2'$$

由 $u(-1) = e$，$u(0) = -1$，可确定 $C_1' = 1$，$C_2' = 0$，于是 $u(x) = -(2x+1)e^{-x}$.

因 $y_1(x) = e^x$，$y_2(x) = -(2x+1)$ 是原方程的两个线性无关解，故所求通解为

$$y = C_1 e^x + C_2(2x+1)$$

例 9.15(全国 2019 年决赛题) 求 $\displaystyle\sum_{n=1}^{\infty} \frac{1}{3} \cdot \frac{2}{5} \cdot \frac{3}{7} \cdot \cdots \cdot \frac{n}{2n+1} \cdot \frac{1}{n+1}$ 的和.

解析 级数的通项化为

$$a_n = \frac{2(2n)!!}{(2n+1)!!(n+1)} \cdot \frac{1}{2^{n+1}} = \frac{2(2n)!!}{(2n+1)!!(n+1)} \cdot \left(\frac{1}{\sqrt{2}} \right)^{2(n+1)}$$

令 $\displaystyle f(x) = \sum_{n=1}^{\infty} \frac{2(2n)!!}{(2n+1)!!(n+1)} x^{2(n+1)}$，记 $\displaystyle u_n(x) = \frac{2(2n)!!}{(2n+1)!!(n+1)} x^{2(n+1)}$，因

$$\lim_{n\to\infty} \left| \frac{u_{n+1}(x)}{u_n(x)} \right| = \lim_{n\to\infty} \frac{2(2n+2)!!}{(2n+3)!!(n+2)} x^{2(n+2)} \cdot \frac{(2n+1)!!(n+1)}{2(2n)!! x^{2(n+1)}}$$

$$= \lim_{n\to\infty} \frac{(2n+2)(n+1)}{(2n+3)(n+2)} x^2 = x^2$$

所以 $x^2 < 1$ 时 $f(x)$ 的幂级数收敛，其收敛区间为 $(-1,1)$.

将 $f(x)$ 的幂级数逐项求导两次得

$$f'(x) = \sum_{n=1}^{\infty} \frac{4(2n)!!}{(2n+1)!!} x^{2n+1}, \qquad f''(x) = \sum_{n=1}^{\infty} \frac{4(2n)!!}{(2n-1)!!} x^{2n}$$

再将 $f''(x)$ 的幂级数提取 x 后逐项积分并求导，可得

$$f''(x) = x \sum_{n=1}^{\infty} \frac{4 \cdot (2n)!!}{(2n-1)!!} x^{2n-1} = x \left(\sum_{n=1}^{\infty} \frac{4 \cdot (2n)!!}{(2n-1)!!} \int_0^x x^{2n-1} dx \right)'$$

$$= x\Big(x\sum_{n=1}^{\infty}\frac{4\cdot(2n-2)!!}{(2n-1)!!}x^{2n-1}\Big)' = x\Big(x\sum_{n=0}^{\infty}\frac{4\cdot(2n)!!}{(2n+1)!!}x^{2n+1}\Big)'$$

$$= x\Big[x\Big(4x+\sum_{n=1}^{\infty}\frac{4\cdot(2n)!!}{(2n+1)!!}x^{2n+1}\Big)\Big]'$$

$$= x\big[x(4x+f'(x))\big]' = x(8x+f'(x)+xf''(x))$$

$$\Rightarrow \qquad f''(x)-\frac{x}{1-x^2}f'(x)=\frac{8x^2}{1-x^2}$$

这是关于 $f'(x)$ 的一阶线性方程,应用其通解公式得

$$f'(x)=\exp\Big(\int\frac{x}{1-x^2}\mathrm{d}x\Big)\Big(C+\int\frac{8x^2}{1-x^2}\exp\Big(-\int\frac{x}{1-x^2}\mathrm{d}x\Big)\mathrm{d}x\Big)$$

$$=\frac{1}{\sqrt{1-x^2}}\Big(C+8\int\frac{x^2}{\sqrt{1-x^2}}\mathrm{d}x\Big)\quad\Big(\diamondsuit\,x=\sin t\Big(-\frac{\pi}{2}<t<\frac{\pi}{2}\Big)\Big)$$

$$=\frac{1}{\sqrt{1-x^2}}\Big(C+8\int\sin^2 t\,\mathrm{d}t\Big)=\frac{1}{\sqrt{1-x^2}}(C+4t-2\sin 2t)$$

$$=\frac{1}{\sqrt{1-x^2}}(C+4\arcsin x-4x\sqrt{1-x^2})$$

由 $f'(0)=0$,可得 $C=0$,所以 $f'(x)=4\Big(\dfrac{\arcsin x}{\sqrt{1-x^2}}-x\Big)$,积分得

$$f(x)=4\int\Big(\frac{\arcsin x}{\sqrt{1-x^2}}-x\Big)\mathrm{d}x=2(\arcsin x)^2-2x^2+C_1$$

再由 $f(0)=0$,可得 $C_1=0$,所以 $f(x)=2(\arcsin x)^2-2x^2$,于是

$$原式=\sum_{n=1}^{\infty}a_n=f\Big(\frac{1}{\sqrt{2}}\Big)=2\Big(\arcsin\frac{1}{\sqrt{2}}\Big)^2-1=\frac{\pi^2}{8}-1$$

点评　本题提供了求级数和的一种方法:首先作出与级数对应的幂级数,再应用幂级数可以逐项求导的性质求出幂级数的和函数所满足的一阶或二阶微分方程,最后求其特解.

例 9.16(全国 2021 年考研题)　求欧拉方程
$$x^2 y''+xy'-4y=0$$
满足条件 $y(1)=1,y'(1)=2$ 的解.

解析　作自变量的变换,令 $x=\mathrm{e}^t$,则 $xy'=\dfrac{\mathrm{d}y}{\mathrm{d}t},x^2 y''=\dfrac{\mathrm{d}^2 y}{\mathrm{d}t^2}-\dfrac{\mathrm{d}y}{\mathrm{d}t}$,代入原方程得

$$\frac{\mathrm{d}^2 y}{\mathrm{d}t^2}-4y=0$$

其特征方程为 $\lambda^2-4=0$,得特征值为 $\lambda=2,-2$,所以此方程的通解为
$$y=C_1\mathrm{e}^{2t}+C_2\mathrm{e}^{-2t}=C_1 x^2+C_2 x^{-2}$$
再由初始条件 $y(1)=1,y'(1)=2$,可得 $C_1=1,C_2=0$,故所求的特解为 $y=x^2$.

9.2.3 解微分方程的应用题(例 9.17—9.21)

例 9.17(精选题) 设有底面圆半径为 R,高为 h 的正圆锥($h > R$),圆锥面上有一曲线 Γ,已知 Γ 过底面圆周上的一点,Γ 上每一点的切线与正圆锥面的轴线的夹角为 $\dfrac{\pi}{4}$,求曲线 Γ 的方程.

解析 设圆锥是由 yOz 平面上的直线

$$\frac{y}{R} + \frac{z}{h} = 1$$

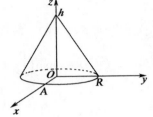

绕 z 轴旋转而得(见右图).该圆锥的方程为

$$z = h \cdot \left(1 - \frac{1}{R}\sqrt{x^2 + y^2}\right)$$

设曲线 Γ 的起点为 $A(R, 0, 0)$,曲线 Γ 的参数方程为

$$x = \rho(\theta)\cos\theta, \quad y = \rho(\theta)\sin\theta, \quad z = h\left(1 - \frac{1}{R}\rho(\theta)\right)$$

这里 $\rho = \rho(\theta)$ 为待求函数. 曲线 Γ 的切向量为

$$\boldsymbol{\tau} = \left(\rho'(\theta)\cos\theta - \rho(\theta)\sin\theta, \; \rho'(\theta)\sin\theta + \rho(\theta)\cos\theta, \; -\frac{h}{R}\rho'(\theta)\right)$$

故 $|\boldsymbol{\tau}| = \sqrt{(\rho'(\theta))^2 + \rho^2(\theta) + \dfrac{h^2}{R^2}(\rho'(\theta))^2}$. 圆锥的轴线为 z 轴,取 $\boldsymbol{k} = (0, 0, 1)$,由题意有

$$\boldsymbol{\tau}^0 \cdot \boldsymbol{k} = \frac{\boldsymbol{\tau}}{|\boldsymbol{\tau}|} \cdot \boldsymbol{k} = \cos\frac{\pi}{4} = \frac{\sqrt{2}}{2}$$

上式化简得

$$-\frac{h}{R}\rho' = \frac{\sqrt{2}}{2}|\boldsymbol{\tau}| = \frac{\sqrt{2}}{2} \cdot \sqrt{\frac{R^2 + h^2}{R^2}(\rho')^2 + \rho^2}$$

$$\rho'(\theta) = -\frac{R}{\sqrt{h^2 - R^2}}\rho(\theta)$$

于是

$$\rho(\theta) = C\exp\left(-\frac{R}{\sqrt{h^2 - R^2}} \cdot \theta\right)$$

由于 $\theta = 0$ 时 $\rho = R$,所以 $C = R$,即 $\rho(\theta) = R\exp\left(-\dfrac{R}{\sqrt{h^2 - R^2}}\theta\right)$. 故所求曲线 Γ 的参数方程为

$$\begin{cases} x = R\exp\left(-\dfrac{R}{\sqrt{h^2 - R^2}}\theta\right) \cdot \cos\theta, \\[3mm] y = R\exp\left(-\dfrac{R}{\sqrt{h^2 - R^2}}\theta\right) \cdot \sin\theta, \quad (0 \leqslant \theta < +\infty) \\[3mm] z = h\left(1 - \exp\left(-\dfrac{R}{\sqrt{h^2 - R^2}}\theta\right)\right) \end{cases}$$

例 9.18（北京市 1999 年竞赛题）　表面为旋转曲面的镜子应具有怎样的形状才能使它将所有平行于其轴的光线反射到一点?求出旋转曲面的方程.

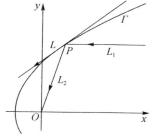

解析　设旋转曲面的旋转轴为 x 轴,旋转曲面与 xOy 平面的截线为 Γ,入射光线 L_1 平行于 x 轴,反射光线 L_2 经过定点 $O(0,0)$（见右图）.

设曲线 Γ 的方程为 $y=y(x)$,Γ 在点 $P(x,y(x))$ 处的切线为 L,则 L 的方向向量为 $\boldsymbol{l}=(-1,-y'(x))$,且 L_1 的方向向量为 $\boldsymbol{l_1}=(-1,0)$,L_2 的方向向量为 $\boldsymbol{l_2}=(-x,-y(x))$.$L$ 与 L_1 的夹角

$$\theta_1=\arccos\frac{\boldsymbol{l}\cdot\boldsymbol{l_1}}{|\boldsymbol{l}|\cdot|\boldsymbol{l_1}|}=\arccos\frac{1}{\sqrt{1+(y')^2}}$$

L 与 L_2 的夹角

$$\theta_2=\arccos\frac{\boldsymbol{l}\cdot\boldsymbol{l_2}}{|\boldsymbol{l}|\cdot|\boldsymbol{l_2}|}=\arccos\frac{x+yy'}{\sqrt{1+(y')^2}\cdot\sqrt{x^2+y^2}}$$

由于 $\theta_1=\theta_2$,所以

$$\frac{1}{\sqrt{1+(y')^2}}=\frac{x+yy'}{\sqrt{1+(y')^2}\cdot\sqrt{x^2+y^2}}$$

化简得 $y(x)$ 满足的微分方程为

$$y\frac{\mathrm{d}y}{\mathrm{d}x}=-x+\sqrt{x^2+y^2}\Leftrightarrow\frac{\mathrm{d}x}{\mathrm{d}y}=\frac{x}{y}+\sqrt{1+\frac{x^2}{y^2}}\quad(y>0)$$

这是齐次方程,令 $x=yu$,则 $\dfrac{\mathrm{d}x}{\mathrm{d}y}=u+y\dfrac{\mathrm{d}u}{\mathrm{d}y}$,则原方程化为 $\dfrac{\mathrm{d}u}{\sqrt{1+u^2}}=\dfrac{\mathrm{d}y}{y}$,积分得

$$\ln(u+\sqrt{1+u^2})=\ln|y|-\ln|C|$$

即

$$x+\sqrt{x^2+y^2}=\frac{y^2}{C}\Rightarrow y^2=2Cx+C^2$$

于是所求旋转曲面的方程为 $y^2+z^2=2Cx+C^2$.

例 9.19（清华大学 1985 年竞赛题）　已知 A,B,C,D 四个动点开始分别位于一个正四边形的四个顶点（如图(a)所示）,然后点 A 向着点 B、点 B 向着点 C、点 C 向着点 D、点 D 向着点 A 同时以相同的速率运动,求每一点运动的轨迹,并画出运动轨迹的大致图形。

解析　建立如图(b)所示坐标系,坐标原点在正方形的中心,点 A,B,C,D 的坐标别为 $(a,a),(a,-a),(-a,-a),(-a,a)$.下面先考虑点 A 的运动.设经过时刻 t,点 A 运动到 $P(x,y)$,则点 B 运动到 $Q(y,-x)$,作 PM 垂直于 x 轴,QM 垂直于 y 轴,PM 与 QM 相交于 M.于是

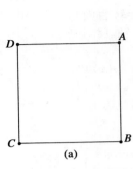 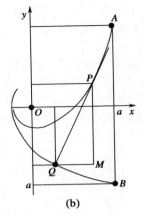

$$(a) \qquad\qquad (b)$$

$$y' = \tan\angle PQM = \frac{PM}{QM} = \frac{x+y}{x-y}, \quad y(a) = a$$

这是齐次方程,令 $y = xu$,方程化为

$$\frac{(1-u)\mathrm{d}u}{1+u^2} = \frac{\mathrm{d}x}{x}, \quad u(a) = 1$$

解得 $2\arctan\dfrac{y}{x} = \dfrac{\pi}{2} + \ln\dfrac{x^2+y^2}{2a^2}$,这就是点 A 运动的轨迹,化为极坐标方程为

$$\rho = \sqrt{2}\,a\mathrm{e}^{\theta-\frac{\pi}{4}}, \quad \theta \leqslant \frac{\pi}{4}$$

此为对数螺线,图形如图(c) 所示. 点 B,C,D 运动轨迹的极坐标方程分别为

$$B: \rho = \sqrt{2}\,a\mathrm{e}^{\theta+\frac{\pi}{4}}, \quad \theta \leqslant -\frac{\pi}{4}$$

$$C: \rho = \sqrt{2}\,a\mathrm{e}^{\theta+\frac{3\pi}{4}}, \quad \theta \leqslant -\frac{3\pi}{4}$$

$$D: \rho = \sqrt{2}\,a\mathrm{e}^{\theta+\frac{5\pi}{4}}, \quad \theta \leqslant -\frac{5\pi}{4}$$

其图形由对称性可画出(如图(c) 所示).

例 9.20(全国 2020 年考研题) 若函数 $f(x)$ 满足

$$f''(x) + af'(x) + f(x) = 0 \quad (a > 0)$$

且 $f(0) = m, f'(0) = n$,求 $\displaystyle\int_0^{+\infty} f(x)\mathrm{d}x$.

解析 由于 $f(x) = -af'(x) - f''(x)$,所以

$$\int_0^{+\infty} f(x)\mathrm{d}x = -\int_0^{+\infty} (af'(x) + f''(x))\mathrm{d}x = -\left. (af(x) + f'(x)) \right|_0^{+\infty}$$

$$= af(0) + f'(0) - af(+\infty) - f'(+\infty)$$

$$= am + n - af(+\infty) - f'(+\infty)$$

原方程的特征方程为 $\lambda^2 + a\lambda + 1 = 0$. 下面分 3 种情况求 $f(+\infty)$ 与 $f'(+\infty)$：

（1）$a = 2$ 时，特征根为 $\lambda_1 = \lambda_2 = -1$，原方程的通解为 $f(x) = (C_1 + C_2 x)e^{-x}$，于是

$$f'(x) = (C_2 - C_1 - C_2 x)e^{-x}$$

$$f(+\infty) = \lim_{x \to +\infty} \frac{C_1 + C_2 x}{e^x} = 0, \quad f'(+\infty) = \lim_{x \to +\infty} \frac{C_2 - C_1 - C_2 x}{e^x} = 0$$

（2）$a > 2$ 时，特征根为 $\lambda_{1,2} = \dfrac{1}{2}(-a \pm \sqrt{a^2 - 4})$，原方程的通解为 $f(x) = C_1 e^{\lambda_1 x} + C_2 e^{\lambda_2 x}$，且 $f'(x) = C_1 \lambda_1 e^{\lambda_1 x} + C_2 \lambda_2 e^{\lambda_2 x}$. 由于 $\lambda_1 < 0, \lambda_2 < 0$，显然

$$f(+\infty) = 0, \quad f'(+\infty) = 0$$

（3）$0 < a < 2$ 时，特征根为 $\lambda_{1,2} = \alpha \pm \beta i$，其中 $\alpha = -\dfrac{a}{2}, \beta = \dfrac{\sqrt{4 - a^2}}{2}$，原方程的通解为 $f(x) = e^{\alpha x}(C_1 \cos\beta x + C_2 \sin\beta x)$，且

$$f'(x) = e^{\alpha x}[(C_1 \alpha + C_2 \beta)\cos\beta x + (C_2 \alpha - C_1 \beta)\sin\beta x]$$

由于 $\alpha < 0$，函数 $A\cos\beta x + B\sin\beta x (A, B \in \mathbf{R})$ 有界，所以

$$f(+\infty) = 0, \quad f'(+\infty) = 0$$

综上三种情况，皆有 $f(+\infty) = 0, f'(+\infty) = 0$，所以

$$\int_0^{+\infty} f(x)\mathrm{d}x = am + n$$

例 9.21（精选题）　设函数 $f(x)$ 在区间 $[1, +\infty)$ 上二阶连续可导，$f(1) = 0$，$f'(1) = 1$，函数 $z = (x^2 + y^2)f(x^2 + y^2)$ 满足 $\dfrac{\partial^2 z}{\partial x^2} + \dfrac{\partial^2 z}{\partial y^2} = 0$，求 $f(x)$ 在 $[1, +\infty)$ 上的最大值.

解析　令 $u = x^2 + y^2$，则 $z = uf(u), u'_x = 2x, u'_y = 2y$，且

$$\frac{\partial z}{\partial x} = u'_x f(u) + uf'(u)u'_x = 2x[f(u) + uf'(u)]$$

$$\frac{\partial^2 z}{\partial x^2} = 2[f(u) + uf'(u)] + 2x[f'(u)u'_x + u'_x f'(u) + uf''(u)u'_x]$$
$$= 2f(u) + 2(5x^2 + y^2)f'(u) + 4x^2 uf''(u) \tag{1}$$

利用函数 z 中 x 与 y 的对称性，易得

$$\frac{\partial^2 z}{\partial y^2} = 2f(u) + 2(5y^2 + x^2)f'(u) + 4y^2 uf''(u) \tag{2}$$

将（1）式与（2）式代入方程 $\dfrac{\partial^2 z}{\partial x^2} + \dfrac{\partial^2 z}{\partial y^2} = 0$ 可得

$$u^2 f''(u) + 3uf'(u) + f(u) = 0 \tag{3}$$

（3）式是二阶欧拉方程. 令 $u = e^t$，则

$$uf'(u) = \frac{\mathrm{d}f}{\mathrm{d}t}, \quad u^2 f''(u) = \frac{\mathrm{d}^2 f}{\mathrm{d}t^2} - \frac{\mathrm{d}f}{\mathrm{d}t}$$

代入(3)式得

$$\frac{\mathrm{d}^2 f}{\mathrm{d}t^2} + 2\frac{\mathrm{d}f}{\mathrm{d}t} + f = 0 \tag{4}$$

其特征方程为 $\lambda^2 + 2\lambda + 1 = 0$，解得 $\lambda_{1,2} = -1$，于是方程(4)的通解为

$$f = \mathrm{e}^{-t}(C_1 + C_2 t) = \frac{1}{u}(C_1 + C_2 \ln u)$$

由 $f(1) = 0$，$f'(1) = 1$，得 $C_1 = 0$，$C_2 = 1$，于是 $f(x) = \frac{\ln x}{x}$.

因 $f'(x) = \frac{1 - \ln x}{x^2}$，令 $f'(x) = 0$ 得驻点 $x_0 = \mathrm{e}$，且当 $1 \leqslant x < \mathrm{e}$ 时 $f'(x) > 0$，当 $x > \mathrm{e}$ 时 $f'(x) < 0$，所以 $f(\mathrm{e}) = \frac{1}{\mathrm{e}}$ 为所求的最大值.

练习题九

1. 求下列微分方程的通解：

(1) $\dfrac{\mathrm{d}y}{\mathrm{d}x} = \dfrac{y}{x - \sqrt{x^2 + y^2}}$ $(y \neq 0)$；

(2) $(x^2 + y^2 + x)\mathrm{d}x + y\mathrm{d}y = 0$；

(3) $\left(1 + \mathrm{e}^{\frac{x}{y}}\right)\mathrm{d}x + \mathrm{e}^{\frac{x}{y}}\left(1 - \dfrac{x}{y}\right)\mathrm{d}y = 0$；

(4) $\dfrac{\mathrm{d}y}{\mathrm{d}x} + \sin y + x(1 + \cos y) = 0$.

2. 已知一阶线性方程 $y' + p(x)y = \mathrm{e}^x$ 有特解 $y = x\mathrm{e}^x$，求该微分方程的通解.

3. 已知 $F(x)$ 是 $f(x)$ 的一个原函数，$G(x)$ 是 $\dfrac{1}{f(x)}$ 的一个原函数，且 $F(x)G(x) = -1$，$f(0) = 1$，求 $f(x)$.

4. 求满足 $\displaystyle\int_0^x f(t)\mathrm{d}t = \dfrac{x^2}{2} + \int_0^x tf(x-t)\mathrm{d}t$ 的函数 $f(x)$.

5. 已知 $f(x) = \displaystyle\sum_{n=0}^{\infty} a_n x^n$，$f(0) = 1$，且

$$\sum_{n=0}^{\infty} \left[2xa_n + (n+1)a_{n+1}\right]x^n = 0$$

求函数 $f(x)$.

6. 设 $f(x)$ 具有连续的二阶导数，函数 $z = f(\sqrt{x^2 + y^2})$ 满足

$$\frac{\partial^2 z}{\partial x^2} + \frac{\partial^2 z}{\partial y^2} = x^2 + y^2$$

求函数 z.

7. 设 $f(x)$ 具有连续的二阶导数, 且 $f(1) = 0, f'(1) = 1$, 若使得曲线积分

$$\int_{\overgroup{AB}} \left[x(f'(x))^2 - 2f'(x) \right] y\mathrm{d}x - xf'(x)\mathrm{d}y$$

与路线无关, 求函数 $f(x)$.

8. 求微分方程 $y'' - y = 2x + \sin x + \mathrm{e}^{2x}\cos x$ 的通解.

9. 求二阶微分方程 $y'' + y' - 2y = \dfrac{\mathrm{e}^x}{1 + \mathrm{e}^x}$ 的通解.

10. 已知方程 $(x-1)y'' - xy' + y = 0$ 有特解 $y = \mathrm{e}^x$, 求其通解.

11. 设曲线 C 经过点 $(0,1)$, 且位于 x 轴上方. 就数值而言, C 上任何两点之间的弧长都等于该弧以及它在 x 轴上的投影为边的曲边梯形的面积, 求 C 的方程.

12. 设函数 $u = u(x)$ 连续可微, $u(2) = 1$, 且

$$\int_L (x + 2y)u\mathrm{d}x + (x + u^3)u\mathrm{d}y$$

在右半平面与路线无关, 求 $u(x)$.

练习题答案与提示

练习题一

1. C.　2. $f(x) = x + x^3, z(x,y) = 2x + (x+y)^3$.

3. $f(x) = 2k\pi + \arcsin\dfrac{9}{8}x\, (k \in \mathbf{Z})$ 或 $f(x) = (2k+1)\pi - \arcsin\dfrac{9}{8}x\, (k \in \mathbf{Z})$.

4. 3.　5. $\dfrac{1}{3}$.　6. 1.　7. $a = 1, b = \dfrac{1}{3}$.

8. (1) 0; (2) e; (3) $\dfrac{1}{6}$; (4) -6; (5) $\dfrac{7}{6}$; (6) $-\dfrac{e}{2}$; (7) $\exp\left(-\dfrac{\pi^2}{2}\right)$; (8) -50; (9) $\dfrac{\sqrt{2}}{2}$;

　　(10) 1; (11) 1; (12) $\dfrac{1}{4}$; (13) 1.

9. $-\dfrac{1}{2}$.　10. $n = 3$.　11. $\dfrac{1+\sqrt{5}}{2}$.　12. $-\dfrac{1+\sqrt{5}}{2}$.　13. $f(x) = \begin{cases} 2, & 0 < x < 2; \\ x, & x \geqslant 2. \end{cases}$

14. $x = 0$ 可去，$x = 1$ 跳跃.　15. $a = 1, b = e$.　16. $a = 0, b = 1$.

17. 定义域为 $(-1, +\infty)$，$x \neq 1$ 时连续，$x = 1$ 时为第一类(跳跃型)间断点.

18. (提示) 应用零点定理与函数的单调性.

19. (提示) 应用零点定理.

20. (提示) 应用零点定理与函数的单调性.

21. (提示) 设 $f(x) = 2^x - x^2 - 1$，由 $f(0) = f(1)$，$f(4) = -1$，$f(5) = 6$，应用零点定理证明至少有三个实根，再用反证法证明只有三个实根.

22. (提示) 设 $F(x) = f\left(x + \dfrac{b-a}{2}\right) - f(x), x \in \left[a, \dfrac{a+b}{2}\right]$，应用零点定理.

23. (提示) 设 $f_n(x) = 1 - (1 - \cos x)^n$，用介值定理.

练习题二

1. 该命题不成立，反例如下：$f(x) = \begin{cases} ax + 1, & x \neq 0; \\ 0, & x = 0. \end{cases}$　2. A.　3. D.

4. $f'(x) = \begin{cases} 3, & 0 < x < \sqrt{3}; \\ 不存在, & x = \sqrt{3}; \\ 3x^2, & \sqrt{3} < x < 2. \end{cases}$　5. $a = 0, b = 2$.　6. $x = 0, x = 1$.　7. $f'(1) = ab$.

8. $f'(x) = \begin{cases} \arctan\dfrac{1}{|x|} - \dfrac{|x|}{1+x^2}, & x \neq 0; \\ \dfrac{\pi}{2}, & x = 0. \end{cases}$

9. (1) $\arcsin\dfrac{1}{4}$;(2) $-4\cot 2x \cdot \csc^2 2x$;(3) $f(x)\left(\ln(x+\sqrt{1+x^2})+\dfrac{x}{\sqrt{1+x^2}}\right)$;

(4) $\dfrac{(1+y^2)\mathrm{e}^y}{1-x(1+y^2)\mathrm{e}^y}$;(5) $\dfrac{y-x}{y+x}$;(6) $\dfrac{|t|}{t}$;(7) $(1+2x)\mathrm{e}^{2x}$.

10. 0.   11. $P(1)=(-1)^n m^n \cdot n!$.   12. $\dfrac{f''(y)-(1-f'(y))^2}{x^2(1-f'(y))^3}$.   13. $n=2$.   14. $-4 \cdot 6!$.

15. $f^{(n)}(0)=\begin{cases}0, & n \text{ 为偶数};\\ (-1)^{\frac{n+1}{2}}(n-1)!, & n \text{ 为奇数}.\end{cases}$

16. $\dfrac{5^n}{2}\cos\left(5x+\dfrac{n\pi}{2}\right)-\dfrac{11^n}{4}\cos\left(11x+\dfrac{n\pi}{2}\right)-\dfrac{1}{4}\cos\left(x+\dfrac{n\pi}{2}\right)$.

17. $f(x)=\mathrm{e}^x$ (提示:应用导数的定义).

18. (1) $\dfrac{2}{15}$;(2) $\dfrac{1}{3}$;(3) $\dfrac{1}{2}$;(4) -2;(5) $\dfrac{1}{6}$;(6) $-\dfrac{1}{2}$;(7) $\mathrm{e}^{\frac{n+1}{2}\mathrm{e}}$;(8) $\dfrac{1}{2}$.

19. (提示) 先证明 $f'(x)>0$,再通过积分证明 $f(x)$ 有上界.

20. $\xi=\dfrac{-58\pm 2\sqrt{145}}{29}$.

21. (提示) 构造辅助函数 $F(x)=f(a)g(x)+g(b)f(x)-f(x)g(x)$,应用罗尔定理.

22. (提示) 应用介值定理与拉格朗日中值定理.

23. (提示) 应用介值定理与拉格朗日中值定理.

24. (提示) 构造辅助函数 $F(x)=f(x)-x(2-x)$,应用罗尔定理.

25. (提示) 综合应用拉格朗日中值定理和柯西中值定理.

26. (提示) 先应用泰勒公式,$\forall x_0 \in (a,b)$,将 $f(x)$ 在 $x=x_0$ 处展开,再分别令 $x=a,x=b$ 对 $f'(x_0)$ 进行估值.

27. (提示) 先应用拉格朗日中值定理,再作辅助函数 $F(x)=x(f'(x)-1)$,应用罗尔定理.

28. (提示) 应用泰勒公式,先将 $F(x)=\displaystyle\int_3^x f(t)\mathrm{d}t$ 在 $x=3$ 处展开,再分别令 $x=2,x=4$,由 $F(4)-F(2)$ 可得 $\displaystyle\int_2^4 f(t)\mathrm{d}t$ 的表达式.

29. $P(x)=x^3-6x^2+9x-2$(提示:令 $P''(x)=a(x-2)$).

30. (提示) 应用麦克劳林公式与零点定理证明 $f(x)$ 至少有一个零点,再应用导数的性质证明 $f(x)$ 单调减少.

31. $\left\{k\ \middle|\ k=-\dfrac{4}{27} \text{ 或 } k\geqslant 0\right\}$.

32. $b\ln a\leqslant\dfrac{1}{\mathrm{e}}$(提示:设 $f(x)=\log_a x-x^b$,求出驻点 x_0,有 $f(x_0)\geqslant 0$).

33. (提示) 应用导数研究函数的单调性.   34. 略.

35. (1) $x=0,y=-\dfrac{\pi}{2},y=\dfrac{\pi}{2}$;(2) $x=0,y=-x-3,y=x+3$.

练 习 题 三

1. $f(x)=\dfrac{1}{3}(\mathrm{e}^{3x}+2)$.   2. $f(x)=5x-\dfrac{3}{2}x^2+2\ln|1-x|+C$.

3. $f(x) = \begin{cases} x+1, & x \leqslant 0; \\ e^x, & x > 0. \end{cases}$ 4. $\cos x - 2\dfrac{\sin x}{x} + C.$

5. (1) $2\arctan\sqrt{1+x} + C$; (2) $\dfrac{1}{2}\ln^2\left(1 - \dfrac{1}{x}\right) + C$; (3) $x\ln(\ln x) + C$;

   (4) $2(x-2)\sqrt{e^x - 2} + 4\sqrt{2}\arctan\sqrt{\dfrac{e^x - 2}{2}} + C$; (5) $\dfrac{1}{3}\tan^3 x - \tan x + x + C$;

   (6) $\dfrac{2}{\sqrt{\cos x}} + C$; (7) $\dfrac{x - \arctan x}{\sqrt{1 + x^2}} + C$; (8) $-\dfrac{4}{3}\sqrt{1 - x\sqrt{x}} + C$;

   (9) $\dfrac{1}{2}(\sin x - \cos x) - \dfrac{\sqrt{2}}{4}\ln\left|\csc\left(x + \dfrac{\pi}{4}\right) - \cot\left(x + \dfrac{\pi}{4}\right)\right| + C$;

   (10) $\ln\left|\dfrac{xe^x}{1 + xe^x}\right| + C$; (11) $\dfrac{x}{\ln x} + C$; (12) $\begin{cases} \dfrac{1}{3}x^3 + C, & x < 0, \\ \dfrac{1}{2}x^2 + C, & 0 \leqslant x \leqslant 1, \\ \dfrac{1}{4}x^4 + \dfrac{1}{4} + C, & 1 < x; \end{cases}$

   (13) $\ln(x+a)\ln(x+b) + C.$

6. $f(x) = x^2\sin x - 2.$ 7. (1) $\dfrac{1}{k+1}$; (2) $\dfrac{4}{e}$; (3) $\dfrac{2}{\pi}$; (4) $\dfrac{1}{4}\ln a$; (5) $\dfrac{1}{\ln 2}.$

8. $f(x) = e^{-x}(x \neq 0), f(0) = 1,$ 则 $f'(0) = -1.$

9. (提示) 对函数 $F(x) = f(x) + f(1-x)$ 在 $[a,b]$ 上应用定积分中值定理.

10. $\dfrac{1}{4}\left(\text{提示：对函数 } f(x) = \dfrac{1}{1+x^2}, \text{有 } \dfrac{\pi}{4} = \int_0^1 f(x)\mathrm{d}x, \text{仿例 3.19 求解}\right).$

11. (1) $\begin{cases} \dfrac{1}{2}(a^2 - b^2), & a < b \leqslant 0, \\ \dfrac{1}{2}(a^2 + b^2), & a < 0 < b, \\ \dfrac{1}{2}(b^2 - a^2), & 0 \leqslant a < b; \end{cases}$ (2) $\dfrac{59}{2}$; (3) $\dfrac{4}{3}$; (4) $\dfrac{1}{8}\pi\ln 2$; (5) $\dfrac{1}{2}(e\sin 1 + e\cos 1 - 1)$;

   (6) $\dfrac{3}{16}\pi$; (7) $\dfrac{\pi}{\sqrt{2}}\ln(1 + \sqrt{2})$; (8) $\dfrac{2}{3}.$

12. $\ln(1 + e).$ 13. $\dfrac{1}{2}.$ 14. $\dfrac{1}{\sqrt{2}}.$ 15. $\dfrac{1}{2}.$ 16. $3.$

17. (提示) 令 $F(x) = \int_x^b f(t)\mathrm{d}t,$ 应用分部积分法.

18. (提示) 应用定积分的分部积分公式.

19. (提示) 对函数 $F(x) = \int_0^x f(x)\mathrm{d}x$ 分别在 $x = 0$ 与 $x = 1$ 处展开为二阶泰勒公式,然后分别取 $x = 1$ 与 $x = 0$,将两式相减,最后应用介值定理.

20. (提示) 对函数 $F(x) = \int_a^x f(x)\mathrm{d}x$ 分别在 $x = a$ 与 $x = b$ 处展开为二阶泰勒公式,然后二式都取 $x = \dfrac{b-a}{2}$,并将两式相减,最后应用介值定理.

21. (提示) 取辅助函数 $F(x) = \dfrac{1}{2}[f(a) + f(x)](x-a) - \dfrac{1}{12}k(x-a)^3 - \int_a^x f(t)\mathrm{d}t,$ 其中常数

k 使得 $F(b) = 0$，然后两次应用罗尔定理.

22. （提示）取辅助函数 $F(x) = \int_0^x f(t)dt$，证明存在 $c \in (0,1)$，使得 $F(c) = \frac{1}{2}I$，在 $[0,c]$ 与 $[c,1]$ 上分别应用拉格朗日中值定理.

23. (1) $\dfrac{2 \cdot (-1)^{n-1}}{2n-1}$；(2) $\dfrac{26}{15}$.

24. （提示）当 $x = a$ 或 b 时，不等式显然成立；当 $x \in (a,b)$ 时，将函数 $f'(x)$ 分别在区间 $[a,x]$ 与 $[x,b]$ 上积分，再应用与绝对值有关的积分性质.

25. （提示）应用拉格朗日中值定理与积分的保号性.

26. （提示）取辅助函数 $F(x) = (n+1)\int_a^x (t-a)^n f(t)dt - (x-a)^n \int_a^x f(t)dt$，应用导数 $F'(x) \geqslant 0$ 研究单调性.

27. （提示）令 $M = \max\limits_{a \leqslant x \leqslant b} f(x)$，用数学归纳法证明 $0 \leqslant f(x) \leqslant M\dfrac{x^n}{n!} \leqslant M\dfrac{b^n}{n!}(a \leqslant x \leqslant b)$，再取极限即得.

28. （提示）应用泰勒公式和积分的保号性.

29. $y = (1-\sqrt{2})x + 1 + \dfrac{\sqrt{2}}{2}$，$S = \dfrac{9}{8} + \dfrac{3\sqrt{2}}{8} - \dfrac{3\pi}{16}$.

30. $\dfrac{81}{10}\sqrt{2}\pi$ $\left(\text{提示：} V = \pi\int_0^6 \dfrac{1}{32}(6x - x^2)^2 \dfrac{\sqrt{2}}{4}(7-x)dx\right)$.

31. $\dfrac{\sqrt{2}}{60}\pi$ $\left(\text{提示：} V = \pi\int_0^1 \dfrac{1}{2}(x - x^2)^2 \dfrac{\sqrt{2}}{2}(1+2x)dx\right)$.

32. $\dfrac{71}{30}\sqrt{2}\pi$ $\left(\text{提示：} V = \pi\int_0^2 \dfrac{1}{32}(6x - x^2)^2 \dfrac{\sqrt{2}}{4}(7-x)dx\right)$.　　33. (1) π；(2) 3；(3) $\dfrac{\pi}{4}$.

练 习 题 四

1. (1) 0；(2) e；(3) 1；(4) 0；(5) $\dfrac{1}{4}$；(6) 不存在.

2. B.　3. D.　4. D.　5. A.　6. A.　7. B.

8. 不连续、可偏导、不可微 $\left(\text{提示：} \lim\limits_{\substack{y=x\\x\to0}} f(x,y) = 0, \ \lim\limits_{\substack{y=-x+x^2\\x\to0}} f(x,y) = -2, f_x'(0,0) = 0, f_y'(0,0) = 0\right)$.

9. 连续、可偏导、可微 $\left(\text{提示：} f_x'(0,0) = 0, f_y'(0,0) = 0, \lim\limits_{\rho\to0^+} \dfrac{f(x,y) - f_x'(0,0)x - f_y'(0,0)y}{\sqrt{x^2+y^2}} = 0\right)$.

10. (1) 4，$\arcsin\sqrt{\dfrac{2}{5}}$；(2) $y^2(1+xy)^{y-1}$，$z\left[\ln(1+xy) + \dfrac{xy}{1+xy}\right]$；(3) $3x^2 f - 2yf'$，xf'；

(4) $\dfrac{1}{x^2+y^2}(-ydx + xdy)$；(5) $\dfrac{ydx - xdy}{|y|\sqrt{y^2-x^2}} + 2zdz$；(6) $(\varphi + x\varphi')f_1' + 2(x + \varphi\varphi')f_2'$；

(7) $2xy$，$2xy - x^2\sin(2x)$；(8) $\dfrac{-x}{y(1+x^2)\ln^2(xy)} + \dfrac{\ln(1+x^2)}{xy\ln^3(xy)}$；(9) f''，$f''(\varphi')^2 + f'\varphi''$；

(10) $f'(x+y) + y[f''(xy) + f''(x+y)]$；(11) $f_{xx}'' + \dfrac{2}{\varphi'(y)}f_{xy}'' + \dfrac{1}{(\varphi'(y))^2}f_{yy}'' - \dfrac{\varphi''(y)}{(\varphi'(y))^3}f_y'$；

(12) $e^y[f(x) - f(x-y)] + e^y f'(x-y)$.

11. $g(x,y) = x - y.$ 12. $\dfrac{1}{ye^z + 1}, -\dfrac{ye^z}{(ye^z+1)^3}.$ 13. $\dfrac{2x}{f'-2z}\mathrm{d}x + \dfrac{y(2y-f)+zf'}{y(f'-2z)}\mathrm{d}y.$

14. $f'(x) = \dfrac{y}{x}.$ 15. $a \geqslant 0, b = 2a.$ 16. $f\left(0, \dfrac{1}{e}\right) = -\dfrac{1}{e}$ 为极小值.

17. $(9,3)$ 为极小值点，极小值为 $z(9,3) = 3$；
    $(-9,-3)$ 为极小值点，极小值为 $z(-9,-3) = -3.$

18. $\dfrac{\sqrt{7}}{2}.$ 19. $\left(\dfrac{k}{a}, \dfrac{k}{b}, \dfrac{k}{c}\right)$，其中 $k = \dfrac{a^2 b^2 c^2}{a^2 b^2 + b^2 c^2 + c^2 a^2}.$

20. (1) $\dfrac{1}{\sqrt{a}}x + \dfrac{2}{\sqrt{b}}y + \dfrac{3}{\sqrt{c}}z = 3$；(2) $a = 1, b = \dfrac{1}{4}, c = \dfrac{1}{9}.$

21. $\dfrac{\sqrt{2}}{4}\pi.$ 22. $f(-2,8) = -\dfrac{96}{7}$，为极小值.

练 习 题 五

1. (1) $\displaystyle\int_{\frac{1}{2}}^{1}\mathrm{d}y\int_{\frac{1}{y}}^{2}f(x,y)\mathrm{d}x + \int_{1}^{2}\mathrm{d}y\int_{1}^{2}f(x,y)\mathrm{d}x$；

   (2) $\displaystyle\int_{-1}^{0}\mathrm{d}y\int_{-1-\sqrt{1+y}}^{-1+\sqrt{1+y}}f(x,y)\mathrm{d}x + \int_{0}^{3}\mathrm{d}y\int_{y-2}^{-1+\sqrt{1+y}}f(x,y)\mathrm{d}x$；

   (3) $\displaystyle\int_{0}^{2}\mathrm{d}y\int_{-\sqrt{y}}^{\sqrt{y}}f(x,y)\mathrm{d}x + \int_{2}^{4}\mathrm{d}y\int_{-\sqrt{4-y}}^{\sqrt{4-y}}f(x,y)\mathrm{d}x$；

   (4) $\displaystyle\int_{0}^{\sqrt{2}}\mathrm{d}y\int_{-\frac{\pi}{4}}^{\arccos\frac{y}{2}}f(x,y)\mathrm{d}x + \int_{\sqrt{2}}^{2}\mathrm{d}y\int_{-\arccos\frac{y}{2}}^{\arccos\frac{y}{2}}f(x,y)\mathrm{d}x.$

2. $\displaystyle\int_{0}^{1}\mathrm{d}x\int_{-x}^{\sqrt{2x-x^2}}f(x,y)\mathrm{d}y + \int_{1}^{2}\mathrm{d}x\int_{-\sqrt{2x-x^2}}^{\sqrt{2x-x^2}}f(x,y)\mathrm{d}y$；

   $\displaystyle\int_{-1}^{0}\mathrm{d}y\int_{-y}^{1+\sqrt{1-y^2}}f(x,y)\mathrm{d}x + \int_{0}^{1}\mathrm{d}y\int_{1-\sqrt{1-y^2}}^{1+\sqrt{1-y^2}}f(x,y)\mathrm{d}x.$

3. $\dfrac{1}{2}.$

4. (1) $\dfrac{11}{40}$；(2) $\dfrac{5}{2}\pi$；(3) $\dfrac{2}{3} + \dfrac{\pi}{4}$；(4) $\dfrac{1}{24} + \dfrac{\pi}{64}$；(5) $\dfrac{45}{32}\pi a^4$；(6) $\dfrac{1}{2}$；(7) $4a^3$；(8) $\dfrac{20}{3}$；

   (9) $\dfrac{\pi}{2}(2e^3 - 5)$；(10) $\dfrac{1}{11}$；(11) $\dfrac{\pi}{2}$；(12) $\dfrac{\pi}{2} - 1.$

5. (1) 1；(2) $\dfrac{1}{4}\left(\dfrac{1}{e} - 1\right).$

6. (提示) 先将二次积分化为两种形式的二重积分，再应用 A - G 不等式与定积分的保号性.

7. $a.$ 8. $\dfrac{\pi^2}{4} - \dfrac{\pi}{2}.$

9. (1) $\dfrac{47}{30}\pi$；(2) $\pi(e-2)$；(3) $\dfrac{11}{60}\pi$；(4) $\pi\left(4\ln 2 - \dfrac{5}{2}\right)$；(5) $\dfrac{1}{8}\pi a^4$；(6) $8\pi.$

10. $\dfrac{1}{2}\displaystyle\int_{0}^{x}(x-t)^2 f(t)\mathrm{d}t, -1.$ 11. $336\pi.$ 12. $2a^2.$

13. $R = \dfrac{4}{3}a.$ 14. $\dfrac{5}{6}\pi, \left[\sqrt{2} + \dfrac{1}{6}(5\sqrt{5} - 1)\right]\pi.$

练习题六

1. $\dfrac{\sqrt{\pi}}{2}\left[\sqrt{2}-1+\left(\dfrac{\sqrt{2}}{3}-\dfrac{1}{6}\right)\pi\right]$.

2. (1) e^3；(2) $\dfrac{2}{\pi}$；(3) $\dfrac{3}{4}\pi-\mathrm{e}^2-1$；(4) $-a(2\pi a+c)$；(5) $-\dfrac{3}{2}\pi$.

3. $-6\pi^2$.　　4. 0.　　5. $n=3$，积分值为 $-\dfrac{79}{5}$.

6. （提示）仿例 6.14 进行证明.

7. $a=\dfrac{1}{2}$，$b=0$；$I=\dfrac{1}{2}x_1y_1^2$.　　8. 4π.　　9. 0.　　10. $\dfrac{32}{5}\pi$.　　11. $-\dfrac{3}{2}\pi$.

练习题七

1. （提示）利用两个三维向量叉积的模的几何意义.

2. $7x+14y+5=0$.　　3. $x-z+4=0$ 或 $x+20y+7z-12=0$.

4. $\dfrac{x+1}{13}=\dfrac{y}{16}=\dfrac{z-1}{25}$.　　5. $\dfrac{x-1}{11}=\dfrac{y-2}{18}=\dfrac{z-1}{-1}$.　　6. $(8,4,-5)$.　　7. $\dfrac{4}{3}\sqrt{6}$.

8. $(2y+z+1)^2+4(x+z)^2+(x-2y-1)^2=36$.　　9. $\dfrac{7}{\sqrt{6}}$.

10. (1) $-9<k<9$；(2) $\left(-\dfrac{2}{3},\dfrac{8}{3},-\dfrac{7}{3}\right)$，$\sqrt{5}$.

11. $\dfrac{x-1}{1}=\dfrac{y-2}{4}=\dfrac{z-1}{3}$ 与 $\dfrac{x+1}{1}=\dfrac{y+2}{4}=\dfrac{z+1}{3}$.

12. $[\varphi(1)-\varphi'(1)](x-1)+[\psi'(-1)-1](y+1)+[\varphi'(1)-\psi(-1)](z-1)=0$，

$\dfrac{x-1}{\varphi(1)-\varphi'(1)}=\dfrac{y+1}{\psi'(-1)-1}=\dfrac{z-1}{\varphi'(1)-\psi(-1)}$.

13. $9x+y-z=27$ 或 $9x+17y-17z+27=0$.　　14. $\begin{cases}14x+11y-z-26=0,\\ x-y+3z+8=0.\end{cases}$

15. $x^2+z^2=1+4y+5y^2$，$\dfrac{70}{3}\pi$.　　16. 9π.　　17. $(x+2)^2+(y+1)^2+(z-1)^2=6$.

练习题八

1. $S=0$（提示：将 $u_n=S_n-S_{n-1}$ 代入所给方程，得 S_n,S_{n-1} 满足的递推式）.

2. (1) 发散；(2) 收敛；(3) 收敛；(4) 收敛.

3. 收敛 $\left(\text{提示}：a_1=\sqrt{2}=2\sin\dfrac{\pi}{2^2}，\cdots，a_n=2\sin\dfrac{\pi}{2^{n+1}}，a_n\sim\dfrac{\pi}{2^n}\right)$.

4. (1) 条件收敛；(2) 条件收敛；(3) 条件收敛；(4) 条件收敛.　　5. 绝对收敛.　　6. $0\leqslant k<1$.

7. $p>1$ 时绝对收敛，$0<p\leqslant 1$ 时条件收敛，$p\leqslant 0$ 时发散.

8. $p>1$ 时绝对收敛，$\dfrac{1}{2}<p\leqslant 1$ 时条件收敛，$p\leqslant\dfrac{1}{2}$ 时发散

$\left(\text{提示}：\ln\left(1+\dfrac{(-1)^n}{n^p}\right)=\dfrac{(-1)^n}{n^p}-\dfrac{1}{2}\cdot\dfrac{1}{n^{2p}}+o\left(\dfrac{1}{n^{2p}}\right)\right)$.

9. （提示）与级数 $\displaystyle\sum_{n=1}^{\infty}\frac{1}{n^{a}}$ 作比较.

10. $\alpha=1$ 时级数条件收敛，$\alpha\neq1$ 时级数发散（提示：$\alpha\neq1$ 时应用加括号的级数发散则原级数也发散的性质）.

11. (1) $[-1,1)$；(2) $(-R,R),R=\max\{a,b\}$；(3) $[-1,1)$；(4) $\left(\dfrac{1}{e},e\right)$.

12. (1) $S(x)=\dfrac{x^{2}(3+x^{2})}{(3-x^{2})^{2}},x\in(-\sqrt{3},\sqrt{3})$；(2) $S(x)=\dfrac{2x}{(1-x)^{3}},x\in(-1,1)$；

$\quad$ (3) $S(x)=\begin{cases}(1-x)\ln(1-x)+x, & -1\leqslant x<1,\\ 1, & x=1;\end{cases}$

$\quad$ (4) $S(x)=\begin{cases}\dfrac{1}{1-x}+\dfrac{1}{x}\ln(1-x), & -1<x<0 \text{ 或 } 0<x<1,\\ 0, & x=0.\end{cases}$

13. (1) $\dfrac{1}{2}\sqrt{e}+2$；(2) 1 $\left(\text{提示：考虑幂级数} \displaystyle\sum_{n=1}^{\infty}\frac{n}{(n+1)!}x^{n+1} \text{ 的和函数}\right)$；(3) 6.

14. π^{2}（提示：考虑 $\sin x$ 的幂级数展开式）.

15. (1) $-\ln2+\displaystyle\sum_{n=1}^{\infty}\left((-1)^{n+1}+\frac{1}{2^{n}}\right)\frac{1}{n}x^{n},(-1,1]$；

$\quad$ (2) $\displaystyle\sum_{n=1}^{\infty}(-1)^{n+1}\frac{1}{2n(2n-1)}x^{2n},[-1,1]$.

16. $f(x)=\displaystyle\sum_{n=0}^{\infty}\left[3^{n}-\frac{1}{2}(n+1)(n+2)\right]x^{n}, |x|<\frac{1}{3}$ $\left(\text{提示：}f(x)=\dfrac{1}{1-3x}+\dfrac{1}{(x-1)^{3}}\right)$.

练习题九

1. (1) $x+\sqrt{x^{2}+y^{2}}=C$ 或 $x-\sqrt{x^{2}+y^{2}}=Cy^{2}$；(2) $y^{2}=Ce^{-2x}-x^{2}$；

$\quad$ (3) $x+ye^{\frac{x}{y}}=C$；(4) $\tan\dfrac{y}{2}=Ce^{-x}+(1-x)$.

2. $y=e^{x}(C+x)$. $\quad$ 3. $f(x)=e^{x}$ 或 $f(x)=e^{-x}$. $\quad$ 4. $f(x)=e^{x}-1$.

5. $f(x)=e^{-x^{2}}$（提示：$f(x)$ 满足微分方程 $f'(x)+2xf(x)=0,f(0)=1$）.

6. $z(x,y)=\dfrac{1}{16}(x^{2}+y^{2})^{2}+C_{1}\ln\sqrt{x^{2}+y^{2}}+C_{2}$

$\quad$ $\left(\text{提示：方程化为}\dfrac{d^{2}z}{du^{2}}+\dfrac{1}{u}\dfrac{dz}{du}=u^{2},u=\sqrt{x^{2}+y^{2}}, \text{再用降阶法化为一阶线性微分方程}\right)$.

7. $f(x)=\ln\dfrac{1+x^{2}}{2}$. $\quad$ 8. $y=C_{1}e^{-x}+C_{2}e^{x}-2x-\dfrac{1}{2}\sin x+\dfrac{1}{10}e^{2x}(\cos x+2\sin x)$.

9. $y=\dfrac{1}{3}C_{1}e^{x}+C_{2}e^{-2x}-\dfrac{1}{3}e^{x}\ln(1+e^{-x})-\dfrac{1}{6}+\dfrac{1}{3}e^{-x}-\dfrac{1}{3}xe^{-2x}-\dfrac{1}{3}e^{-2x}\ln(1+e^{-x})$.

10. $y=C_{1}e^{x}+C_{2}x$（提示：作变换 $y=e^{x}u$ 将原方程化简）.

11. $y=\dfrac{1}{2}(e^{x}+e^{-x})$ $\left(\text{提示：}\displaystyle\int_{0}^{x}\sqrt{1+(y')^{2}}\,dx=\int_{0}^{x}y(x)dx,y(0)=1\right)$.

12. $u(x)=\dfrac{\sqrt[3]{4x}}{2}$ $\left(\text{提示：利用曲线积分与路线无关，得}\dfrac{dx}{du}-\dfrac{1}{u}x=4u^{2}\right)$.